iwb

Münchener
Kolloquium '91

Wettbewerbsfaktor Zeit in Produktionsunternehmen

Referate des Münchener Kolloquiums '91
Institut für Werkzeugmaschinen
und Betriebswissenschaften
Technische Universität München
28. Februar / 1. März 1991

Herausgegeben von Prof. Dr.-Ing. J. Milberg

Springer-Verlag Berlin Heidelberg GmbH 1991

Dr.-Ing. Joachim Milberg
Universitätsprofessor an der Technischen Universität München
Institut für Werkzeugmaschinen und Betriebswissenschaften

ISBN 978-3-540-53694-9 ISBN 978-3-662-10930-4 (eBook)
DOI 10.1007/978-3-662-10930-4

Gesamtherstellung: db drucken + binden gmbh, München
2362/3020-543210

Vorwort

Die Wettbewerbssituation eines Unternehmens wird wesentlich davon beeinflußt, in welchem Maß die Unternehmenspotentiale in den Bereichen Vertrieb, Forschung und Entwicklung, Beschaffung, Produktion und Finanzen ausgeschöpft werden. In einem Markt, der durch eine wachsende Anzahl von Zulieferern, Kunden und Wettbewerbern gekennzeichnet sein wird, kommt dabei der Produktionsstrategie eine zunehmende Bedeutung zu.

Neben der Kostenstruktur und der Produktqualität wird sich „Zeit" zu einem immer entscheidenderen Wettbewerbsfaktor entwickeln. Flexibilität, Reaktionsgeschwindigkeit und Verkürzung der Produktdurchlaufzeit von der Produktidee bis zum lieferbaren Produkt werden zunehmend über Erfolg oder Mißerfolg eines Unternehmens entscheiden.

Es müssen also Produktions- und Organisationsstrukturen geschaffen werden, in denen kurze Planungs- und Ausführungszeiten realisiert werden können. Da jedoch gleichzeitig die Prozesse und Abläufe in der Fabrik immer komplexer werden, müssen die Menschen durch bessere Hilfsmittel unterstützt werden. Diese neuen Hilfsmittel sollen die Mitarbeiter von Routinearbeiten entlasten, die abteilungsübergreifende Zusammenarbeit verbessern und ihre Motivation durch neue Arbeitsmethoden und -strukturen erhöhen. Qualifizierte, motivierte Mitarbeiter, ausgerüstet mit neuen Hilfsmitteln, werden somit mehr und mehr zu Schlüsselfaktoren des langfristigen Unternehmenserfolgs.

Prof. Dr.-Ing. Joachim Milberg

Inhalt

Münchener Kolloquium '91

Wettbewerbsfaktor Zeit in Produktionsunternehmen

28. Februar/1. März 1991
München

Wettbewerbsfaktor Zeit in Produktionsunternehmen

Prof. Dr.-Ing. J. Milberg
TU München

Institut für Werkzeugmaschinen
und Betriebswissenschaften
Technische Universität München

Wettbewerbsfaktor Zeit in Produktionsunternehmen

1. Situationsanalyse

Die Wettbewerbssituation eines Unternehmens wird innerhalb einer Branche in erster Linie durch die Rivalität unter bestehenden Wettbewerbern und durch das Verhalten der Kunden geprägt. Darüber hinaus wird sie von der Gefahr des Markteintrittes branchenfremder Unternehmen, der Gefahr von Ersatzprodukten sowie der Macht der Lieferanten beeinflußt. Zur Auseinandersetzung mit den genannten Wettbewerbskräften sind drei klassische Ansätze bekannt **(Bild 1)**:

Die Strategie der umfassenden Kostenführerschaft besteht darin, einen Kostenvorsprung beispielsweise durch Mengenwachstum und die daraus resultierende mengenmäßige Kostendegression in Verbindung mit dem Aufbau effizienter, hochautomatisierter Produktionsanlagen zu erreichen.

Die Strategie der Differenzierung besteht darin, innerhalb einer Branche eine besondere Stellung anzustreben. Dies kann beispielsweise durch einzigartige Produkte oder Serviceleistungen erreicht werden. Die Differenzierung soll gegen den Wettbewerb abschirmen und die Preisempfindlichkeit durch den Charakter der Einzigartigkeit verringern.

Die Konzentration auf Marktnischen und damit auf bestimmte Marktsegmente oder Abnehmergruppen zielt schließlich darauf ab, Konkurrenten, die sich im breiteren Wettbewerb befinden, zu schlagen. Konzentration führt meist entweder zur Differenzierung oder zur Kostenführerschaft in den ausgewählten Marktsegmenten.

Ausgehend von den Unternehmenszielen und den branchenspezifischen Gegebenheiten entwickelt jedes Unternehmen, bewußt oder unbewußt, seine Wettbewerbsstrategie. Dabei ist es wichtig zu erkennen, daß sich in den letzten Jahren die Wettbewerbsbedingungen auf fast allen Märkten grundlegend geändert haben. Der Entwicklungstrend läßt sich im wesentlichen an drei Merkmalen verdeutlichen:

Die meisten Märkte zeigen Sättigungserscheinungen. Damit hat sich ein Wandel weg vom quantitativen hin zum qualitativen Wachstum vollzogen. Nicht Mengenwachstum, sondern Variantenwachstum ist das Kennzeichen.

In Zusammenhang damit steht eine zunehmende Innovationsdynamik. Die Zahl und die Geschwindigkeit tatsächlicher oder auch nur vermeintlicher Innovationen nimmt zu, die Vermarktungsdauer eines Produktes nimmt ab und unterschreitet teilweise bereits die Produktentwicklungszeit.

Hinzu kommt, daß eine zunehmende Vernetzung der Märkte zu beobachten ist. Dies betrifft zunächst die Beschaffungs- und Absatzmärkte. Damit verbunden ist auch, daß immer häufiger Unternehmen mit völlig unterschiedlichen Produktionsrahmenbedingungen im Wettbewerb aufeinandertreffen; dies betrifft beispielsweise die Lohnkosten, die Arbeitszeiten und die Anlagenlaufzeiten, die Personalnebenkosten sowie auch fiskalische Belastungen.

Die veränderten Wettbewerbsbedingungen erschweren es den Unternehmen zunehmend, über traditionelle Methoden zu Wettbewerbsvorteilen zu gelangen. Kostenführerschaft durch mengenmäßige Kostendegression ist in gesättigten Märkten immer schwerer zu erreichen. Auch die Differenzierung wird in global vernetzten Märkten, die sich bereits durch hohes „Produkt- und Produktionsniveau" auszeichnen, immer schwieriger. Aber in beiden Fällen lassen sich zeitlich begrenzt wesentliche Wettbewerbsvorteile über einen schnellen Markteintritt gewinnen.

Wenn ein Wettbewerber mit einem vergleichbaren Produkt früher auf dem Markt ist als andere Wettbewerber, kann er diesen Zeitvorteil über die früher einsetzende Erfahrung und früher gesammeltes Methodenwissen in einen entsprechenden Kostenvorteil umsetzen. Dies trifft insbesondere für solche Branchen zu, in denen der Anteil qualifizierter Arbeitsvorgänge relativ hoch ist. Ein früher Markteintritt mit einem innovativen Produkt kann auch erheblich die Strategien der Differenzierung unterstützen. Außerdem führt ein früher Markteintritt durch den früher einsetzenden Kundennutzen dazu, die Preisempfindlichkeit des Produktes zu reduzieren.

Zeitsparen durch kurze Durchlaufzeiten von der Produktidee bis zum lieferbaren Produkt verbessert die Wettbewerbssituation hinsichtlich möglicher Marktanteile und auch hinsichtlich der Kosten- und Preissituation. Der Zeit als einer knappen Ressource, bzw. dem Zeitsparen als einem strategischen Instrument zur Erzielung von Wettbewerbsvorteilen kommt bei der Formulierung der Wettbewerbsstrategie eines Unternehmens angesichts der veränderten Wettbewerbsbedingungen eine entscheidende Bedeutung zu. Diese Entwicklung macht es notwendig, die Unternehmen von der alleinigen Zielrichtung „Kosten sparen" auf das Ziel „Zeit und Kosten sparen" auszurichten. Produkte müssen bei verbessertem Qualitätsniveau zukünftig schneller entwickelt und schneller produziert werden.

Diese Umorientierung des Gesamtsystems Unternehmen erfordert eine an dem Gesamtoptimum für das Unternehmen orientierte Verbesserung der Teilsysteme **(Bild 2)**. Unter Beachtung der Vernetzung von Unternehmensorganisation und der eingesetzten Systeme zur Gestaltung, Steuerung, zum Betrieb und zur Überwachung ist eine an den Systemzusammenhängen orientierte Umgestaltung der Unternehmen notwendig. Nur ein ganzheitlicher Ansatz zur Verbesserung der Produktion – und dies schließt die Teilsysteme der Konstruktion, Arbeitsvorbereitung, Fertigung, Montage und des Qualitätswesens ein – ist zielführend. Hierzu sind neue organisatorische und technische Lösungsansätze zu entwickeln, die berücksichtigen, daß die Mitarbeiter die wertvollste Ressource eines Unternehmens sind.

2. Lösungsstrategien

Viele Unternehmen sind heute in hohem Maße von arbeitsteiligen Strukturen geprägt. Daran hat auch der Einsatz rechnergestützter Verfahren und Hilfsmittel bisher nichts geändert, da es sich im wesentlichen um aufgabenorientierte und abteilungsbezogene Hilfsmittel handelt. Die Arbeitsteiligkeit ist dadurch gefestigt und teilweise sogar verschärft worden. Hohe Arbeitsteiligkeit sowie die mangelhafte Synchronisation der Vorgänge sind gleichermaßen für Zeit- und Effektivitätsverluste verantwortlich **(Bild 3)**. Diese Verluste nehmen tendenziell mit der Zahl der an der Auftragsabwicklung beteiligten Stellen zu. Die Schwierigkeit, komplexe Organisationsstrukturen zu beherrschen, ist außerdem ein wesentlicher Grund für eine Abnahme des Fließfaktors bei zunehmender Betriebsgröße.

Zeitverluste treten bei der Auftragsabwicklung durch viele organisatorische Schnittstellen mit langen Liege- und Übergangszeiten auf. Die sequentielle Arbeitsweise in der Auftragsabwicklung sowie die unzureichende Datenweitergabe und -aufbereitung für nachfolgende Tätigkeiten sind für „geistige und datentechnische Rüstzeiten" durch wiederholtes Eindenken und wiederholte Grunddatengenerierung verantwortlich. „Geistige Nebenzeiten" durch unzureichende Wissensbereitstellung behindern ebenfalls vielfach eine schnelle Abwicklung von Aufgaben. Die strikte Trennung einzelner Funktionen beeinträchtigt auch die Arbeitsqualität, da an jeder organisatorischen und datentechnischen Schnittstelle Informationsverluste auftreten. Darüber hinaus wird durch die sequentiellen Arbeitsweisen ein Wissensrückfluß und eine Kumulierung der Erfahrung weitgehend verhindert bzw. zumindest nicht unterstützt.

Zur Beseitigung der genannten Schwachstellen der Auftragsabwicklung muß ein neues Optimum zwischen der Spezialisierung einerseits und Schnittstellenverlusten andererseits gefunden werden. Dabei gilt es auch, die Wechselwirkungen zu beachten, die zwischen der optimalen Arbeitsstrukturierung und den verfügbaren Hilfsmitteln bestehen.

Grundsätzlich lassen sich drei miteinander vernetzte Möglichkeiten zum Zeitsparen und damit zur Verkürzung der Durchlaufzeiten unterscheiden **(Bild 4)**:

Die Verkürzung der Ausführungszeiten einzelner Tätigkeiten sowie deren qualitative Verbesserung trägt zum Zeitsparen bei. Die schnellere Ausführung von Tätigkeiten ist zum Beispiel durch bessere Hilfsmittel, die ein schnelleres Arbeiten erlauben, oder durch die Bereitstellung von Eingangsinformationen, die eine wiederholte Datengenerierung vermeiden, zu erreichen. Qualitative Verbesserungen einzelner Tätigkeiten reduzieren die zur Fehlerbehebung notwendige Zeit und tragen somit ebenfalls zum Zeitsparen bei. Der Einsatz von besseren Hilfsmitteln zur Verkürzung einzelner Tätigkeiten ist eine grundlegende Möglichkeit zum Zeitsparen. Als strategisches Instrument zur Erzielung von Wettbewerbsvorteilen ist der Einsatz von aufgabenorientierten Hilfsmitteln unter Beibehaltung bestehender Ablauf- und Aufbauorganisationen nur bedingt anzusehen, da diese Hilfsmittel allen Wettbewerbern zur Verfügung stehen. Die Konzentration auf diese eher traditionellen Methoden zur Verkürzung der Ausführungszeiten vernachlässigt darüber hinaus auch eine systemweite Betrachtungsweise. Solange 70%-80% der Auftragsdurchlaufzeiten – sowohl in der Fertigung als auch im Fertigungsvorfeld – aus Liegezeiten bestehen, muß auf diese Zeitanteile vermehrt geachtet werden.

Neben dem Einsatz geeigneter Hilfsmittel zur Durchführung der einzelnen Aufgaben muß durch die Koordination der verschiedenen Aufgaben und Hilfsmittel und durch eine zweckmäßige Arbeitsverteilung das Zusammenspiel aller an der Produktentstehung beteiligten Unternehmensbereiche verbessert werden. Die Verkürzung von Übergangszeiten zwischen einzelnen Verrichtungen ist im wesentlichen eine Frage der Planung und Steuerung betrieblicher Abläufe. Zur Verbesserung der Steuerung dieser Abläufe kann die Auftragsleittechnik als eine steuernde Komponente unter Einsatz moderner Hilfsmittel beitragen.

Besonders wirkungsvoll sind Maßnahmen, die zu einer Verringerung der Anzahl der Schnittstellen führen. Aufgabenintegration bzw. Komplettbearbeitung zur Reduzierung von Übergangszeiten ist in allen Unternehmensbereichen, nicht nur in der Fertigung, anzustreben. Werden sequentielle Arbeitsweisen in Verbindung mit einer entsprechenden Steuerung oder einer entsprechenden Gestaltung der jeweils eingesetzten Hilfsmittel in Parallelarbeit übergeführt, so führt dies zu einer weiteren Verkürzung der Durchlaufzeiten. Das Parallelschalten von Tätigkeiten und die Integration von Aufgaben stellen strategische Ansätze zum Zeitsparen und zur Steigerung der Effektivität der Auftragsabwicklung dar. Die Beseitigung datentechnischer und organisatorischer Schnittstellen erfordert insbesondere im Fertigungsvorfeld ein kritisches Überdenken der heutigen arbeitsteiligen Strukturen.

Während die Verkürzung einzelner Tätigkeiten im wesentlichen eine technische Herausforderung darstellt, betrifft die verbesserte Steuerung, die Integration und die Parallelisierung von Tätigkeiten sowohl die eingesetzten technischen Hilfsmittel als auch die Ablauf- und Aufbauorganisation von Unternehmen. Die Vernetzung organisatorischer und technischer Probleme nimmt dabei zu. Die Entwicklung und der Einsatz von Hilfsmitteln sowie der Aufbau von Organisationsformen, die wesentliche Beiträge zum Zeitsparen bei der Auftragsabwicklung leisten können, lassen sich optimal nur unter Beachtung der Wechselwirkungen und gegenseitigen Abhängigkeiten zwischen Hilfsmitteln und Organisation durchführen.

Die organisatorische Aufgabe besteht darin, schnelle, informationsflußfördernde Aufbau- und Ablauforganisationen zu schaffen, die eine Beschleunigung betrieblicher Abläufe erlauben **(Bild 5)**. Auf die Forderung nach der Reduktion von Liegezeiten muß durch eine an Prozeßketten orientierte Zusammenfassung von Aufgaben reagiert werden. Zur Beherrschung der Komplexität der Aufgaben sind dezentrale, autonome Strukturen zu schaffen, die ein schnelles Agieren und Reagieren erlauben. Flache Organisationsstrukturen mit in sich geschlossenen Regelkreisen sind aufzubauen.

Dezentrale Organisationsstrukturen müssen über definierte Schnittstellen nach außen verfügen. Diese müssen neben der Versorgung der verschiedenen Unternehmenseinheiten mit Informationen dafür eingesetzt werden, die verschiedenen Einheiten im Hinblick auf die Ziele des Gesamtsystems zu koordinieren. Es gilt zu beachten, daß die gesamtheitliche Optimierung der betrieblichen Abläufe Vorrang gegenüber der Optimierung der Einzelergebnisse und Einzelabläufe hat. Die Beseitigung organisatorischer Schnittstellen, die wie datentechnische Schnittstellen zu Informations- und Zeitverlusten führen, ist anzustreben. Neue, an Prozeßketten orientierte Arbeitsweisen können jedoch nur mit entsprechenden Hilfsmitteln aufgebaut werden. Die heute vielfach eingesetzten aufgabenorientierten Hilfsmittel sind dazu häufig nicht geeignet.

Neben der Schaffung entsprechender organisatorischer Strukturen müssen technische Ansätze zur Unterstützung von Parallelarbeit und zur Vermeidung „geistiger und datentechnischer Rüst- und Nebenzeiten“ verfolgt werden. Für die Parallelisierung von Tätigkeiten sowie die an Prozeßketten orientierte Zusammenfassung von Aufgaben sind die durchgängige Nutzung von geeigneten Datenmodellen einerseits und von geeigneten Werkzeugen und Hilfsmitteln andererseits eine wirkungsvolle Unterstützung **(Bild 6)**. Die optimale Datenaufbereitung für den Systembenutzer, d.h. eine der Vorstellungswelt des Menschen entsprechende, grafische Darstellung aller Informationen zur Vermeidung „geistiger Rüstzeiten“ beim Eindenken in die Arbeitsaufgabe, muß Bestandteil moderner Werkzeuge und Hilfsmittel werden. Informationssysteme zur Bereitstellung von Informationen und Wissen müssen ebenfalls in diese Werkzeuge und Hilfsmittel integriert werden.

Die vielfach in der Vergangenheit durchgeführte Verknüpfung getrennt entwickelter, aufgabenorientierter Systeme hat häufig zu einer Festigung arbeitsteiliger Strukturen geführt. Bei der Entwicklung und dem Einsatz von rechnergestützten Hilfsmitteln ist dies in Zukunft zu vermeiden, damit in Verbindung mit neuen Hilfsmitteln eine Verringerung der Arbeitsteiligkeit erreicht wird.

3. Vernetztes Gestalten von Produkt und Produktion

Ziel muß es sein, durch die Vermeidung wiederholter Grunddatengenerierung sowohl Zeit zu sparen als auch Fehler zu vermeiden. Daten sind nur einmal zu erzeugen und überall dort so aufbereitet zur Verfügung zu stellen, wie sie jeweils gebraucht werden. Produkt- und Produktionswissen sollten parallel entstehen und Schritt für Schritt verfeinert werden. Insbesondere bei komplizierten Gestaltungs- und Planungsaufgaben sollte eine möglichst vernetzte und parallele Arbeitsweise erreicht werden.

Analysiert man beispielsweise die Aufgaben der Konstruktion und Arbeitsplanung, so erkennt man, daß sowohl die Arbeit des Konstrukteurs als auch die des Arbeitsplaners gedanklich auf einer dreidimensionalen Modellvorstellung des Produktes aufbaut. Das in der Konstruktion zumindest mental entstandene räumliche Produktmodell wird heute jedoch, selbst wenn 3D-CAD-Systeme eingesetzt werden, in Form von Zeichnungen an den Arbeitsplaner übergeben. Bevor der Planer mit den Tätigkeiten der Arbeitsplanung beginnen kann, muß er sich anhand der Zeichnungen gedanklich das Modell des Planungsgegenstandes erneut aufbauen **(Bild 7)**.

Betrachtet man die Tätigkeiten bei der Arbeitsplanerstellung und NC-Programmierung, so wird das Problem der „geistigen Rüstzeiten" noch deutlicher. 2D-Werkstattzeichnungen und Arbeitspläne mit Querverweisen auf die Zeichnung stellen die Arbeitsunterlagen für die Programmierung dar. Die NC-Programmierung, die als fertigungstechnische Detaillierung der Arbeitspläne anzusehen ist, beginnt mit dem Eindenken in die Arbeitsaufgabe. Der Interpretation von Arbeitsplan und dazugehöriger Zeichnung schließt sich meist die Neudefinition der Werkstückgeometrie im NC-Programmiersystem an. Eine Verkürzung der bereits vor Beginn der eigentlichen Arbeit anfallenden „geistigen Rüstzeiten" kann nur dann erreicht werden, wenn dem Planer die dreidimensionale Abbildung des Planungsgegenstandes als Planungsgrundlage zur Verfügung gestellt wird.

Bei fast allen Tätigkeiten im Fertigungsvorfeld wird der Prozeß des „Eindenkens in die Arbeitsaufgabe" von verschiedenen Mitarbeitern durchlaufen. Die personelle und organisatorische Trennung der Tätigkeiten führt dazu, daß insbesondere bei komplexen Produkten alleine die Summe der dabei anfallenden „geistigen Rüstzeiten" erheblich ist. Auch die Mehrfachgenerierung von Grunddaten trägt zu erheblichen Zeitverlusten bei der Auftragsabwicklung bei. Sie ist darüber hinaus Ursache für Fehler und Störungen sowohl im Fertigungsvorfeld als auch in der Fertigung selbst.

So sind nicht fertigungs- oder montagegerechte Konstruktionen zum einen auf mangelnde Abstimmung zwischen den jeweiligen Unternehmensbereichen zurückzuführen. Zum anderen fehlen häufig für Planer und Konstrukteure Hilfsmittel, die es erlauben, Auswirkungen von Produkt- oder Prozeßänderungen bereits in der Planungsphase zu analysieren. Als Beispiel sei die NC-Programmierung angeführt. In der Fertigung entstehen hohe Rüstzeiten, weil bei komplexen Teilen die Gefahr fehlerbehafteter NC-Programme ein langes Einfahren der neuen Programme erforderlich macht. Durch den Einsatz von modernen rechnergestützten Hilfsmitteln, wie sie 3D-Simulationssysteme darstellen, sowie durch bessere Kommunikation zwischen verschiedenen Bereichen ließe sich dieser Aufwand erheblich reduzieren. Außerdem könnten bereits in der Planungsphase wesentlich fundiertere Aussagen über die Prozeßsicherheit getroffen werden.

3D-Grafik und grafische Simulationssysteme sind wirkungsvolle Hilfsmittel, sowohl um die organisatorischen als auch die datentechnischen Schnittstellenprobleme zu mindern. Ihre Konzeption und ihr Einsatz muß aber so erfolgen, daß damit auch eine Aufgabenintegration und eine Parallelisierung der Tätigkeit verbunden ist und nicht nur die Abbildung vorhandener Strukturen. Während in den Bereichen der Fertigung und Montage Parallelarbeit und Komplettbearbeitung praktiziert wird, ist dieses im Fertigungsvorfeld weitgehend unbekannt.

Parallelschalten von Tätigkeiten ist ein wichtiger Ansatz zur Verkürzung von Durchlaufzeiten. Dies sei am Beispiel der Montageplanung verdeutlicht **(Bild 8)**. Parallel zu den ersten groben Produktentwürfen sollte durch den Planer ein erstes Fertigungs- bzw. Montagekonzept entwickelt werden. Grafische Datenverarbeitung und Simulationswerkzeuge sind wichtige Hilfsmittel, um diese Arbeitsweise zu unterstützen. Ergebnisse von Funktions-, Fertigungs- oder Montagesimulationen in den verschiedenen Phasen der Produktentwicklung können wieder in die Produktentwicklung zurückfließen. Durch die Nutzung rechnerunterstützter Werkzeuge mit gemeinsamen Datenmodellen zur Produktkonstruktion und Prozeßsimulation wird eine parallele Gestaltung von Produkt und Prozeß möglich. Dadurch können sowohl Entwicklungszeiten als auch Zeiten für Nachbesserungen am Produkt oder am Prozeß in der Produktionsphase verkürzt werden. Produkt und Prozeß lassen sich durch die parallele Gestaltung zu einem gemeinsamen Optimum führen.

An der Produktentwicklung und an der Planung von Produktionsanlagen ist in der Regel eine große Anzahl unterschiedlicher Mitarbeiter aus den verschiedenen Funktionsbereichen und aus unterschiedlichen Hierarchieebenen beteiligt. Zur Koordinierung der unterschiedlichen Tätigkeiten und der Informationsflüsse zwischen den Instanzen müssen die Methoden des Projektmanagements verbessert werden. Rechnergestützte Werkzeuge zur Überwachung und Unterstützung der eigenen Arbeit und als Schnittstelle zu übergeordneten, koordinierenden Steuerungssystemen sollten deshalb stärker genutzt werden. Die Mitarbeiter können sowohl beim methodischen Arbeiten als auch insbesondere beim Zugriff auf bereits vorliegende Daten und Informationen durch die Integration von Informations- und Koordinationssystemen mit einzelnen rechnergestützten Hilfsmitteln unterstützt werden.

Die rechnerunterstützte Leittechnik kann bei der Ausrichtung verschiedener Unternehmensbereiche, die mit verschiedenen Werkzeugen und Hilfsmitteln arbeiten, auf das gemeinsame Ziel der zeitlichen und qualitativen Verbesserung der Produktionsabläufe eine wirkungsvolle Hilfe sein. Durch die Koordination der Termine und Informationsflüsse und eine zweckmäßige Arbeitsverteilung kann das Zusammenspiel aller an der Produktentstehung beteiligten Unternehmensbereiche verbessert werden.

Für die verschiedenen Aufgaben der Systemgestaltung, der Systemsteuerung und des Systembetriebes werden auch in Zukunft verschiedene Hilfsmittel in verschiedenen organisatorischen Einheiten eingesetzt werden. Ebenso wie für die Aufgaben der Systemgestaltung müssen auch für die Aufgaben der Systemsteuerung und des Systembetriebes durchgängig nutzbare Modelle geschaffen werden **(Bild 9)**. Für verschiedene Aufgaben sind Modelle mit unterschiedlichem Detaillierungsgrad entsprechend den unterschiedlichen Aufgaben zu entwerfen. Ziel muß es sein, eine durchgängige Nutzung der verschiedenen, an Prozeßketten orientierten Modelle über definierte Schnittstellen zu erreichen. Nicht die „Wegwerfplanung“ oder „Wegwerfsimulation“, sondern der Aufbau von Modellen, die für verschiedene Aufgaben benutzt bzw. weiterverwendet werden können, ist anzustreben.

Die Aufgaben der Systemgestaltung und -planung werden vor dem Hintergrund sich weiter verkürzender Innovationszyklen und der Verkürzung der Produktlebensdauern einerseits und der Zunahme der Komplexität der Planungsaufgaben bei Produkten und Produktionsanlagen andererseits weiter an Bedeutung zunehmen. Zur Beherrschung der Komplexität der Aufgaben sollten dezentrale Hilfsmittel, die unterschiedlich detaillierte Aufgaben unterstützen, entwickelt und eingesetzt werden. Mit Hilfe von Systemführungswerkzeugen, die sich der Methoden des Projektmanagements bedienen, muß die Koordination der verschiedenen Werkzeuge und Mitarbeiter sichergestellt werden. Die Transparenz und Schnelligkeit betrieblicher Abläufe kann mit Hilfe der rechnergestützten Leittechnik weiter verbessert werden.

4. Automatisierung im Spannungsfeld von Zeit, Kosten und Qualtität

Die Forderungen nach kürzeren Lieferzeiten bei zunehmender Variantenvielfalt in kleinen Losgrößen prägen heute die Situation vieler Produktionsunternehmen. Ein besonderes Problem besteht darin, zum Zeitpunkt der Investitionsplanung das Teilespektrum nach Menge, Geometrie und unter Umständen auch nach Technologie für die gesamte Einsatzzeit der Anlage zu prognostizieren, um darauf abgestimmt das langfristig kostenoptimale System auszuwählen.

Um sich gegenüber diesem Prognoserisiko abzusichern und auf veränderte Anforderungen schnell und kostengünstig reagieren zu können, sind die Unternehmen gezwungen, verstärkt durch die Erhöhung der Flexibilität von Fertigungssystemen und Fertigungsabläufen auf die gestellten Anforderungen zu reagieren **(Bild 10)**. Dabei müssen sowohl zeitpunktbezogene als auch zeitraumbezogene Aspekte berücksichtigt werden. So kann beispielsweise die zeitpunktbezogene Betrachtung der Kosten eines Produktes bei einer bestimmten Jahresproduktion für ein Fertigungssystem günstige Produktionskosten ergeben. Die zeitraumbezogene Betrachtung für das gleiche Fertigungssystem kann bei der Annahme sich ablösender Produkte jedoch ein anderes Ergebnis erbringen. Bei der Auswahl der Fertigungseinrichtungen sind deshalb die Erweiterbarkeit eines Produktionssystems und die Möglichkeit zur Fertigung sich ändernder Produkte wichtige Kriterien. Es gilt, den optimalen Automatisierungs- und Flexibilitätsgrad für ein sich unter Umständen änderndes Teilespektrum zu ermitteln. Die Aufwärtskompatibilität von Fertigungseinrichtungen und damit die Möglichkeit zur stufenweisen Integration in komplexere Fertigungssysteme sowohl in materialflußmäßiger als auch informationstechnischer Hinsicht wird zunehmend an Bedeutung gewinnen.

Grundsätzlich ist bei der Konzeption und dem Betrieb flexibler Produktionseinrichtungen darauf zu achten, daß die Risiken der technischen und organisatorischen Nichtverfügbarkeit von Produktionsanlagen beherrschbar bleiben. Mit steigendem Komplexitätsgrad der Anlagen erhöhen sich tendenziell beide Risiken.

Insbesondere die organisatorische Verfügbarkeit stellt sich dabei häufig als eine Schwachstelle heraus. Der Umfeldorganisation flexibler Produktionseinrichtungen kommt deshalb erhebliche Bedeutung zu **(Bild 11)**. Funktionen der Werkstück-, Werkzeug- und Vorrichtungsbereitstellung sind ebenso zuverlässig zu organisieren wie auch die sichere Bereitstellung der notwendigen Auftrags-, Betriebs- und Steuerdaten sowie die Ver- und Entsorgung mit Energie- und Hilfsstoffen. Der Werkstattleittechnik als Ergänzung der Produktionsplanungs- und -steuerungssysteme kommt deshalb immer mehr Bedeutung zu. Durch geeignete Maßnahmen in der Fertigung und im Fertigungsvorfeld muß beispielsweise auch verhindert werden, daß teure Produktionseinrichtungen aufgrund hoher Rüstzeiten, vielfach verursacht durch fehlerhafte NC-Programme, schlecht genutzt werden.

Zur Sicherstellung der technischen Verfügbarkeit der Gesamtanlagen muß besonderes Augenmerk auch auf die Zuverlässigkeit der Komponenten und auf eine geeignete Strukturierung gelegt werden. Dabei kommt der datentechnischen Strukturierung der Systeme hinsichtlich des Informationsflusses große Bedeutung zu. Eine sinnvolle hierarchische Strukturierung in der Prozeßführungs- (Zellenrechner-), Steuerungs- und Maschinenebene bietet sich dabei an. Unnötige Reihenschaltungen sind zu vermeiden. Um komplexe Produktionsanlagen zu beherrschen, sollten dezentrale, autonome Strukturen aufgebaut werden. Ziel beim Aufbau flexibler Produktionszellen und bei der Strukturierung manueller Arbeitsplätze muß eine zeitlich und umfangsmäßig begrenzte autonome Produktion innerhalb eines beschränkten Teilespektrums sein. Dies schließt die Integration der Qualitätssicherung in die betrieblichen Abläufe mit ein.

Bei rechnergeführten Arbeitsplätzen geht der Trend dahin, durch geeignete Sensoren und Überwachungs- und Diagnosestrategien die Anlagen-, Prozeß- und Qualitätsüberwachung zu automatisieren. Die Automatisierung dieser Funktionen in Verbindung mit der Handhabungstechnik sollte so strukturiert sein, daß in sich abgeschlossene Fertigungs- oder Montageeinheiten mit definierten Schnittstellen nach außen entstehen. Autonome Fertigungs- und Montagezellen sollten in Zukunft in der Lage sein, selbständig Störungen zu erkennen und Maßnahmen zur Störungsbewältigung einzuleiten. Für Störungen, die durch die lokale Intelligenz der Fertigungssysteme nicht zu bewältigen sind, müssen Mechanismen zur Benutzerunterstützung und Benutzerführung integriert werden. Dazu sind geeignete interaktive Rechnersysteme zur Unterstützung der Systembediener aufzubauen.

Auf Änderungen der Aufgaben und auf Veränderungen der Randbedingungen der Produktion müssen Fertigungs- und Montageanlagen gleichermaßen reagieren können. Montagesysteme müssen, in Analogie zu Fertigungs- und Bearbeitungszentren, zukünftig in der Lage sein, unterschiedliche Aufgaben wirtschaftlich zu bearbeiten **(Bild 12)**.

Wechselnde Montageaufgaben bedeuten Änderungen in Produkten, Programmen und Montagekomponenten. Montagesysteme und deren Komponenten können zum einen durch Umprogrammierung in die Lage versetzt werden, die neue Montageaufgabe durchzuführen. Roboter oder programmierbare Greifer stellen Möglichkeiten dazu dar. Eine derartige Anpassungsmöglichkeit kann als interne Flexibilität bezeichnet werden. Zum anderen bietet sich die Möglichkeit, Montagesysteme durch den Austausch von auftragsangepaßten Komponenten, beispielsweise von Magazinen, an wechselnde Einsatzbedingungen anzupassen (externe Flexibilität).

Grundsätzlich läßt sich ein mit den geschilderten Anpassungsmaßnahmen versehenes flexibles Montagesystem aus auftragsneutralen Einrichtungen, wie kinematischem Basissystem mit Roboter, flexiblen Sensoren, Energieversorgung und Positionierungen, und auftragsspezifischen, peripheren Einrichtungen, wie Greifer und Magazine, aufbauen. Wenn man die auftragsspezifischen Einrichtungen einschließlich der Bauteile auf Montagepaletten unterbringt, kann der Auftragswechsel ähnlich wie bei einem Bearbeitungszentrum durch Austausch der Palette und Aufruf des neuen Programms vollzogen werden.

Im Hinblick auf die Verkürzung der Durchlaufzeit und die Beherrschung der Komplexität kommt neben der Automatisierung der Teilefertigung und Montage der Steuerung der Produktionsbereiche eine zentrale Bedeutung zu **(Bild 13)**. Aufgabe der Leittechnik ist es, sowohl den Informationsfluß als auch den Werkzeug-, Werkstück- und Vorrichtungsfluß innerhalb der Fertigung und der Montage sicherzustellen und zu organisieren. Die Aufgabe der Planung und Überwachung der Auftragsdurchführung muß sich dabei über maschinelle und manuelle Arbeitsplätze erstrecken.

Zukünftig sollten die Leitsysteme jedoch nicht nur als Steuerungssysteme wirken. Aufgabe der Leittechnik wird es sein, durch die Koordinierung autonomer Zellen und Inseln eine optimale Auftragsverteilung sicherzustellen. Aufgaben müssen im Sinne einer Regelung der Produktion erfüllt werden. Leitsysteme müssen dazu in der Lage sein, Planungen prozeßschritthaltend durchzuführen und die Auswirkungen von Störungen auf den gesamten Auftragsdurchlauf zu beurteilen. Neben Aufgaben der Störungserkennung und -beurteilung sollten Regelkreise aufgebaut werden, die Maßnahmen zur Störungsbewältigung selbständig vorschlagen bzw. einleiten. Dies setzt praktisch hierarchisch aufgebaute Strukturen voraus.

Ein regelndes Leitsystem muß dazu Zustandsinformationen aus dem Produktionsbereich erfassen, die aktuelle Situation anhand dieser Betriebsdaten sowie eingegangener Rückmeldungen analysieren und Handlungsbedarf erkennen. Gegebenenfalls müssen Abhilfemaßnahmen ausgewählt, bewertet und durchgesetzt werden. Ziel bei der weiteren Entwicklung der Leittechnik muß es sein, von einer rein vorwärts gerichteten, auf Planparametern basierenden Steuerung zu einer auf den Daten der aktuellen Situation aufsetzenden Regelung des Auftragsdurchlaufes zu gelangen.

Leitsysteme sollten zukünftig die Möglichkeit bieten, die Steuerung und Regelung durch die Simulation zu ergänzen. Datenmodelle, die zur Anlagenplanung aufgebaut wurden, sollten als Modelle zur Simulation von verschiedenen Steuerungsstrategien wieder genutzt werden. Beim Aufbau fortschrittlicher Leitsysteme ist des weiteren darauf zu achten, daß der Systembediener durch die Visualisierung des jeweiligen Systemzustandes und der jeweiligen Simulationsergebnisse optimal unterstützt wird.

5. Mitarbeiterorientierung

Die Optimierung des Gesamtsystems Unternehmen als Antwort auf die sich verändernden Anforderungen führt zu einer steigenden Vernetzung der Aufgaben. Die dargestellten Lösungsansätze führen zu veränderten Produktionsstrukturen sowie zu veränderten Arbeitsinhalten und Arbeitsstrukturen. Die Art der Aufgaben, die eingesetzten Hilfsmittel sowie die ablauf- und aufbauorganisatorischen Strukturen stehen dabei in enger Wechselwirkung miteinander **(Bild 14)**.

Die historische Entwicklung hat uns arbeitsteilige Strukturen sowie die Trennung von „Kopf- und Handarbeit" gebracht. Ein Teil der „Kopfarbeit" wurde in die Planungsabteilungen, also von der Werkstatt in das Büro, verlagert. Kleine Teilaufgaben wurden gebildet, um sie durch Spezialisten besser und wirtschaftlicher lösen zu können. Mechanisierung, Automatisierung und moderne Rechnertechnik haben das Prinzip der Arbeitsteilung konsequent weitergeführt und immer bessere Lösungen für begrenzte Teilaufgaben geschaffen. Für arbeitsteilige Strukturen wurden entsprechende rechnergestützte Hilfsmittel geschaffen. Diese technische und organisatorische Entwicklung hat zu einer starken Betonung der Arbeitsteilung einerseits und der zentralistischen Planung andererseits geführt.

In Zukunft müssen zunehmend komplexer werdende Strukturen beherrscht werden. Das wird nur durch Dezentralisierung möglich sein. Zusammenhängende, an Prozeßketten orientierte Aufgaben müssen dezentral und möglichst autonom gelöst werden. Flachere Entscheidungsregelkreise müssen sich auf kurzen Wegen schließen. Die starke funktionale Trennung zwischen planenden, steuernden und ausführenden Bereichen ist kritisch zu überprüfen.

Die Aufgabenintegration in dezentralen Einheiten erfordert neben Spezialkenntnissen der Mitarbeiter mehr bereichsübergreifende Kenntnisse. Ein besseres Verständnis der Mitarbeiter für das Zusammenwirken aller betrieblichen Teilbereiche, die Bereitschaft und die Fähigkeit, mit einer steigenden Zahl unterschiedlicher Hilfsmittel auch verschiedene Aufgaben durchzuführen, muß zunehmen. Dies bedeutet veränderte, in der Regel höhere Anforderungen an die Mitarbeiter im Unternehmen. Während die körperlichen Belastungen in den Werkstattbereichen weiterhin gesenkt werden können, nehmen dispositive und planende Tätigkeiten zu.

Zu beachten sind in diesem Zusammenhang aber nicht nur die qualitativen Änderungen menschlicher Arbeit, sondern auch die quantitativen Veränderungen **(Bild 15)**. Die relativ kurze Jahresarbeitszeit in der Bundesrepublik, die ungünstige demographische Entwicklung und der Trend zur Dienstleistungsgesellschaft führen dazu, daß in Zukunft in der produzierenden Industrie weniger Menschen mehr schaffen müssen. Dies bestätigt einerseits, daß die Mitarbeiter die wertvollste Ressource sind. Andererseits wird dadurch sicher der Trend zur flexiblen Automatisierung verstärkt. Flexible Arbeitszeitmodelle werden weiter an Bedeutung gewinnen, um die Arbeitszeit der Menschen unabhängig von der Nutzungszeit der Maschinen zu gestalten.

6. Zusammenfassung

Auch in Zukunft wird der Mensch im Mittelpunkt der Fabrik stehen **(Bild 16)**. Es gilt, ihm ein organisatorisches und technisches Umfeld zu bereiten, das die Umsetzung seiner Ideen und seiner Kenntnisse maximal unterstützt. Dabei geht es sowohl im technischen als auch im organisatorischen Bereich darum, ein Optimum zwischen Spezialisierung bzw. Arbeitsteilung einerseits und Integration von Daten und Aufgaben andererseits zu finden. Sowohl bei den Hilfsmitteln als auch im organisatorischen Bereich sind überschaubare, dezentrale und einfach koordinierbare Einheiten zu schaffen. Datentechnische Integration bei Hilfsmitteln und Aufgabenintegration bei den Mitarbeitern des Unternehmens darf nicht zu Strukturen führen, deren Komplexität die Beherrschbarkeit der Aufgaben nicht erlaubt.

Die Ausrichtung der Unternehmen auf den Zeitwettbewerb macht eine systemhafte Umgestaltung erforderlich. Die technischen Hilfsmittel und organisatorischen Ansätze sind weitgehend verfügbar. Die Fähigkeit der Mitarbeiter, in geeigneten Unternehmensorganisationen auf die Herausforderungen der Zukunft mit dem Einsatz geeigneter Hilfsmittel zu reagieren, wird den Unternehmenserfolg in Zukunft entscheidend mitbestimmen. Unter Beachtung der Wechselwirkungen zwischen Mitarbeiter, Organisation und Technik und ist ein ganzheitliches Optimum anzustreben.

7. Literatur

/1/ **Porter, M.**:Wettbewerbstrategie (Competitive Strategy); Campus Verlag Frankfurt, 1984

/2 **Lutz, P.**: Leitsysteme für die rechnerintegrierte Auftragsabwicklung, iwb-Forschungsbericht 16, Springer Verlag, Berlin, Heidelberg, New York, Tokyo 1988

/3/ **Reithofer, N.**: Nutzungssicherung von flexibel automatisierten Produktionsanlagen, iwb-Forschungsbericht 10, Springer Verlag, Berlin, Heidelberg, New York, Tokyo 1987

/4/ **Groha, A.**: Universelles Zellenrechnerkonzept für flexible Fertigungssysteme, iwb-Forschungsbericht 14, Springer Verlag, Berlin, Heidelberg, New York, Tokyo 1988

/5/ **Jäger, A.**: Sytematische Planung von Produktionsanlagen, iwb-Forschungsbericht 31, Springer Verlag, Berlin, Heidelberg, New York, Tokyo 1990

/6/ **Diess, H.**: Rechnerunterstützte Entwicklung flexibel automatisierter Montageprozesse, iwb-Forschungsbericht 11, Springer Verlag, Berlin, Heidelberg, New York, Tokyo 1988

/7/ **Milberg, J., Koepfer, T., Schrüfer, N.**: 3D-grafisch interaktive Arbeitsplanung; wt Werkstatttechnik 8/1990, S. 445-448, Springer-Verlag 1990

/8/ **Wrba, P.**: Simulation als Werkzeug in der Handhabungstechnik, iwb-Forschungsbericht 25, Springer Verlag, Berlin, Heidelberg, New York, Tokyo 1990

/9/ **Pfrang, W.**: Rechnergestützte und grafische Planung manueller und teilautomatisierter Arbeitsplätze, iwb-Forschungsbericht 29, Springer Verlag, Berlin, Heidelberg, New York, Tokyo 1990

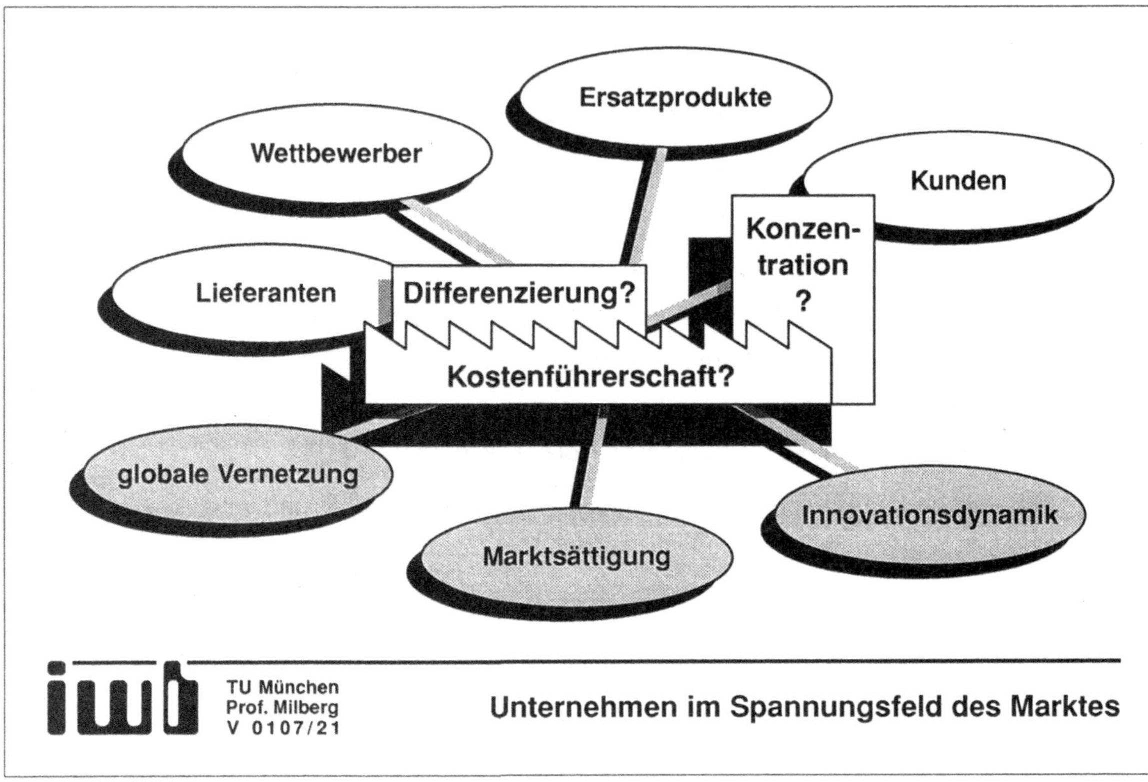
Ersatzprodukte
Wettbewerber
Kunden
Konzen-
tration
?
Lieferanten
Differenzierung?
Kostenführerschaft?
globale Vernetzung
Innovationsdynamik
Marktsättigung
TU München
Prof. Milberg
V 0107/21
Unternehmen im Spannungsfeld des Marktes

Bild 1

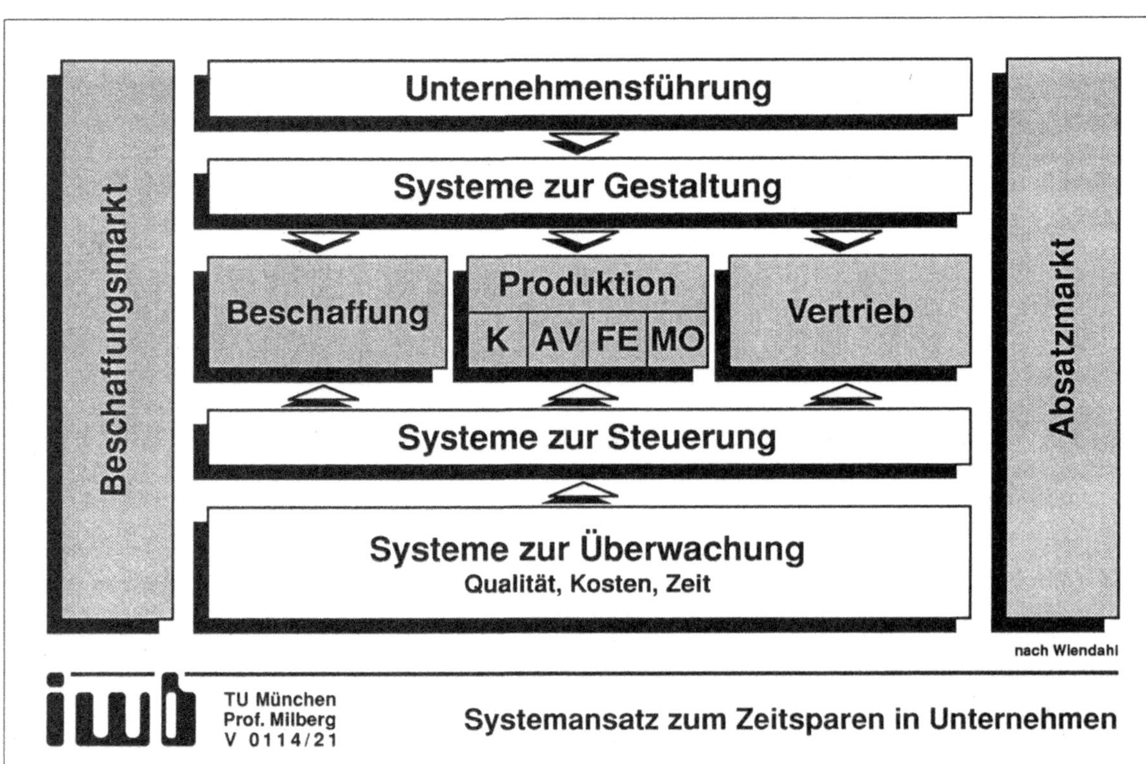
Beschaffungsmarkt
Unternehmensführung
Systeme zur Gestaltung
Beschaffung
Produktion
K
AV
FE
MO
Vertrieb
Systeme zur Steuerung
Systeme zur Überwachung
Qualität, Kosten, Zeit
Absatzmarkt
nach Wiendahl
TU München
Prof. Milberg
V 0114/21
Systemansatz zum Zeitsparen in Unternehmen

Bild 2

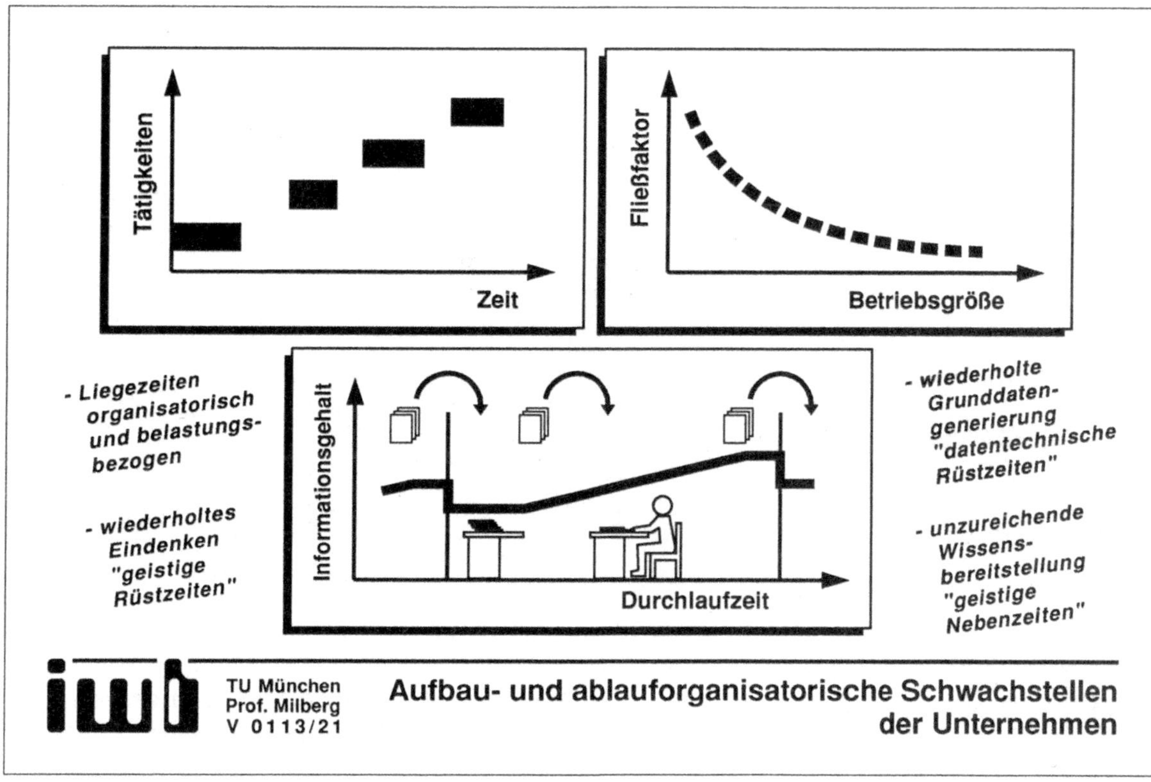
Tätigkeiten
Zeit
Fließfaktor
Betriebsgröße
- Liegezeiten organisatorisch und belastungsbezogen
- wiederholtes Eindenken "geistige Rüstzeiten"
Informationsgehalt
Durchlaufzeit
- wiederholte Grunddatengenerierung "datentechnische Rüstzeiten"
- unzureichende Wissensbereitstellung "geistige Nebenzeiten"
iwb
TU München
Prof. Milberg
V 0113/21
Aufbau- und ablauforganisatorische Schwachstellen der Unternehmen

Bild 3

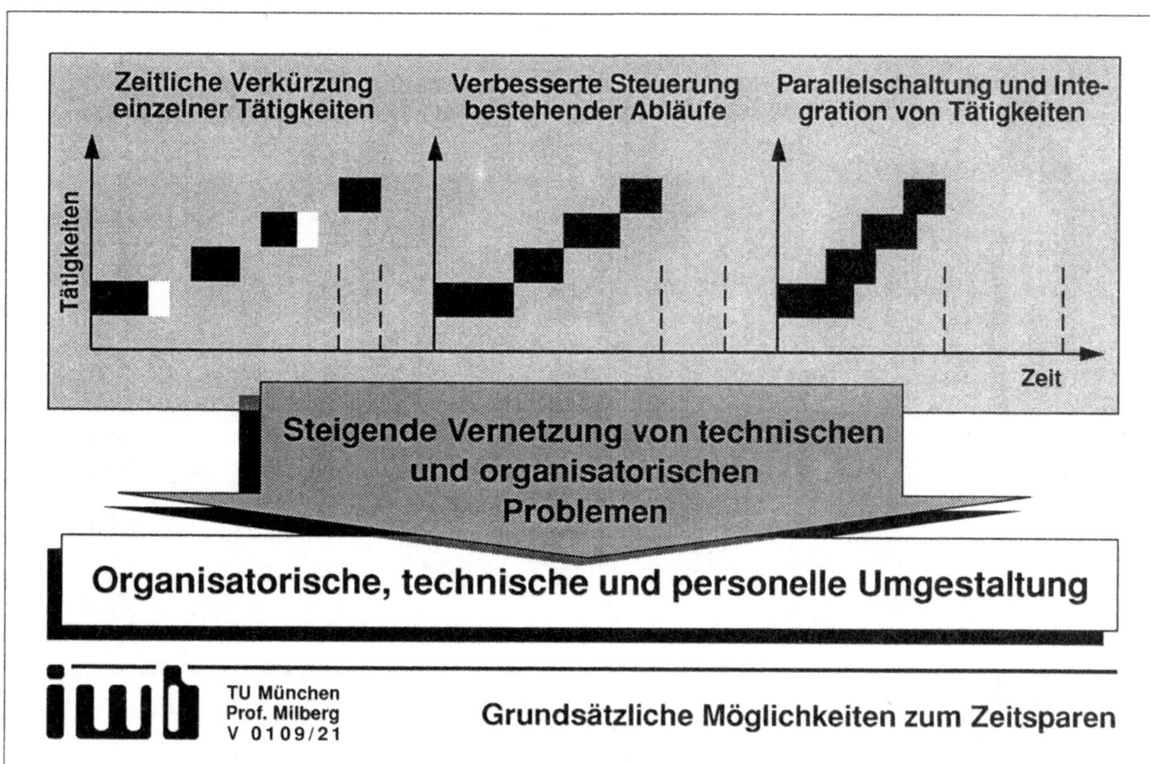
Zeitliche Verkürzung einzelner Tätigkeiten
Verbesserte Steuerung bestehender Abläufe
Parallelschaltung und Integration von Tätigkeiten
Tätigkeiten
Zeit
Steigende Vernetzung von technischen und organisatorischen Problemen
Organisatorische, technische und personelle Umgestaltung
iwb
TU München
Prof. Milberg
V 0109/21
Grundsätzliche Möglichkeiten zum Zeitsparen

Bild 4

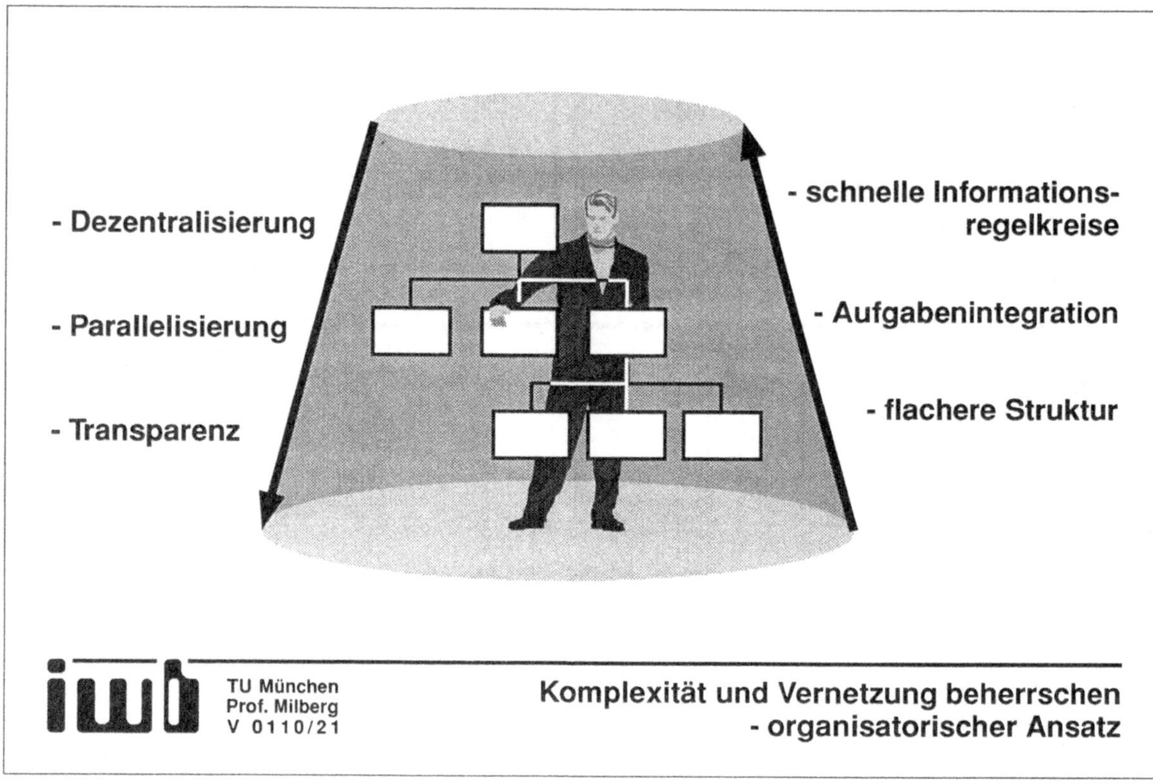
- Dezentralisierung
- Parallelisierung
- Transparenz
- schnelle Informations-
regelkreise
- Aufgabenintegration
- flachere Struktur
TU München
Prof. Milberg
V 0110/21
Komplexität und Vernetzung beherrschen
- organisatorischer Ansatz

Bild 5

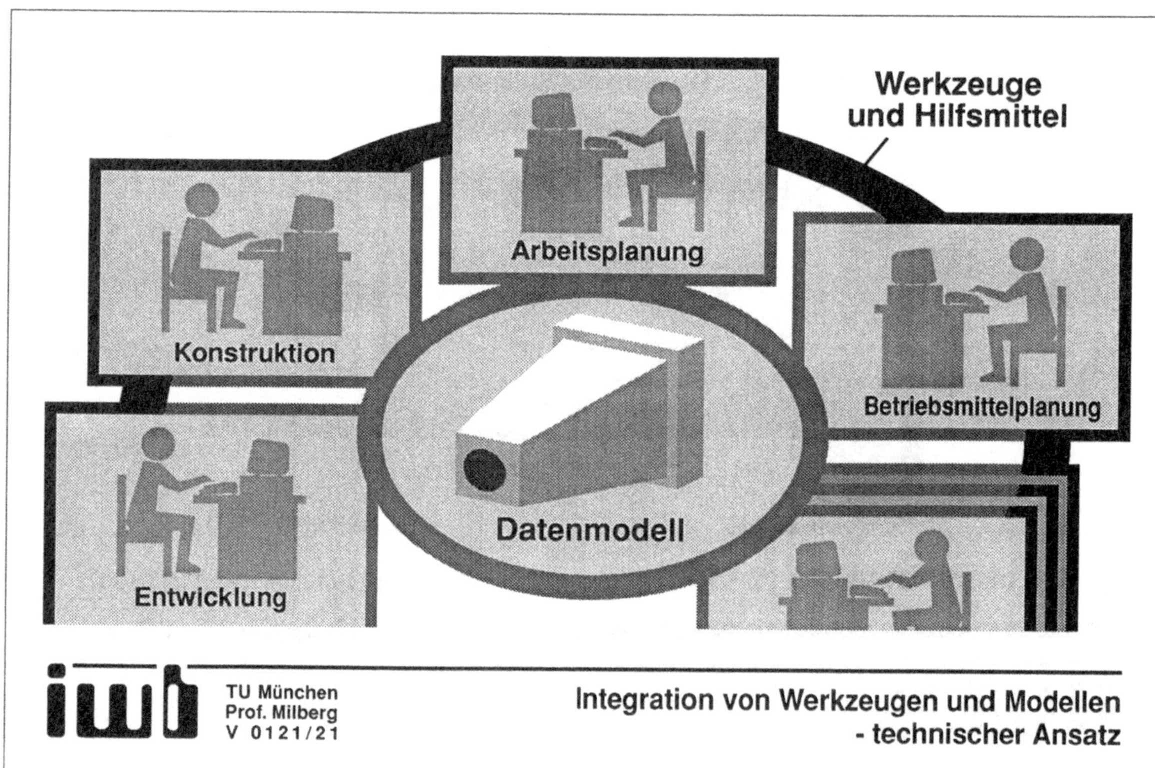
Werkzeuge
und Hilfsmittel
Arbeitsplanung
Konstruktion
Betriebsmittelplanung
Datenmodell
Entwicklung
TU München
Prof. Milberg
V 0121/21
Integration von Werkzeugen und Modellen
- technischer Ansatz

Bild 6

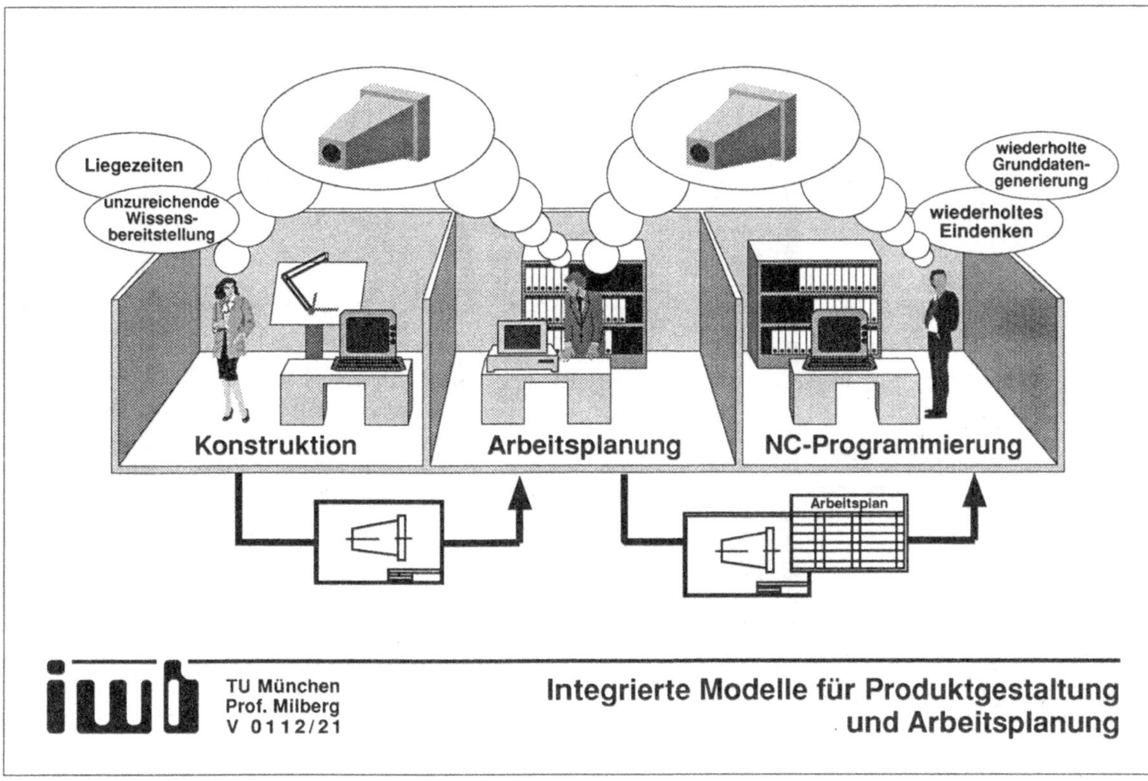
Liegezeiten
unzureichende Wissens-bereitstellung
wiederholte Grunddaten-generierung
wiederholtes Eindenken
Konstruktion
Arbeitsplanung
NC-Programmierung
Arbeitsplan
TU München
Prof. Milberg
V 0112/21
Integrierte Modelle für Produktgestaltung und Arbeitsplanung

Bild 7

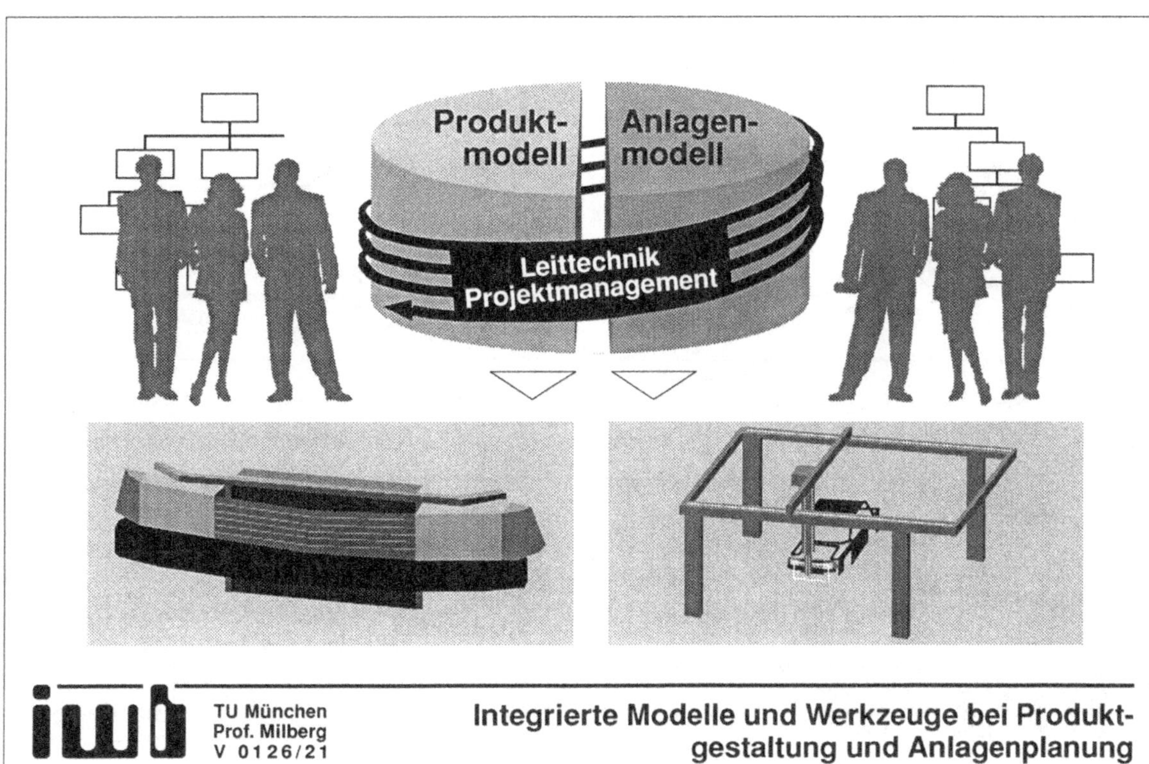
Produkt-modell
Anlagen-modell
Leittechnik
Projektmanagement
TU München
Prof. Milberg
V 0126/21
Integrierte Modelle und Werkzeuge bei Produkt-gestaltung und Anlagenplanung

Bild 8

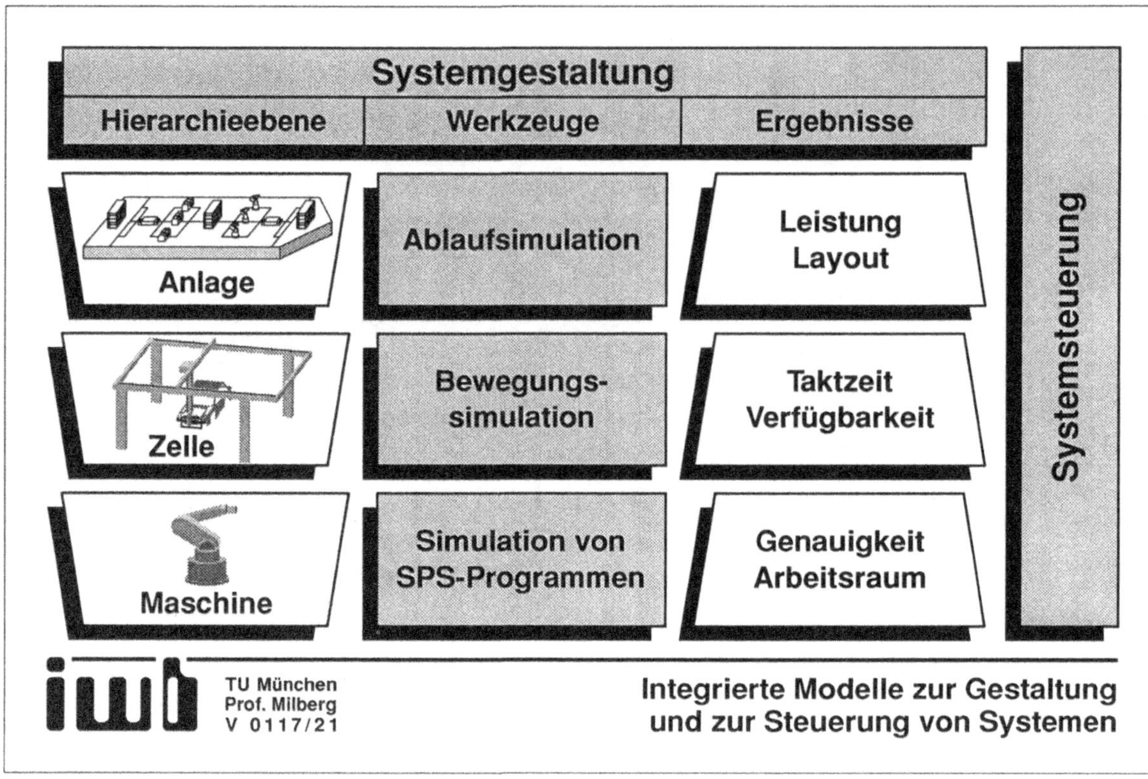

Bild 9

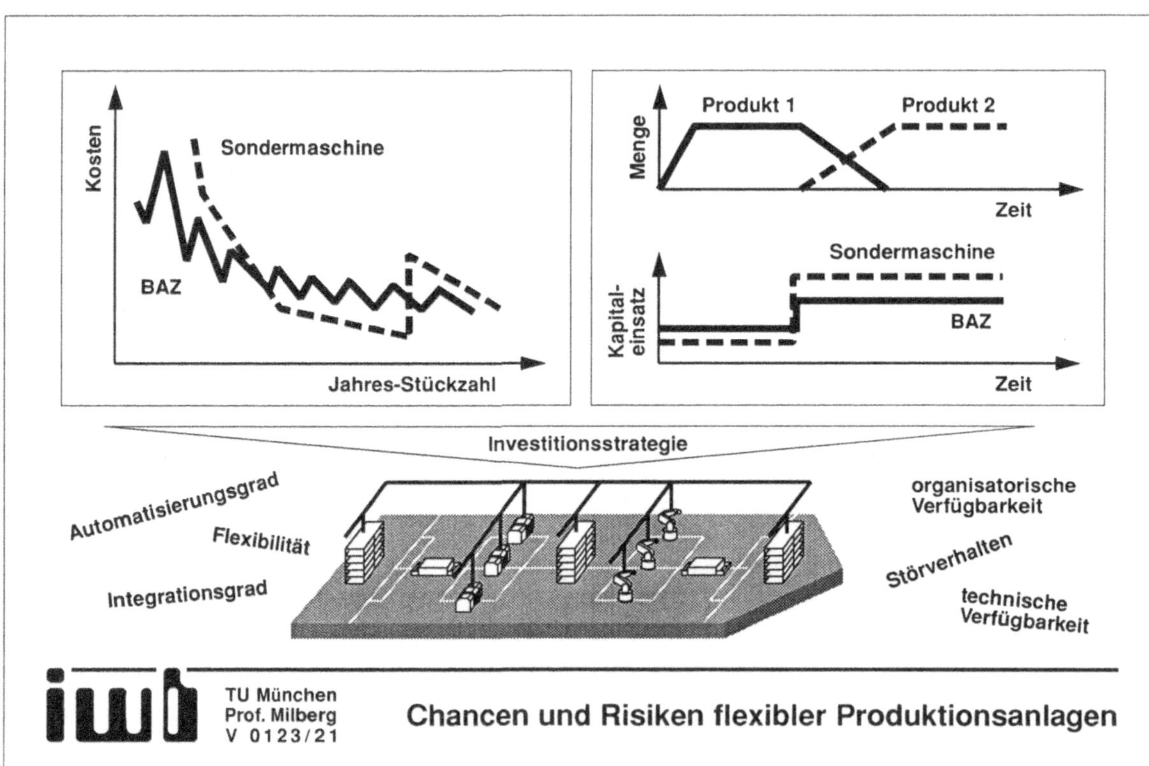

Bild 10

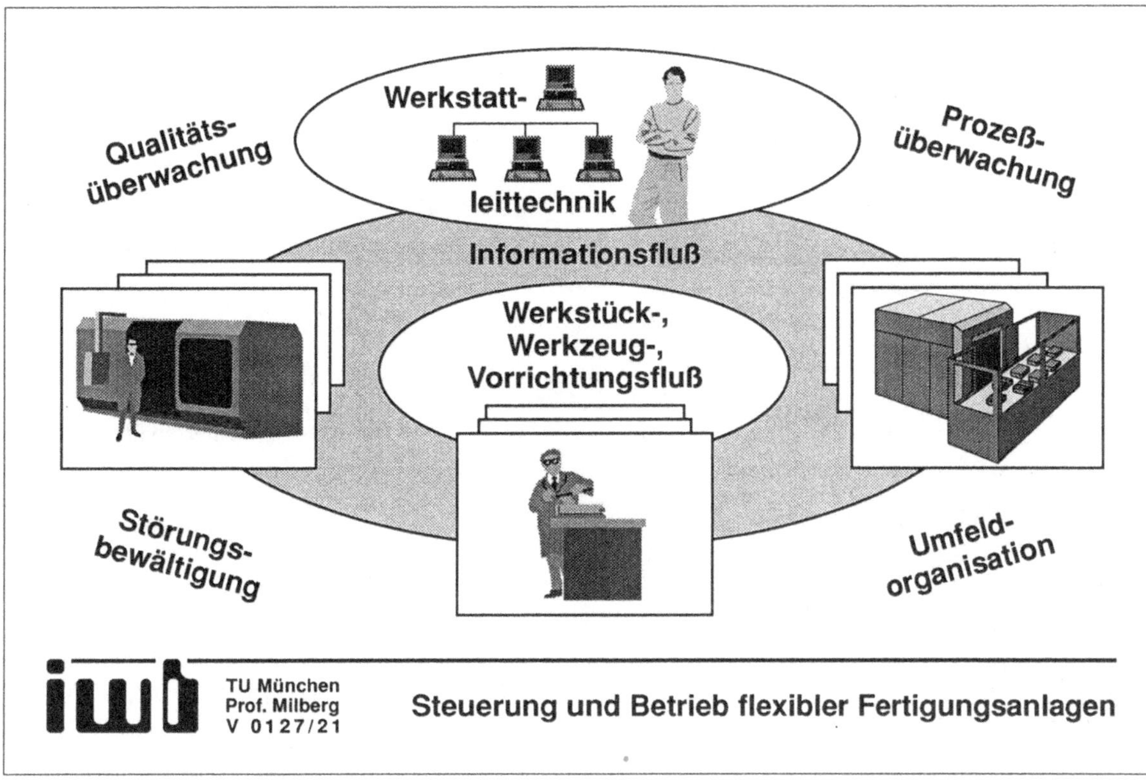

Bild 11

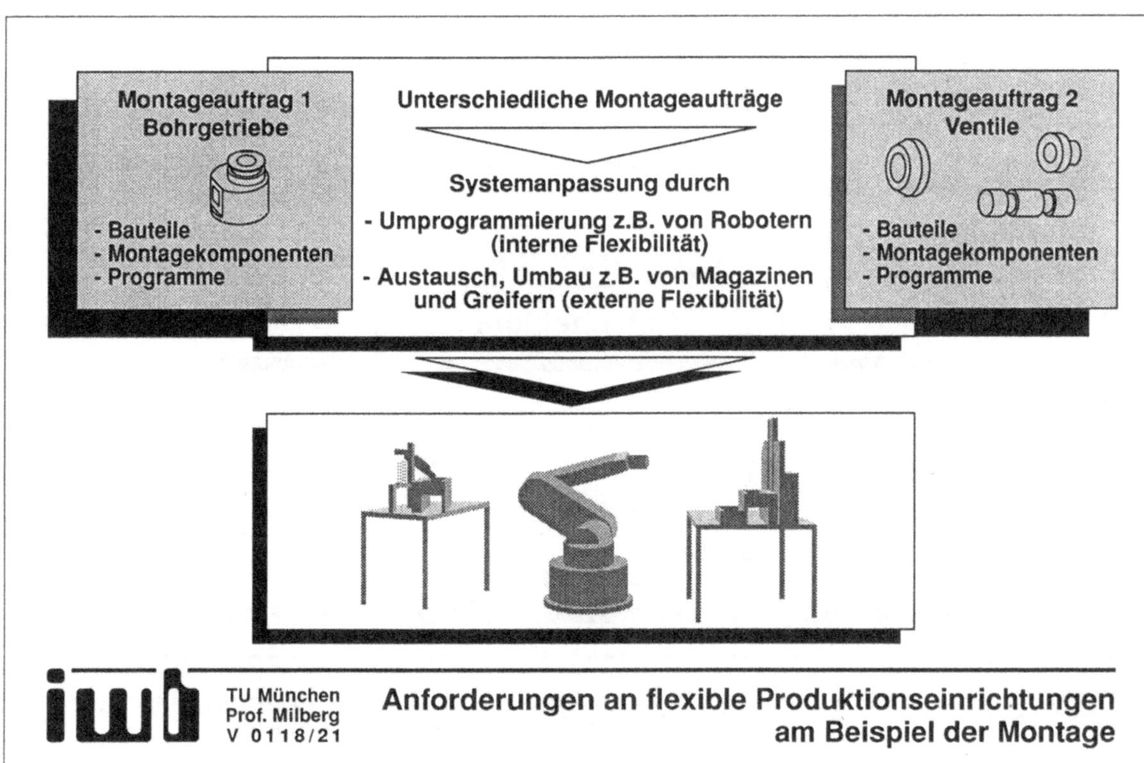

Bild 12

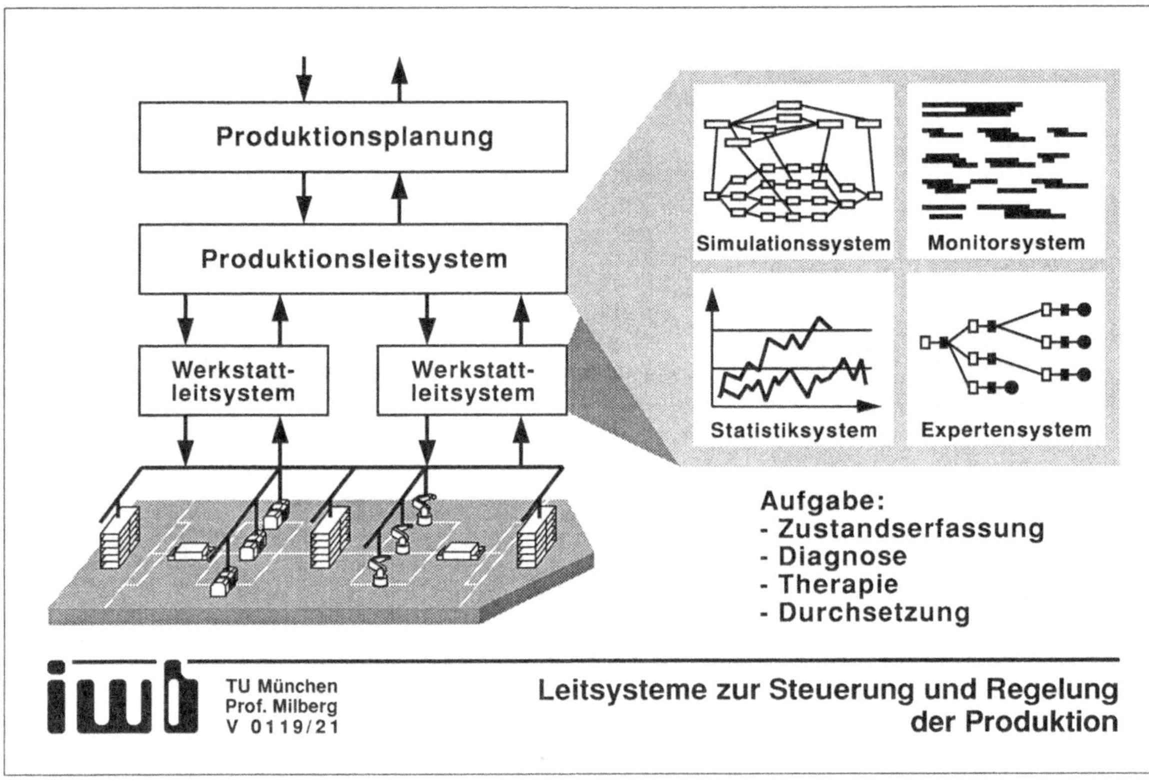

Bild 13

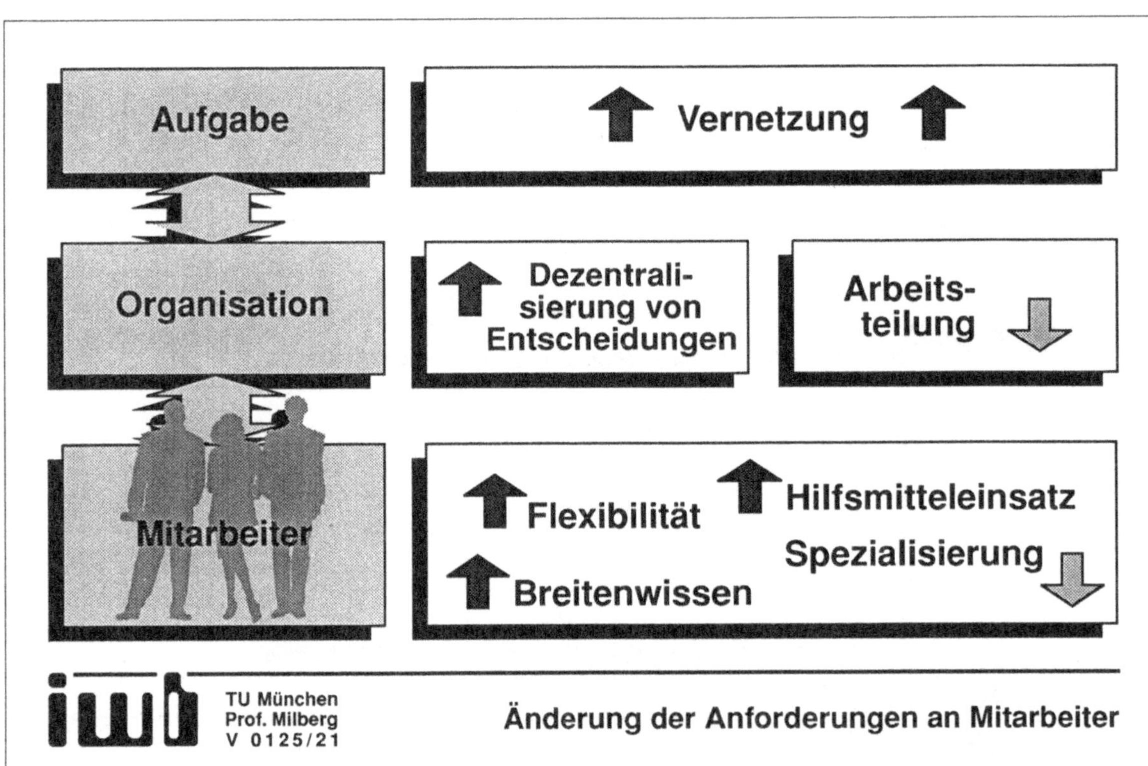

Bild 14

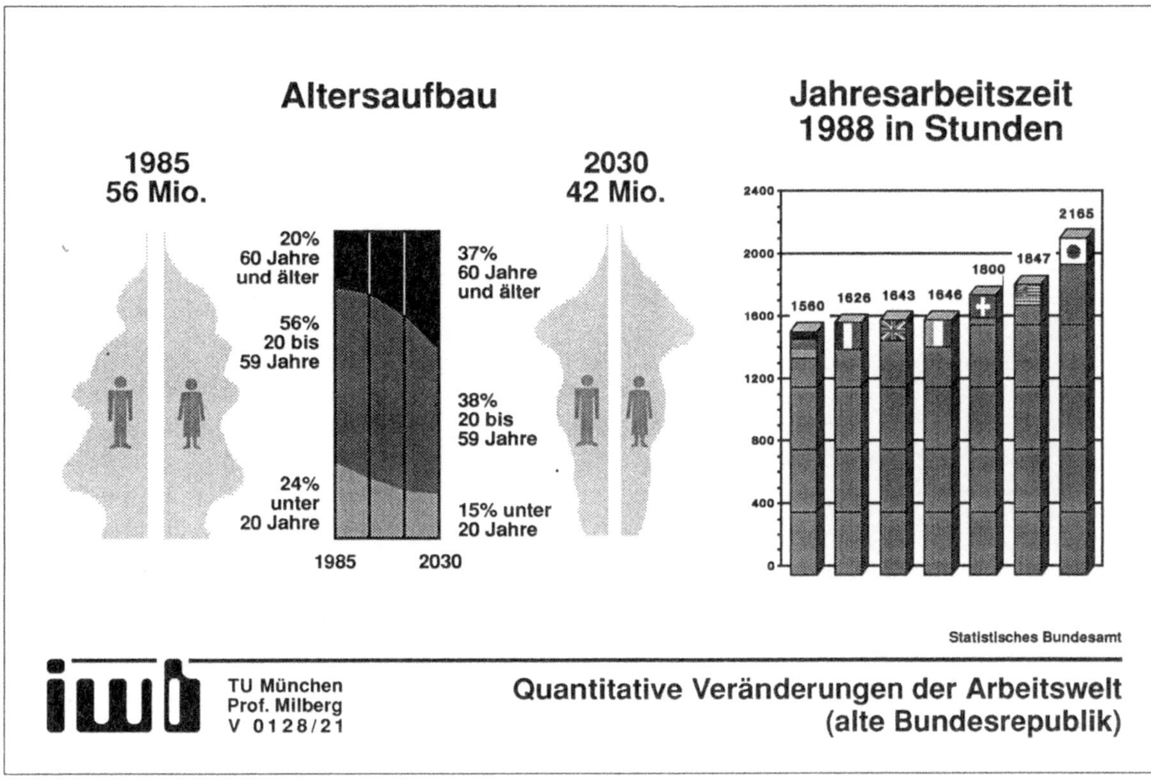

Bild 15

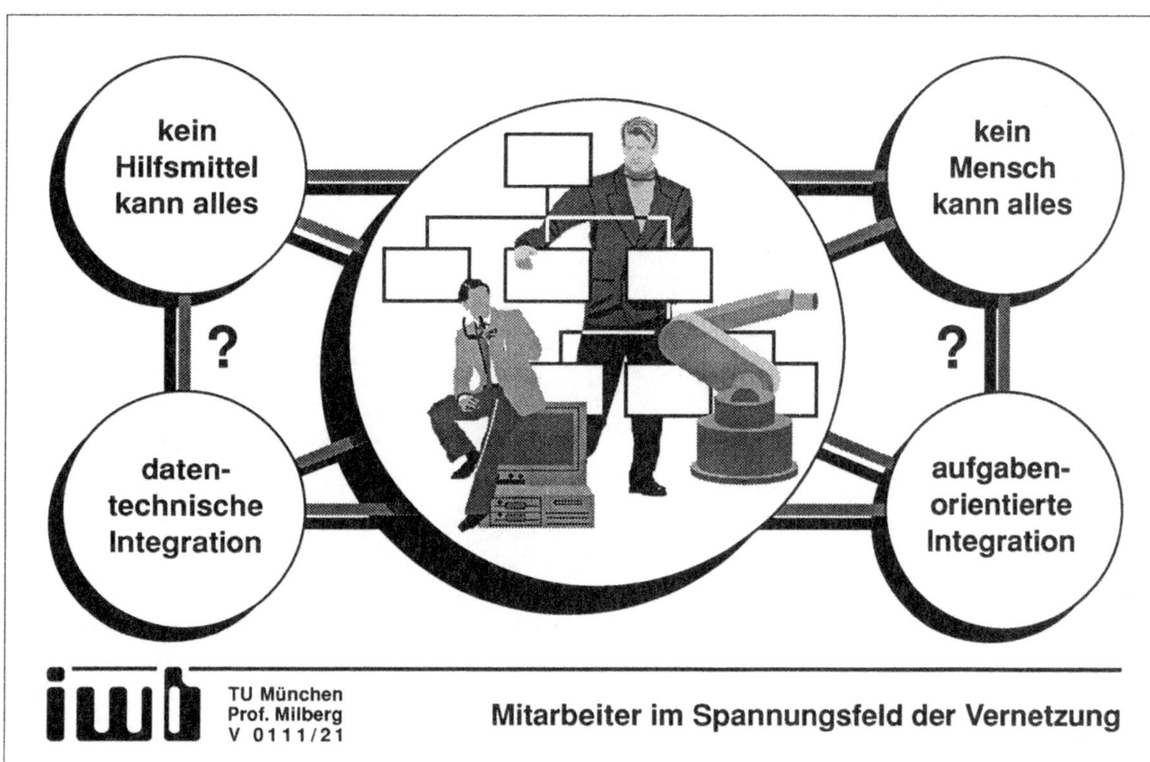

Bild 16

Münchener Kolloquium '91

Wettbewerbsfaktor Zeit in Produktionsunternehmen

28. Februar/1. März 1991
München

Zeitwettbewerb – Herausforderung für die Unternehmensstrategie der 90er Jahre

Heinrich Rutt
The Boston Consulting Group

Institut für Werkzeugmaschinen
und Betriebswissenschaften
Technische Universität München

1

Zeitwettbewerb – Herausforderung für die Unternehmensstrategie der 90er Jahre

1. Zeit als Schlüsselvariable des wettbewerblichen Erfolgs in den 90er Jahren
2. Das Erzielen wettbewerblicher Zeitvorteile stellt ausgesprochen hohe Anforderungen an die Organisationen, die sie erreichen wollen. Der Prozeß dahin kann nur top down erfolgen

1. Zeit als Schlüsselvariable des wettbewerblichen Erfolgs in den 90er Jahren

Zeit wird als Erfolgsvariable Nummer eins im Vordergrund der wettbewerblichen Auseinandersetzung der Zukunft stehen. Die Kernfähigkeit, schnell zu reagieren und Leistungsprozesse zu beschleunigen, wird entscheidend sein bei der Frage, wer Marktpositionen aufbauen und verteidigen kann.

Zeitwettbewerb bietet nicht nur Vorteile in der wettbewerblichen Auseinandersetzung, also nach außen, sondern auch intern. Während nach außen folgende Kriterien im Vordergrund stehen

- rascher Einstieg bei neuen Technologien
- hohe Innovationsrate
- höhere Qualität
- Erzielung von Preisprämien gegenüber dem durchschnittlichen Preisniveau
- höhere Marktanteile

kommen intern folgende Vorteile zum Tragen:

- Kostensenkung durch Entfall von Leer- und Wartezeiten, Doppelarbeit und fehlerhaften Leistungen
- höherer Durchsatz bei gleicher Kapazität
- bessere Planungs- und Prognosemöglichkeiten durch höhere Flexibilität
- schnellerer Lernprozeß und höhere Motivation bei den Mitarbeitern.

Zeit ist, wenn man so will, eine Kernfähigkeit, die alle Aspekte der Wettbewerbsfähigkeit umfaßt:

- Wer schnell ist, kann Kosten senken.
- Schnelle Prozesse setzen hohe Qualität als Muß voraus; Ausschuß und Nacharbeit entfallen.
- Schnelligkeit führt zur Flexibilität und damit zur Möglichkeit, Produkte zu individualisieren und den Kundenwünschen anzupassen.
- Das Mithalten mit Technologieprozessen wird wesentlich erleichtert, wenn die Konstruktions- und Entwicklungsfunktion flexibel und schnell arbeitet.
- Anforderungen an Information und Planung werden um so weniger kritisch, je besser sich das Unternehmen in seinen Leistungsprozessen flexibel an veränderte Marktbedingungen anpassen kann.

2. Das Erzielen wettbewerblicher Zeitvorteile stellt ausgesprochen hohe Anforderungen an die Organisationen, die sie erreichen wollen. Der Prozeß dahin kann nur top down erfolgen

Es ist zu beobachten, daß Vorteile durch Zeitwettbewerb heute im wesentlichen durch japanische Unternehmen wahrgenommen werden. Diese haben sich zum Teil über Jahrzehnte Schritt für Schritt von traditionellen Unternehmen zu Zeitwettbewerbern entwickelt. Heute beginnen einige westliche Unternehmen in den USA und Europa ebenfalls, die Vorteile des Zeitwettbewerbs zu erkennen. Sie versuchen in der Regel, im Wege von Einzelprojekten auf bestimmten Gebieten zeiteffizienter zu werden. In den meisten Fällen wird dabei jedoch übersehen, daß nur eine grundlegende Änderung der Organisation insgesamt nachhaltige Zeitvorteile erbringen kann. Hierzu ist es notwendig, **alle** Funktionen des Unternehmens in den Prozeß miteinzubeziehen. Vorherrschende Glaubenssätze und Verhaltensweisen müssen in Frage gestellt werden.

Es ist zu beobachten, daß zeitoptimierte Organisationen als Folge des Prozesses grundsätzlich anders aussehen als traditionelle Organisationen. **(Bild 9)**

ORGANISATIONSMERKMALE

TRADITIONELLE ORGANISATION ZEITOPTIMIERTE ORGANISATION

Auch das Führungsverhalten ändert sich grundlegend: **(Bild 10)**

FÜHRUNGSVERHALTEN

TRADITIONELLE ORGANISATION ZEITOPTIMIERTE ORGANISATION

In den mehr als 200 Projekten, die BCG zum Thema Zeitwettbewerb bisher durchgeführt hat, zeigt sich, daß die erfolgreiche Entwicklung zum Zeitwettbewerber nur dann erfolgreich sein kann, wenn der Prozeß von oben initiiert wird und das volle Commitment der Führungsebene hat.

Die Ziele, die am Anfang des Prozesses stehen, müssen ambitioniert sein. Beispielsweise ist ein Ziel von 5 - 10 % Zeiteinsparung deshalb nicht sinnvoll, weil nur eine Marginalverbesserung erzielt wird. Zielführender ist eine Zielsetzung etwa von 50 % Zeitreduktion, so wie sie in unserer Klientenarbeit üblich ist.

Der Vorstand muß deutlich machen, daß es beim Thema Zeitwettbewerb nicht um ein Programm geht (ähnlich einer Gemeinkostenanalyse oder einer Wertanalyse in der Fertigung), sondern darum, die Organisation insgesamt in Philosophie und Denkweise zu verändern.

Zeitwettbewerber beschäftigen sich mit dem Thema „Zeit" nicht einmal, sondern dauernd und nicht über eine Laufstrecke von Monaten, sondern Jahren oder Jahrzehnten.

Bei Zeitwettbewerbern werden traditionelle Incentive-Systeme zumindest teilweise durch Zeit-Incentives ersetzt oder ergänzt.

All dies spricht dafür, den Prozeß der Umsetzung von Zeitvorteilen ausgesprochen sorgfältig zu planen und in den Zielen deutlich von oben zu kommunizieren. Es ist erforderlich, die Information über frühe Erfolge des Zeitwettbewerbs in bestimmten Teilbereichen breit zu kommunizieren und eine möglichst große Zahl von Mitarbeitern in den Prozeß miteinzubeziehen.

Die Tragweite der Veränderungen durch Zeitwettbewerb ist so groß, daß in der Regel nur der klar signalisierte Wille von oben den Prozeß initiieren kann. Die erfolgreiche Umsetzung und Realisierung von Zeitvorteilen erfordert dann zusätzlich die Überzeugung und Kooperation **aller** Mitarbeiter einer Organisation.

KERNFÄHIGKEITEN FÜR WETTBEWERSERFOLG

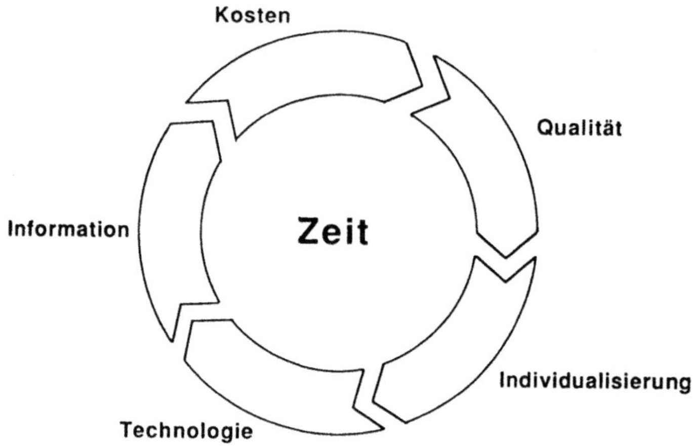

The Boston Consulting Group	**Kernfähigkeiten für Wettbewerbserfolg**	H. Rutt

Bild 1

ZEITWETTBEWERB BIETET SOWOHL EXTERNE ALS AUCH INTERNE VORTEILE

Externe Vorteile

- Rascher Einstieg bei neuen Technologien
- Höhere Innovationsrate
- Berücksichtigung kundenspezifischer Wünsche
- Höhere Qualität
- Höhere Kundenloyalität
- Preisprämien
- Höhere Marktanteile

Interne Vorteile

- Konstensenkung/höherer Durchsatz
- Genauere Prognosen/bessere Planung
- Organisatorische Flexibilität
- Schnellerer Lernprozeß und ständige Verbesserungen
- Höhere Motivation

The Boston Consulting Group	**Zeitwettbewerb bietet sowohl externe als auch interne Vorteile**	H. Rutt

Bild 2

GESCHWINDIGKEIT UND QUALITÄT

"Reducing the 'total cycle time' is another vital part of the company's quality initiative. In the case of new products, Motorola's cycle time reduction programm starts the clock ticking the moment the product is conceived. This calls for an examination of the local system, including design, manufacturing, marketing and administration."

Motorola's quality strategy

The Boston Consulting Group	**Geschwindigkeit und Qualität**	H. Rutt

Bild 3

BESCHLEUNIGUNG BEI KONSTRUKTIONS-ÄNDERUNGEN (4)

Aufbau der Wertschöpfung über die Durchlaufzeit

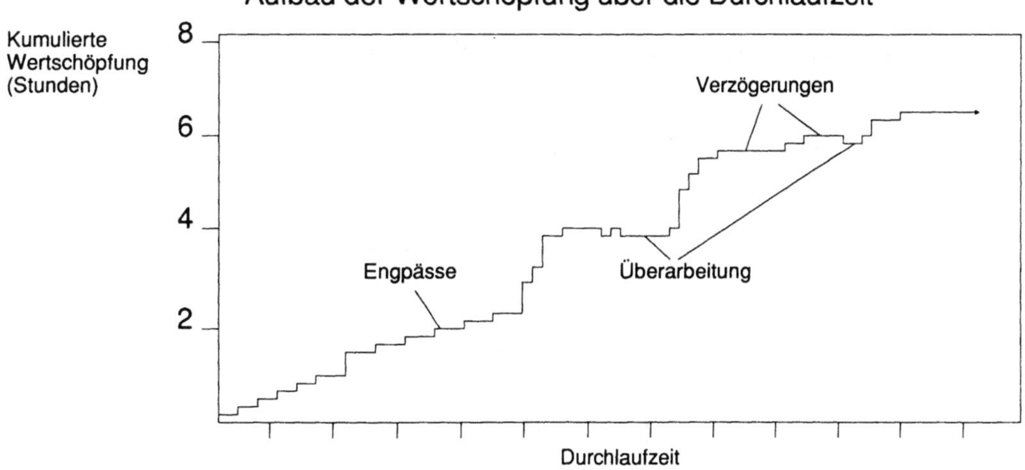

The Boston Consulting Group	**Beschleunigung bei Konstruktionsänderungen (4)**	H. Rutt

Bild 4

WARUM SIND NICHT MEHR UNTERNEHMEN ZEITWETTBEWERBER?

Es ist nicht leicht, ein echter Zeitwettbewerber zu werden.

AUFWAND	NUTZEN
Langfristiger, aufwendiger Prozeß, der strukturelle Veränderungen voraussetzt	Wettbewerbsvorteil, der dauerhaft und schwer zu kopieren ist

The Boston Consulting Group	**Zeitwettbewerber**	H. Rutt

Bild 5

WIE WERDE ICH ZEITWETTBEWERBER?

Vorstandssache - "Top down"

Ziel: 50% Reduktion - nicht 5%

Methode: durchgängig und rigoros

Ergebnispotential: extern - nicht nur intern

→ Strategische Vorteile

The Boston Consulting Group	**Wie werde ich Zeitwettbewerber?**	H. Rutt

Bild 6

ORGANISATIONSMERKMALE

TRADITIONELLE ORGANISATION	ZEITOPTIMIERTE ORGANISATION
Entscheidungsbefugnis nach Rang	Entscheidungsbefugnis nach Kompetenz/Erfahrung
Formale Strukturen und Abläufe	Immanente Werte und Ziele
Management versus Ausführung	Geteilte Verantwortung
Feste Aufgabenbereiche	Flexible Aufgabenbereiche
Hoher Grad an Spezialisierung	Hoher Grad an Integration
Geschlossene Systeme	Offene Systeme
Lange Kontrollwege	Kurze Kontrollwege
Abweichungen werden nach vorgegebenen Richtlinien (zentral) korrigiert	Abweichungen werden ad hoc nach Kompetenzanforderungen korrigiert

The Boston Consulting Group	Organisationsmerkmale	H. Rutt

Bild 7

VORSTANDSSACHE - "TOP DOWN" (1)

Die häufigsten Gründe für ungenügendes Engagement

* **Überlastung durch weitere Projekte führt zur Delegation nach unten**

  "Schon wieder ein Programm"

* **Kollision des Projektes mit dem primären Ziel der Ergebnisverbesserung**

  "Ich muß mein nächstes Planziel erreichen"

* **Arbeitsüberlastung**

  "Die kritischen Erfahrungsträger müssen das Geschäft machen."

The Boston Consulting Group	**Vorstandssache - "Top down" (1)**	H. Rutt

Bild 8

VORSTANDSSACHE - "TOP DOWN" (2)

TBM muß von der Spitze der Organisation ausgehen

*** Um zum Zeitwettbewerber zu werden, muß man**

- **alte Annahmen und Glaubenssätze in Frage stellen**
- **bestehende Prozesse aufbrechen**
- **die Organisation zu anderem Verhalten führen**
- **die Mitarbeiter motivieren, in einen *dauernden* Änderungsprozeß einzutreten**

The Boston Consulting Group	**Vorstandssache - "Top down" (2)**	H. Rutt

Bild 9

FÜHRUNGSPHILOSOPHIE

TRADITIONELLE ORGANISATION	ZEITOPTIMIERTE ORGANISATION
Externe Kontrolle	Selbstkontrolle
Weisungsgebundenes Verhalten	Proaktives Verhalten
Strukturen/Systeme engen ein	Strukturen/Systeme (soweit vorhanden) unterstützen
Implizites Mißtrauen	Implizites Vertrauen
Schwerpunkt der Organisationsentwicklung: Abläufe und Richtlinien	Schwerpunkt der Organisationsentwicklung: Kultur

The Boston Consulting Group	**Führungsphilosophie**	H. Rutt

Bild 10

ZIEL: 50% REDUKTION - NICHT 5%

Erfolge durch Zeitwettbewerb bei BCG-Projekten

INDUSTRIE	SCHWERPUNKT DES PROJEKTS	VERKÜRZUNG DER DURCHLAUFZEIT
Autokomponenten	Lieferzyklus	45%
Consumer Durables	F&E-Zyklus Lieferzyklus	60% 90%
Baumaschinen	F&E-Zyklus	40%
Spezialpapier	Lieferzyklus	70%
Telephongeräte	F&E-Zyklus	35%
Dieselmotoren	F&E-Zyklus	30%
Hypothekenkredite	Lieferzyklus	70%
Anlagenbauer der Rüstungsindustrie	Angebotserstellung	55%
Elektrogeräte	Lieferzyklus	50%

The Boston Consulting Group	**Erfolge durch Zeitwettbewerb bei BCG-Projekten**	H. Rutt

Bild 11

METHODE: DURCHGÄNGIG UND RIGOROS

BCG schöpft aus einem Fundus von ca. 240 Seiten weltweit zum Thema Zeitwettbewerb.

M9-Methodik wurde daraus entwickelt und hat sich bewährt.

Tools und Analysehilfsmittel sind kondensiert und als Trainingsmittel aufbereitet.

The Boston Consulting Group	**Methode: durchgängig und rigoros**	H. Rutt

Bild 12

STRATEGISCHE VORTEILE DURCH ZEITWETTBEWERB (1)

Im Bereich von "High-Tech"-Geschäften

* Hohe Innovationsrate
* Frühe Besetzung von Märkten
* Etablieren von Standards
* Ausnutzen neuer Anwendungen/Segmente

Im Bereich fertigungsgetriebener Geschäfte

* Geringere Kosten
* Höhere Vielfalt
* Kürzere Lieferzyklen
* Höhere Qualität
* Höhere Kundenloyalität
* Höhere Marktanteile/Preisprämien

The Boston Consulting Group	**Strategische Vorteile durch Zeitwettbewerb (1)**	H. Rutt

Bild 13

STRATEGISCHE VORTEILE DURCH ZEITWETTBEWERB (2)

Im Bereich von Projektgeschäften

* Kürzere Angebotszyklen (Angebot = Produkt)
* Höhere Planungssicherheit (auch für den Kunden)
* Spätere Spezifikation (Änderungsmöglichkeiten für den Kunden)
* Höhere Erfolgsquoten
* Weniger lange Planungshorizonte/geringere Komplexität (geringere Kosten)
* Termingerechte Auftragsabwicklung
* Geringere Kapitalbindung

The Boston Consulting Group	**Strategische Vorteile durch Zeitwettbewerb (2)**	H. Rutt

Bild 14

STRATEGISCHE VORTEILE DURCH ZEITWETTBEWERB (3)

Im Bereich der Konsumgüter/Markenartikel

* Höhere Investitionsgeschwindigkeit
* Individualisierung ("Segment-of-One")
* Höhere Kundenloyalität durch Liefertermintreue

The Boston Consulting Group	**Strategische Vorteile durch Zeitwettbewerb (3)**	H. Rutt

Bild 15

Münchener Kolloquium '91

Wettbewerbsfaktor Zeit in Produktionsunternehmen

28. Februar/1. März 1991
München

Zeitorientierte Ablauforganisation – Anforderungen, Ansatzpunkte, Instrumente

Dipl.-Ing. B. Pischetsrieder
BMW AG

Institut für Werkzeugmaschinen
und Betriebswissenschaften
Technische Universität München

Zeitorientierte Ablauforganisation - Anforderungen, Ansatzpunkte, Instrumente

1. **Einleitung**
2. **Ansatzpunkte zur Verkürzung der Entwicklungszeit**
3. **Gestaltung einer zeitorientierten Ablauforganisation**
4. **Hilfsmittel zur schnelleren Projektabwicklung**
5. **Resümee**

1. Einleitung

Die Qualität unternehmerischen Handelns wird nicht durch eine abstrakte Entscheidungsqualität, sondern dominant durch den Zeitpunkt der Entscheidung bestimmt. Entscheidungen können erst dann als richtig oder falsch eingestuft werden, wenn ihre Folgen beurteilbar sind. Der Aussage: „Seiner Zeit voraus sein", kann somit erst im nachhinein zugestimmt werden. Gerade heute, in einem sich permanent im Wandel befindlichen Markt, kann das, was gestern noch richtig war, bereits morgen seine Gültigkeit verlieren. Noch zu Anfang der 80er Jahre waren viele Unternehmen in der Lage, durch gezielte Marktanalysen das Marktverhalten bzw. den Trend für einen längeren Zeitraum zu prognostizieren **(Bild 1)**. Kontinuität des Marktes und konstantes Wachstum waren gegebene Voraussetzungen für eine hinreichende Aussagesicherheit. Es blieb ausreichend Zeit, um sich auf das Neue einzustellen und auf dem Markt Akzente zu setzen. Wer dies nicht tat, war kein Unternehmer, sondern Unterlasser.

Die Märkte für kurz- und langlebige Konsumgüter (auch manche Investitionsgüter, wie z.B. Computer) der 90er Jahre sind demgegenüber durch kurze Innovationszyklen und auch Modetrends gekennzeichnet. Daher kann unternehmerisches Handeln noch weniger als in der Vergangenheit aus konkreter Marktprognose abgeleitet werden. Erschwerend kommt hinzu, daß nur eine kurze Reaktionszeit zur Verfügung steht, ein Produkt auf dem Markt einzuführen und in hinreichender Menge abzusetzen. Bereits kleine Verzögerungen in der Produkteinführung gehen zu Lasten der Absatzmenge, da in der Regel der schnellere Wettbewerber den Markt bereits beherrscht. Im ungünstigsten Fall ist der Trend zwischenzeitlich überholt. Die Zeit bestimmt somit direkt die Absatzmenge und ist zum neuen Erfolgsfaktor für das Unternehmen geworden.

Frühzeitiges Erkennen des Kundenverhaltens reicht also für den Unternehmenserfolg allein nicht aus. Entscheidend ist vielmehr die Fähigkeit, den erwarteten Kundenwunsch schnell in ein konkretes Produkt mit spezifischen Eigenschaften umzusetzen.

Die Ursachen für das veränderte Marktverhalten sind vielschichtig und werden zudem durch die Medien als Multiplikator verstärkt. Wir sollten uns auch nicht damit aufhalten, diese Ursachen zu erforschen, sondern situationsgerecht die notwendigen Entscheidungen treffen. Für die Ableitung wichtiger Handlungsmaximen ist es erforderlich, den Faktor Zeit genau zu analysieren und zwar unter den Aspekten:

- Entscheidung zum richtigen Zeitpunkt und
- kurze Zeit für die Umsetzung.

Unabhängig von der Schnelligkeit ist die Wahl des geeigneten Zeitpunktes für Innovationen zu sehen. Auf unternehmerische Entscheidungen bezogen wäre es beispielsweise völlig falsch gewesen, während der Ölkrise in Mitte der 70er Jahre einen Zwölfzylindermotor anzubieten.

Oft heißt es, daß „die Zeit für ein Projekt davonläuft". Da der Zeitfluß konstant ist, ist es jedoch nicht die Zeit, die davonläuft, sondern die Abarbeitung dauert zu lange. Kurze Zeitdauer muß demzufolge mit „schneller werden" gleichgesetzt werden. Dies trifft sowohl auf die Entwicklung und Einführung neuer Produkte als auch auf die Lieferfristen zu, um Kundenwünsche so schnell wie möglich zu befriedigen.

Schneller werden in der Produktion bedeutet, Strukturen schaffen, die eine kurze Durchlaufzeit ermöglichen, um damit die Kapitalbindungskosten so gering wie möglich zu halten. Dazu gehört auch die Fähigkeit, neue effizientere Technologien in der Produktion schnell einzuführen.

Schließlich ist auch der Gesichtspunkt einer angemessenen Angebotsdauer für bereits eingeführte Produkte zu berücksichtigen. Erneuert z.B. ein Automobilproduzent seine Produkte in zu kurzen Zeitintervallen, werden viele seiner Kunden zu „old model drivers" degradiert.

Anhand eines Beispiels aus dem Automobilbau sei exemplarisch die Bedeutung des Faktors Zeit verdeutlicht. In **Bild 2** sind drei Modellgenerationen mit der jeweiligen Bau- und Entwicklungszeit aufgeführt. Während für die erste Modellgeneration nur ein Grundtyp angeboten wurde, sind für die nachfolgenden Generationen immer mehr Typen erforderlich, um der Individualisierung der Märkte gerecht zu werden. Aufgrund der längeren Entwicklungszeit für mehrere parallel angebotene Typen war es erforderlich, mit dem Nachfolgemodell zu beginnen noch bevor die Entwicklungsaktivitäten des Vorgängermodells abgeschlossen waren. Die Parallelarbeit geht jedoch zu Lasten des Einzelprojektes, da die Personalressourcen bis an ihre Grenzen beansprucht werden. Aufgrund dessen wurden z. T. längere Entwicklungszeiten bzw. eine Vorverlegung des Entwicklungsstarts gefordert. Führen wir uns nochmals das sich stark wandelnde Kundenverhalten vor Augen, so wird die Gefahr deutlich, daß am Markt vorbei entwickelt wird oder Markt- bzw. Techniktrends für die neue Produktgeneration nur eingeschränkt berücksichtigt werden können.

Zwangsläufig mußten Hilfsmittel eingeführt werden, um die Produktinnovationszeit zu verkürzen, so z.B. eine flächendeckende CAD-Einführung, Großrechner zur Simulation des Crashverhaltens oder neue EDV-gestützte Arbeitsplanungssysteme. Die zeitreduzierenden Effekte dieser Maßnahmen wurden jedoch durch zunehmend komplexer werdende Produkte weitgehend kompensiert. Daher wage ich die Behauptung, daß EDV-Systeme allein keinen ausreichenden Lösungsansatz bieten. Sie sind eine notwendige, aber noch keine hinreichende Bedingung zur Geschwindigkeit. Unbestritten ist jedoch, daß Produkte heutiger Komplexität ohne CAD-/CAM-Systeme 20 bis 30 % mehr Entwicklungszeit und -kapazität in Anspruch nehmen würden.

2. Ansatzpunkte zur Verkürzung der Entwicklungszeit

Im bisherigen Entwicklungs- und Planungsablauf technischer Produkte **(Bild 3)** werden Entscheidungen so früh getroffen, daß für die schrittweise Abarbeitung ausreichend Zeit bleibt. Auf den ersten Blick scheint es keine rein sequentielle Arbeitsweise zu sein, da die meisten Aktivitäten sich erheblich überschneiden. Um die Schwachstellen im Ablauf zu erkennen, muß der kritische Pfad näher untersucht werden. Der Ablauf erweist sich als sequentiell. Bereits zu einem frühen Zeitpunkt werden essentielle Produktmerkmale definiert, die anschließend im technischen Pflichtenheft spezifiziert werden. Im Verlauf der Serienentwicklung und der Fertigungsplanung zeigt sich, daß viele Vorgaben nicht oder nur mit großen Schwierigkeiten eingehalten werden können. Die Folge ist eine Änderungswelle mit z. T. gravierenden Auswirkungen auf das Produktkonzept.

Die Zeit für eine optimale Auslegung der Produktionseinrichtungen ist für die Planung sowie die eingeschalteten Lieferanten in der Regel knapp bemessen. Produktänderungen werden in dieser Phase deshalb nur dann durchgeführt, wenn die Produktqualität gefährdet ist oder die fertigungstechnische Realisierung ausgeschlossen ist. Produktänderungen mit dem Ziel der Herstellkostensenkung sind kaum mehr möglich. Deshalb besteht die Forderung nach noch früheren Produktentscheidungen, um mehr Zeit für Iterationsschleifen zur Produkt- und Prozeßoptimierung zu gewinnen. Wir erkennen hierbei einen Zielkonflikt, der sich auch nicht durch vermehrten Personalaufwand lösen läßt. Mehr Personal bedeutet zudem in der Regel geringere Effizienz und damit höhere Kosten.

Vergleicht man den Entwicklungszeitbedarf und -aufwand europäischer und japanischer Unternehmen **(Bild 4)**, so drängt sich der Schluß auf, daß eine kürzere Entwicklungszeit bei gleichzeitig geringerem Aufwand möglich sein muß. Wie erklärt sich diese große Diskrepanz? Europäische Unternehmen versuchen die Entwicklungszeit zu reduzieren, unter Beibehaltung der Projektkomplexität. Dies geht nur mit erheblich mehr Personal.

Die Projektkomplexität ergibt sich aus der Summe aller technischen Neuerungen, der Anzahl der Varianten, den Qualitätsansprüchen und insbesondere aus dem Eigenentwicklungsanteil. Ein Projekt läßt sich effizient abwickeln, wenn mit einem Minimum an Personal gearbeitet wird. Soll die Entwicklungszeit bei vermindertem Aufwand verkürzt werden, muß die Projektkomplexität reduziert werden. Das bedeutet nicht, daß die neuen Produkte keine Innovationen beinhalten dürfen (denn dann wären es keine neuen Produkte). Nein, kleinere, dafür aber häufigere Innovationsschritte reduzieren die Komplexität des Einzelprojektes. Japanische Unternehmen machen uns vor, wie auf diese Weise ein hohes Innovationsniveau erreicht werden kann. Darüber hinaus wird durch die konsequente Verwendung bereits erprobter Komponenten ein sehr hoher Qualitätsstandard bei niedrigen Kosten erzielt.

An dem, was ich bisher ausgeführt habe, wird deutlich, daß es nicht reicht, die eine oder andere Maßnahme umzusetzen. Vielmehr muß die gesamte Unternehmensphilosophie in den Bereichen

- Unternehmensstrategie
- Produktstrategie
- Fertigungsstrategie und
- Ablauforganisation

auf die eingangs genannten Faktoren

- Zeit
- Qualität und
- Kosten

ausgerichtet sein.

Ich will mich im folgenden auf die Ablauforganisation konzentrieren und darlegen, wie diese zu gestalten ist, um dem Faktor „Zeit" gerecht zu werden.

3. Gestaltung einer zeitorientierten Ablauforganisation

Die Formulierung des Zielwertes muß der erste Schritt zur Verkürzung der Entwicklungszeit sein. Wir sollten uns dabei am schnellsten Wettbewerber und an den Marktanforderungen orientieren. Eine drastische Zeitreduzierung läßt sich mit Sicherheit nicht einfach dadurch erreichen, daß herkömmliche Terminpläne zusammengeschoben werden. Es gelingt nur dann, schneller zu werden, wenn Produktinnovationen von Produktprojekten entkoppelt werden. Nur so ist es möglich, Entscheidungen zu kundenrelevanten Produktmerkmalen näher an den Serienanlauf zu legen **(Bild 5)**. Dies erscheint auf den ersten Blick ein Widerspruch zu den Forderungen von Konstruktion und Fertigungsplanung zu sein. Er läßt sich aber auflösen, wenn durch intensive Vorarbeiten und technisch abgesicherte Konzepte zum Projektstart bereits eine hohe konstruktive Sicherheit erreicht ist.

Zuerst soll auf die Grundstruktur von Produktneueinführungen eingegangen werden. Der klassische Entwicklungs- und Planungsprozeß ist durch sich sequentiell wandelnde Prioritäten gekennzeichnet. Stehen z.B. am Anfang der Entwicklungsphase eher Design und Funktion im Vordergrund, so erhalten später die fertigungstechnische Machbarkeit und die Kostenfrage höhere Priorität. Dieses Dilemma kann nur eine funktionsübergreifende Projektorganisation lösen, die sowohl den Zielrahmen festlegt als auch das Projekt während der gesamten Laufzeit koordiniert. Der Projektorganisation muß auch eine Verantwortungs- und Entscheidungsfunktion übertragen werden.

Die Projektorganisation führt zwangsläufig zu einer simultanen Arbeitsweise. Da die Konzepte hinsichtlich konstruktiver und fertigungstechnischer Machbarkeit von vornherein abgestimmt sind, entfallen nachträgliche Iterationsschleifen und Änderungen. Die Entwicklungszeit verkürzt sich nicht dadurch, daß keine Änderungen zugelassen werden, vielmehr sind Konzeptänderungen überflüssig. Durch die interdisziplinäre Projektarbeit gelangen weiterhin Rückmeldungen aus dem Versuch frühzeitig in den Konstruktions- und Planungsbereich sowie zu den Lieferanten. In den Simultanablauf sind auch Teile- und Anlagenlieferanten frühzeitig einzubinden.

Die wichtigste Änderung muß sich aber in den Köpfen vollziehen. Die integrierte Ablauforganisation in Form des Projektmanagements verlangt von Mitarbeitern und Führungskräften gleichermaßen einen Umdenk- und Umlernprozeß **(Bild 6)**. Gesamtstrategien statt isolierter Handlungskonzepte sind gefordert, Teamgeist statt Einzelkämpfertum, Projektdenken statt Besitzstandsdenken in Hierarchiestrukturen. Die personalpolitische Komponente - Förderung und Schulung von Mitarbeitern - dominiert also die „technokratische".

In einer Gegenüberstellung der sequentiellen Organisation und der integrierten **(Bild 7)** sollen die wesentlichen Unterschiede zusammengefaßt dargelegt werden. In der sequentiell ablaufenden Organisation hat jeder Bereich die Verantwortung für ein eng abgegrenztes Aufgabengebiet. Das Projekt wird während der Bearbeitung „weitergereicht", was die zeitraubenden Iterationsschleifen der Schnittstellenabstimmung zur Folge hat. Die beim Projektstart gesetzten Einzelziele erhalten dabei je nach Phase andere Priorität.

Demgegenüber liegt bei der integrierten Projektbearbeitung die Verantwortung für Termine, Kosten und Qualität während aller Phasen beim Projektmanagement. Ziele und Projekttätigkeiten werden gesamthaft abgestimmt, koordiniert und bearbeitet.

Die in die Projektorganisation einzubindenden Mitarbeiter bestimmt die jeweilige Projektphase **(Bild 8)**. Das Projekt wird mit einem kleinen Kernteam gestartet. Dieses Team hat die Aufgabe, die

Ideen der verschiedenen Funktionsbereiche miteinander zu verknüpfen und auf dieser Basis die Projektziele zu definieren. Im weiteren Projektablauf werden zunehmend einzelne Projektaufgaben formuliert und an die Fachstellen der Funktionsbereiche, ggf. auch an externe Firmen zur Bearbeitung delegiert. Die Realisierungsphase des Projektes ist gekennzeichnet durch fest umrissene Arbeitspakete, die auf der Basis der gemeinsam abgestimmten Projektstrukturierung in funktionsübergreifenden Arbeitsteams abgewickelt werden.

Die Projektorganisation löst sich aber nicht bereits mit dem Serieneinsatz auf, sondern behält während und nach der Anlaufphase weiterhin die Verantwortung.

Die Zusammensetzung eines Projektteams in schematisierter Form zeigt **Bild 9**. Das Kernteam wird aus den Sprechern der funktionsübergreifenden Teams gebildet. Es ist allerdings kein fest installiertes Besprechungsgremium, sondern konstituiert sich - an den jeweiligen Aufgaben orientiert - immer wieder neu. Wird eine Teilaufgabe durch Simultaneous Engineering abgewickelt, so wird ein Mitarbeiter aus dem entsprechenden funktionsübergreifenden Team hinzugezogen. Damit ist sichergestellt, daß alle Aktivitäten koordiniert ablaufen und keine Doppelarbeit durch mangelnden Informationsfluß entsteht.

Wesentlich für die Verkürzung der Entwicklungsphase sind neben der integrierten Projektorganisation projektunabhängige Vorleistungen in Form von erprobten Systementwicklungen.

Japanische Unternehmen wenden bis zu 30 % der Gesamtkapazität für diese projektneutrale Forschung und Entwicklung auf. Der projektbezogene Kapazitätsbedarf ist somit deutlich niedriger als bei der herkömmlichen Vorgehensweise **(Bild 10)**. Vor diesem Hintergrund sind auch entsprechende Veröffentlichungen japanischer Automobilhersteller zu sehen.

Technische Innovationen dürfen erst dann in die Serienentwicklung einfließen, wenn sie erprobt sind. Erhebliche Aufwendungen für qualitätssichernde Maßnahmen in der Projektrealisierungsphase entfallen. Qualitätsrisiken werden in einer frühen Phase ausgeschlossen. Der Aufwand für die Qualitätssicherung ist um das 10- bis 20fache niedriger als eine Mängelbeseitigung kurz vor Serienanlauf. Kurze Projektabwicklungszeiten sind ohne Simultaneous Engineering kaum zu erreichen. Der Lieferant muß dabei bereits in der Entwurfsphase hinzugezogen werden.

Diese Arbeitsweise soll ein aktuelles Beispiel erläutern. Ausgehend von einem aus zehn Einzelteilen bestehenden Längslenker **(Bild 11)** sollte für eine neue Fahrzeuggeneration ein Integralteil entwickelt werden. Bei der Diskussion der fertigungstechnischen Kriterien und der Beurteilung der betriebswirtschaftlichen Auswirkungen floß das Wissen und die Erfahrung der Realisierungspartner in die Entwicklungsarbeit ein.

Über die organisatorischen Maßnahmen hinaus müssen für die beschleunigte Durchführung von Teilvorgängen gezielt EDV-Hilfsmittel eingesetzt werden. Da die „Langsamsten" das Tempo bestimmen, gilt es gerade für sie, Instrumentarien bereitzustellen, die den Entscheidungs- und Abarbeitungsprozeß unterstützen.

4. Hilfsmittel zur schnelleren Projektabwicklung

Zur Planung neuer Fertigungseinrichtungen sind geeignete EDV-Systeme unabdingbar. Ein Beispiel aus dem Karosserierrohbau **(Bild 12)** soll diese Problematik aufzeigen. Bereits zwei bis zweieinhalb Jahre vor Inbetriebnahme der Schweißstraße hätten nach konventioneller Verfahrensweise detaillierte Produktinformationen vorliegen müssen. Zu diesem Zeitpunkt lagen jedoch erst alternative Entwürfe vor. Die Entwicklungs- und Planungsaufgabe lag somit direkt auf dem kritischen Pfad.

Durch Simulation alternativer Fertigungsabläufe konnte zeitgleich mit der Zeichnungsfreigabe bereits eine fundierte Entscheidung über den Materialfluß sowie über Art und Anzahl der geforderten Bearbeitungsstationen getroffen werden. Nach der Auftragsvergabe wurde der Systemaufbau schrittweise optimiert. Die Investaufwendungen konnten um ca. 20 % gesenkt werden. Trotz der Simulation des Materialflusses und der mit der Konstruktion zeitgleich getroffenen Systementscheidung war die Terminsituation angespannt. Die Schwierigkeit bestand darin, eine optimale Schweißpunktfolge unter Berücksichtigung von Spannlage, Zugänglichkeit und Verspannung der Bauteile zu ermitteln. In Zusammenarbeit zwischen dem Anlagenlieferanten und der Planungsabteilung wurden durch eine Roboter-Bewegungssimulation **(Bild 13)** die Vorrichtungen und die Schweißpunktfolge parallel zur Anlagenkonfiguration ermittelt.

Einen ganz anderen Weg zur Zeitreduzierung zeigt ein Beispiel aus der Fahrzeugelektronik. Hier wird die Produktkomplexität in erster Linie durch die steigende Variantenvielfalt bestimmt, die sich aus den individuellen Ausstattungsumfängen einerseits und den länderspezifischen Vorschriften andererseits ergeben. Die Anzahl der unterschiedlichen Steuergerätevarianten beläuft sich für eine Modellreihe auf über 3 500. Diese Varianz könnte in der Elektronikentwicklung nur mit sehr hohem Aufwand bewältigt werden. Deshalb wurden standardisierte Steuergeräte auf Basis von mikroprozessorgesteuerten Komponenten entwickelt. Die Steuergeräte der neuen Generation werden erst im Verlauf der Fahrzeugmontage entsprechend der individuellen Ausstattung codiert **(Bild 14)**.

5. Resümee

Alle Unternehmen sind heute vor die Herausforderung gestellt, am Markt beweglicher zu werden. Beweglicher heißt, Kundenwünsche schneller in konkrete Produkte umzusetzen. Dieser Herausforderung können wir uns durch drei alternative Verhaltensweisen stellen.

Die erste möchte ich als „konservative Haltung" bezeichnen. Das Unternehmen behält konsequent den bisherigen Weg der langen Entwicklungszeiten mit sporadischen, aber großen Innovationsschritten bei. Zwangsläufig wird es in kleine Marktnischen mit sehr kleinem Absatzvolumen verdrängt und kann auf diese Weise langfristig nicht überleben.

Die zweite ist die „abwartende Haltung". Mit neuen innovativen Produkten wird bewußt gewartet bis sie der Wettbewerb anbietet. Parallel dazu werden Eigenentwicklungen forciert, um dann mit einem qualitativ besseren Produkt auf den Markt zu kommen. Die „abwartende Haltung" kann sich nur ein Unternehmen leisten, das auch aus der zweiten Startreihe den Markt beherrschen kann.

Die dritte, die „progressive Haltung" ist durch das Streben gekennzeichnet, mit innovativen Produkten als erster auf dem Markt zu sein. Die Basis dafür ist eine zeitorientierte Ablauforganisation. Nur sie gewährleistet, daß die richtigen Dinge zum richtigen Zeitpunkt auch richtig getan werden.

Zum Abschluß noch ein Beispiel für die letztgenannte Strategie aus unserem Unternehmen **(Bild 15)**. Über zwei Jahrzehnte hinweg stagnierte der Absatz von Cabriolets. Ursache hierfür war u.a. der Sicherheitsaspekt. Trotz des stagnierenden Marktes hat BMW ein Fahrzeug entwickelt, welches das Sicherheitsrisiko minimiert. Mit der Einführung des neuen Cabrios Mitte der 80er Jahre konnte der Markt positiv beeinflußt werden. Aufgrund des latent vorhandenen Kundenwunsches konnte ein hoher Marktanteil erreicht und beibehalten werden.

Anfang der 80er Jahre hat uns der Markt für einen solchen Erfolg ca. 4 Jahre Entwicklungszeitraum und damit auch Reaktionszeitraum gewährt. Für einen ähnlichen Erfolg wird er uns zukünftig kaum die halbe Zeit einräumen.

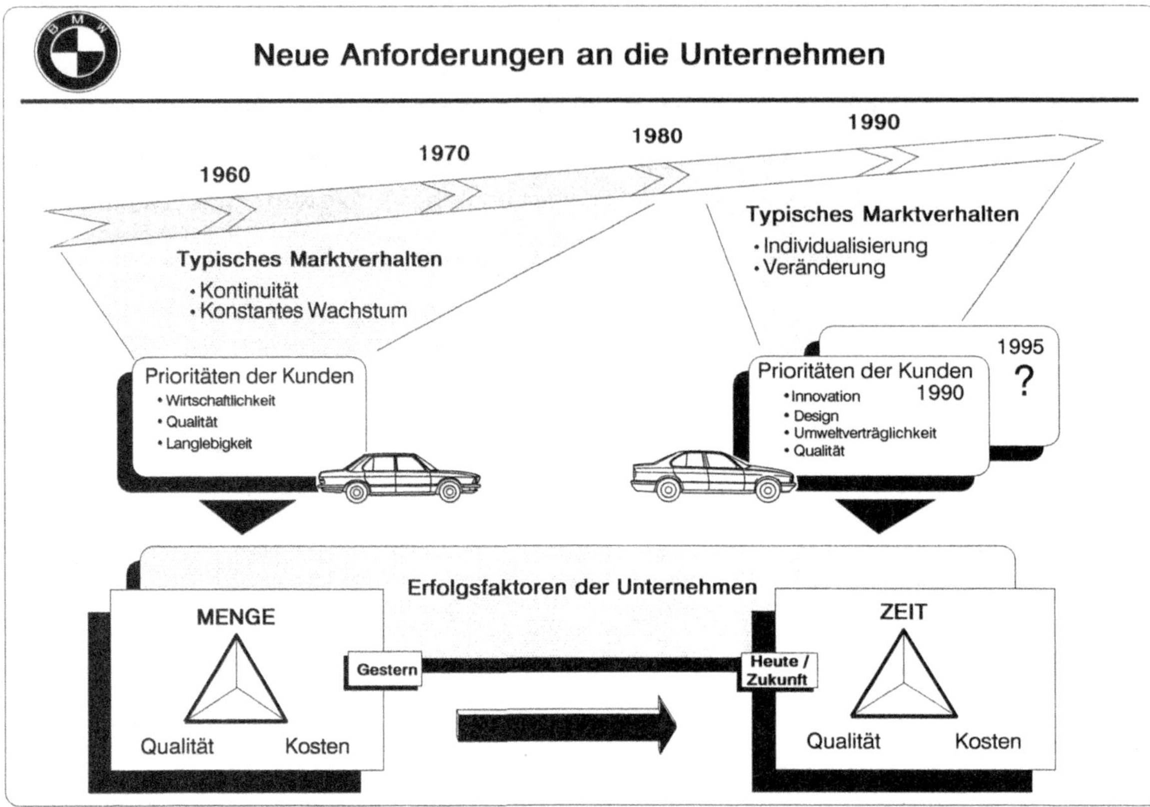
Neue Anforderungen an die Unternehmen
1960
1970
1980
1990
Typisches Marktverhalten
• Kontinuität
• Konstantes Wachstum
Typisches Marktverhalten
• Individualisierung
• Veränderung
Prioritäten der Kunden
• Wirtschaftlichkeit
• Qualität
• Langlebigkeit
1995
?
Prioritäten der Kunden
1990
• Innovation
• Design
• Umweltverträglichkeit
• Qualität
Erfolgsfaktoren der Unternehmen
MENGE
Qualität
Kosten
Gestern
Heute / Zukunft
ZEIT
Qualität
Kosten

Bild 1

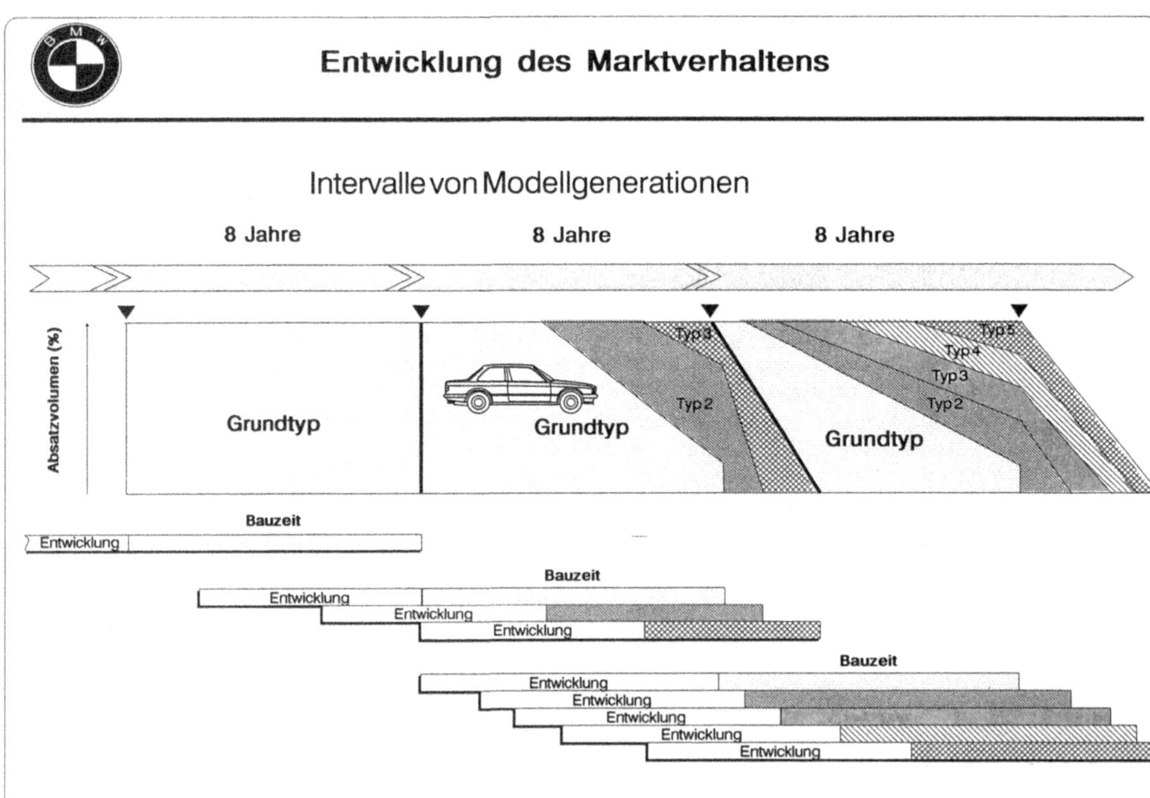
Entwicklung des Marktverhaltens
Intervalle von Modellgenerationen
8 Jahre
8 Jahre
8 Jahre
Absatzvolumen (%)
Grundtyp
Grundtyp
Typ 3
Typ 2
Grundtyp
Typ 5
Typ 4
Typ 3
Typ 2
Bauzeit
Entwicklung
Bauzeit
Entwicklung
Entwicklung
Entwicklung
Bauzeit
Entwicklung
Entwicklung
Entwicklung
Entwicklung
Entwicklung

Bild 2

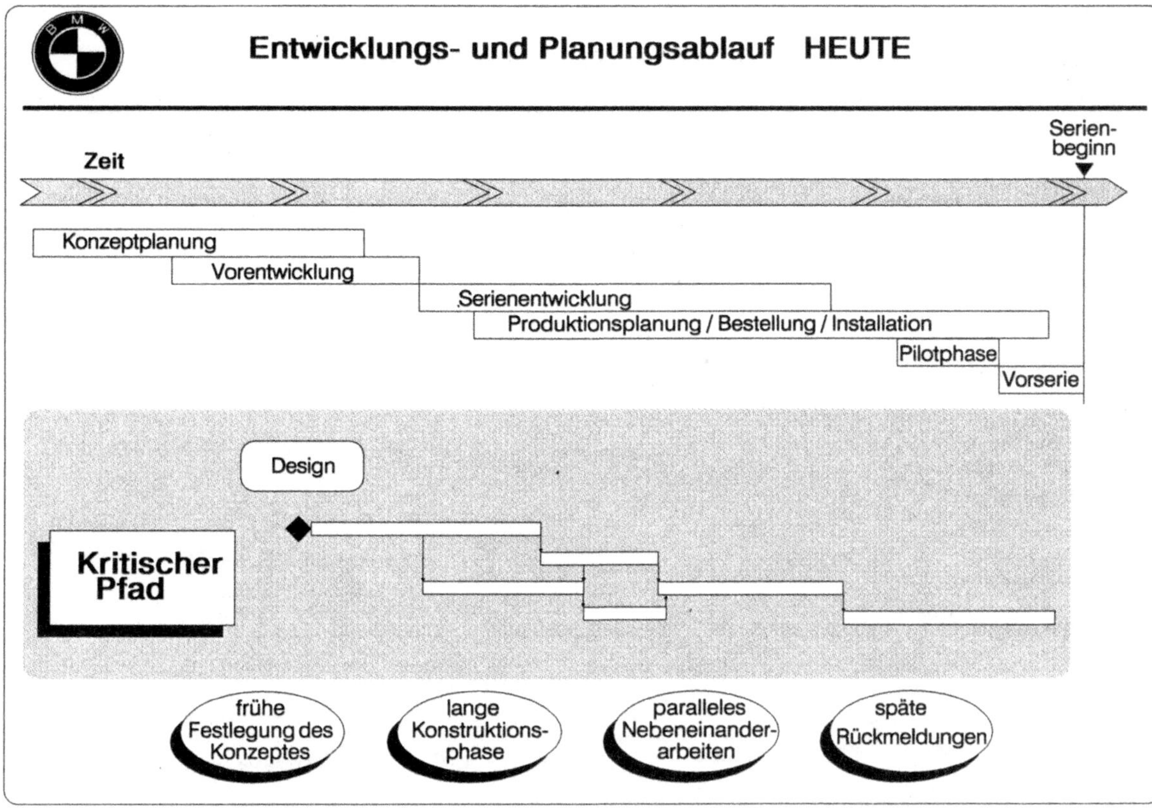
Entwicklungs- und Planungsablauf HEUTE
Serien-beginn
Zeit
Konzeptplanung
Vorentwicklung
Serienentwicklung
Produktionsplanung / Bestellung / Installation
Pilotphase
Vorserie
Design
Kritischer Pfad
frühe Festlegung des Konzeptes
lange Konstruktions-phase
paralleles Nebeneinander-arbeiten
späte Rückmeldungen

Bild 3

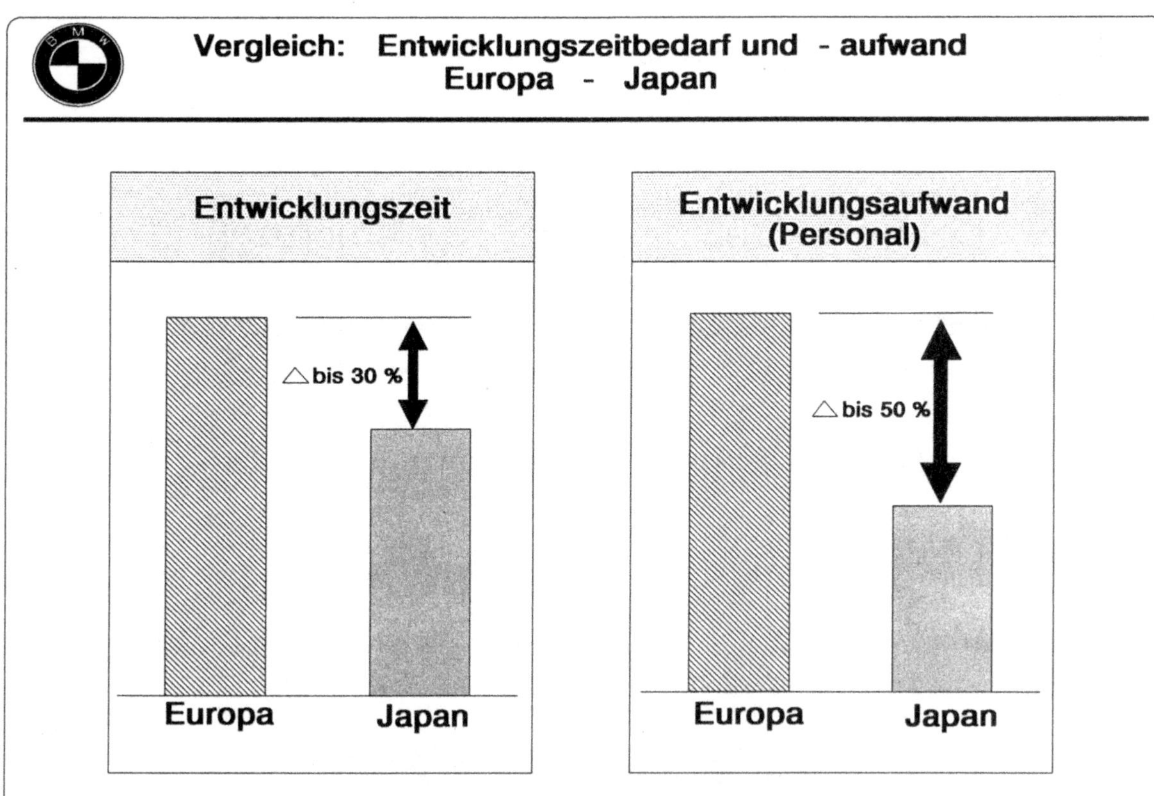
Vergleich: Entwicklungszeitbedarf und - aufwand
Europa - Japan
Entwicklungszeit
△ bis 30 %
Europa
Japan
Entwicklungsaufwand (Personal)
△ bis 50 %
Europa
Japan

Bild 4

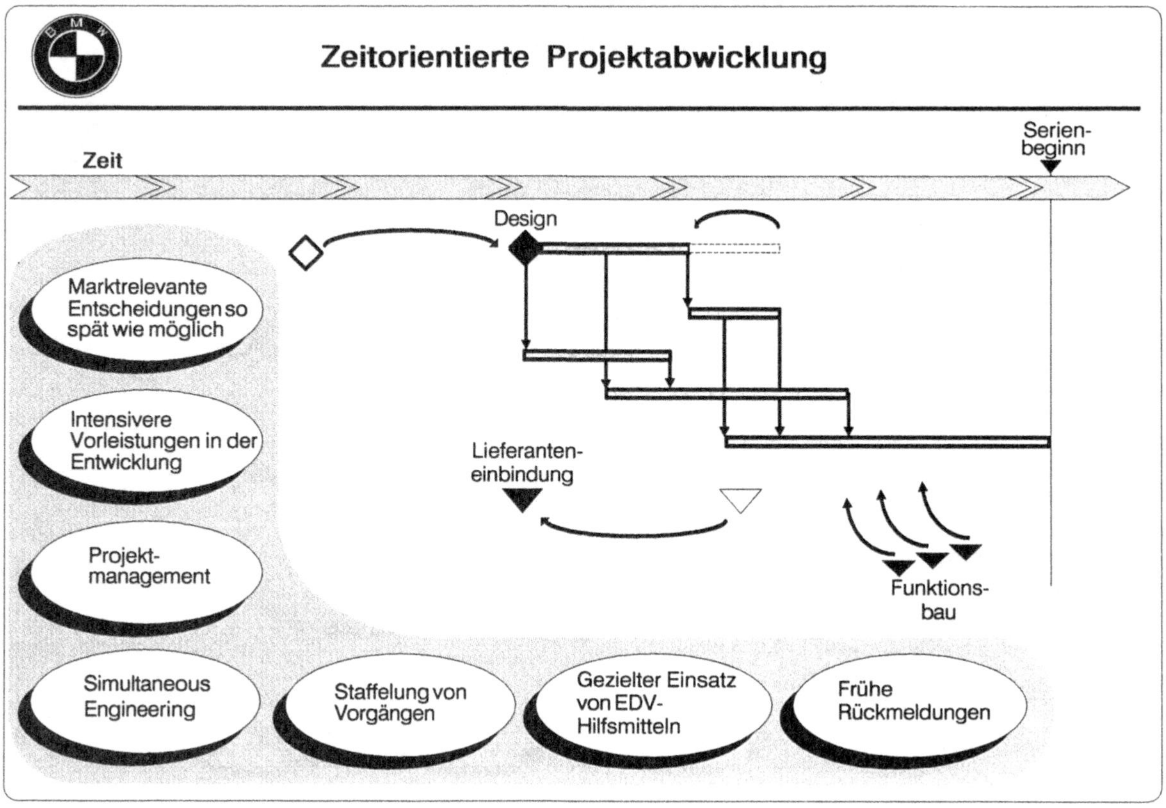
Zeitorientierte Projektabwicklung
Zeit
Serien-
beginn
Design
Marktrelevante Entscheidungen so spät wie möglich
Intensivere Vorleistungen in der Entwicklung
Projekt-management
Lieferanten-einbindung
Funktions-bau
Simultaneous Engineering
Staffelung von Vorgängen
Gezielter Einsatz von EDV-Hilfsmitteln
Frühe Rückmeldungen

Bild 5

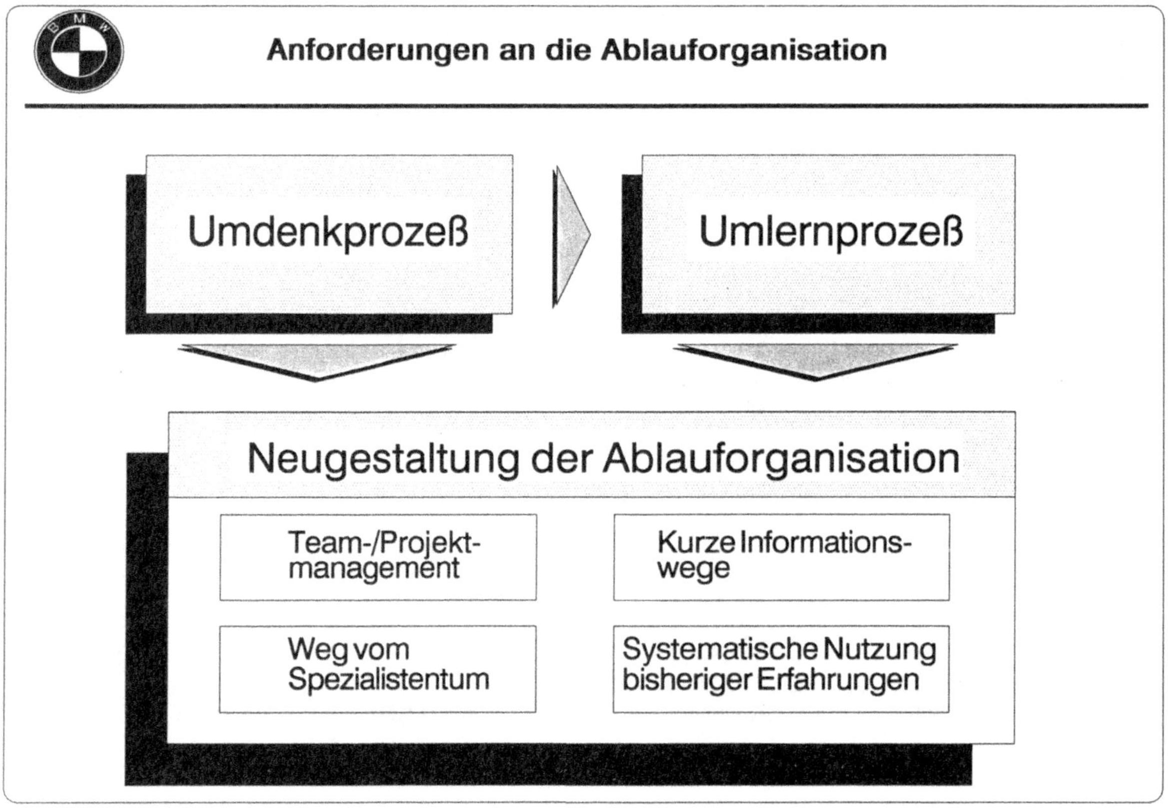
Anforderungen an die Ablauforganisation
Umdenkprozeß
Umlernprozeß
Neugestaltung der Ablauforganisation
Team-/Projekt-management
Kurze Informations-wege
Weg vom Spezialistentum
Systematische Nutzung bisheriger Erfahrungen

Bild 6

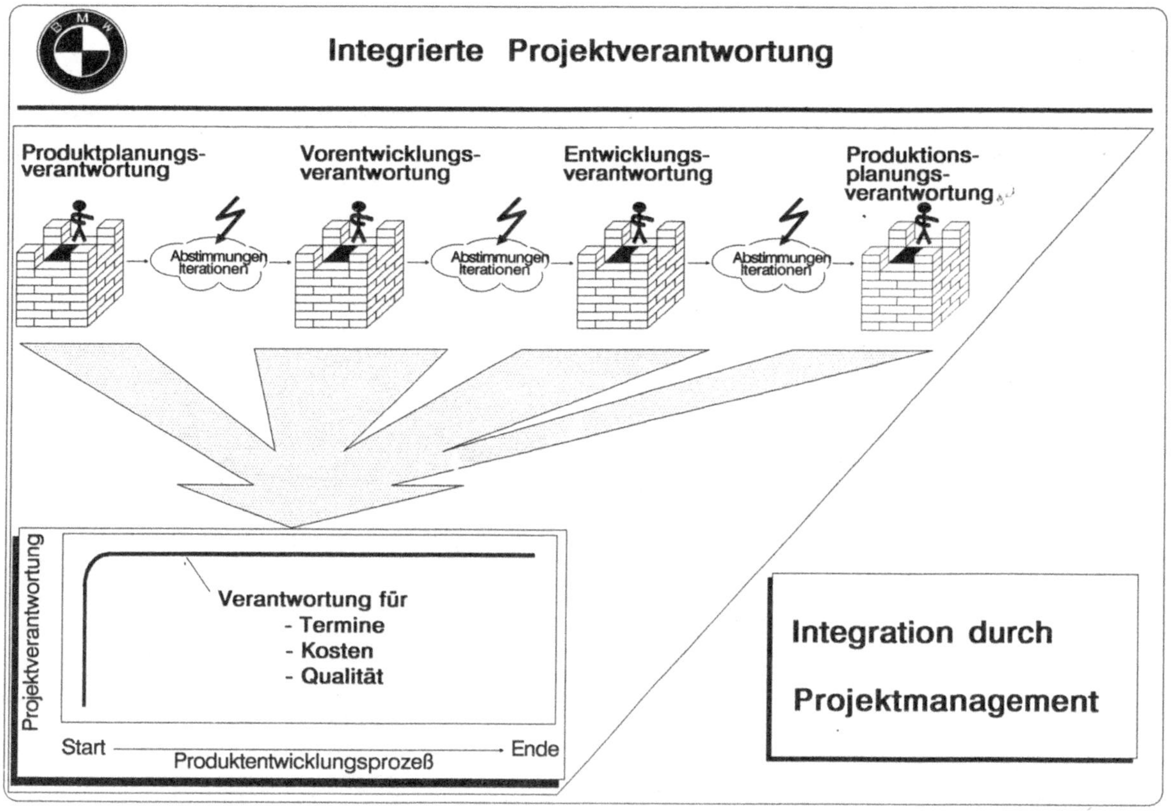
Integrierte Projektverantwortung
Produktplanungs-verantwortung
Vorentwicklungs-verantwortung
Entwicklungs-verantwortung
Produktions-planungs-verantwortung
Abstimmungen Iterationen
Abstimmungen Iterationen
Abstimmungen Iterationen
Projektverantwortung
Verantwortung für
- Termine
- Kosten
- Qualität
Start
Produktentwicklungsprozeß
Ende
Integration durch
Projektmanagement

Bild 7

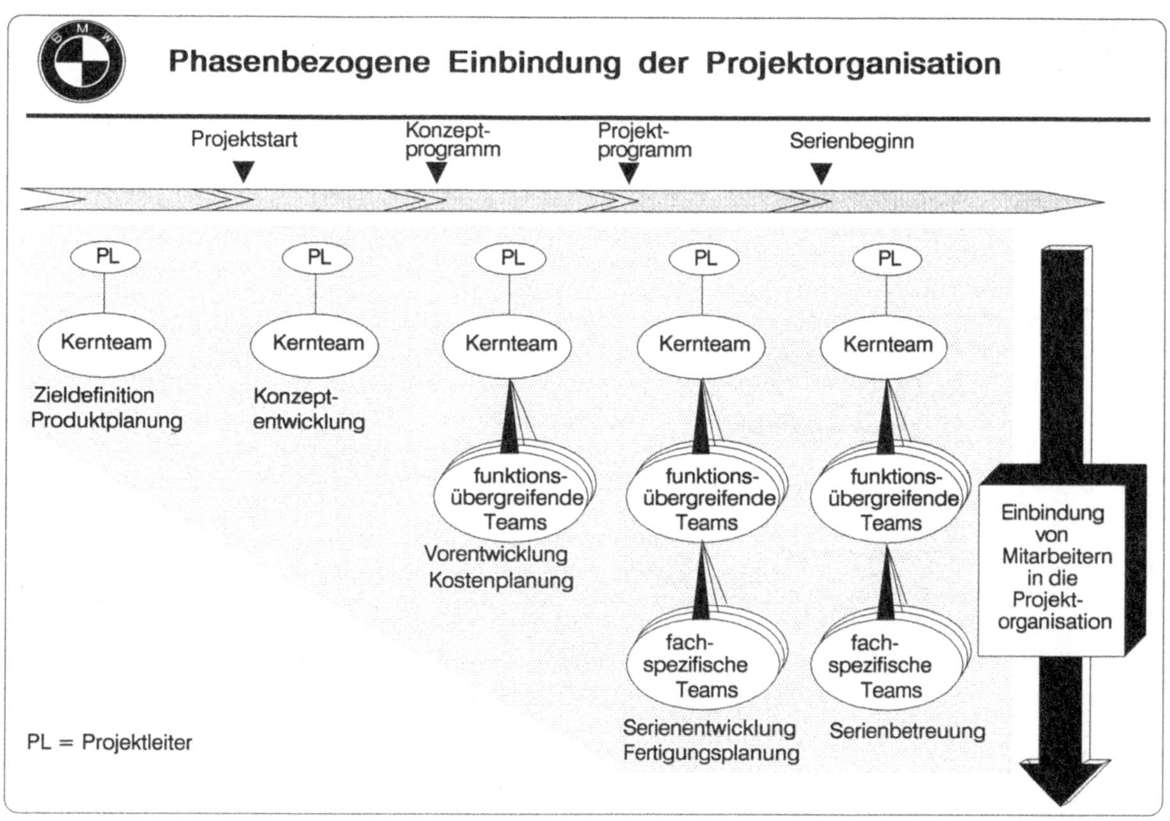
Phasenbezogene Einbindung der Projektorganisation
Projektstart
Konzept-programm
Projekt-programm
Serienbeginn
PL
PL
PL
PL
PL
Kernteam
Kernteam
Kernteam
Kernteam
Kernteam
Zieldefinition
Produktplanung
Konzept-entwicklung
funktions-übergreifende Teams
funktions-übergreifende Teams
funktions-übergreifende Teams
Vorentwicklung
Kostenplanung
fach-spezifische Teams
fach-spezifische Teams
Serienentwicklung
Fertigungsplanung
Serienbetreuung
Einbindung von Mitarbeitern in die Projekt-organisation
PL = Projektleiter

Bild 8

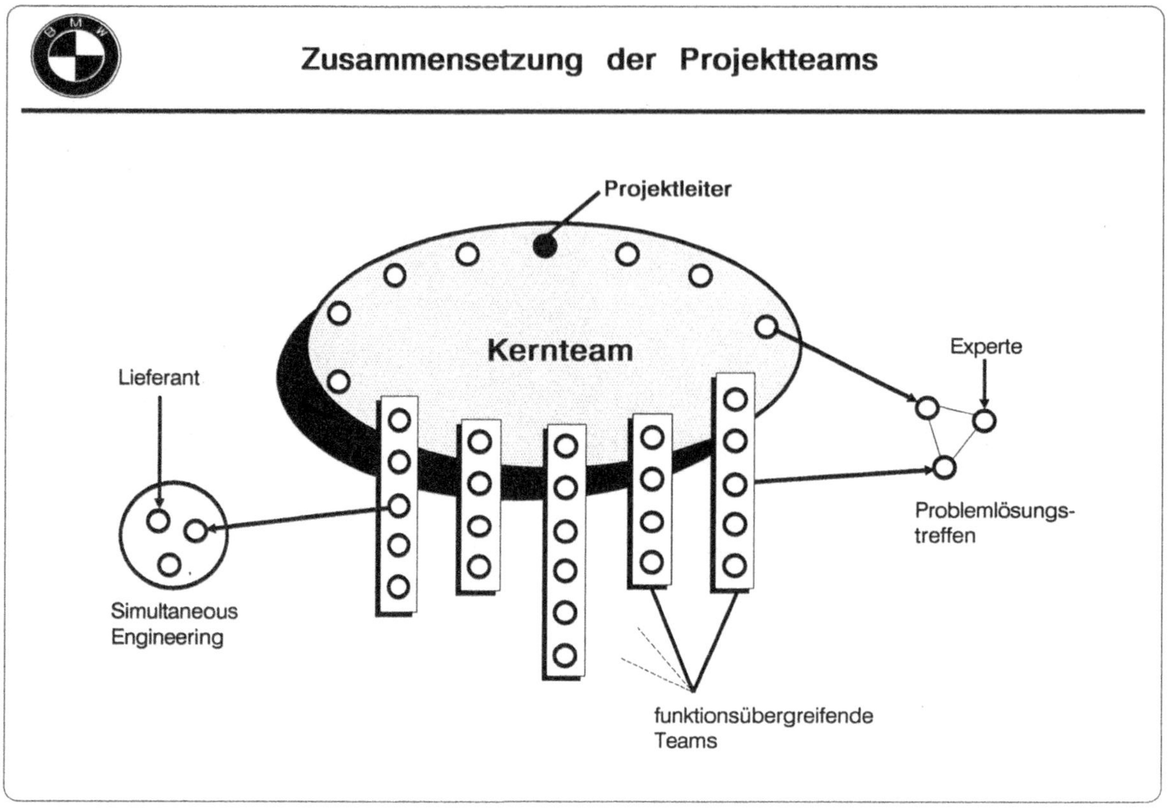

Bild 9

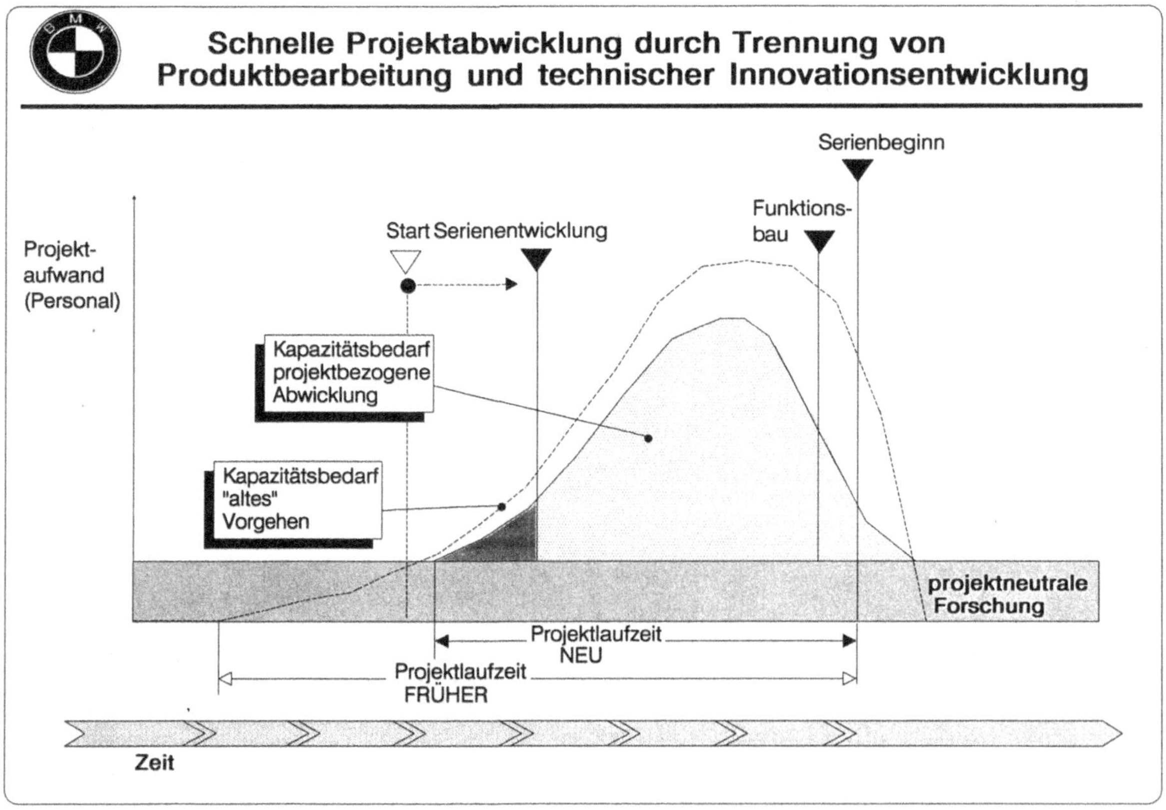

Bild 10

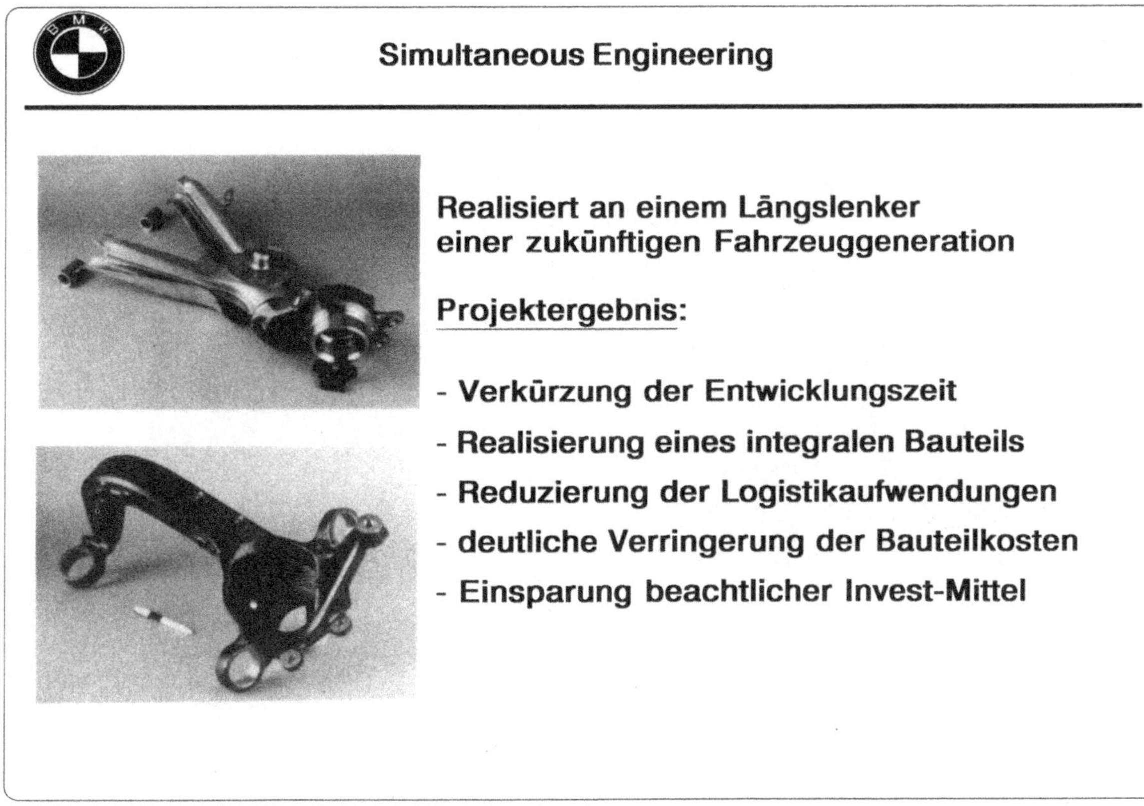

Bild 11

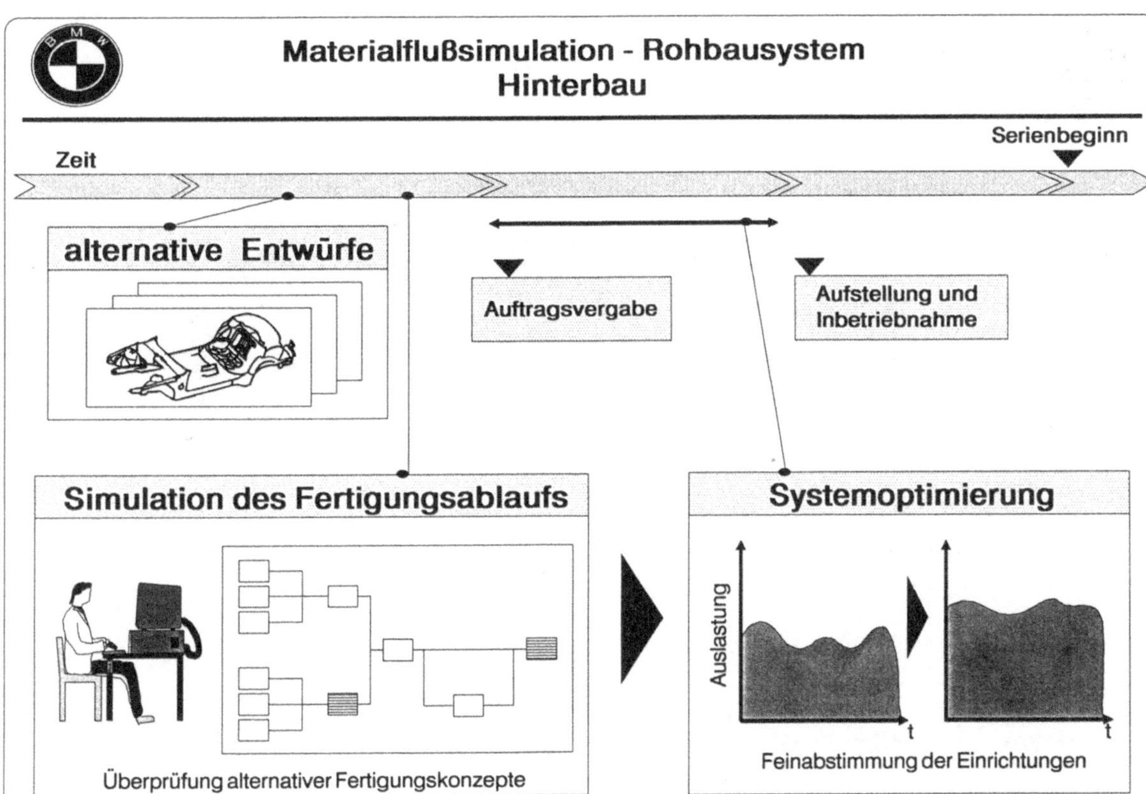

Bild 12

Robotersimulation

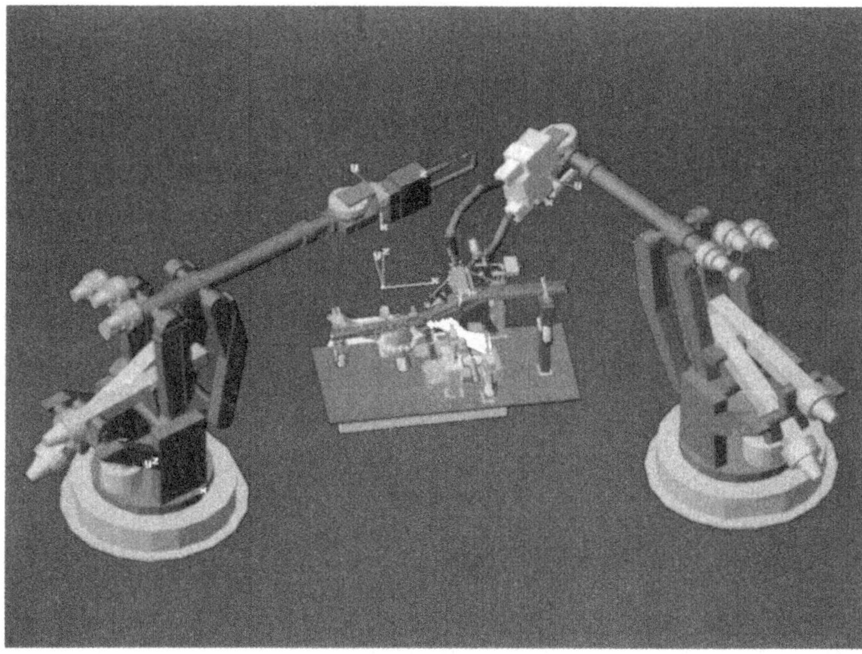

Bild 13

Prinzip der On-Board-Codierung

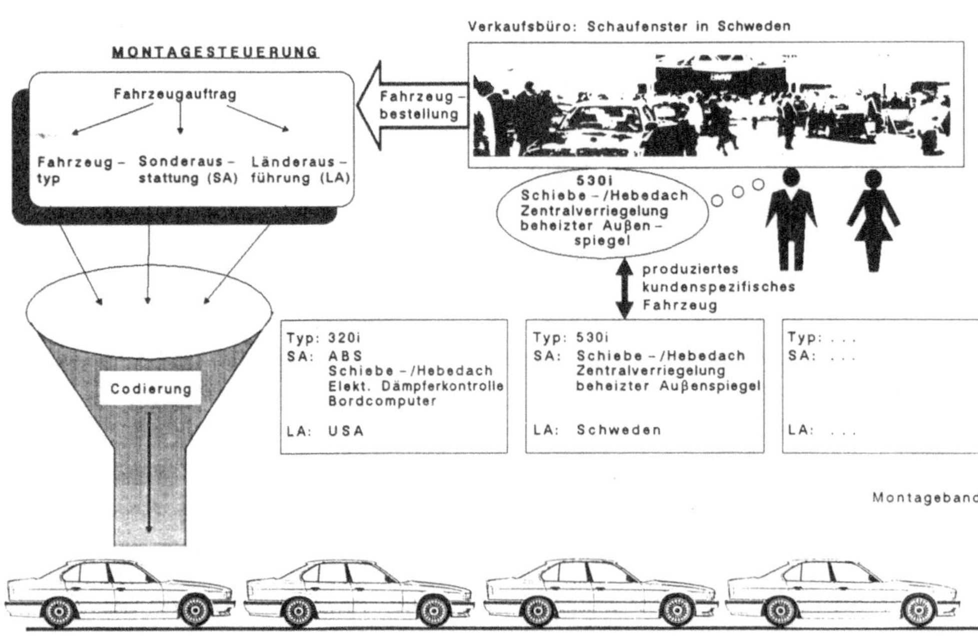

Bild 14

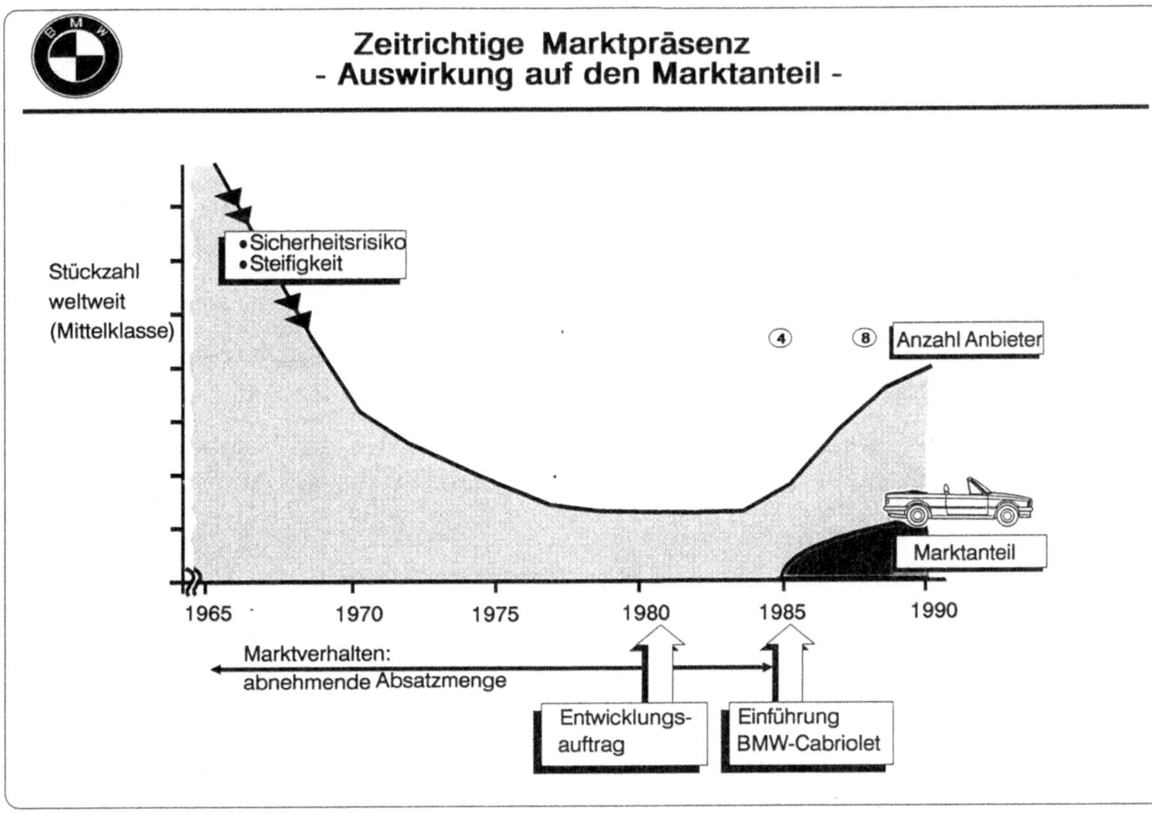
Zeitrichtige Marktpräsenz
- Auswirkung auf den Marktanteil -
Stückzahl
weltweit
(Mittelklasse)
• Sicherheitsrisiko
• Steifigkeit
4
8
Anzahl Anbieter
Marktanteil
1965
1970
1975
1980
1985
1990
Marktverhalten:
abnehmende Absatzmenge
Entwicklungs-
auftrag
Einführung
BMW-Cabriolet

Bild 15

Münchener Kolloquium '91

Wettbewerbsfaktor Zeit in Produktionsunternehmen

28. Februar/1. März 1991
München

Das produzierende Unternehmen als Zeitfalle? –

Praxisnahe Diagnose und Therapie zur Zeitbeschleunigung

Dr. sc. techn. Werner Burckhardt
Digital Equipment International GmbH
Kaufbeuren

Institut für Werkzeugmaschinen
und Betriebswissenschaften
Technische Universität München

1

Das produzierende Unternehmen als Zeitfalle? – Praxisnahe Diagnose und Therapie zur Zeitbeschleunigung[1)]

1. Einleitung: Vom „Moderato“ zum „Staccato“ neuer Produkte

Neue Produkte sind für Entwicklung und Fertigung ein Mehrkampf und ein Rennen gegen die Zeit, Neuland voll Konflikt und Risiko: der einzige Weg zum Unternehmenserfolg und Überleben.

Das Tempo des „Rennens“, der Zeitdruck bei der Entdeckung von „Neuland“, die Verzögerung durch „Konflikte“, der Zeitgewinn/Zeitverlust des „Risikos“, alles ist zeitgetrieben. Die Zeit ist der unabhängige und entscheidende Faktor - die Zeit ist Falle und Erfolg zugleich. „Zeit ist Geld“, das bekannte Sprichwort wird bestätigt, soweit Geld mit Erfolg gleichgesetzt wird.

In dieser Arbeit werden der produzierende Bereich des Unternehmens, also Entwicklung und Fertigung mit Kunde und Lieferant, untersucht und die verknüpften Bereiche wie Grundlagenent-

1) Ich darf unseren Kunden und Lieferanten sowie zahlreichen Mitarbeitern der Digital Equipment Corporation für ihre wertvollen Beiträge und Anregungen zu dieser Arbeit danken. Aus Gründen der Vertraulichkeit können häufig keine detaillierten Unternehmens- und Produktinformationen zu den angeführten Beispielen gegeben werden.

wicklung und Forschung, Logistik, Marketing/Vertrieb und Kundendienst innerhalb des Unternehmens sowie Markt mit Marktentwicklung und Mitbewerb bewußt im Hintergrund gelassen.

Praxisnahe Diagnose bedeutet, daß punktuell Ursachen, Befunde und Symptome für Zeitfallen „aus dem Leben“ von Entwicklung und Fertigung identifiziert und analysiert werden. In der Therapie werden Konzepte und Verfahren vorgestellt, die, basierend auf dieser Diagnose, bereits Erfolge in der Zeitbeschleunigung erzielt haben.

Zusammengefaßt: Das Ziel dieser praxisbasierenden Diagnose und Therapie ist, machbare Wege aufzuzeichnen, die in kurzer Zeit vom „Moderato“ zum „Staccato“ neuer Produkte führen, siehe **Bild 1**. Die damit verbundene Zeitkompression ermöglicht die

- Steigerung des Produktvolumens
- Steigerung der Produktivität
- Steigerung der Verkaufspreise
- Steigerung der Kundenzufriedenheit

Entwicklung und Fertigung leisten damit einen wesentlichen Beitrag zum Erfolg und zum langfristigen Überleben des produzierenden Unternehmens.

2. Diagnose: getrennt, sequentiell und alte Zöpfe

2.1. Einleitung und Methodik

„Die Profiteinbuße betrug bei 50% Überziehen der Entwicklungskosten 3,5%, bei 6 Monaten Verspätung im Fertigungsbeginn über 33%“, so berichten Mc Kinsey & Partner.“

„Die Konkurrenz packte 50% mehr Chips auf die Leiterplatten, obwohl unsere Entwickler ebenbürtig waren – Grund: ein interner Standard war von der Technologie überholt und veraltet“.

Befunde dieser Art sind die Basis der Diagnose, um Ursachen und Symptome aufzuspüren und zu analysieren, die zur Zeitfalle und dabei im allgemeinen gleichzeitig zur Qualitäts- und Kostenfalle werden.

Die Diagnose wird anhand von Ursachen und Symptomen aus

- Produkt-Prozess
- Information
- Mensch und Management

vorgenommen.

Der Grundgedanke dieser Dreiteilung ist, daß Mensch und Management Produkte und Prozesse kreieren und verantworten, wobei sie sich mit Informationen artikulieren und kommunizieren.

Die Diagnosemethodik umfaßt die eigene Stärken- und Schwächenanalyse von „unten nach oben“ und von „oben nach unten“, Verfahren des offiziellen und inoffiziellen Betriebsvergleichs und Erfahrungsaustauschs, wie sie in zahlreichen Industriezweigen seit Jahrzehnten praktiziert werden, die Analyse der Wirtschafts- und Fachinformation und -literatur, Beratung und Kollegengespräche. Hervorzuheben ist das Benchmarking, siehe “Benchmarking, The Search for Industry Best

Practices that Lead to Superior Performance“ von Robert C. Camp /3/. Es ist der Vergleich des eigenen Produkts, auch Prozesses, in operativen Dimensionen mit dem „Best in Class at any Time“, d. h. mit dem weltweit führenden Unternehmen in bezug auf das Produkt oder das Verfahren von heute und morgen.

Das Benchmarking soll von den eigenen Mitarbeitern durchgeführt werden und läuft in den folgenden Schritten ab:

1) Bestimmung des Objekts und der zugehörigen meßbaren Größen

2) Identifikation des „Best in Class“

3) Quantifizierung der Vergleichsgrößen

4) Vergleich, Analyse und Formulierung der „Lücke“

5) „Schließ die Lücke“ - durch gezielte Therapie.

Die Erfahrungen zeigen, daß die Ergebnisse bei allen Beteiligten die „Augen öffnen“ und vor allem Bewußtsein und Druck durch „Schließ die Lücke“ geschaffen werden. Beim Einsatz ist die Vorphase der Verweigerung wie „Das kann man nicht vergleichen, bei uns ist das anders“, „Ich bekomme die Daten nicht“, „Das dauert viel zu lange“ die schwierigste Hürde. Detaillierungsgrad und Genauigkeit sind weniger wichtig als die Bestimmung der Größenordnung der Abweichungen.

2.2. Generelle Syndrome

Zur Kategorie der generellen Syndrome zählen

SYNDROM	KOMMENTAR
„Meetingitis“	Es wird „gemeetet“ in großer/kleiner Runde, von 10 Minuten bis in die Nacht, mehrfach täglich bis 1x jährlich mit/ohne Tagesordnung/Protokoll - steht das Ergebnis im richtigen Verhältnis zum Zeit- und Energieaufwand, liegt falsch verstandener Konsens vor?
WER	**W**ieder-**E**rfindung des **R**ads (engl. NIH: **N**ot **I**nvented **H**ere)
NNSK	Nicht NEIN Sagen Können, dazu zählt ebenfalls „Nett sein“, „Tust du mir nichts, tu ich dir nichts“
KE	Keine Entscheidung: Die Mitarbeiter erarbeiten Vorlagen, präsentieren, kommen immer wieder zurück, aber weder „Go“ noch „No Go“ – kein Interesse/kein Wissen, zuviel Politik?
Ausschuss Ausbeute (yield)	Prozesse und Ablauf nicht im Griff? Neben der Zeitfalle vor allem Qualitäts- und Kostenfalle!
Test/Inspektion	siehe Ausschuß
Papierkrieg	siehe „Meetingitis“ mit Papier
Warten, Motzen	Folge von „Meetingitis“ und Papierkrieg

Die Aufzählung kann endlos fortgesetzt werden.

Vertraute, ja akzeptierte Größen wie Ausbeute, Test und Inspektion sind Zeitfallen! Nahezu alle Zeitfallen sind ebenfalls Qualitäts- und Kostenfallen.

2.3. Der „Konventionelle" serielle Entwicklungs- und Fertigungsprozeß

In **Bild 2** sind die Phasen des seriellen Entwicklungs- und Fertigungsprozesses von der Idee bis zum Produktionsauslauf dargestellt mit seinen Hauptbeteiligten Entwicklung, Fertigung und Lieferant sowie den jeweiligen Hauptzielen Funktionalität, Entwicklungszeit, Kosten und Qualität.

Die kritischen Befunde sind

- die Partner Entwicklung, Fertigung und Lieferant arbeiten und entscheiden bilateral und seriell, wodurch Zeitverzögerungen, Mißstimmung, Redundanz an den Schnittstellen, unnötiger Overhead, Mehrkosten vorprogrammiert sind.
- die Technologie wird nicht produktbezogen, die Entwicklung nicht fertigungsbezogen, die Fertigung nicht technologiebezogen betrieben; es wird noch entwickelt, während bereits die Fertigung läuft, d. h. Zeitverzögerungen vom Start bis weit in die Volumenfertigung.
- die sequentielle Natur des Prozesses führt zu „wilden" Iterationen besonders beim Ende der Entwicklungsphase mit enormen Zeitverzögerungen und Kostenüberschreitungen.
- Logistik, Marketing/ Vertrieb und Kundendienst sind keine vollwertigen Partner.
- der **Kunde** ist überhaupt nicht integriert: „sein" Produkt mit den von der Entwicklung definierten Spezifikationen wird von ihm „so" häufig nicht akzeptiert, führt zu zeitaufwendigen Iterationen, Zeitverzögerungen und sich verschlechternder Kundenzufriedenheit.

Der serielle Prozeß ist voller Zeitfallen. Er ist ein Relikt aus dem Taylorismus: partiell, fragmentiert und isoliert.

Die isolierte Vorgehensweise wird besonders in der Verletzung der 80:20 - Regel der Technologie-Perfektion sichtbar, siehe **Bild 3**.

Die Erfahrung hat ergeben, daß mit 20% des Zeitaufwands, häufig auch des Kostenaufwands, 80% der Funktionalität entwickelt und gefertigt werden kann. Beim isolierten Vorgehen wird immer versucht, möglichst nahe an die 100%-Grenze heranzukommen, ohne auf den mehrfachen Zeitaufwand und auch Kostenaufwand zu achten. Der technologische Reiz und Herausforderung sind stärker als das „Gemeinwohl" des Produktes.

2.4. Einsame und leere Inseln der Information

„Warum bekomme ich die aktuellen Daten nicht?"

„Über 30 Unterschriften für eine Genehmigung – und das Ganze dauert auch noch 3 Monate, trotz EDV."

„Die Stückliste aus der Entwicklung muß ich für den Einkauf mit viel Zeitaufwand immer wieder neu erstellen."

„CIM hat noch nicht gebracht, was wir uns versprochen haben".

Anhand dieser Beispiele sind auf dem Gebiet der Information folgende Befunde festzustellen:

- Inseln und kein Sharing von Informationen
- veraltete Daten und Informationen
- partielle Optimierungen
- neue Informationstechnologie mit alten Management- und Organisationsabläufen

Diese Befunde sind nur ein Ausschnitt aus den unbewältigten Daten- und Informationsproblemen in den Dimensionen Volumen, Verknüpfung, Aktualität, Management und Firmenkultur.

„Information ist Macht", wer diesen vielleicht früher gültigen Spruch befolgt und nicht in Breite und Tiefe aktuell informiert, verursacht ebenfalls Zeitfallen.

2.5. Mensch und Management

„Ich wünschte, mein Chef hätte mehr Zeit für mich".

„Da kommen doch keine Ideen, mit denen kann man nicht reden".

„Aus unseren Qualitätszirkeln kommt schon lange nichts mehr raus".

„Außerhalb machen die mir meine Muster in 2 Tagen, intern dauert es 6 Wochen und kostet 5x mehr".

Diese Aussagen wie auch die Mehrzahl der generellen Syndrome in Abschnitt 2.2 beinhalten Befunde wie

- alte Strukturen, die gewaltig bremsen.
- fehlender Teamgeist und Verhalten.
- kein Konfliktmanagement und Coaching.
- Unterschätzung der Bedeutung der Mitarbeiter.
- neue Methoden mit altem Inhalt.

Sie verlangen Wandel und Veränderungen bei Mensch und Management, was in der Therapie zu den schwierigsten Aufgaben zählt.

2.6. Zusammenfassung

Diese punktuelle Diagnose weist auf folgende Ursachen für Zeitfallen hin:

- Das serielle Vorgehen und der Taylorismus bremsen.
- Das Informationswesen in Erfassung, Bereitstellung, Austausch und Fluß in Entwicklung und Fertigung sowie im Unternehmen „klemmt".
- Der Mitarbeiter hat nicht den notwendigen hohen Stellenwert, alte Strukturen dominieren, das Verhalten ist statisch und wenig unternehmerisch.

Weitere Befunde:

- Zeitfallen sind häufig auch Qualitäts- und Kostenfallen.
- Viele Unternehmen sind schon krank oder sind zumindest gefährdet, ohne es zu wissen.

Methodisch gesehen hilft Benchmarking am schnellsten, die Lücken zu lokalisieren und zu quantifizieren.

3. Therapie: Ganzheitlich, simultan, vernetzt und produktorientiert

„Vor 6 Jahren hatte meine Entwicklungsgruppe kein Produkt nach Plan abgeliefert. Heute sind wir die Besten im ganzen Unternehmen. Wie war das möglich? Mit denselben Leuten haben wir neue Methoden eingesetzt und vor allem unsere Einstellung und unser Verhalten geändert, und dieses neue Verhalten ist auch nach meinem Ausscheiden als Chef fest verankert in der Organisation".

Dieses Zitat sagt, daß durch die richtige Therapie Quantensprünge in der Leistung von Entwicklung und Fertigung gemacht wurden und machbar sind. Die Therapie, die zur Verbesserung in Quantensprüngen, nicht in kleinen Prozentzahlen führt, hat an erster Stelle mit persönlicher Einstellung und Veränderung zu tun, vergleichbar mit einem lungenkranken, „süchtigen" Raucher, der sofort mit dem Rauchen aufhören muß und dadurch überlebt.

Die gewonnene Klarheit, der Handlungsbedarf und der Wille, „aufzuräumen", „alte Zöpfe abzuschneiden", radikal neue Wege einzuschlagen und in die Tat umzusetzen, sind die notwendigen Voraussetzungen für eine erfolgreiche Therapie.

Praktische Erfahrungen zur Zeitbeschleunigung gehen aus **Bild 4** hervor. Um ein Mehrfaches größer ist der Effekt von Wandel und Veränderung der Mitarbeiter, Prozesse und Strukturen in Richtung Simultanität gegenüber den partiellen Maßnahmen Integration, neue Instrumente (in alten Strukturen) sowie Druck und Härte in der Organisation, die keinesfalls außer acht gelassen werden dürfen.

Die Therapie zur „Heilung" der Ursachen und Syndrome muß in den folgenden Richtungen gleichzeitig erfolgen, siehe **Bild 5 und 6**:

- Kunde, Lieferant, Entwicklung + Fertigung, im folgenden immer E +F genannt, bilden ein **Netz,**
- eingebettet in einen neuen **Informations- und Kommunikationsverbund,**
- geführt von **Mitarbeitern und Teams** –crossfunktional und mit Unternehmergeist,
- ausgerichtet auf die **simultane Erreichung der kundenorientierten Ziele** Funktionalität, Qualität, Kosten, Entwicklungszeit und Resultat, siehe **Bild 5**, die per Definition untereinander nicht immer konfliktfrei sind,
- klar artikuliert in Ablauf und Zielsetzungen, offen in operationellen Details.

Dieses Netz ist verknüpft mit den internen Unternehmensbereichen Forschung, Logistik, Marketing/ Vertrieb und Kundendienst und hat die notwendigen Kontakte zur Industrie und zum Markt. Es sei nochmals betont, daß in den folgenden Ausführungen vor allem E + F betrachtet werden.

Vom Menschen verlangt es,

- neue Fähigkeiten und soziales Verhalten zu lernen und
- manche „geachtete" Fähigkeiten, Verhalten, Gewohnheiten, auch Privilegien zu „vergessen",

bedeutet das,

- freier und gelöster von hemmenden Gewohnheiten und Zwängen zu arbeiten, wie es z.B. Mitarbeiter bei Firmen- oder Aufgabenwechsel häufig selbst positiv erleben und führt
- nach möglichem Stress, verbunden mit „Tränen und Schmerz", zu einer größeren Befriedigung, denn ein jeder strebt nach **Erfolg** und arbeitet gern in einem erfolgreichen Team.

In der gesamten Industrie nimmt die Zeitbeschleunigung bei gleichzeitiger Verschärfung der anderen Erfolgsfaktoren stark zu, wie aus **Bild 7** hervorgeht. In der Computerindustrie z. B. sind in den letzten Jahren trotz enormer Verbesserungen in Entwicklungszeit, Funktionalität, Kosten und vor allem Qualität die Resultate gesunken. Erfahrungen bei konkurrierenden Produkten, dargestellt in **Bild 8**, zeigen, daß bei Verkürzung der Entwicklungszeit und sogar bei Mehrkosten ein Produkt ein erheblich höheres Resultat erzielen kann. Die Zeitbeschleunigung ist **die** Überlebensfrage.

In den folgenden 3 Abschnitten werden beispielhaft Erfahrungen, Methoden und Konzepte zu Produkt-Prozeß, Information, Mensch/Management dargestellt. Bewußt sind Mensch/Management zum Schluß gewählt, da Mensch/Management Kern und Klammer bilden. Die Therapie muß ganzheitlich erfolgen und ist nur erfolgreich und stabil, wenn Mensch, Information und Produktprozeß immer gleichzeitig miteinbezogen werden.

4. Produkt-Prozeß: Horizontal, parallel und beschleunigt

Unter den zahlreichen bewährten und sich in der Entwicklung befindlichen Methoden und Konzepten werden hier näher betrachtet:

- das Six-Sigma-Programm[1)]
- der Produkt-Technologieplattform-Prozeß

4.1. Das Six-Sigma-Programm

Die Zielsetzung des Six-Sigma-Programms ist, bei technischen, auch administrativen Prozessen in definierter Zeit die Fehlerquote von 3.4 PPM (Parts per Million) zu erreichen. In **Bild 9** ist der Zusammenhang zwischen der statistischen Streuung Sigma und der Fehlerquote dargestellt, wobei besonders auf die Größenordnung der Verbesserungsschritte hingewiesen wird, z.B. 4 Sigma: 6210 PPM zu 6 Sigma: 3.4 PPM entspricht einer Verbesserung um den Faktor 1800. Zahlreiche Unternehmen haben das Six-Sigma-Programm oder Vergleichbares bereits erreicht und übertroffen.

Ich möchte an dieser Stelle besonders die 6 Schritte des Six-Sigma-Prozesses sowie die E + F-Verantwortungen herausstellen; für eine Vertiefung ist unter anderem auf „Six Sigma Quality and the National Malcolm Baldridge Award at Motorala", W. B. Smith /6/ oder „Einführung in Six Sigma" /4/ zu verweisen.

Die 6 Schritte sind:

1. Identifikation der Produktcharakteristiken, die für die Kundenzufriedenheit, für die physikalischen und die funktionellen Anforderungen kritisch sind (auch für FTZ, TÜV, usw.)

[1)]Six Sigma ist ein von Motorola entwickeltes Verfahren. Die Digital Equipment Corporation dankt Motorola für die freundliche Unterstützung.

2. Bestimmung der spezifischen Produktelemente, die es ermöglichen, diese kritischen Produktcharakteristiken zu erreichen.
3. Festlegung der Prozeßschritte, die die Kontrolle dieser kritischen Charakteristiken ermöglichen.
4. Festlegung des nominalen Designwertes und der maximal zulässigen Toleranz für diese kritischen Charakteristiken.
5. Festlegung der Prozeßfähigkeit für Teile und Prozesse, wodurch diese kritischen Charakteristiken kontrolliert werden.
6. Wenn die Prozeßfähigkeit Cp<2, Erklärung siehe unten, muß das Design des Produktes und/oder des Prozesses solange geändert werden, bis Cp>2 erreicht ist.

Hervorzuheben sind:

- der Kunde und damit der Markt entscheiden über Produktspezifikationen, nicht allein der Entwicklungsingenieur
- die kritischen Erfolgsfaktoren für Produkt und Prozeß werden frühzeitig und laufend, einzeln und in ihrem Zusammenspiel analysiert und kontrolliert
- der Lieferant wird frühzeitig strategisch und operational, vor allem mental in den Prozeß einbezogen
- vor dem Fertigungsstart müssen Produkt, Komponenten und Prozeß stimmen und bei Nicht-Einhaltung wird nicht gestartet, sondern zurückiteriert, bis die Prozeßfähigkeit erreicht ist.

Ein wesentlicher Faktor zum Erfolg ist das gemeinsame E + F-Denken, mit klarer Verantwortungsverteilung zwischen E + F, wie es in **Bild 10** sichtbar wird. Die Definition der Komponenten und ihrer Toleranzen, d. h. der unteren und oberen Grenzen LSL und USL liegen in der Verantwortung der Entwicklung, die Streuung des Fertigungsprozesses in der Verantwortung der Fertigung.

Im Six-Sigma Prozeß wird eine Prozeßfähigkeit Cp wie folgt definiert:

$$Cp = \frac{(USL - LSL)}{6\sigma}$$

wobei:
USL: obere Toleranzgrenze
LSL: untere Toleranzgrenze
σ: Streuung des Prozesses

Zur Durchsetzung des Six-Sigma-Konzepts gehört vor allem dieses gegenseitige Verständis von Entwicklung und Fertigung. Dabei werden Produkt-Projektteams gebildet, die örtlich „zusammenleben" gleichzeitig mit Mitarbeitern vom/beim Kunden und Lieferanten, die ebenfalls am Six-Sigma-Prozeß partizipieren müssen. Sehr vorteilhaft bewähren sich Pilot-Linien, wie sie in der Prozeßindustrie seit Jahrzehnten üblich sind. Six-Sigma Programme sollen gleichzeitig im administrativen Bereich eingesetzt werden.

Ein Erfahrungshinweis zur Realisierung: Das Six-Sigma-Programm muß von der Unternehmensspitze bis zum letzten Glied im Unternehmen trainiert und kontinuierlich vorgelebt werden. Ziele müssen kurz- und langfristig, ehrgeizig bis an die Grenzen, jedoch machbar gesetzt und unstetig ein- und nachgehalten werden. Das Six-Sigma-Programm muß Chefsache sein.

4.2. Produkt-Technologieplattform-Prozeß

Die internen und externen Technologien und Technologieplattformen müssen produkt- und kundenorientiert definiert und analysiert werden, integriert in die Unternehmens- und Produktstrategie, siehe **Bild 11**. Ziel der Analyse ist, die gegenwärtigen und zukünftigen, eigenen und externen Stärken und Schwächen, neue Anforderungen und obsolete Fähigkeiten aus der „Brille" der Produkte zu bestimmen, um so erfolgreiche Produktstrategien festzulegen.

Aus der Technologie-Strategie in **Bild 11** sind besonders hervorzuheben:

- das systematische Baukasten- und Familienkonzept mit „Mehr" und „Länger" aus der vorhandenen Basis.
- die Konzentration auf die internen Stärken und Kerntechnologien, gegebenenfalls bereit zur Vermarktung.
- die Einschaltung von externen Technologie-Lieferanten und damit die Ausschaltung von nicht wettbewerbsfähigen internen Quellen.
- das Konzept der Technologiefusion, z.B. ASIC (Application Specific Integrated Circuits) und Firmware in der Computerindustrie.
- das Konzept der Technologie-Spirale, wobei planmäßig bestehende Technologien um neue Technologien angereichert, innovative, universellere Produkte erzielen helfen, z. B. „von der Reiseschreibmaschine zum Laptop".
- produktsynchrone Abstimmung und Weiterentwicklung von Technologien.
- simultanes Vorgehen: Einfrieren von Spezifikationen zur Erfüllung von gegenwärtigen Kundenwünschen und gleichzeitige Weiterentwicklung von Nachfolgeprodukten.
- die Integration und das „Zusammen" von E + F
- Erhaltung und Ausbau der eigenen Position und Eigenständigkeit

Das Beispiel in **Bild 12** zeigt vereinfacht, wie, basierend auf den vorhandenen produktbezogenen Technologieniveaus der Technologie-Plattformen A - E, in kurzer Zeit (t_1-t_O) durch Veränderung nur einer Technologieplattform ein neues Produkt mit 50% Leistungssteigerung auf den Markt gebracht werden kann. Außerdem wird deutlich, welche Technologieplattformen „lahmen" und wie z. B. durch die externe Technologieplattform F in einer Technologiespirale ein neuer Produktbereich erschlossen werden kann.

Das Denken und Handeln in Technologieplattformen für Produkte in einer zielgerichteten, simultanen Kette von Kunde, E + F mit Lieferanten, Logistik, Marketing/Vertrieb und Kundendienst zum Kunden fördert das angestrebte „Staccato" neuer Produkte.

5. Informationstechnologie: Potential zu einem Quantensprung

5.1. Einleitung

Information ist das „Plasma" zwischen Mensch und Produkt-Prozeß, d. h. Produkte und Prozesse in allen Phasen zu beschreiben und für jeden verständlich zu machen, ob in Zeichnungen, Versuchen, Berechnungen, Dokumentationen, Technologieangaben, Archivinhalten, Planungsabläufen, etc. Es setzt ein klares Verständnis des Menschen von Produkt-Prozeß, ebenso eine informationsgerechte Erfassung von Produkt-Prozeß voraus und verlangt vom Menschen, diese Informationen wirkungsvoll zu nutzen.

Dank der Fähigkeiten der elektronischen Informationstechnologie, im folgenden IT abgekürzt, können die Eigenschaften und Zusammenhänge während des Lebenszyklus von Produkt-Prozeß in Echtzeit, im Direktzugriff, in Ganzheitlichkeit und in Alternativen/Vergleichen analysiert und beschrieben werden, was überhaupt erst die Basis für die simultane Vorgehensweise bildet.

Das Ziel von IT ist also, Daten, Informationen und Wissen über den gesamten Lebenszyklus des Produkts zu erfassen, zu bearbeiten und allen Befugten im Unternehmen, der Lieferantenbasis und den Kunden bedarfsgerecht und interaktiv bereitzustellen. Es ist äußerst streng darauf zu achten, IT nicht als „neuen Deckel auf den alten Topf" einzusetzen (das wäre eine neue teure Zeitfalle), sondern das oben beschriebene Potential von IT durch neue Abläufe, Darstellungen, Berechnungen, Vereinheitlichungen, Informationsbereicherung, Dokumentationen u. a. zur Zeitbeschleunigung mit gleichzeitiger Funktions- und Qualitätssteigerung, Kostenreduktion und Ergebnisverbesserung zu nutzen.

Therapiemaßnahmen aus E + F werden im folgenden anhand von IT-Applikation und Netzwerk beschrieben. Auf CALS (Computer Application and Logistics Support) mit ISO/STEP (Standards for the Transfer and Exchange of Product Data) wird kurz eingegangen, um das Potential zu einem Quantensprung weiter zu verdeutlichen.

5.2. IT-Applikation und -Netzwerk

Das Konzept des integrierten Unternehmens aus IT-Sicht geht aus **Bild 13** hervor. Wie bereits organisatorisch verknüpft, so werden Unternehmensführung, die Abteilungen und der Einzelne informationstechnologisch verbunden auf der Basis der 3 IT-Ebenen von Anwendung, von Entwicklungs-, Netzwerkplattform, Informations-Sharing, Datenmanagement und von Betriebssystemen, Hardware und deren Vernetzung.

Die Leistungsstärke von Unternehmensnetzwerken geht aus den schon weitgehend erfüllten Anforderungen der Nutzer hervor, wie sie in **Bild 14** zusammengestellt sind.

Solche Unternehmensnetzwerke sind in vielen Unternehmen/Unternehmensbereichen Realität. In „Internationaler Entwicklungs- und Produktionsverbund durch informationstechnische Vernetzung" siehe Burckhardt /2/ ist die Rolle von IT bei einer Produktentwicklung dargestellt, siehe **Bild 15**. An dieser Stelle wird nicht im Detail auf EASYNET der Digital Equipment Corporation mit über 80.000 Teilnehmern und 38.000 Knoten sowie die WAN (Wide Area Network)- und LAN (Level Area Network)-Technologien eingegangen. Electronic mail, computer conferencing, CAD/CAM, Kommunikation mit Lieferanten u. a. in Netzwerken ermöglichen höchste Aktualität aller Beteiligten weltweit und führen zu gesteigerter Disziplin, Kreativität und Zeitkompression.

CAX-Applikationen (X=Engineering, Design, Mechanical design...) sind ein integraler Bestandteil von E + F. Diese Anwendungen sind im direkten Arbeitsbereich des einzelnen Ingenieurs und Teams angesiedelt. Im „Client-Server"- Verhältnis, d.h. Arbeitsplatzcomputer in Verbindung mit der übergeordneten Rechneranlage, ergibt sich hier nicht nur ein „Data-Sharing", sondern auch eine wirkungsvolle Arbeitsteilung zwischen lokaler und zentraler IT-Rechenkapazität und -fähigkeit innerhalb von Netzwerken.

5.3. CALS - ISO/STEP

Einheitliche, allgemein akzeptierte Zahlen- und Maßsysteme sind die Grundlage jeder erfolgreichen industriellen Arbeit.

So hat das CALS - Konzept, siehe „CALS and Concurrent Engineering“ /2/, das Ziel, ein offenes System auf der Basis eines Produktdatenmodells zu schaffen, das informationstechnologisch eine einheitliche Grundlage für E + F, Lieferant, Kunden, Logistik, Vertrieb, und Kundendienst bildet. Eine solche Vereinheitlichung hilft zu vereinfachen (und dabei „auszumustern“), simultan zu arbeiten und gleichzeitig die Zeiten entlang der Wertschöpfungskette der einzelnen Funktionsbereiche des Unternehmens drastisch zu reduzieren.

Wesentliche Bausteine aus IT-Sicht sind:

- Produktdatenmodelle, z.B. auf der Basis von ISO/STEP,
- Informationsnetzwerke mit Datenmanagement, Speichermanagement, TP (transaction processing) und „enduser computing“,
- objektorientierte Datenbanken mit Dictionary-Systemen und Dokumenten-Architekturen.

Die Entwicklung und der praktische Einsatz dieser Bausteine in der Industrie hat bereits begonnen — mit dem Potential eines Quantensprungs wie damals bei Gutenberg.

6. Mensch und Management: Vernetzung und Veränderung

Das „Staccato“ verlangt neue, andere Einstellungen und Vorgehensweisen, die vom Menschen geführt und realisiert werden. Sie verlangen neue dynamische Arbeitsverbindungen und Vernetzungen, die zu individuellen und organisatorischen Veränderungen führen. Dies wird im folgenden beleuchtet am Beispiel des Produkt-Projekt Managements und der Entwicklung von globalen Teams.

6.1. Produkt-Projekt Management

Der Kern wird von einem 4x4 multifunktionalen Produkt-Projekt Team gebildet, das Entwicklung, Fertigung, Marketing und Kundendienst beinhaltet, siehe **Bild 16** aus Burckhardt /2/.

Die Vernetzung zum Kunden wird im wesentlichen von Marketing und Kundendienst, die zum Lieferanten von E + F dabei vornehmlich von der Fertigung sichergestellt. Die Mitglieder des Teams arbeiten 100% für diese Aufgabe, bis das Projekt stabil in der Fertigung läuft. Das Team muß einen „Champion“ als Leiter besitzen, ihm muß nicht nur diese Aufgabe delegiert sein , sondern er muß auch die notwendige Autorität erhalten, um das Projekt mit den notwendigen Befugnissen zu führen, um so durch Dickichte zu schneiden, Konflikte zu lösen und im Ernstfall schnell zur Geschäftsführung eskalieren zu können.

Auf der E + F-Basis eines Unternehmens arbeiten die produktgetriebenen Produkt-Projekt Teams nebeneinander, wie in **Bild 17** dargestellt, mit voller Unterstützung der E + F-Basis. Diese hierarchiefreie, „chaotische“, Vertrauen voraussetzende Arbeit muß im Unternehmen akzeptiert werden. Davon profitiert das Unternehmen – wieviele organisatorische Anweisungen, Prüfungs- und Genehmigungsprozeduren hemmen anstatt zu beschleunigen, wieviele Meetings mit wievielen Teilnehmern können reduziert werden,...

6.2. Vom Spezialisten zum Globalen Team

Der Einzelne sowie das Team stehen vor der folgenden Situation:

- bestehendes Wissen und Verhalten werden obsolet,

gleichzeitig werden

- neues Fachwissen,
- crossfunktionales Wissen,
- Kommunikationsfähigkeiten,
- neues soziales Verhalten

benötigt.

Individuelle bzw. Team-Personalentwicklung geschehen in einem Modell, wie es in **Bild 18** wiedergegeben ist.

Das Spezialwissen des vertikalen „I" wird um das horizontale Dach des „T" vermehrt, das die Simultan- und Arbeitsverbindungskomponente darstellen soll. Erst das ermöglicht die Bildung des Team-Gebäudes, das aus den richtigen Säulen von Spezialwissen mit dem Dach von Führung und Zusammenarbeit besteht. Dieses Team ist stärker als die Summe der einzelnen, denn

- die gegenseitige Ergänzung von Stärken,
- die Wahrnehmung bestimmter Rollen, z. B. des Spezialisten, Kreativen, Kontakters
- die Identifizierung mit der Aufgabe,
- der Wille und der Teamgeist zu gewinnen, „Berge zu versetzen",

in ihrer Gesamtheit ergeben die neue leistungsstärkere Einheit, das Team. Durch die Vernetzung mit Kunde und Lieferant entsteht das „globale" Team. Global deshalb, weil es in Dimensionen wie externes und weltweites Fachwissen und individuelle Länder- und Firmenkulturen übergreift. In Zukunft wird stärker in globalen, virtuellen Teams operiert werden, d. h. die Teammitglieder des globalen Teams sind stärker informationstechnisch und mental, weniger lokal miteinander verbunden. In **Bild 19** aus Burckhardt /2/ ist eine erfolgreiche Produktentwicklung durch ein weltweit operierendes Team dargestellt. Nicht Struktur, Prozeduren und Kontrolle, sondern das gemeinsame Ziel, Wille und Besessenheit, delegierte Autorität und Vertrauen führen zum Erfolg.

Die Entwicklung der Mitarbeiter geschieht „on the job", durch Rotation intern und extern zum/vom Kunden und Lieferanten und selbstverständlich durch Training. Die Einschaltung von Verfahren des „Organizational Developments (OD)" gewinnt beim Management von Wandel und Veränderung immer mehr an Bedeutung. Mögliche Hemmungen und Ängste müssen „auf den Tisch" und dürfen nicht mechanistisch nur als Lernkuren deklariert werden (neue Zeitfalle). Durch die Konzentration auf den Einzelnen und die Gruppenarbeit können die angestrebten Quantensprünge erreicht werden.

Die Bewertungs-, Entlohnungs- und Anreizsysteme für die Mitarbeiter müssen auf die neue Art der Zusammenarbeit und der individuellen Fähigkeiten ausgerichtet werden. Hauptveränderungen liegen im Gegensatz zur alten „Hierarchie"-Leiter-Entlohnung in der Bewertung und Entlohnung von Fähigkeiten, Verhalten und Teamerfolg.

6.3. Zusammenfassung

Wissensarbeit ist der Hauptfaktor des Wandels und der Veränderung.

In „5th Generation Management", siehe Savage /5/, S. 210 werden die einzelnen industriellen Phasen vom Agrarzeitalter bis zum Zeitalter Wissensarbeit in bezug auf die menschliche Zusammenarbeit und Vernetzung dargestellt, siehe **Bild 20**. Wir befinden uns gegenwärtig in den Phasen „Späte Industrialisierung - Frühes Stadium der Wissensarbeit".

Die wesentlichen Änderungen sind

von „Späte Industrialisierung"	**zu** „Wissensarbeit" (frühes Stadium)
- Managementteilung	- Netz von Kollege zu Kollege
- getrennte individuelle Verantwortung	- integrierte Prozesse
- Bereichsdenken	- Arbeit als Dialog
- ein Boss	- virtuelles, aufgabenfokussiertes Team
- Automatisierung	- entfällt

Mensch/Management, Information und Produkt-Prozeß, dieses Dreigestirn ist untrennbar miteinander verknüpft. Simultanes Denken, Entscheiden und Handeln, kunden- und produktorientiert, wie in **Bild 21** dargestellt, sind das neue **ANDERS, ZUSAMMEN und KLÜGER**, um die Anforderungen der Zeitbeschleunigung zu bestehen.

Ausbildungswege und -programme an Fachhochschulen, Universitäten/Technischen Hochschulen und innerhalb von Unternehmen müssen diese Erkenntnisse berücksichtigen, Firmenkulturen müssen sich entsprechend wandeln.

7. Realisierung: Immer simultan – und es ist machbar

„Sell, design, build: so bin ich in 4 Jahren von 0 $ auf über 1 Mrd. $ gewachsen", sagt Finas Conner, Gründer und Präsident von Conner Peripherals Inc., U.S.A., führender Hersteller von 3 1/2-Zoll Magnetspeichergeräten.

Stalk und Hout in „Competing against Time" /7/, S. 131, haben Leitlinien zur Zeitbeschleunigung und Innovation zusammengestellt, die im folgenden in freier Übersetzung wiedergegeben sind:

1) Zeit ist die Leistungsvariable zur Verbesserung von Qualität und Kosten.
2) Zeit-Benchmarks werden von „Best in Class"-Wettbewerbern gesetzt oder noch besser vom Potential neuester Technologien.
3) Unterstützende Funktionen bleiben aktiv im Hintergrund und dürfen nie den Entwicklungsprozeß bremsen.
4) Jedes Produkt-Projekt muß von einem kleinen, voll engagierten, entscheidungsberechtigten, erfahrenen Team geführt werden; die einzelnen Teammitglieder werden am Erfolg des Gesamtteams gemessen.

5) Das Entwicklungsprogramm besteht aus den folgenden 5 Schritten, an die sich die Organisation zu halten hat:

   (1) Planung und Vorbereitung,

   (2) Produktdefinition,

   (3) Entwicklung,

   (4) Hochfahren der Fertigung,

   (5) Produktverbesserung.

6) Ziel von Planung und Vorbereitung ist, nicht mitten in der Entwicklung neu zu erfinden, sondern vorher das „Unbekannte" zu entdecken.

7) Nach der Produktdefinition wird diese eingefroren - ohne Kompromiß und jede Änderung. In der Produktverbesserung Schritt (5) werden Kosten- und Funktionsverbesserungen vorgenommen.

8) Die Erfahrung und das Wissen liegen im Entwicklungsprogramm. Fertigung und Entwicklung sind „Full-Time"-Teilnehmer im Definitionsteam, Fertigung ist „Full-Time"-Teilnehmer im Entwicklungsteam.

9) Teammitglieder „leben" zusammen.

10) Kontrollen und Genehmigungen durch Topmanagement sind drastisch zu reduzieren, seine Hauptaufgaben sind die Sicherstellung ausreichender Ressourcen, Anreize und eines attraktiven Umfelds zur Zeitbeschleunigung.

11) Neue Programme werden laufend generiert, in regelmäßigen marktgetriebenen Abständen. Die Programme vollziehen sich in laufenden berechenbaren Schritten in Gegensatz zu wenigen großen Sprüngen.

Diesen Leitlinien folgend, beschreiben Stalk und Hout /7/ die 50% Reduzierung der Entwicklungszeit eines mechanischen Getriebes in Japan gegenüber der USA, siehe **Bild 22**.

Zahlreiche neue, erfolgreiche Unternehmen wie z. B. Conner, Bereiche innerhalb bestehender Unternehmen und viele Unternehmen des Mittelstandes wenden die Therapien, die Leitlinien und weitere unternehmensspezifische Verfahren mit der notwendigen Einstellung erfolgreich an. Sie arbeiten produkt- und kundengetrieben, horizontal, simultan und schnell, sie „marschieren" beständig nach vorn „klein, aber fein". Diese Unternehmen bzw. Unternehmensbereiche müssen als Leitbilder zur Realisierung der Zeitbeschleunigung herangezogen werden.

Die neue Vernetzung und der Erfolgswille sind die Haupterfolgsfaktoren zur Zeitbeschleunigung, denn

- die Entwicklung eines Produkts und die Fertigung dieses Produkts sind **ein** Ziel, nicht die Summe zweier Ziele
- Entwicklung, Fertigung und Vertrieb eines Produkts werden ein Ziel (nicht die Summe von 3 Zielen) und
- dadurch wird es noch schneller.

Zahlreiche Unternehmen insbesondere in der Halbleiter- u. Rechnerindustrie beherrschen die Beschleunigungsfaktoren, -konzepte und -verfahren schon heute.

8. Zehn Gebote der Zeitbeschleunigung in Produkt - (E + F)

Der Kern aller Therapien, damit verbunden die Beseitigung der Ursachen und Syndrome, muß den folgenden zehn Geboten der Zeitbeschleunigung gehorchen:

1) Zeit ist alles.

   Alle Erfolgsfaktoren wie Entwicklungszeit, Funktionalität, Qualität, Kosten und Gesamtergebnis sind abhängig von der Zeit: die Zeit ist die wichtigste Ressource für den Produkterfolg.

2) Hör auf den Kunden.

   Der Kunde und der Markt geben die Signale für neue Produkte, latente Wünsche sind Goldminen.

3) Entwicklung und Fertigung sind ein Paar.

   Für das Produkt sind Entwicklung und Fertigung wie Eltern. E+F als „Elternpaar" mit klarer Identität, Disziplin und Regeln des „Zusammen" sind immer stärker als die zwei getrennt operierenden Individualisten E und F.

4) Simultan denken, entscheiden und handeln.

   Sequentieller Taylorismus ist „out", wir müssen lernen, ganzheitlich, parallel, einfach und simultan zu denken, zu entscheiden und zu realisieren.

5) Produkte führen.

   Das Produkt ist Gesamtziel und -ergebnis. Das zwingt kontinuierlich zur ganzheitlichen Produktsicht und -optimierung, i.G. zur partiellen Technologieoptimierung oder zum bremsenden „Kästchen"-Denken von konventionellen Organisationen.

6) E + F Projektteams führen mit Ergebnisverantwortung.

   Produktbezogene E + F-Projektteams mit Marketing und Kundendienst, nicht anonyme zusammengewürfelte „Part-Time" Gruppen führen wie ein Unternehmer das Produkt von der Entwicklung zum Fertigungsvolumen: zum „Anfassen", in kurzen Wegen, mit Befugnissen, unterstützt vom Management. Der Kern des Teams „lebt" lokal zusammen und arbeitet mit den „Besten" weltweit in einem globalen virtuellen Team.

7) Neue Produkte, in Kontinuität von Technologieplattformen.

   Technologieplattformen, ob intern oder extern, sind produktorientiert. Nach Familien- und Baukastensystematik ermöglichen sie, laufend neue Produkte zu „gebären".

8) Partnerschaften so früh wie möglich entdecken, prüfen und eingehen.

   Außerhalb des Unternehmens existieren Potentiale für Produkt-(E+F), die häufig unentdeckt sind und „schon gestern" eingesetzt sein sollten. Solche Partnerschaften mit „Außerhalb" sind geprägt von gegenseitigem Nehmen, Geben und Kämpfen.

9) Information ist alles und für alle.

   Information ist das „Plankton" für die Leistung eines jeden einzelnen im Team, im Unternehmen: frisch, in den richtigen Portionen und das Produkt wächst und gedeiht. Information ist auch Verantwortung.

10) Der Mensch ist die wichtigste Ressource.

Wissensarbeit ist jetzt gefordert, und sie findet in den Köpfen und Herzen der Mitarbeiter statt. Sie sind die wichtigste Ressource für (E + F)-Produkterfolge und für den Erfolg des produzierenden Unternehmens.

Die meisten Gebote, insbesondere bezüglich „Zeit", „Kunde", „Information", „Simultanität" und „Mensch", gelten für alle Bereiche eines Unternehmens. Sie bewirken nicht nur die Zeitbeschleunigung für E + F, sondern „beschleunigen" das gesamte Unternehmen zu größerem Erfolg und helfen zu überleben.

9. Literaturverzeichnis

(1) **Aviation Week & Space Technology (McGraw-Hill Aviation Week Group):** CALS and Concurrent Engineering, Business Strategy or Tool for Survival?, July, 1990

(2) **Burckhardt, Werner:** Internationaler Entwicklungs- und Produktionsverbund durch informationstechnische Vernetzung, Seite 83 - 87, Produktionstechnisches Kolloquium Berlin, 1989

(3) **Camp, Robert C.:** Benchmarking, The Search for Industry Best Practices that lead to Superior Performance, ASCQ (American Society for Quality Control) Quality Press, Milwaukee, 1989

(4) **Digital Equipment Corporation:** Einführung in Six-Sigma, Digital Equipment International, Kaufbeuren, eigene Veröffentlichung, Kaufbeuren, 1990

(5) **Savage, Charles M.:** 5th Generation Management, Integrating Enterprises through Human Networking, Digital Press, Bedford, 1990

(6) **Smith, William B. Jr.:** Six Sigma Quality and the National Malcolm Baldridge Award at Motorola, eigene Veröffentlichung, Chicago, 1989

(7) **Stalk, George Jr., Hout, Thomas M.:** Competing against Time, How Time-based Competition is Reshaping Global Markets, The Free Press, Macmillan, New York, 1990

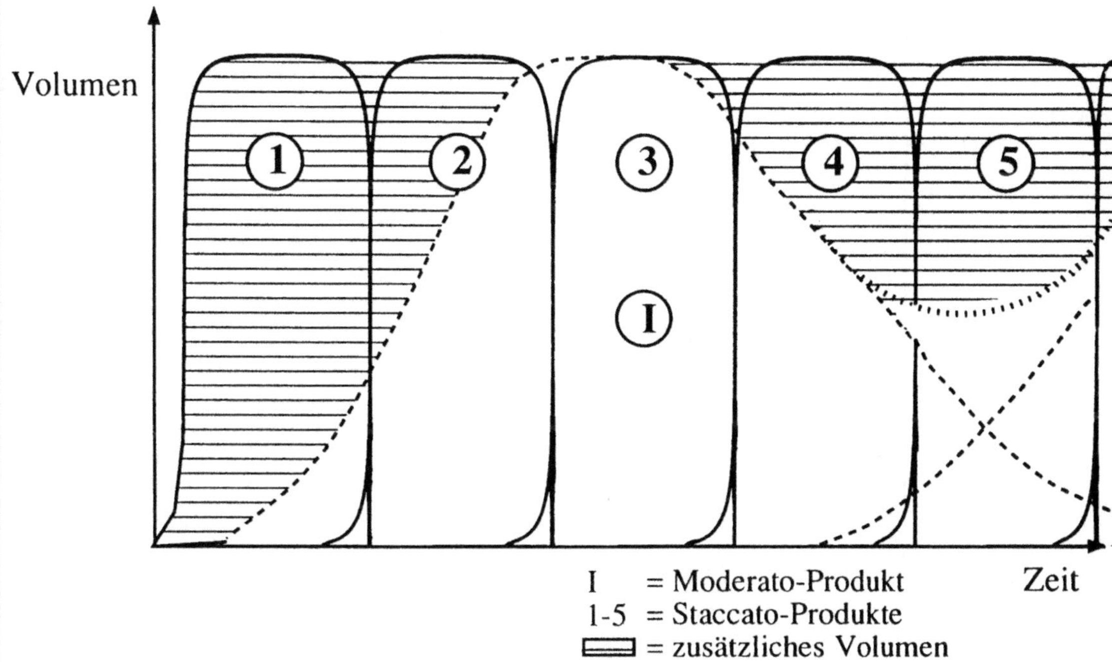

Digital Equipment
Werner Burckhardt

E + F: Vom "Moderato" zum "Staccato" neuer Produkte

01

Bild 1

Ablauf:

(1)	(2)	(3)	(4)	(5)	(6)	(7)
Produkt-definition	Produkt-planung	Entwicklung Prototyp	Produkt-qualifizierung	Produkt-anlauf	Produkt-volumen	Produkt-auslauf

Hauptbeteiligte:

Entwicklung

Fertigung

Lieferant

Hauptziele:

Entwicklung Entwicklungszeit, Funktionen

Fertigung Kosten, Qualität

Lieferant Kosten

Digital Equipment
Werner Burckhardt

Der "konventionelle" serielle Entwicklungs- und Fertigungsprozeß

02

Bild 2

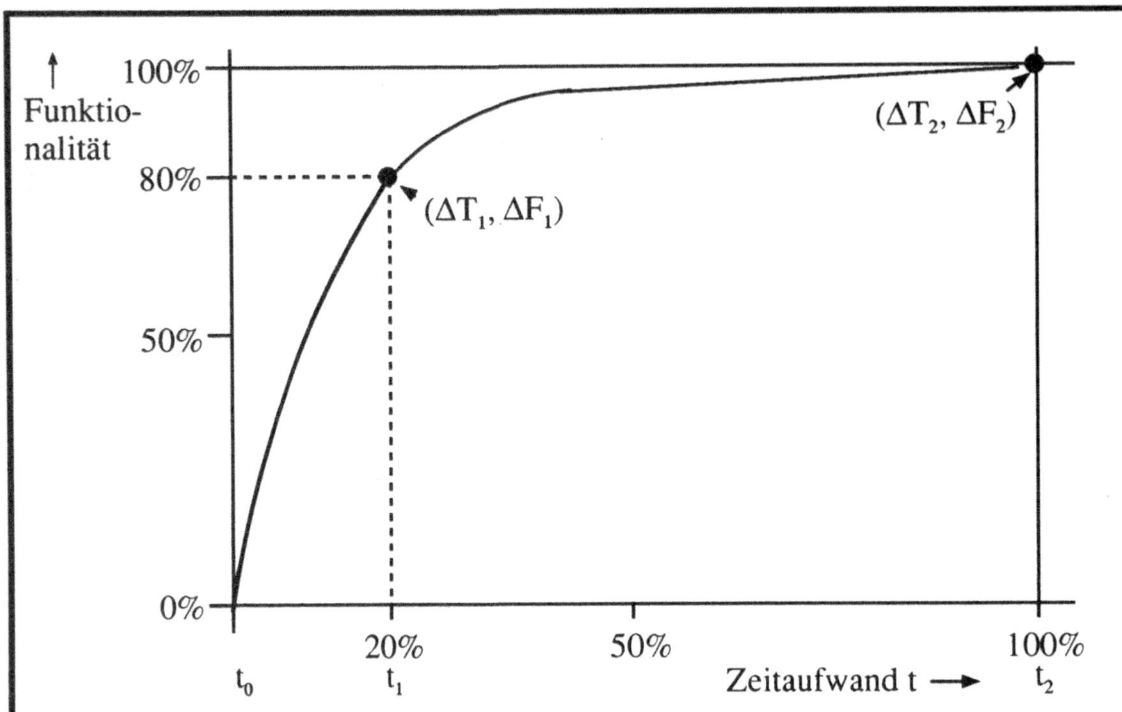

Digital Equipment Werner Burckhardt	**Die 80:20-Regel der Technologieperfektion**	03

Bild 3

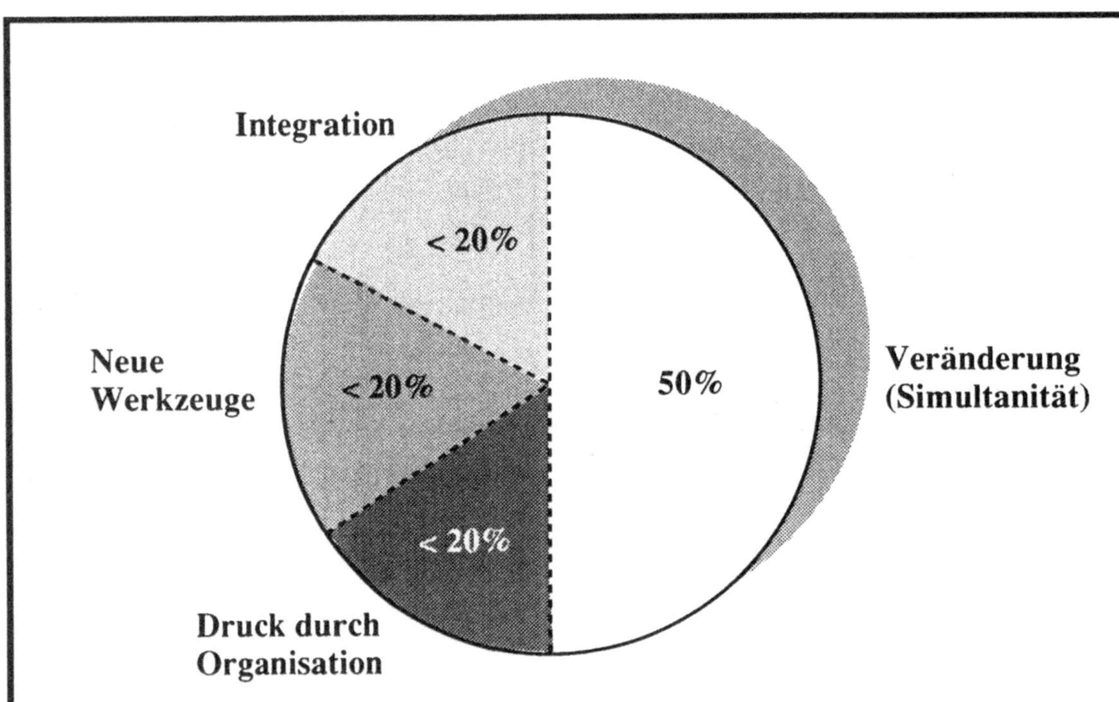

Digital Equipment Werner Burckhardt	**Erfahrungen und Potentiale von Verbesserungsmaßnahmen im Unternehmen**	04

Bild 4

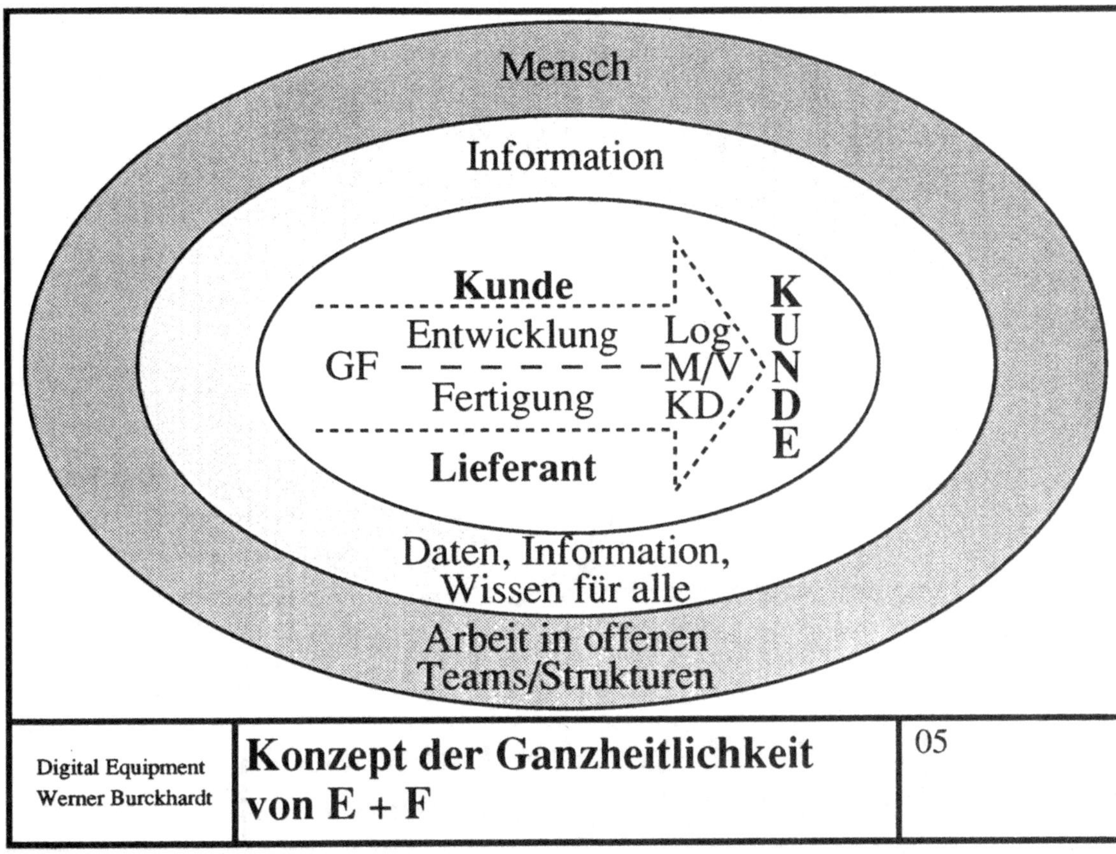
Mensch
Information
Kunde
Entwicklung
GF
Fertigung
Lieferant
Log
M/V
KD
K
U
N
D
E
Daten, Information, Wissen für alle
Arbeit in offenen Teams/Strukturen
Digital Equipment
Werner Burckhardt
Konzept der Ganzheitlichkeit von E + F
05

Bild 5

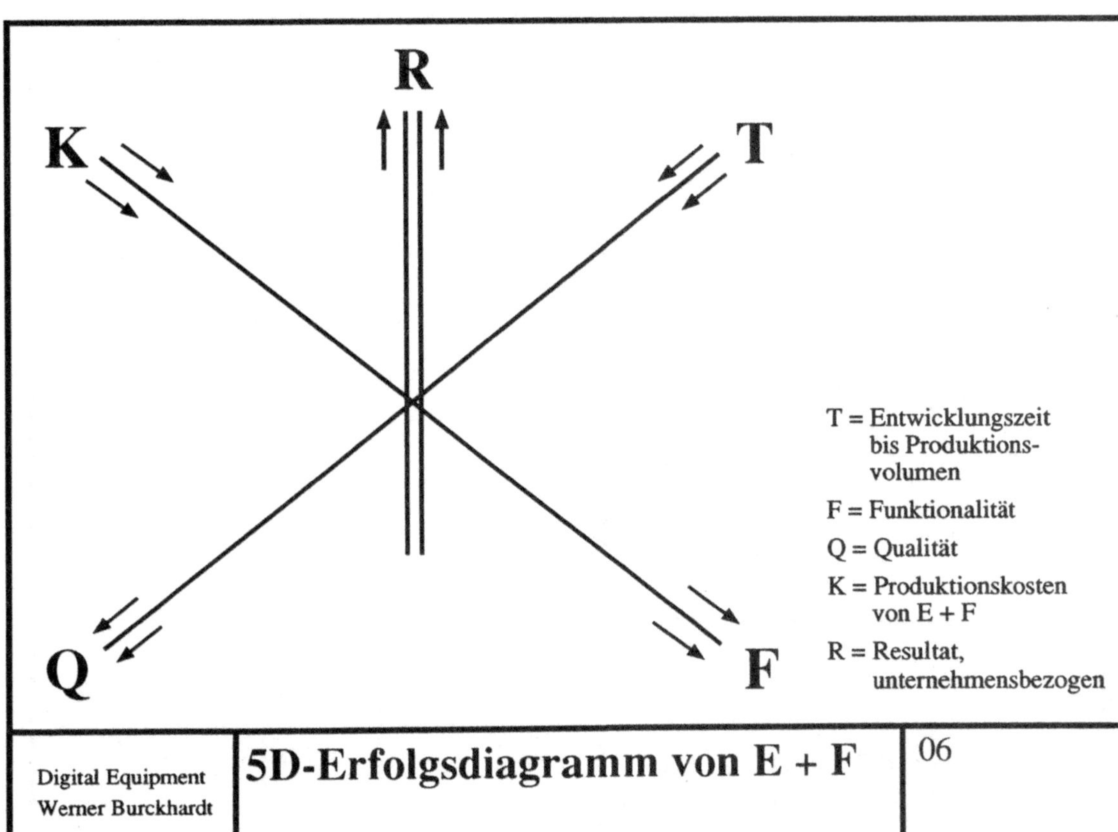
R
K
T
Q
F
T = Entwicklungszeit bis Produktions-volumen
F = Funktionalität
Q = Qualität
K = Produktionskosten von E + F
R = Resultat, unternehmensbezogen
Digital Equipment
Werner Burckhardt
5D-Erfolgsdiagramm von E + F
06

Bild 6

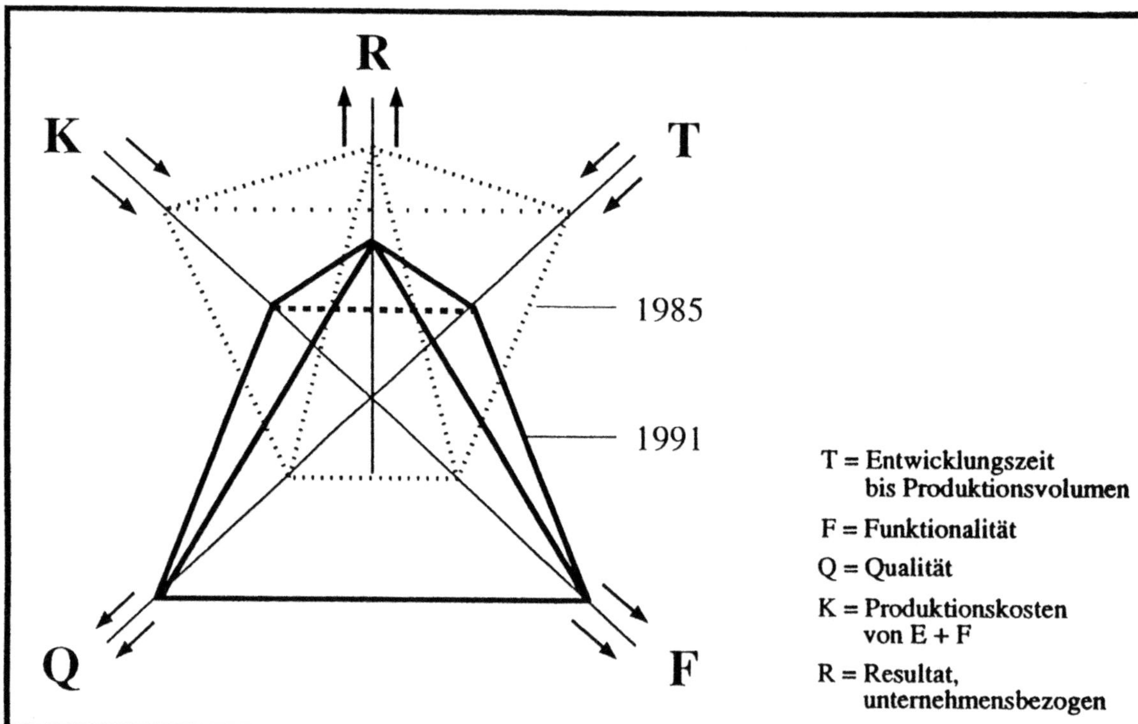

Digital Equipment Werner Burckhardt	**Trends erfolgreicher Unternehmen in der Computerindustrie**	07

Bild 7

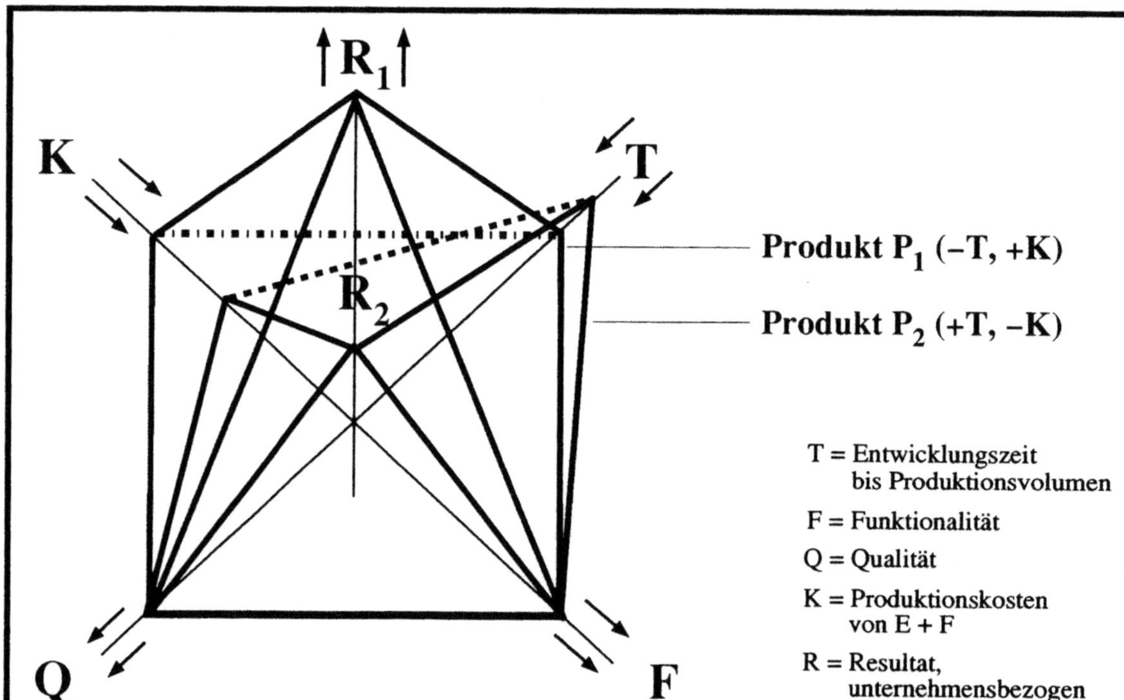

Digital Equipment Werner Burckhardt	**Bedeutung der Entwicklungszeit für das Gesamtresultat**	08

Bild 8

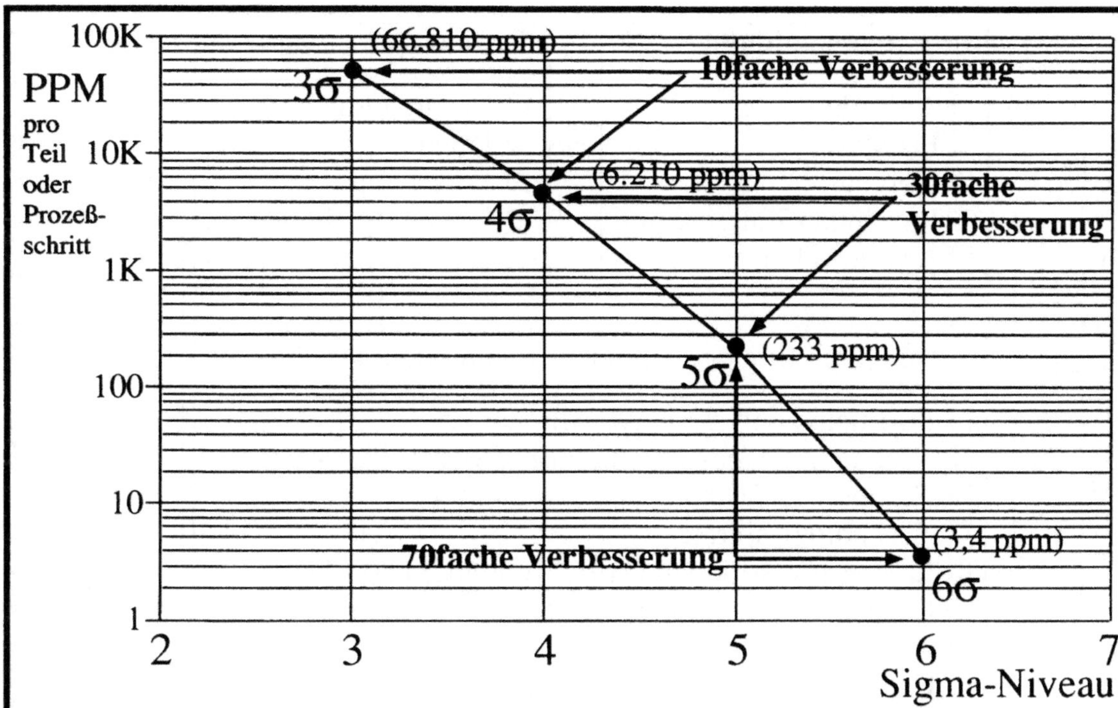

Digital Equipment Werner Burckhardt	**Six Sigma: PPM in Abhängigkeit von Sigma-Niveau**	09 Motorola

Bild 9

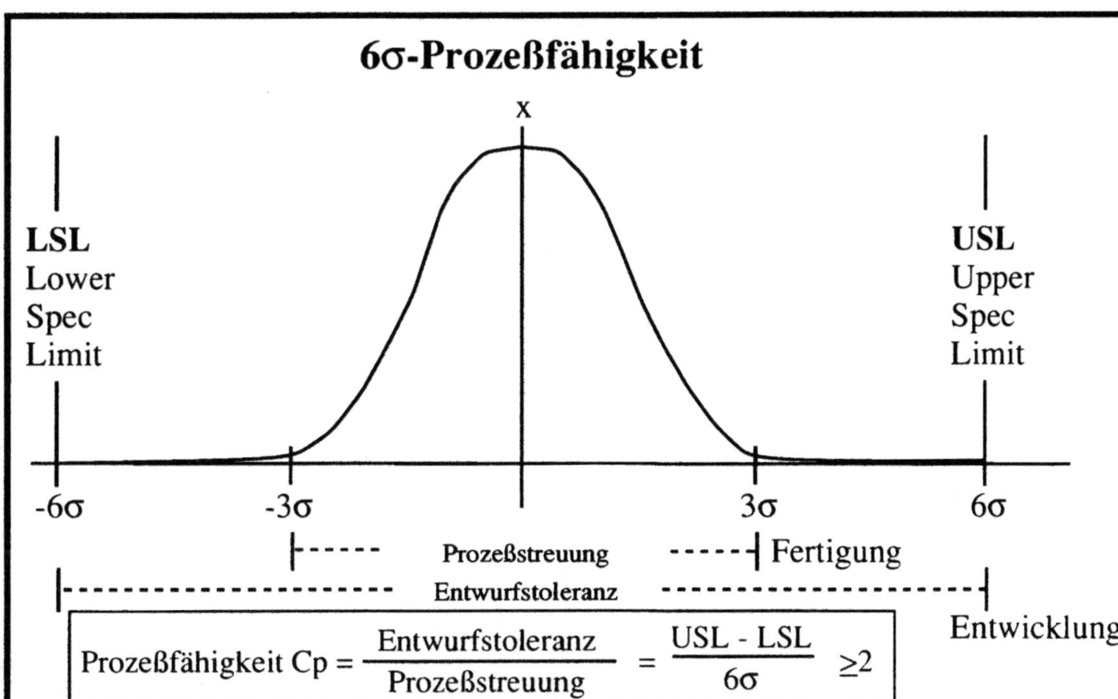

Digital Equipment Werner Burckhardt	**Six Sigma: Prozeßfähigkeit mit Verantwortungen von Entwicklung/Fertigung**	10 Six Sigma/ Digital

Bild 10

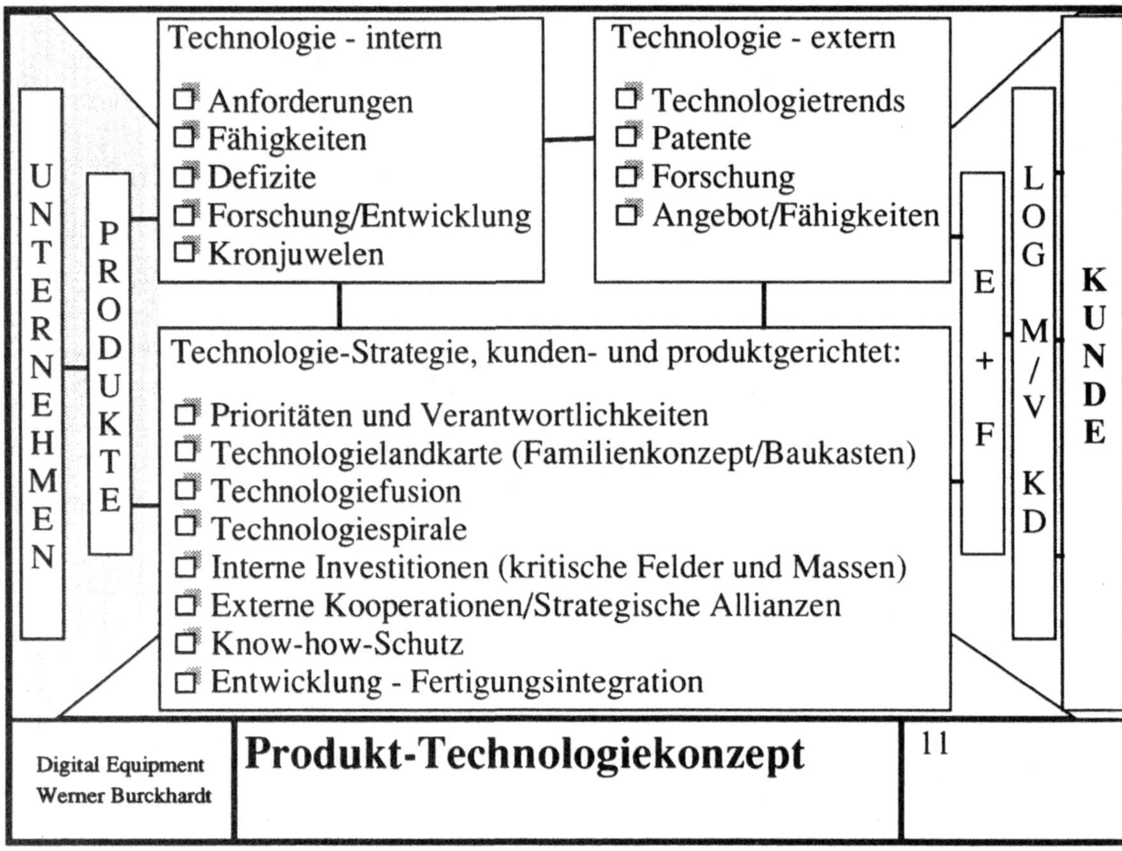

Bild 11

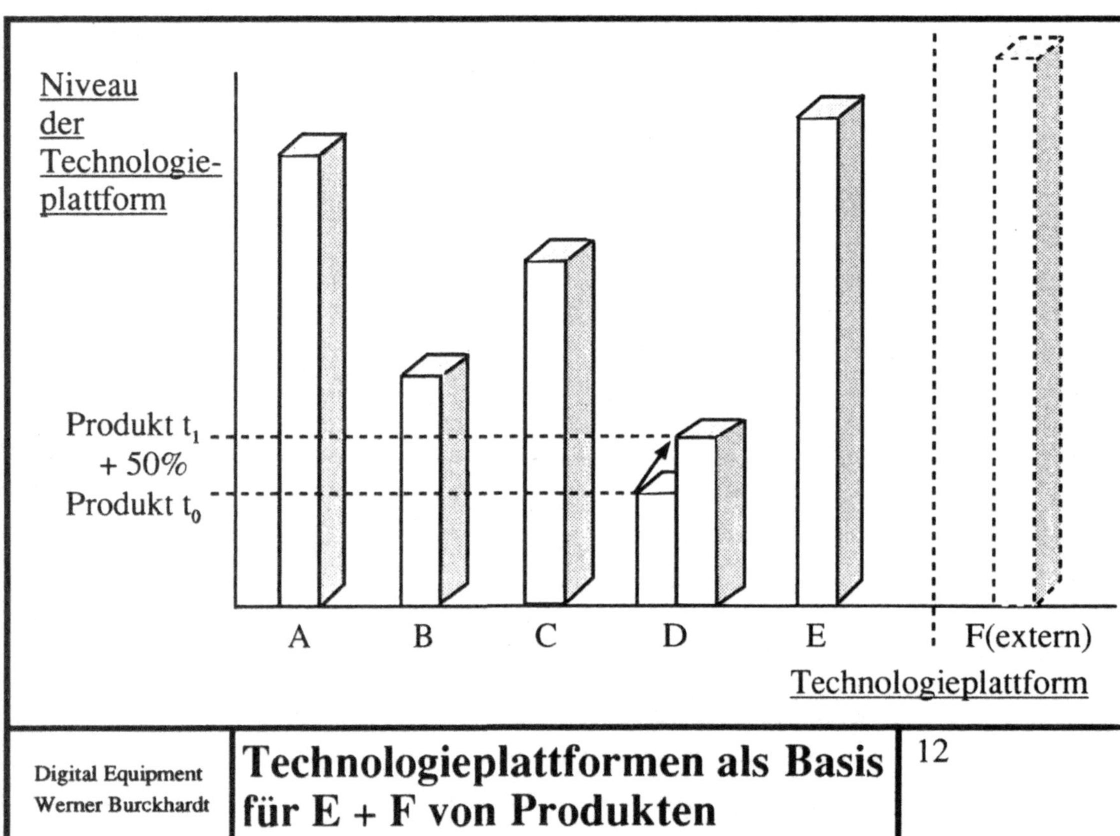

Bild 12

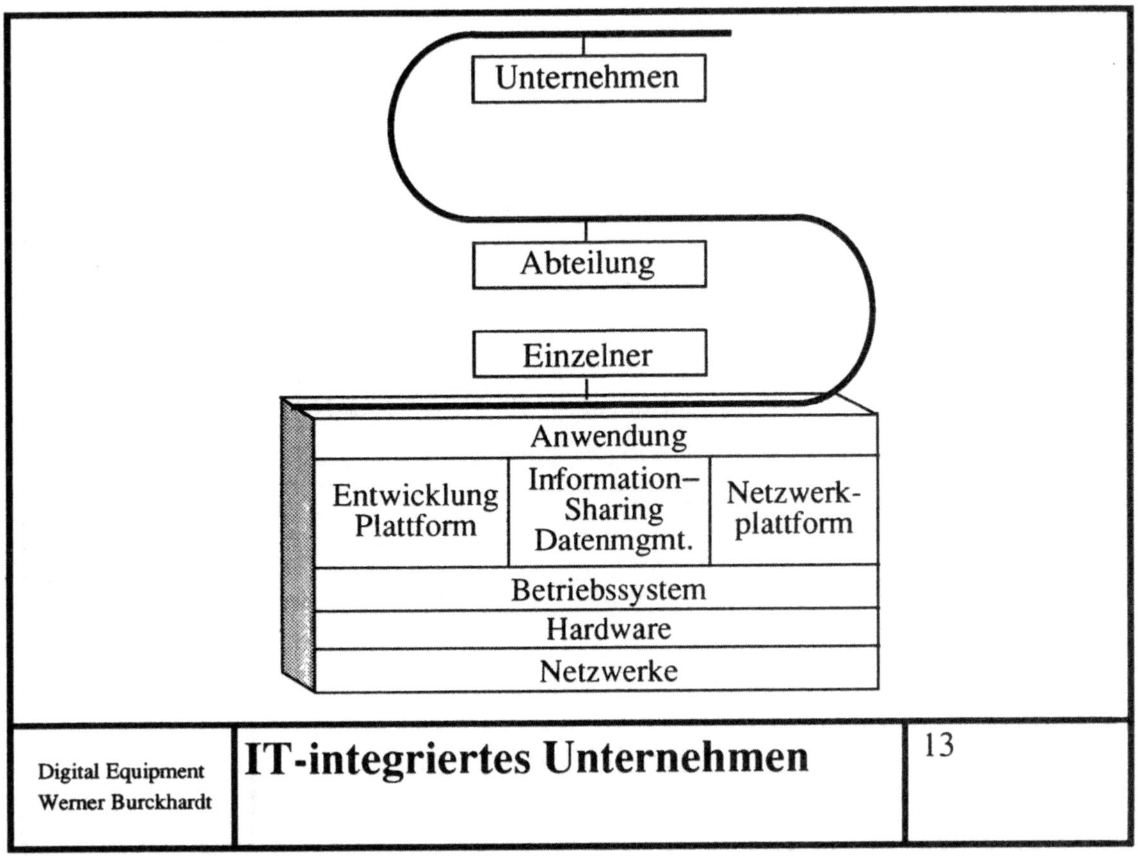

Bild 13

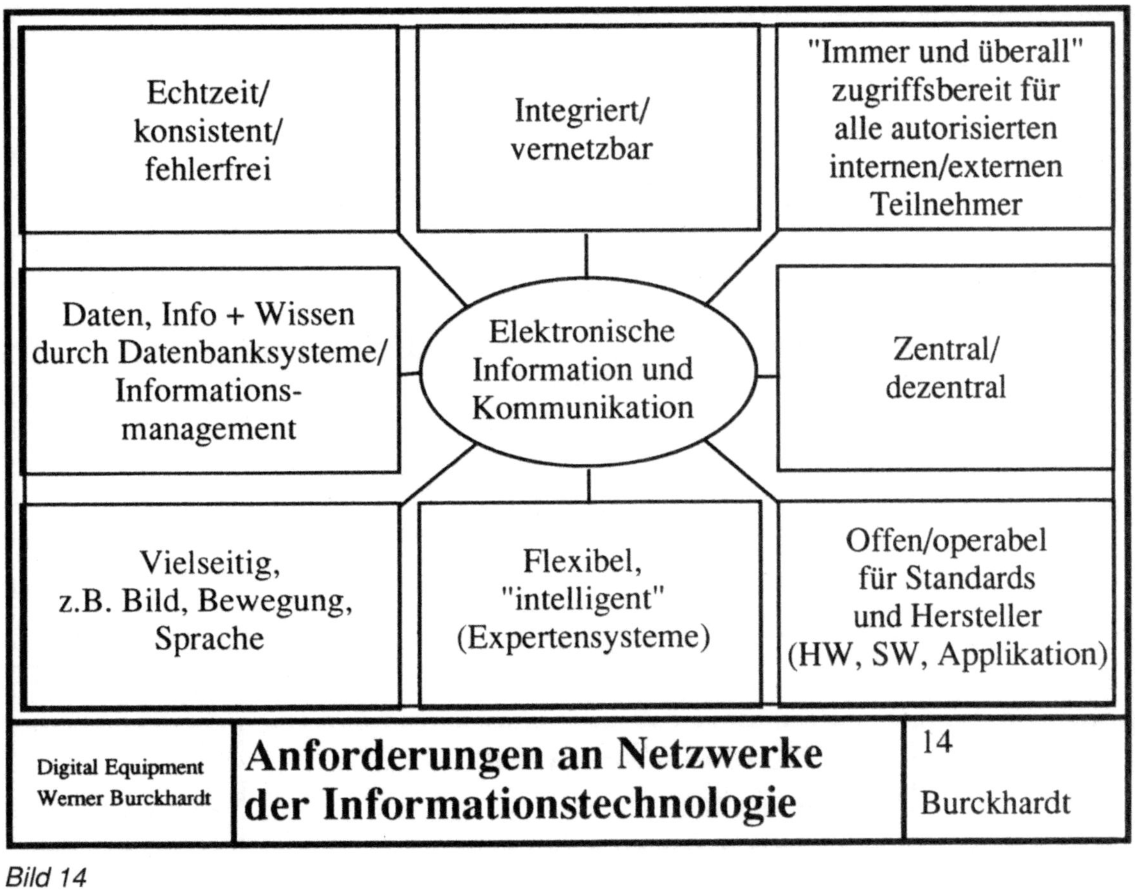

Bild 14

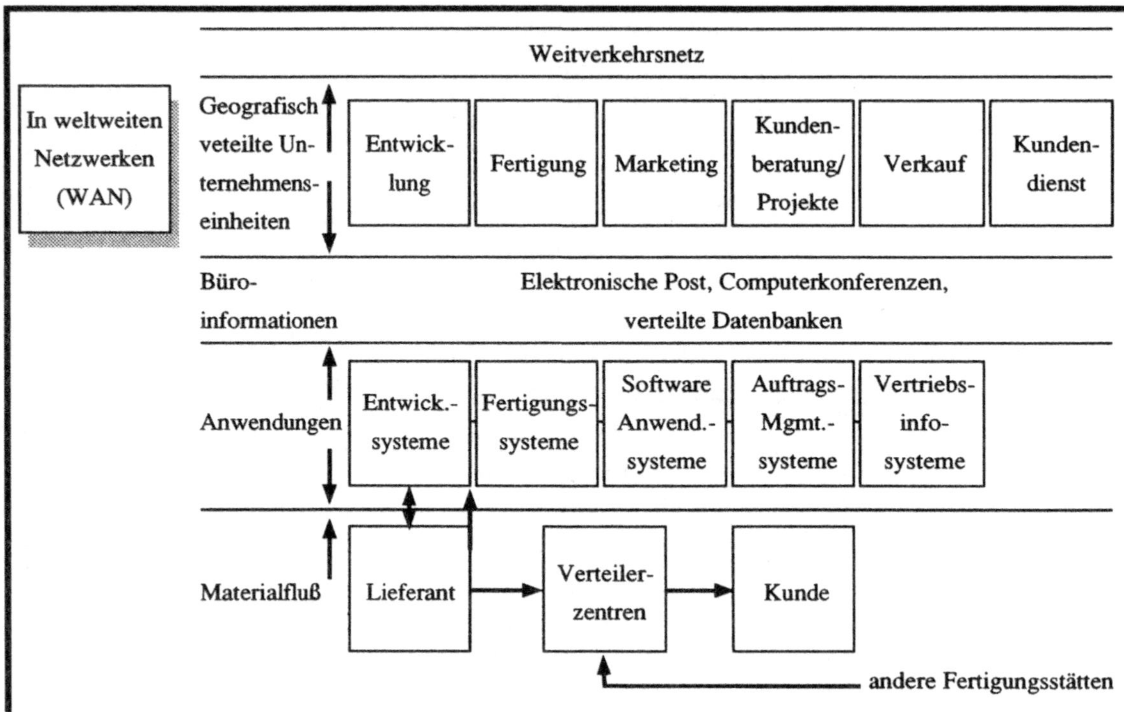

Digital Equipment Werner Burckhardt	**IT in E + F und Funktionsbereichen des Unternehmens**	15 Burckhardt

Bild 15

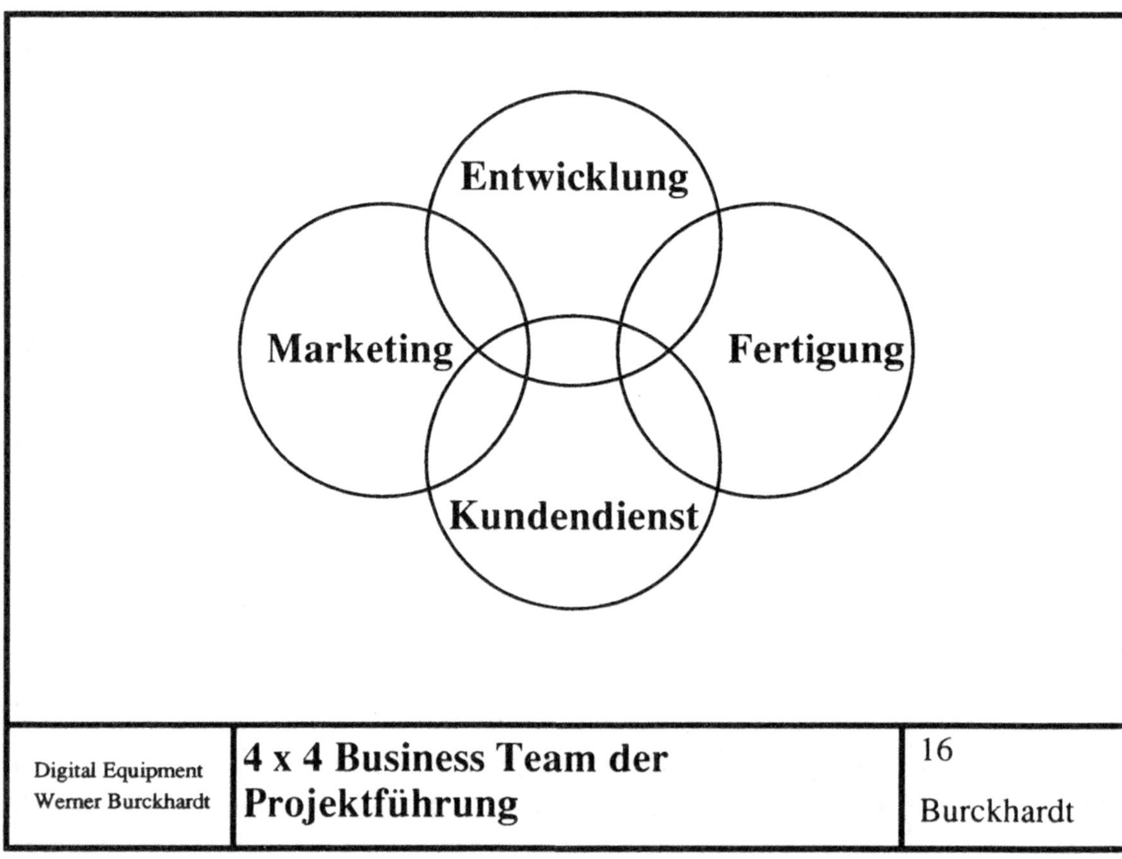

Digital Equipment Werner Burckhardt	**4 x 4 Business Team der Projektführung**	16 Burckhardt

Bild 16

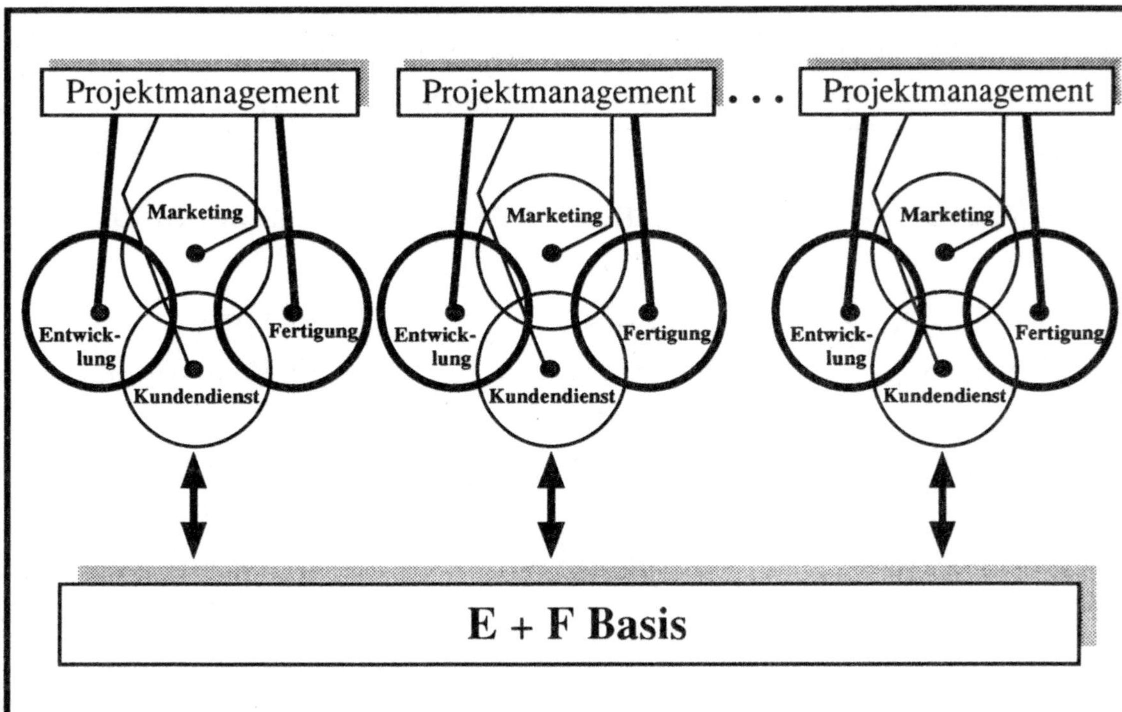

Digital Equipment Werner Burckhardt	**Produktentwicklungen in E + F**	17

Bild 17

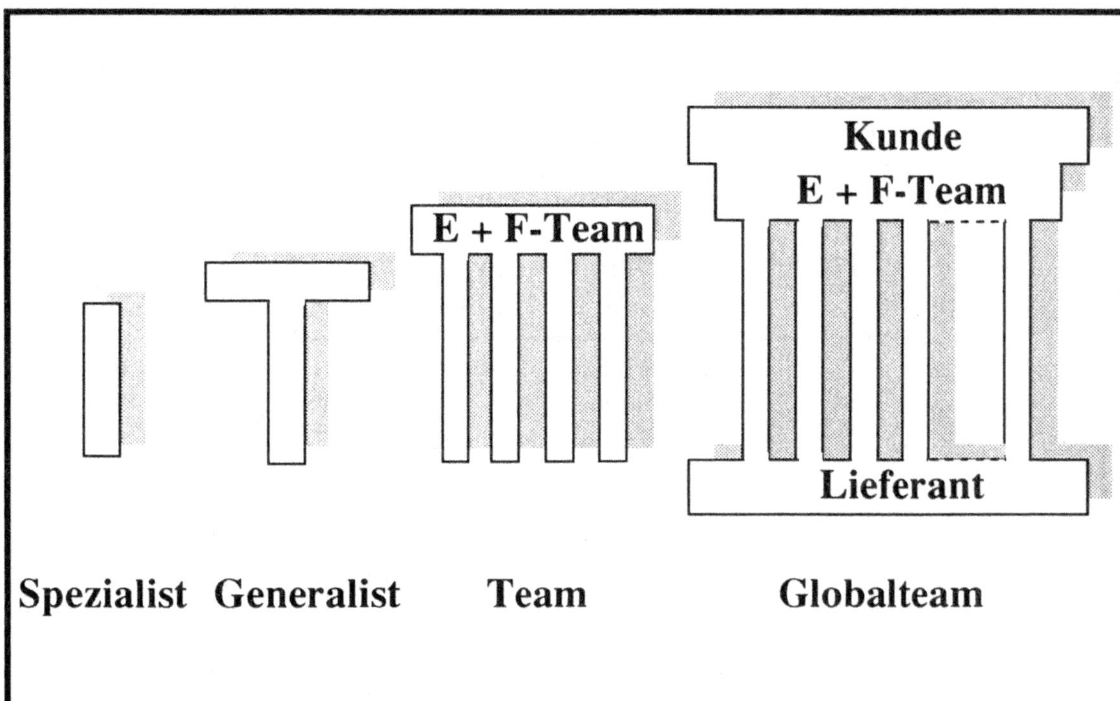

Digital Equipment Werner Burckhardt	**Personalentwicklungsmodell: vom Spezialisten zum Globalteam**	18

Bild 18

Das RA90-Team in der Vielfalt von Funktionen, Unternehmens- und Länderkulturen

Funktionen	Unternehmens-kulturen	Länderkulturen
❒ Entwicklung	❒ Digital	❒ USA
❒ Fertigung	❒ Lieferanten - weltweit	❒ Deutschland
❒ Marketing	❒ Berater	❒ Europäische Länder
❒ Service	❒ Uni-Industrie	❒ Länder aus Fernost

Digital Equipment Werner Burckhardt	**Synergie und Stärke des RA90-Teams**	19 Burckhardt

Bild 19

Historical Eras

	Late Agriculturtal	Early Industrial	Late Industrial	Early Knowledge
Source of Wealth	Land	Labor	Capital	Knowledge
Type of Organization	Feudal	Proprietor-ships	Steep Hierarchies	Human Networking
Conceptual Principles		**▪ Division of Labor** **▪ Self-Interest Pay for Tasks**	**▪ Division of Management** **▪ Separate Owner/ Manager** **▪ Separate Thinking/Doing** **▪ One Person/ One Boss** **▪ Automate**	**▪ Peer-to-Peer Networking** **▪ Integrative Processes** **▪ Work as Dialogue** **▪ Human Time and Timing** **▪ Virtual Task-Focusing** **▪ Teams**

Digital Equipment Werner Burckhardt	**Entwicklung von der Agrar- zur Wissensarbeit**	20 Salvage

Bild 20

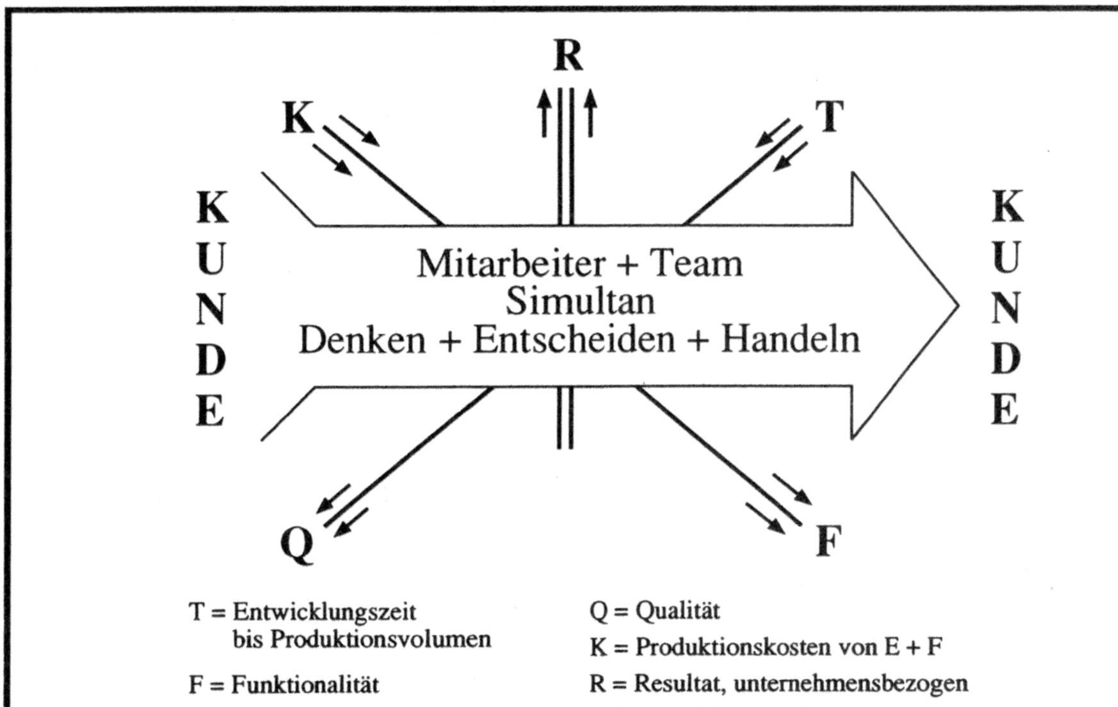

Digital Equipment Werner Burckhardt	**Simultan-Anforderungen an Mitarbeiter und Team**	21

Bild 21

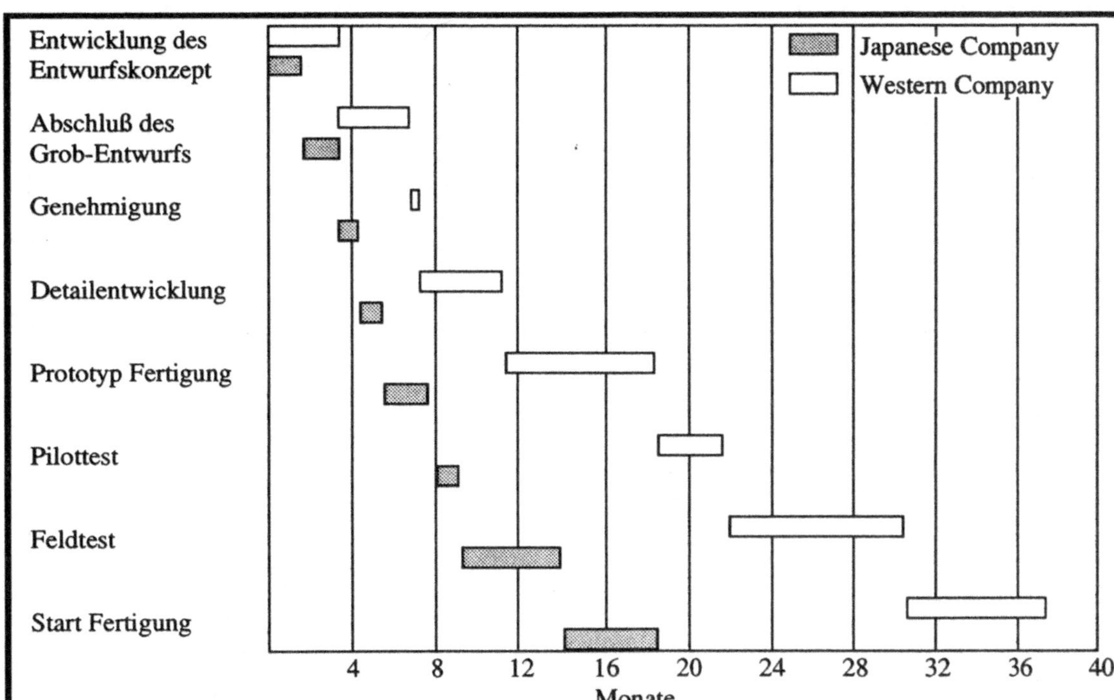

Digital Equipment Werner Burckhardt	**Beispiel:** **Reduktion der Entwicklungszeit eines mechanischen Getriebes**	22 Hout und Stalk

Bild 22

Münchener Kolloquium '91

Wettbewerbsfaktor Zeit in Produktionsunternehmen

28. Februar/1. März 1991
München

Rationalisierung zeitbestimmender Arbeitsprozesse

Prof. Dr.-Ing. Drs. h.c. Günter Spur
TU Berlin

Institut für Werkzeugmaschinen
und Betriebswissenschaften
Technische Universität München

Rationalisierung zeitbestimmender Arbeitsprozesse

1. Zeitorientierung als Gestaltungsparadigma
2. Beschleunigung und Flexibilisierung der Fertigung
3. Auswirkungen auf Management und Arbeitsstrukturen
4. Literaturhinweise

1. Zeitorientierung als Gestaltungsparadigma

Eine Vielzahl von Veranstaltungen und Veröffentlichungen zum Thema „Zeitmanagement" illustrieren die Entwicklung einer neuen und ganzheitlichen Sichtweise, die dazu beiträgt, die Leistungsfähigkeit bekannter und bewährter Managementansätze vor dem Hintergrund aktueller und zukünftiger Anforderungen an die Unternehmen neu zu bewerten, um eine Grundlage zu deren Weiterentwicklung zu schaffen.

Ausgangspunkt und Leitlinie jeden wirtschaftlichen Handelns ist das Rationalprinzip. Dies bedeutet, daß der Zweck eines Unternehmens mit möglichst minimalem Aufwand erreicht werden soll. Aus dem Verhältnis von Zweckerfolg und Aufwand werden in der Betriebswirtschaft Ergiebigkeitsgrade der wirtschaftlichen Aktivitäten definiert. Dabei wird zwischen technischer Ergiebigkeit und betriebswirtschaftlicher Ergiebigkeit unterschieden [1].

Die technische Ergiebigkeit wird auch Produktivität genannt. Sie ist das Verhältnis von Produktionsergebnis und Produktionsaufwand. Das Produktionsergebnis kann als Mengengröße oder als Qualitätsgröße ermittelt werden. Für den Produktionsaufwand ist als Bewertungsgröße die Zeit in besonderer Weise geeignet. Somit lassen sich als zeitbezogene Teilproduktivitäten eines Fabrikbetriebes die Qualitätsleistung und die Mengenleistung unterscheiden.

Besteht eine Fertigungsstrategie in erster Linie darin, durch hohe Stückzahlen eine Stückkostenminimierung zu erreichen, stellt die Produktivität die hauptsächliche Zielgröße dar, an der sich alle wertschöpfenden Tätigkeiten messen lassen. Im Vordergrund steht dabei die Zerlegung in einzelne Bearbeitungsschritte, die nach der Taylorschen Methodik auf Beschleunigungsmöglichkeiten hinsichtlich ihrer Durchführung untersucht werden. Zeit ist dann ein Faktor, der bei der Nutzung kapitalintensiver Fertigungskapazitäten vor allem operatives Interesse erregt. Dies führt insgesamt zwar zu einer Reduzierung der direkten Fertigungskosten, hat aber zur Folge, daß der Zeitverbrauch in den indirekten Produktionsbereichen überproportional ansteigt. Je größer jedoch die Vorbereitungszeiten werden, desto ungenauer werden auch die Prognosen.

In den siebziger Jahren trat, ausgelöst durch einen verstärkten Wettbewerb und ein verändertes Marktverhalten, eine zunehmende Entwicklung zu kleineren Losgrößen ein. Die Bemühungen der Industrie zielten nun verstärkt darauf ab, durch flexible Automatisierung die Rüstzeiten sowie die Vorlaufzeiten zu minimieren und durch Informationskopplung zu den Produktionssystemen eine bessere Kostenplanung und -kontrolle zu ermöglichen, um auch diese kleineren Losgrößen wirtschaftlicher fertigen zu können.

Seitdem ist eine ständige Erhöhung der Anforderungen an die Unternehmen bezüglich weiter steigender Qualitätsansprüche bei gleichzeitiger Zunahme der Produktvariation und -substitution zu verzeichnen. Mit der Öffnung des europäischen Marktes werden die Unternehmen zukünftig einem noch stärkeren Wettbewerbsdruck ausgesetzt, der die Anforderungen an Flexibilität, Qualität, Variantenvielfalt und Lieferkapazität der Produkte weiter anheben wird. Dies bedeutet, noch schneller auf die Bedürfnisse des Marktes reagieren zu müssen, und zwar sowohl in der Fertigung als auch bei der Entwicklung und Einführung neuer Produkte **(Bild 1/1-1/2)**. Die Werkzeugmaschinenindustrie hat die fertigungstechnischen Voraussetzungen hierfür zu schaffen.

Die Rationalisierungserfolge der Produktionstechnik wurden bisher vorwiegend unter der Anforderung einer Erhöhung von Produktivität und Wirtschaftlichkeit erzielt. Der Verbrauch von Zeit ist in diesem Ansatz implizit enthalten und wird durch die damit verursachten Kosten bewertet. Beispielsweise sind die Lohnkosten, die Maschinenstundensätze und Kapitalkosten zeitbezogen. Auch das Rationalprinzip definiert die Minimierung knapper Einsatzstoffe, zu denen der Zeitverbrauch zählt. Zeit mußte sich in diesen Ansätzen jedoch eher mit der Rolle einer Meß- und Hilfsgröße für das wesentliche Gestaltungskriterium zufriedengeben: den Verbrauch von Einsatzstoffen, Maschinen oder Anlagen und Arbeit in ihrer monetären Bewertung als Kosten.

Der Zeitbedarf wandelt sich in zunehmendem Maße von einer Hilfsgröße zu einem den Erfolg entscheidend bestimmenden Faktor. Schon die Forderung nach der Flexibilisierung von Produktionsmitteln war ein Schritt weg von der kostenoptimalen Massenproduktion hin zu einer auf die Anforderungen des Kunden bezogenen und an schnellen Veränderungen orientierten Wirtschaft. Der Schritt zur Zeitorientierung der Entwicklung und Produktion erscheint in diesem Zusammenhang als konsequente Fortsetzung des Flexibilisierungsgedankens. Japan hat die Fähigkeit zur schnellen Anpassung an neue Gegebenheiten und zum raschen Nachholen technischer Neuerungen zu einem Wettbewerbsvorteil entwickelt.

Der Wettbewerb der Zukunft entwickelt sich zu einem „Zeitwettbewerb“. Erfolg hat zukünftig, wer schneller entwickelt und bei gleichen Kosten rascher produziert. Beispielsweise ist die kontinuierliche Verkürzung der Innovationszyklen für das einzelne Unternehmen mit einer Verkürzung der Produktlebenskurven verbunden, die den Bereich schmälert, in dem Gewinne erzielt werden können. Es sind daher Maßnahmen erforderlich, die den Entwicklungsprozeß eines Produktes verkürzen. Der Wettbewerb mit japanischen Unternehmen demonstriert, von welcher Bedeutung sich verkürzende Innovationszyklen für die Kosten- und Wettbewerbsposition eines Produktes bzw. des gesamten Unternehmens sind. Die großen Aufwendungen zur Minimierung der Entwicklungskosten werden durch die Erlösvorteile reichlich belohnt, die eine verstärkte Gewinnerzielung durch eine frühe Marktpräsenz erbringen [2,4] **(Bild 1/3-1/5)**.

Obwohl vor dem Hintergrund der skizzierten Entwicklung deutlich wird, daß der Faktor Zeit schon seit längerem ein Einflußfaktor für die Gestaltung von Produktionsprozessen ist, müssen wir ihm aufgrund der neuen Anforderungen zukünftig eine erhöhte Bedeutung bei der Weiterentwicklung gegebener Fabrikstrukturen beimessen. Zur Rationalisierung der Leistungserstellung in der Fabrik muß die insgesamt zu erbringende Arbeitsaufgabe in einzelne zeitbestimmende Arbeitsprozesse zerlegt werden. Das Leistungsvermögen der Fabrik wird determiniert durch das Leistungsvermögen der verfügbaren Potentiale, deren Bewertung durch die Bestimmung der Unternehmenskapazität erfolgt. Die Kapazität eines Unternehmens ist dabei als Fähigkeit zur zeitbezogenen Leistungserstellung im Sinne der Erfüllung des Unternehmenszweckes aufzufassen.

Wir können eine quantitative Kapazität und eine qualitative Kapazität unterscheiden. Die quantitative Kapazität repräsentiert das mengenmäßige Leistungsvermögen einer Betriebseinheit innerhalb eines Zeitabschnittes, während die qualitative Kapazität als Maß für das gütemäßige Leistungsvermögen einer Betriebseinheit innerhalb eines Zeitabschnittes aufzufassen ist [3]. Der Zeitbezug erweist sich somit als gemeinsamer Ansatz und zugleich als Gestaltungsparadigma für Rationalisierungsmaßnahmen in der Produktion. Die Mengenleistung und Mengenkapazität einerseits und die Qualitätsleistung und Qualitätskapazität andererseits stellen dabei Elemente dieser zeitorientierten Betrachtungsweise betrieblicher Arbeitsprozesse dar.

2. Beschleunigung und Flexibilisierung der Fertigung

Die Rationalisierung zeitbestimmender Arbeitsprozesse erfordert die Weiterentwicklung der Gesamtkonzeptionen wie die innovative Gestaltung von Einzelfunktionen. Zeit soll für diesen Zweck nicht als Maßstab für den kontinuierlichen Ablauf oder als eine Abfolge von Geschehen aufgefaßt werden; vielmehr ist die Untersuchung von Zeitbezügen auf der Basis zweckorientiert abgegrenzter Teileinheiten oder Komponenten ein sinnvolles Gestaltungsparadigma, das auch in vertrauten Arbeitsfeldern neue Sichtweisen und damit verbundene Lösungsansätze erschließt. Solche Zeiteinheiten können als Zeitquanten bezeichnet werden.

Der Begriff *Zeitquant* kann zwar auch auf die genormten und gebräuchlichen Zeiteinheiten, wie Sekunde, Minute, Stunde, Tag oder Jahr bezogen werden, ist aber als Planungsgröße weiter gefaßt. Zeitquanten umfassen auf bestimmte Abläufe bezogene Zeitabschnitte, wozu als allgemeines Beispiel die Lebenszeit, die Freizeit oder die Schlafzeit zu zählen sind. Die Arbeit in der Fabrik wird bereits in der Planungsphase auf Zeitquanten verteilt. Beispielsweise lassen sich als Zeitquanten bezogen auf den Materialfluß zur Produkterzeugung die *Beschaffungszeit* und die *Prozeßzeit*, bezogen auf die Betriebsmittel die *Nutzungszeit* und die *Brachzeit* unterscheiden.

Zeitquanten sind die jeweils grundlegenden disponiblen Einheiten, an denen Optimierungsvorhaben ansetzen müssen. Die Identifizierung von Zeitquanten dient einer Orientierung an den für den Zeitverbrauch wesentlichen Zusammenhängen in Produktion und Verwaltung.

Die Ermittlung der *materialbezogenen* Zeitkomponenten stellt einen Zeitbedarf dar, demgegenüber sind die *betriebsmittelbezogenen* Zeitkomponenten als Zeitvorrat zu charakterisieren **(Bild 2/1-2/2)**. Das zeitbezogene Rationalisierungsziel besteht somit darin, den Zeitbedarf zu minimieren und den Zeitvorrat anzupassen.

Die *auftragsbezogene* Zeitkomponente ist die Durchlaufzeit. Die Rationalisierungsaufgabe zielt auf die Verkürzung dieses Zeitanteils ab. Der Verbrauch von Zeitquanten wird im allgemeinen durch die damit verbundenen Kosten begrenzt, die Notwendigkeit einer Zeitoptimierung kann aber auch durch Eingrenzung des Zeitvorrats ausgelöst werden. So müssen z. B. die tarifparteilich ausgehandelten Arbeitszeitverkürzungen bei Erhaltung der Produktivität zu Maßnahmen der Verkürzung des auftragsbezogenen Zeitbedarfs führen.

Ziel der Zerlegung der Arbeit in der Fabrik in Zeitquanten ist die Identifikation von Ansatzpunkten für eine optimierte Nutzung der Zeitkapazität durch den Einsatz flexibel automatisierter Produktionstechnik. Technische und organisatorische Ansätze zur Erreichung der Rationalisierungsziele liegen in vielfältigen Ausprägungen vor. Eine deutliche Verkürzung kostenverursachender Zeitanteile, vor allem im Bereich der Bearbeitungs- und Förderzeiten, wird durch den Einsatz leistungsfähiger Bearbeitungs-, Handhabungs- sowie Fördersysteme erreicht. Der Einsatz numerisch gesteuerter Fertigungssysteme ist Ausdruck dieser Zeitorientierung. Die Hauptzeiten bei der Zerspanung konnten durch eine kontinuierliche Erhöhung der Schnittgeschwindigkeiten bei

Verwendung neuer Schneidstoffe und der weiteren konstruktiven Verbesserung des Systems Werkzeugmaschine deutlich verringert werden **(Bild 2/3)**. Untersuchungen zur weiteren Reduktion dieses Zeitanteils und der Nebenzeiten bilden nach wie vor einen Schwerpunkt der fertigungstechnischen Forschung und Entwicklung.

Bei der Zuordnung der zu verrichtenden Arbeit auf Zeitquanten wird grundsätzlich deutlich, daß die geforderte Erhöhung der Mengenleistung einerseits durch eine Verkürzung des Zeitbedarfs, also durch Erhöhung der Arbeitsgeschwindigkeit oder durch Verringerung der Arbeitsmenge, und andererseits durch Parallelschaltung von arbeitsbezogenen Zeitquanten erreicht werden kann.

Die serielle Schaltung von Zeitquanten entspricht einem aus mehreren Funktionen bestehenden Arbeitsprozeß, wobei die Arbeitsgänge sequentiell ausgeführt werden. Die Anzahl der Verknüpfungen hängt vom realisierten Arbeitsteilungsgrad ab. Hohe Arbeitsteilung wirkt sich positiv auf die Produktivität des einzelnen Arbeitsganges aus, kann aber aufgrund von vielen Schnittstellen und dem daraus resultierenden erhöhten Koordinationsbedarf sowie einer großen Anzahl von Pufferzeitquanten zwischen den eigentlichen Arbeitszeitquanten zu langen Durchlaufzeiten führen. Daraus ergeben sich die Forderungen nach problem- und verzögerungslosen Schnittstellen sowie nach einer Verringerung der Schnittstellenanzahl durch Integration von Arbeitsprozessen.

Die parallele Schaltung von Zeitquanten soll die Probleme der seriellen Schaltung hinsichtlich der Schnittstellen und nötigen Pufferzeiten verringern, indem die Arbeitsgänge nicht nacheinander, sondern gleichzeitig ausgeführt werden. Erforderlich ist dabei jedoch eine enge informationstechnische Verknüpfung zwischen den simultan durchzuführenden Prozessen. Die Daten eines Prozesses müssen nahezu zeitgleich den anderen Prozessen zur Verfügung stehen.

Große Rationalisierungspotentiale der Fertigung liegen auch im Bereich der Liegezeiten, wobei hier zwischen einem planungsbedingten sowie einem störungsbedingten Anteil zu unterscheiden ist. Das Problem der Verringerung des Liegezeitanteils an der Durchlaufzeit umfaßt mehrere Dimensionen. Entwickelte Planungs- und Steuerungssysteme gewährleisten, daß abhängig von Leistungs- und Organisationstyp der Fertigung eine liegezeitminimale Auftrags- und Bearbeitungsreihenfolge erstellt wird. Die Bedeutung und Vielschichtigkeit dieses Bereichs dokumentiert sich in der Entwicklung von einfachen Prioritätsregeln bis hin zu komplexen anwendungsspezifischen Planungsstrategien wie beispielsweise dem Kanban- und dem OPT-System sowie der Belastungsorientierten Fertigungssteuerung [4]. Die wirksame Umsetzung der gewählten Planungs- und Steuerungsstrategie wird durch durchgängige und abgestimmte Materialflußkonzeptionen erfolgreich abgesichert. Zur weiteren Verringerung von Förder- und Liegezeiten im Fertigungsbereich, die insbesondere auch durch Produktfehler verursacht werden **(Bild 2/4)**, erfolgt zunehmend eine Integration von Werkzeugmaschinenkonzepten, wissensbasierten Qualitätssicherungssystemen und Materialflußkonzepten. Rechnerunterstützte Materialflußsysteme mit fahrerlosen Transportsystemen, automatisierten Lagern und Industrierobotern für Handhabungsaufgaben prägen schon heute das Erscheinungsbild moderner Fabriken.

Ein wesentlicher Schwerpunkt produktionstechnischer Forschung dient der Erhöhung der Zuverlässigkeit komplexer technischer Systeme. In diesem Zusammenhang sei beispielsweise auf die Vielzahl von Maßnahmen zur Verringerung störungsbedingter Stillstandszeiten an flexiblen Fertigungssystemen hingewiesen. Flexible Fertigungssysteme können aufgrund ihrer komplexen materialflußtechnischen und informationstechnischen Verknüpfung eine hohe Anfälligkeit für technisch und organisatorisch begründete Störungen aufweisen, die sich allerdings durch eine

Reduktion der Komplexität des Gesamtsystems sowie durch eine schnelle Austauschbarkeit der Systemeinheiten vermindern lassen. Fortschrittliche Unternehmen der Automobilindustrie, vor allem in Japan, können auf diesem Gebiet bereits beachtliche Erfolge vorweisen. Als Beispiel einer gelungenen Zeitoptimierung sei hier die Verbesserung des Ausfallverhaltens eines bei Toyota installierten flexiblen Fertigungssystems für die Herstellung von Umformwerkzeugen für Karosseriepressen mit 4 Bearbeitungszentren genannt: Innerhalb eines Jahres gelang es den Ingenieuren und Technikern, die Zeit zwischen zwei Systemstillständen von 100 h auf den beachtlichen Zeitraum von 360 h zu steigern, so daß das System in der Lage ist, auch während des Betriebsurlaubs von 10 Tagen unbemannt zu fertigen **(Bild 2/5)**.

Ergebnisse durchgeführter Untersuchungen zur Nutzungsanalyse und Optimierung komplexer Fertigungssysteme belegen darüber hinaus, daß die rechtzeitige Verfügbarkeit von Wissen für die schnelle Fehlererkennung und Störungslokalisierung im Rahmen der vorbeugenden Instandhaltung und als Maßnahme zur Verkürzung der Instandsetzungszeiten von großer und zunehmender Bedeutung für ihre wirtschaftliche Nutzung ist [5].

Die Arbeit an komplexen technischen Systemen ist mit erhöhten Anforderungen an Wissen und Können sowohl der Systemführer als auch des Instandhaltungspersonals verbunden. Schnelles Handeln in Störungssituationen erfordert eine kurzfristige Verfügbarkeit des handlungsunterstützenden Wissens. Hieraus begründen sich auch höhere Anforderungen an die technische Dokumentation von Systemen und Anlagen [6]. Die rasche Verfügbarkeit von Wissen ist deshalb zu wichtig, um sie dem Zufall zu überlassen oder sie als Nebentätigkeit abzuwickeln. Durch die Aktivierung wissensbasierter Systeme in der Fabrik stehen wir am Beginn einer ingenieurmäßig zu gestaltenden Wissensvermittlung und Wissensbereitstellung, die durch die Möglichkeit der personenunabhängigen, situationsgerechten Wissensspeicherung zunehmende Bedeutung für die zeitoptimale Führung komplexer technischer Systeme erlangt.

Stets sind auch Informationen und Daten über zurückliegende Prozesse oder Erfahrungen erforderlich, welche orts- und zeitunabhängig zur Verfügung stehen müssen. Die Verfügbarkeit von Wissen ist mit Zeitbedarf verbunden, es sind Zeitquanten nötig, die in diesem Fall mit Wissen „geladen" sind und als Informationsquanten zur Verfügung stehen.

Wissen von Experten ist im wesentlichen den Nachteilen von Verfügbarkeitsschwankungen, schwieriger Planbarkeit und starker Subjektivität unterworfen. Durch die Informationstechnik kann personenbezogenes Wissen allgemein und schnell verfügbar gemacht werden. Zur optimalen Nutzung müssen die Informationsquanten folgende Bedingungen erfüllen: Die Zugriffszeit muß gering, einzelne Informationen müssen eindeutig zu adressieren sein, Schnittstellen dürfen Informationen nicht verzögern oder verfälschen, Informationsquanten müssen im Bedarfsfall einfach und schnell zu ändern, aber auch langfristig dokumentierbar sein und die Fähigkeit zur logischen Vernetzbarkeit aufweisen.

Rechnerunterstützung in der Fabrik bedeutet neben der Beschleunigung der Fertigung auch eine Steigerung der Flexibilität der Fabrik. Flexibilität bezeichnet dabei die Eigenschaft der Anpassungsfähigkeit an verschiedene Situationen. Diese Anpassungsfähigkeit muß, bezogen auf betriebliche Funktionen, als planbare Größe entwickelt werden. Die zunehmende Flexibilisierung der Fabrik läßt sich in zwei Ausprägungsformen festhalten. Betrachtet werden muß sowohl das Ausmaß der Anpassungsfähigkeit eines Systems an veränderte Anforderungen als auch die Zeit, die ein System für den Anpassungs- und Leistungserstellungsprozeß benötigt **(Bild 2/6)**.

Aus Sicht des modernen Fabrikbetriebs muß Flexibilität in diesen Ausprägungen unterschiedliche Formen annehmen. Flexibilität, bezogen auf das Produkt, spricht die Fähigkeit an, spezifische Kundenwünsche mit den vorhandenen Produktionsmitteln schnell und kostengünstig zu befriedigen. Flexibilität der Produktion umschreibt demgegenüber die Anpassungsfähigkeit des Produktionssystems. Produktionsflexibilität beinhaltet einerseits qualitative Flexibilität, das heißt, die Fähigkeit des Produktionsapparates zur Anpassung an neue Produkte und zur Verarbeitung neuer Werkstoffe, sowie andererseits quantitative Flexibilität, welche die Möglichkeit zur wirtschaftlichen Herstellung schwankender Produktionsmengen umschreibt.

In der Fabrik wird heute die Realisierung von Konzepten angestrebt, die durch einen umfassenden, in alle produktionsbezogenen Unternehmensbereiche integrierten Rechnereinsatz neue Werkzeuge zur Verfügung stellen, welche nicht nur einer Rationalisierung unter den Gesichtspunkten der Mengen- und Qualitätssteigerung dienen. Vielmehr unterstützen diese Konzepte in der modernen flexiblen Fabrik auch den zunehmend an Bedeutung gewinnenden Aspekt der Zeit-Rationalisierung durch effizientere Nutzung aller Kapazitäten, wie Daten, Produktionsmittel, Informationen, Wissen und Organisationsmittel. Schon heute ist in vielen entwickelten Industrieunternehmen eine Kopplung zwischen den Daten der rechnerunterstützten Konstruktion und der Teileprogrammerstellung selbstverständlich. An der Weiterentwicklung der Möglichkeit einer Datenübernahme in alle Bereiche der Produktion wird in Forschung und Industrie intensiv gearbeitet.

Integrativ kommt der zeitlichen Flexibilität in der Fabrik eine wachsende Bedeutung zu. Während quantitative und qualitative Flexibilität noch durch technologische Weiterentwicklungen im Bereich der Maschine und der Produktion gesteigert werden konnten, erfordert die Steigerung der zeitlichen Umstellungsfähigkeit einer Fabrik den Einbezug sämtlicher Unternehmensbereiche in den Weiterentwicklungsprozeß. Wir überschreiten dabei die Schwelle zur nächsten Generation von Fabriken. Die Produktionstechnik verändert sich durch eine Automatisierung mit hoher Zeitorientierung, Flexibilität und hoher Produktivität zugleich.

Die Konsequenz ist die zeitorientierte, flexibel automatisierte Fabrik, in der die Informationstechnik eine Schlüsselfunktion einnimmt. In diesem Konzept ist die Chance enthalten, nahezu alle Informationsbedürfnisse in der Fabrik und Verwaltung zu befriedigen. Informationen für Menschen und Maschinen können parallel geführt und ausgetauscht werden. Softwareprogramme können weit über bisherige Möglichkeiten hinaus neue Aufgaben übernehmen und entscheidend zur Verkürzung von Durchlaufzeiten beitragen. Eng damit verbunden ist die Erneuerung traditioneller Organisationsformen der Betriebe. Die Fabrik von morgen wird unter der Anforderung nach Beschleunigung der Abläufe andere Techniken, andere Organisationsformen, andere Management-Instrumente erfordern. Sie wird Produkte hierbei humaner, wirtschaftlicher, ressourcenschonender und qualitativ besser herstellen können.

Die Rechnerintegration kann wesentliche Beiträge zu einer zeitorientierten Fabrik leisten. CIM steht für die Aufgabe, bestehende Automatisierungsinseln in der Fabrik durch Informationstechnik zu vernetzen, um die Potentiale der Unternehmensbereiche Entwicklung, Beschaffung, Produktion und Vertrieb jeweils maximal ausschöpfen zu können. Grundlage muß der Aufbau eines engen Dialogs zwischen den genannten Bereichen im Sinne differenzierter CIM-Strategien sein. Nur so können die Unternehmen flexibel und schnell auf Signale aus den Märkten reagieren und bessere Wettbewerbschancen erarbeiten [8].

Die zeitorientierte Fertigung stützt sich somit auf die Kopplung und Integration aller Informationsprozesse, d.h. sowohl der technischen als auch der administrativen Informationsprozesse.

Datenerzeugende und datenverarbeitende Anlagen oder Maschinen werden in einen durchgängigen Informationsstrom eingebunden, um möglichst alle betrieblichen Prozesse transparent, verfügbar und nicht-redundant abzubilden.

Hierdurch wird ein erhebliches Potential zur Verkürzung der Informationslaufzeiten, zur Verbesserung der Entscheidungsvorbereitung, zum besseren Zusammenwirken bisher getrennter Abteilungen mit Integration ihres Fachwissens bereitgestellt. Der Informationsfluß zwischen Menschen und Maschinen wird durch die Nutzung intelligenter Rechner, Sensoren und angepaßter Informationsnetzwerke auf ein höheres Niveau gehoben.

Die Forschung muß hierbei in Teilbereichen noch erhebliche Beiträge leisten, ehe eine zeitoptimale Produktionstechnik und Betriebsorganisation durchgesetzt werden kann. Neben der Zeitquantifizierung in verteilten Systemen und einer zentralen Zeitregistratur wird die Einführung von Schnittstellen und Zeitprotokollen für alle angeschlossenen Maschinen, Rechner und Endgeräte eine wichtige Aufgabe sein [9].

Das Optimierungsziel der Gesamtleistung einer solchen zeitorientierten Rationalisierung ist sowohl eine Erhöhung der Nutzungszeiten, also der besseren kapazitiven Auslastung der Produktionsanlagen, als auch eine Verkürzung der Durchlaufzeit sowie eine Vergrößerung der Flexibilität. Hinzu kommen die Verbesserung der Qualität und Verringerung der Bestände. Insbesondere müssen für ein Unternehmen der kritische Pfad im Netzwerk der Aktionen identifiziert und durch technische und organisatorische Maßnahmen verkürzt werden. Der Einsatz von Informationstechnik sowie die Parallelisierung von Entwicklung, Planung und Fertigung leisten hierzu wichtige Beiträge.

3. Auswirkungen auf Management und Arbeitsstrukturen

Das Streben nach Wettbewerbsvorteilen, die durch Zeiteinsparungen mit Hilfe der Realisierung neuer Organisationssysteme und flexibel automatisierter Produktionssysteme erlangt werden sollen, erfordert vom Management eine langfristige Perspektive. Um die Vorteile und Synergieeffekte voll zur Steigerung von Produktivität, Flexibilität und Qualität einzusetzen, ist eine ganzheitliche strategische Planung für das Unternehmen erforderlich.

In einer Zeit, wo die Umsetzung zeit- und kostenrationalisierender Konzepte in der Fertigung und Montage mittels technischer Unterstützung durch moderne Produktionssysteme nur mit erheblichem finanziellen Aufwand realisiert werden können, gilt es für die Zukunft, insbesondere die dem Produktionsbereich vor- und nachgelagerten Unternehmensbereiche einer zeitkritischen Betrachtung zu unterziehen. Ein effektives Zeit-Management erfordert dabei eine gezielte Überprüfung gegebener technischer, methodischer, personeller und organisatorischer Konzepte.

Ansätze zeitorientierter Führungsstrategien werden auch als „time based management" bezeichnet [7]. Ziel dieser Ansätze ist es, Zeiteinsparungspotentiale in Beschaffung, Entwicklung, Produktion und Absatz zu ermitteln und voll auszuschöpfen **(Bild 3/1)**. Gleichzeitig soll eine Erhöhung der Arbeitsqualität erreicht werden. Dabei sind sowohl Abläufe mit Einmalcharakter als auch sich wiederholende Abläufe hinsichtlich der Optimierung des Faktors Zeit zielgerichtet und systematisch zu überprüfen. Zur Ermittlung des Aufwandes bei Zeitverkürzungen ist zu klären, ob es sich um funktionsbezogene oder um funktionsübergreifende Aufgabeninhalte handelt. Bei funktionsübergreifenden Aufgaben mit Einmalcharakter kommt der Erhöhung der Flexibilität besondere Bedeutung für das Management zu. Eine stark spezialisierte Organisation scheint weniger gerüstet für eine durchgängige, rasche Erledigung dieser Aufgaben. Vielmehr ist eine zeitorientierte Organisation mit kurzen Informations- und Kommunikationswegen unter Einbindung personenorientierter Entscheidungen gefordert.

Die Zeitoptimierung funktionsspezifischer Aufgaben mit Wiederholungscharakter verlangt demgegenüber eher nach einer Vorgehensweise, die eine Reduzierung der verschiedenen Operationen durch Vermeidung von informationstechnischen Zeitpuffern, schnellere Arbeitsabläufe sowie eine effizientere Nutzung der verfügbaren Kapazitäten herbeiführt.

Die Unternehmensleitung muß ein Verständnis dafür entwickeln, wo Komplexitätskosten entstehen, durch welche Einflüsse sie das Unternehmensergebnis belasten und wo sie dem Ziel der Zeitrationalisierung kontraproduktiv gegenüberstehen. Management muß auf eine Reduktion der Komplexität zielen, wobei ein Optimum zwischen Kostenminimierung und Marktorientierung zu finden ist. Es müssen alle Formen und Möglichkeiten der rechnerintegrierten Fertigung genutzt werden, um durch bessere und effektivere Informationsaufbereitung die offenbar werdende Komplexität auf ein Minimum zu reduzieren [9]: Keep it simple.

Zeitmanagement impliziert eine zeitorientierte Organisation, die in der Lage ist, auf neu entstehende Anforderungen schnell zu reagieren. Dies erfordert lernfähige soziale Systeme, die Wissen und Erfahrungen ihrer Mitglieder schnell und flexibel weiterleiten. So kann in zeitkritischen Situationen eine rasche Einigung und ein abgestimmtes Verhalten erreicht werden. Die Vernetzung der Informationsflüsse ist dann ertragreich, wenn sie in eine Anpassung und Weiterentwicklung der Organisation eingebunden wird [2].

Diese Anforderungen können kleine Organisationen leichter erfüllen. Die Kommunikationsfähigkeit und Kommunikationsbereitschaft wird bei ihnen durch direktere und vollständige Kontakte unter den Mitarbeitern unterstützt. Es empfiehlt sich daher, kleine Subsysteme und Sekundärorganisationen zu bilden, die den schnellen Informationsaustausch verschiedener Funktionsbereiche ermöglichen. Innerhalb dieses sozialen Rahmens muß die Bedeutung der Zeit, das Zeitbewußtsein, vergleichbar dem Qualitäts- und Kostenbewußtsein verankert werden. Die Unterstützung technologischer Innovationen mit dem Ziel der Zeitoptimierung durch organisatorische und soziale Maßnahmen erleichtert die Neugestaltung bestehender Organisationen und eingeführter Wertesysteme einer Unternehmung. Zeitoptimierte Organisationen sollten sich auf ein begründetes Überdenken vorhandener Arbeitsformen stützen. Zeitverluste entstehen nicht erst beim Leistungserstellungsprozeß, sondern bereits bei deren Planung.

Eine bessere Nutzung der Zeit ist weiterhin dadurch zu erreichen, daß die traditionelle Aufteilung der Entscheidungskompetenzen auf die betrieblichen Bereiche im Sinne einer sequentiellen Abarbeitung der damit verbundenen Prozesse durch eine zeitlich synchrone Bearbeitung ersetzt wird. Möglichkeiten der Parallelisierung von Prozessen ergeben sich in allen Unternehmensbereichen. Beispielhaft können hier das zeitparallele Entwickeln von Produkt und Produktionsanlagen durch Simultaneous Engineering, die Fremdvergabe von Forschungs- und Entwicklungsaufträgen sowie die Reduzierung der Fertigungstiefe im Unternehmen angeführt werden **(Bild 3/2)**. Delegation von Aufgaben innerhalb des Projektmanagements ist ein wesentlicher Bestandteil dieser Vorgehensweisen.

Zeit kann durch technologische Weiterentwicklung im Bereich der Produktion gespart werden. Die data-driven-factory, die datengetriebene Fabrik, mit ihren schnelleren Maschinen, ihrer umfassenden Informationsvernetzung und ihren angepaßten Logistikkonzepten, stellt die Werkzeuge für eine zeitoptimierte, flexible Arbeitsweise. Überdacht werden müssen auch die im organisatorischen, sozialen und personellen Umfeld möglichen Zeitgewinne durch Flexibilisierung des Unternehmens. Dies betrifft die Aufgaben des Arbeitszeitmanagements sowie die Möglichkeiten einer flexiblen Anpassung der Personalkapazität an den veränderlichen Kapazitätsbedarf. Auch die Flexibilisierung der Arbeitszeit stützt sich auf die Bereitschaft und die Fähigkeit des einzelnen zur produktiven Nutzung des damit gegebenen Spielraumes.

Obwohl flexible Fertigungsanlagen und rechnerintegrierte Produktionssysteme wichtige Potentiale für eine zeitbestimmte Rationalisierung eröffnen, werden in der betrieblichen Realität diese Chancen noch nicht in ausreichendem Maße genutzt. Im Zeitwettbewerb kann ein Unternehmen in Zukunft aber nur dann bestehen, wenn leistungsfähige Produktionsmittel durch eine ebenso leistungsfähige Organisation und qualifizierte Mitarbeiter ergänzt werden. Gefragt sind anpassungsfähige Organisationseinheiten mit hoher Reaktionsgeschwindigkeit auf sich ändernde Umfeldbedingungen. Dabei verläßt man die Strukturen traditioneller, arbeitsteiliger, sequentieller Arbeitsformen. Angestrebt wird in Zukunft eine verstärkte Parallelisierung einzelner Aktivitäten, in der der Spezialist ersetzt wird durch den flexibleren Generalisten.

Vor allem die der Produktion vorgelagerten Unternehmensbereiche müssen einem stärkeren Zeitdruck gerecht werden. Die langen Entwicklungszeiten komplexer Produkte stehen im Widerspruch zur Wettbewerbssituation, wo Marktanteile durch schnelle Produktinnovationen und gezieltes Reagieren auf spezielle Bedürfnisstrukturen gewonnen werden müssen. Zeitkritischer Engpaß ist nicht die Produktion, sondern die Entwicklung und Produktionsvorbereitung. Gefordert sind daher neben sinnvollen organisatorischen Maßnahmen, neuen Methoden, Arbeitsformen sowie leistungsfähigen technischen Systemen zur Verkürzung der Entwicklungszeiten von Produkten und zur Unterstützung der Produktionsvorbereitung insbesondere auch Lösungswege, die zu einer Verringerung der Arbeitsmenge führen.

Dem Faktor Zeit, so wurde insgesamt deutlich, muß in Zukunft eine vermehrte Aufmerksamkeit bei der Planung betrieblicher Prozesse gewidmet werden. Im Spannungsfeld zwischen Unternehmen, Markt und Wettbewerbern bestimmt sich die zukünftige Erfolgsposition eines Unternehmens neben der Beschleunigung zeitbestimmender Arbeitsprozesse in Entwicklung und Fertigung auch durch die Weiterentwicklung der Methoden und Instrumente eines zeit- und entscheidungsorientierten Berichtwesens sowie durch die Fähigkeit des Absatzmanagements, die Möglichkeiten einer zeitorientierten Produktion in erfolgreiche Marktstrategien für innovative Produkte umsetzen zu können.

4. Literaturhinweise

[1] **Zimmermann, G.:** Ergiebigkeitsmaße für die Produktion. In: Kern, W. (Hrsg.): Handwörterbuch der Produktionswirtschaft, Stuttgart: Poeschel 1979, Sp. 520-528

[2] **Wildemann, H.:** Neben Kosten und Qualität kann der Faktor Zeit im Wettbewerb zum entscheidenden Element werden. In: Handelsblatt Nr. 195 (9.10.1990), S. 26.

[3] **Wille, K.:** Kapazitätsermittlung in der Unternehmung. Gießen: Verlag der Ferber´schen Universitätsbuchhandlung 1985

[4] **Wiendahl, H.-P.:** Belastungsorientierte Fertigungssteuerung. München/Wien: Carl Hanser Verlag 1987

[5] **Spur, G./Feil, A.:** Nutzungsanalyse und Optimierung des Flexiblen Fertigungssystems FFS 630-2. Fraunhofer-Institut für Produktionsanlagen und Konstruktionstechnik, Berlin: 1990

[6] **Herter, J./Spur, G./Thomas, H.:** Bedienungsanleitungen für flexible Fertigungssysteme. In: Zeitschrift für wirtschaftliche Fertigung und Automatisierung, 84 (1989) 5, S. 269-272

[7] **Pförtner, H.-P.:** Time based management - Eine neue Dimension im Wettbewerb. In: Zukunftssicherung durch Strategische Unternehmensführung, Düsseldorf: Edition Wirtschaftswoche 1991, S. 211-222

[8] **Schmidt, E.:** CIM bringt Produkte flink auf den Markt. In: VDI-Nachrichten Nr. 42 (19.10.1990), S. 9.

[9] **Spur, G.:** Probleme moderner Fertigungstechnik aus der Sicht des Wissenschaftlers. Vortrag zum Unternehmertag Baden-Baden, 11.10.1990

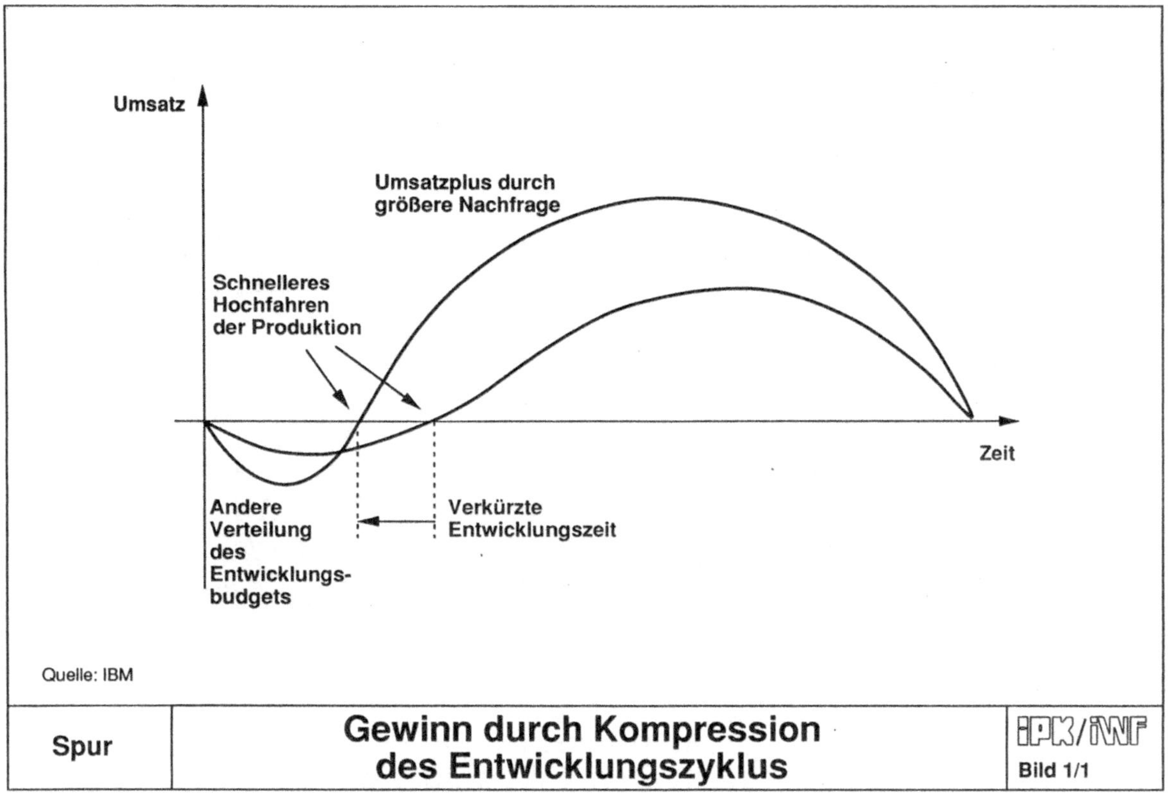

Bild 1/1

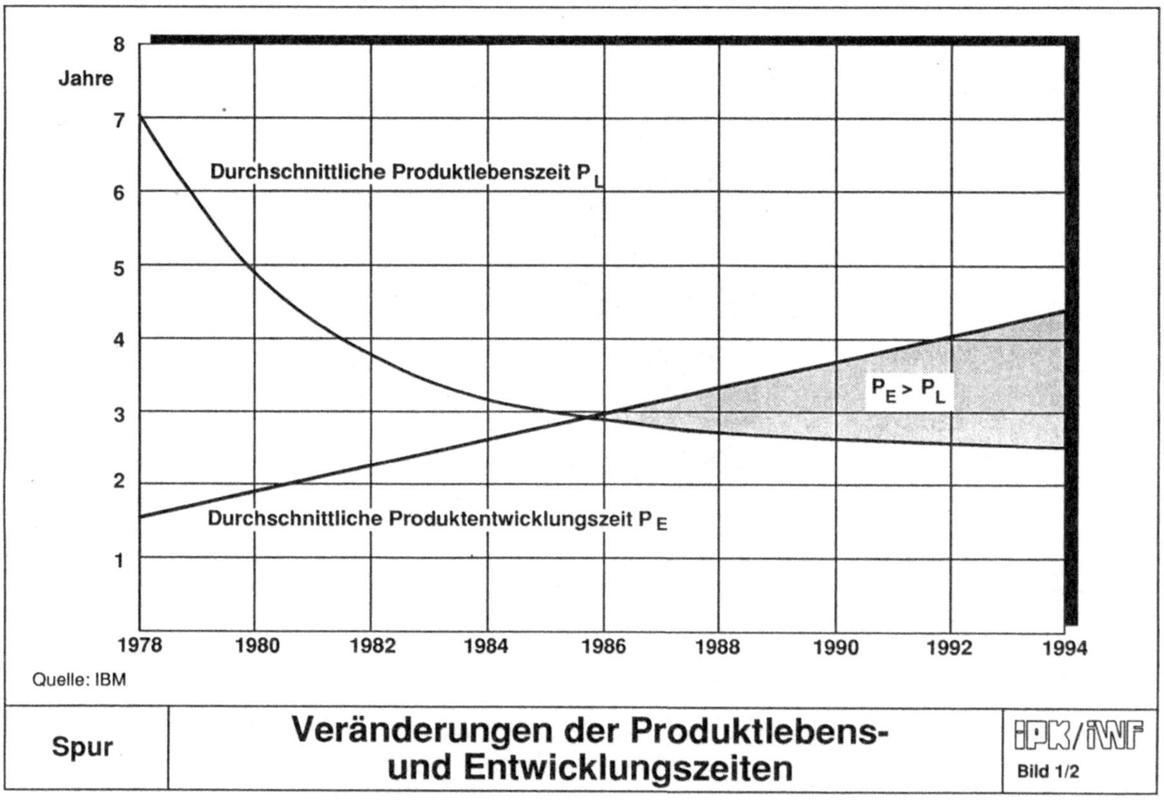

Bild 1/2

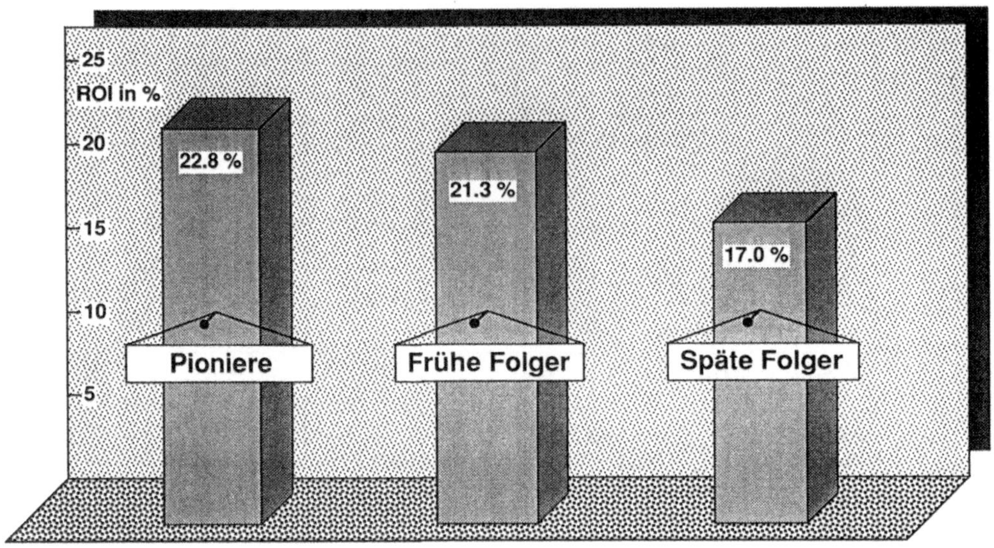

Quelle: nach Clifford-Cavanagh (PIMS-Daten), 1985

Spur	Markteintritt und Return on Investment (ROI)	IPK/IWF Bild 1/3

Bild 1/3

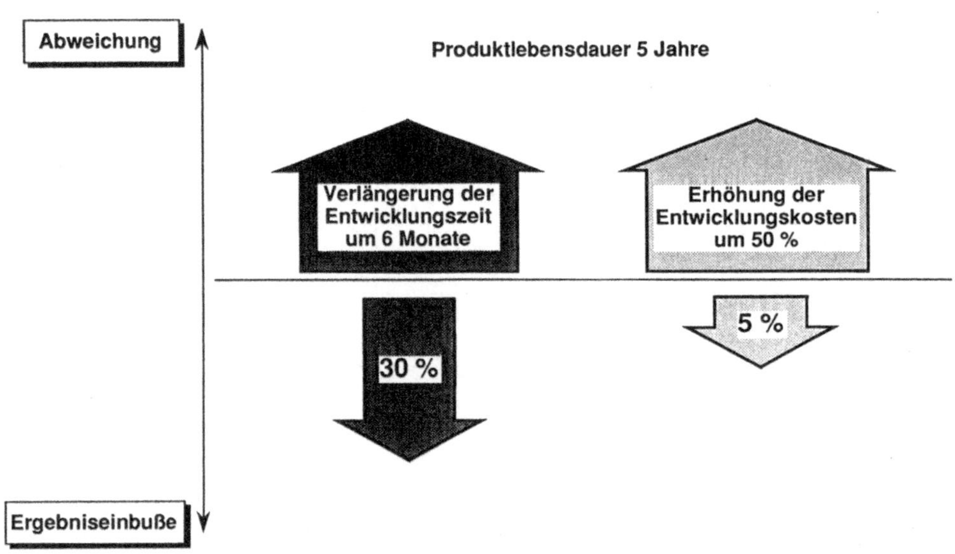

Quelle: nach H. J. Schmelzer/ K.-H. Buttermilch, 1988

Spur	Vorteilhaftigkeit kurzer Entwicklungszeiten gegenüber niedrigen Entwicklungskosten	IPK/IWF Bild 1/4

Bild 1/4

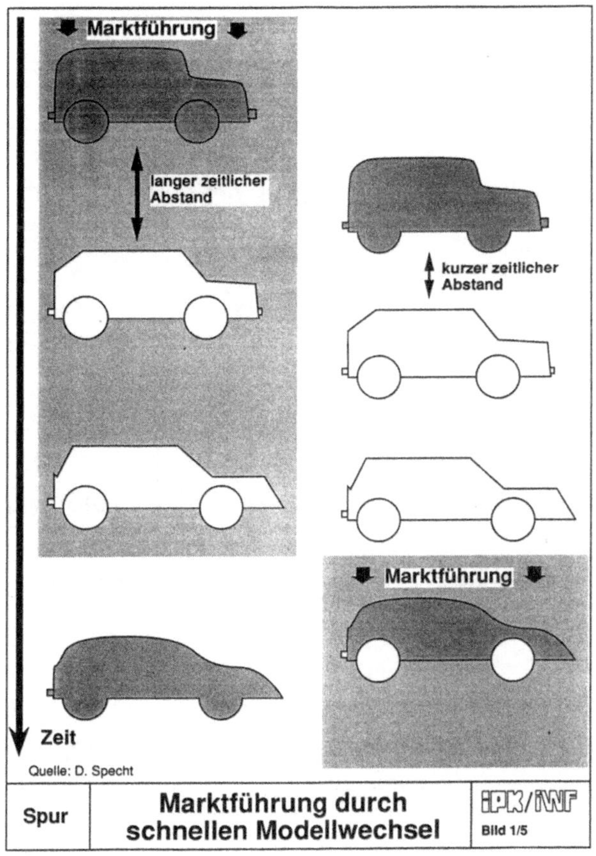

Bild 1/5

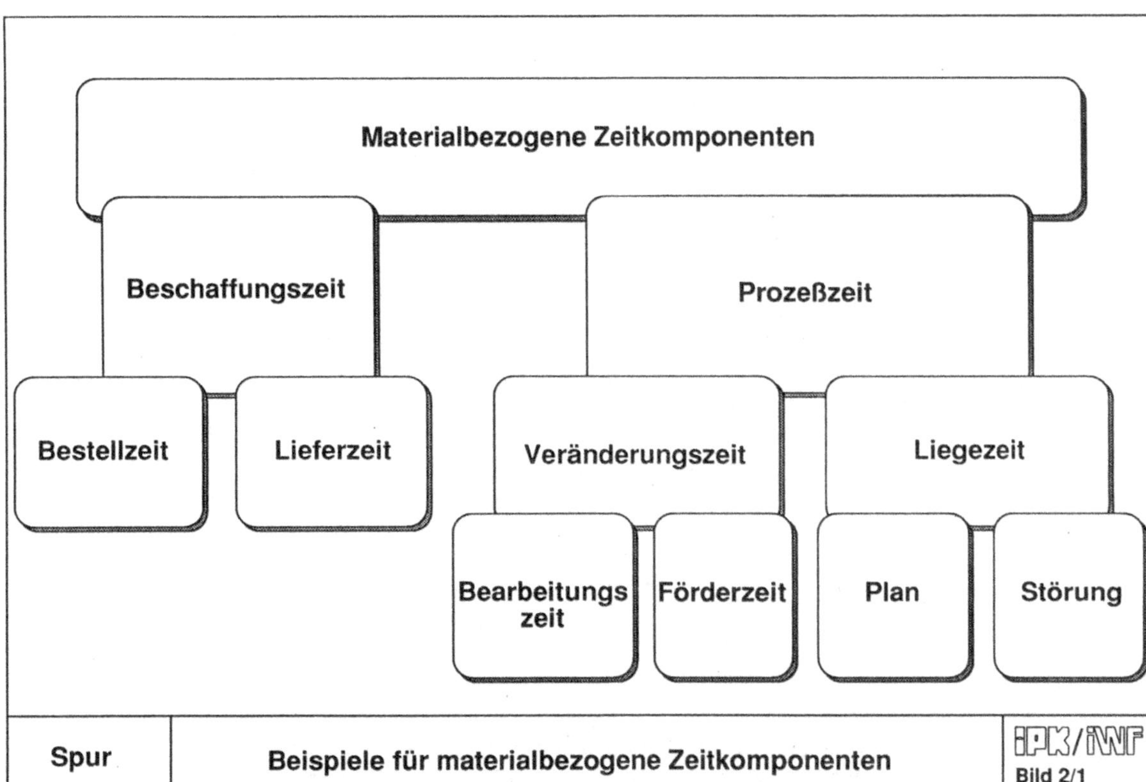

Bild 2/1

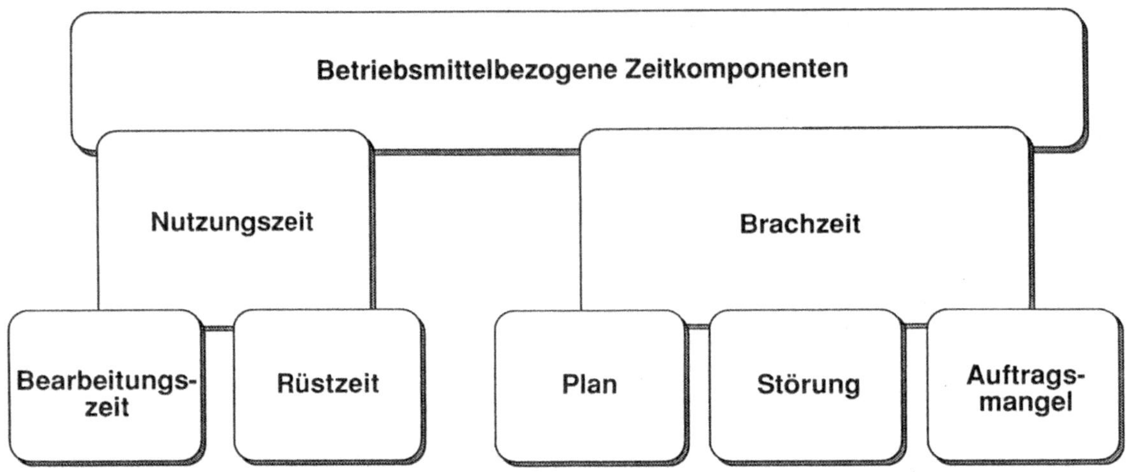

Spur	Beispiele für betriebsmittelbezogene Zeitkomponenten	IPK/IWF Bild 2/2

Bild 2/2

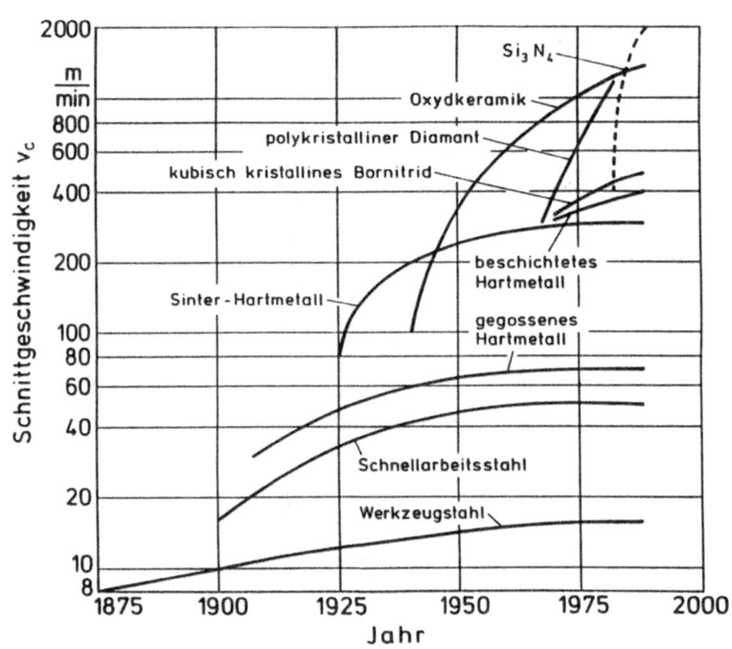

Spur	Steigerung der Schnittgeschwindigkeiten beim Drehen durch die Weiterentwicklung der Schneidstoffe seit 1875	IPK/IWF Bild 2/3

Bild 2/3

FLEXIBILITÄTS-ART	QUALITÄTS-MERKMALE	QUANTITÄTS-MERKMALE
Einsatz- oder Produkt-flexibilität	die Fähigkeit eines Systems, ein vorgegebenes Werkstückspektrum in beliebiger Reihenfolge zu bearbeiten	Anzahl unterschiedlicher Werkstücke, Grad der Freizügigkeit bei der Einlastungsreihenfolge
Anpaß- oder Änderungs-flexibilität	die Anpassungsfähigkeit eines Systems an neue oder geänderte Teile und Fertigungsverfahren	Rüstaufwand
Stückzahl- oder Mengen-flexibilität	die Fähigkeit eines Systems bei unterschiedlichen Auslastungsgraden wirtschaftlich zu arbeiten	wirtschaftliche Grenzen für zusätzliche Schichten oder Kurzarbeit
Fertigungs-redundanz	das Vorhandensein mehrerer sich entsprechender, alternativ zueinander einsetzbarer Funktionselemente	Anzahl alternativ einsetzbarer Funktionselemente
Integrations-flexibilität	die Möglichkeit, ein System durch Ergänzung einzelner Funktionselemente zu erweitern oder mit anderen Systemen zu verketten	technische, räumliche und zeitliche Randbedingungen des Systems, modulare Bauweise

Quelle: nach Mertins 1985

Spur	Arten der Flexibilität in Fertigungssystemen	IPK/IWF Bild 2/4

Bild 2/4

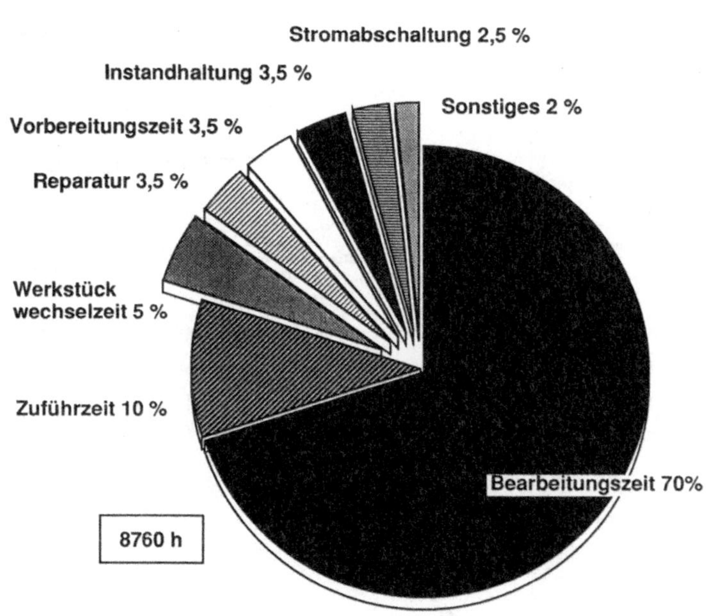

(Quelle: nach Sata 1989)

Spur	Zeitoptimierte Nutzung eines Flexiblen Fertigungssystems bei Toyota	IPK/IWF Bild 2/5

Bild 2/5

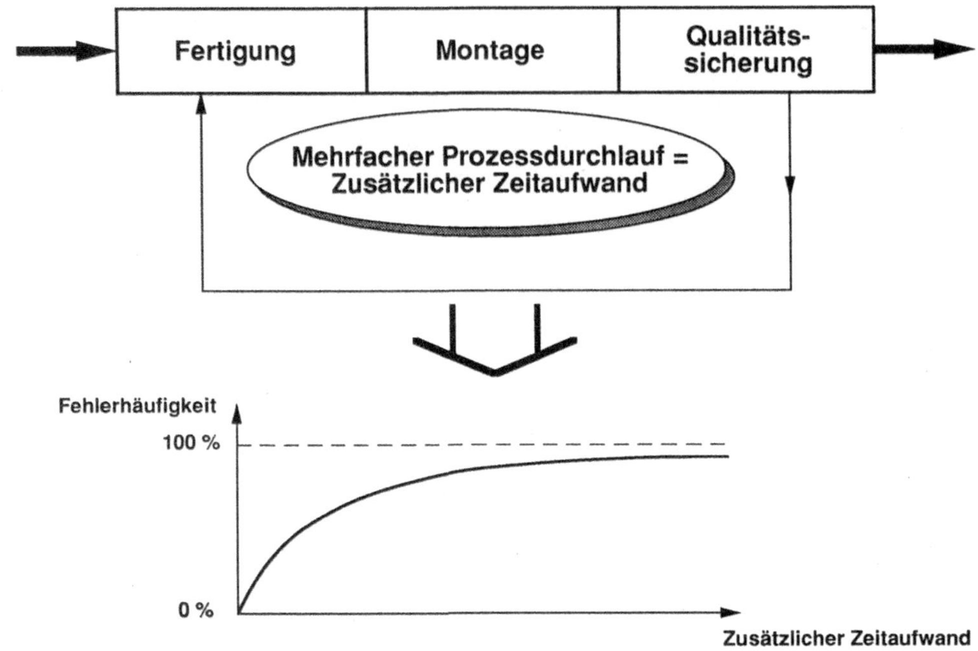

Spur	Zeitverlust durch Produktfehler	IPK/IWF Bild 2/6

Bild 2/6

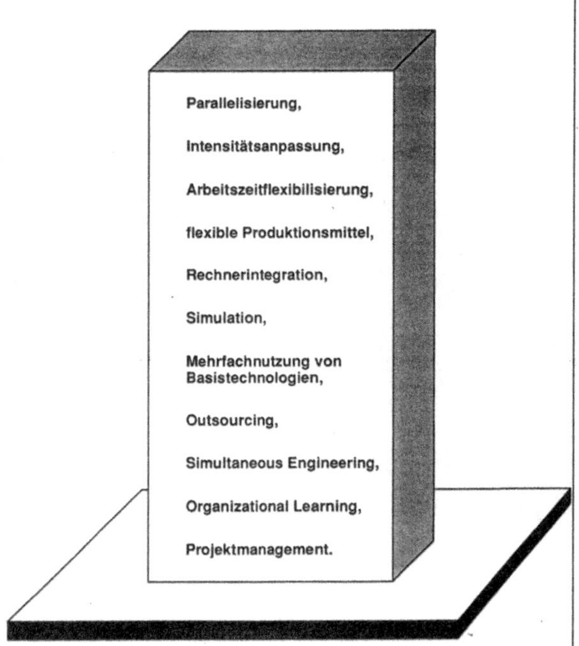

Spur	Methoden und Instrumente des Zeitmanagements	IPK/IWF Bild 3/1

Bild 3/1

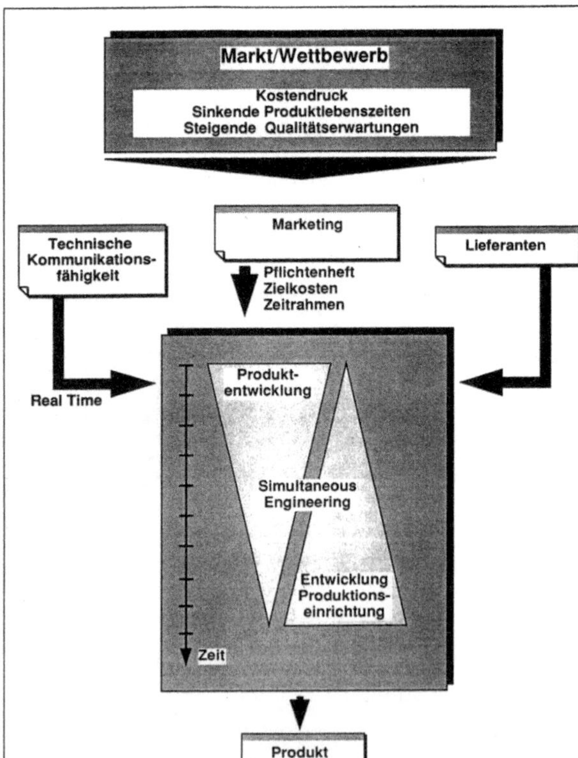

Spur	Simultaneous Engineering	IPK/IWF Bild 3/2

Bild 3/2

Münchener Kolloquium '91

Wettbewerbsfaktor Zeit in Produktionsunternehmen

28. Februar/1. März 1991
München

Integrierte Produkterstellung
Organisation – Methoden – Hilfsmittel

Prof. Dr.-Ing. K. Ehrlenspiel
TU München

Institut für Werkzeugmaschinen
und Betriebswissenschaften
Technische Universität München

Integrierte Produkterstellung Organisation – Methoden – Hilfsmittel

1. Zur Situation der Produkterstellung
2. Maßnahmen zur Zeitverkürzung
3. Informationsbarrieren bei konventioneller Produkterstellung
4. Integrierend wirkende Organisationsformen und Methoden
5. Praxisbeispiel: Entwicklung eines digitalen Manometers

1. Zur Situation der Produkterstellung

Unternehmen leben vom Produkterfolg auf dem Markt. Und Produkte werden erstellt bis zum Einsatz beim Kunden –nicht nur hergestellt– von Produktplanung, Entwicklung, Produktion, Materialwirtschaft und Vertrieb.

– Was soll der ungewohnte Name „Produkterstellung"? (Bild 1)

Er soll ausdrücken, daß das enge und parallele Zusammenarbeiten dieser sonst eher sequentiell arbeitenden Abteilungen unter zunehmendem Zeit-, Qualitäts- und Kostendruck noch nie so wichtig war wie heute. Es ist typisch, daß es keinen Begriff gibt für das vernetzte Zusammenarbeiten der direkt bei der Produkterstellung oder -erzeugung oder -entstehung aufeinander angewiesenen Abteilungen.

– Warum vernetzt in direkter Zusammenarbeit?

Weil unter Zeitdruck **so** die Informationen am schnellsten fließen. Erinnern wir uns an das Krisenmanagement bei Flugzeugentführungen oder Überschwemmungskatastrophen. Da sind auch keine ruhigen, sequentiellen, behördlichen Abläufe mehr einsetzbar, die Ketten von schriftlichen Informationsverarbeitungsvorgängen erzeugen: Es müssen die Entscheidungen direkt miteinander und auf kurzem Weg vorbereitet werden.

Dieser Aufsatz will für die Integrierte Produkterstellung (IPE) oder das Simultaneous Engineering (SE) als **das** Mittel zur Zeit-, Qualitäts- und Kostenbeeinflussung im Planungsbereich nicht nur ein praktisches Beispiel und die eingesetzten Methoden, sondern auch eine tiefergreifende Begründung liefern.

Was hat sich geändert? Warum ist die Zeit als Wettbewerbswaffe /1/ so wichtig geworden? Wieder waren es die Japaner, die uns nicht nur mit Preisen und Qualität, sondern zuerst im PKW-Bereich, bei elektronischen und optischen Produkten mit kurzen Innovationszeiten bekämpften. In der Folge muß natürlich auch die Marktlebensdauer der früher entwickelten Produkte absinken. Nach einer Untersuchung der IAO/FHG /2/ sind die Marktlebensdauern in den letzten 10 Jahren um ca. 1/3 zurückgegangen (am meisten in der Elektronik, im Computerbereich: um 46%; am wenigsten im KfZ-Bau: um 12,5%). Zum Teil (Quelle: IBM) ist die Produktentwicklungszeit mit 3,5 Jahren länger als die Marktlebenszeit mit 2,5 Jahren. Zwei Schlagworte: „Der Erste gewinnt" und: „In den kommenden Jahren wird ein neuer Typ von Wettbewerber alle Branchen umgestalten: der **schnelle Konkurrent**" (Boston Consulting 1988).

Verschärft wird der Zeitwettbewerb durch die steigende **Komplexität** vieler Produkte infolge von Automatisierungs- und Komfortwünschen. Ein einprägsames Beispiel: Beim BMW 7er können mehr als 80 Elektromotoren eingebaut sein, der Kabelbaum und die Inneneinrichtung sind jeweils teurer als die Karosserie!

Komplexere Produkte mit zusätzlich höheren Qualitätsanforderungen benötigen ja eigentlich mehr Entwicklungszeit; sie soll aber kürzer werden. Und schließlich kommen noch die Forderungen nach fertigungs- und montagegünstigen Konstruktionen hinzu, um die Herstellkosten zu senken.

Das Ergebnis ist, daß die Entwicklung und Konstruktion als **die** Entscheidungszentrale für die Produkteigenschaften zunehmend überfordert ist. Entwickler würden eigentlich eine mehrfach größere Denkkapazität benötigen. Was liegt näher, als diese Denkkapazität durch ein Team zu realisieren: Dann ist es auch möglich, die ausschlaggebenden Entscheidungen gleich am Anfang, bei der Produktdefinition **(Bild 1)** zu konzentrieren, indem alles Wissen dort einfließt und spätere Änderungen, teure Versuche und Prototypen minimiert werden können. Dies wird ohnehin auf die Dauer durch die DV-Technik unterstützt. Realitätsnähere Berechnungen und Simulationsprogramme kürzen den Produkterstellungsprozeß ab. Die ganze Tendenz geht dahin, daß am Anfang der Produkterstellung intensiv mit den besten Leuten und unterstützt durch gute Methoden gearbeitet wird: frühe Entscheidungen stellen Weichen, spätere wirken nur noch korrigierend.

Es gibt mehrere im Prinzip ähnliche Erfahrungen, wie die eines leitenden Herrn von General Motors, AC-Rochester (T.A. Costello /3/): „Der Aufwand, der in die Produktentwicklung gesteckt wird, um bei kurzer Entwicklungszeit ein hochwertiges Produkt zu erreichen, lohnt sich:

- Eine 50%ige Budgetüberschreitung in der Konstruktion gibt nur 1% Gewinneinbuße, bezogen auf die Gesamtlaufzeit des Produkts,
- aber ein Jahr später auf den Markt zu kommen, vermindert den Gesamtgewinn um 15%".

Das Gesagte sei in den ersten drei Thesen zusammengefaßt:

These 1: Der Unternehmenserfolg wird weitgehend durch den Produkterfolg bestimmt.

These 2: Die Erfolgsverantwortung für das Produkt liegt im Entwicklungs- und Konstruktionsbereich bzw. in der Phase der Produktdefinition.

These 3: Die realistische Produktdefinition gelingt nur, wenn alle Abteilungen, die mit dem Produkt zu tun haben, vom Marketing über die Produktion bis zum Service, ihr Wissen besonders auf den Anfang der Produkterstellung konzentrieren.

2. Maßnahmen zur Zeitverkürzung

Auch bei der IAO-Umfrage /2/ waren die Befragten der deutschen Industrie **(Bild 2)** der Meinung, daß die Verkürzung der Entwicklungszeit am ehesten durch gemeinsames Entwickeln und gutes Projektmanagement erreicht werden könne. Das gemeinsame Entwickeln und Konstruieren wird und muß jedoch je nach dem Innovationsgrad des Produkts unterschiedlich geschehen:

a) Bei **Anpassungs- und Variantenkonstruktionen wenig innovativer Produkte** (häufig in Einzelfertigung und Kleinserie, z.B. bei Getrieben, Elektromaschinen, Kompressoren) geht es um die Verringerung der **Lieferzeit.** Der Wissensbeitrag von z.B. Arbeitsvorbereitung, Qualitätssicherung, technischem Einkauf, Kostenkalkulation wird in der Regel durch Beratung **(Bild 3)** und gemeinsame Besprechungen ausreichend eingebracht. Damit werden spätere Änderungen vermieden (**Bild 8**) und somit erheblich Zeit eingespart. In diesem Bereich sind ja oft 50 bis 60% der Lieferzeit Bürozeiten für Vertrieb, Konstruktion und Fertigungsvorbereitung. Auch hierbei sind wahrscheinlich –wie in der Fertigung– rund 90% der Zeiten Liege- und Wartezeiten.

Für die Organisation der Fertigungs- und Kostenberatung /5/ haben sich drei Formen herauskristallisiert (**Bild 3**), vom telefonischen Abruf des Beraters für die Konstruktion bis zum Gang zum Arbeitsplatz des Beraters, den er in der Konstruktionsabteilung hat. Diese Erfahrungen wurden in rund 50 Seminaren „Kostengünstig Konstruieren" mit der Industrie gesammelt /4/. Die Zeiteinsparung durch Wegfall von Rückfragen und Änderungen war dabei bisher eher ein Nebeneffekt. Die Motivation der frühzeitig informierten Mitarbeiter aus der Produktion wirkt ablaufbeschleunigend.

Eine weitere wirkungsvolle Maßnahme ist, Konstruktion, Arbeitsvorbereitung und Kalkulation **örtlich zusammenzufassen** und die entstehenden Entwürfe nicht nur „normgeprüft" sondern auch „fertigungstechnisch geprüft" abzeichnen zu lassen.

Schließlich haben sich gemeinsame **„Freigabe-Besprechungen"** zur Freigabe des Konzepts, des Entwurfs, der fertigen Produktdokumentation bewährt.

Aufwendigere Maßnahmen wie Wertanalyse-Einsatz, FMEA, Erstellung und Nutzung von Relativkosten, Kurzkalkulationsverfahren haben sich bisher in diesem Produktbereich nur dann durchsetzen können, wenn der Umsatz für das jeweils betrachtete Produkt pro Jahr deutlich über einigen Millionen DM liegt und das Produkt sich in ähnlicher Form laufend wiederholt. Oft ist auch einfach geschultes Personal zu knapp.

b) Bei **Neukonstruktionen stark innovativer Produkte** sind die Verhältnisse meist ganz anders. Die Marktvolumina für das zu entwickelnde Produkt sind wesentlich höher. Intensive Entwicklungsbearbeitung fällt kostenmäßig im Vergleich zum Gesamtumsatz weniger ins Gewicht. Es wird Serienfertigung eingesetzt (Beispiele sind Produkte aus dem Bereich der Haushaltsgeräte, der Consumer-Elektronik und -Optik, der Meß- und Sensortechnik, der Kfz-Technik). Zunehmend gilt: Wer zuerst am Markt ist, hat Gewinnvorteile. Es geht um die Abkürzung der Entwicklungszeit.

Hier vor allem ist die Wissenskonzentration durch Mitarbeiter aller mit dem zukünftigen Produkt befaßten Abteilungen in einem integrierten Produkterstellungs- (oder -entwicklungs-)Team (IPE-Team) wirkungsvoll. Die Entwicklungszeiten werden vom Entwicklungsauftrag bis zum Serienbeginn oft auf die Hälfte und weniger verringert. Trotz anfangs erhöhtem Aufwand werden die Entwicklungskosten insgesamt eher geringer als konventionell. Die Zeitverringerung als solche wirkt schon kostenverringernd. Und durch die frühzeitige Abstimmung werden Iterationsschleifen, Fehler, aufwendige Änderungen vermieden. Der Grund dafür liegt in den „kurzen Regelkreisen" /4/ oder im direkten Informationsfluß wie im folgenden gezeigt wird.

Doch zuvor soll das bisher Gesagte in zwei Thesen zusammengefaßt werden:

These 4: Bei **Anpassungs- und Variantenkonstruktion** von Produkten in Einzel- und Kleinserienfertigung kann die **Lieferzeit** durch unterschiedliche Formen der Beratung zwischen Konstruktion / Produktion / Materialwirtschaft verringert werden.

These 5: Bei **Neukonstruktion** innovativer Serienprodukte wird die **Entwicklungszeit** durch integrierte Produkterstellung im (IPE)-Team stark verringert. Straffes Projektmanagement ist dabei selbstverständlich.

3. Informationsbarrieren bei konventioneller Produkterstellung

Produkte wirken durch ihre Eigenschaften auf den Nutzer. Ein Pkw z.B., der gut beschleunigt oder geräumig ist, hat als stoffliches Gebilde diese Eigenschaften durch einen Informationsprozeß aufgeprägt erhalten. Das „Geräumigsein" war z.B. als Anforderung definiert worden, war als CAD-Information bei der Karosserieentwicklung festgelegt worden, war dann u.U. über NC-Informationen in Preßwerkzeugen bereits stofflich realisiert worden und wirkt sich beim Fahrer als Betroffenem unmittelbar körperlich aus.

Man sieht, daß der Informationsfluß nicht nur über quantitativ viele Stationen geht, sondern sich auch in seiner Qualität ändert. Es gibt Stellen, die **Informationen festlegen** oder ursächlich verantwortlich sind (hier die Produktdefinition, z.B. Konstruktion), es gibt Stellen, die **Informationen realisieren** (hier die Karosseriefertigung) und es gibt Adressaten oder **von der Information Betroffene** (hier der Fahrer).

Es ist weiter daraus unmittelbar einsichtig, daß der Informationsfluß nicht nur vorwärts im Sinne der Produkterstellung fließen muß, wie es heute mit CIM versucht wird, sondern es muß auch ein **Informationsrückfluß** zum „Festleger" (Konstrukteur) hin organisiert werden. Der Synthese-Treibende muß die Auswirkungen seiner Festlegungen analysieren können, um im Sinne eines Regelkreises bzw. einer Rückkopplung möglichst unmittelbar Korrekturen vornehmen zu können. Früher hat man zeitlich **lange Regelkreise** in Kauf genommen: Man hat den Pkw gebaut, sich hinein gesetzt und dann unbequem enge Stellen geändert. Heute strebt man im Interesse der Zeiteinsparung **kurze Regelkreise** /4/ (Eigenschaftsfrüherkennung) an: Man setzt einen CAD-Mann hinein und berechnet die Abstände: das „Geräumigsein" wird simuliert.

So komfortabel quantitativ berechenbar sind aber die wenigsten Produkteigenschaften. Die meisten müssen durch persönliche Diskussion, also sprachlich oder schriftlich, zunächst vornehmlich qualitativ nach Zielsetzung und Auswirkung angesprochen werden. Es ist also ein enger Kontakt zwischen **Informationsfestleger** und **Betroffenem** nötig. Anders formuliert: die Produktdefinition (z.B. Entwicklung und Konstruktion) benötigt eine möglichst intime Markt-/Nutzernähe. Das ist nicht selbstverständlich. In einem arbeitsteiligen Unternehmen können viele Informationsübermittler dazwischen sein. Was kommt dann noch an? In gleicher Weise muß der Kontakt zwischen **Informationsfestleger** und **Informationsrealisierer** so eng sein, daß das Produkt zur Fertigung und Montage gut geeignet ist.

Bekannt ist der in **Bild 4** gezeigte Unterschied zwischen dem zeitlich frühen Stadium der **Kostenfestlegung** durch die Entwicklung und Konstruktion und der dann viel später folgenden **Realisierung (Verrechnung)** der Kosten in Produktion und Materialwirtschaft. Die Konsequenz ist auch hier, die entscheidungsrelevante Kosteninformation im Sinne der Kostenfrüherkennung den Festlegenden, d.h. den Entwicklern und Konstrukteuren, an die Hand zu geben.

Die Frage ist nun aber ganz generell: Wer ist eigentlich ursächlich verantwortlich für **alle** Produkteigenschaften, oder besser: Wer legt die jeweiligen Eigenschaften fest? (Die organisatorische Verantwortlichkeit entspricht ja nicht unbedingt der Festlegung.) Wo müssen demnach die sonstigen entscheidungsrelevanten Informationen hin? In **Bild 5** sind für 7 Eigenschaftsgruppen die Festlegenden links in Form von mehr oder weniger hohen Bändern mehr qualitativ nach oben aufgetragen. (Die obere Begrenzung der Ordinate entspricht 100%.) Ursächlich festlegend ist meist die Produktdefinition mit Entwicklung und Konstruktion. Die von den Produkteigenschaften direkt betroffenen Stellen **(Bild 5 rechts)** sind durch gleichartige Bänder angegeben. Betroffen ist selbstverständlich fast immer der Nutzer, der Kunde. Man sieht daraus, daß der direkte Kontakt zwischen Entwicklung, Konstruktion und Nutzer, Kunde, von elementarer Bedeutung für marktgerechte Produkte ist und nicht durch Verkauf, Marketing, Vertreter abgeschnitten werden darf. Man sieht auch, wie wichtig der Kontakt zwischen Konstruktion und Produktion bzw. Materialwirtschaft ist.

Es gibt aber auch Eigenschaftsarten, wie Kosten (siehe oben), Produktionseigenschaften oder Zeiten, wo andere Abteilungen sowohl Betroffene wie Festlegende sind. Die Frage ist vor allem hier berechtigt, wer denn eigentlich im Unternehmen für Produktionseigenschaften, Kosten und Zeiten verantwortlich ist. In vielen Fällen findet man dafür weder eine Abteilung noch eine Person. Kein Wunder, daß diese Eigenschaften schwer in den Griff zu bekommen sind. Die Verantwortung kann (und soll) man festlegen. In der Spartenorganisation hat sie der Produktmanager. Im IPE-Team hat sie der Teamleiter. Damit sind klare Verhältnisse geschaffen.

Den Idealzustand, der in arbeitsteiligen Unternehmen verloren gegangen ist, verkörpert der (ideale) Handwerker. Er plant, entwirft, baut und verkauft z.B. einen Wohnungsausbau in direktem Kontakt mit dem Nutzer, seinem Kunden. Er ist unmittelbar zuständig für die Informations**festlegung** wie für deren **Realisierung**. Er ist auch für beides selbst verantwortlich. Und er erlebt die **Betroffenheit** (die Freude oder den Ärger) des Kunden ebenfalls unmittelbar –unter Umständen sogar in seinem Geldbeutel. Hier gibt es keine Informationsverfälschung oder Zeitverluste durch Informationsflußketten. Und hier gibt es auch nicht das Problem fehlenden Informationsrückflusses.

In **Bild 6** ist der **Informationsvor- und -rückfluß** bei der üblichen funktional arbeitsteiligen Unternehmensorganisation vereinfacht dargestellt. Man sieht links die Rückflüsse z.B. während der Produktion: Die Nachkalkulation informiert die Vorkalkulation, die Teilefertigung gibt der Arbeitsvorbereitung bzw. der Fertigungssteuerung Informationen über Anstände oder Zeitabläufe (BDE). Rechts sind die nötigen Rückflüsse zur Produktdefinition eingetragen. Man sieht, daß infolge der weitgehenden Verantwortlichkeit für die Festlegung der Produktinformation (siehe Bild 5) praktisch von allen Abteilungen Informationen zur Produktdefinition fließen müssen. Hervorstechend ist die **Produktionsrückkopplung** (wie wird das Produkt fertigungs-, montage- und kostengünstig?) und die **Marktrückkopplung** (was will der Kunde wirklich?).

Funktioniert nun dieser offenbar notwendige Informationsrückfluß bei der üblichen funktional-arbeitsteiligen Firmenorganisation? Meistens eher schlecht, wie **Bild 7** symbolisch zeigt: Zwischen den Abteilungen sind Mauern. Dahinter blüht der Abteilungsegoismus, das Unverständnis, die jeweils andere Ausbildung, Fachsprache und Fachproblematik. Die Abteilungen optimieren sich selbst statt miteinander das Produkt, das ein Gesamtoptimum darstellen soll. –Diese Mauern sind ein Zeichen unseres abendländischen Individualismus und stehen im Gegensatz zum japanischen Kooperationsgeist und Gemeinschaftsdenken. An diesen Mauern, die bei stark hierarchisch strukturierten Unternehmen noch über mehr als 10 Etagen (Hierarchieebenen) reichen, bleiben die Informationsflüsse vorwärts (CIM-Bremsen!) wie rückwärts hängen. Sie verursachen Zeit-, Qualitäts- und Kostendefizite.

Ihre Auswirkung läßt sich über die **Änderungshäufigkeit** der Produkterstellungsunterlagen messen. **Bild 8** zeigt links den stark ausgezogenen, treppenförmigen idealen Ablauf der Produkterstellung: ohne Änderungen. Durch das übliche, unkoordinierte Aneinandervorbeiarbeiten ergeben sich aber laufend in allen Abteilungen Änderungen und erneutes Überarbeiten mit entsprechender

Zeit- und Kostenauswirkung. Und wenn keine Zeit mehr ist, unterbleiben sie: die Qualität leidet. Bei einem Maschinenbauunternehmen waren **vor** der Fertigungsberatung (siehe 2a) 50 bis 60% aller DIN A0 und A1-Zeichnungen zu ändern, danach nur noch 10% /5/. Bei der Umfrage /2/ gaben die Befragten an, daß im Mittel rund 1/3 des gesamten Entwicklungsaufwands vermeidbarer Änderungsaufwand ist. Dieser Änderungsaufwand ist allerdings bei innovativer Produktentwicklung, die einen Schritt ins Neuland darstellt, durch den iterativen (trial and error) Entwicklungsprozeß zum Teil unvermeidbar /6/. Meist ist er aber durch Planungsschlamperei und dadurch bedingten Zeitdruck verursacht. Die Änderungshäufigkeit pro Zeichnung ist, soweit sie nicht durch Kundenwünsche oder menschliche Fehler verursacht ist, ein Maß für schlechten Informationsfluß.

Nach /7/ sind die **Gründe für Zeitüberschreitungen** bis zur Auslieferung eines neuen Produkts folgende:

- in 53% der Fälle waren es Verzögerungen im Entwicklungsbereich durch unklare Projektdefinitionen, Aufgabenstellungen, Entwurfs- und Unterlagenfehler
- in 7% der Fälle waren es Konzeptänderungen während der Entwurfsphase
- in 39% der Fälle waren es fehlende oder verspätet angelieferte Komponenten
- in 10% der Fälle waren es Verzögerungen der Prototypfertigung.

Also sind rund 60% auf Planungsfehler im Bereich der Produktdefinition zurückzuführen.

Daß Informationsdefekte (Info ist einfach zum Entscheidungsprozeß nicht da) um so mehr vorkommen müssen, je arbeitsteiliger ein Entwicklungsprozeß abläuft, zeigt **Bild 9** schematisch. Ein „Ein-Mann-Konstruktionsbüro" hat in sich keine Arbeitsteilung und benötigt deshalb auch keine schriftliche Informationsübergabe. Alles läuft im Kopf ab. Bei einem „integrierten Produkterstellungsteam" muß im wesentlichen nur die Information, die nach außen geht, dokumentiert werden. Im Inneren läuft das meiste rückgekoppelt im „kurzen Regelkreis" mündlich ab. Bei einer funktionalarbeitsteiligen Organisation aber müssen sehr viele Mitteilungen, Formulare, Berichte, Pläne schriftlich erstellt werden, da ja sequentiell und nicht zeitgleich und parallel gearbeitet wird. Wegen der oft schlecht organisierten oder nicht vorhandenen Informationsrückflüsse (Bild 6) sind Änderungen unvermeidlich. Dies alles sind aber im Sinne des Entwicklungsfortschritts oder der Wertschöpfung keine produktiven Arbeiten. Die wertschöpfende Arbeitsleistung pro Person nimmt bei positiv arbeitenden Teams zu (Synergie-Effekt), aber dann mit zunehmender Arbeitsteilung wegen der inneren Reibungsverluste wieder ab. Das kann soweit gehen, bis nach Parkinson eine bürokratische Organisation nur noch mit sich selbst beschäftigt ist.

Um nicht falsch verstanden zu werden: Wir benötigen beides, Arbeitsteilung **und** Informationsintegration! Durch Arbeitsteilung werden einzelne Arbeitsprozesse durch die Spezialisten erst effektiv und es können große Arbeitsmengen bewältigt werden. Aber die bisher kaum untersuchten Nachteile der Arbeitsteilung müssen z.B. durch eine geeignete „integrierende Organisation" ausgeglichen werden. Diese ist auch wichtiger als die Investition von CIM-Komponenten. Daß wir mit CIM und Schnittstellenproblemen beschäftigt sind ist u.a. ein Ergebnis unserer arbeitsteiligen Organisation: Unsere „CA-Landschaft" ist genauso arbeitsteilig wie unsere Organisation. Die Schnittstellen entsprechen den Mauern in **Bild 7**. Und die Datenverarbeitung hat uns sogar noch mehr Arbeitsteilung beschert als wir vorher schon hatten: z.B. Systemverantwortliche, CAD-, PPS-, NC-Spezialisten.

Das Bisherige soll noch einmal in 4 Thesen zusammengefaßt werden:

These 6: Der Produkterstellungsprozeß ist ein Informationsverarbeitungsprozeß von der Erkenntnis des Marktbedarfs über die Informations**festlegung** zur Informations**realisierung** in der Produktion bis zur Informations**betroffenheit** des Produktnutzers. Die Information wird durch diesen Prozeß dem stofflichen Produkt und dessen Funktionseigenschaften aufgeprägt.

These 7: Damit das Produkt für die Produktion und den Nutzer gut geeignet ist, muß ein möglichst **kurzer Regelkreis** zwischen Informations-"Festleger", -"Realisierer" und -"Betroffenem" organisiert werden (Vor- **und** Rückflüsse!).

These 8: Stark arbeitsteilige Organisation behindert innovative, komplexe Entwicklungsprojekte hinsichtlich Zeit, Qualität und Kosten. Der Informationsfluß muß „zum Fließen kommen" durch **integrierende Organisationsformen**, wie z.B. Teams.

These 9: Bei weniger innovativen Konstruktionsaufträgen können die Nachteile der Arbeitsteilung z.B. durch rechtzeitige **Beratung** und **Freigabe-Besprechungen** ausgeglichen werden.

4. Integrierend wirkende Organisationsformen und Methoden

Unter einer integrierend wirkenden Organisationsform sei eine unternehmensinterne Organisation verstanden, die bewußt auf schnellen und wirkungsvollen Informationsaustausch abzielt und klare Verantwortlichkeiten schafft für alle beim Produkterstellungsprozeß relevanten Eigenschaften.

4.1. Integrierend wirkende Organisationsformen

Die Produktverantwortung wird auch bezüglich einzuhaltender Zeitpläne, Kosten und Vertriebsaktivitäten auf den jeweiligen Leiter der folgenden Organisationsform übertragen:

a) bei der **Spartenorganisation** auf den Spartenleiter, der damit ein Unternehmen führt, das auf eine Produktart ausgerichtet ist. Diese Organisationsform wird hier nicht weiter besprochen.

b) beim **IPE oder SE-Team** auf den Teamleiter, dem diese Verantwortung von der Unternehmensleitung im Rahmen des Teams mindestens bis zur Serienfertigung und den ersten Verkaufserfolgen delegiert ist. Dabei wird dieses Team speziell für die Entwicklungs- und Erstellungsdauer eines innovativen Produkts gebildet. Es löst sich danach wieder auf. Die sonstige Geschäftsabwicklung läuft im üblich arbeitsteiligen Unternehmen weiter. Es können in einem Unternehmen parallel auch mehrere IPE-Teams arbeiten.

Ein Team für die Integrierte Produkterstellung (IPE) (auch simultaneous engineering (SE) genannt) kann, muß aber nicht örtlich vereint sein und kann wie in **Bild 10** zusammengesetzt sein. (Der Kunde ist nicht Mitglied des Teams, aber eine wichtige Informationsquelle.) In Zukunft wird es durch eine rechnerintegrierte Produkterstellung /8/ unterstützt werden. Wie stark bei dieser Organisation die äußeren Informationsrückflüsse zurückgehen, zeigt der Vergleich von **Bild 11** mit **Bild 6**. Die Informationen fließen schnell und effektiv auf dem direkten Weg zwischen den Fachleuten. Der Großteil der äußeren, bewußt zu organisierenden Informationsrückflüsse ist weggefallen. Es bleibt im wesentlichen die Rückkopplung vom Nutzer bzw. Markt übrig.

Die **Zeitersparnis** gibt **Bild 12** im Vergleich zur konventionellen Produkterstellung wieder. Sie hat folgende Ursachen:

- **Enge informatorische Zusammenarbeit** zwischen den Spezialisten der einzelnen Abteilungen. Man trifft sich im Team von Zeit zu Zeit. Im übrigen kann das Projekt in abgestimmter Einzelarbeit vorangetrieben werden.
- **Paralleles Bearbeiten** der sonst sequentiell ablaufenden Arbeitsschritte vom Entwicklungsauftrag bis zur Serienfreigabe. Dabei müssen Arbeiten teilweise mit vorläufigen Annahmen begonnen werden und u.U. im Verlauf der Arbeit wieder geändert werden. Diese „Annahmekorrekturen" sind aber kostengünstiger als die früher üblichen „Nachbesserungen".
- Es wird ein **Entwicklungsplan** mit Meilensteinen konsequent durchgezogen.
- Die Beteiligten des Teams aus den verschiedenen Abteilungen sind **motiviert,** weshalb Liegezeiten und die Suche nach „Schuldigen" beim Auftreten von Fehlern minimiert werden.
- Bei integrierter, aufeinander aufbauender **Datenverarbeitung** und gemeinsamem Produktmodell entfällt die jeweils erneute Dateneingabe.

4.2 Integrierend wirkende Methoden und Hilfsmittel

Es gibt eine Reihe von Methoden und Hilfsmitteln, die die informatorischen Defizite der arbeitsteiligen Organisation ausgleichen und die natürlich bei dem hier geschilderten Vorgehen ergänzend eingesetzt werden können. Sie seien hier nur genannt:

- Wertanalyse
- Projektmanagement und -konfiguration
- Qualitätsmanagement, FMEA
- Just in time - Methoden
- DFM (Design for manufacturing), DFA (Design for assembly)
- Fertigungs- und Kostenberatung
- Kostengünstiges Konstruieren

4.3 Forschungsprojekte

Ohne Anspruch auf Vollständigkeit seien hier zwei Forschungsprojekte genannt, die bewußt auf die Integration betrieblicher Funktionen ausgerichtet sind:

- SFB (Sonderforschungsbereich) der DFG seit 1989 an der TU München „Montageautomatisierung durch Integration von Konstruktion und Planung". (Sprecher: Prof. Milberg).
- SFB der DFG seit 1990 an der Universität Karlsruhe „Rechnerintegrierte Konstruktion und Fertigung von Bauteilen". (Sprecher: Prof. Weule).

Bei beiden SFB werden insbesondere rechnergestützte Methoden entwickelt und erprobt, die die fertigungsgerechte und montagegerechte Konstruktion unterstützen und die Planung von Fertigungs- und Montageprozessen erleichtern. Rechnergestützte Simulation hat dabei eine besondere Bedeutung.

5. Praxisbeispiel: Entwicklung eines digitalen Manometers

Der in **Bild 13** gezeigte **digitale Manometer**, der den Drucksensor (7 Druckbereiche bis 1000 bar), die Verstärker- und die Auswerteelektronik sowie die Anzeige in sich vereinigt, wurde mit einem Produktentwicklungsteam in weniger als 1,5 Jahren, statt wie sonst zu erwarten in mindestens 3 Jahren, vom Entwicklungsauftrag bis zur Serienproduktion realisiert.

Dabei wurde der in **Bild 14** dargestellte **Ablauf** verwirklicht. Man sieht die Parallelisierung der sonst als unbedingt sequentiell angesehenen Arbeitsvorgänge. Das **Team** bestand unter Leitung eines Entwicklers im Kern aus Entwicklung, Vertrieb, Arbeitsvorbereitung, Vorrichtungsbau. Hinzu kamen fallweise Qualitätssicherung, Einkauf, Werbung und Fertigung.

Meilensteine der Terminplanung waren: Entwicklungsantrag, Entwicklungsauftrag, Konzept- und Planungsfreigabe für die Vorserie, Start der Vorserie, Planung der Folgeserie und der Verkaufsfreigabe, Verkaufs- und Angebotsfreigabe. Grundsatz: „Lieber höhere Entwicklungskosten als längere Entwicklungszeit".

Beobachtete Erfolge waren: genannte Zeiteinsparung auf 40 - 50% der sonst üblichen Zeit (auch bei 2 anderen Projekten als realisierbar festgestellt). Qualitätsverbesserung von Anfang an. Nachbesserungen auf Grund von Reklamationen aus der Serienfertigung oder von Kunden kamen praktisch nicht mehr vor. Das Produkt und der Entwicklungsprozeß wurde kostengünstiger als erwartet. Die Produktkosten wurden durch die mitlaufende Kalkulation und daraus stimulierte Kostensenkungsvorschläge der Teammitglieder beeinflußt. Es gab eine Entwicklungsdokumentation: von der Anforderungsliste bis zur letzten Meßreihe – nachvollziehbar für weitere Vorhaben.

6. Zusammenfassung

Die Notwendigkeit, bei innovativen Produktentwicklungen gegen die Nachteile der Arbeitsteilung durch ein Team anzugehen, wird deutlich gemacht und begründet. Die Teamzusammensetzung, die Arbeitsweise und der praktische Erfolg werden gezeigt.

7. Literatur

/1/ **Stalk, G.; Thomas, M.H.; (Boston Consulting):** Competing against time. New York 1990: The Free Press.

/2/ **Bullinger, H.J.:** IAO Studie „F&E heute". München 1990: GmfT-Verlag.

/3/ **Costello, T.A.:** A process for concept development. Proceedings of ICED 89, London: I. Mech. E 1989.

/4/ **Ehrlenspiel, K.:** Kostengünstig Konstruieren. Berlin, Heidelberg, New York: Springer-Verlag 1985.

/5/ **Hedrich, P.:** Einfluß auf das kostenbewußte Konstruieren durch Zusammenarbeit der Konstruktion und Produktion. 2. Management-Forum „Integrierte Produktentwicklung", München 1990: GmfT -Verlag.

/6/ **Dylla, N.:** Denk- und Handlungsabläufe beim Konstruieren. München: TU, Diss. 1990: Hanser-Verlag 1991.

/7/ **Brockhoff, K.; Urban, C.:** Die Beeinflussung der Entwicklungsdauer. Zfbf Sonderheft 23 (1988), S. 1-42.

/8/ **Ehrlenspiel, K.:** Auf dem Wege zur integrierten Produktentwicklung. Düsseldorf: VDI-Berichte 812 (1990), VDI-Verlag.

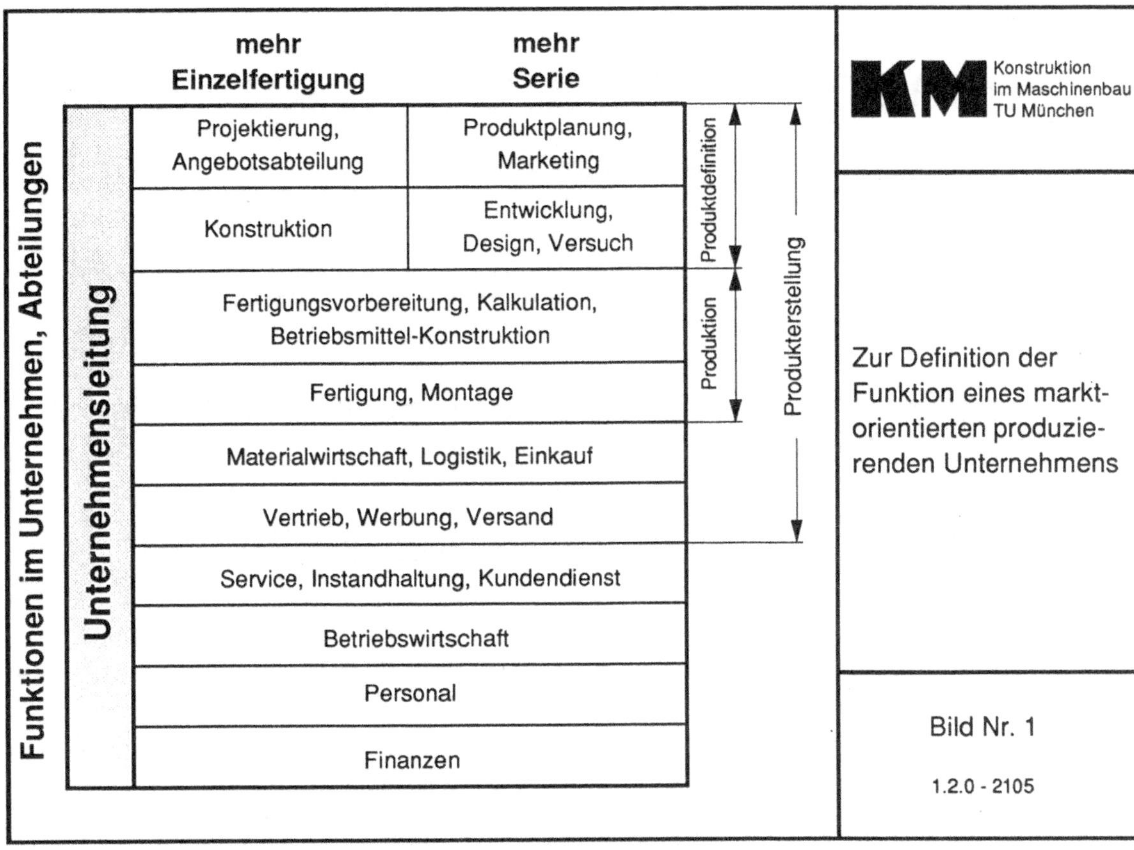
mehr Einzelfertigung
mehr Serie
Funktionen im Unternehmen, Abteilungen
Unternehmensleitung
Projektierung, Angebotsabteilung
Produktplanung, Marketing
Konstruktion
Entwicklung, Design, Versuch
Fertigungsvorbereitung, Kalkulation, Betriebsmittel-Konstruktion
Fertigung, Montage
Materialwirtschaft, Logistik, Einkauf
Vertrieb, Werbung, Versand
Service, Instandhaltung, Kundendienst
Betriebswirtschaft
Personal
Finanzen
Produktdefinition
Produktion
Produkterstellung
KM Konstruktion im Maschinenbau TU München
Zur Definition der Funktion eines markt-orientierten produzie-renden Unternehmens
Bild Nr. 1
1.2.0 - 2105

Bild 1

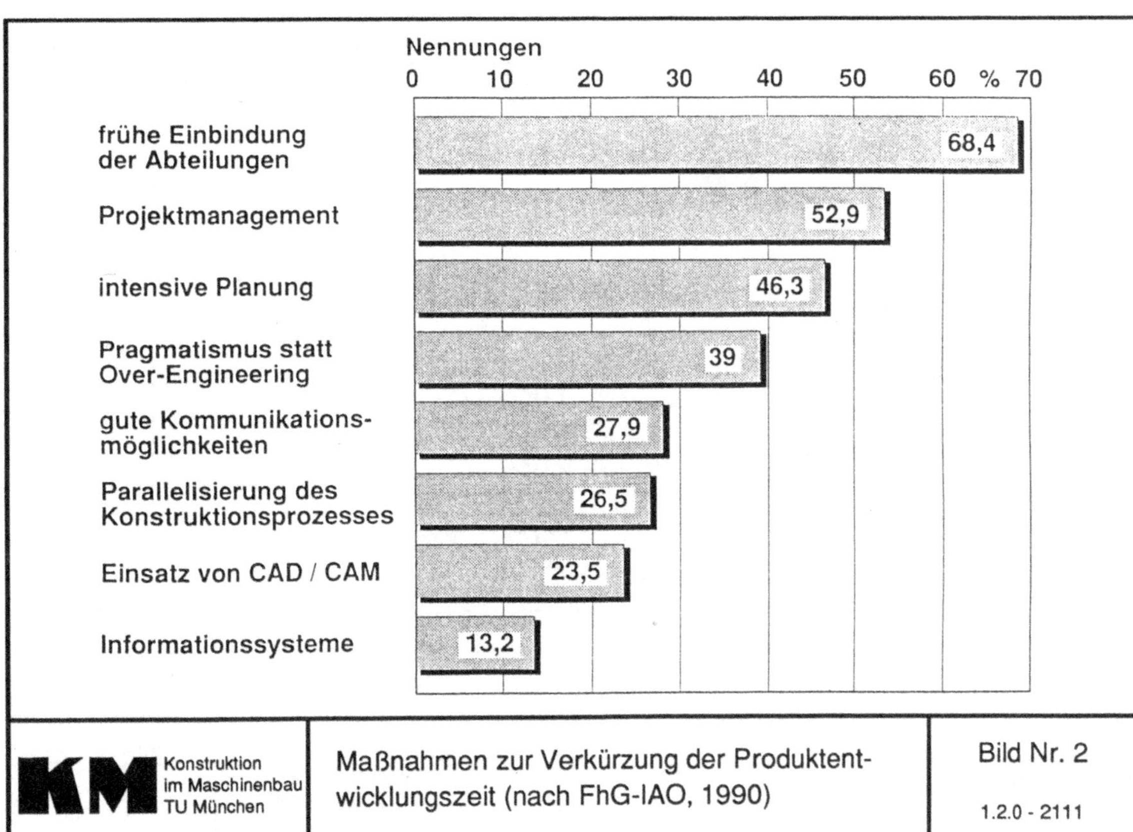
Nennungen
0 10 20 30 40 50 60 % 70
frühe Einbindung der Abteilungen 68,4
Projektmanagement 52,9
intensive Planung 46,3
Pragmatismus statt Over-Engineering 39
gute Kommunikations-möglichkeiten 27,9
Parallelisierung des Konstruktionsprozesses 26,5
Einsatz von CAD / CAM 23,5
Informationssysteme 13,2
KM Konstruktion im Maschinenbau TU München
Maßnahmen zur Verkürzung der Produktent-wicklungszeit (nach FhG-IAO, 1990)
Bild Nr. 2
1.2.0 - 2111

Bild 2

Organisation der Fertigungs- und Kostenberatung

a) Der **Berater** aus AV (und Kalkulation) ist von der Werksleitung **benannt** und wird von der Konstruktion angefordert

b) Der **Berater** (z.B. AV-Gruppenleiter) **besucht zu festen Zeiten** die entsprechende Konstruktionsgruppe

c) Der **Berater** hat einen **Arbeitsplatz in der Konstruktion**

Richtwert: 1 Berater auf 20 bis 30 Konstrukteure

KM Konstruktion im Maschinenbau TU München | Organisation der Fertigung und Kostenberatung | Bild Nr. 3 1.2.0 - 2110

Bild 3

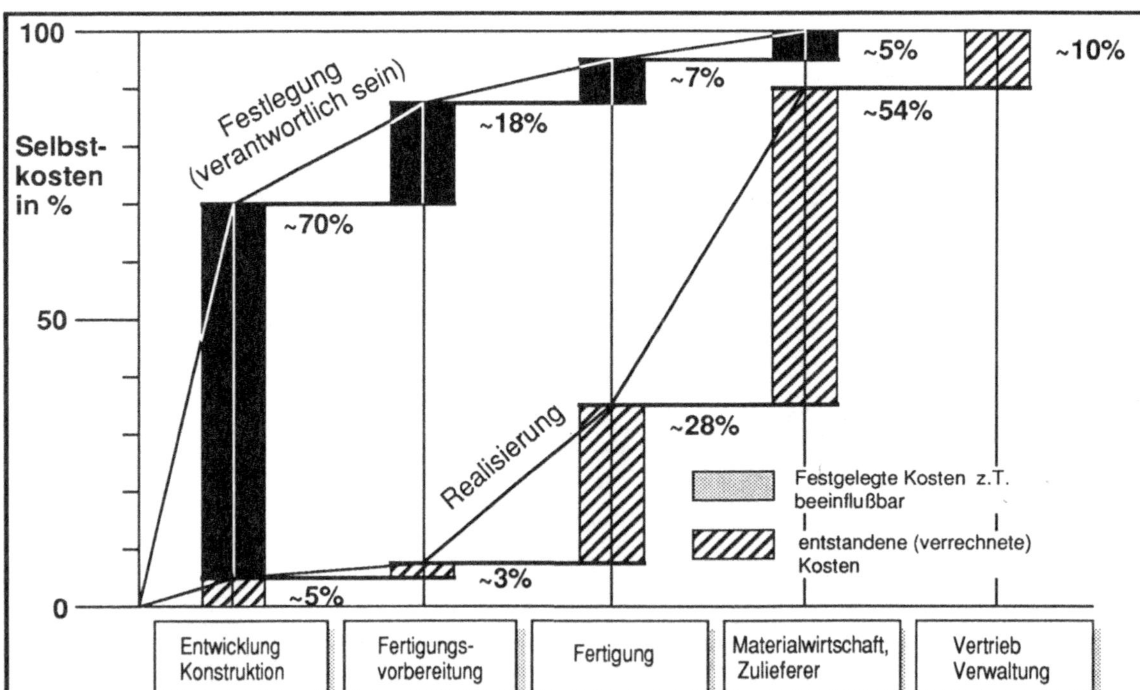

KM Konstruktion im Maschinenbau TU München | Kostenfestlegung (z.T. beeinflußbar) und Kostenrealisierung (nach H.C. Koch BMW, 1987) | Bild Nr. 4 7.1 - 1500

Bild 4

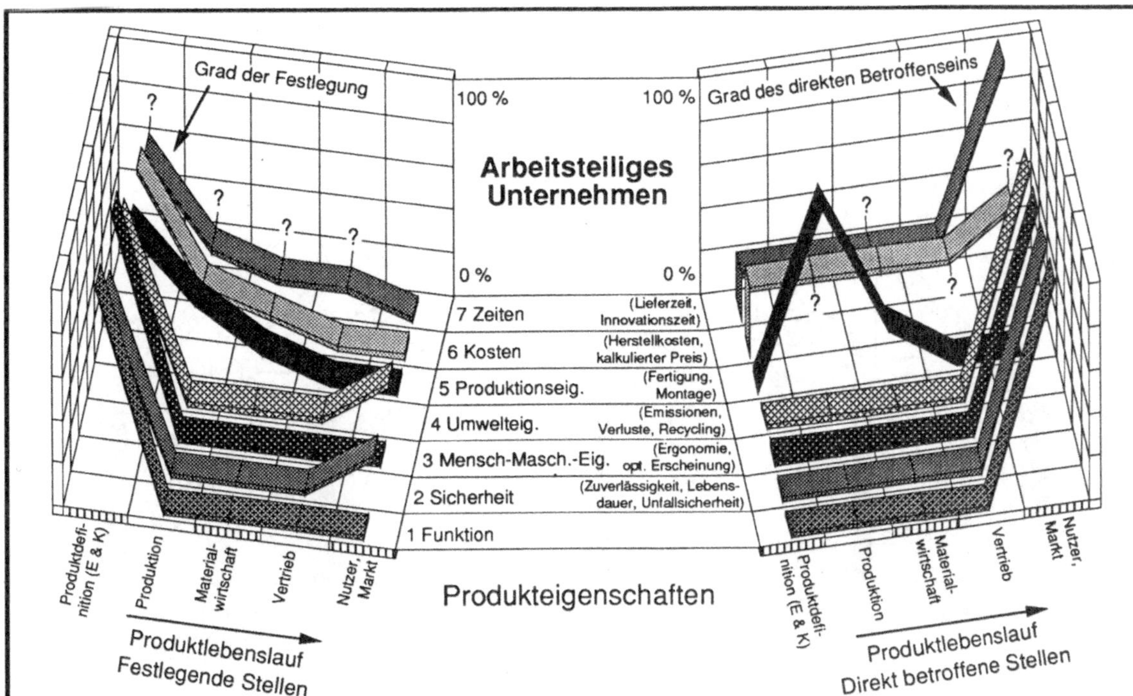

KM Konstruktion im Maschinenbau TU München	Festlegende Stellen für die Produkteigenschaften 1 bis 7 sowie direkt betroffene Stellen durch die Produkteigenschaften 1 bis 7	Bild Nr. 5 1.2.0 - 2113

Bild 5

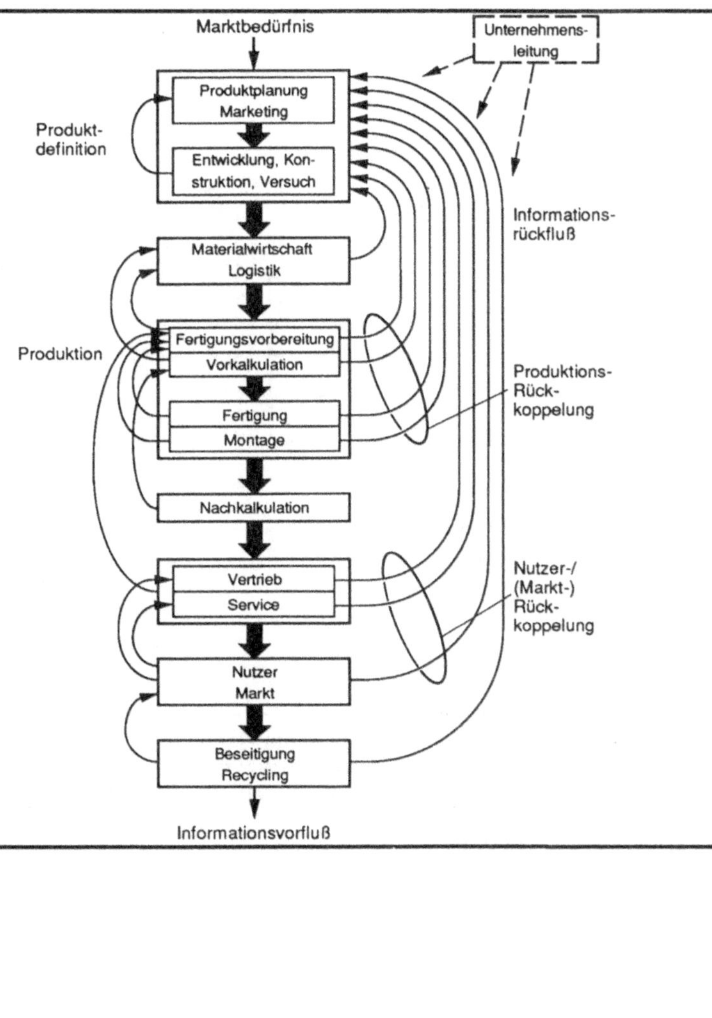

KM Konstruktion im Maschinenbau TU München

Der Produktlebenslauf mit Informationsvor- und Informationsrückflüssen bzw. Regelkreisen

Bild Nr. 6

1.2.0 - 2106

Bild 6

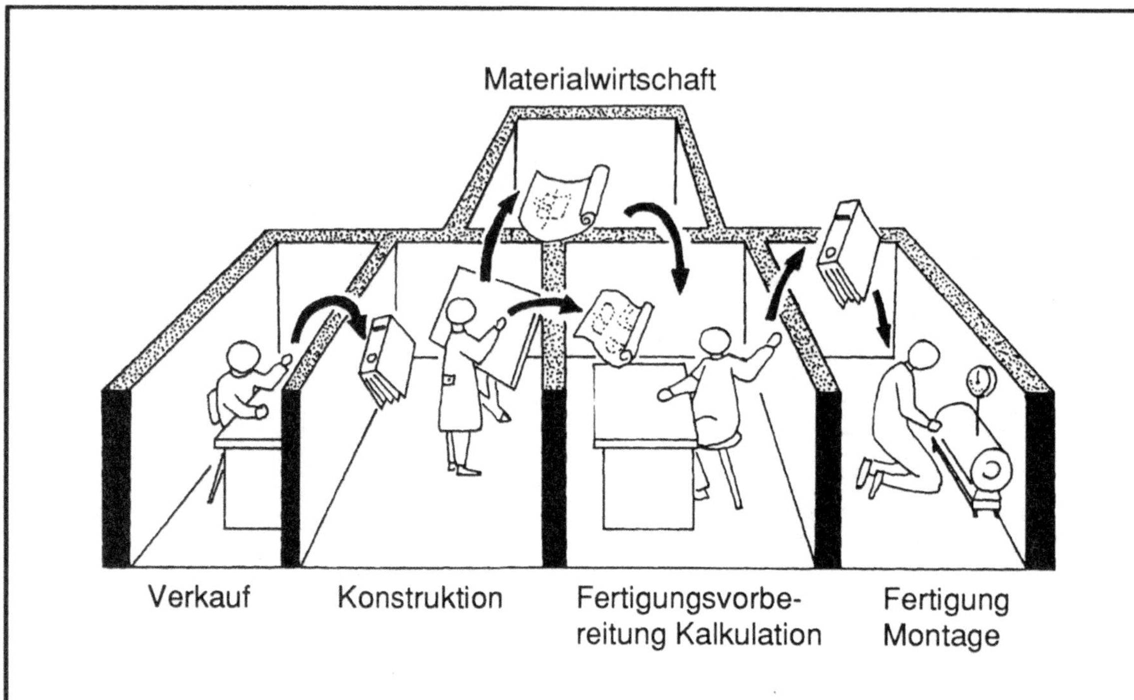

KM Konstruktion im Maschinenbau TU München	Geistige Mauern zwischen den Abteilungen behindern den Informationsfluß und ergeben zu teure Produkte	Bild Nr. 7 1.2.0 - 0691a

Bild 7

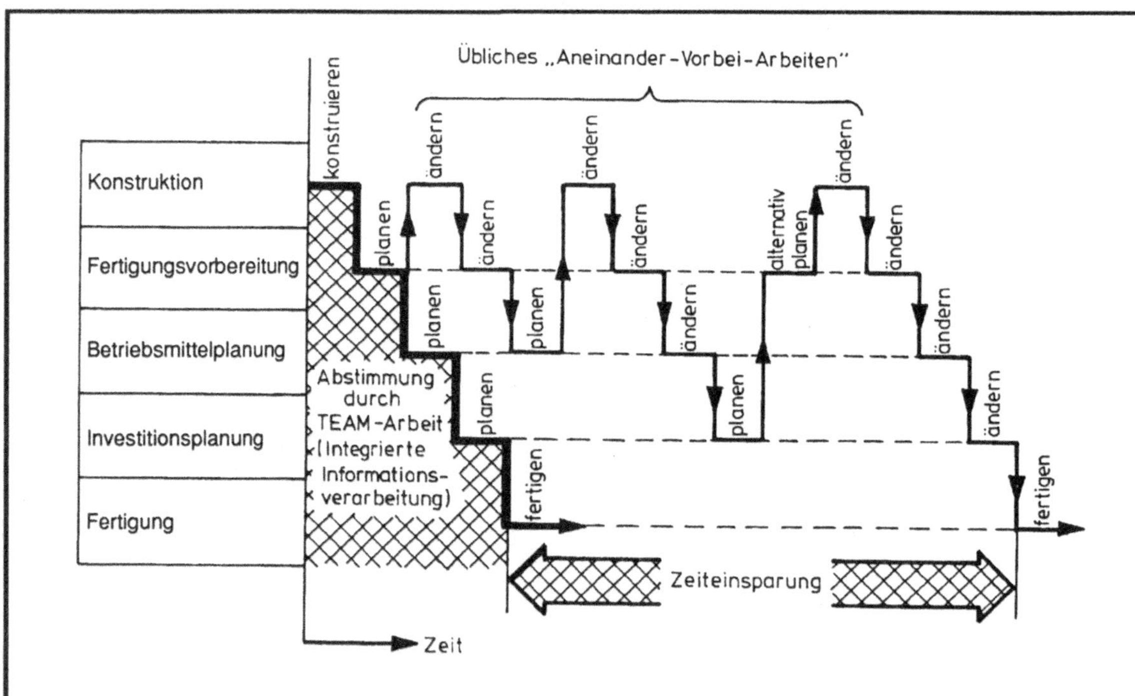

KM Konstruktion im Maschinenbau TU München	Bei der Erarbeitung der Fertigungsunterlagen lohnt sich Teamarbeit. Die abgestimmte Informationsverarbeitung erspart das wiederholte Ändern und damit Zeit und Kosten (nach K.W. Witte)	Bild Nr. 8 1.2.0 - 0695a

Bild 8

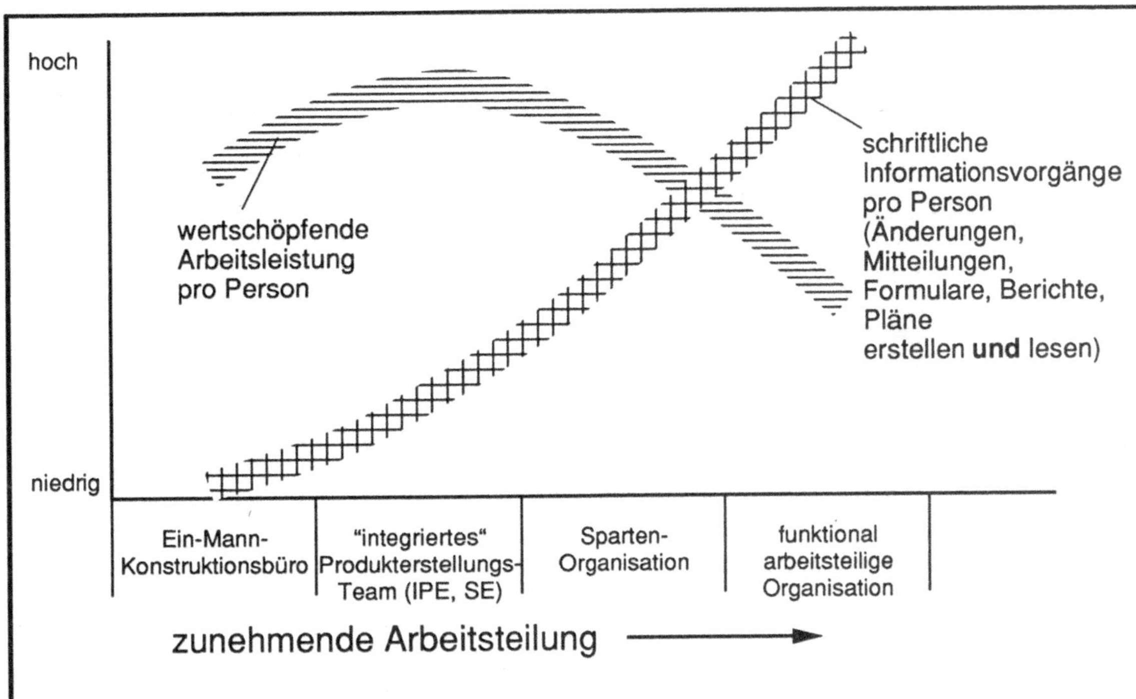

KM Konstruktion im Maschinenbau TU München	Je stärker die formale Arbeitsteilung umso mehr Arbeitsleistung muß zur gegenseitigen Information aufgewendet werden („Informationslogistik")	Bild Nr. 9 1.2.0 - 2109

Bild 9

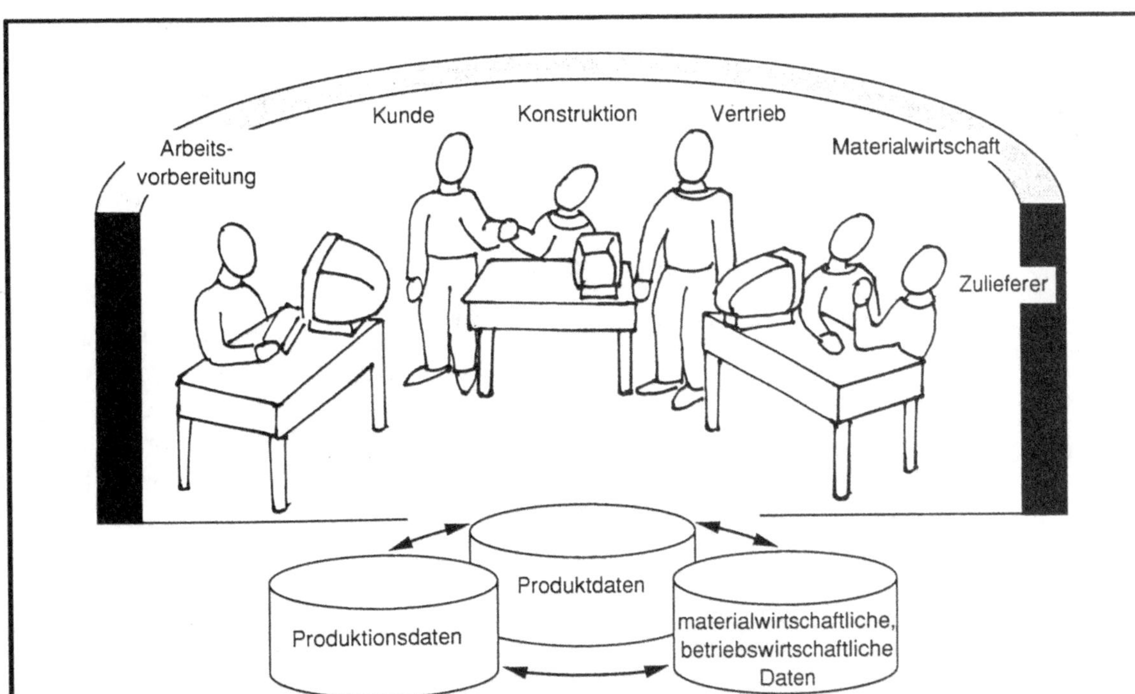

KM Konstruktion im Maschinenbau TU München	Zusammenarbeit von produkt-, produktions- und vertriebsdefinierenden Bereichen als Voraussetzung für eine rechnerintegrierte Produkterzeugung	Bild Nr. 10 1.2.0 - 1963

Bild 10

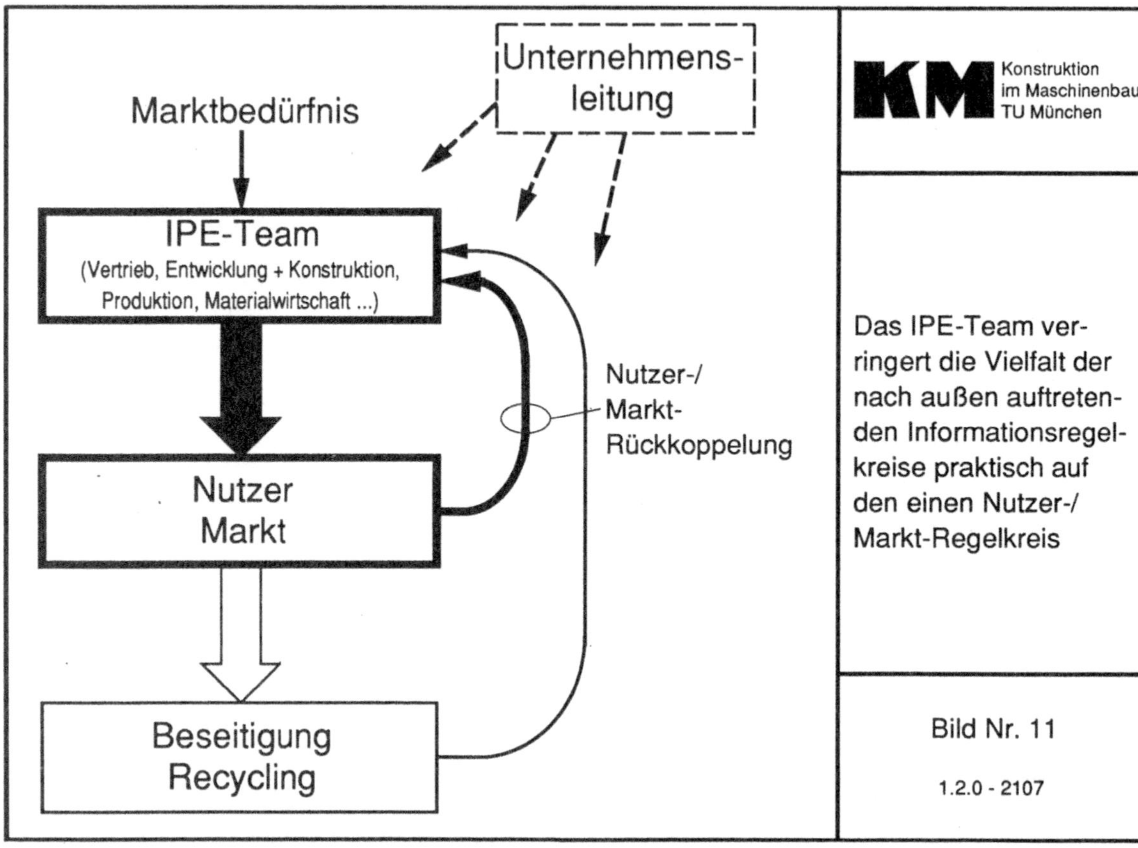

Bild 11

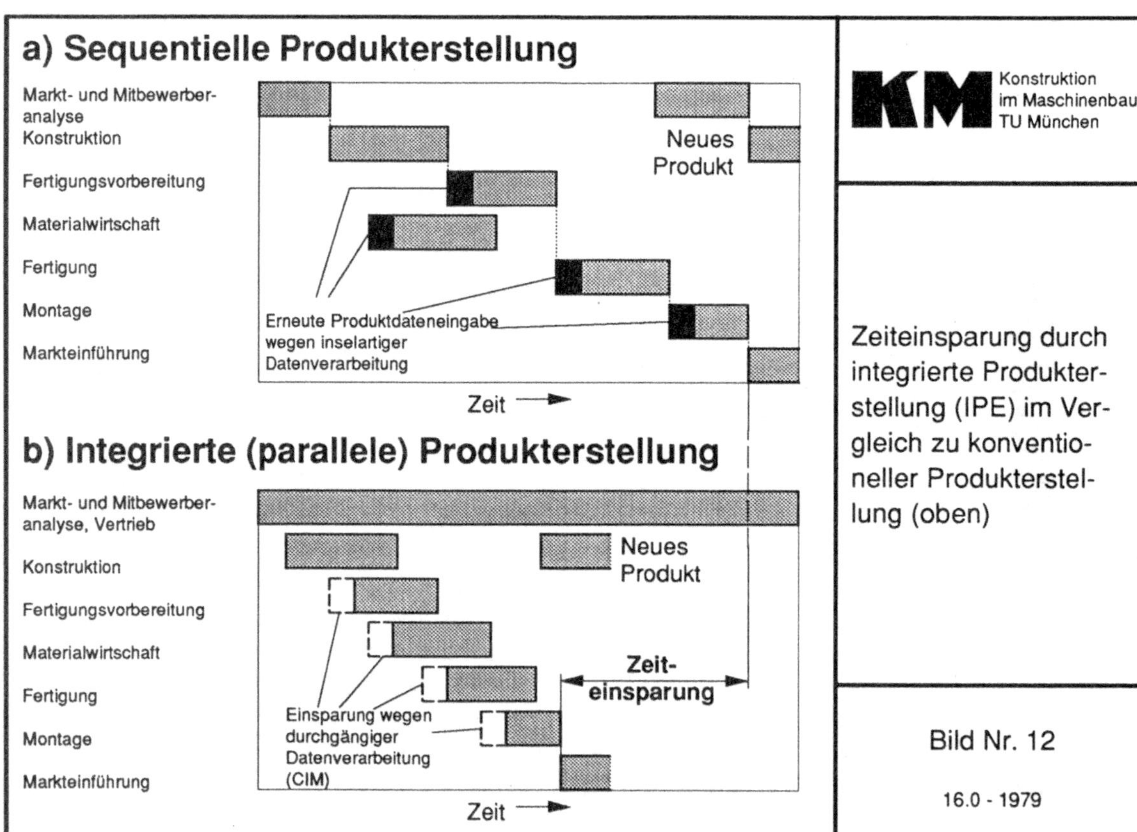

Bild 12

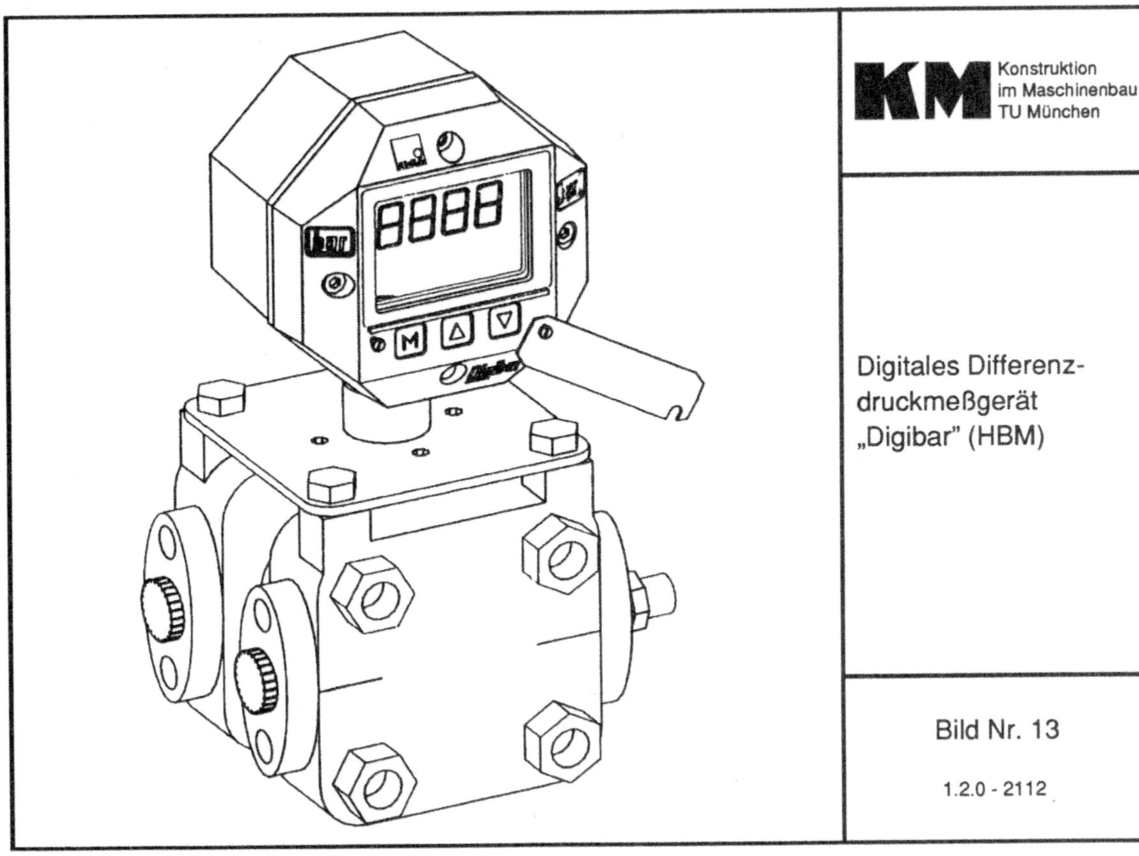

Bild 13

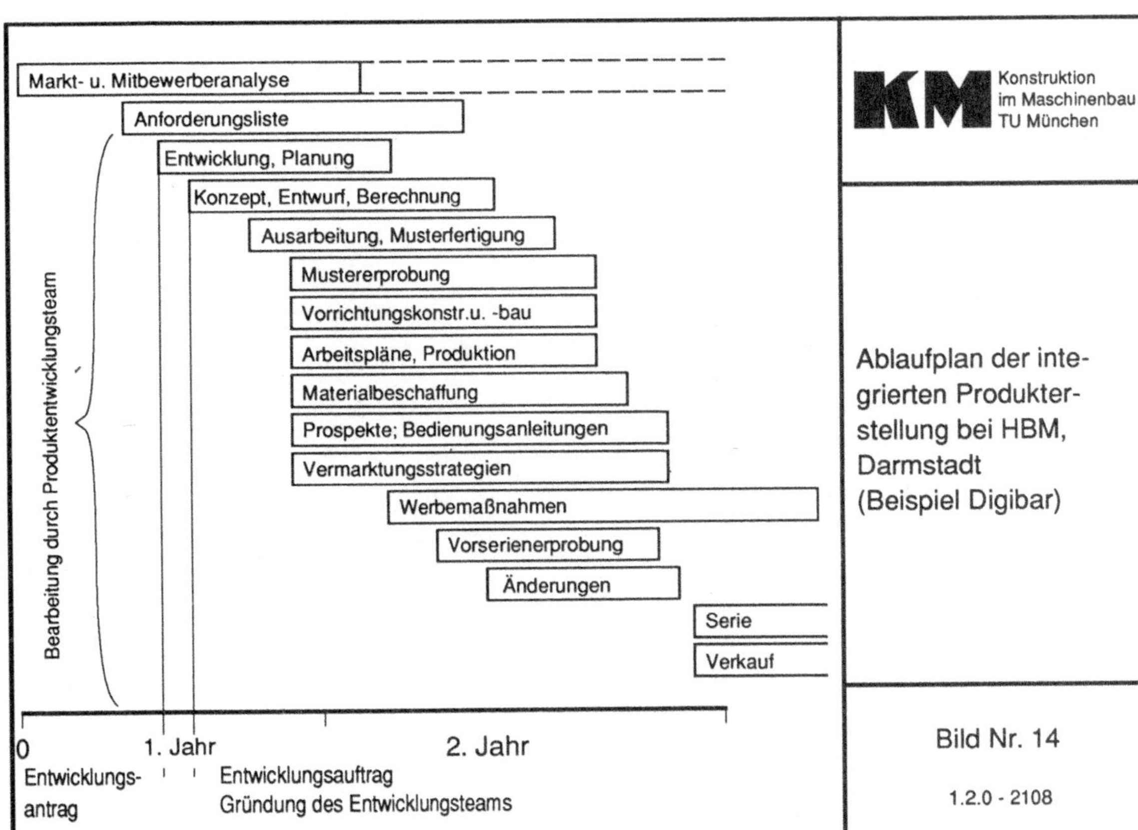

Bild 14

Münchener Kolloquium '91

Wettbewerbsfaktor Zeit in Produktionsunternehmen

28. Februar/1. März 1991
München

Anforderungen an den Prozeß der Produktgestaltung

Dipl.-Ing. (FH) Hans Klingel
TRUMPF GmbH + Co., Ditzingen

Institut für Werkzeugmaschinen
und Betriebswissenschaften
Technische Universität München

Anforderungen an den Prozeß der Produktgestaltung

1. Einleitung

Der Kirchenlehrer Augustinus wurde einmal nach seinem Verständnis der Zeit befragt. Er antwortete darauf: „Wenn niemand mich fragt, dann weiß ich's. Will ich's aber einem Fremden erklären, dann weiß ich's nicht. Wenn nichts verginge, gäbe es keine vergangene Zeit, wenn nichts käme, keine zukünftige, wenn nichts wäre, keine gegenwärtige Zeit."

Die Beschäftigung mit der Zeit ist so alt wie die Menschheitsgeschichte. Trotzdem scheint sie beim modernen Menschen einen wesentlich höheren Stellenwert zu haben als bei unseren Vätern.

Dieser Vortrag beschäftigt sich mit dem Faktor Zeit beim Prozeß der Produktgestaltung. Dabei sollen insbesondere die spezifischen Vorgänge in einem mittelständischen Unternehmen der Werkzeugmaschinenindustrie berücksichtigt werden.

2. Zeitsparen als Herausforderung

In einer Untersuchung des Instituts für Arbeitswissenschaft und Organisation in Stuttgart [1] zum Thema

F + E heute - Industrielle Forschung und Entwicklung

in der Bundesrepublik Deutschland

wird ermittelt, daß das alte Sprichwort „Gut Ding braucht Weile" endgültig überholt ist.

Es wird festgestellt, daß man vor einem neuen Zeitalter der Produktentwicklung steht. Sich immer rascher ablösende Produktgenerationen und in die Höhe schnellende Entwicklungskosten lassen mittlerweile nur wenig Zeit, die hohen Investitionen zu amortisieren.

Die **Grafik /1.1/** zeigt für die wichtigsten Branchen eine drastische Verkürzung der durchschnittlichen Produktlebenszeiten. Dabei nimmt die sogenannte Pay-off-Periode als Zeitspanne vom Eintritt bis zur Amortisation der jeweiligen Entwicklungsaufwendungen bei den meisten Branchen zu.

Besonders drastisch zeigt sich dies im Bereich der KFZ-Industrie und des Computerbaues sowie der Elektrotechnik, wo sich die Produktlebenszeiten bedrohlich den Amortisationszeiten annähern.

Die Studie kommt weiter zum Ergebnis, daß nahezu alle Produkteigenschaften vom Forschungs- und Entwicklungsbereich stark beeinflußt werden. Die Faktoren

- hohe Zuverlässigkeit
- technische Neuheit

überragen in ihrer Bedeutung alle anderen Aussagen.

Man rechnet im übrigen damit, daß die Aussagen auch in der übersehbaren Zukunft so bleiben werden.

Quer durch alle Branchen herrscht Einigkeit, daß der Faktor Innovation den Erfolg eines Produkts steigert.

Der ständig steigende F + E-Aufwand ist eine Folge der wachsenden Anforderungen, die heutzutage an ein Produkt gestellt werden. Hier spiegelt sich der immer stärker werdende Druck zur Erhöhung der Innovationsgeschwindigkeit wider.

Time to customer ist die Herausforderung der 90er Jahre. Hier muß der Entwicklungsbereich die entscheidenden Impulse liefern

- durch Verkürzung der Entwicklungszeiten
- durch Berücksichtigung der nach- und nebengeordneten Prozesse.

Dies ist nur möglich durch das Aufbrechen traditioneller, gewachsener Strukturen und durch paralleles Vorgehen aller am Prozeß der Produktentwicklung beteiligten Betriebsteile.

Es würde den Rahmen dieses Vortrags sprengen, wenn ich auf die Notwendigkeit der Bildung von Partnerschaften über die Betriebsgrenzen hinaus näher eingehen wollte.

Neben den organisatorischen und strukturellen Ansätzen gilt es, die Methoden zu verändern, um die oben formulierten Ziele zu erreichen.

In einer Diskussion mit leitenden Entwicklern des Bereichs Werkzeugmaschinen zum Thema Inbetriebnahmezeiten wurde festgestellt, daß heute in den meisten Unternehmen mit Zeiten, abhängig von der Komplexität der Anlagen, zwischen ein und sechs Monaten gerechnet werden muß, um den Kunden Anlagen mit akzeptabler Zuverlässigkeit zu übergeben.

In einem Gespräch mit führenden Herstellern von numerischen Steuerungen wurde die Forderung nach massiver Reduzierung dieser Zeiten bei gleichzeitiger Steigerung der Qualitätssicherung vorgetragen, wobei Einigkeit darüber besteht, daß dies nur über neue Methoden möglich sein wird.

Wenn heute zur Entwicklung eines Custom-IC Entwicklungszeiten von einem Jahr üblich sind, so sind hier Reduzierungen um den Faktor 3 notwendig.

Der nächste Abschnitt beschäftigt sich mit dem Begriff des vernetzten Denkens beim Prozeß der Produktentwicklung.

3. Vernetztes Denken

3.1. Markt und Entwicklung

Wir haben festgestellt, daß Verkürzung der Entwicklungszeiten zu einem wesentlichen Faktor bei der Sicherung des Wettbewerbsvorsprungs wird.

Jedes Unternehmen muß aber zusätzlich sicherstellen, daß es im schnellen Rhythmus neue Produkte und Leistungen hervorbringt, die im Markt ebenso schnell eine hohe Akzeptanz finden. Bei vielen Unternehmen ist das Bemühen feststellbar, ihr Angebot durch Produkte anzureichern, die in den letzten 3 - 4 Jahren entwickelt wurden. Der Anteil derartiger Produkte am Umsatz beträgt je nach Branche 40 bis 75 %, aber der Entwicklungsprozeß leidet immer häufiger unter unbefriedigender Zielsicherheit. Daraus resultieren viele Flops und die F + E-Kosten steigen ohne sichtbaren Nutzen. Die damit verbundenen Kostennachteile belasten die Wettbewerbsposition nachhaltig.

Die auf Marktanteilsicherung zielenden Strategien erweisen sich nur als begrenzt brauchbar, da nur forcierte Innovation neues Marktwachstum auszulösen vermag.

Technische Fortschritte können grundlegende Veränderungen in Märkten und im Wettbewerb auslösen. Sie sind die Basis für neue Produkte und Verfahren. Oft sind sie die Basis für neue Branchen und gleichzeitig der Grund für den Tod alter Branchen. Sie verschieben Marktgrenzen, verändern Branchenstrukturen und beeinflussen die Kräfte des Wettbewerbs. Technische Innovationen führen zu tragfähigen Wettbewerbsvorteilen, wenn sie Kosten senken oder Differenzierungen in den Leistungen erleichtern oder wenn sie Produkt- und/oder Prozeßflexibilität erhöhen.

Zwischen Technologie und Strategie besteht eine fundamentale Verbindung. Technologie hilft, das marktbezogene aktive Feld zu definieren. Gleichzeitig ist sie ein wesentliches Mittel, um eine gewählte Strategie zu realisieren.

Erfolgreiches strategisches Entwicklungsmanagement erfordert gelegentlich ein Wechselspiel zwischen Chaos und Kontinuität. Für ein solches Management lassen sich keine festen Regeln, geschweige denn Patentrezepte vorgeben, wohl aber lassen sich Aspekte identifizieren, deren Beachtung anscheinend erfolgsbestimmend sind. Dazu gehören

- Konzentration auf das Geschäft
- Anpassungsfähigkeit gegenüber Marktänderungen
- Zusammenwirken der üblichen Funktionen
- Unternehmerische Kultur
- Verständnis für Systemzusammenhänge
- Engagement der Unternehmensführung.

3.2. Kreativität

Wenn wir also davon ausgehen, daß die Produktdefinition unter Berücksichtigung der o. e. Prämissen erfolgt ist, folgt der Prozeß der Produktentwicklung. Dabei haben wir uns zwangsläufig mit den handelnden Personen, den Menschen, auseinanderzusetzen.

Trotz hoher Wertung von Werkzeugen zur Unterstützung dieses Prozesses muß festgestellt werden, daß der entscheidende Impuls der Innovation vom Menschen ausgeht.

Dabei stellen wir die Frage: Was ist Kreativität? [2] Verträgt Kreativität Zielvorgabe, also klare Definition, Identifikation des Bedarfs oder ist Vorgabe kreativitätshemmend? Diese Frage wird sehr unterschiedlich beantwortet. Die Kunst sagt: Klare Vorgabe ist kontraproduktiv, die Technik: Sie ist unbedingt notwendig.

Zur Auffassung der Kunst eine Geschichte des Philosophen Ortéga y Gasset. Er besuchte einmal einen berühmten spanischen Ikonenmaler. Nachdem er die Bilder gebührend bewundert hatte, fragte er den Meister, wie die Kunstwerke denn zustande kämen, wie er das mache, daß es solche Kunstwerke würden. „Nun", habe der alte Maler geantwortet: „ich lasse den Pinsel malen. Kommt es ohne Bart, ist es die Heilige Mutter Maria, kommt es mit Bart, so ist es der Heilige Hieronymus im Gehäuse."

Eine klare Zielvorgabe ist notwendig, aber sie ist nicht hinreichend. Welche Voraussetzungen müssen hinzukommen? Welche Bedingungen begünstigen und welche Umstände ersticken sie? Die Zusammenfassung dieser Überlegungen:

- Die Zusammensetzung einer Projektgruppe aus Mitgliedern verschiedener Disziplinen setzt einen Dialog in Gang, der die Kreativität stärkt.
- Eine Einheit, die kreativ sein will, muß ihrerseits in größeren kreativen Einheiten eingebunden sein, aber sie braucht ihren eigenen Freiraum.

Offenbar hat Kreativität mit solchen Freiräumen zu tun, mit der Freiheit zum spielerischen Umgang mit Instrumenten und Stoffen.

Wechselnde Projekte mit verschiedenen Teams scheinen eine konstruktive Lösung der gestellten Aufgabe zu begünstigen.

Der Nobelpreisträger Gert Binning beschäftigt sich ausführlich mit dem Thema Kreativität und kommt zu dem Schluß, daß man Kreativität lernen und üben kann und empfiehlt, daß wir dies auch tun sollen.

Unsere Kinder besitzen Kreativität in hohem Maße, bis sie sie in unserem Schul- und Ausbildungssystem verlieren. Wir sollten sie also wieder lernen und uns darauf besinnen, was wesentlich zu unserer Definition als Mensch gehört. Gott schuf den Menschen nach seinem Bilde, damit schuf er ihn schöpferisch.

3.3. Motivation

Kreativität kommt aus Motivation. Motivation bedeutet frei übersetzt die Beweggründe, die das Handeln eines Menschen bestimmen.

Bei der Motivation eines Mitarbeiters geht es also darum, seine Beweggründe so auszurichten, daß sie insgesamt zu einer positiven Handlungsweise führen. Das folgende ist eine Auswahl von motivationsfördernden Maßnahmen:

- Vergabe attraktiver Aufgaben
- Klare Definition der Aufgaben
- Teilnahme am Erfolg
- Erfüllung von sozialen Bedürfnissen
- Schaffung attraktiver Arbeitsbedingungen
- Einbindung in den unternehmerischen Entscheidungsprozeß
- Befriedigung der Informationsbedürfnisse
- Weiterbildung
- Weiterqualifizierung
- Internationale Aufgaben
- Schaffung einer Firmenkultur

3.4. Struktur und Ablauforganisation

Wir haben unter Abschnitt 2 festgestellt, daß die klassischen Strukturen eines Unternehmens aufgebrochen werden müssen, wenn es gelingen soll, die Produktentwicklung zu verändern. Unser Unternehmen beschloß Anfang der 80er Jahre, in die Entwicklung eines eigenen Lasers für die Materialbearbeitung einzutreten.

Nach anfänglichen Mißerfolgen, die das Resultat einer einseitigen Entwicklung durch eine Großforschungsanstalt war, beschlossen wir, aufbauend auf den Erkenntnissen des fehlgeschlagenen Versuchs, das gleiche Ziel mit eigener Kraft anzugehen. Dazu bildeten wir in der Entwicklungsleitung eine autonome Gruppe, bestehend aus 5 Mitarbeitern unterschiedlicher Disziplin, aber guter Kommunikationsfähigkeit und hoher Motivation. Wir mieteten Räume ungefähr 1 km von der Zentrale entfernt. Das Ergebnis nach 2 Jahren Entwicklung war ein Laser für die Materialbearbeitung, der inzwischen für nahezu 30 % des Gesamtumsatzes unseres Hauses verantwortlich ist.

Diese Gruppe wurde sukzessive erweitert und übernahm in der Folge der Entwicklung auch die Produktion oder besser gesagt, die Montage.

Die Laser wurden ausschließlich an unsere Maschinen angebaut, so daß der Aufbau einer eigenen Verkaufsorganisation am Anfang dieser Entwicklung nicht notwendig war. Vor 2 Jahren begannen wir mit dem Vertrieb in den sog. OEM-Bereich, und dazu wurde die gesamte Laseraktivität in einer eigenen Gesellschaft zusammengefaßt.

Aufgrund dieser positiven Erfahrungen werden heute bei entsprechenden Projekten von Fall zu Fall derartige dezentrale, multifunktionale Entwicklungsteams gebildet **Bild /2.1/**. Dies gilt im übrigen auch im internationalen Maßstab. Gruppen nach dem o. e. Prinzip arbeiten in USA, Japan und in der Schweiz. Dabei kommt der Koordination derartiger Teams eine immense Bedeutung zu. Wir steuern sie über ein sog. Projektcontrolling, das neben der Organisation der immer wieder notwendigen Informations-, Termin- und Kostenabstimmungen der Entwicklungsleitung und damit der Firmenleitung permanent ein aktuelles Bild der einzelnen Projekte liefert.

Mit dem Projektcontrolling gekoppelt ist eine Materialstelle, die für die Beschaffung der für die Prototypenentwicklung notwendigen Teile verantwortlich ist. In diesem Bereich gibt es keine Arbeitspläne, vielmehr wird die Fertigung auf der Basis der Konstruktionszeichnungen durch erfahrene und hochqualifizierte Fachkräfte in einer der Entwicklung angegliederten Teilefertigung durchgeführt.

Im weiteren Verlauf einer Prototypenentwicklung erfolgt die Montage und Inbetriebnahme ebenfalls unter der Regie der Entwicklung.

Aufgrund dieser sehr schlanken Organisationsform erzielen wir Durchlaufzeiten, die gegenüber unseren gängigen Durchlaufzeiten in der Produktion deutlich niedriger sind. So beträgt die durchschnittliche Durchlaufzeit für die Fertigung aller Teile nur 2,5 Wochen. Bei Engpässen werden selbstverständlich externe, aber auch interne Quellen genutzt. Alle Maschinen, die wir in diesem Bereich einsetzen, sind werkstattorientiert programmierbar. Wo immer möglich, nutzen wir die auf unseren CAD-Systemen bereitgestellten Geometrieinformationen, um die Maschinen zu programmieren.

Selbstverständlich unterscheiden sich die Maschinen der Produktion von denen der im Bereich der Entwicklung bzw. der Prototypenfertigung genutzten Maschinen beträchtlich hinsichtlich ihrer Leistungsfähigkeit.

Trotzdem sind die bei der Fertigung der Prototypen gewonnenen Erkenntnisse bei der Umsetzung in die Produktion außerordentlich hilfreich. Deshalb gehört neben der Herstellung der Teile auch eine entsprechende Information über die bei der Fertigung gewonnenen Erfahrungen an die Arbeitsvorbereitung zu den wichtigsten Aufgaben dieses Bereichs.

An dieser Stelle sei auch offen ein Mangel anzusprechen, den wir bis heute noch nicht gelöst haben. Dies betrifft die schnelle Ermittlung der Herstellkosten und die Kalkulation. Bei der Bewertung einer Konstruktion verlassen wir uns allzu oft auf das Gefühl und erwarten in der Zukunft dazu wirkungsvolle Werkzeuge.

3.5. Kommunikation

Wir haben festgestellt, daß im Prozeß der Produktgestaltung zur selben Zeit unterschiedliche Disziplinen mitwirken. Das **Bild /3.1/** zeigt ein Ablaufdiagramm für die Produktentwicklung, ausgehend von der Aufgabendefinition über die Erstellung des Pflichtenhefts, das Finden von Ideen bis hin zur Prototypenfertigung und schließlich Erprobung.

Es sei bereits jetzt auf den Block Simulation hingewiesen, der nach wesentlichen Entwicklungsabschnitten eingebunden ist. Der folgende Abschnitt wird sich mit diesem Thema beispielhaft auseinandersetzen.

Wir haben weiterhin festgestellt, daß diese Gruppen über ein Controllinginstrument sensibel miteinander verknüpft sind.

Trotz dieser engen Verknüpfung müssen für die Kommunikation zwischen diesen Disziplinen neue Ansätze gefunden werden. Das Kommunikationsmittel zwischen Konstruktion und Fertigung ist die Zeichnung und Stückliste, das Kommunikationsmittel zwischen mechanischer Konstruktion und

Steuerungstechnik ist vielfach noch das Zeit-Weg-Diagramm, das nur unzureichend die dynamischen Vorgänge innerhalb eines Systems beschreibt.

Trotz vielfacher Bemühungen steht bis heute keine einheitliche Form der Systembeschreibung zur Verfügung, und deshalb kommt es immer wieder zu Fehlinterpretationen, die nicht selten den Prozeß der Produktentwicklung mit großen Zeitverschiebungen und hohen Zusatzkosten belasten.

Dieses Forum gibt mir die Möglichkeit, nachhaltig Hochsprachen zu fordern, die derartige Fehlinterpretationen vermeiden und gleichzeitig zu einer Erhöhung der Transparenz führen.

Im Augenblick kämpfen wir mit mehr oder weniger gutem Erfolg mit Hilfe von Zustandsgrafen. Wir erwarten insbesondere von den am Institut für Steuerungstechnik (ISW) in Stuttgart laufenden Entwicklungen, bei denen die Beschreibung des Systems auf der Basis von Petrinetzen erfolgt, deutliche Impulse in der von uns geforderten Richtung.

Lassen Sie mich an dieser Stelle den Versuch einer Vision wagen. Wenn wir beispielhaft die Entwicklung in der Produktion aufnehmen, wo es bei der integrierten Produktion darum geht, durchgängige Daten und Informationsinhalte zu einer Verbesserung der Effizienz unserer Betriebe zu bekommen, sollte eine ähnliche Entwicklung für den Prozeß der Produktentwicklung möglich sein. Von der Beschreibung der Aufgabe über die ersten skizzenhaften Entwürfe zur Simulation und schließlich zur Umsetzung in Steuerprogramme stellen wir uns die künftige Entwicklung vor.

Ausgehend von dieser Vision erwarten wir eine deutliche Steigerung der Qualität der Entwicklung. Wir produzieren Kommunikationshilfsmittel zu den nach- und nebengeschalteten Bereichen des Unternehmens, unter anderem auch in den Bereich des Marketings und Verkaufs hinein, die uns helfen sollen, in Zukunft Fehlerwartungen oder gar Flops zu vermeiden.

Ich will diesen Gedanken beenden mit dem **Bild /3.3/**, einer Bedientafel, wie wir sie für unsere Systeme einsetzen.

4. Simulation und Rechnereinsatz

Die bildhafte Repräsentation der im konstruktiven Entwicklungsprozeß erarbeiteten Informationen nimmt - sofern nicht nur gerechnet wird - in CAD-Systemen den breitesten Raum ein [3, 4, 5, 6]. Sie dient der Dokumentation, der Kommunikation, der Archivierung und der Änderung, in zunehmendem Maße aber auch der Variation und der Manipulation gedanklicher Ansätze bei der Gestaltung und Feingestaltung von Prinziplösungen.

In diesem Zusammenhang ergeben sich nun immer größere Schwierigkeiten daraus, daß die menschlichen Dialogpartner das räumliche Vorstellungsvermögen mehr und mehr vermissen lassen. Einer der entscheidenden Gründe dafür ist in der Ausbildung zu suchen, in der Fertigkeiten zum Freihandzeichnen und zu grafischen Darstellungstechniken weniger geübt und immer mehr von „Lernfächern“ verdrängt werden.

Konstrukteure der früheren Generation waren viel eher in der Lage, ihre Gedanken in für alle verständlicher Form zu dokumentieren. Nehmen wir die Skizzenblätter eines Leonardo da Vinci oder des Schneiders von Ulm, schließlich eines Max Eyth, dann wird diese Aussage überdeutlich.

Es gibt für mich keinen Zweifel, daß wir unsere jungen Konstrukteure sowohl während der Ausbildung als auch bei ihrem Eintritt in unser Unternehmen, wo immer möglich, motivieren sollten, diese Fähigkeiten neu zu überdenken.

Glücklicherweise haben wir heute die Möglichkeit erhalten, durch die enormen Fähigkeiten moderner Rechnersysteme die von uns konzipierten Systeme nicht nur statisch-isometrisch, sondern sie entsprechend ihrer vorgedachten Aufgabe in realtime entweder als Drahtmodell oder als Solid zu simulieren.

Die in der Folge gezeigten Bilder sind im wesentlichen hier in München entstanden unter Verwendung des am iwb entwickelten Softwarepakets COSIMA. Leider läßt sich der dynamische Eindruck nur am Bildschirm wiedergeben, ich hoffe jedoch, daß es mir gelingt, in der folgenden Serie meine Ausführungen plastisch zu unterstützen. Ich werde nacheinander über

- ein Biegezentrum
- ein Lasersystem zum Schweißen von Betonbohrern
- eine 6-Achsen-Laserbearbeitungsmaschine
- eine flexible Fertigungszelle mit Laser

berichten.

4.1. Biegezelle TM 400

Auf einer Japan-Reise vor etwa 6 Jahren hatte ich Gelegenheit, die Firma OKI zu besuchen. Diese Firma setzte zur damaligen Zeit unsere Stanz- und Laserschneidanlagen ein. Die nachfolgenden Biegearbeitsgänge wurden jedoch ausnahmslos von Hand durchgeführt. Dieser krasse Gegensatz beflügelte die Gedanken und führte schließlich zu einer Idee, diesen manuellen Biegeprozeß mit Hilfe einer automatisierten Maschine abzulösen.

Das folgende **Bild /4.1/** zeigt ein typisches Blechteil, wie es bei dem Kunden vorlag. Damals bauten wir uns ein sogenanntes Mock-up im Maßstab 1 : 1 unter Verwendung von stranggepreßten Aluminiumprofilen mit allen Funktionalitäten, wie sie eben für diese Aufgabe notwendig waren **Bild /4.2/**. Es waren 10 Achsen notwendig und zusätzlich sollten Werkzeuge ausgetauscht werden. Mit Ausnahme eines Pneumatikzylinders, der den Pressenstößel simulierte, mußten alle anderen Bewegungen von Hand ausgeführt werden. Aber immerhin war es möglich, dünne Metallfolien abzukanten. Mit Geschick und Fleiß und einer guten Video-Kamera konnten wir dann anschließend eine Quasi-Simulation darstellen. Dieses Video war in der Folge unser Kommunikationsmittel. Die Resonanz signalisierte größtes Interesse.

Bei der Vergabe der Konstruktion war die Kommunikation also relativ einfach. Mock-up und Video taten das ihre. Das **Bild /4.3/** zeigt die daraus entstandene Maschine, die gerade in Japan einen aufnahmebereiten Markt findet.

4.2. Laserzelle

Der Gedanke der Simulation ließ uns seither nicht mehr los und als mir Herr Professor Milberg die Ergebnisse der Software COSIMA vorstellte, beschlossen wir, die Probe aufs Exempel zu machen.

Wir hatten gerade die Aufgabe, für ein Liechtensteiner Unternehmen eine Maschine zum automatischen Laserschweißen von Betonbohrern zu entwickeln, und wollten dazu ein neues Maschinenkonzept einsetzen.

4.2.1. Die Aufgabe

Aus drei Drehteilen **Bild /5.1, 5.2/** sollte ein Tragrohr mit Flansch und Spanneinsatz geschweißt werden. Zum Schluß sollten an die Stirnfläche je nach Durchmesser des Bohrers bis zu 50 Diamantsegmente verschweißt werden. Aufgrund der gegebenen Genauigkeit des Tragrohrs sollte bei diesem letzten Arbeitsgang durch Vermessen der Stirnfläche in der Maschine eine automatische Korrektur der Positioniermaße erfolgen.

4.2.2. Die Maschine

Bei der Maschine **Bild /5.9/5.10/** handelt es sich um eine Kragarmkonstruktion mit 3 linearen und 2 rotatorischen Achsen. Die gesamte Automatisierung wird an der Längsseite des Maschinengestells aufgebaut.

4.2.3. Simulation

Die Simulation soll den Funktionsablauf darstellen, die zu erwartenden Prozeßzeiten dokumentieren und eventuell vorhandene Funktionsfallen aufzeigen. Die **Bildserie /5.4, 5.6, 5.7/** zeigt jeweils Simulation und Wirklichkeit und spricht für sich selbst.

Die o. g. Maschinenkonzeption ist inzwischen zu einer fünfachsigen Laserschneidanlage **/5.11/** weiterentwickelt worden und läuft mit großem Erfolg in der Autozulieferer-Industrie beim Beschneiden umgeformter Blechteile für Vorserien oder Varianten.

Der Prototyp dieser Maschine wurde im Herbst letzten Jahres auf der Messe BLECH in Essen vorgestellt. Ohne die Unterstützung durch die Simulation wäre mit großer Sicherheit der Verkaufserfolg wesentlich später zu erzielen gewesen. So aber wurden bereits bei der Vorstellung der 1. Maschine über 20 derartige Anlagen als Auftragseingang registriert.

4.3. Flexible Blechzelle mit Automatisierungskomponente TRUMALIFT Micro

Die hohen Investitionskosten zwingen zu mehrschichtiger Nutzung der Werkzeugmaschinen. Ziel ist der unbemannte Betrieb während der 2. und 3. Schicht. Dazu sind Automatisierungskomponenten preisgünstig, platzsparend und zuverlässig zu entwickeln, die in Verbindung mit Standardmaschinen die oben formulierten Forderungen erfüllen. Das folgende **Bild /6.1/** zeigt eine ausgeführte Anlage im oberen Leistungsbereich.

4.3.1. Die Aufgabe

Die Automatisierungskomponente TRUMALIFT Micro ergänzt eine Maschine des Typs TC 240 Laser **Bild /6.2/** und übernimmt die Funktionen

- Beladen
- Entsorgung der Teile
- Entsorgung des Restgitters.

4.3.2. Simulation

Die Simulation soll ebenso wie bei Beispiel 4.2.3 den Funktionsablauf zeitgerecht simulieren und mögliche Probleme des Konzepts aufdecken. Schließlich sollte sie als Kommunikationsmittel innerhalb der Entwicklung, aber auch gegenüber dem Verkauf und unseren künftigen Kunden dienen.

Das Ergebnis ist so gut, daß Bilder davon noch vor Abschluß der Produktentwicklung zur Verkaufsunterstützung genutzt werden können.

Schließlich haben wir bereits damit begonnen, in Informationsveranstaltungen die Bereiche Dokumentation, Schulung und Kundendienst über diese Entwicklung zu informieren.

Die **Bildreihe /6.4, 6.5/** zeigt Bilder der Simulation.

5. Schlußbetrachtung

Bis vor wenigen Jahren war man allgemein der Auffassung, daß alles Geschehen im Universum vorbestimmten Gesetzmäßigkeiten folgt, also auch das Handeln und Wandeln der Ökonomie.

In aller Stille haben sich aber die Naturwissenschaftler ein neues Weltbild zugelegt, das nicht nur auf das Grundprinzip der logischen Änderung zurückgreift, sondern Ordnungslosigkeit als einen nicht weiter reduzierbaren Zustand wissenschaftlich anerkennt.

Vor etwa 15 Jahren löste Dr. Benoit Mandelbrot ein Problem, an dem die Wissenschaft ungeachtet ihrer sonstigen Trümpfe gescheitert war, das Problem, wie man die Dinge der Natur mit all ihren Komplexen, ja oft bizarren Formen, mathematisch hinreichend exakt beschreiben könnte.

Wir alle kennen wunderbare Bilder des Apfelmännchens, die uns in den letzten Jahren immer häufiger begegnet sind.

Am Ende eines Referates, das sich mit dem Prozeß der Produktgestaltung befaßt, möchte ich Sie auffordern, die Impulse, die uns aus dieser neuen Naturwissenschaft treffen, in die Entwicklungsmechanismen einzubinden.

Literaturverzeichnis:

[1] **Handelsblatt** Nr. 145 vom 31.07.90

[2] **Dr. Markus Bierich** / Festrede

[3] Konstruktion 42 (1990) R. Frick und J. Müller, Chemnitz

[4] **Horn, K.:** CAD-Systeme der neunziger Jahre, CAD-CAM-Report (1988) H.9

[5] **Pahl, G.:** Konstruieren mit 3D-CAD-System Grundlagen, Arbeitstechnik, Anwendungen Berlin, Springer 1990

[6] **Bauert, F.; Weise, E.; Salem, N:** Modellierungsmethoden für Systeme zur rechnerunterstützten Konstruktion, Konstruktion 42 (1990) H. 3.

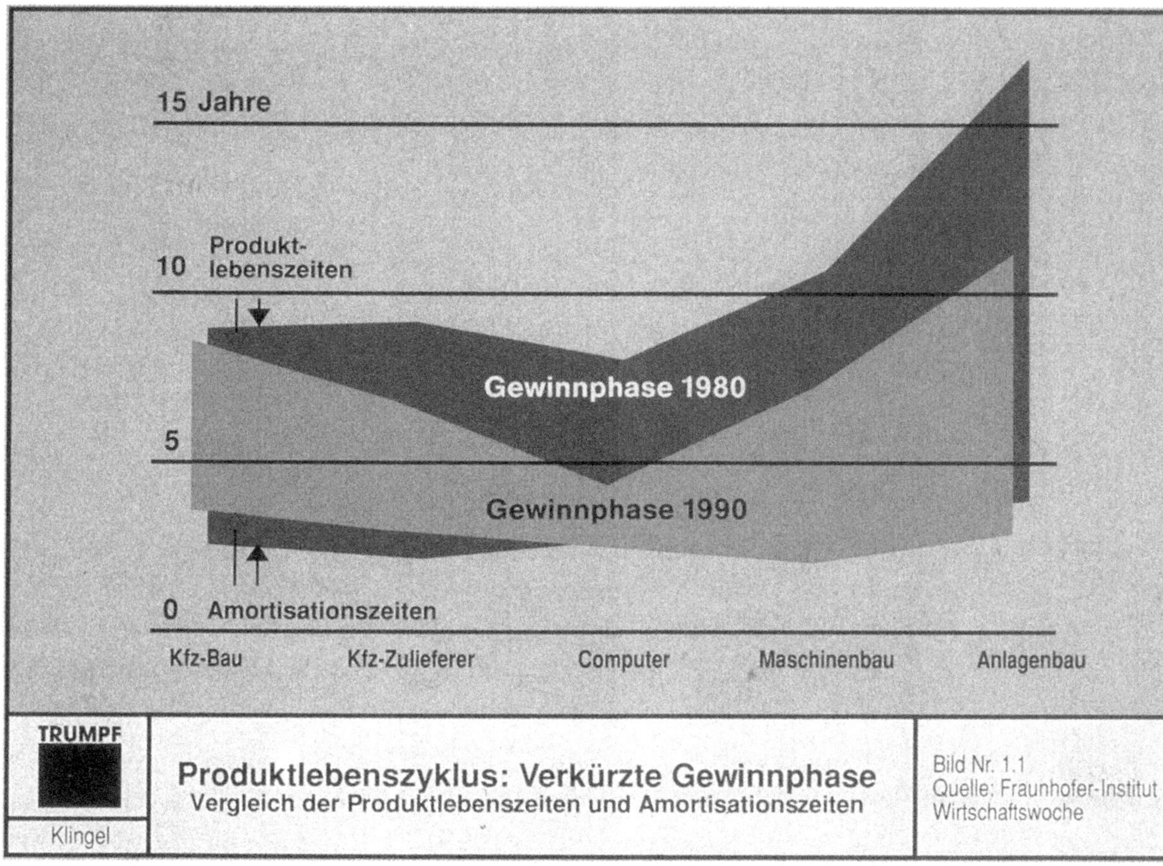

Bild 1/1

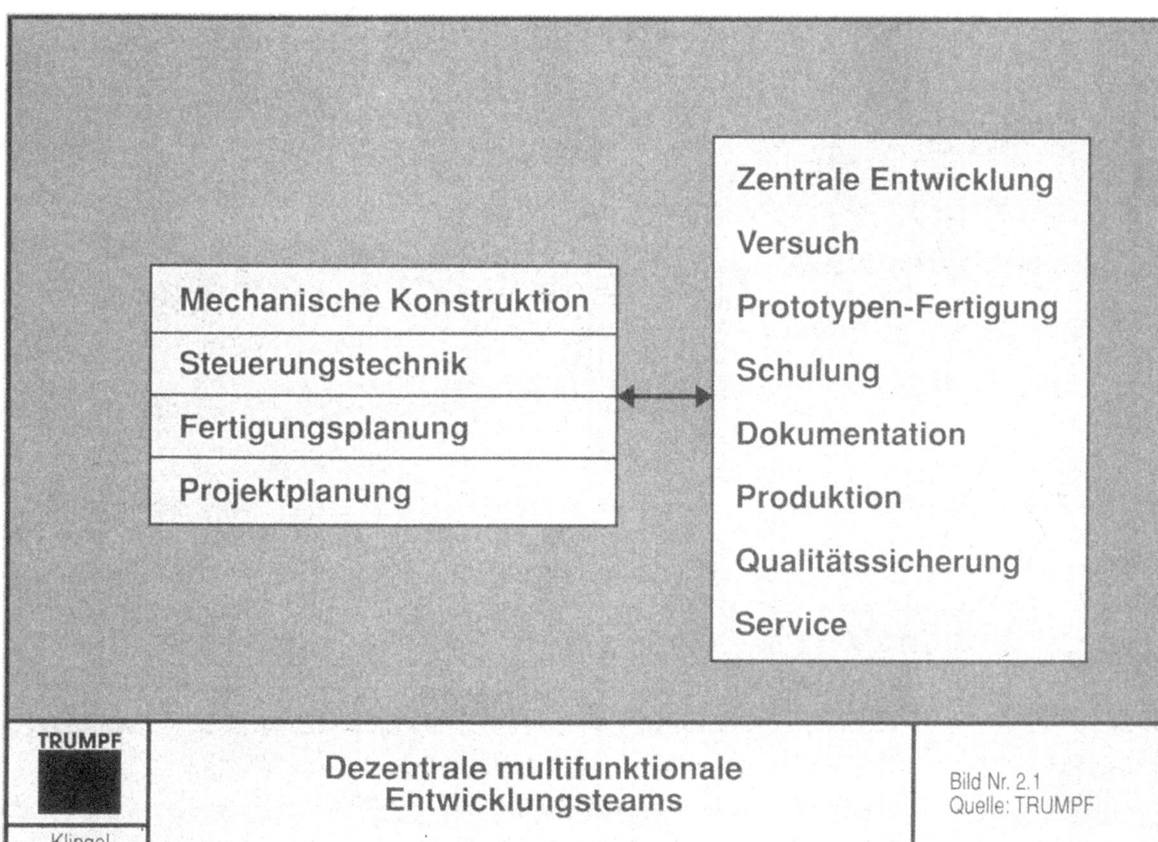

Bild 2/1

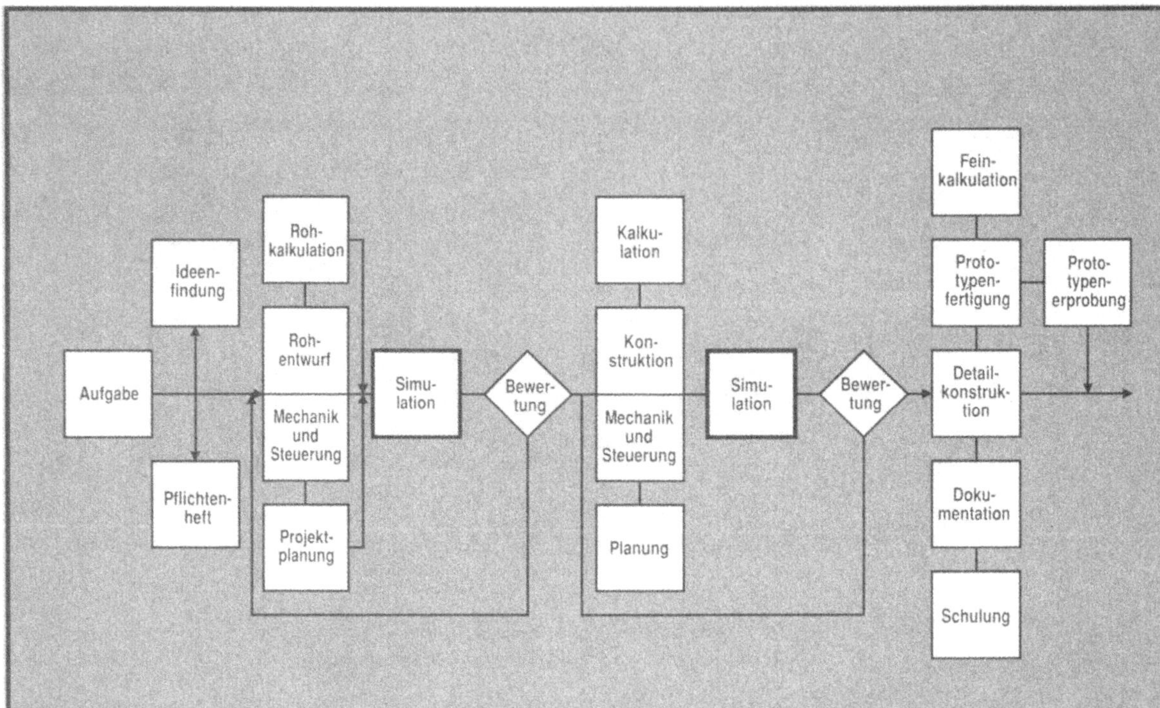

TRUMPF | Ablauforganigramm Produktentwicklung | Bild Nr. 3.1 Quelle: TRUMPF

Klingel

Bild 3/1

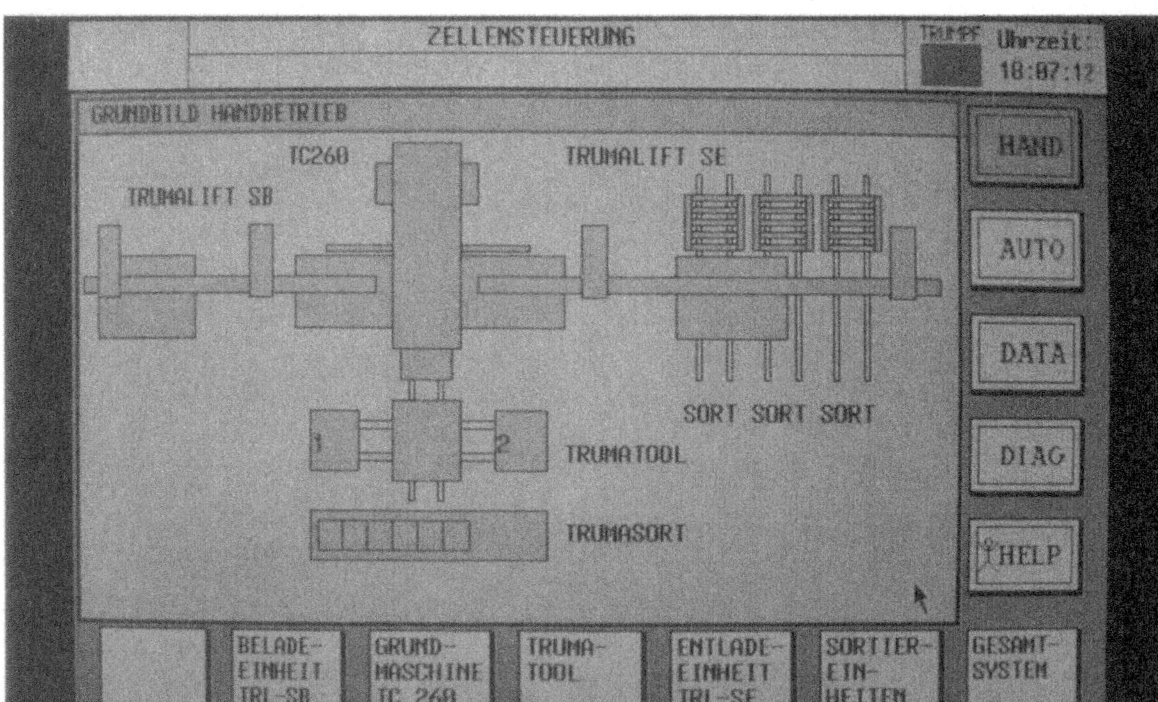

TRUMPF | Grafische Bedienoberfläche System | Bild Nr. 3.3 Quelle: TRUMPF

Klingel

Bild 3/3

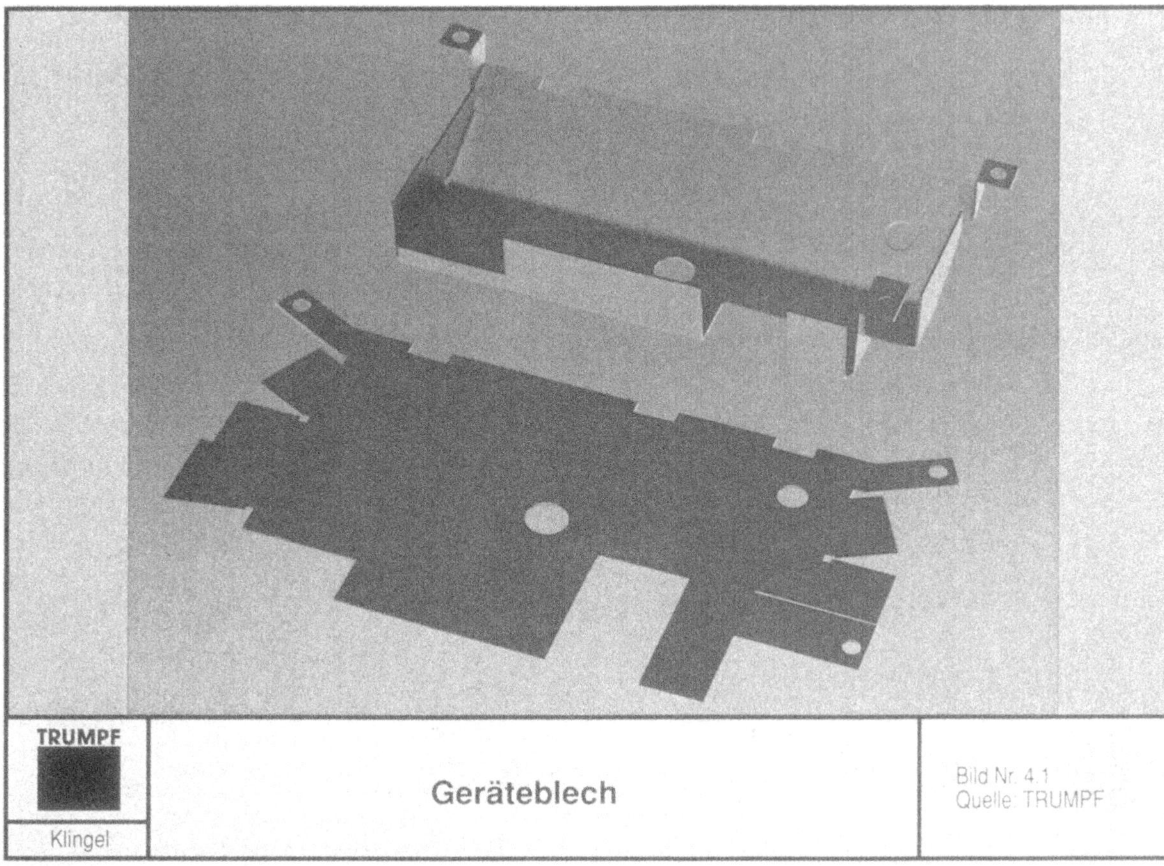

Bild 4/1

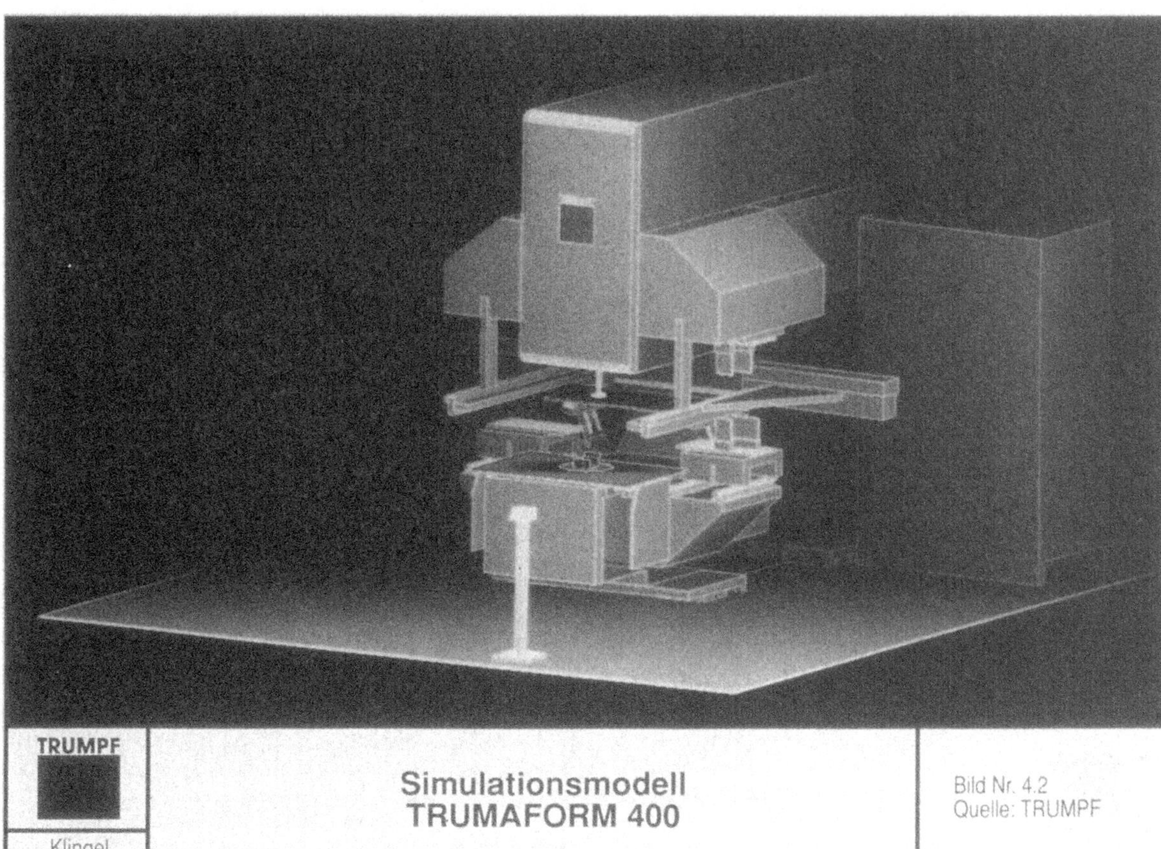

Bild 4/2

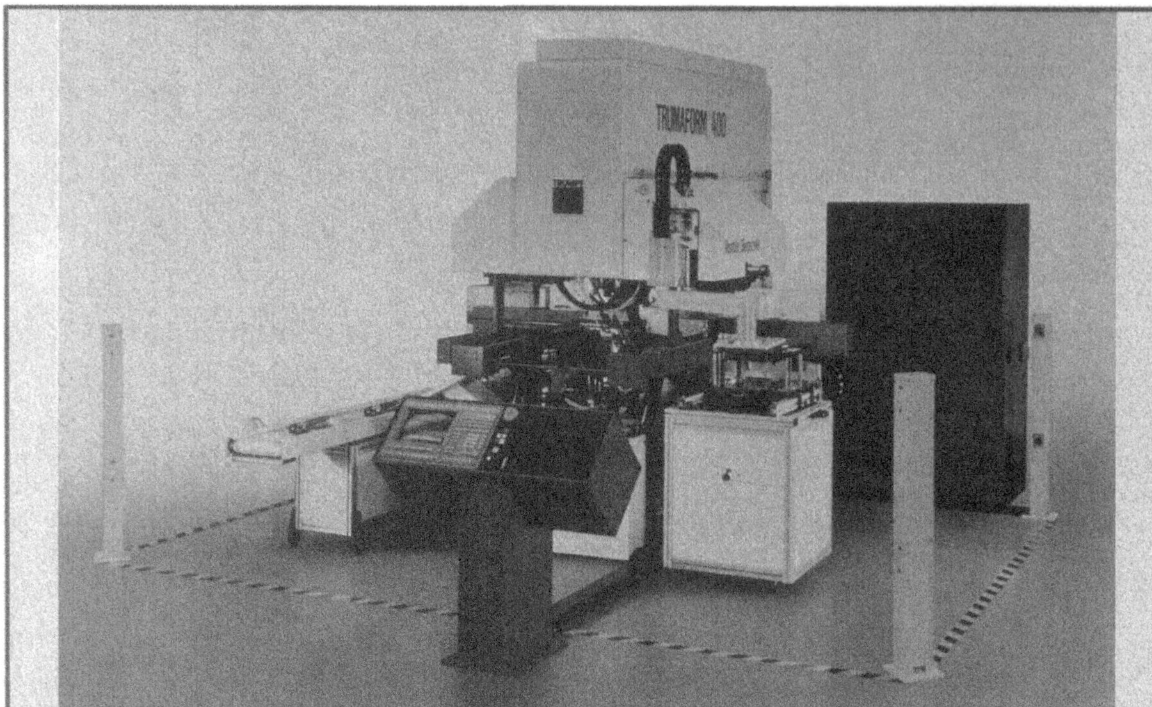

TRUMPF

Klingel

Flexible Biegezelle
TRUMAFORM 400

Bild Nr. 4.3
Quelle: TRUMPF

Bild 4/3

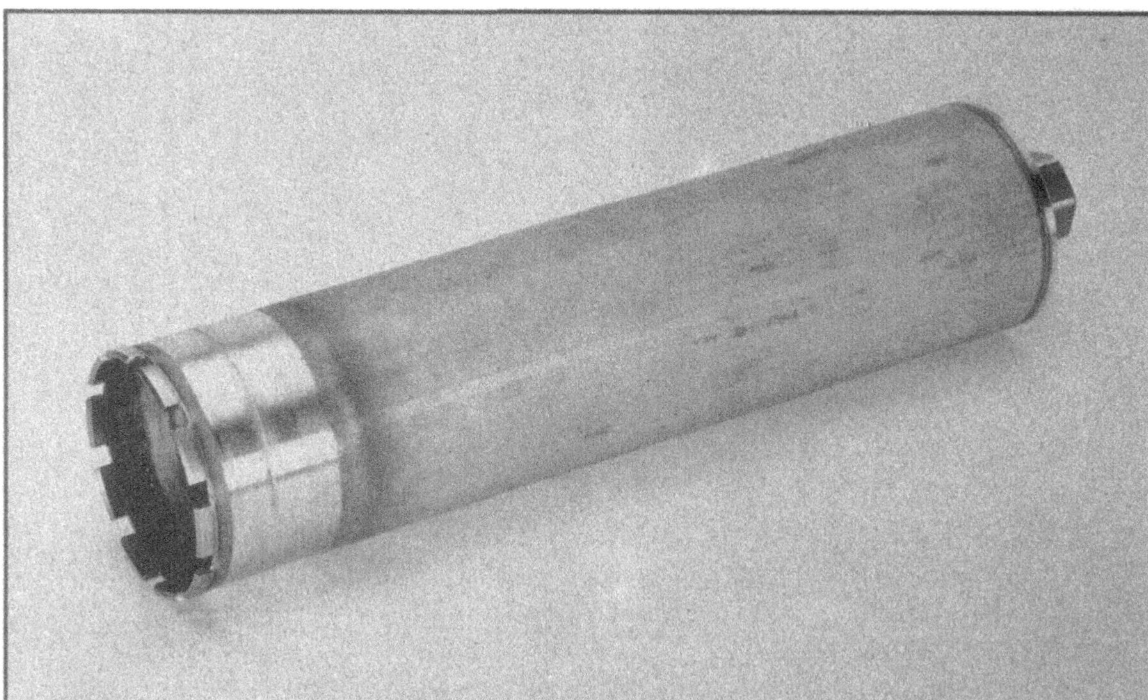

TRUMPF

Klingel

Beton-Bohrwerkzeug

Bild Nr. 5.1
Quelle: TRUMPF

Bild 5/1

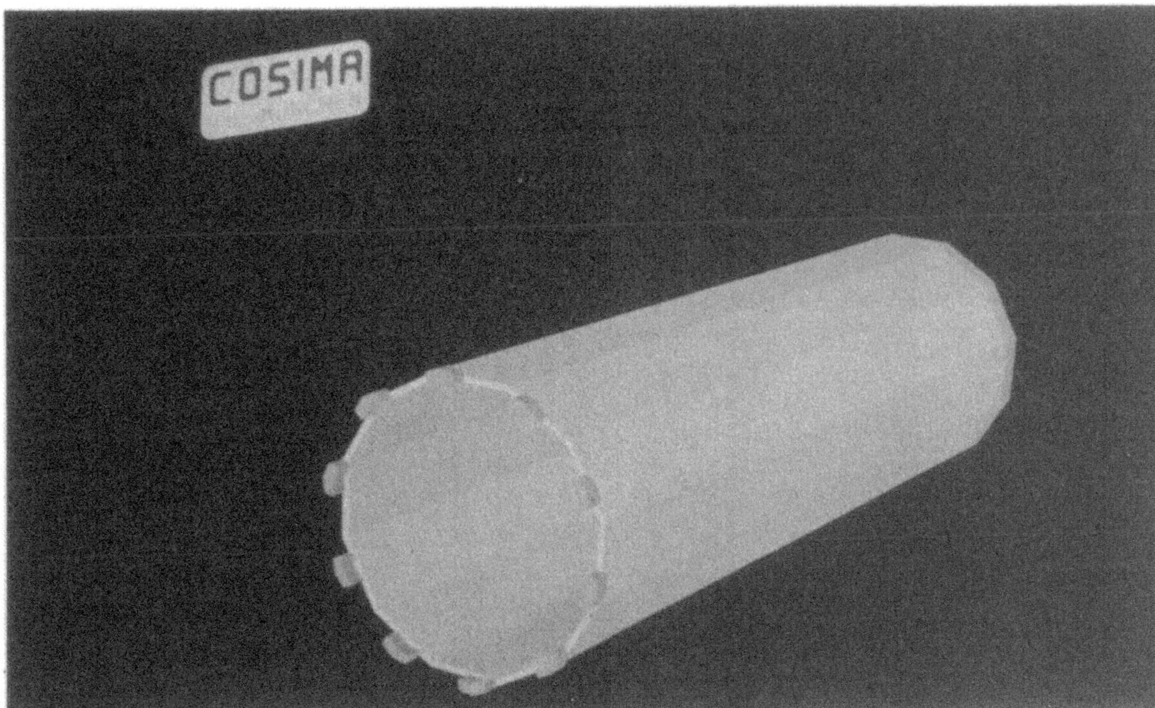

TRUMPF Klingel	**Beton-Bohrwerkzeug** **3-D-Simulation**	Bild Nr. 5.2 Quelle: TRUMPF

Bild 5/2

TRUMPF Klingel	**TRUMPF LASERCELL TLC** **schweißen** **1. Operation**	Bild Nr. 5.4 Quelle: TRUMPF

Bild 5/4

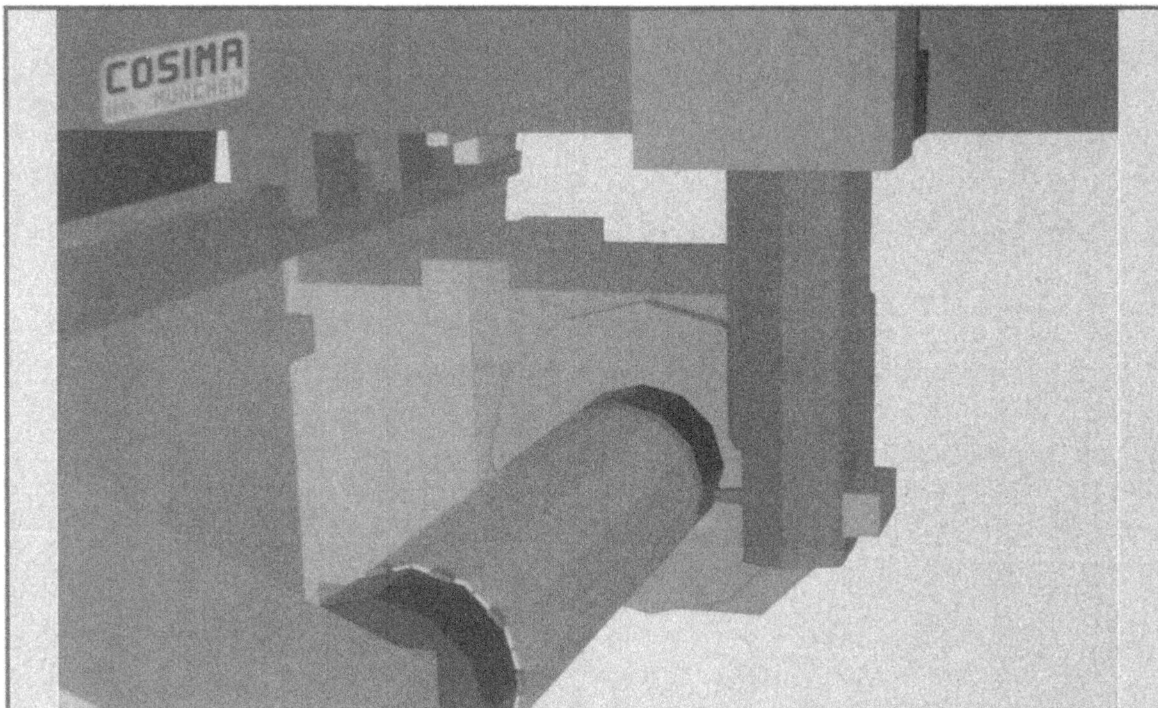

TRUMPF | TRUMPF LASERCELL TLC
Simulationsmodell schweißen | Bild Nr. 5.6
Quelle: TRUMPF

Klingel

Bild 5/6

TRUMPF | TRUMPF LASERCELL TLC
schweißen | Bild Nr. 5.7
Quelle: TRUMPF

Klingel

Bild 5/7

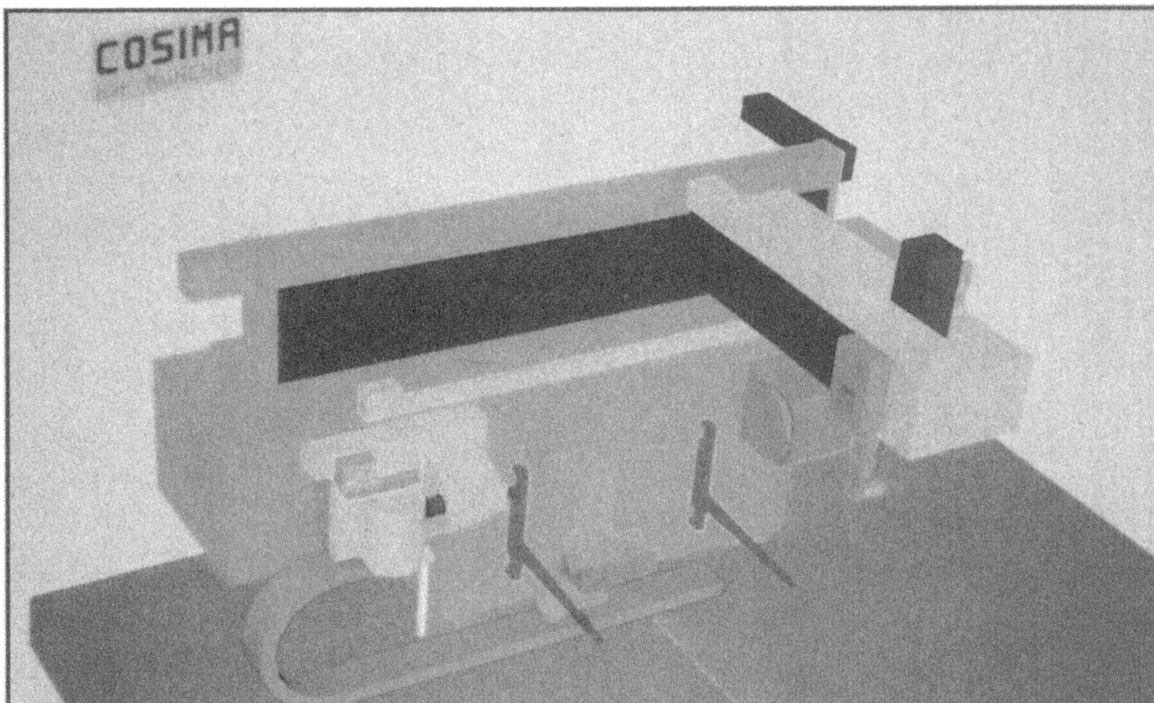

TRUMPF Klingel	TRUMPF LASERCELL TLC Simulationsmodell	Bild Nr. 5.9 Quelle: TRUMPF

Bild 5/9

TRUMPF Klingel	TRUMPF LASERCELL TLC	Bild Nr. 5.10 Quelle: TRUMPF

Bild 5/10

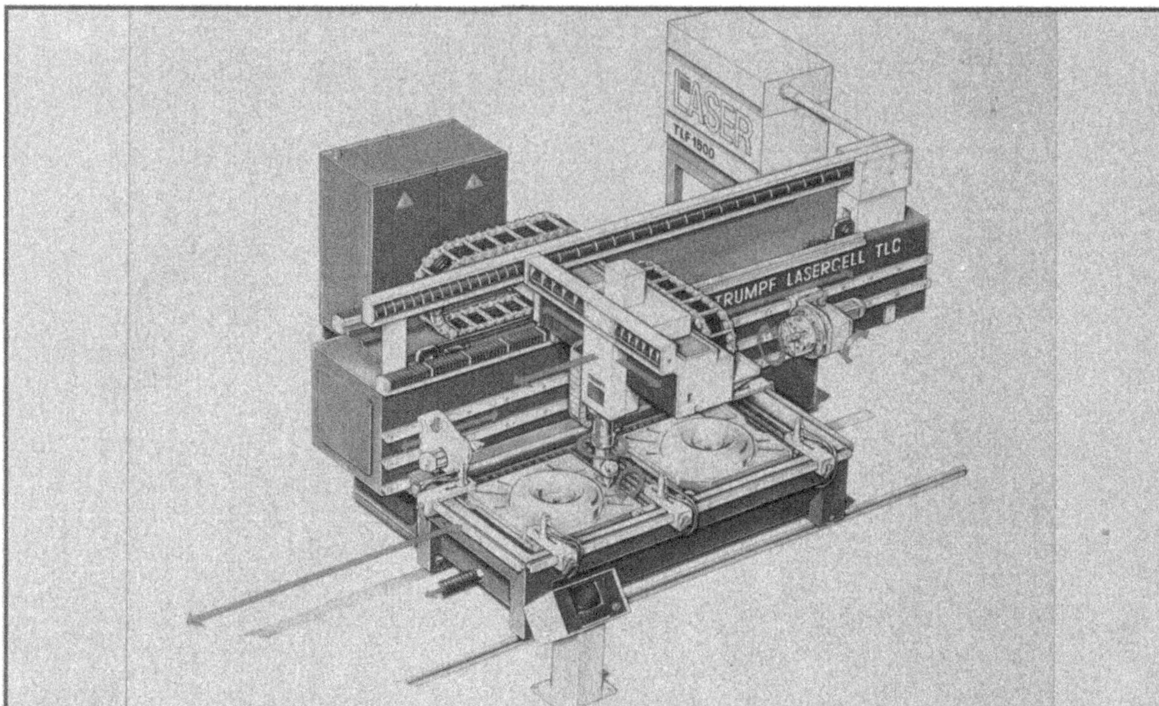

TRUMPF Klingel	TRUMPF LASERCELL TLC	Bild Nr. 5.11 Quelle: TRUMPF

Bild 5/11

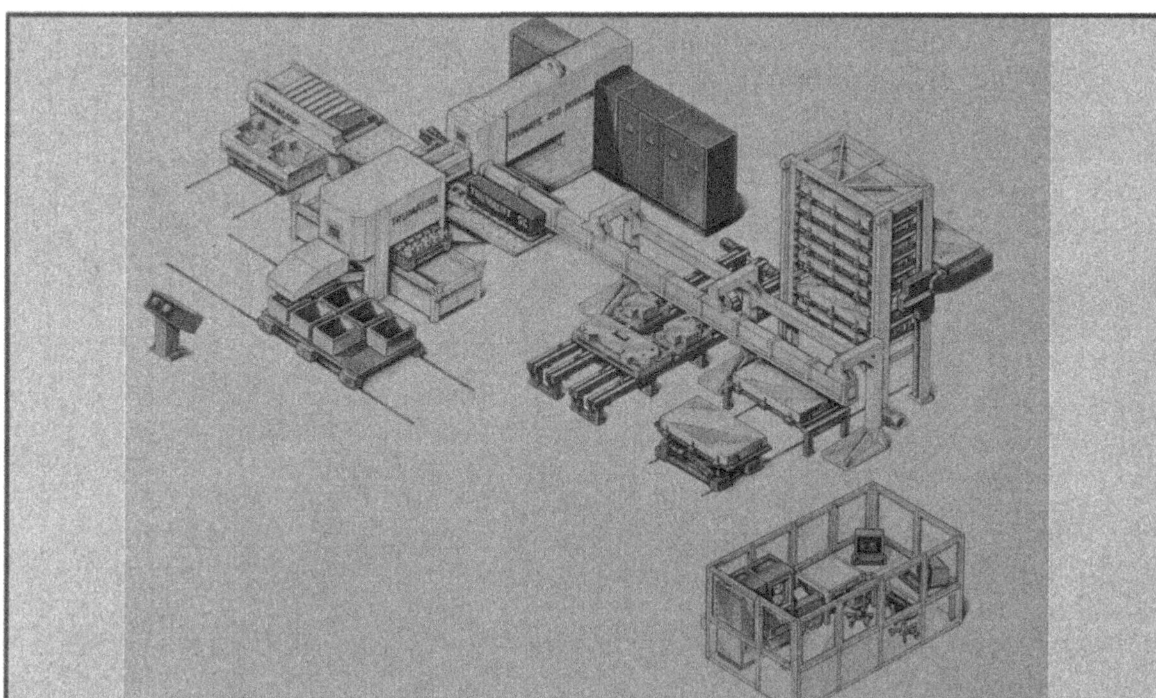

TRUMPF Klingel	Flexible Fertigungszelle TRUMATIC 260	Bild Nr. 6.1 Quelle: TRUMPF

Bild 6/1

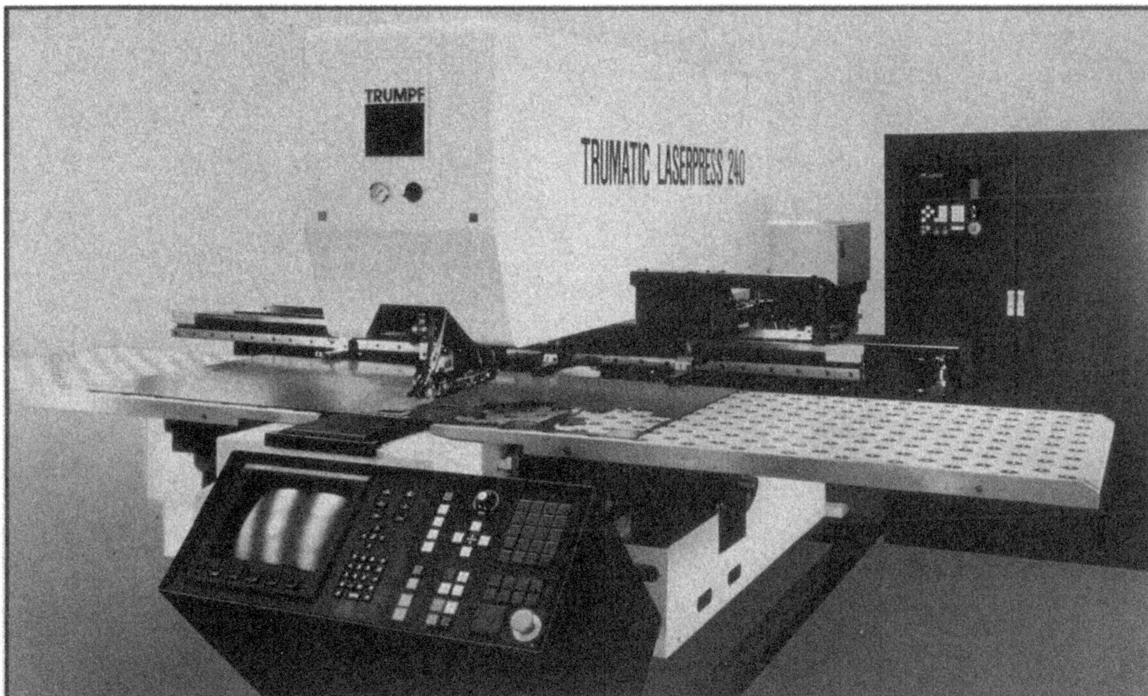

TRUMPF
Klingel

TRUMATIC LASERPRESS 240

Bild Nr. 6.2
Quelle: TRUMPF

Bild 6/2

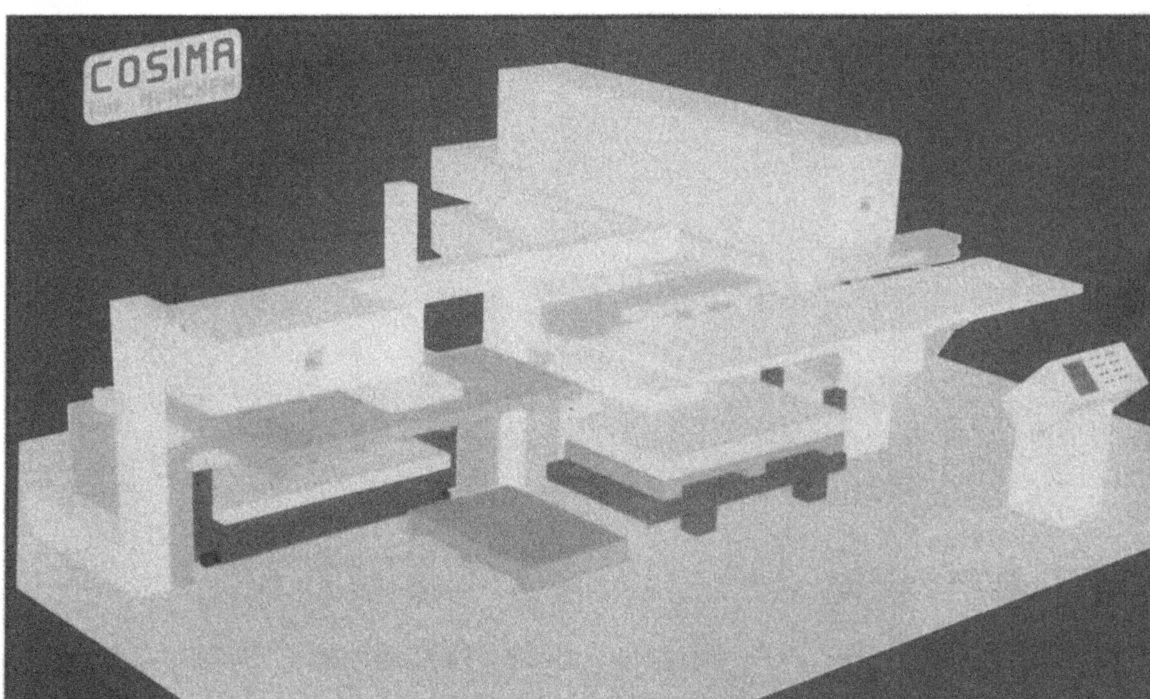

TRUMPF
Klingel

Automatisierungsbaustein TRUMALIFT micro
Simulationsmodell

Bild Nr. 6.4
Quelle: TRUMPF

Bild 6/4

TRUMPF

Klingel

Automatisierungsbaustein TRUMALIFT micro Simulationsmodell

Bild Nr. 6.5
Quelle: TRUMPF

Bild 6/5

Münchener Kolloquium '91

Wettbewerbsfaktor Zeit in Produktionsunternehmen

28. Februar/1. März 1991
München

Das zukünftige Zusammenspiel von Konstruktion und Planung

Dr.-Ing. Klaus Heiermann
Dipl.-Ing. Walter Kummetsteiner
MICHAEL WEINIG Aktiengesellschaft

Institut für Werkzeugmaschinen
und Betriebswissenschaften
Technische Universität München

Das zukünftige Zusammenspiel von Konstruktion und Planung

1. Einleitung

Bereits seit einigen Jahren befaßt sich die Firma Michael Weinig AG mit der Einführung von CIM-Komponenten. Dabei hat sich der Schwerpunkt immer mehr verlagert zu einem Themenkreis, der CIE – Computer integrated engineering – oder „Moderne CIM-Strukturen" genannt wird.

Dies wird als eine übergeordnete Philosophie der Produktentwicklung betrachtet, die auch als eine von vielen Überlegungen Simultaneous Engineering einschließt.

2. Randbedingungen

Die Firma Michael Weinig AG ist ein mittelständisches Maschinenbauunternehmen mit rund 1400 Mitarbeitern und weltweit etwa 410 Mio. DM Umsatz.

Die Firma konzentriert sich seit vielen Jahren erfolgreich auf ein einziges Kernprodukt – die sogenannte Kehlmaschine – eine Maschine zum Längsprofilieren von Massivholz, d.h. für Produkte wieBilderrahmen, Bau-Leisten, Nut- und Federbretter, Fensterhölzer, Möbel-Profile usw. Obwohl es sich um Holzbearbeitungsmaschinen handelt – eine eigene Branche im Maschinenbau – ist das Produkt doch dem Werkzeugmaschinenbau verwandt.

Folgende Parameter von Produkt, Produktion und Vertrieb sind als Randbedingungen gegeben:

- Serienmaschinenbau mit ca. 4.500 Maschinen pro Jahr.
- Die Firma Michael Weinig AG ist Marktführer mit 40% Weltmarktanteil und 85% Export.
- Die Maschinen können aus einem großen Baukasten wie ein Puzzle aus unterschiedlichsten Bausteinen zusammengesetzt werden. Damit ergeben sich theoretisch Millionen möglicher Varianten.
- Aus diesem Grund wird ausschließlich nach Kundenauftrag montiert.
- Wegen der marktüblichen kurzen Lieferzeiten muß auftragsneutral vorgefertigt werden und die Montage dann (auf Montagetaktstraßen) möglichst schnell erfolgen.

- Der Anteil kundenspezifischer Abwandlungen der Maschinen nimmt ständig zu.
- Die Hochleistungsvarianten erfordern automatische Transport- und Sortier- bzw. Stapeleinrichtungen. Hieraus hat sich ein eigenes Profitcenter Automatisierung mit stark kundenspezifischer Ausrichtung entwickelt.
- Die einzelnen Produkte sind kopierbar. Nicht kopierbar für die Konkurrenten sind die Breite des Produkt-Baukastens sowie die Produktion.
- Die patentrechtliche Absicherung der Produkte ist nur minimal möglich.

Aufgrund dieser Parameter haben wir uns im Zuge der strategischen Unternehmensplanung für Produkt und Produktion das Ziel gesetzt **(Bild 1)**:

- Wir müssen schneller innovieren, als die Konkurrenten kopieren können. Innovationsvorsprung bedeutet zusätzliche Gewinnpotentiale.
- Wir müssen alle Chancen einer nicht kopierbaren Produktion nützen und insbesondere in die Produktentwicklung einbeziehen.

Daß heißt, wir müssen Innovation im Produkt und der Produktion betreiben, und wir müssen das gleichzeitig tun.

Wenn wir mit dem Standort Deutschland im Weltmarkt bestehen wollen, müssen wir einfach besser und schneller sein als andere. Billiger sind wir nie. Vor diesem Hintergrund hat die Firma Michael Weinig AG vor etwa 6 Jahren begonnen, gezielt CIM-Gedanken in die Praxis umzusetzen. Dies war geplant in einem 4-Stufen-Plan, dem in den nächsten Jahren weitere Stufen folgen werden **(Bild 2)**.

3. Stand der CIM-Einführung

Als erste Phase war geplant -und ist inzwischen abgeschlossen- die Einführung eines integrierten PPS-Systems. Die Zielsetzung, aus dem kaufmännischen Auftrag in maximal 1 Tag die auftragsspezifische Stückliste der Fabrik bereitzustellen, ist voll erreicht worden. Das PPS-System arbeitet mit einem Schlüsselsystem -heute würde man Expertensystem sagen- zur automatischen Variantenauswahl aus tausenden von möglichen Varianten. Die 2. Stufe -die Einführung von CAD und dessen Kopplung mit dem PPS-System- wurde 1986 begonnen und ist im letzten Jahr abgeschlossen worden, so daß heute alle Konstrukteure mit CAD arbeiten. Wir benutzen bislang das System CADAM-2D für die mechanische Konstruktion und RUPLAN für die Elektrokonstruktion.

Eine wichtige Phase war dann die 3. Stufe der CIM-Aktivitäten. Ausgangspunkt war die Erkenntnis, daß die Organisation alleine eine Fabrik nicht sehr viel besser macht, sondern auch Materialfluß, Produktionsstruktur und Produktionssysteme optimiert werden müssen. Deshalb sprechen wir auch von 3 CIM -Beinen **(Bild 3)**: - die Fabrik - die Organisation - die Computer

Die Fabrik und die Organisation können wir dabei selbst gestalten, bei dem 3. CIM-Bein, dem Rechner, ist man auf das am Markt Verfügbare angewiesen. Um Organisation und Fabrikstruktur auf ein gleiches hohes Niveau zu heben, wurden zwei Maßnahmen gleichzeitig durchgeführt:

Erstens der Aufbau eines durchgängigen Fertigungszellen-Prinzips zur Verbesserung der Fabrikstruktur.

Zielsetzungen waren hierfür:

- Fertigung eines Teiles oder Montage einer Baugruppe bzw. Maschine möglichst komplett in einer Fertigungszelle, damit Verringerung der Durchlaufzeit und des Logistikaufwandes.
- Optimierung des Materialflusses in der gesamten Fabrik.

Zu diesem Zwecke wurde ein völlig neues Fabrik-Layout entwickelt und eine große Zahl von Fertigungseinrichtungen umgestellt. Gleichzeitig wurde auch die Einführung von automatisierten, d.h. roboterbeladenen Maschinen und Fertigungssystemen wesentlich weitergeführt.

Zweitens der Aufbau eines neuen Systems zur Disposition und zur Werkstattsteuerung. Dieses System sollte auf der Zellenstruktur der Fabrik aufsetzen und den gesamten Informationsfluß in der Werkstatt EDV-gestützt neu organisieren.

Dabei sollte die Entscheidungsfreiheit der Meister in den Fertigungszellen nicht durch zentralistische Planung beschnitten, sondern im Gegenteil durch bessere und aktuellere Informationen erleichtert werden.

Zu diesem Zwecke wurde die gesamte Fabrik mit Glasfaserkabeln in Form eines Token-Ring-Netzes verkabelt. In diesem Token-Ring sind insgesamt 115 PC's und der Zentralrechner – eine IBM-AS 400 – integriert. Dabei wird auch die Auftragsrückmeldung in der Werkstatt über PC's im Token-Ring erledigt. Dies ist insbesondere geschehen, um das Ringnetz weiter ausbauen zu können in Richtung:

- DNC - Betrieb.
- Maschinendaten-Erfassung (MDE).
- Papierlose Weitergabe von Arbeitsplänen und Zeichnungen an den Arbeitsplatz in der Werkstatt.

4. CIM - Zielsetzung

Als 4. Stufe im Rahmen der CIM-Aktivitäten ist die Firma Michael Weinig AG nun dabei, die gesamte Produktentwicklung im Ablauf und in den Hilfsmitteln neu zu gestalten. Was soll anders werden? Die Zielsetzung Nr. 1 der CIM-Aktivitäten im Rahmen der strategischen Planung heißt **(Bild 4)**:

- Schnellere Innovation.

  Wenn wir das sagen, sagen wir gleichzeitig, daß wir heute nicht schnell genug sind.

4.1. Problemstellung

Was hindert uns heute an schneller Innovation?

Hier sind 4 Schwerpunkte zu nennen **(Bild 5)**:

1. die starke Arbeitsteiligkeit der heutigen Zeit, das Spezialistentum, das man heute überall findet,
2. die vielen Entwicklungsschleifen, die immer wieder als Rückkopplung erforderlich werden,
3. der vergleichsweise hohe Routineanteil, der auch heute noch ohne ausreichende Hilfsmittel im Entwicklungsprozeß zu finden ist,

4. und das Problem, daß man bei Entwicklungszeiten von 3-4 Jahren und einer Lebensdauer der Produkte von 4-8 Jahren eigentlich die Produktionsmöglichkeiten in 5 Jahren kennen müßte, um ein optimales Produkt zu gestalten, die Produkte aber entsprechend der heutigen Herstellungstechnologie entwickelt. Zum ersten Problem: Es ist bekannt, daß der Entwicklungsprozeß – er umfaßt bei der Firma Michael Weinig AG die gesamte Produktentwicklung bis zur Nullserie – ein Ablauf mit sehr starker Arbeitsteilung ist. Seit der gute Mr. Taylor vor 100 Jahren die Arbeitsteilung erfunden hat, hat man diese immer mehr perfektioniert – aus gutem Grund. Niemand war mehr alleine in der Lage, alles Wissen, alle Erfahrungen, alle Regeln und Methoden im Kopf zu speichern und anzuwenden. Das Spezialistentum entstand, und auch die Produktentwicklung wurde zu einer Reihenschaltung von vielen Spezialisten – mit all den Schnittstellen, den Reibungsverlusten, den Informationsverlusten, die wir heute beklagen **(Bild 6)**. Da sind zum einen die Entwicklungskonstrukteure, die den Entwurf der Maschine oder Baugruppe erstellt haben; dann hat ein technischer Zeichner die Einzelteilzeichnungen abgeleitet und mit Maßen, mit Bearbeitungsangaben, evtl. noch mit Rohmaterialangaben versehen; diese Zeichnungen gingen dann zu einer Normenstelle, die Stücklistendaten aufgenommen hat, die Nummern vergeben hat, die sozusagen das Einzelteil organisatorisch eingebunden hat.

Anschließend war die Arbeitsvorbereitung an der Reihe, die fertigungstechnischen Möglichkeiten zur Herstellung des Teiles noch einmal zu überprüfen, evtl. auch die Zeichnungen der Konstruktion zurückzugeben mit der Bemerkung, da und dort müßte noch was geändert werden, sonst läßt sich das Teil nicht optimal herstellen.

Wenn nun endgültig eine Zeichnung akzeptiert wurde, dann wurde der Arbeitsplan geschrieben, die Zerspanung des Rohteiles und das daraus resultierende Fertigteil also überlegt, dann wurden NC-Programme geschrieben, falls notwendig, und auch Spann- oder sonstige Vorrichtungen geplant und hergestellt. Ein Ablauf in vielen, vielen Einzelschritten, verteilt über mehrere Abteilungen, meistens sogar über mehrere Hauptabteilungen, z.B. Entwicklung als Hauptabteilung, Konstruktion als Hauptabteilung, Fertigungsplanung oder Arbeitsvorbereitung als Hauptabteilung oder als Teil der Hauptabteilung Produktion.

Viele Schnittstellen, viele Informationsübergabestellen also, und die sind immer verbunden mit Informationsverlusten und Zeitverlusten. Und das ändert sich nicht, wenn man Dinge gleichzeitig macht statt nacheinander. Was wir bisher mit CAD/CAM oder – wenn man es übergreifend bezeichnet – mit CIM gelöst haben, ist eigentlich nur, daß die bisherigen Arbeitsabläufe auf dem Rechner kopiert worden sind, sozusagen die manuelle Arbeitsteilung auf dem Rechner simuliert wird.

Und damit ergeben sich genausoviele Schnittstellen, wie sich bei der manuellen Abwicklung auch ergeben haben.

4.2. Neue Ablaufstrukturen

Wir haben viel zuwenig darüber nachgedacht, ob die bisherigen Abläufe, ob die bisherige starke Arbeitsteiligkeit künftig überhaupt notwendig sind, oder ob nicht z.B. die Einzelteilzeichnung das Ergebnis der Arbeitsplanung sein kann. Da die grundsätzlichen Geometriedaten aus dem im CAD bereits enthaltenen Entwurf ja dokumentiert sind, könnte eine Einzelteilzeichnung dadurch entstehen, daß eine Rohteilgeometrie genommen wird, daß im Rechner sozusagen das Teil abgespant wird und dabei zum einen der Arbeitsplan entsteht und gleichzeitig auch das Ergebnis, das fertige Einzelteil, dargestellt wird **(Bild 7)**.

Dabei entstehen gleichzeitig auch genaue Informationen über die Kosten, die dieses Teil mit sich bringt. Das würde bedeuten, daß wir eigentlich keine technischen Zeichner mehr brauchen, sondern daß nach der Entwurfsphase die Fertigungsplanung oder Fertigungsvorbereitung einsetzt und die bisherigen Aufgaben der Detailkonstrukion und der Arbeitsvorbereitung zusammenfaßt. Und über ein weiteres müssen wir nachdenken: Braucht man Zeichnungen wirklich so, wie sie heute aussehen? Für wen eigentlich?

Der Mann an der CNC-Maschine möchte sein Rohteil und evtl. das Fertigteil identifizieren und wissen, wie er es aufspannen soll. Dazu wäre ein Foto oder eine 3D-Ansicht eigentlich viel besser, viel einfacher. Er bräuchte nicht so lange, um die Zeichnung zu interpretieren. Und er braucht höchstens 3-4 Maße, um sich die Größe des Teiles vorzustellen. Die Qualitätssicherung braucht eigentlich nur die Maße, die geprüft werden sollen. Auch wenn man weitersucht: man wird niemanden finden, der die Zeichnung so braucht, wie sie heute ist. Was wird aber weiterhin getan? Auch mit CAD! Man macht dasselbe wie früher, nur elektronisch. Obwohl wir endlich die Chance hätten, andere Wege zu gehen. Und wir sind noch stolz darauf, daß die CAD-Zeichnung auch der DIN entspricht. Ein ziemlicher Unsinn.

Analog zur Einzelteil-Erstellung kann man sich vorstellen, daß auch die Zusammenstellungszeichnung, die man als Dokumentation über die zu bauenden Maschinen benötigt, auf anderem Wege entsteht. Die gleiche Funktion, die gleiche Denkweise des Zusammensetzens von Bauteilen macht nämlich auch die Montageplanung.

Warum also soll nicht das Ergebnis der Montageplanung eben die Zusammenstellungszeichnung sein? Warum soll nicht der Montageplaner im Rechner die Einzelteile zusammensetzen? Er erhält dadurch den Montageablauf beschrieben und gleichzeitig eine Zeichnung, die das Endprodukt – die fertige Maschine – beschreibt. Auch dies bedeutet, daß Funktionen, die bisher in der Konstruktion lagen und Funktionen, die in der Arbeitsvorbereitung oder Montageplanung lagen, zusammengefaßt werden **(Bild 8)**.

Es bedeutet gleichzeitig Simultaneous Engineering im Kleinen.

Diese Überlegungen führen zu einer gedanklichen Dreiteilung des Ablaufes.

Die konstruktive Entwicklung

Die konstruktive Entwicklung endet mit der Weitergabe eines CAD-Entwurfes, der sich auf die funktionswichtige Geometrie beschränkt und zusätzlich die geometrischen Freiräume definiert, die den nachfolgenden Bereichen zur Produktgestaltung noch bleiben. Zusätzlich sollen Angaben über die Funktionen der Maschine bzw. Baugruppe und entsprechende Parameter, wie z.B. Belastungen, Relativgeschwindigkeiten usw. weitergegeben werden.

In diesem Stadium ist das Produkt also nur soweit entwickelt, als es die Funktion betrifft.

Die Montageplanung (oder Arbeitsplanung I)

Hier werden die zuvor definierten Einzelteile im Rechner räumlich zusammengesetzt, d.h. die spätere Montage wird im Rechner simuliert. Es wird gleichzeitig die Montierbarkeit geprüft und bei Komplikationen entweder die Montagereihenfolge geändert oder Einschränkungen der geometrischen Freiräume vorgenommen.

Die Einzelteilplanung (oder Arbeitsvorbereitung II)

Hier soll anhand der produktionstechnischen Möglichkeiten der Fabrik und der verbliebenen Freiräume, die der CAD-Entwurf und die Montageplanung definiert haben, die endgültige Gestaltung der Einzelteile und ihrer Herstellung vorgenommen werden. Zur Optimierung der Gestaltung soll eine Simulation der Herstellung am Bildschirm erfolgen. Ein Rohteil wird sozusagen im Rechner zerspant, das Ergebnis (das fertige Einzelteil also) wird nun mit den Vorgaben des CAD-Entwurfes verglichen und - falls für gut befunden -in Form von Einzelteilzeichnungen, Arbeitsplänen und Kalkulationen dargestellt. Gegebenenfalls werden mehrere Alternativen, z.B. unterschiedliche Rohmaterialien oder verschiedene Herstellungswege, im Rechner simuliert und das optimale Ergebnis ausgewählt. D.h., es wird gleichzeitig eine veränderte Produktion simuliert. Nicht nur das Produkt ist variabel.

Zum Abschluß der Arbeitsplanung I + II erfolgt eine Kontrolle der Übereinstimmung mit dem CAD-Entwurf und die endgültige kinematische und Festigkeitsprüfung im Rechner. Als Ergebnis entstehen dann automatisch Arbeitspläne, Zusammenstellungszeichnungen und Montagekostenkalkulationen.

Inwieweit die vorgesehene Dreiteilung sich in der Zukunft einmal zusammenfassen läßt, so daß der Konstrukteur selbst auch die Herstellung simulieren kann, soll ausdrücklich offen gelassen werden. Derzeit ist es unwahrscheinlich, denn es müssen noch sehr viele Hilfsmittel entstehen, um den geplanten Ablauf zu unterstützen.

4.3. Vermeidung von Entwicklungsschleifen

Unser 2. Problem sind die Entwicklungsschleifen. Um den Entwicklungsprozeß weiter abzukürzen, muß man einen weiteren Weg gehen: die Parallelschaltung von Aktivitäten bzw. Mitarbeitern im Entwicklungsprozeß. Hiermit soll sowohl unser 2. Problem, die bekannten Entwicklungsschleifen, vermieden als auch das Zusammenwachsen von Spezialisten zu Generalisten erreicht werden. Das ist die Zielrichtung Simultaneous Engineering. Wie sieht dies bei der Firma Weinig konkret aus? Zunächst sind die am Entwicklungsprozeß beteiligten Abteilungen/Bereiche in interdisziplinäre Teams oder „Mini-Gruppen" von durchschnittlich 3 - 4 Mitarbeitern gegliedert worden. Diese Teams sind völlig autark, d.h., haben alle Hilfsmittel zu ihrer freien Verfügung, die sie eventuell benötigen. Also z.B. CAD-Arbeitsplätze, Bildschirme, um Stücklisten zu bearbeiten, Expertensysteme zu nutzen oder NC-Programme zu erzeugen **(Bild 9)**.

Es wird sozusagen eine „Überrüstung" der Arbeitsplätze betrieben, um die Mitarbeiter so effizient wie möglich zu machen.

Die Zusammensetzung und Qualifikation der Mitarbeiter ist entsprechend der Aufgabenstellung grundsätzlich gemischt. Im einfachsten Fall sind es zwei Konstrukteure und ein Mitarbeiter für Produktorganisation/Stücklisten.

Oder zwei Konstrukteure und ein Arbeitsplaner, so daß der Arbeitsplaner in die Konstruktion und der Konstrukteur in die Arbeitsplanung hineinwächst. Oder andere Kombinationen.

Die Teams sollen den gesamten Prozeß der Entwicklung und Produktionsplanung, z.B. für eine Baugruppe, durchführen können. Sie sind in Gruppen, z.B. für ein komplettes Neuprodukt, zusammengefaßt und begleitend von interdisziplinären Produkteinführungsteams, denen auch

Mitarbeiter von z.B. Verkauf, Kundendienst, Einkauf usw. angehören, gesteuert bzw. mitkontrolliert.

Diese Struktur ist auf Mitarbeiterebene recht gut zu verwirklichen, erzeugt aber erhebliche Probleme in der Führungsebene, im Mittelmanagement.

Hier sind Abteilungsstrukturen tangiert.

Hier werden von den Vorgesetzten neue, umfassendere Qualifikationen verlangt. Vor allem muß das klassische Abteilungsdenken überwunden werden. Und es funktioniert eines nicht mehr (oder ganz anders): der „Schwarze Peter“, die Schuldzuweisung bei Fehlern, läßt sich nicht mehr wegdelegieren. Der Arbeitsplaner kann z.B. nicht mehr sagen, der Konstrukteur hat das Teil halt so haben wollen. Das Team ist gesamthaftend für den ganzen Ablauf verantwortlich.

Die Verantwortung ist genauso gestrafft wie die Abläufe. Die Probleme sind die erweiterten Anforderungen an die Vorgesetzten. Hier ist viel Schulung, Gewöhnung, Zeit zum Umdenken erforderlich.

Eines muß aber klar sein:

Zuerst ist eine Straffung der Abläufe nötig, erst dann können die (gestrafften) Aktivitäten teilweise parallel geschaltet werden.

Andernfalls verringert man nicht die Zahl der Schnittstellen, vermindert nicht die Reibungsverluste, sondern vermehrt sie im Gegenteil erheblich. Man kann nicht einfach eine Reihenschaltung in eine Parallelschaltung umwandeln.

In diesem Sinne kann auch Simultaneous Engineering nicht eine isolierte Maßnahme sein, es ist nur als Teil eines Gesamtpaketes funktionsfähig.

4.4. Hilfsmittel

Ein weiterer Problemkreis sind die heutigen technischen und methodischen Hilfsmittel. Was man hier vorfindet, sind fast nur Inseln, keine geschlossenen Lösungen. Nicht umsonst wird soviel von Integration geredet. Aber selbst um die Qualität der Inseln ist es teils dürftig bestellt. Was tut man denn z.B. mit dem CAD-System bei einem Neuentwurf oder einer Einzelteilzeichnung? Man macht Striche elektronisch statt mit dem Bleistift. Im Grunde ist damit aber wenig gewonnen, wenn man zugrundelegt, daß bestenfalls 20-30% der erzeugten Linien funktionswichtig oder kreativ sind, der Rest ist eigentlich Fleißarbeit. Fleißarbeit, die eigentlich den Menschen gar nicht mehr belasten sollte, sondern vom Rechner automatisch übernommen werden sollte.

Zwei einfache Beispiele: Jedem Konstrukteur wird bei seiner Ausbildung eingetrichtert, welche Gußwandstärken, Gußradien oder Aushebe-Schrägen bei der Gußteilgestaltung zu beachten sind. Das läßt sich auch nachlesen in Fachbüchern, Werksnormen usw. Warum berücksichtigt das CAD-System diese Regeln nicht automatisch? Nicht im Sinne von Makros, sondern durch Nutzung von Expertensystemen, die diese Regeln nicht nur einfach am Bildschirm lesbar machen, sondern im CAD-System automatisch benutzen. Hier gibt es Gott sei Dank bereits erste Ansätze in der Kopplung von CATIA und ESE. Oder ein anderes Beispiel: Bemaßungsregeln auch z.B. bei Gußteilen. Es kann doch nicht sein, daß man eher 1000 Konstrukteure ausbildet als einem Computer das gleiche beizubringen. Das sind nur 2 Beispiele.

Hier geht es insgesamt um eine ganze Palette von Hilfsmitteln, die ich Ihnen ganz kurz vorstellen möchte.

Zur Phase I – Entwicklung:

Es wird notwendig sein, bereits die Pflichtenhefterstellung eines Produktes EDV-unterstützt zu organisieren. Wenn die Anforderungen an ein Produkt definiert sind, geht es darum, den Unterschied, das Delta, zum Stand der Technik herauszufinden. Wir müssen also den Funktionen eines Produktes evtl. vorhandene Lösungen zuordnen können und dabei nicht abgedeckte Anforderungen herausfiltern. Dies kann wohl nur unter Benutzung eines Expertensystemes geschehen, und genau solch ein Expertensystem für diesen Zweck entwickeln und testen wir zur Zeit. Man kann damit nach der Entwicklung natürlich auch testen, ob denn das neue Produkt alle Anforderungen erfüllt. Die heutigen Möglichkeiten - die verbale Beschreibung von Funktionen auf der einen Seite und von vorhandenen Lösungen auf der anderen Seite - reichen nicht aus.

Eine weitere Notwendigkeit als Input für die Entwicklungsphase ist die Kosten-Einflußgrößenrechnung.

Heute erfährt man die voraussichtlichen Kosten eines Produktes erst dann, wenn mindestens der Entwurf vorliegt. Wurde das Kostenziel verfehlt, war der Entwurf unnützer Aufwand.

Viel wichtiger wäre, wenn man vorher dem Konstrukteur eine erfolgversprechende Marschrichtung mitgäbe.

Wenn man davon ausgeht, daß man nicht plötzlich einen Space-Shuttle oder völlig fremde Produkte entwickeln will, sondern auch neue Produkte gewisse Ähnlichkeiten mit vorhandenen Lösungen behalten, ist es möglich, den voraussichtlichen Einfluß von konstruktiven Veränderungen auf die Herstellkosten zu ermitteln.

Man muß dem Konstrukteur sagen, welche konstruktiven Parameter die größten Kostenwirkungen haben, man muß ihm sozusagen die Fallinie beim Besteigen eines Berges vorher mitteilen. Natürlich erfolgt die endgültige genaue Kalkulation dann später, aber die Entwicklung arbeitet zielgerichteter. Hier sind Methoden der Korrelations- und Regressionsrechnung einzusetzen, die längst ausgetestet sind. Die geometrische Gestaltung der Teile und Baugruppen wird in 3D erfolgen müssen, insbesondere weil die nachfolgenden Planungsphasen 3D-Informationen benötigen.

Dabei ist die Frage, in welcher Form die geometrischen Freiräume für die weitere Detailgestaltung definiert werden können, noch zu klären.

Betrachtet man eine Einzelteilzeichnung heute üblicher Art und vergleicht sie mit dem Informationsinhalt, der im Rahmen eines Entwurfes dargestellt werden muß, so zeigt sich, daß nur ein Bruchteil der Geometrie oder der Linien wirklich funktionswichtig ist. Diese Geometrie gilt es festzulegen, aber auch die geometrischen Räume, in denen die Detailgeometrie herstellungsoptimal variiert werden kann.

Zur Phase II – Montageplanung

Hier werden Programme zur 3D-Simulation von Montagevorgängen erforderlich, die vorhandene Montageeinrichtungen miteinbeziehen.

Zur Phase III – Einzelteilplanung: Hier werden insbesondere Programme erforderlich, um eine Zerspanung oder Umformung im Rechner grafisch zu simulieren, und zwar mit allen Randbedingungen, die auch bei der späteren Produktion wichtig sind: Werkzeugsysteme, Spannmittel, Werkstückpaletten, Roboter-oder Handlingsysteme usw. Solche Funktionen werden im Ansatz bereits von einigen Werkstatt-Programmiersystemen geleistet.

Die Integration in das CAD-System und die Verbindung mit Arbeitsplanerstellung und Kalkulation sowie die automatische Erzeugung von Einzelteilzeichnungen sind hier als Aufgaben zu lösen.

Analog zur Einzelteilplanung ist die Integration von Montageplanerstellung und Kalkulation sowie die automatische Erzeugung von Zusammenstellungs- oder Explosionszeichnungen erforderlich.

Parallel zu diesen Voraussetzungen ist in allen 3 Bereichen die schrittweise Einführung von Methodenbanken bzw. Expertensystemen in direkter Kopplung mit dem CAD-System vorgesehen. Dadurch soll erreicht werden, daß alle Richtlinien, Methoden, Regeln gleichartig und automatisch benutzt werden.

Man darf sich nicht darauf beschränken, Richtlinien für die Wahl von Gußradien festzulegen, die man lesen kann, sondern die Richtlinien sollen direkt zur automatischen Einsetzung der Gußradien im CAD-System führen. Entsprechendes gilt für Bemaßungsregeln von Zeichnungen, bei Benutzung von Montage-Hilfsmitteln oder für die Auswahl von Bearbeitungswerkzeugen bei der Simulation der Zerspanung. Die hier genannten Hilfsmittel und Voraussetzungen sind sicher nur mittelfristig oder gar langfristig beschaffbar.

Dennoch wurde die Neustrukturierung der Produktentwicklung bereits jetzt schrittweise begonnen.

4.5. Simulation zukünftiger Herstellungstechnologie

Wie kann man die Herstellungstechnologie von morgen bei der Produktgestaltung berücksichtigen? Doch nur durch grafische Simulation eben dieser Technologie, die ja noch nicht real verwirklicht ist und deshalb heutzutage zu immer wiederkehrenden zeitaufwendigen Produktveränderungen führt.

Natürlich braucht man dazu 3D-CAD-Systeme. Natürlich entsteht Aufwand. Aber es ist doch besser, eine evtl. nicht optimale Herstellung zunächst nur zu simulieren, anstatt gleich die Produktion falsch zu starten.

5. Ausblick

All diese Veränderungen bedeuten in der Tendenz, daß die Arbeit hochwertiger wird, daß man also qualifiziertere Mitarbeiter braucht und daß einfachere Tätigkeiten mit der Zeit wegfallen werden. Diese erforderlichen qualifizierten und universeller ausgebildeten Mitarbeiter haben wir heute allerdings nur sehr begrenzt. Sie werden auch von unserem Ausbildungssystem in Deutschland nicht bereitgestellt. Vielleicht am ehesten noch an den Universitäten. Aber in allen anderen Bereichen der Ausbildung, auch der Fort- und Weiterbildung, spiegelt sich die tiefe Arbeitsteilung, die seit etwa 100 Jahren vorhanden ist, immer wieder. Man kennt die Flut von verschiedenen Fachrichtungen. Wir brauchen eine Ausbildung, die auf künftig mögliche Strukturen Rücksicht nimmt, also mehr den Generalisten ausbildet und der auf Detail- oder Tiefenwissen da verzichtet, wo es heute üblicherweise bereits im Computer gespeichert ist.

Simultaneous Engineering ist keine isolierte Strategie, kein neues Vorgehen, sondern Teil eines ganzen Paketes von Maßnahmen, die sich ergänzen müssen und die bei der Firma Weinig unter dem Arbeitstitel „Moderne CIM-Strukturen“ zusammengefaßt sind.

Wenn wir besser und schneller werden wollen, müssen wir einiges verändern, müssen wir neue Wege gehen.

Nutzenpotentiale durch CIM
Heutige Sicht

O Schnellere Innovation

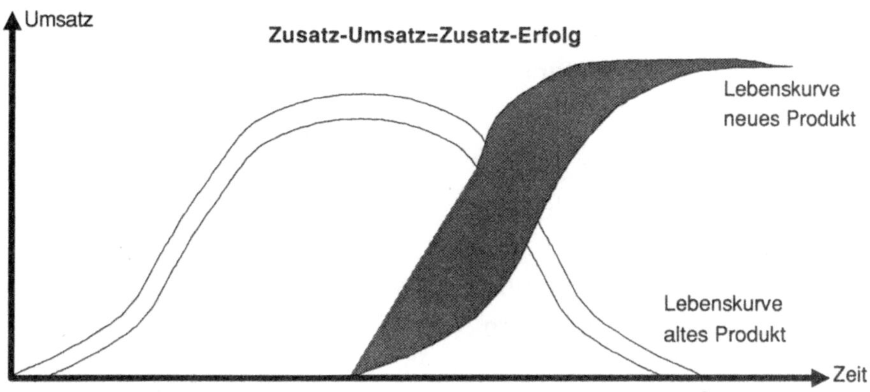

Alternative zu CIM:

Mehr Personal ⟶ nicht verfügbar

Mehr Zeit ⟶ nicht realisierte Gewinne

Michael Weinig AG

Nutzenpotentiale durch CIM

Dr.-Ing. K. Heiermann

Bild 1

1. Phase	2. Phase	3. Phase	4. Phase
PPS	CAD	Fabrik-organisation	Ablauf Produktentwicklung
1984	9.1986	1.1988	6.1989
Einführung PPS-System	Einführung CAD-System	Erweiterung CAD-System Änderung Fabrik-Layout und Materialfluß Zellenstruktur in der Produktion Fertigungs-steuerung MDE	CIE-Computer integrated Engineering Simultaneous Engineering

Michael Weinig AG

4 Phasen CIM-Einführung

Dr.-Ing. K. Heiermann

Bild 2

Die Fabrik	Die Computer	Die Organisation
Maschinen und Einrichtungen	Integrierte Datenbasis	Ablauf-organisation
Materialfluß	Relationale Datenbank	Inseln der Informations-verarbeitung
Automatisierungsgrad	Anwendungs-software	Integration mit Computer-unterstützung
Fertigungszellen-Struktur	Integrations-software	Aufbau-organisation
	Integrierte Hardware	

Michael Weinig AG	**3 CIM-Beine**	Dr.-Ing. K. Heiermann

Bild 3

CIM-Zielsetzung Nr. 1:
Schnellere Innovation mit weniger Aufwand

Was hindert uns heute?

1. Ablauf mit starker Arbeitsteilung
2. Entwicklungsschleifen, d.h. zeitaufwendige Rückkopplungen
3. Zuviel Routine ohne technische Unterstützung
4. Zu statisch, z.B. zuwenig Einbeziehung der Produktions-(Herstell-) technologie von morgen

Michael Weinig AG	**CIM-Zielsetzung Nr. 1**	Dr.-Ing. K. Heiermann

Bild 4

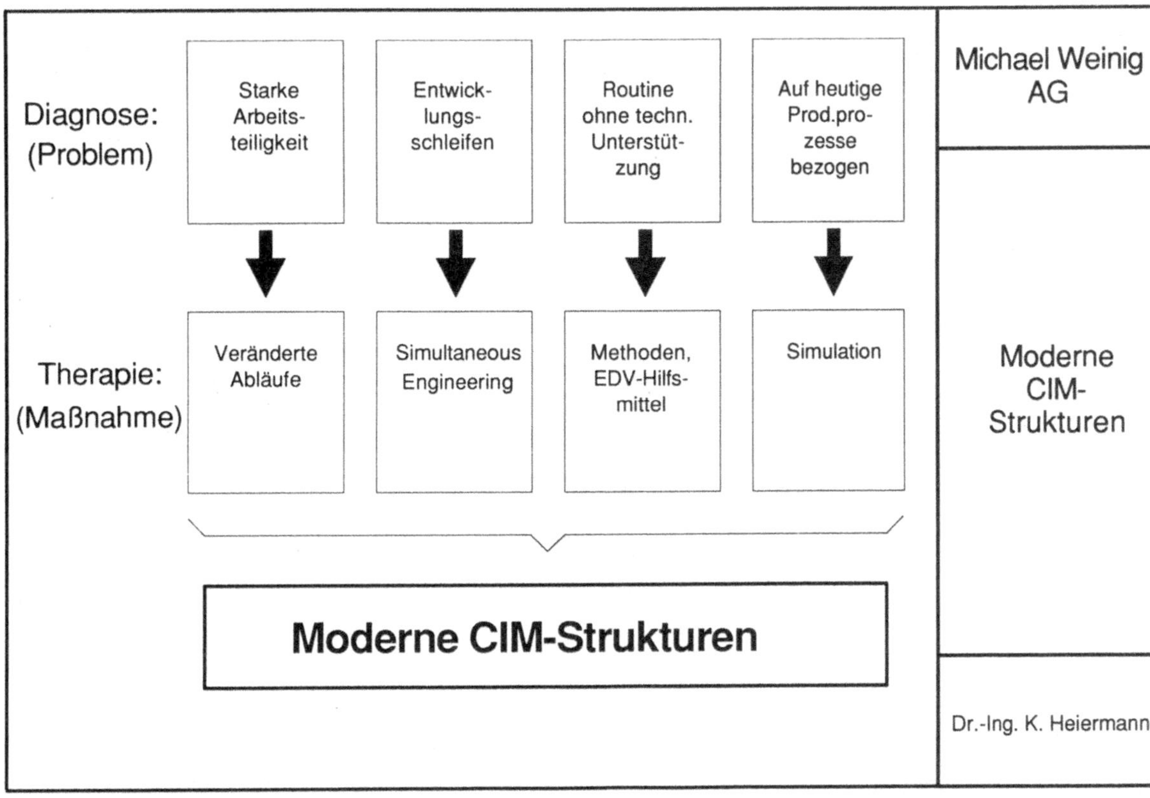
Diagnose:
(Problem)
Starke Arbeits-teiligkeit
Entwick-lungs-schleifen
Routine ohne techn. Unterstüt-zung
Auf heutige Prod.pro-zesse bezogen
Therapie:
(Maßnahme)
Veränderte Abläufe
Simultaneous Engineering
Methoden, EDV-Hilfs-mittel
Simulation
Moderne CIM-Strukturen
Michael Weinig AG
Moderne CIM-Strukturen
Dr.-Ing. K. Heiermann

Bild 5

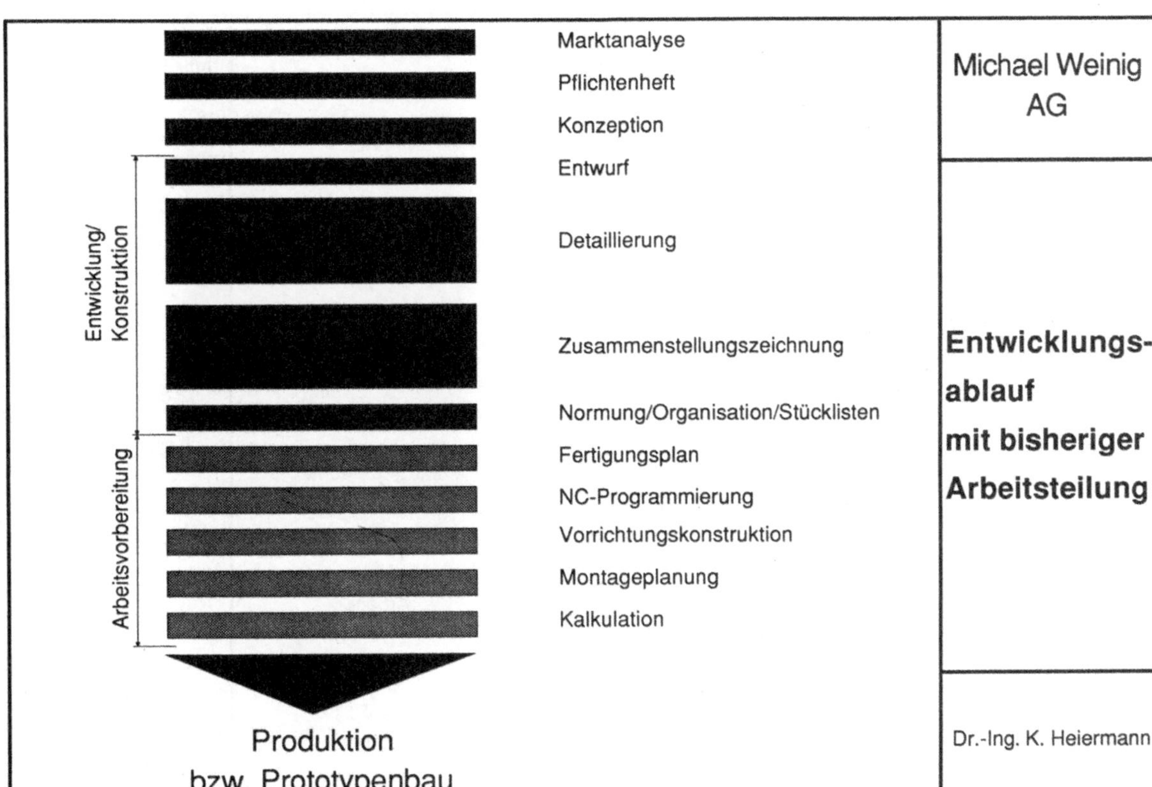
Marktanalyse
Pflichtenheft
Konzeption
Entwurf
Detaillierung
Zusammenstellungszeichnung
Normung/Organisation/Stücklisten
Fertigungsplan
NC-Programmierung
Vorrichtungskonstruktion
Montageplanung
Kalkulation
Entwicklung/
Konstruktion
Arbeitsvorbereitung
Produktion
bzw. Prototypenbau
Michael Weinig AG
Entwicklungs-ablauf mit bisheriger Arbeitsteilung
Dr.-Ing. K. Heiermann

Bild 6

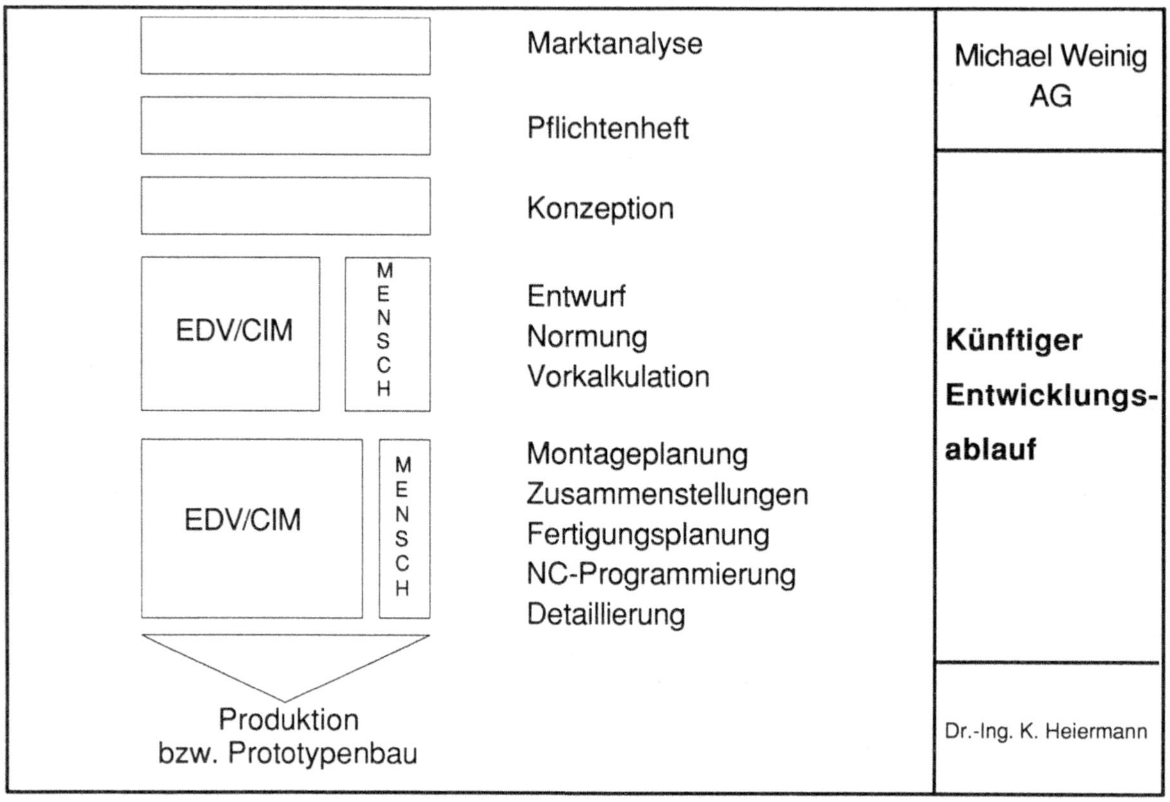
Marktanalyse
Pflichtenheft
Konzeption
EDV/CIM
MENSCH
Entwurf
Normung
Vorkalkulation
EDV/CIM
MENSCH
Montageplanung
Zusammenstellungen
Fertigungsplanung
NC-Programmierung
Detaillierung
Produktion
bzw. Prototypenbau
Michael Weinig AG
Künftiger Entwicklungs-ablauf
Dr.-Ing. K. Heiermann

Bild 7

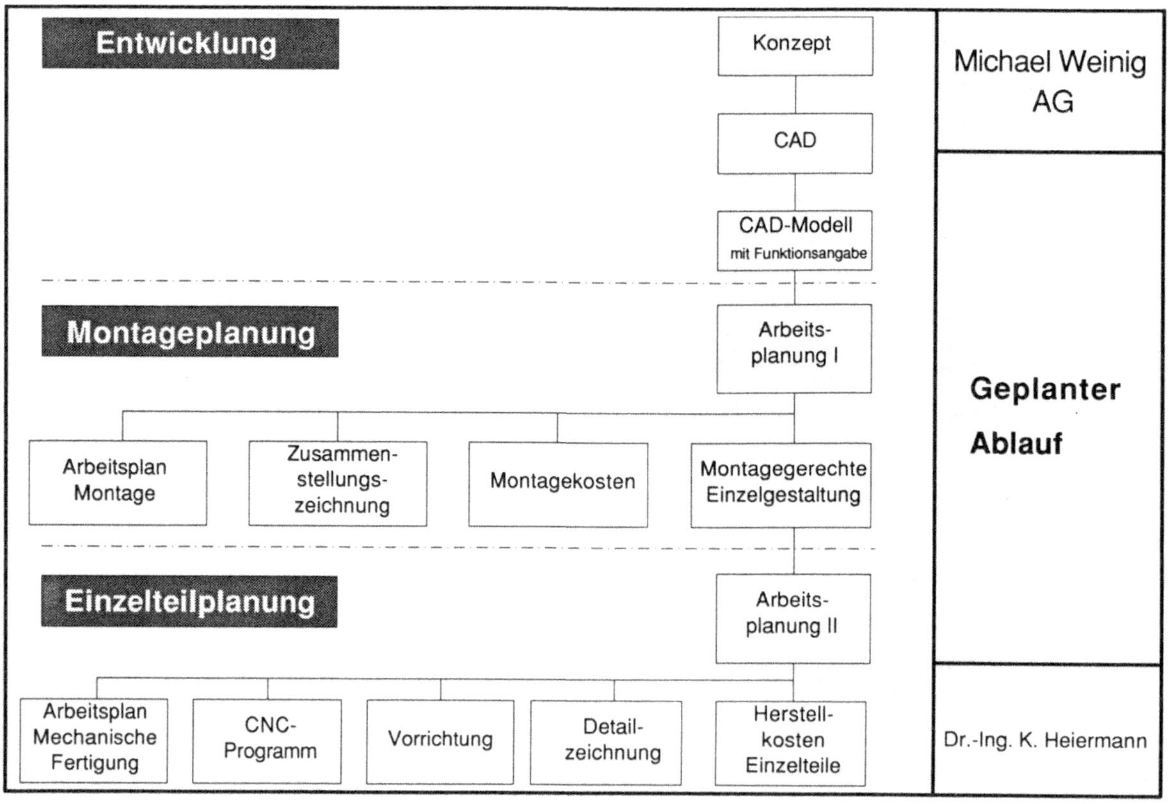
Entwicklung
Konzept
CAD
CAD-Modell
mit Funktionsangabe
Montageplanung
Arbeits-planung I
Arbeitsplan Montage
Zusammen-stellungs-zeichnung
Montagekosten
Montagegerechte Einzelgestaltung
Einzelteilplanung
Arbeits-planung II
Arbeitsplan Mechanische Fertigung
CNC-Programm
Vorrichtung
Detail-zeichnung
Herstell-kosten Einzelteile
Michael Weinig AG
Geplanter Ablauf
Dr.-Ing. K. Heiermann

Bild 8

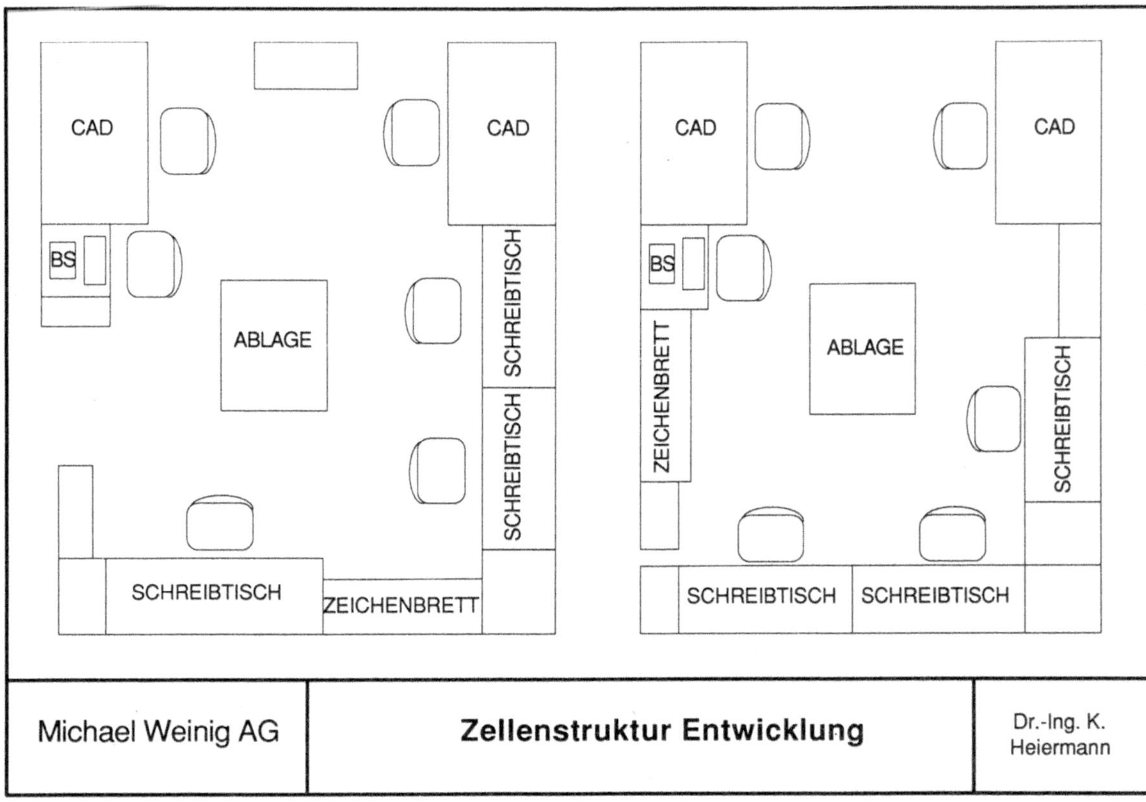
CAD
CAD
CAD
CAD
BS
BS
ABLAGE
ABLAGE
SCHREIBTISCH
SCHREIBTISCH
SCHREIBTISCH
ZEICHENBRETT
ZEICHENBRETT
SCHREIBTISCH
SCHREIBTISCH
SCHREIBTISCH
Michael Weinig AG
Zellenstruktur Entwicklung
Dr.-Ing. K. Heiermann

Bild 9

Münchener Kolloquium '91

Wettbewerbsfaktor Zeit in Produktionsunternehmen

28. Februar/1. März 1991
München

Arbeitssystemgestaltung und Ablaufsteuerung im Zeichen neuer Werkzeuge und Methoden

Prof. Dr.-Ing. Hans-Peter Wiendahl
Institut für Fabrikanlagen
der Universität Hannover

iwb

Institut für Werkzeugmaschinen
und Betriebswissenschaften
Technische Universität München

Arbeitssystemgestaltung und Ablaufsteuerung im Zeichen neuer Werkzeuge und Methoden

1.Einführung

Bei der Gestaltung und Steuerung von Arbeitssystemen in Produktionsunternehmen ist der Wettbewerbsfaktor Zeit unter zwei Aspekten zu sehen. Zum einen geht es darum, ein Arbeitssystem - also z. B. eine mechanische Fertigung oder ein Montagesystem - möglichst rasch anhand einer gegebenen Anforderungsliste mit mehreren Varianten durchzuplanen. Zum anderen möchte man erreichen, daß der Produktionsprozeß unter Beachtung der Zielkonflikte zwischen kurzer Durchlaufzeit und hoher Termintreue einerseits sowie guter Auslastung und niedrigen Beständen andererseits abläuft. Die Sicherstellung der logistischen Qualität des geplanten bzw. gesteuerten Produktionsprozesses gewinnt damit eine gleichrangige Bedeutung wie die Beherrschung der technischen Qualität.

Neben dem Integrationsgedanken durch CIM- und Logistik-Ketten muß dabei insbesondere die rasche Anpassungsfähigkeit der Produkte und Prozesse an die sich wandelnden Marktbedürfnisse beachtet werden /1,2/. Als Leitgedanken stehen hierzu heute insbesondere die Segmentierung, die Humanzentrierung und die Umweltverträglichkeit von Arbeitssystemen im Vordergrund /3/ **(Bild 1)**.

Angesichts des hohen Zeitdruckes, dem die Gestaltung von Arbeitssystemen heute unterliegt, ist darüber hinaus die integrierte Betrachtung sowohl der Strukturgestaltung von Systemen als auch ihrer Steuerung erforderlich /3/. Ein zunehmend verfolgter Lösungsansatz hierbei besteht im Einsatz der Simulationstechnik, die heute aus vielen Zweigen der Technik nicht mehr wegzudenken ist /4,5/. Neben der Simulation technischer Prozesse werden vermehrt auch Planungs- und Steuerungsabläufe von Produktionssystemen simulativ abgebildet /6,7/. Voraussetzung für die erfolgreiche Anwendung der Simulation ist jedoch ein Modell des betrachteten Systems, mit dessen Hilfe die angestrebten Zielgrößen in ihrer Abhängigkeit zueinander sichtbar gemacht werden können /8,9,10/.

2. Logistisches Zielsystem und der Regelkreis Produktion

Unter einem Zielsystem versteht man die Definition von Kenngrößen, die das Verhalten eines komplexen Systems, wie z. B. eines ganzen Unternehmens oder auch von Teilsystemen, wie z. B eines einzelnen Fertigungsabschnittes, charakterisieren und die es zu minimieren bzw. zu maximieren gilt.

Zur Gestaltung und Steuerung von Produktionssystemen zeigt **Bild 2** ein derartiges Zielsystem /11/. Als übergeordnetes Ziel wird hierbei die Maximierung der Wirtschaftlichkeit definiert, die sich durch die Minimierung der Anlagekosten, Lagerhaltungskosten, Terminverzugskosten, Lieferzeiten, Rüstkosten sowie Maximierung der Lieferbereitschaft quantifizieren läßt.

Das Oberziel Wirtschaftlichkeitsmaximierung muß in die marktorientierten Teilziele Durchlaufzeit- und Terminabweichungsminimierung sowie in die betriebsorientierten Ziele Auslastungsmaximierung und Bestandsminimierung umgesetzt werden. Das Zielsystem verdeutlicht zugleich das sogenannte Dilemma der Ablaufsteuerung, denn einige Teilziele unterstützen sich, andere wirken gegeneinander. Zur Beurteilung des logistischen Verhaltens einer Produktion existiert demnach nicht nur ein Ziel, dessen Wert zu maximieren oder zu minimieren ist, sondern es müssen die Auswirkungen von Maßnahmen im Rahmen der Gestaltung bzw. Steuerung in bezug auf alle fünf Ziele beurteilt werden.

Betrachtet man die Abläufe eines Produktionssystems im Zusammenhang, wird deutlich, daß es drei unterschiedliche Eingriffsmöglichkeiten gibt, das betrachtete System im Hinblick auf die angestrebten Ziele zu verbessern **(Bild 3)**. Zum einen ist es die Dispositionsart, also das Push- oder Pull-Prinzip. Sodann ist es das gewählte Steuerungsverfahren, z. B. Kanban-System, Fortschrittszahlenkonzept oder Belastungsorientierte Fertigungssteuerung. Zum dritten ist es die Fertigungsstruktur, in der sich die organisatorische Gliederung der Produktion, z. B. nach dem Werkstätten-, dem Fließ- oder dem Zellenprinzip widerspiegelt.

Zunehmend wird die Notwendigkeit erkannt, die Zielerfüllung der Systeme sowohl im Planungs- als auch im Realzustand nicht nur mit Hilfe umfangreicher Tabellenwerke und weniger Kennzahlen zu beurteilen, sondern mit Hilfe sogenannter Monitor- und Diagnosesysteme statistisch abgesicherte Aussagen über das Erreichen der Teilziele und ihrer gegenseitigen Abhängigkeiten zu erhalten. Erst dann besteht die Möglichkeit, die aufgrund der Produktionsstrategie und den jeweils geltenden Randbedingungen formulierten Ziele durch Veränderung von Parameter im Bereich der Fertigungsstruktur, der Steuerungsverfahren und der Dispositionsart zu verbessern.

Der Simulationstechnik kommt dabei sowohl im Rahmen der Arbeitssystemgestaltung als auch der Systemsteuerung wachsende Bedeutung zu. Sie erlaubt die Durchführung von Experimenten, die in der Praxis nicht möglich sind. **Bild 4** verdeutlicht die Einsatzfelder der Simulation im lang-, mittel- und kurzfristigen Bereich /12/, deren Realisierung aber teilweise erst noch am Anfang steht.

Im folgenden wird ausgehend von einem allgemeinen Ablaufmodell für Produktionsprozesse gezeigt, daß es mit sogenannten Betriebskennlinien möglich ist, die Abhängigkeiten zwischen den obengenannten logistischen Zielgrößen zu quantifizieren und sie im Rahmen der Gestaltung und Steuerung von Arbeitssystemen einzusetzen.

3. Modell zur Systemgestaltung und Steuerung

Ein theoretisch fundiertes und in der Praxis erprobtes Modell zur Abbildung und Simulation sowie zur Steuerung von Produktionsprozessen ist das an der Universität Hannover entwickelte Trichtermodell. Daraus konnten das Durchlaufdiagramm und die Betriebskennlinien abgeleitet werden.

Bild 5 zeigt den generellen Ablauf der Modellbildung für ein Arbeitssystem /13/, das z. B. ein Fertigungsbereich oder eine Montage sein kann. Das Modell ist aber z. B. auch zur Abbildung des Durchlaufs von Zukaufteilen geeignet. Ausgehend von den aus einem Produktionsprogramm gewonnenen Materialflußbeziehungen entsteht ein Abbild des Auftragsflusses, das die einzelnen Arbeitsplätze in Form eines Trichters enthält. Die Trichter sind durch den Materialfluß miteinander verbunden. An jedem Trichter gehen Aufträge zu und ab, wobei die wartenden Aufträge einen Bestand bilden. Die variable Trichteröffnung entspricht der Kapazität, die entsprechend der aktuellen Leistung genutzt wird. Die aktuellen Vorgänge am Trichter sowohl im Planungs- als auch im Ist-Zustand lassen sich in Form einer Zugangs- und Abgangskurve im sogenannten Durchlaufdiagramm darstellen. Der senkrechte Abstand zwischen den beiden Kurven kennzeichnet den Bestand, der waagerechte die mittlere Durchlaufzeit.

Die Steigung der Abgangskurve entspricht der mittleren Leistung, die entsprechende Steigung im Zugangsverlauf der mittleren Belastung. Verlaufen Zugang und Abgang parallel, läßt sich die sogenannte Trichterformel entwickeln, derzufolge die mittlere Durchlaufzeit durch ein Arbeitssystem gleich dem mittleren Bestand, dividiert durch die mittlere Leistung ist. Zu beachten ist hierbei, daß es sich um die sogenannte gewichtete mittlere Durchlaufzeit handelt, welche die Aufträge entsprechend ihres Arbeitsinhaltes berücksichtigt. Die Trichterformel wird zur Regelung der Durchlaufzeit bei der Belastungsorientierten Auftragsfreigabe genutzt /14/.

Verändert man in einer Produktion oder in einer Simulation systematisch den Bestand, so ergeben sich annäherungsweise durch eine Vielzahl von Betriebspunkten die in der rechten Bildseite gezeigten idealen Betriebskennlinien für Leistung und Durchlaufzeit. Vom Null-Bestand ausgehend steigt die Leistung bis zur Kapazitätsgrenze proportional an. Oberhalb dieser Grenze erhöht sich die Leistung nicht mehr, da alle Arbeitssysteme vollständig ausgelastet sind. Die Durchlaufzeit steigt jedoch entsprechend der Trichterformel linear mit dem Bestand weiter an. Unterhalb des Abknickpunktes der Leistungskurve bleibt die Durchlaufzeit konstant und entspricht der sogenannten Mindestdurchlaufzeit, die sich als Summe der sogenannten mittleren gewichteten Durchführungszeit zuzüglich der Mindesttransportzeit berechnen läßt.

In der Realität weichen die Betriebskennlinien jedoch von dieser idealen Kennlinie ab, weil infolge der Streuung der Auftragszeiten, der Diskrepanz zwischen Kapazitätsbedarf und Angebot, durch Mindestübergangszeiten sowie durch wechselnde Engpässe stochastische Abweichungen auftreten /15/ **(Bild 6)**.

Derartige Kennlinien lassen sich ähnlich wie die Kennlinien einer Maschine deportieren /13/ **(Bild 7)**. Hier wird aus der Gegenüberstellung deutlich, daß es beispielsweise Ziel einer Motorauslegung ist, das maximale Drehmoment bei möglichst niedriger Drehzahl zu erreichen. Analog ist es das Ziel der Fertigungssteuerung und der Arbeitssystemgestaltung, die maximal mögliche Leistung bei einem möglichst geringen Bestandsniveau zu erzielen. Zum anderen verfolgt der Konstrukteur eines Motors das Ziel einer hohen Elastizität, d. h., daß das zu übertragende Drehmoment über einen großen Drehzahlbereich annähernd konstant ist, die Kennlinie also eine möglichst flache Form annimmt. Ähnliches gilt auch für die Betriebskennlinie. Die Elastizität des Motors entspricht hier der Flexibilität der Fertigung. Bei schwankendem Bestandsverhalten ist es wünschenswert, eine möglichst konstante Leistung zu erzielen.

Als typisches Beispiel zeigt **Bild 8** die simulierten Kennlinien einer mechanischen Werkstatt /16/, die aus 55 Arbeitsplatzgruppen mit 90 Einzelarbeitsplätzen besteht. In einem Zeitraum von 16

Wochen wurden rund 3.000 Aufträge mit etwa 16.000 Arbeitsvorgängen abgearbeitet. Als Parameter wurde der mittlere Bestand im System gewählt, der hier mit Hilfe der Belastungsorientierten Auftragsfreigabe eingestellt ist. Man erkennt die Kennlinien für Auslastung und Termineinhaltung (normiert auf 100 %) sowie die Arbeitsvorgangsdurchlaufzeit, gemessen in Arbeitstagen. Die letztere ist noch einmal unterteilt in die Transport-, Durchführungs- und Pufferzeit. Man erkennt in diesem konkreten Fall, daß es ein eigentliches Optimum nicht gibt, denn die maximale Auslastung liegt bei einem Bestand von etwa 12.000 Stunden, die Termineinhaltung ist bei einem Bestand von etwa 7.000 Stunden die beste und die Durchlaufzeit ist bei etwa 3.000 Stunden Bestand die geringste.

Interessant ist aber nicht nur die Abhängigkeit der Zielgrößen vom mittleren Bestand, sondern auch die Kenntnis des Verhaltens der Gesamtkosten des betrachteten Bereiches. Zu diesem Zweck wurden die Kennlinien zusätzlich um den Wertefluß ergänzt und die in **Bild 9** gezeigte Darstellung entwickelt /16/, welche die sogenannte Netto-Wertschöpfung als Hauptkurve enthält. Sie entsteht dadurch, daß von der sogenannten Bruttowertschöpfung (definiert als Wertschöpfung der Plankapazität abzüglich der Kosten der Auslastungsabweichung) die Kosten für den Umlaufbestand, die Terminabweichung und Durchlaufzeitabweichung subtrahiert werden. Das Nettowertschöpfungsmaximum liegt demnach zwischen dem Auslastungsmaximum und dem Termineinhaltungsmaximum.

Aus diesen Kennlinien lassen sich zusammenfassend folgende Schlußfolgerungen ziehen:

- Der mittlere Bestand ist die wirksamste Steuergröße zur Verbesserung des Auftragsdurchlaufs.
- In Abhängigkeit vom mittleren Bestand lassen sich Kennlinien für Auslastung, Durchlaufzeit und Termineinhaltung für jeden Betrieb entwickeln.
- Je nach Gewichtung der Ziele Durchlaufzeit, Termineinhaltung, Auslastung und Kosten ergeben sich unterschiedlich einzustellende mittlere Bestände.

Häufig entspricht die beim Abknickpunkt der Leistungskennlinie erreichte Durchlaufzeit nicht den Anforderungen des Marktes. Dann muß man versuchen, die Kennlinien selbst zu verändern. Dies ist durch unterschiedliche Maßnahmen möglich, **Bild 10** verdeutlicht diesen Gedanken noch einmal am Kennlinienfeld für Leistung und Durchlaufzeit /13/. Mit Hilfe der Fertigungssteuerung ist es lediglich möglich, einen bestimmten Punkt auf einer vorhandenen Kennlinie einzustellen. Maßnahmen der Disposition, wie beispielsweise die Veränderung der Losgrößen oder des Bestellrhythmus, verändern demgegenüber die Kennlinie. Im Rahmen der Systemgestaltung können schließlich weitere Veränderungen der Kennlinie durch Änderung der Technologie (z. B. Komplettbearbeitung oder des Layouts) zu einer weiteren Verbesserung führen. Drei Beispiele sollen die Anwendung im folgenden verdeutlichen.

4. Monitorsystem als neue PPS-Komponente

Eine Schwäche zahlreicher PPS-Systeme beruht auf der Tatsache, daß die vier genannten logistischen Ziele weder permanent gemessen noch die Auswirkung von Veränderungen auf diese Ziele beurteilt werden kann. Daraus ist der Gedanke entstanden, ein sogenanntes Monitorsystem zu entwickeln, mit dessen Hilfe der Durchlauf der Arbeit durch die einzelnen Systeme kontinuierlich gemessen wird und der Verlauf der Zielgrößen als Überwachungskennzahlen betrachtet wird.

Bild 11 zeigt ein derartiges Durchlaufdiagramm für einen Gesamtbetrieb, der für einen Zeitraum von 100 Betriebskalendertagen sowohl den Zugang und Abgang im System als auch den Verlauf von Bestand und Durchlaufzeit anzeigt /17/. Dieses Diagramm existiert sowohl für den Gesamtbetrieb als auch für die Teilbereiche bis hinunter zur Kostenstelle und einzelnen Maschinengruppe. Es sind bereits vier kommerzielle Systeme dieser Art verfügbar, die in etwa 60 Unternehmen eingesetzt werden.

Am Institut für Fabrikanlagen existiert ein Prototyp eines derartigen Monitorsystems, das nicht nur Durchlaufdiagramme, sondern auch Kennlinien erzeugt. Der besondere Ansatz besteht hierbei darin, daß diese Kennlinien nicht wie bisher simuliert werden, sondern aus den Daten des Auftragsspektrums analytisch berechnet werden /18/. **Bild 12** zeigt ein derartiges Kennlinienfeld einer Fertigungseinheit, in das zum einen die gegenwärtigen Ist-Werte dieses Systems aus dem Monitorsystem eingetragen sind und zum anderen die Grenzwerte für Durchlaufzeit und Auslastung erkennbar sind /19/. Der Fertigungssteuerer erkennt so die Reserven, die hinsichtlich einer Bestands- und Durchlaufzeitreduktion vorhanden sind.

5. Durchlauforientierte Losgrößenbildung

Wenn in einem Auftragsspektrum die Arbeitsinhalte der Lose groß sind und darüber hinaus stark streuen, kommt es immer wieder zu Materialflußabrissen und zu Losteilungen. Dies hat zu einer starken Kritik an den gängigen Verfahren der Losgrößenbildung geführt. Als neuer Ansatz wurde daher ein Losgrößenverfahren entwickelt, das nicht nur die Kapitalbindungskosten im Absatzverlauf des Loses betrachtet, sondern auch die Kapitalbindungskosten während der Bearbeitungszeit und während der Lager- und Liegezeit im Herstellprozeß. **Bild 13** verdeutlicht den Gedanken an einem Los mit großen (linke Bildhälfte) und kleinen (rechte Bildhälfte) Bearbeitungszeiten /17/. Durch die Anwendung dieses Gedankens ergibt sich eine Harmonisierung der Auftragszeiten, die über eine alleinige Reduktion der Losgrößen nicht zu realisieren ist. Lose mit großen Bearbeitungszeiten werden nämlich stark reduziert, solche mit kleinen Bearbeitungszeiten gering.

Betrachtet man die Wirkung einer derartigen Vergleichmäßigung der Arbeitsinhalte, zeigt sich in den Kennlinien ein bemerkenswerter Effekt **(Bild 14)**. Gewählt wurde als Beispiel eine mechanische Fertigung mit etwa 50 Arbeitsplätzen, deren Auftragsdurchsatz über etwa 1/2 Jahr erhoben wurde. Bei den auf einem 32-Bit-PC durchgeführten Simulationen wurde mit Hilfe der Belastungsorientierten Auftragsfreigabe sukzessive der mittlere Gesamtbestand der Fertigung verändert, um somit die Betriebskennlinien zu erzeugen. Der Vergleich der Kennlinien bestätigt den erwarteten deutlich günstigeren Verlauf bei Anwendung der sogenannten durchlauforientierten Losbildung. Der Abknickpunkt der Leistungskennlinie ist bei wesentlich geringeren Beständen somit auch bei deutlich kürzeren Durchlaufzeiten zu finden. Es konnte weiterhin gezeigt werden, daß dieser Effekt kostenneutral zu erreichen ist, wenn man die Summe der Rüstkosten und der Kapitalbindungskosten für den Absatzverlauf, die Bearbeitungszeiten und die Lager- und Liegezeiten berücksichtigt. Als besonders eindrucksvoll erwies sich der Einfluß auf die Termineinhaltung, da die kleineren und weniger streuenden Arbeitsinhalte einen zuverlässigeren Durchlauf der Aufträge durch die Fertigung bewirken.

6. Logistikgerechte Fabrikplanung

Die erläuterten Kennlinien lassen sich auch zur Bewertung verschiedener Layoutvarianten im Rahmen einer Groblayoutplanung einsetzen /20/. **Bild 15** zeigt zwei ausgewählte Strukturvarianten einer mechanischen Fertigung, die im Zuge einer Umplanung eines vorhandenen Betriebes untersucht wurden. Als zeitlich erster Schritt wurden zunächst nur die Produktionstechnologie und die Kapazitäten dem zukünftigen Produktionsprogramm angepaßt. Das Transportwesen wurde mittels konventionell gesteuerter Gabelhub-oder Handwagen weitgehend aus dem Ist-Zustand übernommen.

Als Alternative wurde ein sogenanntes fertigungsintegriertes Transport- und Lagersystem als zentrale Ver- und Entsorgungsschiene in das Layout eingebracht. Rechnergesteuert soll dieses System ca. 80 % der Materialbewegungen bewältigen und gleichzeitig die Zwischenlagerung angearbeiteter Werkstücke zentralisieren. Die Anbindung der Maschinen an das System erfolgt über Ein-und Ausschleusevorrichtungen (Rollenbahnen).

Mit Hilfe einer Simulation wurde eine Bewertung der Lösungsvarianten bezüglich ihrer logistischen Eigenschaften durchgeführt. **Bild 16** zeigt den Vergleich der Betriebskennlinien für die Auslastung und die Durchlaufzeit. Das konventionelle Layout zeigt seine Schwächen, indem die Auslastung bereits bei einem relativ hohen Bestand und entsprechend hoher Durchlaufzeit absinkt. Die Variante mit dem integrierten Lager- und Transportsystem ermöglicht demgegenüber einen deutlich niedrigeren Gesamtbestand und eine entsprechend kürzere Durchlaufzeit.

Neben die statische Bewertung von Layouts in klassischer Form mit Hilfe von Materialflußintensitäten und andere statische Bewertungsfaktoren tritt somit die logistische Beurteilung des dynamischen Verhaltens. Damit eröffnet sich in Zukunft die Möglichkeit, Produktionssysteme mit Hilfe eines derartigen Modells zu gestalten, zu optimieren und später auch im realen Betrieb zu steuern.

7. Ausblick

Die Gestaltung zukunftssicherer Arbeitssysteme und ihrer Steuerung muß zukünftig noch weitere Aspekte einbeziehen, die nicht nur logistischer Art sind. Hierzu zählt zum einen das Überdenken der Organisationsstrukturen. Durch die Schaffung kleiner, weitgehend autonomer Organisationseinheiten, die zunehmend die Funktionen Herstellen, Prüfen, Disponieren und Steuern in sich vereinigen, werden zum einen kleinere autonome Einheiten geschaffen, die flexibel auf Marktbedürfnisse reagieren können und zum anderen den Wunsch nach einem größeren Gestaltungsspielraum realisieren.

Eine bisher noch nicht genügend beachtete Schlußfolgerung flexibler Produktionssysteme ergibt sich auch für die Fabrikplanung. Während früher ein Gebäude für eine spezielle Produktion maßgeschneidert wurde, ist heute eine weitgehend nutzungsneutrale Bauwerksgestaltung notwendig. Hierzu wird der Einsatz weitgespannter und hochtragfähiger Bauten in Form von Stahlverbundkonstruktionen immer wichtiger, so daß einzelne Fabriken in der Fabrik modulartig miteinander kombiniert werden können /12/ **(Bild 17)**. Besteht zusätzlich die Möglichkeit, im Inneren dieser Module Zwischenebenen einzufügen, können funktionsorientierte Räume unterschiedlicher Größe und Höhe gebildet werden, um unterschiedliche Arbeitsbereiche logistikgerecht anzuordnen. Die neue Fabrikgeneration ist also zum einen durch eine hohe Flexibilität im Sinne der Nutzungsunabhängigkeit, der Anpassungsfähigkeit, der Logistikorientierung und der Funktionsorientierung gekennzeichnet. Zum anderen werden heute an einen modernen Fabrikbau im Sinne der Corporate Identity auch ästhetische Anforderungen gestellt.

Schließlich ist der Gedanke der umweltgerechten Fabrikgestaltung und -steuerung zu berücksichtigen, die bei den eingesetzten Fertigungsprozessen ansetzen muß **(Bild 18)**. Zunächst erfolgt eine Erfassung und Bewertung der potentiellen Gefährdung, deren Ursachen in einem zweiten Schritt zu analysieren sind. Die daraufhin zu erarbeitenden Lösungsalternativen lassen sich in drei grundsätzliche Vorgehensweisen einteilen.

Die Vermeidung des gesamten umweltbelastenden Prozesses durch eine entsprechende Änderung der vor- und nachgelagerten Prozeßschritte muß das grundsätzlich anzustrebende Ziel sein. Läßt sich diese Strategie nicht verwirklichen, sollte durch eine gezielte Modifizierung der Prozeßgrößen die Gefährdung minimiert werden. Als letzte Alternative verbleibt die Integration eines Hilfsprozesses zur Neutralisierung der Gefährdung und zur Vermeidung von Folgelasten. Hierzu ist es erforderlich, den gesamten kritischen Bereich abzuriegeln. Abschließend muß wiederum eine Bewertung der gefundenen Lösungsalternativen hinsichtlich der Funktion, Wirtschaftlichkeit sowie der gesetzlichen und kundenspezifischen Vorgaben erfolgen. Wichtig bei dieser Vorgehensweise ist die Betrachtung der gesamten Fertigungsfolge, da ansonsten die Gefahr besteht, die Umweltgefährdung lediglich auf andere Produktionsbereiche zu verlagern, anstatt sie grundsätzlich zu vermeiden. Letztlich ist hier die Produktentwicklung gefordert, bereits im Vorfeld alternative Gestaltungsprozesse aufzuzeigen.

Literatur

/1/ **Milberg, J.** Simulation – ein Hilfsmittel zur Integration betrieblicher Funktionsbereiche. ASIM-Fachtagung „Simulation und Integration", 30.u.31.10.1989, München

/2/ **Scheer, A.-W.** EDV-orientierte Betriebswirtschaftslehre. 4.Auflage, 1990, Springer Verlag Berlin

/3/ **AWK (Hrsg.)** Wettbewerbsfaktor Produktionstechnik. Aachener Werkzeugmaschinen Kolloquium '90, VDI-Verlag, 1990

/4/ **Spur, G.; Viehweger, B.; Wieneke-Toutaoni,B.** Simulationssystem für flexible Fertigungssysteme mit automatischem Werkzeugfluß. ZwF 83 (1988), Nr. 6. S.269-274

/5/ **Jünemann, R.** Materialfluß und Logistik. 1. Auflage, 1990, Springer Verlag Berlin

/6/ **Eversheim, W.** Planungsaufgaben lösen.

Thome, H.-G. Industrie Anzeiger 110 (1988), Nr. 22, S. 60-63

/7/ **Blackstone, J.H.** Capacity Management. APICS South-Western Series in Production and Operations Management, South-Western Publishing Co. Cincinnati, 1989

/8/ **Amann, W.** ; **Hartberger, H.** Produktionssysteme modellieren und simulieren. ZWF 85 (1990), Nr. 7, S.347-351

/9/ **Feldmann, K.** Simulation in der Fertigungstechnik.

Schmidt, B. Fachberichte Simulation, 1988, Springer Verlag Berlin

/10/ **Rice, J.W.**; **Gross, J.P.** Simulation Techniques and the WIPAC-Curve for Balancing Capacity against Inventory. APICS 33rd International Conference Proceedings, 12.-18.10.1990, New Orleans, Louisiana

/11/ **Wiendahl, H.-P.** Simulation in der Produktionsplanung und -steuerung. Beitrag zum AWF-PPS-Kongreß 1989, Böblingen, 1989

/12/ **Wiendahl, H.-P.**; **Birnkraut, D.** Ganzheitliche Fabrikplanung – Herausforderung und Chance für Produktionsunternehmen. VDI Bericht Nr. 824 „Rechnergestützte Fabrikplanung", 1990, S.1-26

/13/ **Wiendahl, H.-P.**; **Kuprat, T.** Zur Analyse der logistischen Qualität von Produktionsabläufen. In: Planungs-und Betriebsführungssysteme für die Logistik, Hrsg.: Jünemann, Verlag TÜV Rheinland, Köln 1990

/14/ **Wiendahl, H.-P.** Belastungsorientierte Fertigungssteuerung. Carl Hanser Verlag 1987

/15/ **Ludwig, E.**; **Nyhuis, P.; Ullmann, W.** Analyseverfahren zur Diagnose der Produktion. Fachseminar „Produktionslogistik 90", München 1990

/16/ **Wiendahl, H.-P.; v. Wedemeyer,H. G.** Das Dilemma der Fertigungssteuerung. – Ein altes Problem neu beobachtet. Zeitschrift für Betriebswirtschaft, 60.Jg. (1990), H.4, S.407-422

/17/ **Wiendahl, H.-P.; Nyhuis, P.** Logistikgerechte Losgrößenbildung – Losgrößenbestimmung unter Beachtung des Wertschöpfungsprozesses. Beitrag zum AWF-PPS-Kongreß 1990

/18/ **Nyhuis, P.** Betriebskennlinien – Neue Ansätze zur Bewertung, Analyse und Planung von Produktionsabläufen. Beitrag zum INFAG-Seminar „Produktionsplanung und -steuerung" am 29./30.1.1991, Schaffhausen

/19/ **Ullmann, W.** PPS benötigt Produktionsablaufcontrolling. In: Jahrbuch Planung und Produktion 1991, Verlag moderne industrie 1991

/20/ **Brinkmann, M.** Dynamische Groblayoutplanung auf Basis des Durchlaufdiagrammes. Fortschrittsbericht des VDI, 1989, Reihe 2, Nr. 184, Düsseldorf

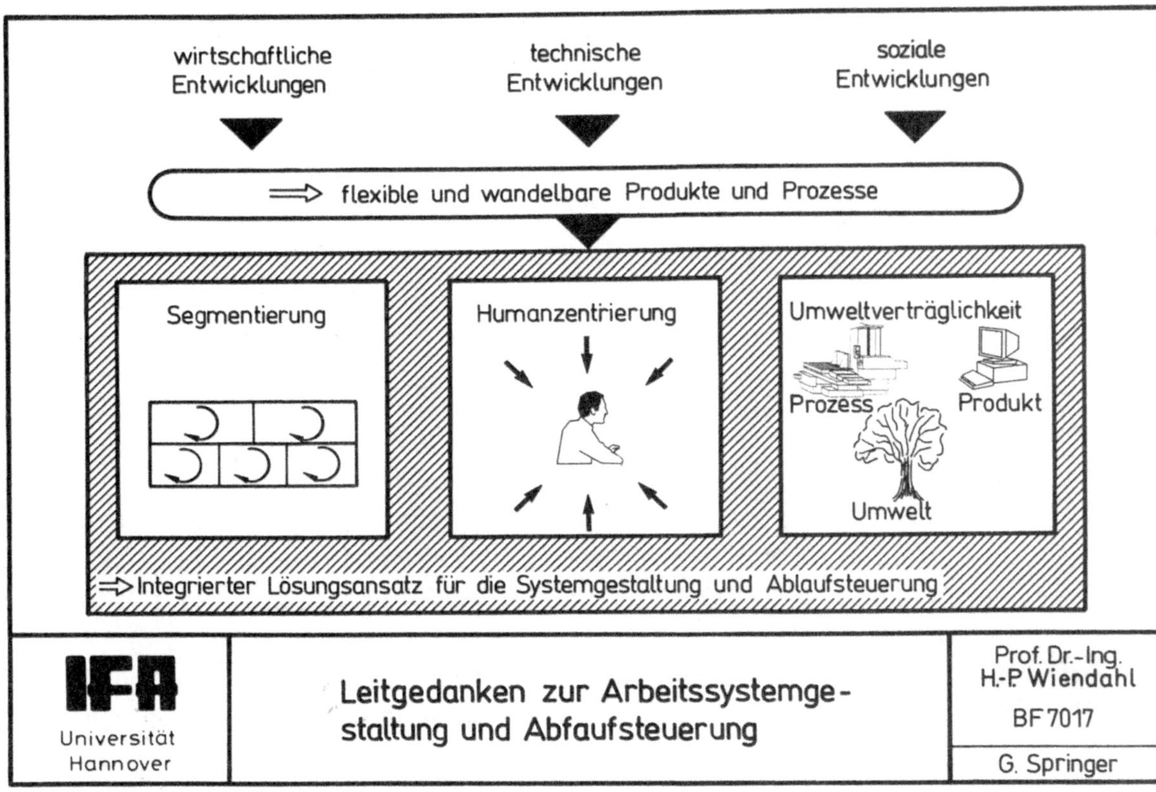
wirtschaftliche Entwicklungen
technische Entwicklungen
soziale Entwicklungen
⟹ flexible und wandelbare Produkte und Prozesse
Segmentierung
Humanzentrierung
Umweltverträglichkeit
Prozess
Produkt
Umwelt
⟹ Integrierter Lösungsansatz für die Systemgestaltung und Ablaufsteuerung
IFA
Universität Hannover
Leitgedanken zur Arbeitssystemge-staltung und Abfaufsteuerung
Prof. Dr.-Ing. H.-P. Wiendahl
BF 7017
G. Springer

Bild 1

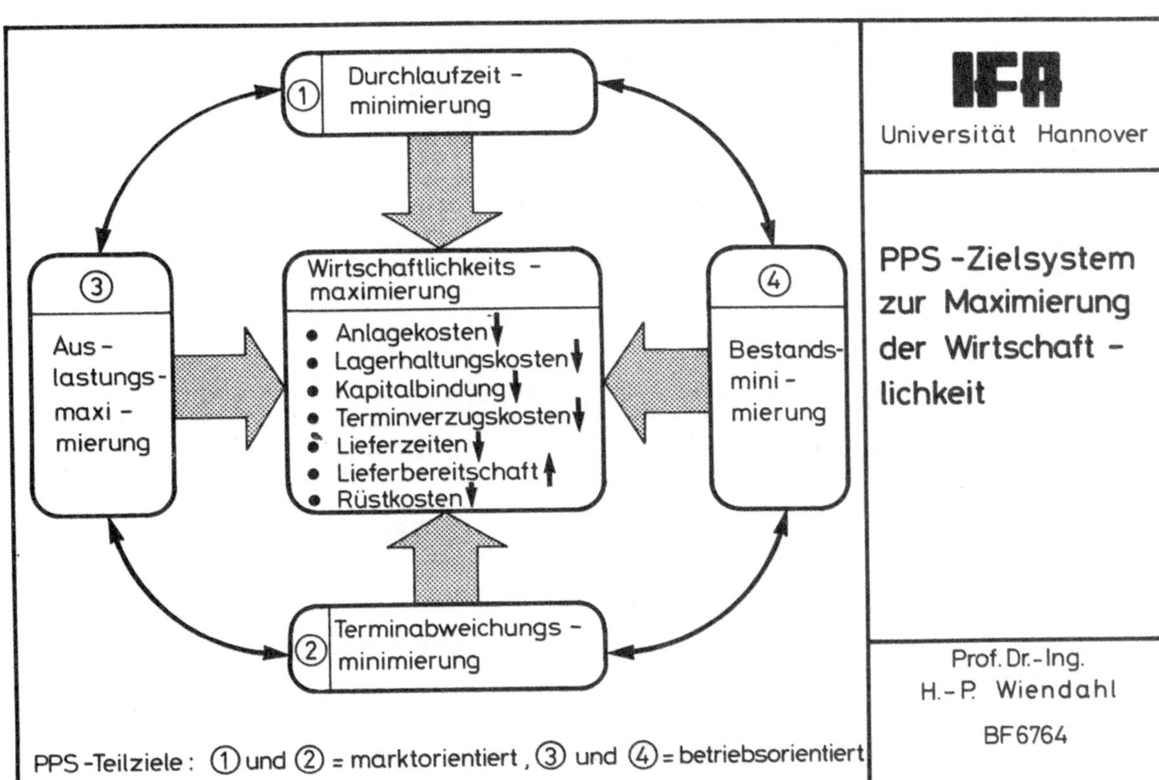
① Durchlaufzeit - minimierung
Wirtschaftlichkeits - maximierung
• Anlagekosten ↓
• Lagerhaltungskosten ↓
• Kapitalbindung ↓
• Terminverzugskosten ↓
• Lieferzeiten ↓
• Lieferbereitschaft ↑
• Rüstkosten ↓
③ Aus - lastungs - maxi - mierung
④ Bestands- mini - mierung
② Terminabweichungs - minimierung
PPS -Teilziele: ① und ② = marktorientiert, ③ und ④ = betriebsorientiert
IFA
Universität Hannover
PPS -Zielsystem zur Maximierung der Wirtschaft - lichkeit
Prof. Dr.-Ing. H.-P. Wiendahl
BF 6764

Bild 2

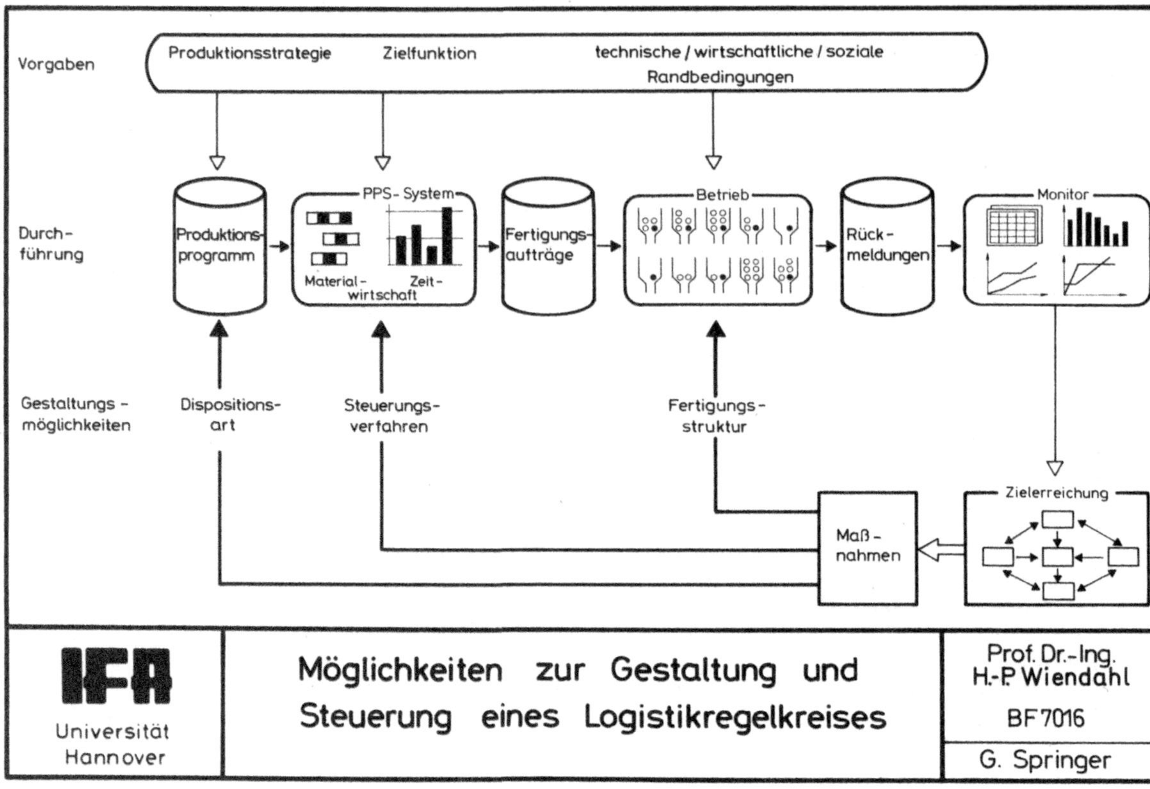

Bild 3

Einsatzgebiet / zeitlicher Horizont	Arbeitssystemgestaltung	Arbeitssystemsteuerung
	• ganzheitliche Gestaltung • Vergleich von Konzepten • Konfiguration und Dimensionierung • rechnerinterner Testbetrieb zur Systemabstimmung • Schulung der Mitarbeiter	• Bestimmung des Betriebsverhaltens • Entwurf von Strategien und Verfahren • Parametereinstellung und -optimierung • rechnerinterner Testbetrieb zur Entscheidungsunterstützung • Schulung der Mitarbeiter

lang   mittel   kurz

IFA Universität Hannover

Einsatzfelder der Simulation in der Arbeitssystemgestaltung und -steuerung

Prof. Dr.-Ing. H.-P. Wiendahl
PK 6747
M. Brinkmann

Bild 4

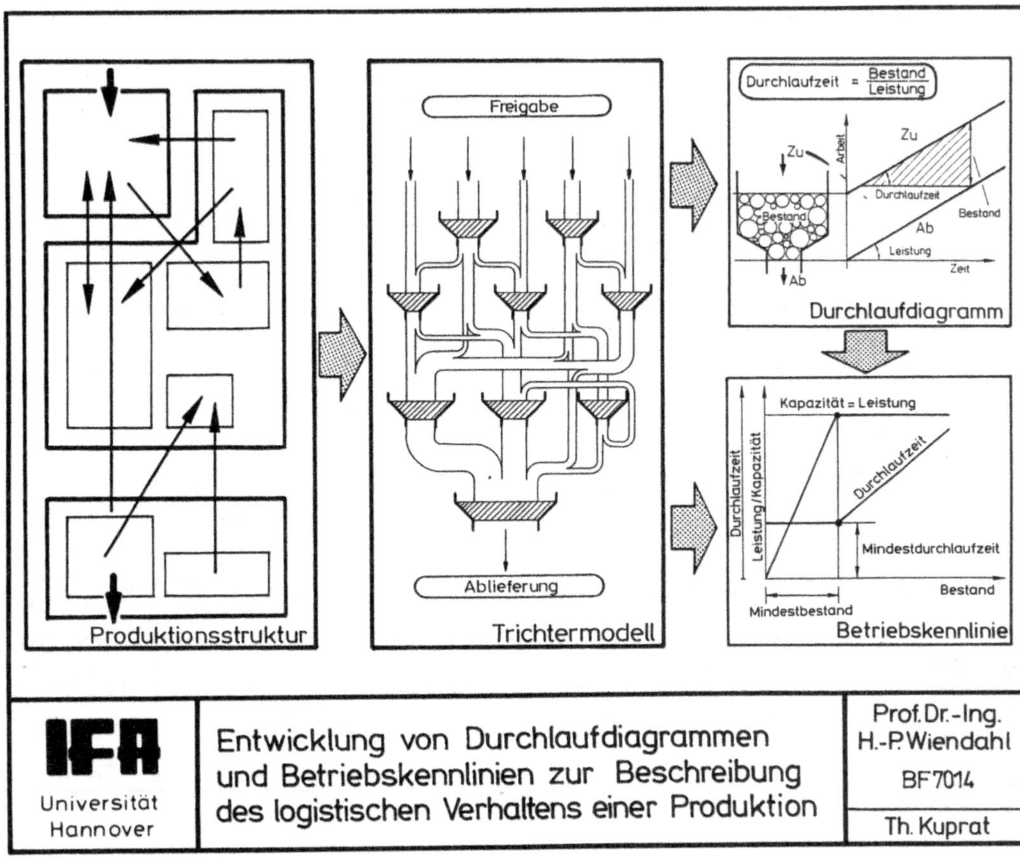
Produktionsstruktur
Freigabe
Ablieferung
Trichtermodell
Durchlaufzeit = Bestand / Leistung
Zu
Arbeit
Bestand
Ab
Durchlaufzeit
Leistung
Zeit
Durchlaufdiagramm
Kapazität = Leistung
Durchlaufzeit
Leistung/Kapazität
Durchlaufzeit
Mindestdurchlaufzeit
Bestand
Mindestbestand
Betriebskennlinie
IFA
Universität Hannover
Entwicklung von Durchlaufdiagrammen und Betriebskennlinien zur Beschreibung des logistischen Verhaltens einer Produktion
Prof. Dr.-Ing. H.-P. Wiendahl
BF 7014
Th. Kuprat

Bild 5

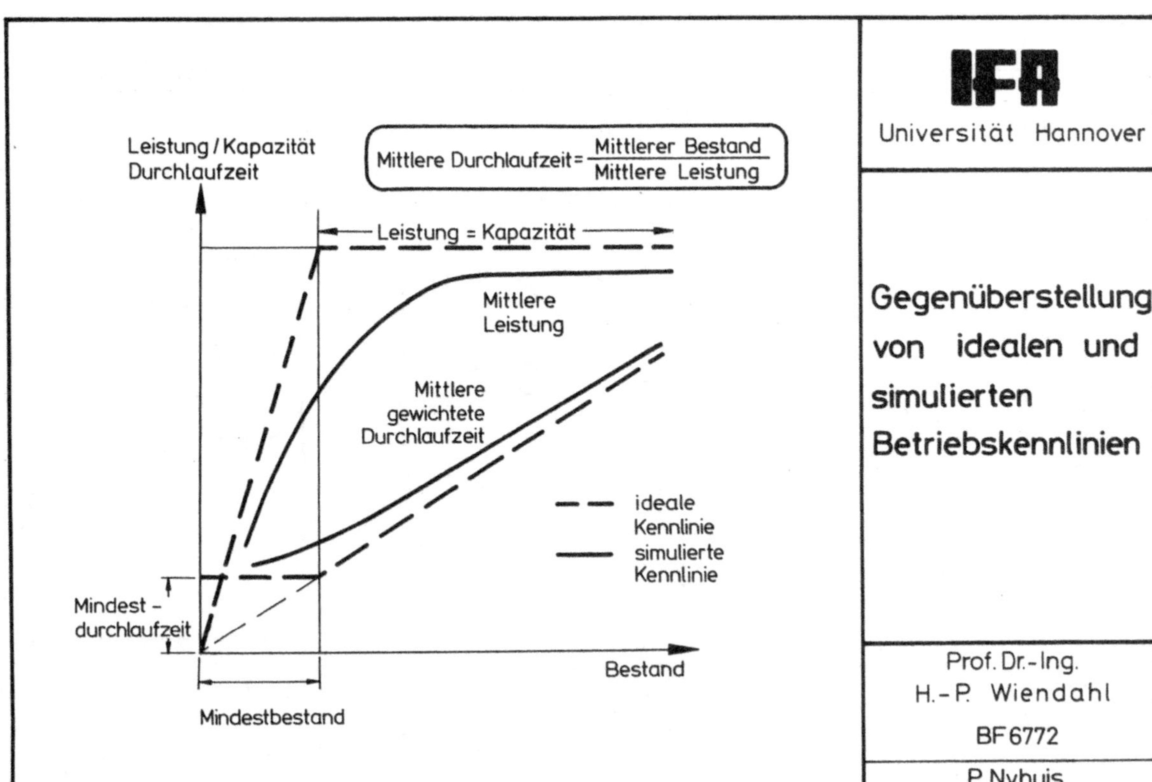
Leistung / Kapazität
Durchlaufzeit
Mittlere Durchlaufzeit = Mittlerer Bestand / Mittlere Leistung
Leistung = Kapazität
Mittlere Leistung
Mittlere gewichtete Durchlaufzeit
ideale Kennlinie
simulierte Kennlinie
Mindest - durchlaufzeit
Bestand
Mindestbestand
IFA
Universität Hannover
Gegenüberstellung von idealen und simulierten Betriebskennlinien
Prof. Dr.-Ing. H.-P. Wiendahl
BF 6772
P. Nyhuis

Bild 6

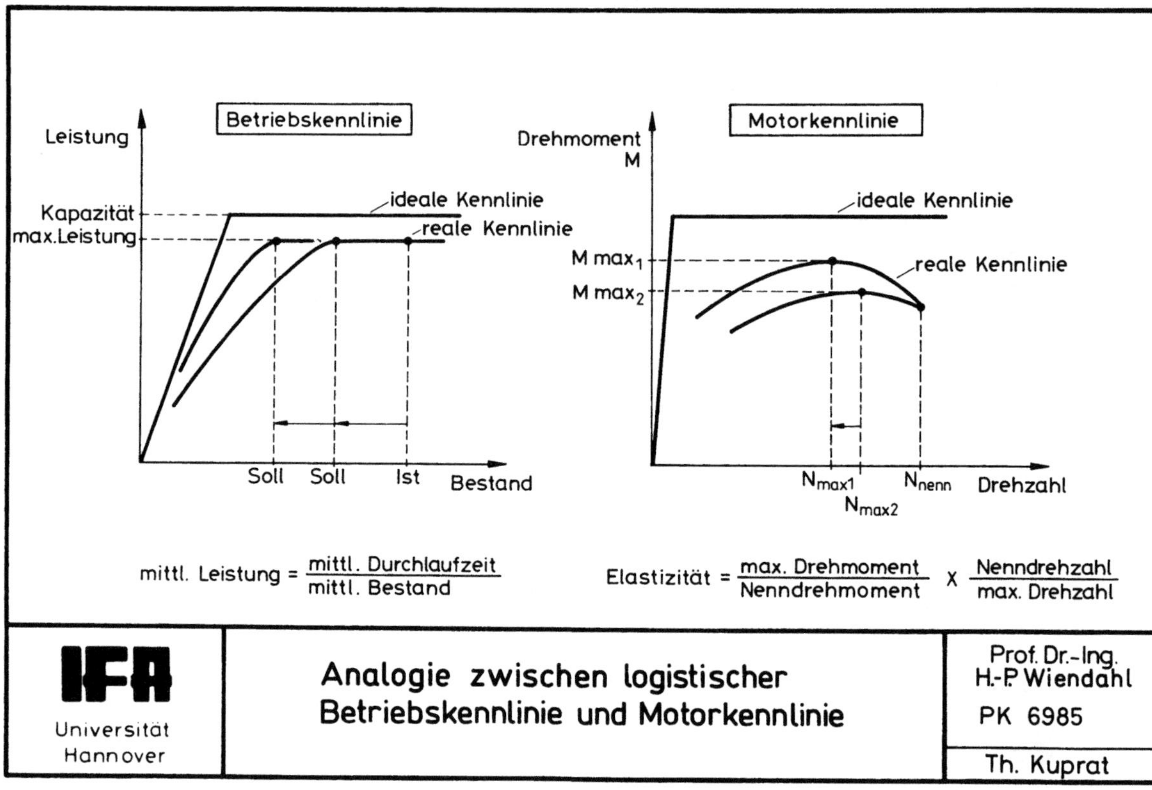
Betriebskennlinie
Leistung
Kapazität
max.Leistung
ideale Kennlinie
reale Kennlinie
Soll
Soll
Ist
Bestand
Motorkennlinie
Drehmoment
M
ideale Kennlinie
M max1
M max2
reale Kennlinie
Nmax1
Nnenn
Drehzahl
Nmax2
mittl. Leistung = mittl. Durchlaufzeit / mittl. Bestand
Elastizität = max. Drehmoment / Nenndrehmoment X Nenndrehzahl / max. Drehzahl
IFA
Universität Hannover
Analogie zwischen logistischer Betriebskennlinie und Motorkennlinie
Prof. Dr.-Ing. H.-P. Wiendahl
PK 6985
Th. Kuprat

Bild 7

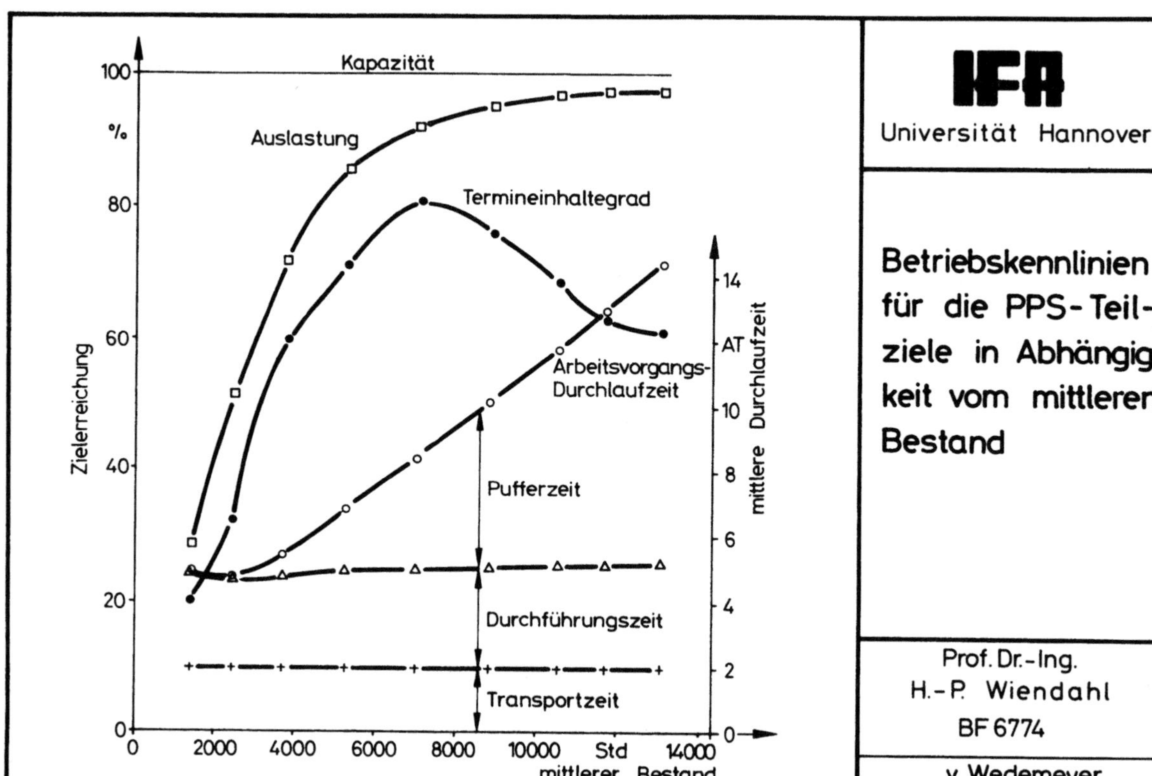
Kapazität
Auslastung
Termineinhaltegrad
Arbeitsvorgangs-Durchlaufzeit
Pufferzeit
Durchführungszeit
Transportzeit
Zielerreichung
%
100
80
60
40
20
0
mittlere Durchlaufzeit
AT
14
10
8
6
4
2
0
2000
4000
6000
8000
10000
Std
14000
mittlerer Bestand
IFA
Universität Hannover
Betriebskennlinien für die PPS-Teilziele in Abhängigkeit vom mittleren Bestand
Prof. Dr.-Ing. H.-P. Wiendahl
BF 6774
v. Wedemeyer

Bild 8

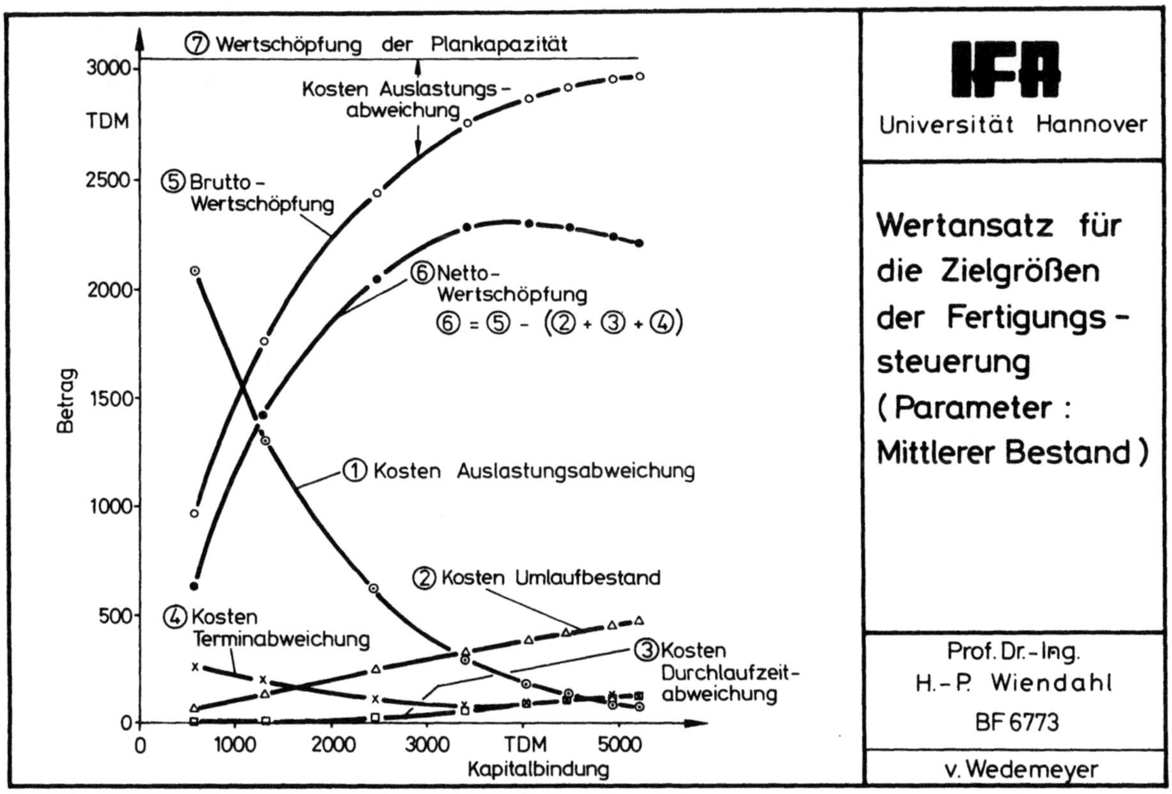

Bild 9

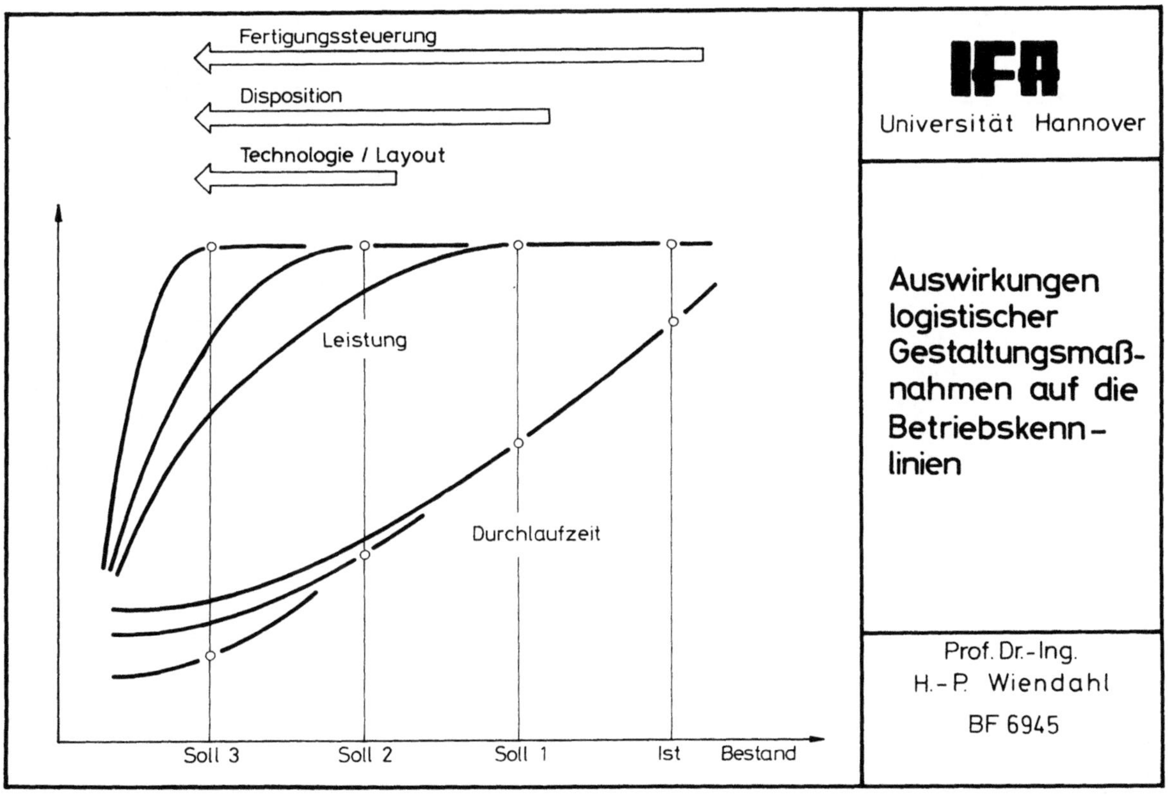

Bild 10

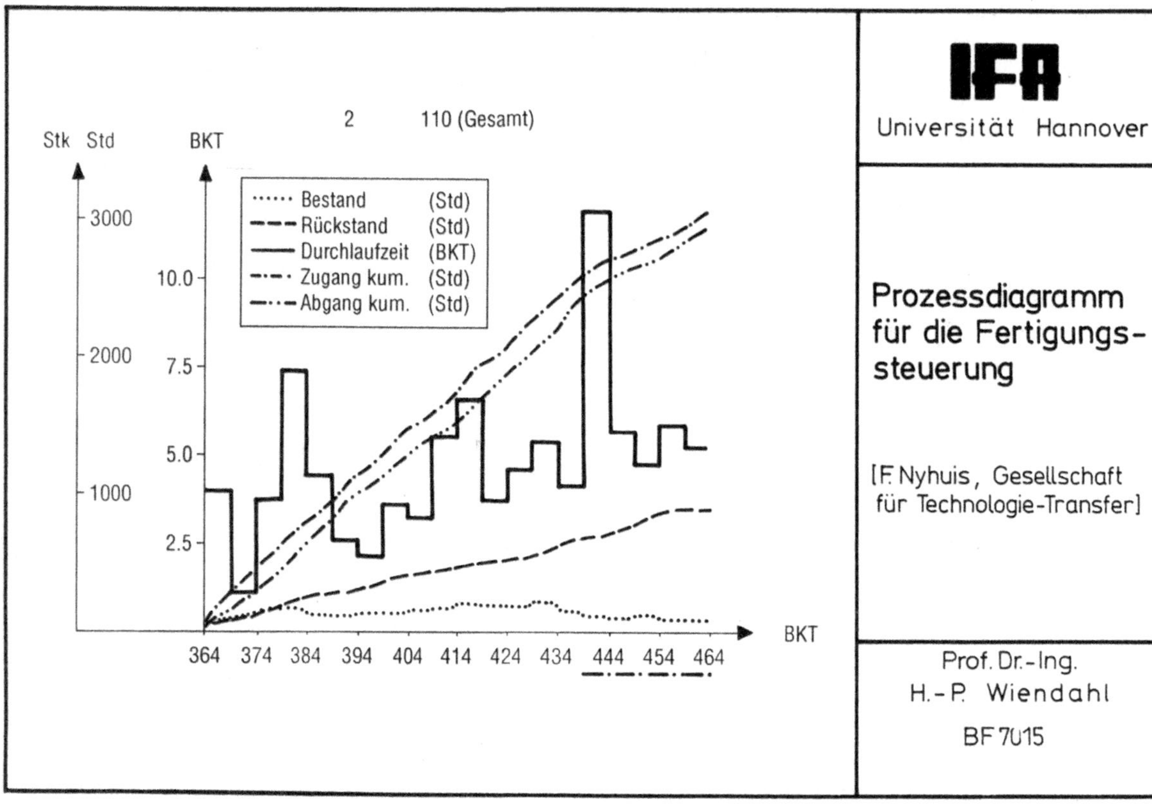

Bild 11

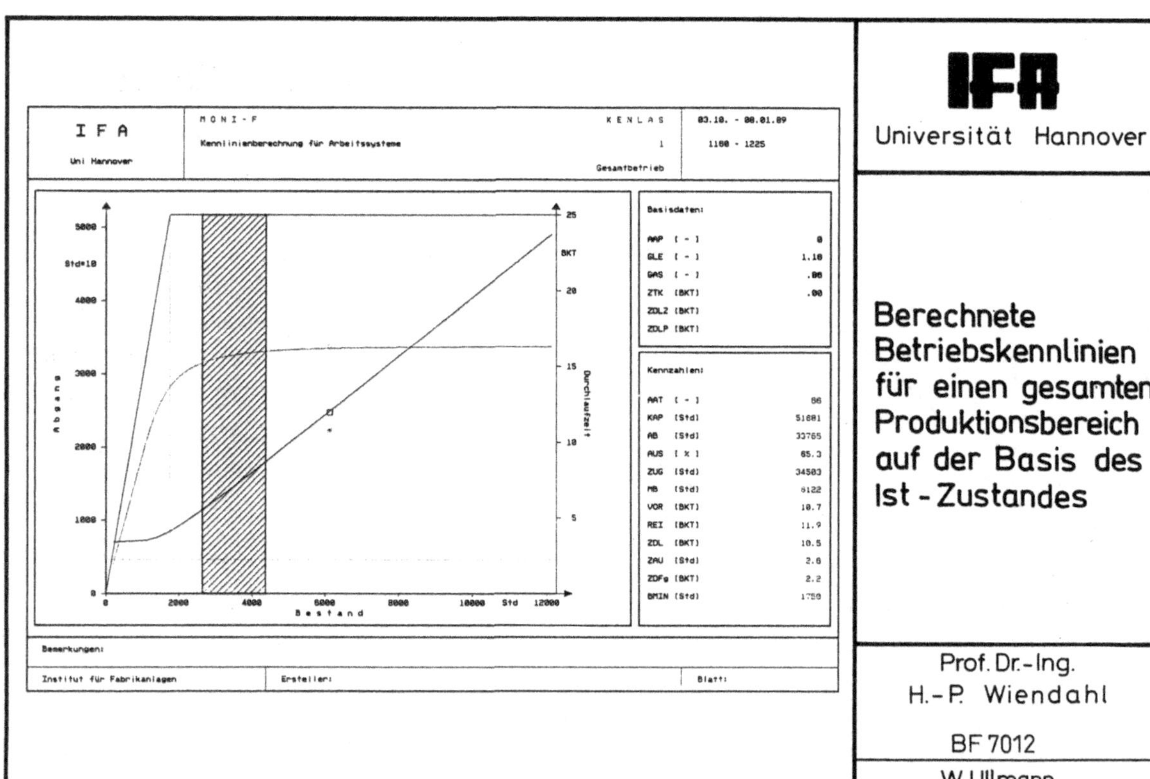

Bild 12

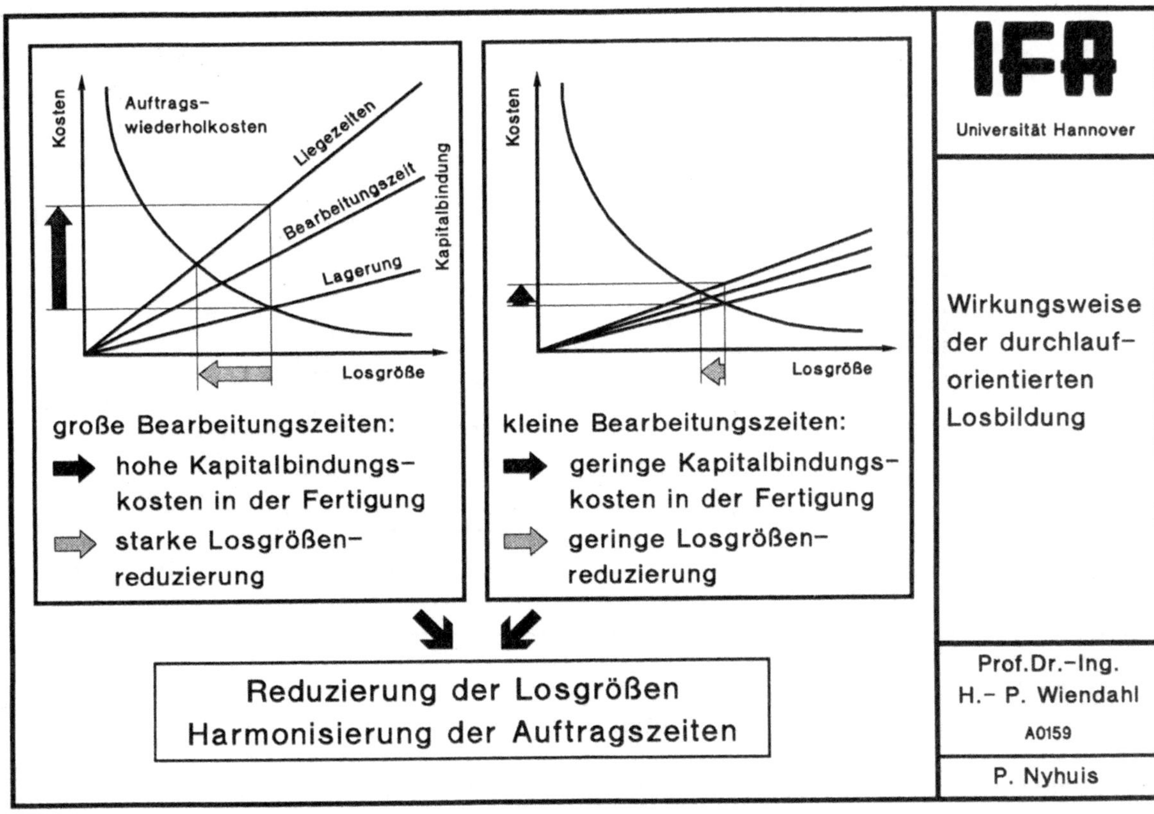

Bild 13

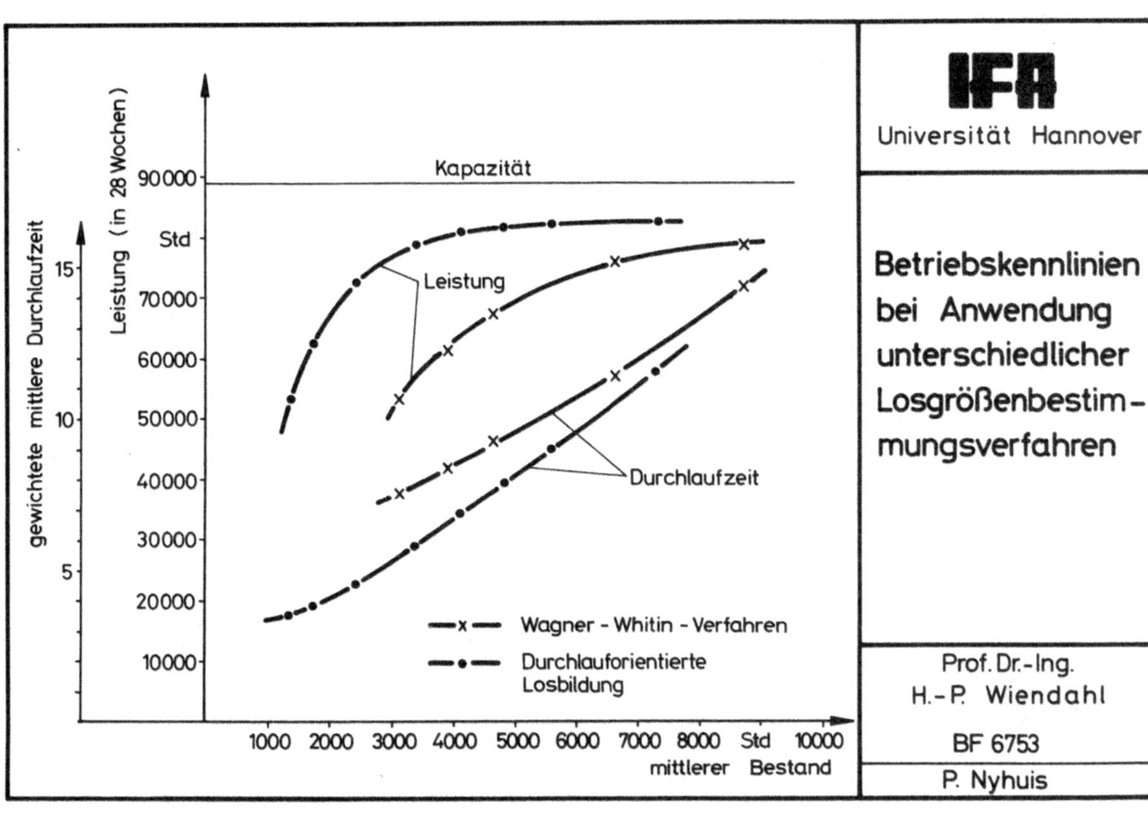

Bild 14

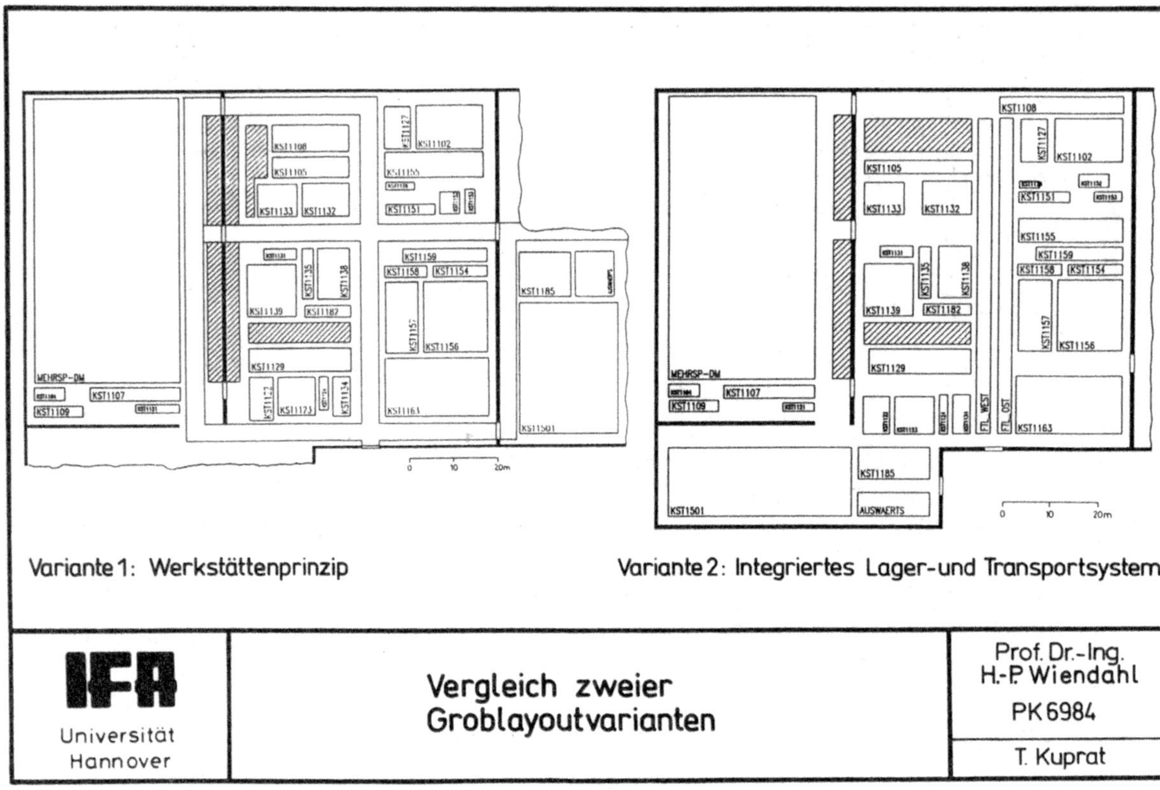

Bild 15

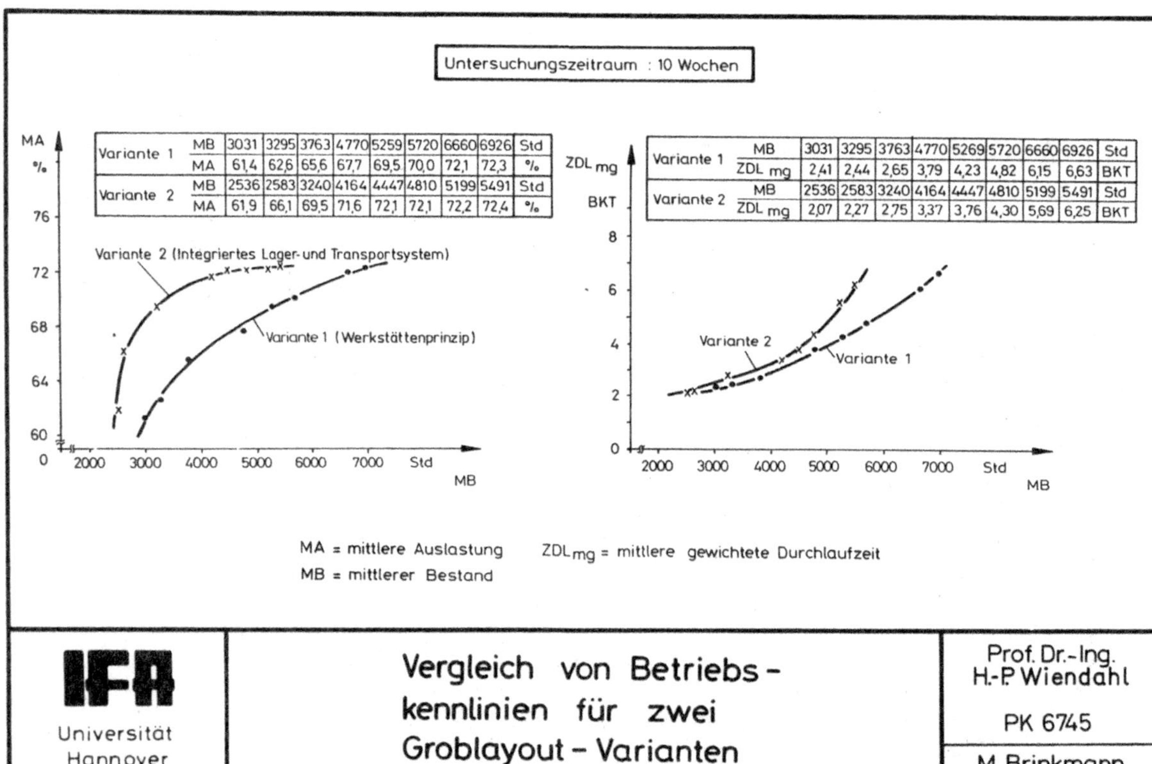

Variante 1	MB	3031	3295	3763	4770	5259	5720	6660	6926	Std
	MA	61,4	62,6	65,6	67,7	69,5	70,0	72,1	72,3	%
Variante 2	MB	2536	2583	3240	4164	4447	4810	5199	5491	Std
	MA	61,9	66,1	69,5	71,6	72,1	72,1	72,2	72,4	%

Variante 1	MB	3031	3295	3763	4770	5269	5720	6660	6926	Std
	ZDL mg	2,41	2,44	2,65	3,79	4,23	4,82	6,15	6,63	BKT
Variante 2	MB	2536	2583	3240	4164	4447	4810	5199	5491	Std
	ZDL mg	2,07	2,27	2,75	3,37	3,76	4,30	5,69	6,25	BKT

Bild 16

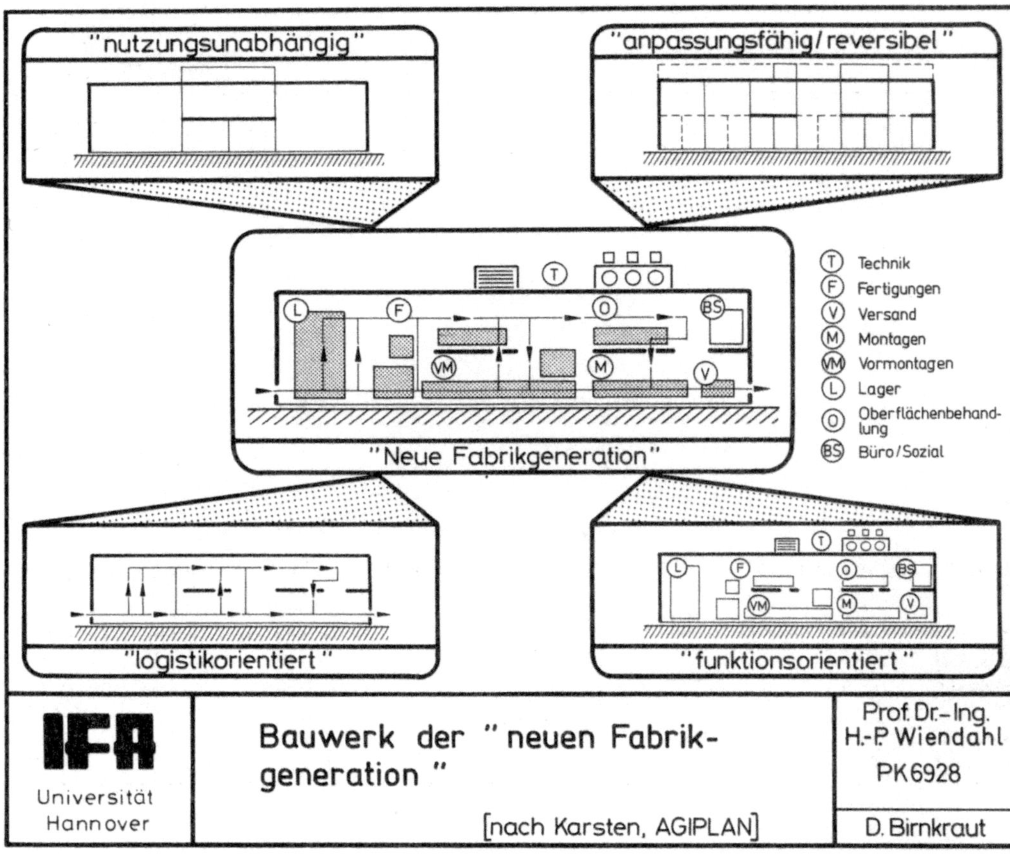

Bild 17

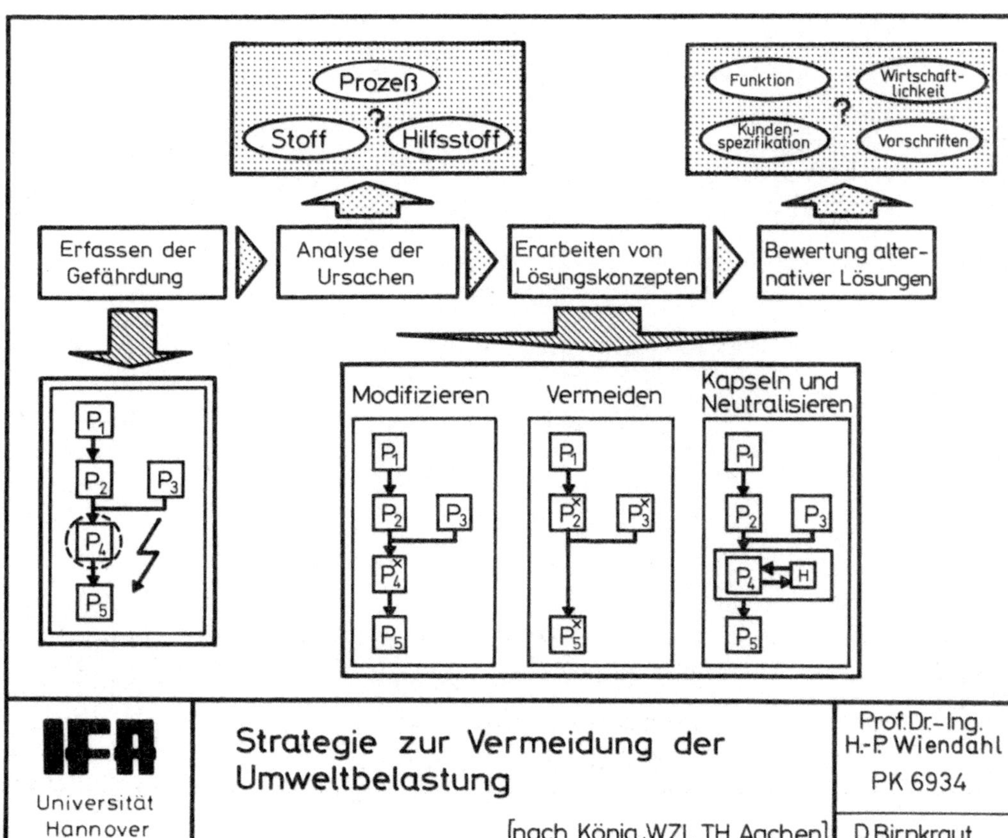

Bild 18

Münchener Kolloquium '91

Wettbewerbsfaktor Zeit in Produktionsunternehmen

28. Februar/1. März 1991
München

Neue Ansätze zur Materialflußsteuerung und zur Fertigungsregelung in einer hochautomatisierten Kleinserienfertigung

Dr. rer. pol. K.-U. Schmidt
SIEMENS NIXDORF Informationssysteme AG

Institut für Werkzeugmaschinen
und Betriebswissenschaften
Technische Universität München

Neue Ansätze zur Materialflußsteuerung und zur Fertigungsregelung in einer hochautomatisierten Kleinserienfertigung

1. Materialflußsteuerung als ganzheitliche Aufgabe

Die Erfahrung hat uns gelehrt, eine Fabrik mit ihren zur Produktion notwendigen technischen und logistischen Prozessen als ein ganzheitliches System zu betrachten. Damit wird auch der wirtschaftliche Erfolg automatisierter Fertigungsprozesse weitgehend von der systemgerechten Einbindung der dazu erforderlichen Materialfluß- und Informationssysteme bestimmt.

In diesem System kommt der Materialflußsteuerung eine zentrale Aufgabe zu, da von ihrem Funktionieren alle verketteten Ereignisse, vom Wareneingang über alle Fertigungsstufen hinweg, bis zum Versand der fertigen Güter an den Kunden, abhängen.

Dies wurde durch eine Analyse aufgetretener Störungen in Fertigungsabläufen nachgewiesen. Von den erfaßten Störungen waren 25 % technisch, aber 75 % organisatorisch bedingt. Bei den organisatorisch bedingten Störungen handelte es sich überwiegend um „fehlendes Material", das zum Fertigungsstillstand führte oder die Auslieferung einer Anlage oder eines Gerätes an den Kunden verzögerte.

1.1. Integration von Material-, Fertigungs- und Informationsfluß

In dem Werk für Geräte der Siemens Nixdorf Informationssysteme AG, das Hochleistungs-Laserdrucker und Hochleistungs-Datenspeicher entwickelt und produziert, haben wir der Forderung nach Integration von Material-, Fertigungs- und Informationsfluß Rechnung getragen. Wie aus **Bild 1** ersichtlich, lehnt sich der Materialfluß eng an den Fertigungsfluß an.

Er beginnt im Wareneingang mit der dort integrierten Wareneingangsprüfung, folgt mit einem zentralen Verkehrskanal den einzelnen Fertigungsschritten in den Fertigungshallen, um schließlich in die Endmontage einzumünden.

Die einzelnen Fertigungsbereiche werden durch Stichbahnen, die von dem zentralen Verkehrskanal abzweigen, mit Material versorgt bzw. entsorgt. Das bisher übliche Zentrallager, von dem aus die Belieferung der Werkstätten mit Materialien und Teilen erfolgte, wurde aufgelöst. Sogenannte Materialbereitstellsysteme, die auf die Anforderungen der einzelnen Werkstätten zugeschnitten und dort angeordnet sind, sind an seine Stelle getreten.

In dieses Materialfluß- und Fertigungssystem wurde ein lokales Netzwerk mit konkurrierendem Zugriff der angeschlossenen Stationen integriert **(Bild 2)**.

Dieses lokale Netzwerk gewährleistet die Kommunikation zwischen den Host-Rechnern mit dem Siemens Betriebssystem 2000, den SICOMP Prozeßrechnern, den SIMATIC-Gruppensteuerungen und den Vorortsteuerungen an Regalbediengeräten, Transport- und Fahrzeugsteuerungen sowie den Steuerungen der Werkzeugmaschinen, Automaten und Prüfgeräte **(Bild 3)**.

Es sorgt dafür, daß die notwendigen Informationen rechtzeitig zu den automatisierten Fertigungszellen und Fertigungssystemen und Prüfautomaten sowie Materialbereitstellungssystemen, Stetigförderern und „Fahrerlosen Transportfahrzeugen" fließen und die Rückmeldung über ausgeführte Lager-, Transport- und Fertigungsaufträge an die Leitzentralen erfolgt.

Eine detaillierte Beschreibung des lokalen Netzwerkes kann hier nicht vorgenommen werden, weil sie den Rahmen des Vortrages sprengen würde 1).

1.2. Standardisierte Transport- und Lagermittel für die automatisierte Nachschubsteuerung des Materials

In unserem Werk kommen zwei sich ergänzende Transportsysteme zum Einsatz **(Bild 4)**:

1.2.1. der Stetigförderer (SF) und

1.2.2. das fahrerlose Transportsystem (FTS).

Damit gehören im eingeschwungenen Zustand, d.h. bei vollautomatischem Betrieb, mittels Personen gesteuerte und bediente Stapler und Elektrokarren der Vergangenheit an.

1.2.1. Das Stetigförderersystem

Die Schlagader des gesamten Transportes ist das in vier Meter Höhe über Flur installierte Stetigförderersystem. Es ist als Doppel-Gurtbahn ausgeführt. Die Bahn in Richtung des Fertigungsflusses transportiert die gefüllten Behälter zu den in den Fertigungshallen installierten Materialbereitstellungssystemen (MBS). Die andere Bahn dient der Rückführung der Leerbehälter in den Behälterkreislauf im Wareneingang **(Bild 5)**.

Übergabestationen mit Aufzugsfunktionen ermöglichen das Anheben bzw. Absenken der Behälter auf das Niveau der Transportebene des Stetigförderers. Dieses Stetigförderersystem bewältigt

85 % der Transportvorgänge im Werk. Es befördert ca. 350 Behälter/Std. mit einer Geschwindigkeit von 0,5 m/Sek. und einem Behälterabstand von 5 Metern. Das Stetigförderersystem beschickt vollautomatisch die Materialbereitstellungssysteme der Fertigungsbereiche mit Teilen aus dem Wareneingang bzw. mit vorgefertigten Teilen aus den Vorfertigungsbereichen. Damit muß es relativ wenig Ziele, etwa 40 Quell- und Zielbahnhöfe, ansteuern.

Da dieses Stetigförderersystem nur kleine bis mittelgroße Teile transportiert, die in speziell dafür vorgesehenen Eurofix-Behältern Platz finden, kann man mit einer relativ geringen Breite der Gurtbahn des Stetigförderers auskommen.

Alle größeren Teile müssen mit dem fahrerlosen Transportsystem, dem FTS, befördert werden.

1.2.2. Das Fahrerlose Transportsystem (FTS)

Bei dem flurgebundenen FTS wickeln 16 von Leitrechnern gesteuerte Fahrzeuge den automatischen Transport der Europaletten und Gitterboxen ab.

Wenn wir das Stetigförderersystem als die Hauptschlagader des Transportsystems und damit des Materialflusses bezeichnen, dann erfüllt das flurgebundene FTS die Aufgabe der vielen kleinen Blutadern und Äderchen, die das Blut in jede Zelle des Körpers bzw. das Material an jede gewünschte Stelle des Fertigungsgeschehens verteilt /4/.

Das FTS bewegt sich auf verästelten Wegen mitten in den Fertigungshallen an den verschiedenen Arbeitsplätzen vorbei. Sein Schwerpunkt liegt vor allem in den Montagehallen, denn dort gilt es, großvolumige Teile, wie Aggregate oder auch fertige Geräte, zu transportieren. Der Fahrkurs der FTS-Fahrzeuge ist ca. 4.000 m lang. Die Fahrzeuge folgen den Spuren, die im Hallenboden eingefräst sind. Rund 1.000 Haltepunkte können angesteuert werden und über die Hälfte der 1.000 Bahnhöfe werden vollautomatisch durch das FTS be- oder entladen. Nur der Rest der Bahnhöfe wird manuell von Mitarbeitern bedient.

Mit den hier beschriebenen automatischen Transportsystemen, dem Stetigförderer und dem FTS, werden ca. 40.000 unterschiedlich große Teile bzw. Aggregate, bis zu fertigen Geräten, befördert.

In der Warenannahme und in den Fertigungshallen bewegen sich auf diese Weise bis zu 150.000 verschiedene Behälter und etwa 3.000 Paletten und Gitterboxen, deren Inhalt und jeweiliger Standort bzw. Bewegungsvorgang dem Leitrechner des Transportsystems zu jeder Zeit bekannt ist.

Abgesichert wird dies mittels einer durchgängigen, eng mit dem System gekoppelten Informationsverarbeitung, die die Verknüpfung der Funktionen Wareneingang, Lager, Transport, Fertigung und Auskünfte in Gestalt der Behälterdatei überhaupt erst möglich macht **(Bild 6)**.

1.3. Dezentrale Materialbereitstellungssysteme zur Versorgung der Fertigungslinien in Vorfertigung und Montage

Der Konzeption dieser Materialbereitstellungssysteme lagen die Prämissen zugrunde, daß der personelle Material- Handlingsaufwand möglichst niedrig sein soll, mit geringen Beständen, aber hohen Umschlagfaktoren, die Materialversorgung des Werkes abgesichert und die Durchlaufzeit für die Auftragsverarbeitung im Fertigungsbereich wesentlich, das heißt um ca. 70 %, reduziert wird.

Für das Materialhandling heißt das:

- Ware nur einmal (am besten keinmal) in die Hand nehmen
- (Lieferbehälter) = Transportbehälter = Lagerbehälter = Materialentnahmebehälter am Arbeitsplatz und
- Liefermenge = Lagermenge = Transportmenge = Einbaumenge am Arbeitsplatz.

Hierzu ist das Behälterproblem, und im Zusammenhang mit der Realisierung der automatisierten Materialflußsteuerung, auch das Adressierungsproblem zu lösen. Beide Probleme werden wir mit der Werksgrunddatenbank als Basis der Materialflußsteuerung abhandeln.

Die dezentralen Materialbereitstellungssysteme stellen eine wesentliche Komponente der betrieblichen Logistik dar. Trotz aller Versuche, den Materialfluß so zu steuern, daß man ohne Lager oder Puffer auskommen kann, ist uns das bis heute nicht gelungen.

Mit unserem Lagerkonzept sind wir bewußt von dem seit Jahrzehnten genutzten zentralen Hochregallager abgewichen. Wir haben uns für mehrere dezentralisierte Lager entschieden, die den einzelnen Fertigungsbereichen zugeordnet sind.

Diese Lager sind voll auf die Bedürfnisse des jeweiligen Fertigungsbereiches abgestimmt. Sie bieten den Verbrauchern die Teile von der vollautomatischen Versorgung bis zur manuellen Entnahme des bereitgestellten Materials aus Handfächern am Arbeitsplatz an.

Diese neuen Lagersysteme nehmen also nicht nur die Funktion „Aufbewahren" oder „Pufferlager" wahr, sondern erfüllen auch die Funktion der Materialbereitstellung. Deshalb bezeichnen wir auch diese Art Lager als Materialbereitstellungssysteme, kurz MBS genannt.

Mit diesem Prinzip können die Materialbestände merklich gesenkt werden, da das Material in diesen Systemen nicht „ruhend lagert", sondern im Zusammenhang mit dem fließenden Fertigungsprozeß nur „durchgeschleust" wird.

2. Werksgrunddatenbank - Basis der Materialflußsteuerung

Die Werksgrunddatenbank ist die zentrale Drehscheibe für die Informations- und Datenverarbeitung **(Bild 7)**.

Sie ist der Integrator für Technik, Logistik und Informatik. Sie knüpft die Verbindungen zu den Produktions-, Planungs- und Steuerungssystemen. Sie ist die Basis für rechnergestütztes Planen sowohl im Entwicklungs- und Konstruktionsbereich als auch im Bereich der Fertigungsvorbereitung und schließlich auch der rechnergestützten Fertigung mit integriertem Materialfluß.

Die wesentlichen Dateien der Werksgrunddatenbank sind im **Bild 8** aufgezeigt.

Sie finden hier die Dateien, die zum Beispiel über die Erzeugnis-Struktur, die Arbeitspläne, Arbeitsplätze, Bau- und Stücklisten usw. Informationen gespeichert haben. Die Automatisierung des Materialflusses, bis hin zur Versorgung der einzelnen Arbeitsplätze in den Fertigungsbereichen, machte jedoch einen Ausbau der Werksgrunddatenbank erforderlich. Sie mußte um Daten über Transporteinheiten, Logistik, Container und Gitterboxen sowie Transportadressen erweitert werden.

In diesem Zusammenhang sollen nun einige wesentliche Komponenten, die für das Funktionieren des automatisierten in die Fertigung integrierten Materialflußsystems erforderlich sind, beschrieben werden.

2.1. Das Behälterproblem

Im Zusammenhang mit den Fertigungsabläufen und -schritten muß das Werk für Geräte ein vielseitiges Produkt- und Teilespektrum transportieren und bereitstellen, in Summe ca. 42.000 Positionen.

Der vollautomatische Ablauf dieses Prozesses erfordert ein dafür entsprechend angepaßtes Behälterspektrum. Dazu ist eine systemtechnische Teile- und Behälteranalyse durchzuführen, die dabei sowohl die betrieblichen als auch Marktaspekte sowie die Handlingsstrategien berücksichtigt **(Bild 9)**.

Zu den „betrieblichen Aspekten" sind das Teilespektrum mit seinen Maßen und Gewichten, die Dispositions- und Bestandsstrategien und die Platzökonomie mit dem Fassungsvermögen der Materialbereitstellungssysteme sowie die verfügbare Fläche am Arbeitsplatz zu zählen. Der Marktaspekt berücksichtigt das Angebot an Standardbehältern.

Der Markt bot uns folgende Behältergrößen an:

- die Eurofix-Kiste mit einer Grundfläche von 600x400 mm in verschiedenen Varianten. Diese schienen uns besonders für die vielen kleinen und mittelgroßen Teile als geeignet.
- die Euro-Palette mit einer Grundfläche von 1200x800 mm sowie
- die Gitterbox mit einer Grundfläche von 1240x835 mm, die beide für die Beförderung und Beistellung der großen Teile in Frage kamen.

Als weitere Kriterien mußten bei unseren Überlegungen sowohl die physikalischen als auch die dispositiven Einflußgrößen, also Maße und Gewicht sowie Zieh- oder Kommissionierteil, Berücksichtigung finden **(Bild 10)**.

Zur Lösung dieses Problems wurde ein Rechenmodell geschaffen, das die Aufgabe hatte, unser Teilespektrum dergestalt auf die vom Markt angebotenen Behälter aufzuteilen und einzufüllen, daß dabei die Nebenbedingungen, wie Geometrie und Gewicht der Teile, Bedarfs- und Umschlaghäufigkeit, Versorgungs- und Bestandsstrategie sowie Platzökonomie der Materialbereitstellungssysteme bzw. des Arbeitsplatzes, eingehalten wurden.

Das folgende Bild zeigt als Ergebnis des Rechenmodells die wesentlichen Behältertypen des automatisierten Materialflusses **(Bild 11)**. Eine Besonderheit ist hierbei der Kleinbehälter vom Typ A. 16 dieser Kleinbehälter sind auf der Grundfläche des Eurofix-Behälters angeordnet. Stellt man diese Behälter auf ein Tablar, so können auch sie von dem automatischen Transportsystem befördert werden.

Diese Kleinbehälter sind eine spezielle Entwicklung für unser Werk. Für das automatische Entladen aus den Lagergassen wurde ein spezieller Kommissionier-Roboter entwickelt, der „Huckepack" auf dem Regalbediengerät mitfährt, um gezielt einzelne Kleinteilebehälter aus dem Tablar herausgreifen zu können **(Bild 12)**.

2.2. Das „Adressierungsproblem"

Im Zusammenhang mit dem „Fahrerlosen Transportsystem" erwähnte ich schon, daß dieses in der Lage sein muß, jeden Punkt in den Fertigungshallen anzusteuern, um dort Teile hinzubringen bzw. abzuholen.

Zur Lösung dieser Aufgabe wurde für das Werk ein universelles Adressierungssystem festgelegt. Wie aus dem Bild ersichtlich, ist es dem Hallenlayout angepaßt und überzieht alle Hallen mit einem Koordinatennetz **(Bild 13)**. Die Koordinatenbezeichnung ist auch für die Mitarbeiter deutlich sichtbar an den Wänden der Hallen angebracht.

Damit wurde ein eindeutiges Orientierungssystem geschaffen, das die bisherigen Lieferstellennummern, die sich an den Kostenstellen- und Werkstattnummern anlehnten, ergänzt. Diese neuen Adressen müssen im Grunddatenverfahren für jeden Transportvorgang gespeichert werden, um den Materialfluß vollständig steuern zu können.

2.3. Die Struktur der Arbeitsplätze

Am Beispiel der Aggregatemontage soll die Struktur der Arbeitsplätze beschrieben werden **(Bild 14)**.

An den Stirnseiten der Arbeitsplätze sind die Arbeitstische angeordnet. Rechts- und linksseitig stehen die sogenannten Montage-Container, aus denen die Versorgung des Arbeitsplatzes mit dem dort benötigten Material erfolgt. Das „Fahrerlose Transportsystem FTS" liefert die kleinen und mittelgroßen Teile mittels der Montage-Container an. Die größeren Teile werden von dem FTS auf Paletten oder in Gitterboxen herantransportiert.

Damit nun jedes Teil an den richtigen Montageplatz und dort wiederum an die richtige Anlieferstelle befördert wird, müssen auch die Montagearbeitsplätze selbst wiederum dv-technisch genau beschrieben werden - ausführlicher noch als früher, als die Versorgung dieser Arbeitsplätze noch über manuelle Transportvorgänge erfolgte.

Hierzu wurde jeder Montageplatz analysiert. Anhand der Stücklisten wurde abgeleitet, welche Teile bzw. Aggregate hier montiert werden sollen. Die geometrischen Abmessungen der zu montierenden Teile und die Häufigkeit ihres Bedarfs bestimmen die erforderlichen Behältergrößen bzw. spezifischen Transporteinheiten.

Alle diese Daten müssen in den Grunddatenspeicher eingegeben werden und bieten somit Gewähr, daß die Leit- bzw. Zellrechner das zur Montage erforderliche Material an die hierfür vorgesehenen Plätze steuern.

Für selten benötigte Teile - zum Beispiel für spezielle Kundenvarianten - besitzt die Montageinsel sogenannte „Verfügungsplätze".

2.4. Der Montage-Container

Der Montage-Container ist unter dem Aspekt des automatischen Materialflusses der Kern einer jeden Montageinsel **(Bild 15)**.

Er ist speziell auf die Anforderungen des Arbeitsplatzes, dem er zugeordnet ist, abgestimmt. Er besitzt eine eigene Container-Nummer, die datentechnisch mit den Grunddaten des zugehörigen

Montagearbeitsplatzes verknüpft ist. Die Fächer des Containers sind so eingerichtet, daß er alle Teile, die zur Montage benötigt werden, in den dafür festgelegten Behältergrößen aufnehmen kann. Die daten- und programmtechnische Verknüpfung des Materialbereitstellungssystems (MBS) mit dem Dv-Verfahren der Montagesteuerung liefert dann dem MBS die Information, welche Behältertypen mit welchen Teilen in welche Fächer eines Montage-Containers mittels der Regalbediengeräte einzuordnen sind **(Bild 16)**.

Die von dem Prozeßrechner des MBS gesteuerten Regalbediengeräte beladen dann die leeren Fächer der an der Lagergasse angedockten Montage-Container in der gleichen Weise, wie sie sonst einen Einlagerungsvorgang in ein Fach der Lagergasse vornehmen.

3. Die Steuerungsstrategie

Die Steuerung und Überwachung eines derart komplexen Fertigungs- und Materialflußsystems **(Bild 17)** erfordert im Gesamtkonzept der Werksverfahren eine klare Aufteilung in planerische, produktionssteuernde, prozeßsteuernde und prozeßausführende Tätigkeiten **(Bild 18)**.

Auf der Ebene der Produktionsplanung erfolgt aufgrund der Auftragseingangsprognosen die Bereitstellung von Fertigungskapazitäten sowie die Eindeckung mit Material, dessen Beschaffungs- bzw. Wiederbeschaffungszeiten länger als die zur Abwicklung des Kundenauftrages erforderliche Durchlaufzeit sind.

Dabei gilt, daß das Material - wo immer es geht - auf der niedrigsten Veredelungsstufe in den Materialbereitstellungssystemen vorgehalten werden soll. Erst der tatsächlich eingehende Kundenauftrag gibt dann mit seiner Einplanung in die Montage über das Montageregelungsverfahren den Anstoß zur Materialversorgung und damit zur Fertigung **(Bild 19)**.

3.1. Das Montagesteuerungsverfahren

Das Montagesteuerungsverfahren kennt die Kundenaufträge mit ihrem variantenspezifischen Ausbau. Es registriert den entsprechenden Werkstattbestand an jedem Montageplatz durch entsprechende Zu- und Abgangsmeldungen.

Bei den sogenannten Ziehteilen wird der Nachschubbedarf automatisch mit der Leermeldung des entsprechenden Behälters an das MBS gemeldet und damit die Nachbelieferung eingeleitet. Mit diesem „Just-in-time"-Steuerungsprinzip werden nicht nur die Ziehteile des MBS, sondern auch die Teile aus den vorgeschalteten Werkstätten, wie zum Beispiel Dreherei, Fräserei, Blechbearbeitung und Elektronikfertigung, zur Lieferung angestoßen. Am Beispiel der Aggregate-Montage sollen diese Vorgänge noch einmal veranschaulicht werden.

Sind an den Montageplätzen **(Bild 14)** von den Mitarbeitern über Terminals Behälter der Montage-Container leergemeldet worden, so werden diese Montage-Container vorwiegend in der dritten „mannarmen" Schicht von den Fahrzeugen des FTS abgeholt und an das MBS übergeben. Dort werden die Container an ihrer „Heimatgasse" angedockt und von den Regalbediengeräten automatisch wieder bestückt **(Bild 20)**.

Ist dieser Vorgang abgeschlossen, holt das FTS den Montage-Container ab und bringt ihn an seinen

Arbeitsplatz zurück. Am nächsten Morgen findet der Werker seinen Arbeitsplatz wieder mit dem benötigten Material versehen vor.

Die Masse der Auslagerungen, das sind gut 85 %, vollzieht sich auf diese Art und Weise. Die restlichen 15 % des Materials, hierbei handelt es sich um kundenspezifische Ausbauten, die kommissioniert werden müssen, werden ebenfalls mittels Montage-Containern per FTS an ihre Arbeitsplätze befördert. Dort werden sie auf sogenannte „Verfügungsplätze" abgestellt.

Das Zusammenspiel der beiden Transportsysteme „Stetigförderer" und „Fahrerloses Transportsystem" mit den Funktionen des Wareneinganges und der Materialbereitstellungssysteme in den Fertigungshallen führt schließlich, gesteuert durch die Endmontage, zu dem Materialfluß, angepaßt an die Anforderungen der einzelnen Fertigungsbereiche, zu einer reibungslosen Materialver- und -entsorgung jedes einzelnen Arbeitsplatzes.

Dieses ganze Geschehen wird gesteuert und überwacht von dezentralen Fertigungsleitständen, die ihre Befehle und Anstöße wiederum von den Großrechnern, auch „Host" genannt, erhalten.

Dabei ist dieses CIM-Gesamtsystem so aufgebaut, daß die Leitstände der Prozeßsteuerung auch losgelöst von den Großrechnern für mindestens zwei Tage autonom arbeiten können **(Bild 21)**.

Der Nachteil dieses Montagesteuerungsverfahrens liegt darin, daß es - wie der Name auch sagt - die Abläufe nur steuert und überwacht. Auftretende Störungen in den Abläufen werden zwar durch das System erkannt und gemeldet, aber ein Regelmechanismus, der aufgrund einer eingetretenen Störung sofort und nahezu automatisch Gegenmaßnahmen in Gang setzt, besteht nicht. Deshalb haben wir in Zusammenarbeit mit Herrn Prof. Milberg und seinem Institut für Werkzeugmaschinen und Betriebswissenschaft an der TU München versucht, das Problem der Fertigungsregelung einer Lösung zuzuführen.

Dabei kommt es uns darauf an, in das von mir beschriebene System zusätzliche Regler einzubauen. Damit soll eine rein vorwärts gerichtete, auf Plangrößen aufbauende Steuerung des Fertigungsprozesses so umgebaut werden, daß die Steuerung auf die Daten der aktuellen Situation aufsetzen kann und somit eine Regelung des Auftragsdurchlaufs ermöglicht wird.

3.2. Fertigungsregelung mittels Fertigungsleitstands

Für die Realisierung eines regelnden Produktionsleitsystems sind die Steuerungsfunktionen der PPS- bzw. Werkstattleitsysteme um die Funktion „Erfassung und Überwachung" der Fertigungs- und Montagestände eines Werkstatt- bzw. Kundenauftrages zu erweitern **(Bild 22)**.

Die Überwachung von Auftragsfortschritten und Materialbeständen läßt sich dabei durch ein Monitorsystem bewerkstelligen, das die Ist-Situation und Vergangenheit des Produktionsprozesses sowie die Planungen für die nächste Zukunft visualisiert. Ein Expertensystem analysiert Fertigungs- bzw. Montage- oder Materialstände, erkennt Handlungsbedarf und schlägt geeignete Maßnahmen zur Störvermeidung bzw. Störbehebung vor.

Ein Simulationsmodell gestattet „Was-wäre-wenn-Betrachtungen" und erlaubt somit ein schrittweises Vorgehen bei der Entscheidungsfindung. Statistische Auswertungen der Durchlaufzeiten und Bestandshöhen verschaffen Zusatzinformationen und helfen, sich abzeichnende Trends zu erkennen.

Der Übergang von der Fertigungssteuerung zur Fertigungsregelung kann stufenweise vollzogen werden. Bestehende Werkstattsteuerungssysteme können dabei schrittweise um zusätzliche, zunächst eigenständige Systeme ergänzt werden **(Bild 23)**.

Ein besonders wichtiges Instrument der Fertigungsregelung ist die Simulationstechnik. Mittels eines Simulationsmodells können der Fertigungsablauf, der Materialfluß und die Informationsströme, wenn auch vereinfacht, abgebildet werden. Damit ist man in der Lage, Auftragsdurchläufe nachzubilden und den Stand der jeweilig voneinander abhängigen Unteraufträge im Fertigungsprozeß aufzuzeigen **(Bild 24)**.

Denn bei mehrstufigen Fertigungsprozessen kommt es besonders darauf an, die zur Aggregate- bzw. Endmontage erforderlichen Teile und Komponenten der Vorstufen vor der folgenden Montage zu synchronisieren.

3.3. Die Fertigungssimulation, ein Instrument des Störgrößenmanagements

In meinen Ausführungen deutete ich schon an, daß das Simulationsmodell, das einen Fertigungsablauf abbildet, sich nicht nur dafür eignet, Ist-Zustände zu erfassen und gegen Soll-Zustände zu spiegeln, sondern auch „Was-wäre-wenn-Betrachtungen" gestattet.

Damit bietet die Simulationstechnik die Möglichkeit, per Modell Störfälle, wie sie in der Praxis eintreten können, durchzuspielen und dafür Strategien zu deren Behebung zu erarbeiten.

Eine tiefergehende Behandlung dieses Themas ist hier leider nicht möglich und muß einem speziellen Beitrag vorbehalten bleiben. Der Vollständigkeit halber sollte dieses Thema zumindest hier erwähnt werden. Dabei soll das letzte Bild zeigen, in welche Richtung die Untersuchungen des Institutes für Werkzeugmaschinen und Betriebswissenschaften zielen und wie schön es für den Praktiker wäre, über ein kaskadiertes Regelsystem zur Optimierung des Auftragsdurchlaufs in der Produktion zu verfügen und gleichzeitig dieses Instrument als Störgrößenmanagement einzusetzen **(Bild 25)**.

1) Siehe jedoch hierzu:

G. Börnecke, „Die Rolle der Kommunikationstechnik in Materialflußsystemen", VDI Berichte Nr. 660, 1987

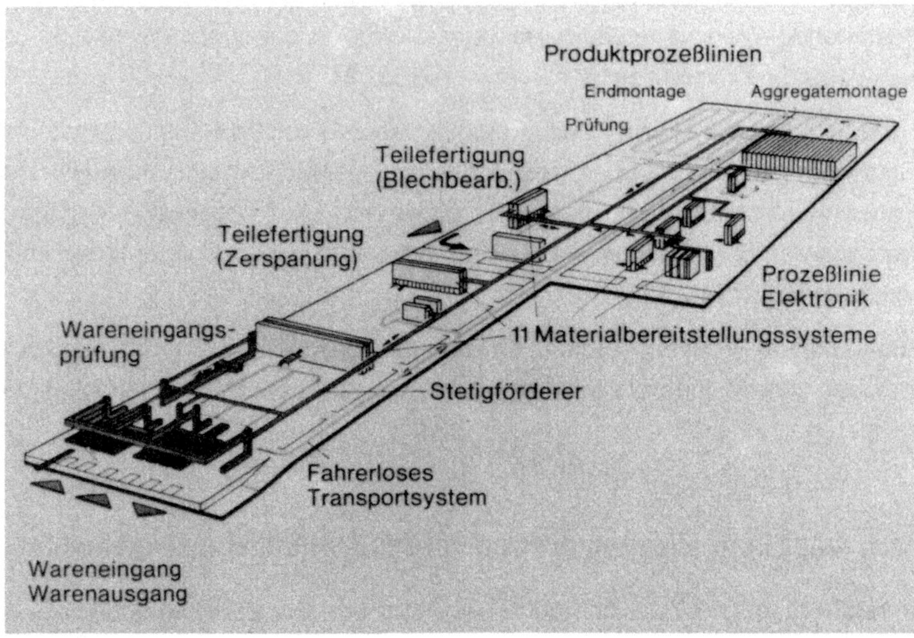

SIEMENS NIXDORF	**Automatisierter Materialfluß**	Bild Nr. 1 WG Poing

Bild 1

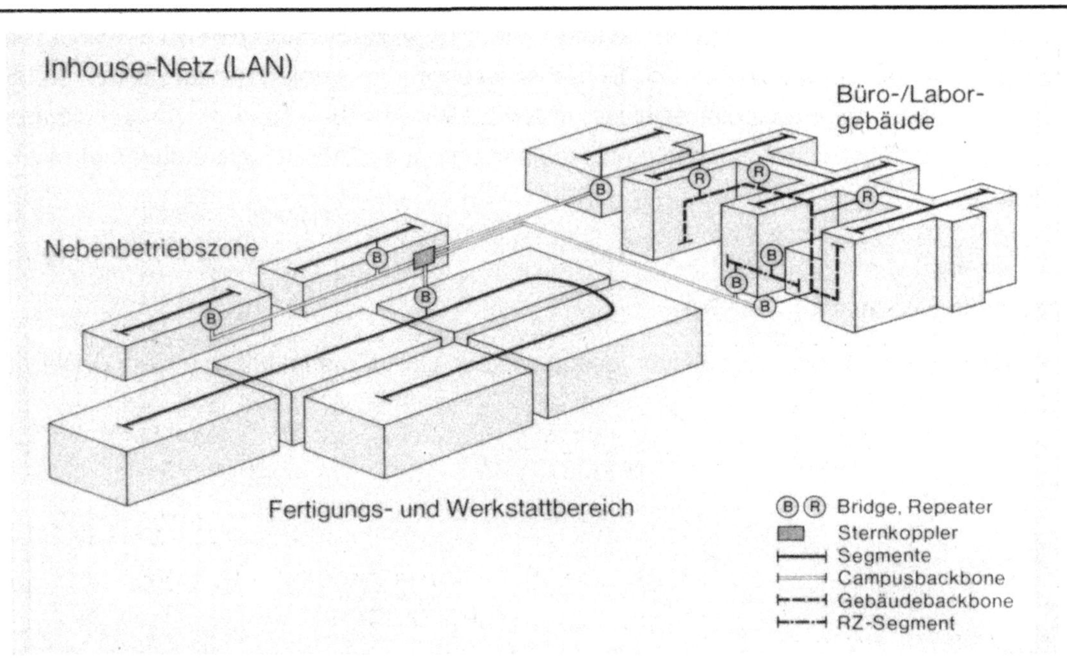

SIEMENS NIXDORF	**Netzarchitektur, Local Area Network (LAN)**	Bild Nr. 2 WG Poing

Bild 2

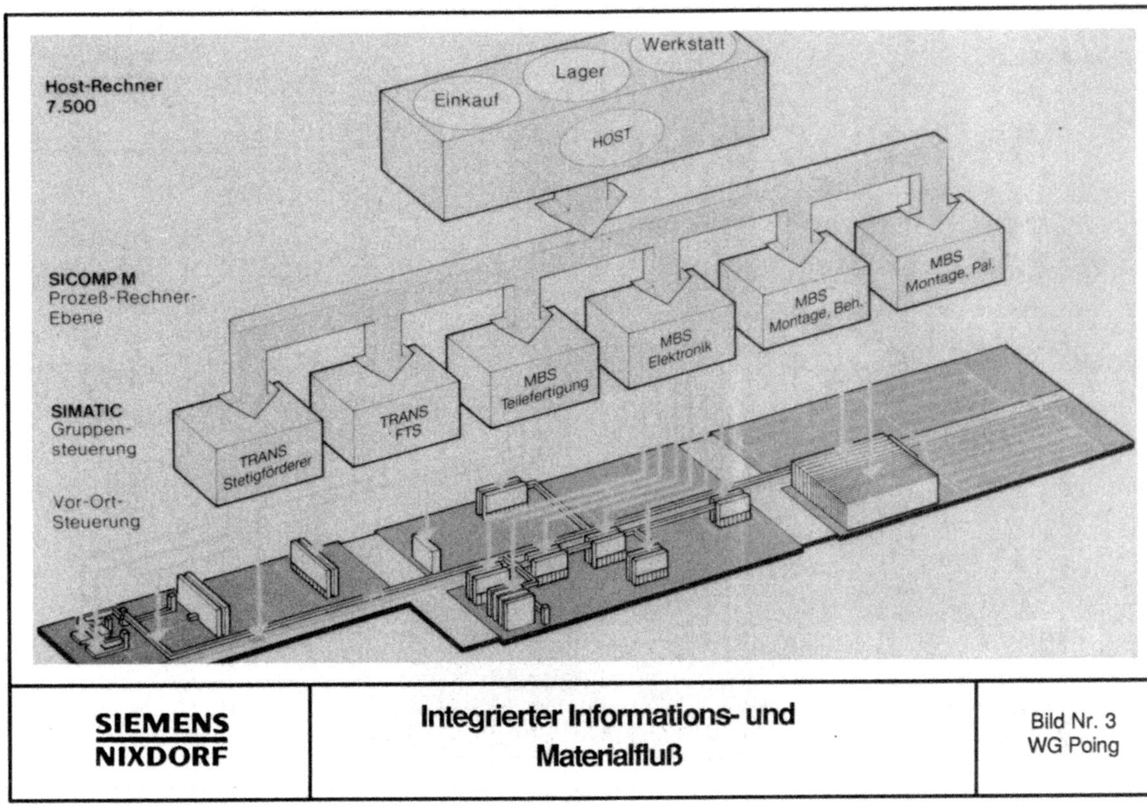
Host-Rechner
7.500
Einkauf
Lager
Werkstatt
HOST
SICOMP M
Prozeß-Rechner-Ebene
SIMATIC
Gruppen-steuerung
Vor-Ort-Steuerung
TRANS Stetigförderer
TRANS FTS
MBS Teilefertigung
MBS Elektronik
MBS Montage, Beh.
MBS Montage, Pal.
SIEMENS
NIXDORF
Integrierter Informations- und Materialfluß
Bild Nr. 3
WG Poing

Bild 3

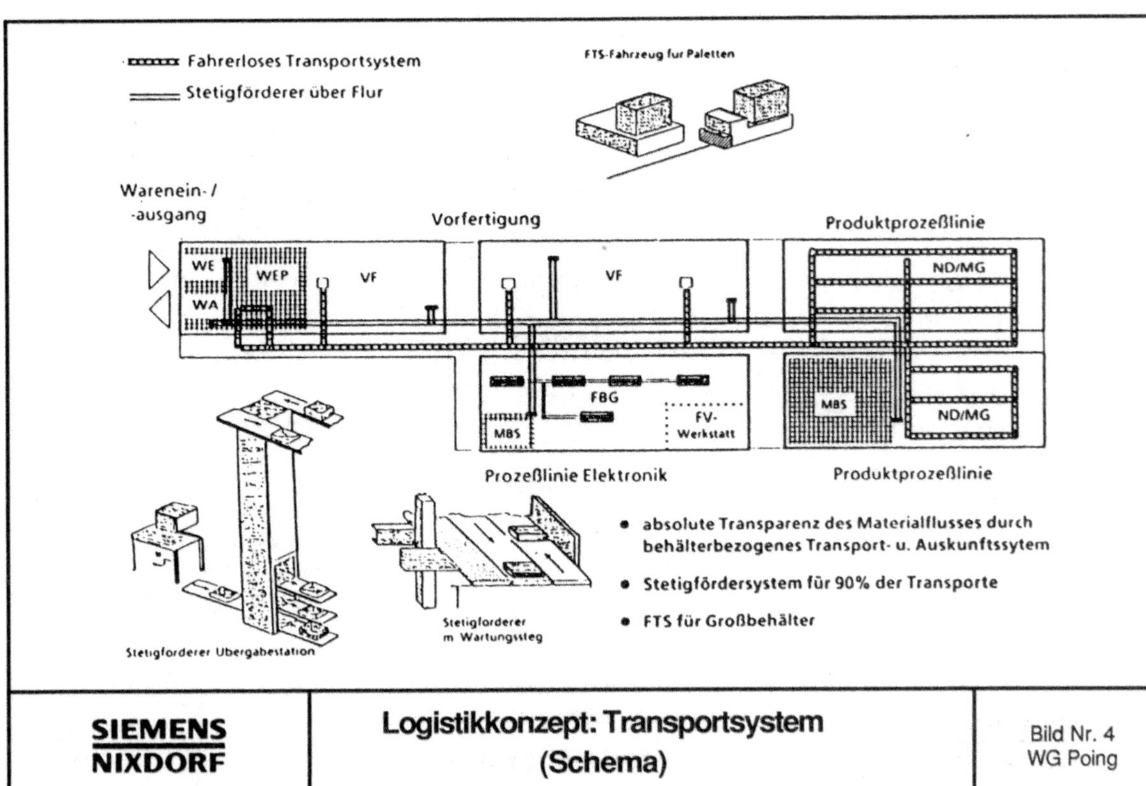
Fahrerloses Transportsystem
Stetigförderer über Flur
FTS-Fahrzeug für Paletten
Warenein- / -ausgang
Vorfertigung
Produktprozeßlinie
WE
WEP
WA
VF
VF
ND/MG
FBG
MBS
FV-Werkstatt
MBS
ND/MG
Prozeßlinie Elektronik
Produktprozeßlinie
• absolute Transparenz des Materialflusses durch behälterbezogenes Transport- u. Auskunftssytem
• Stetigfördersystem für 90% der Transporte
• FTS für Großbehälter
Stetigförderer m Wartungssteg
Stetigförderer Übergabestation
SIEMENS
NIXDORF
Logistikkonzept: Transportsystem (Schema)
Bild Nr. 4
WG Poing

Bild 4

SIEMENS
NIXDORF
Stetig-
förderer
Bild Nr.5
WG Poing

Bild 5

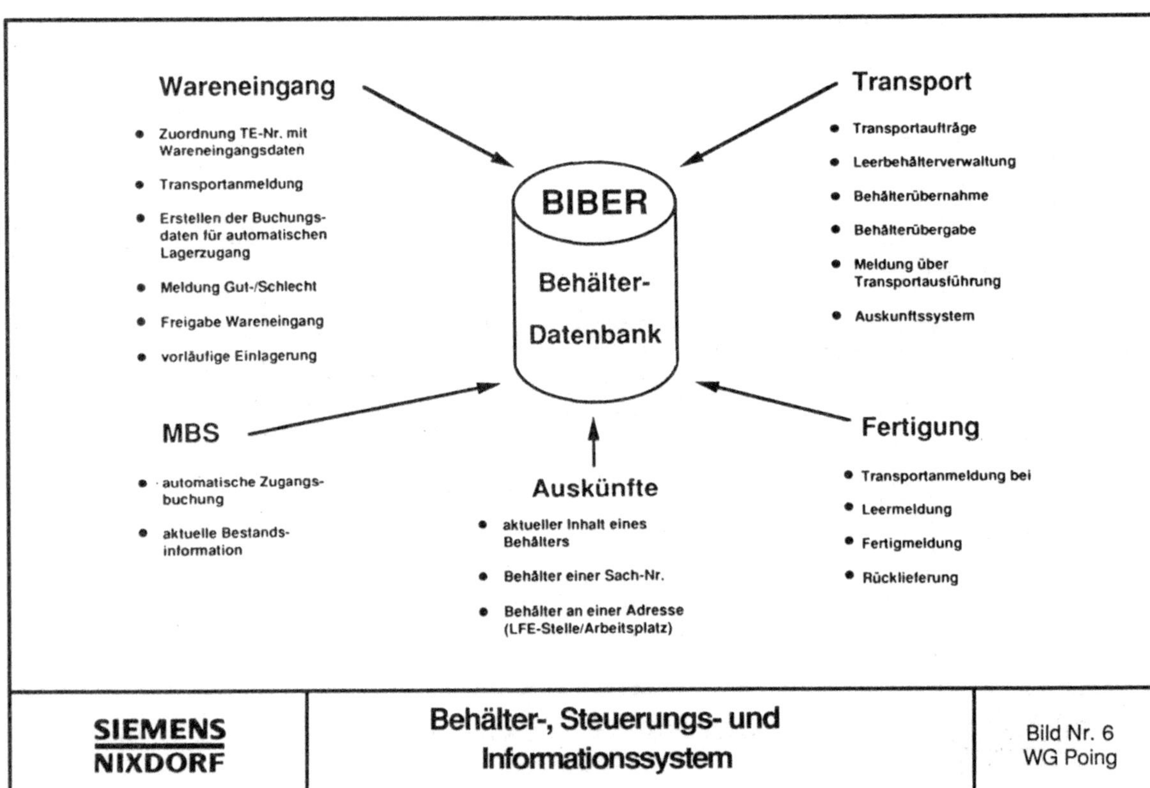
Wareneingang
Zuordnung TE-Nr. mit Wareneingangsdaten
Transportanmeldung
Erstellen der Buchungsdaten für automatischen Lagerzugang
Meldung Gut-/Schlecht
Freigabe Wareneingang
vorläufige Einlagerung
Transport
Transportaufträge
Leerbehälterverwaltung
Behälterübernahme
Behälterübergabe
Meldung über Transportausführung
Auskunftssystem
BIBER
Behälter-
Datenbank
MBS
automatische Zugangsbuchung
aktuelle Bestandsinformation
Auskünfte
aktueller Inhalt eines Behälters
Behälter einer Sach-Nr.
Behälter an einer Adresse (LFE-Stelle/Arbeitsplatz)
Fertigung
Transportanmeldung bei
Leermeldung
Fertigmeldung
Rücklieferung
SIEMENS
NIXDORF
Behälter-, Steuerungs- und
Informationssystem
Bild Nr. 6
WG Poing

Bild 6

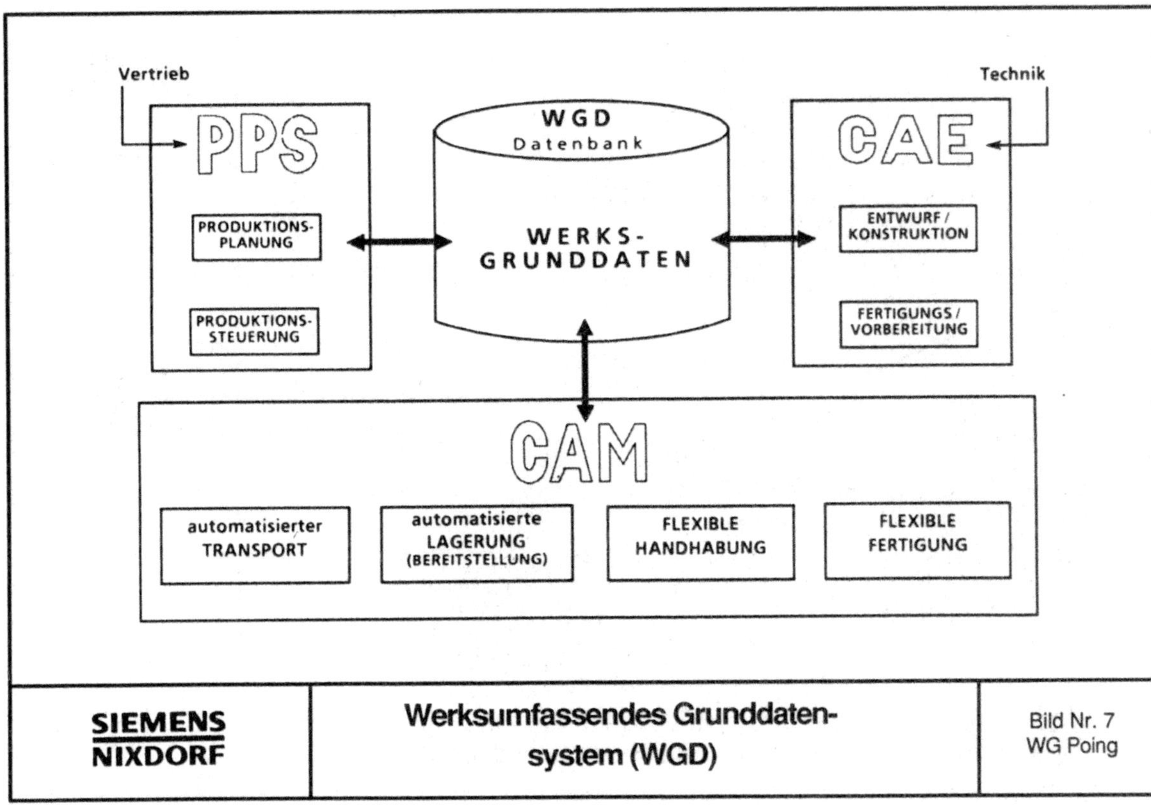

Vertrieb
Technik
PPS
PRODUKTIONS-PLANUNG
PRODUKTIONS-STEUERUNG
WGD
Datenbank
WERKS-GRUNDDATEN
CAE
ENTWURF / KONSTRUKTION
FERTIGUNGS / VORBEREITUNG
CAM
automatisierter TRANSPORT
automatisierte LAGERUNG (BEREITSTELLUNG)
FLEXIBLE HANDHABUNG
FLEXIBLE FERTIGUNG
SIEMENS NIXDORF
Werksumfassendes Grunddaten-system (WGD)
Bild Nr. 7
WG Poing

Bild 7

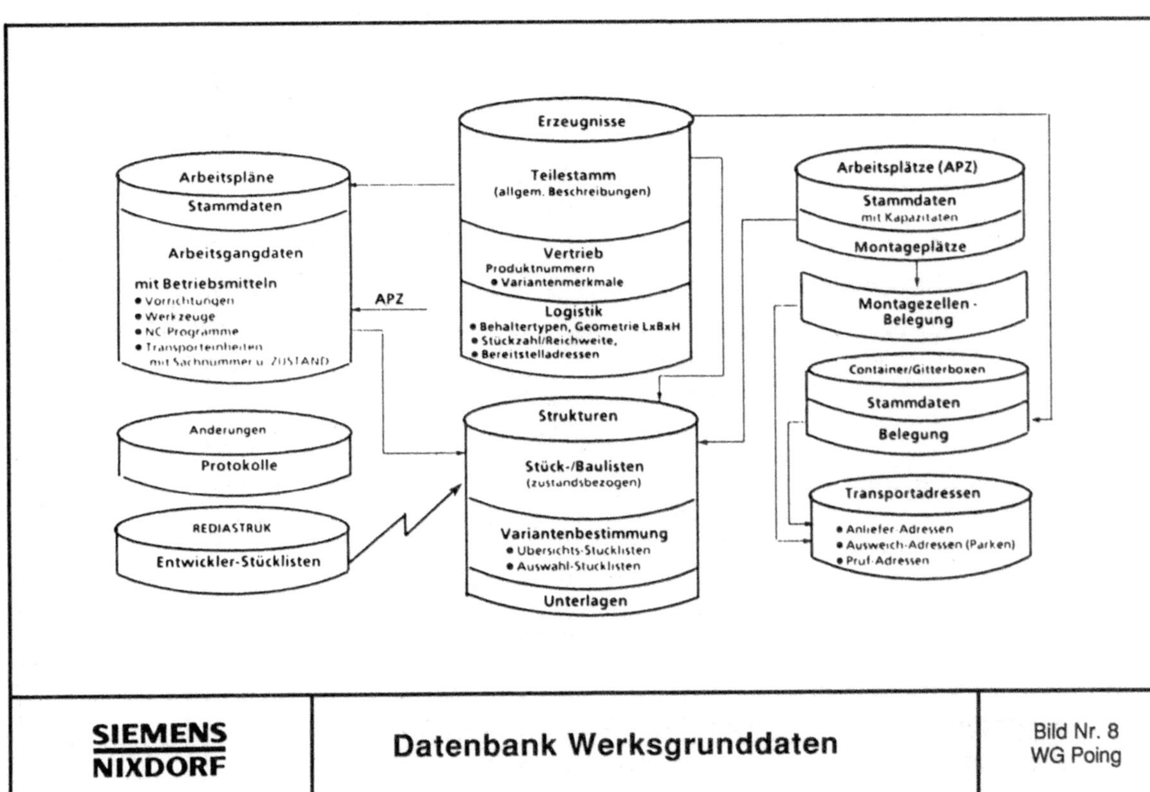

Erzeugnisse
Teilestamm
(allgem. Beschreibungen)
Vertrieb
Produktnummern
• Variantenmerkmale
Logistik
• Behaltertypen, Geometrie LxBxH
• Stückzahl/Reichweite,
• Bereitstelladressen
Arbeitspläne
Stammdaten
Arbeitsgangdaten
mit Betriebsmitteln
• Vorrichtungen
• Werkzeuge
• NC Programme
• Transporteinheiten
APZ
Anderungen
Protokolle
REDIASTRUK
Entwickler-Stücklisten
Strukturen
Stück-/Baulisten
(zustandsbezogen)
Variantenbestimmung
• Ubersichts-Stucklisten
• Auswahl-Stucklisten
Unterlagen
Arbeitsplätze (APZ)
Stammdaten
mit Kapazitaten
Montageplätze
Montagezellen-Belegung
Container/Gitterboxen
Stammdaten
Belegung
Transportadressen
• Anliefer-Adressen
• Ausweich-Adressen (Parken)
• Pruf-Adressen
SIEMENS NIXDORF
Datenbank Werksgrunddaten
Bild Nr. 8
WG Poing

Bild 8

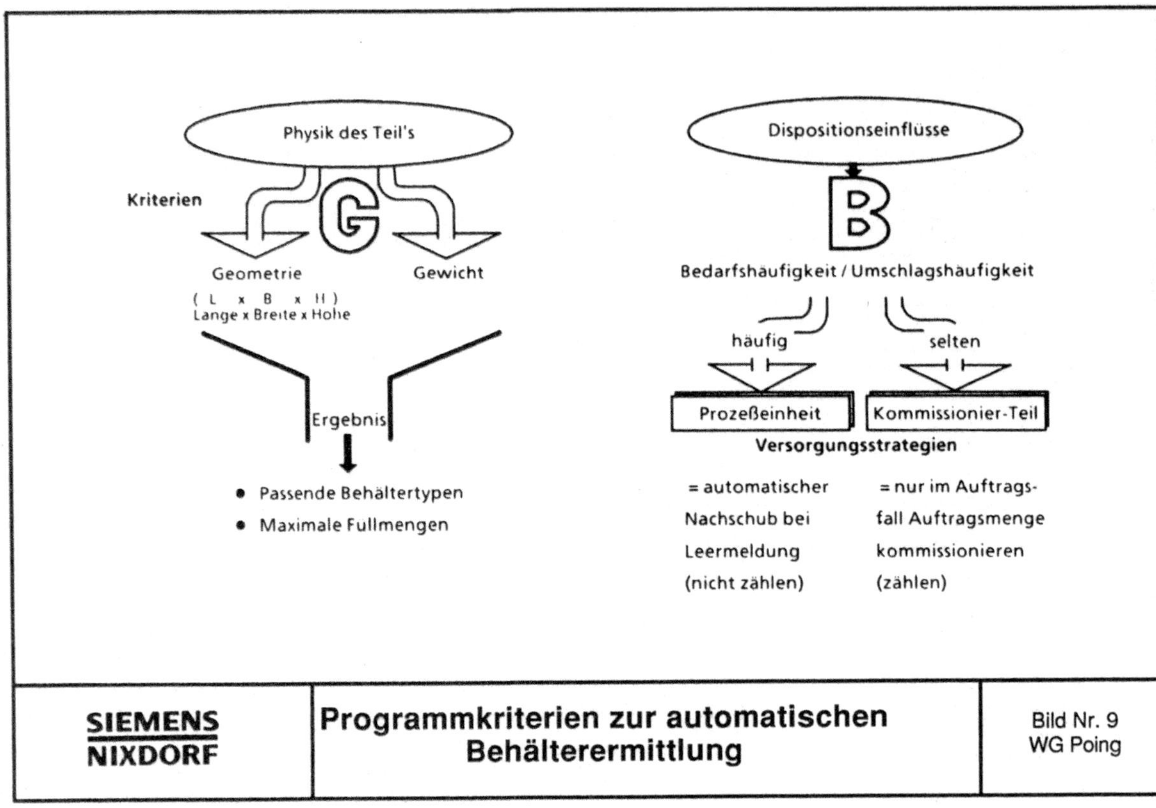

Bild 9

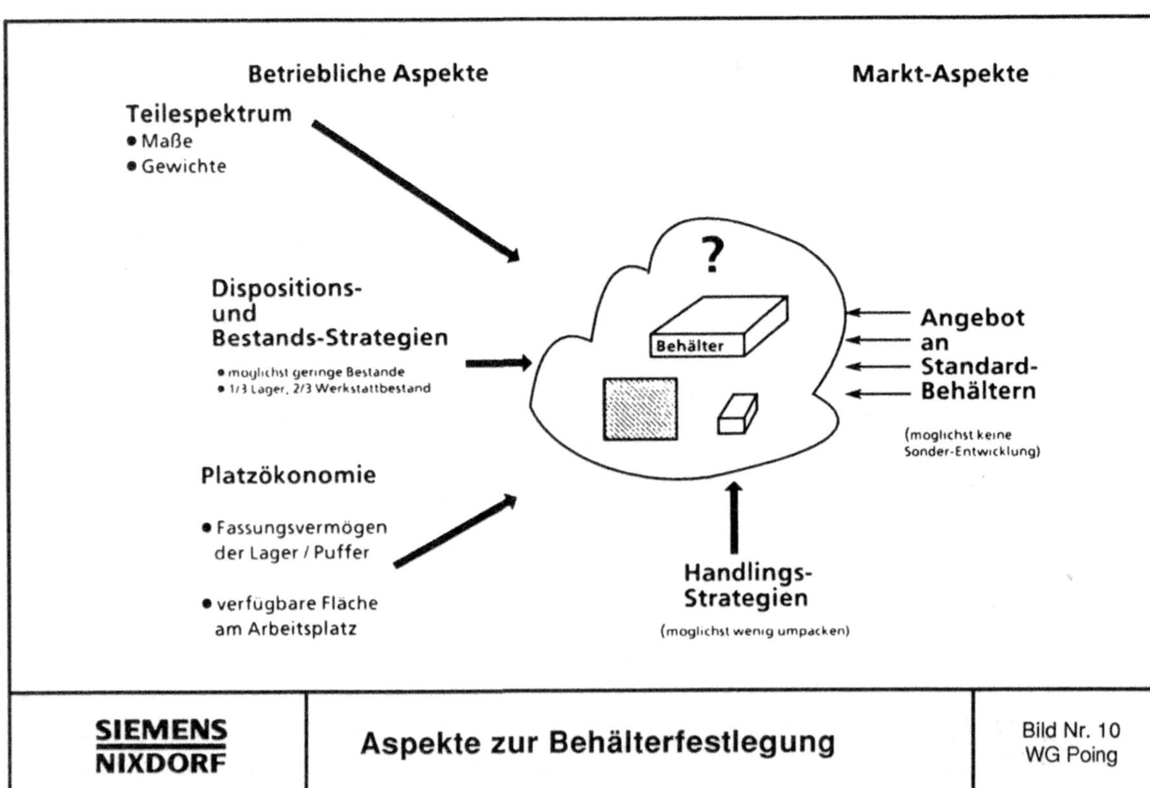

Bild 10

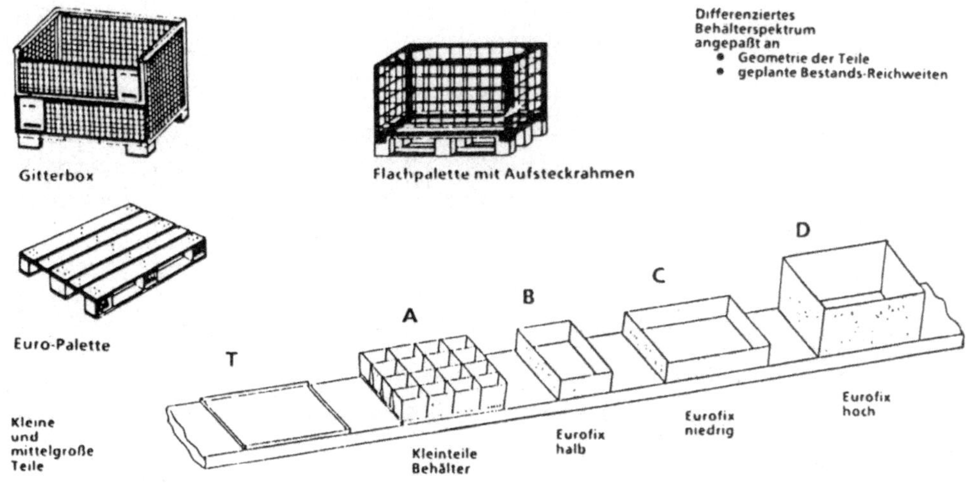

SIEMENS NIXDORF	**TRANS/ALAG Behälterspektrum für Transport- und Materialbereitstellung**	Bild Nr. 11 WG Poing

Bild 11

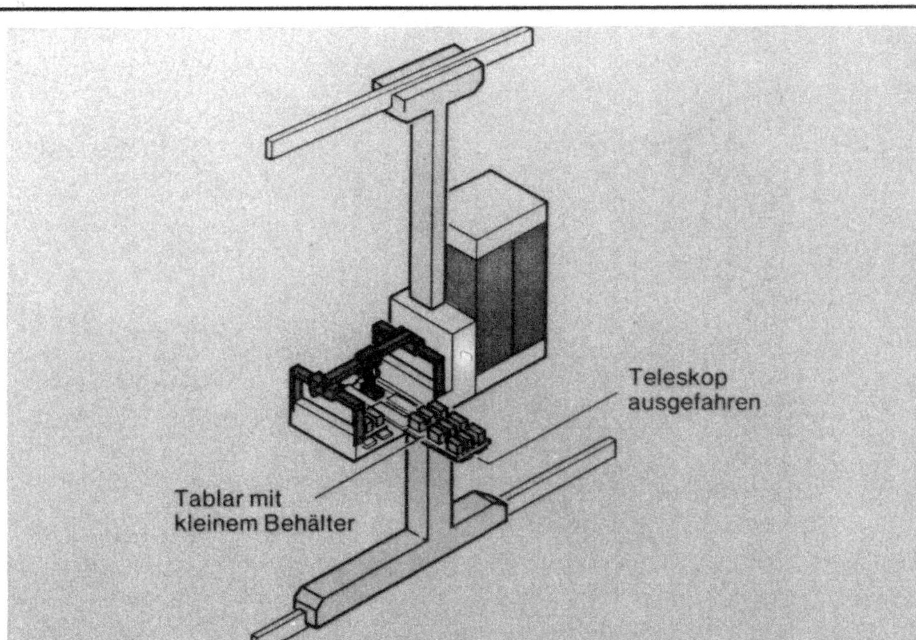

SIEMENS NIXDORF	**Regalbediengerät mit Kommissionier-system**	Bild Nr. 12 WG Poing

Bild 12

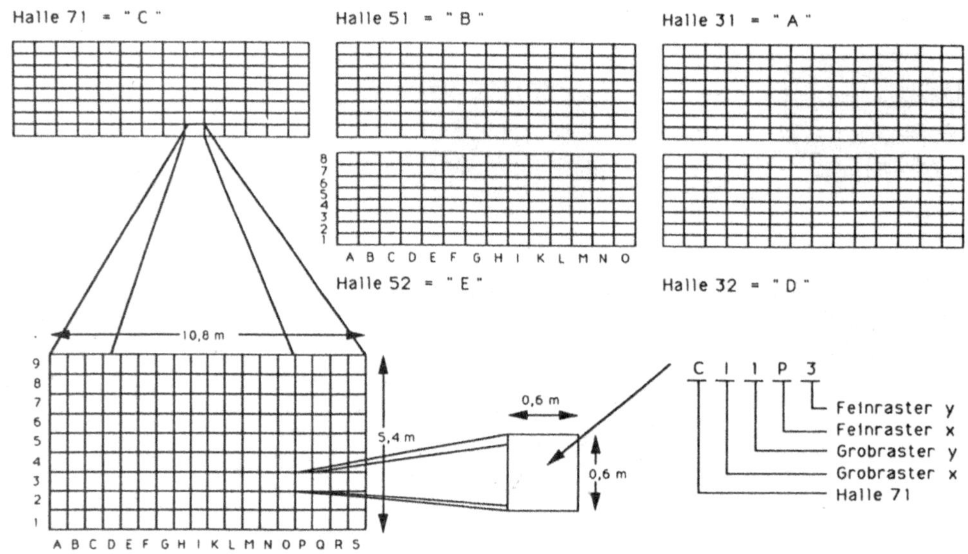

SIEMENS NIXDORF	Adressierungs-System	Bild Nr. 13 WG Poing

Bild 13

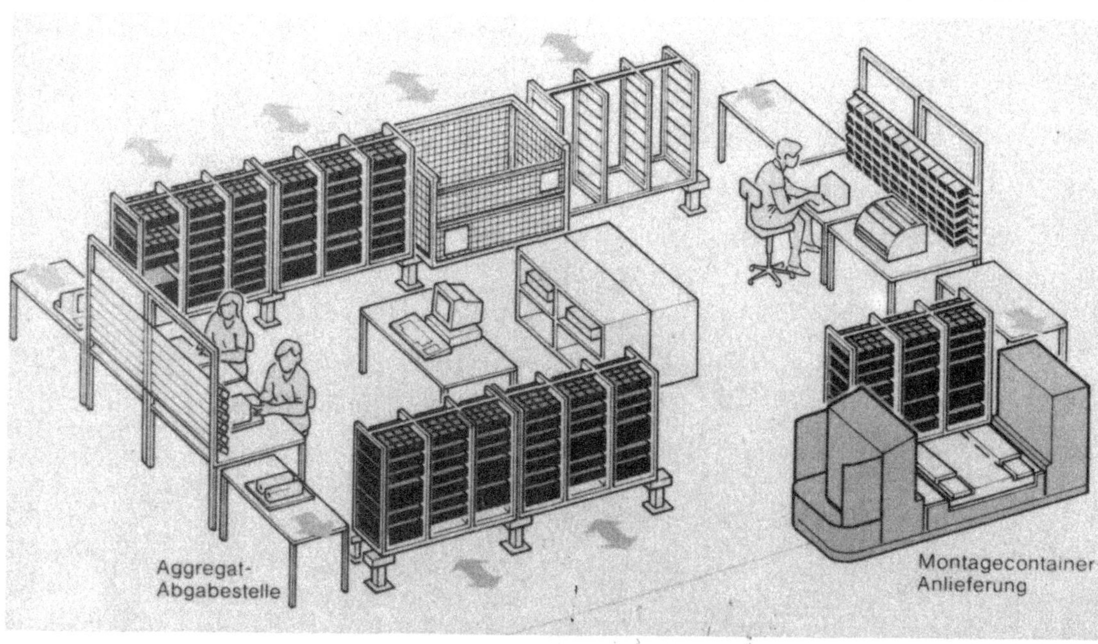

SIEMENS NIXDORF	Versorgungsprinzip der Montage- inseln für Aggregatemontage	Bild Nr. 14 WG Poing

Bild 14

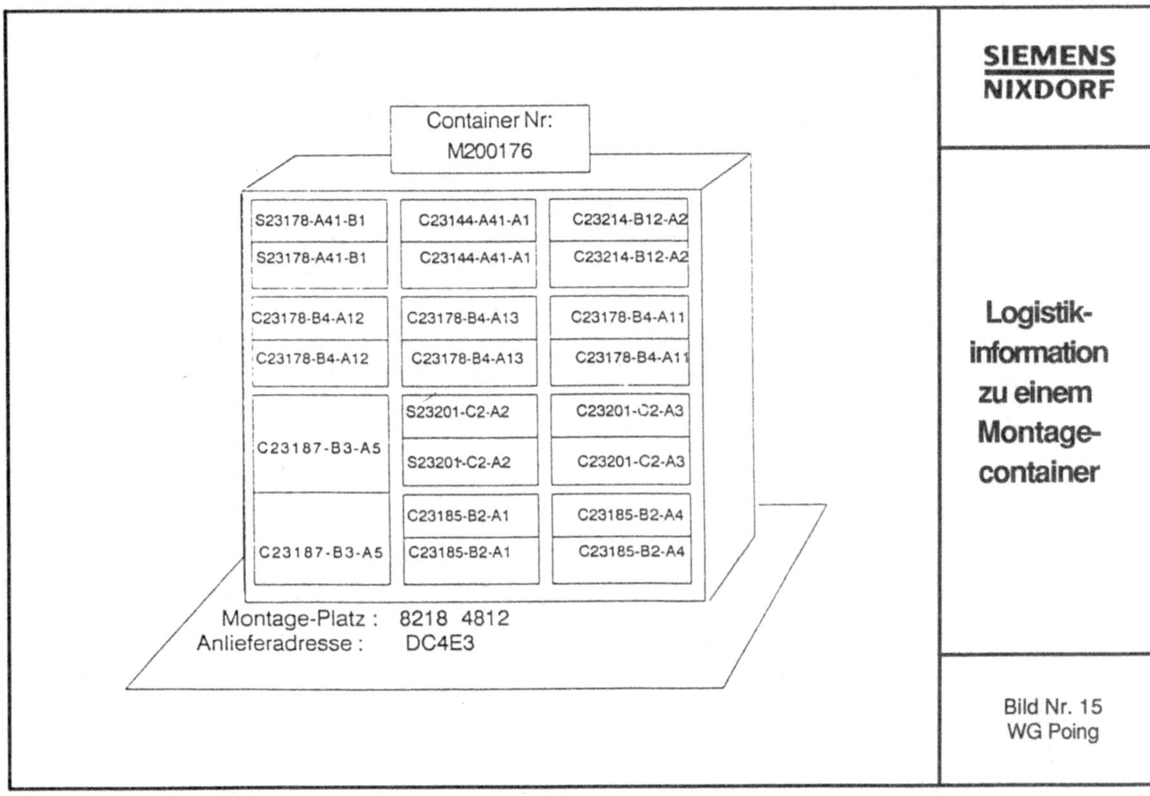

Bild 15

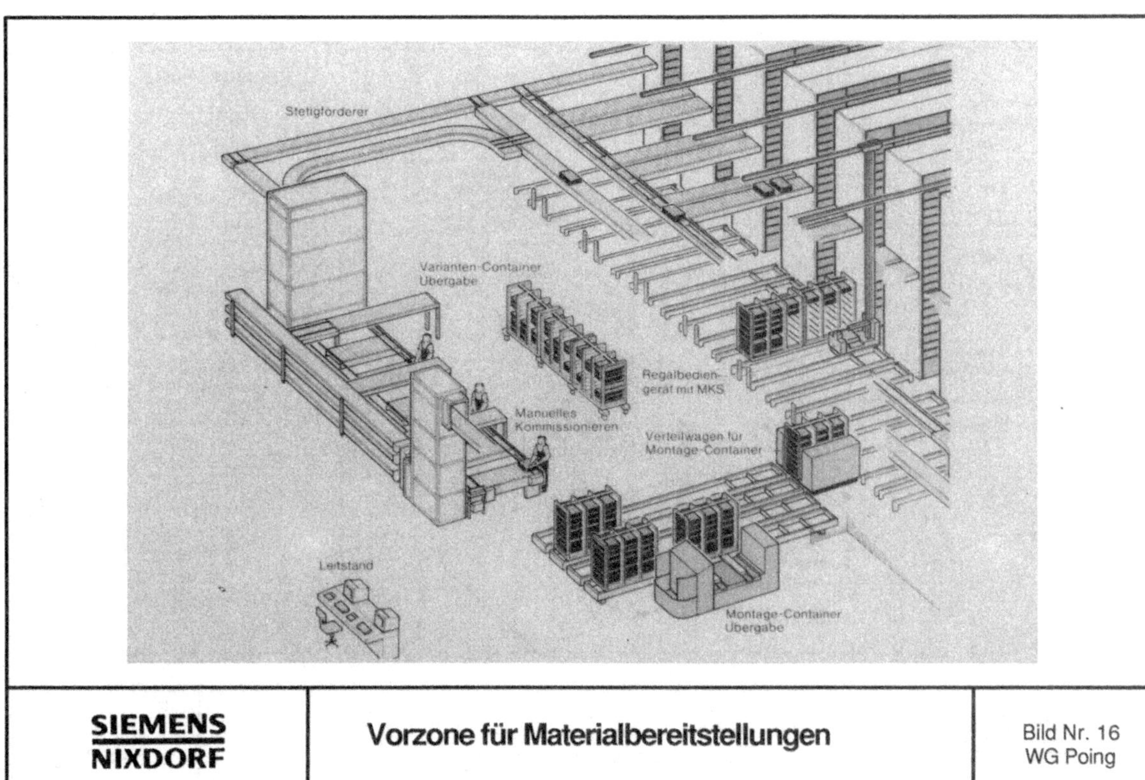

Bild 16

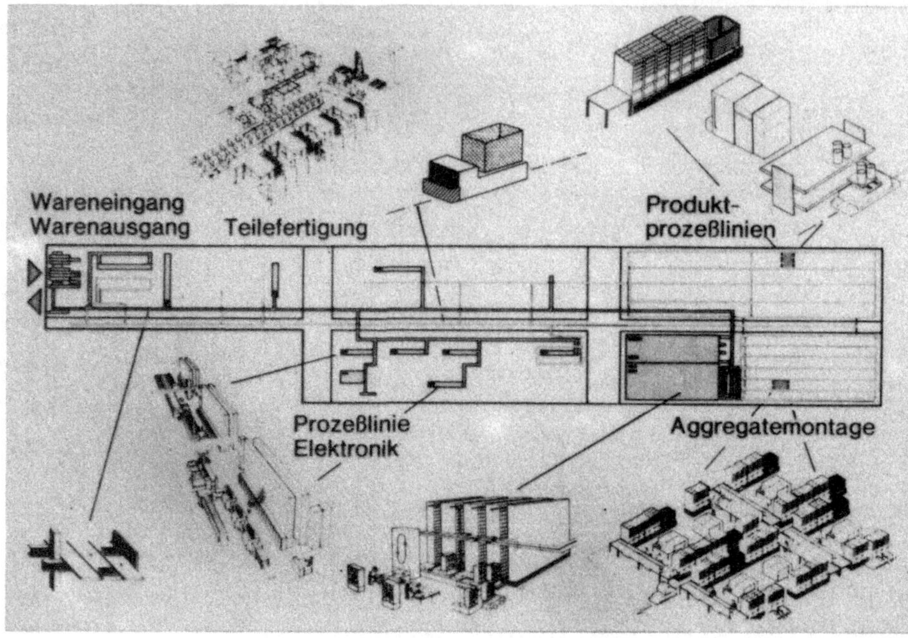

SIEMENS NIXDORF	**Struktur des Produktions- und Materialflusses**	Bild Nr. 17 WG Poing

Bild 17

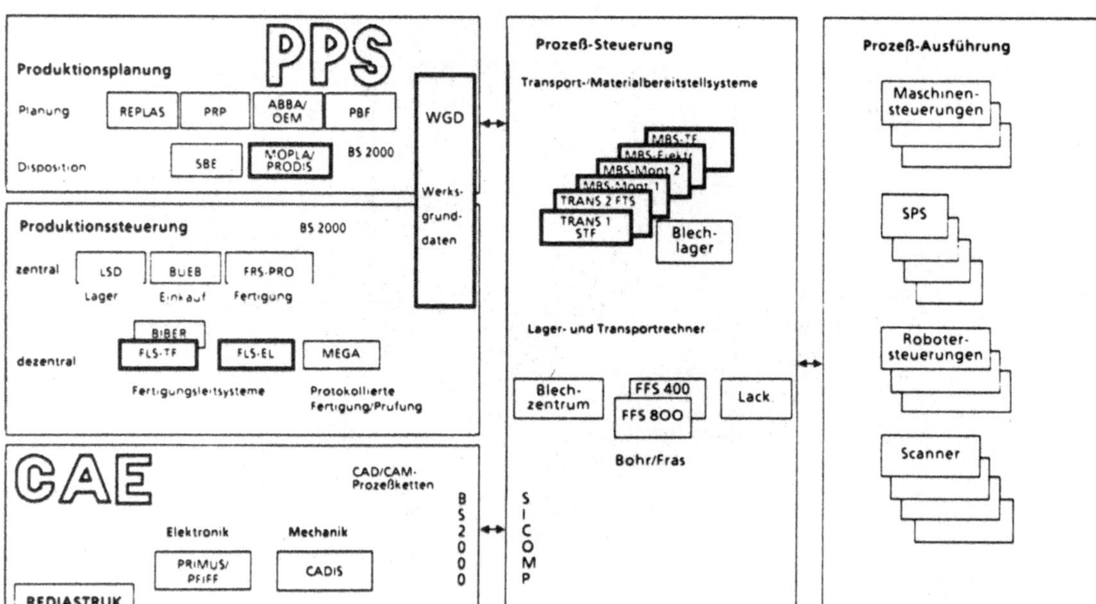

SIEMENS NIXDORF	**Gesamtkonzept der Werksverfahren**	Bild Nr. 18 WG Poing

Bild 18

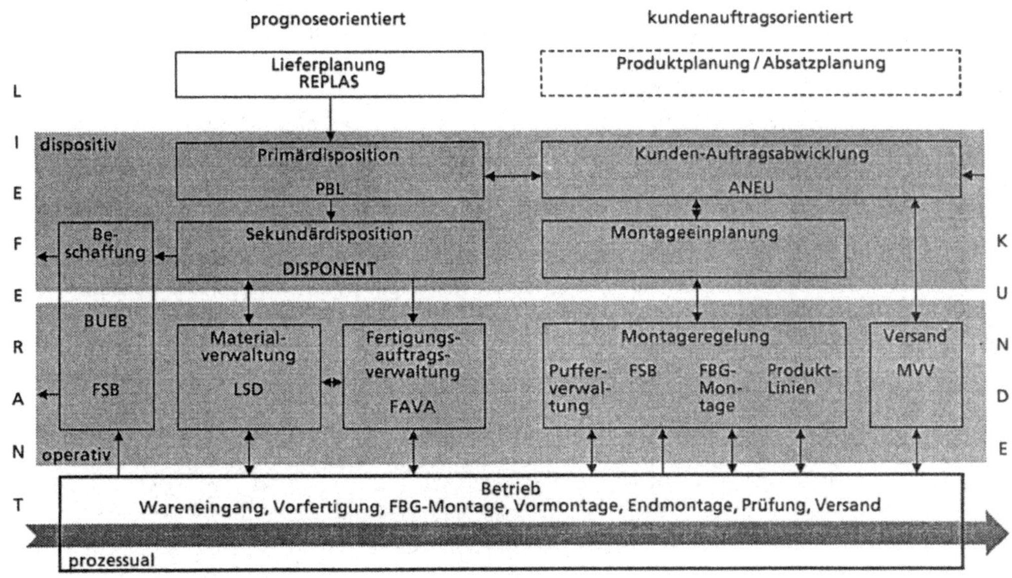

SIEMENS NIXDORF	**PPS-Verfahrensstruktur**	Bild Nr. 19 WG Poing

Bild 19

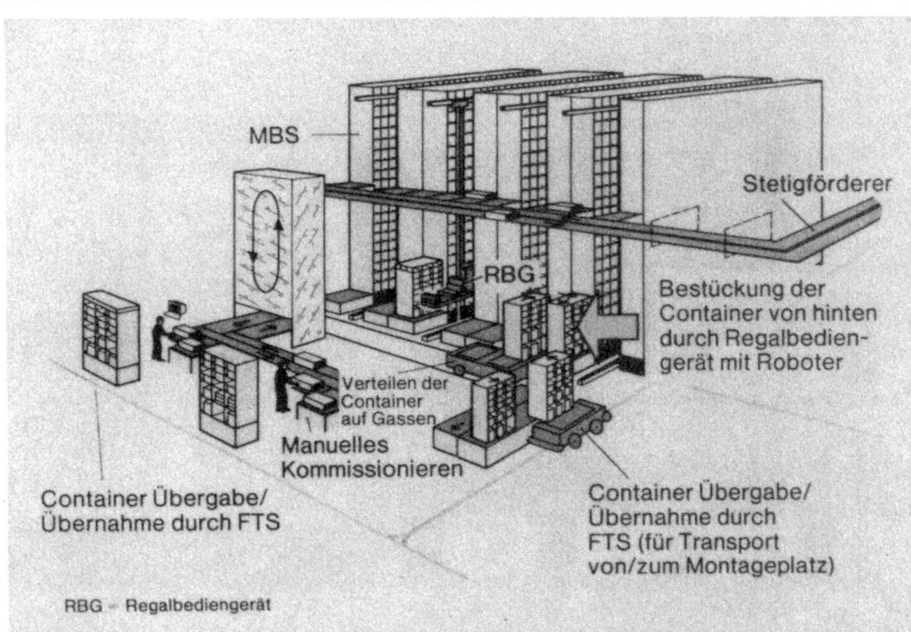

SIEMENS NIXDORF	**Materialbereitstellungssystem (MBS) zur automatischen Versorgung von Montageplätzen mit Montagecontainern**	Bild Nr. 20 WG Poing

Bild 20

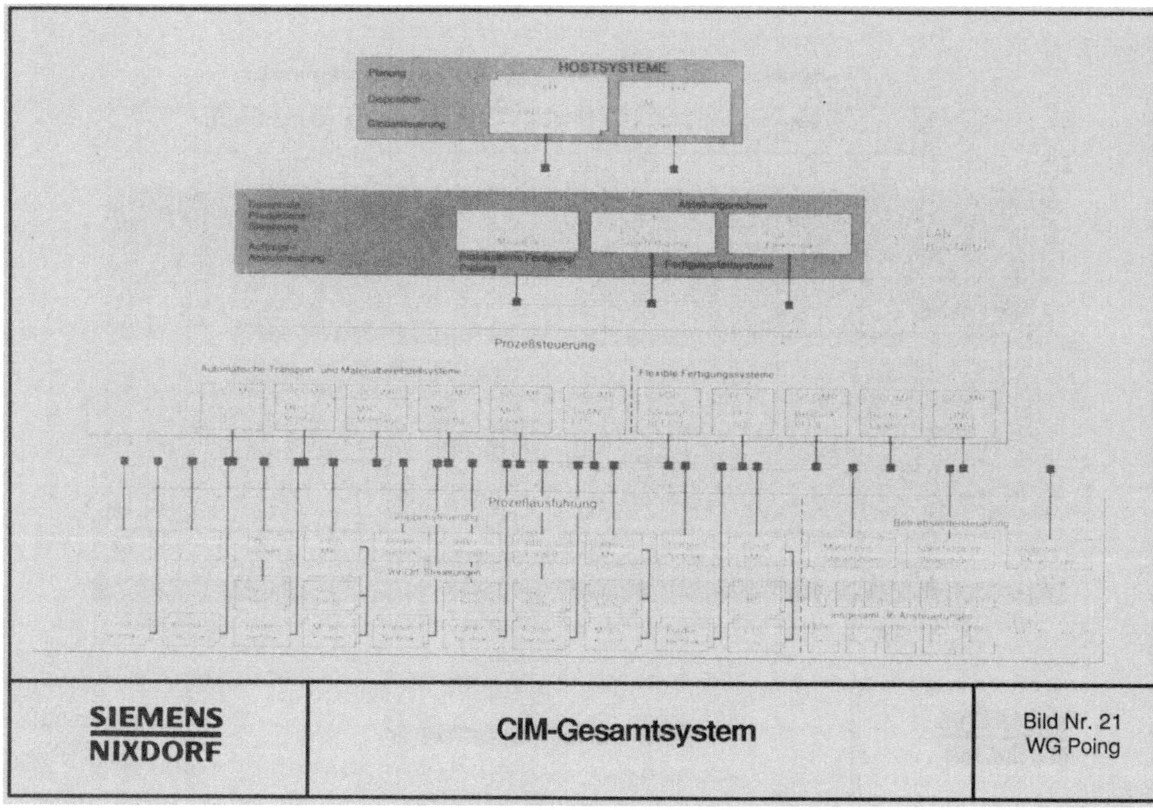

Bild 21

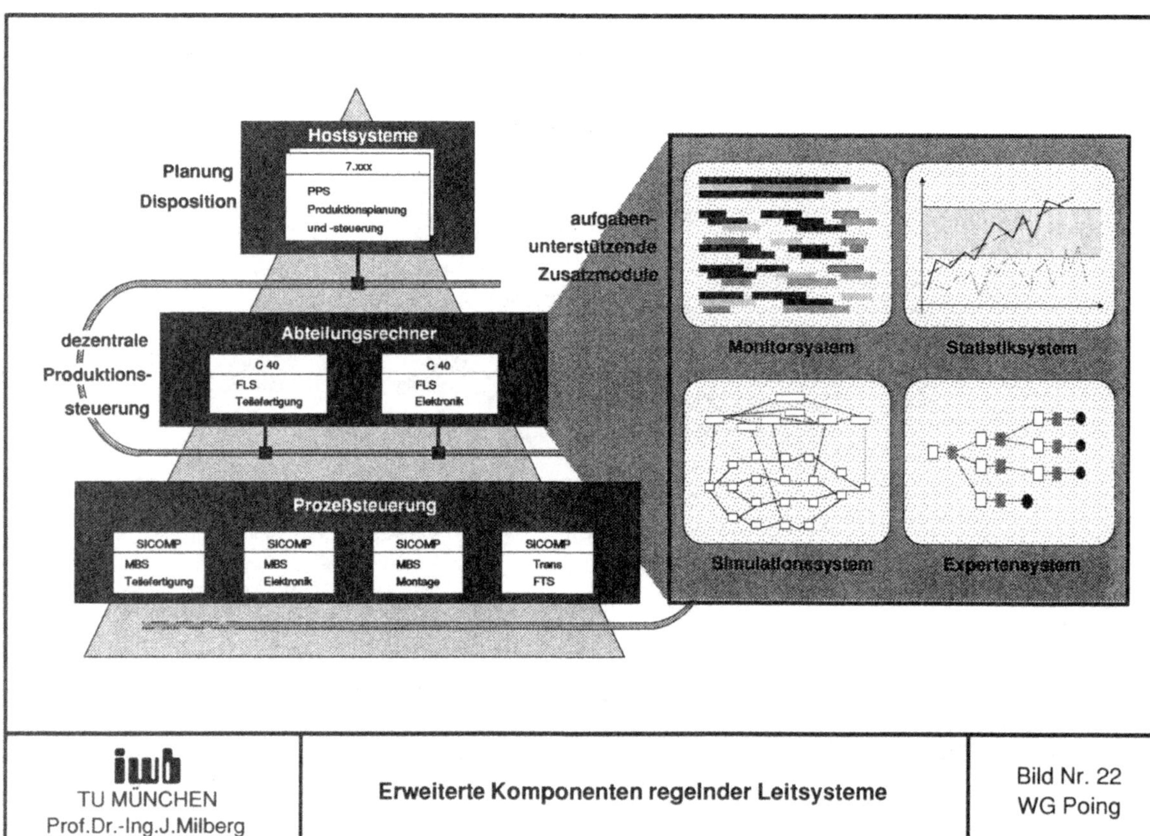

Bild 22

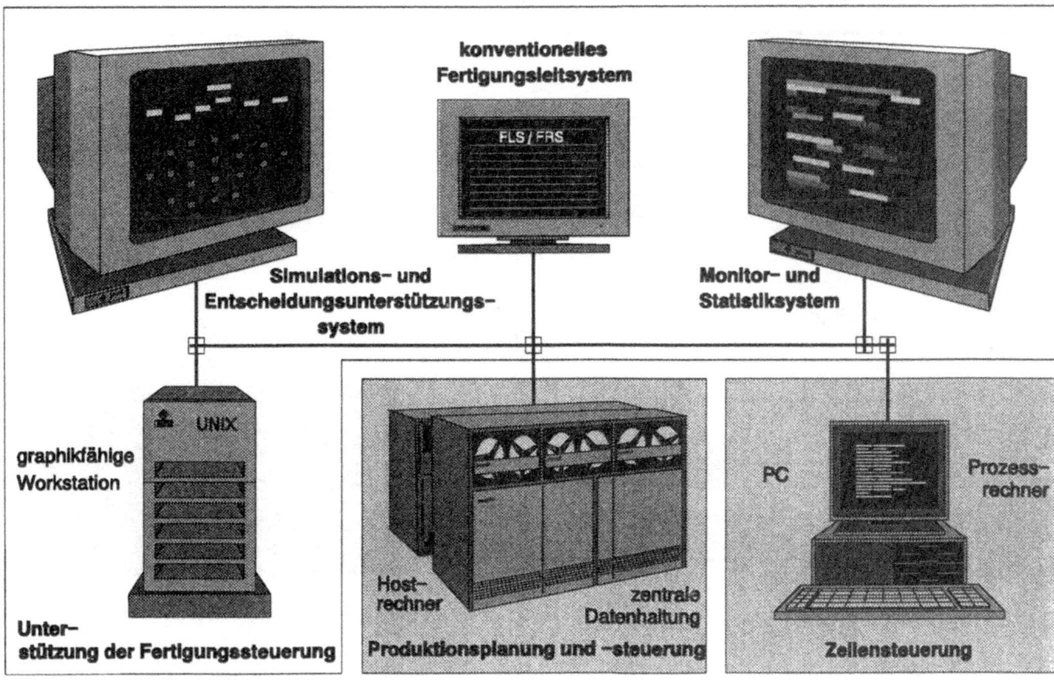

iwb TU MÜNCHEN Prof.Dr.-Ing.J.Milberg	**Dezentrale, graphikfähige EDV-Systeme als Hilfsmittel im Fertigungsleitstand**	Bild Nr. 23 WG Poing

Bild 23

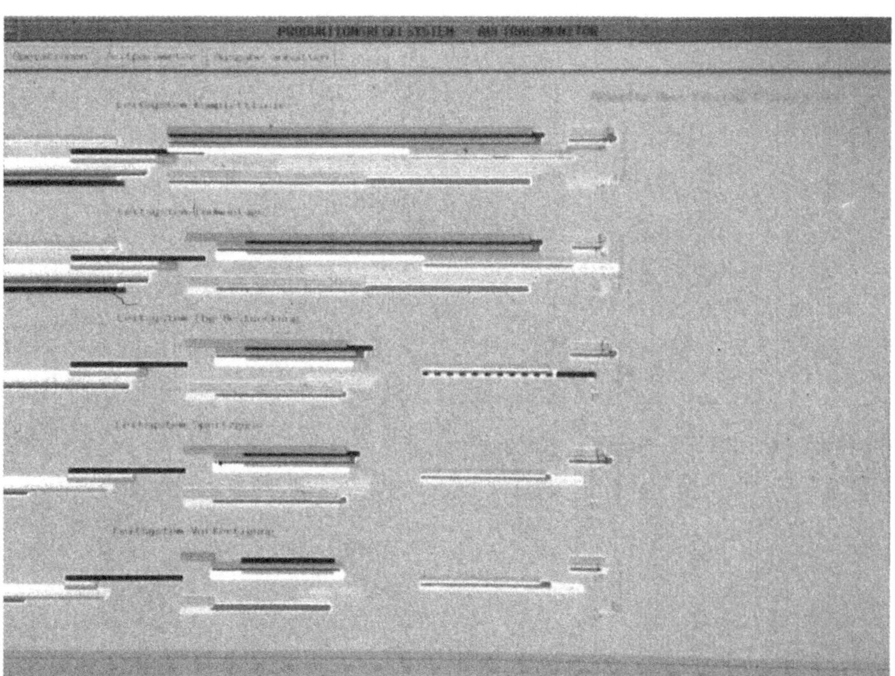

iwb
TU MÜNCHEN
Prof.Dr.-Ing. J. Milberg

Monitor zur Verfolgung des Auftragsdurchlaufs

Bild Nr. 24
WG Poing

Bild 24

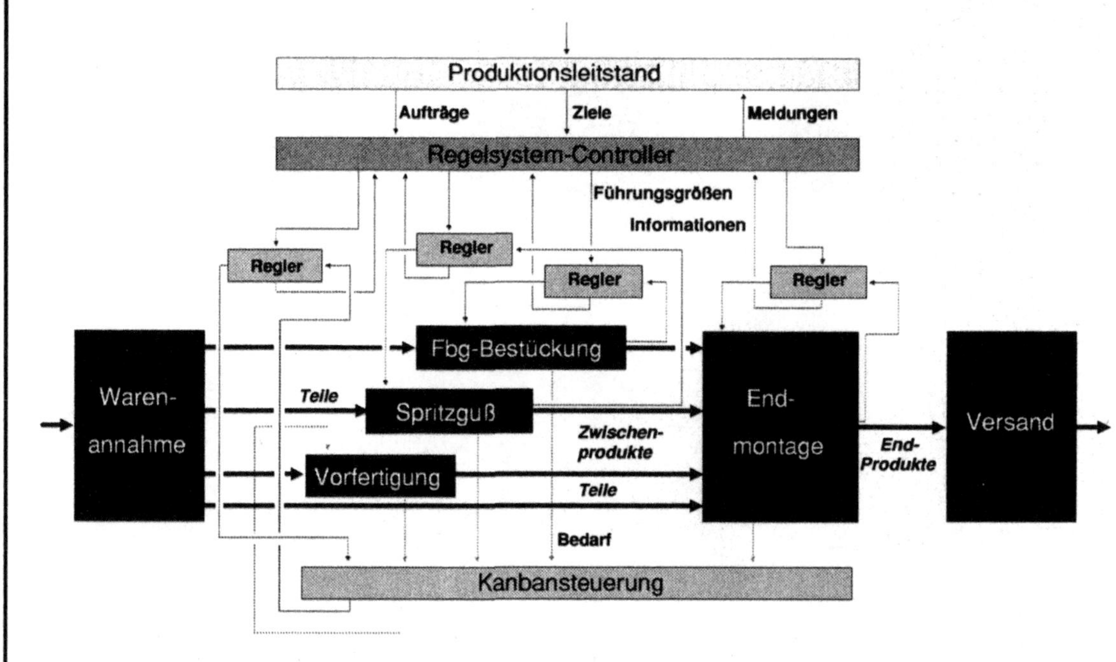

iwb TU MÜNCHEN Prof.Dr.-Ing.J.Milberg	**Kaskadiertes Regelsystem optimiert den Auftragsdurchlauf in der Produktion**	Bild Nr. 25 WG Poing

Bild 25

Münchener Kolloquium '91

Wettbewerbsfaktor Zeit in Produktionsunternehmen

28. Februar/1. März 1991
München

Anforderungen an die Arbeitssystemgestaltung

Dipl.-Ing. G. Hütz
Thyssen Industrie AG/Maschinenbau,
Nothelfer AG

Institut für Werkzeugmaschinen
und Betriebswissenschaften
Technische Universität München

Anforderungen an die Arbeitssystemgestaltung

1. Zusammensetzung der Arbeitsgruppe in der Entwicklungsphase eines neuen Automobil-Modells
2. Zusammensetzung der Arbeitsgruppe während der Produktionsplanungs-Phase
3. Zusammensetzung der Arbeitsgruppe während der Konstruktionsphase der Betriebsmittel
4. Zusammensetzung der Arbeitsgruppen während der Montage und Inbetriebnahme

Anforderungen an die Arbeitssystem- und Anlagengestaltung

Verkrustungen von industriellen Strukturen und industriellen Arbeitsmethoden bedeuten eine Gefahr für jedes Unternehmen und darüber hinaus sogar für ganze Industriezweige. Verkrustungen vermindern die Fähigkeit, sich Veränderungen des Marktes und der Fertigungsmethoden anzupassen.

Märkte mit ihren Produkten und die Herstellungsverfahren für diese Produkte ändern sich in unseren Tagen oft sehr schnell und sehr stark.

Wollen Industrieunternehmen und ganze Industriezweige in ihren angestammten Gebieten auf Dauer überleben, sind sie gezwungen, sich auf diese Marktveränderungen flexibel einzustellen oder – besser – diese Marktveränderungen führend zu beeinflussen.

Das **1. Bild** zeigt beispielhaft die Veränderung der Marktstruktur und ihrer Konsequenzen für Automobile in den Haupterzeugergebieten in Nordamerika, Japan und Europa.

Nicht nur auf dem Automobilmarkt, auch auf dem Markt für den Maschinenbau zeigen sich ähnliche Veränderungen **(Bild 2)**.

Nachfolgend soll beispielhaft dargestellt werden, wie sich innerhalb der Automobil-Industrie für den Bereich Karosserie-Rohbau und Endmontage sowohl für die Automobil-Firmen als auch für die Zulieferer von Werkzeugen, Rohbauanlagen und Anlagen zur automatisierten Endmontage Marktzwänge ergeben, die Änderungen beim Automobilhersteller und beim Zulieferer und für deren gemeinsame Zusammenarbeit zwingend notwendig machen, falls das Ziel, Marktanteile zu halten oder zu vergrößern, erreicht werden soll.

In der Zukunft kann diese Frage der Optimierung der Zusammenarbeit zur Überlebensfrage werden.

Die Schnellebigkeit in unseren Tagen verlangt in der Automobil-Industrie häufigeren Modellwechsel als in der Vergangenheit. In diesem Referat sollen keine Marktstrategievorschläge gemacht werden, sondern der Zwang zum häufigeren Modellwechsel als gegeben angenommen werden.

Da die Entwicklungskosten für neue Modelle von Modell zu Modell steigen und deshalb Vorfinanzierungen in früher nicht gekanntem Ausmaß notwendig und darüberhinaus schnelle Reaktionen am Markt zwingend geworden sind, stehen die früher benötigten Zeiten für den Modellwechsel heute nicht mehr zur Verfügung.

Die Zielsetzung lautet deshalb in allen Automobil-Firmen **(Bild 3)**:

- Möglichst große Verkürzung der Zeit zwischen Freigabe des Clay-Modells bis zum Anlauf des neuen Automobils.
- Möglichst große Verbesserung der Produktqualität.
- Möglichst weitgehende Reduzierung der Kosten für die Entwicklung und für die Produktionsmittel des neuen Modells.
- Möglichst kurze Serien-Anlaufzeit und sichere Produktion.

Das **4. Bild** zeigt Ihnen zunächst in der oberen Darstellung die früheren Schritte, welche in einzelnen Stufen von der Freigabe des Clay-Modells bis zum Anlauf des Automobil-Modells wie ein Stafettenlauf durchgeführt wurden:

- Produktentwicklung
- Produktionsplanung
- Einkauf
- Betriebsmittellieferant
- Übernahme durch die Produktion und Wartung

Die Arbeitsstufen lagen hintereinander, ohne daß ein gezielter Erfahrungsaustausch zwischen den involvierten Bereichen durchgeführt wurde. Diese Methode nahm eine Zeit von ca. 60 Monaten von der Freigabe des Clay-Modells bis zum Anlauf des neuen Automobil-Modells in Anspruch.

Heute wird versucht, wie es die mittlere Darstellung von **Bild 4** zeigt, daß ein Erfahrungsaustausch zwischen den jeweils sich folgenden Arbeitsstufen vorgenommen wird.

In der europäischen Automobil-Industrie ist heute ein durchschnittlicher Zeitraum von ca. 50 Monaten zwischen Freigabe des Clay-Modells und dem Produktionsanlauf des neuen Automobil-Modells notwendig. Japanische Automobil-Firmen behaupten, daß sie mit einem Zeitraum für diese Vorgänge von ca. 30 Monaten auskommen.

Das **Bild 4** zeigt in der unteren Darstellung einen Vorschlag, wie durch geplante Zusammenarbeit aller beteiligten Bereiche die Durchlaufzeit bei den europäischen Automobil-Firmen nochmals wesentlich verkürzt werden kann. Das Ziel ist aber nicht nur die Verkürzung der Durchlaufzeit, sondern darüber hinaus die Erhöhung der Produktqualität, die Reduzierung der Investionen für die Betriebsmittel, die Verkürzung der Anlaufperiode, die Erhöhung der Produktionssicherheit und somit eine wesentlich frühere Einführung des neuen Automobil-Modells auf dem Markt.

Dieses Ziel kann nur erreicht werden, wenn die Zusammenarbeit von Entwicklung, Produktions-Planung, Einkauf, Betriebsmittellieferant, Produktion und Wartung der Automobil-Firma für den Zeitraum zwischen Freigabe des Clay-Modells und Produktionsanlauf des neuen Fahrzeug-Modells gut organisiert und sehr viel enger wird. Dafür müssen für die verschiedenen Baugruppen der Karosse Arbeitsgruppen gebildet werden, die klare Zielsetzungen erhalten. Damit diese Arbeitsgruppen ihre Aufgaben in enger Zusammenarbeit schnell und gut lösen können, müssen diese Zielsetzungen entsprechend vermittelt und die bisherigen Methoden der Zusammenarbeit in technischer als auch in kommerzieller Hinsicht in der Zukunft verändert und angepaßt werden.

Die oben vorgeschlagenen Arbeitsgruppen sollten für die verschiedenen Zeitphasen unterschiedliche Zusammensetzungen haben.

1. Zusammensetzung der Arbeitsgruppe in der Entwicklungsphase eines neuen Automobil-Modells

- Produktentwicklung
- Produktions-Planung als Koordinationsstelle mit Termin und Kostenverantwortung zusammen mit dem Einkauf
- Betriebsmittellieferant
- Produktion, damit die Produktionserfahrung von vorhergehenden Modellen einfließt
- Einkauf der Automobilfirma für die kommerzielle Begleitung des Projektes zusammen mit der Produktions-Planung für die Kostenverantwortung

2. Zusammensetzung der Arbeitsgruppe während der Produktionsplanungs-Phase

- Produktions-Planung als Koordinator mit Termin und Kostenverantwortung zusammen mit dem Einkauf
- Betriebsmittellieferant
- Produktion, damit die Produktionserfahrung von vorhergehenden Modellen einfließt
- Einkauf der Automobilfirma für die kommerzielle Begleitung des Projektes zusammen mit der Produktions-Planung für die Kostenverantwortung

3. Zusammensetzung der Arbeitsgruppe während der Konstruktionsphase der Betriebsmittel

- Produktions-Planung als Koordinator mit Termin und Kostenverantwortung zusammen mit dem Einkauf
- Betriebsmittellieferant
- Produktion und Wartung
- Einkauf der Automobilfirma für die kommerzielle Begleitung des Projektes zusammen mit der Produktions-Planung für die Kostenverantwortung

4. Zusammensetzung der Arbeitsgruppen während der Montage und Inbetriebnahme

- Produktions-Planung als Koordinator mit Termin und Kostenverantwortung zusammen mit dem Einkauf
- Betriebsmittellieferant
- Produktion und Wartung
- Einkauf der Automobilfirma für die kommerzielle Begleitung des Projektes zusammen mit der Produktions-Planung für die Kostenverantwortung

Für die oben dargestellte Arbeitsweise werden z. Zt. erste Versuche durchgeführt.

Für folgende Probleme müssen Lösungen erarbeitet und Erfahrungen gesammelt werden:

1. Es sind die kommerziellen Fragen hinsichtlich der Vertragsgestaltung und Preisfindung zu lösen, die sowohl der Automobil-Firma wie auch dem Betriebsmittellieferanten gerecht werden.

2. Damit keine Verkrustung und Trägheit in dieser neuen Methode der Zusammenarbeit zwischen der Automobil-Industrie und dem Lieferanten auftreten können, ist der Wettbewerbsgedanke wach zu halten.

Hierfür könnte ein Lösungsvorschlag sein, daß nach Abschluß jedes Projektes eine Bewertung des Lieferanten durch die Automobil-Firmen vorgenommen wird und bei Nichterfüllung von Qualität, Termintreue und kostengerechter Lieferung die Automobil-Industrie einen Lieferantenwechsel vornimmt.

3. Der Betriebsmittellieferant muß Experten mit dem Know-How der Kaltverformung von Blechen und Experten für Planung und Konstruktion von Anlagen für den Zusammenbau der Rohkarosse und für die automatische Montage freistellen, damit Teams für „Simultaneous Engineering" zusammen mit den Automobil-Firmen gebildet werden können.

Für die Automobil-Firmen wird eine Umorganisation notwendig sein. Die Entwicklungs- und Produktionsplanungsbereiche für Werkzeuge und für den Karosserie-Rohbau und für die automatisierten Endmontagen und der Einkaufsbereich müssen enger zusammenarbeiten und gemeinsam einen erweiterten Verantwortungsbereich im Simultaneous Engineering-Team übernehmen.

Für den Einkauf der Automobil-Firma wird sich die Aufgabe dahingehend verändern, daß nicht nur – wie in der Vergangenheit – ein Bestellvorgang bearbeitet wird, sondern daß das ganze Projekt kontinuierlich vom Einkauf als Mitglied des Simultaneous Engineering-Teams begleitet wird. Produktion und Wartung der Automobil-Firmen können und müssen ihre Erfahrung bei der Produktion vorhergehender Modelle einbringen.

Der Betriebsmittellieferant kann und muß seine Erfahrung von früheren Lieferungen einbringen.

Lassen Sie mich die Grundgedanken dieses Referates nochmals kurz zusammenfassen:

Der internationale Wettbewerb, der durch die schnellen Kommunikationsmöglichkeiten in unserer Zeit immer intensiver wird, verlangt besonders in der Automobil-Industrie Änderungen der Strukturen und Arbeitsmethodiken für den Ankauf neuer Automobil-Modelle, wenn die bisherigen Marktanteile gehalten oder sogar vergrößert werden sollen.

Darüber hinaus sind die dargestellten Änderungen in der Zusammenarbeit zwischen Automobil-Firma und Zulieferer notwendig, wenn sowohl Automobil-Firma als auch Betriebsmittellieferant in der Zukunft bestehen wollen.

Das gleiche gilt in geänderter Form selbstverständlich auch für die Lieferanten der Automobil-Industrie von einbaufertigen Teilen.

Bild Nr. 8 zeigt nochmals, daß die gemeinsamen Chancen für die Automobil-Firma und den Betriebsmittellieferanten darin liegen, daß es gelingt,

- schneller zu werden, d. h.
  die Zeit von der Freigabe des Clay-Modells bis zum Produktionsanlauf des neuen Automobils zu verkürzen.

- besser zu werden, d. h.
  ein besseres Automobil als bisher herzustellen.
- kostengünstiger zu werden, d. h.
  die Kosten von der Freigabe des Clay-Modells bis zum Anlauf des neuen Automobils und damit die Kosten für das fertige Auto zu reduzieren.
- sicherer zu werden, d. h.
  ein sicheres Automobil mit kürzeren Anlaufzeiten zu bauen, nicht zuletzt durch optimiertere Bauteile und sicherere Betriebsmittel, und so auch eine sichere Produktion zu gewährleisten.

Möge es allen Beteiligten gelingen, dieses Ziel zu erreichen, damit kein volkswirtschaftlicher Schaden eintritt.

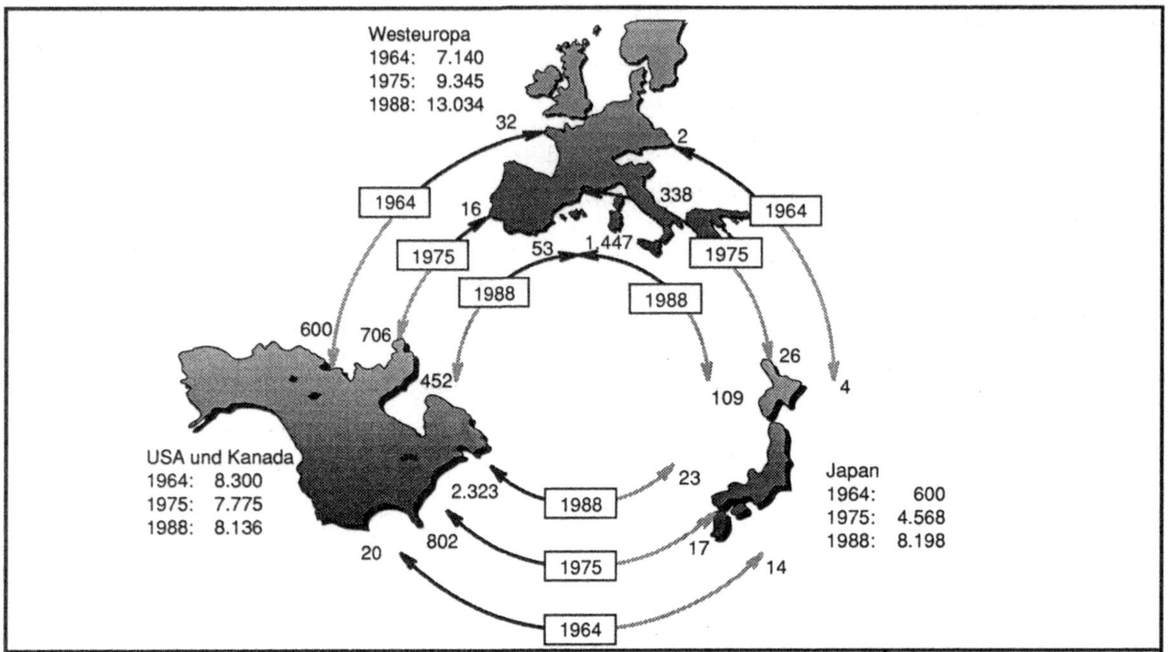

NOTHELFER	Strukturveränderung der Automobilindustrie Produktion, Importe und Exporte von Personenkraftwagen PKW Einheiten in Tsd.	Quelle: Benelux-France Supplier Conference and Nomination of the Suppliers of the year 1989 June 20, 1990

Bild 1

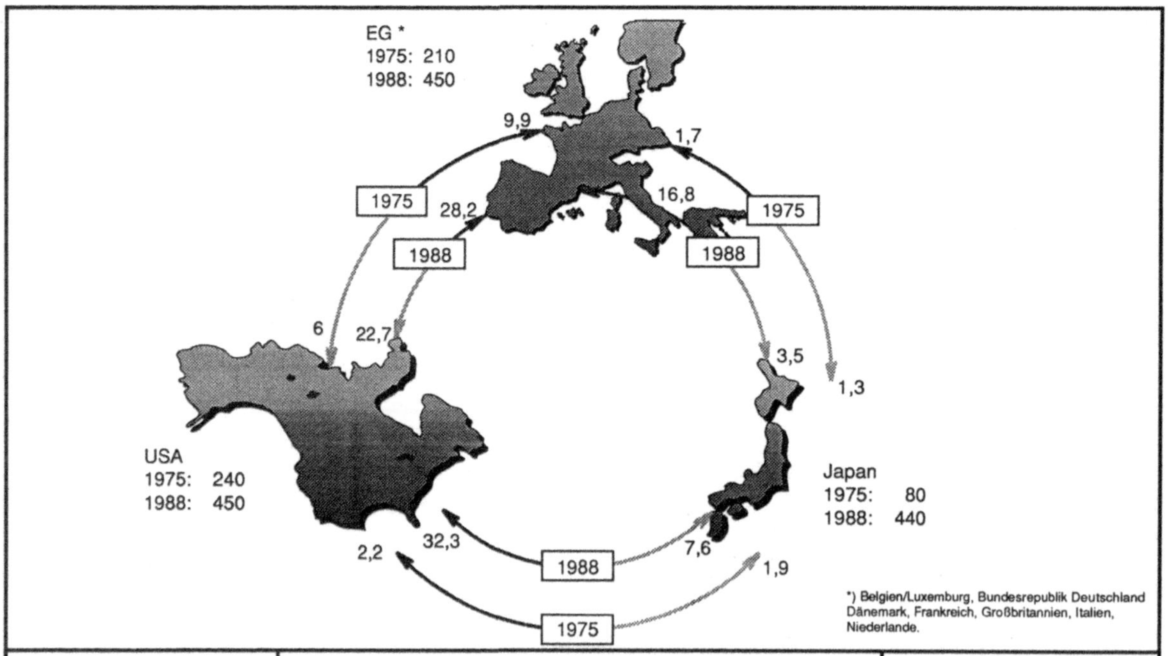

NOTHELFER	Umsätze, Exporte und Importe des Maschinenbaus in Mrd. DM	Quelle: Deutsche Bank Bulletin Aktuelle Wirtschafts- und Währungsfragen Ausgabe Dez. 1990

Bild 2

Zielsetzung für den Zeitablauf bei einem neuen Automobil-Modell von der Freigabe des Clay-Modelles bis zum Produktionslauf:

- **Möglichst große Verkürzung der Zeit zwischen der Freigabe des Clay-Modelles bis hin zum Anlauf des neuen Automobils.**
- **Möglichst große Verbesserung der Produktqualität.**
- **Möglichst weitgehende Reduzierung der Kosten für die Entwicklung und für die Produktionsmittel des neuen Modells.**
- **Möglichst kurze Serien-Anlaufzeit und sichere Produktion.**

NOTHELFER	Zielsetzung der Automobil-Hersteller	

Bild 3

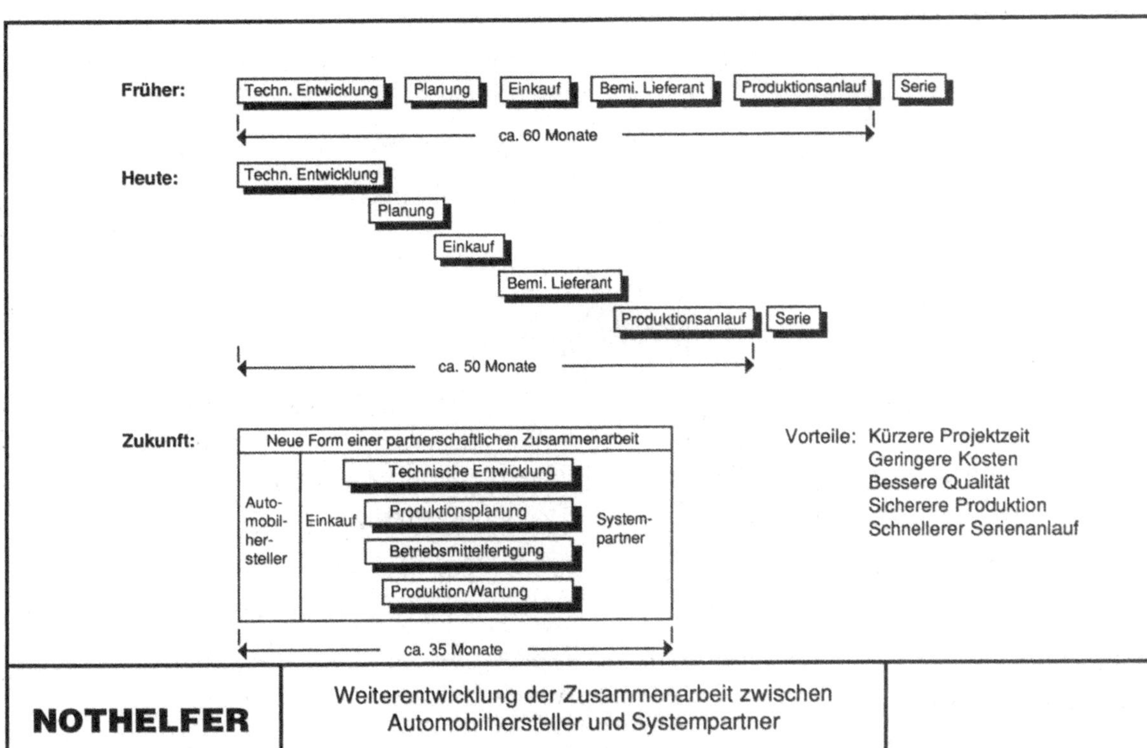

Bild 4

8

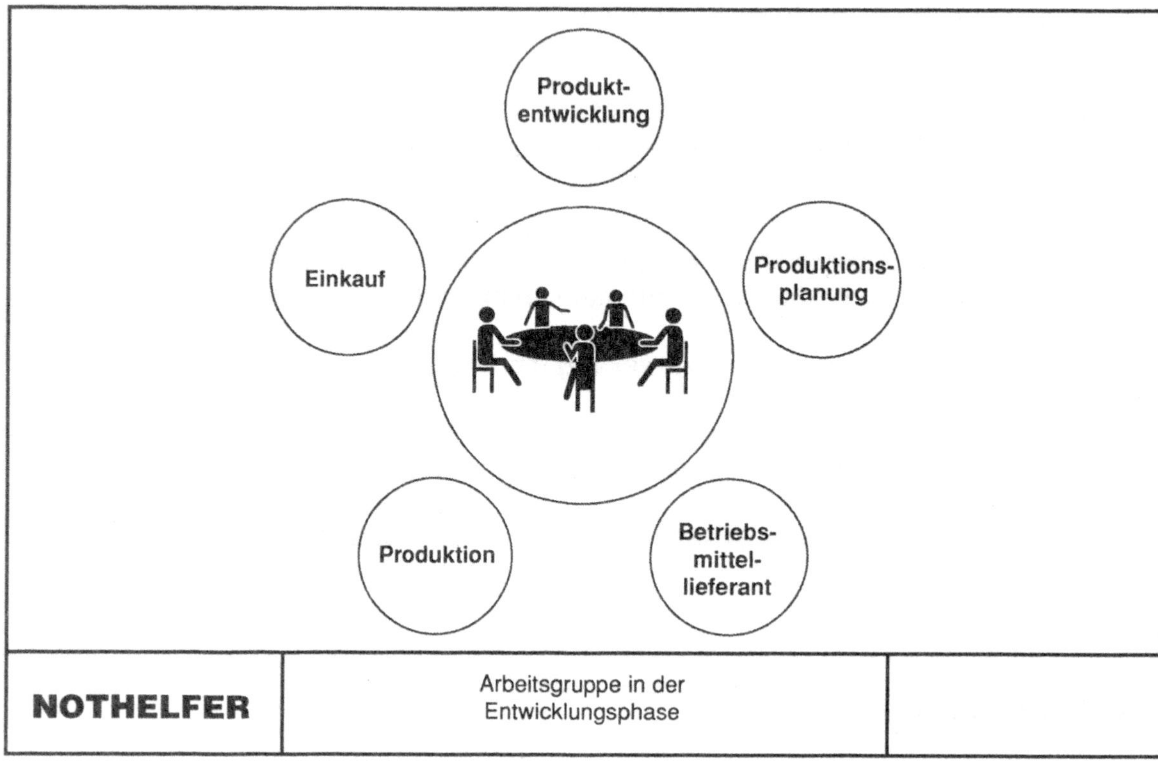

Bild 5

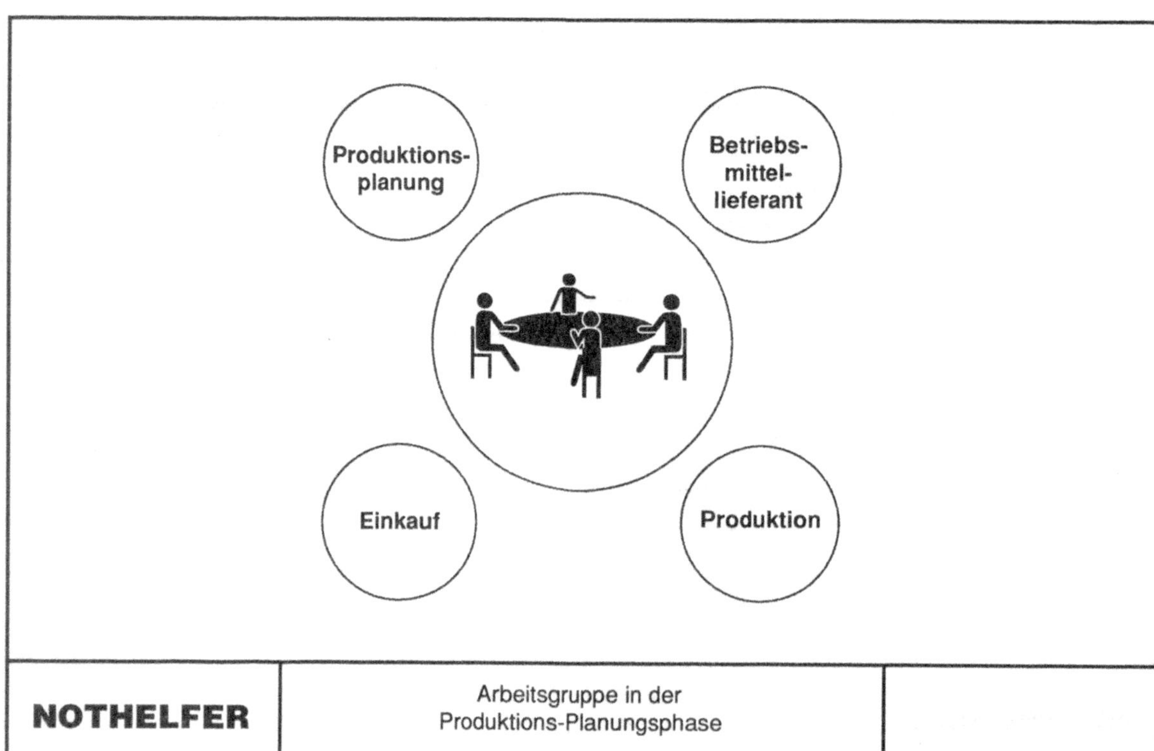

Bild 6

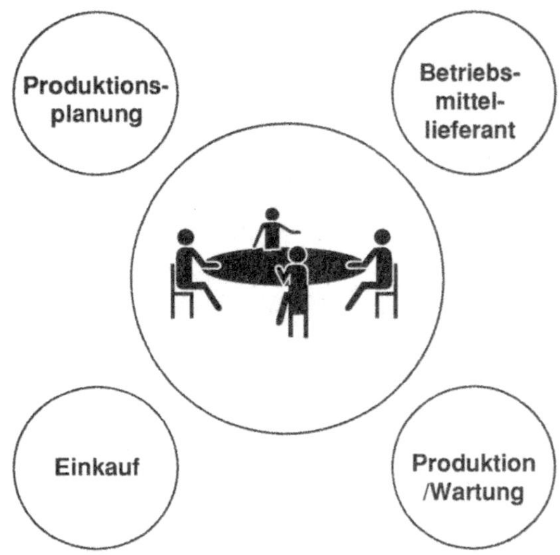

NOTHELFER | Arbeitsgruppe in der Konstruktionsphase

Bild 7

Die gemeinsamen Chancen für die Automobil-Hersteller und dem Betriebsmittellieferant liegen darin, daß es gelingt ...

- **schneller zu werden,**
- **besser zu werden,**
- **kostengünstiger zu werden,**
- **und sicherer zu werden.**

NOTHELFER | Chancen der Zukunft

Bild 8

Münchener Kolloquium '91

Wettbewerbsfaktor Zeit in Produktionsunternehmen

28. Februar/1. März 1991
München

Innovative Fertigungssysteme – Chancen und Herausforderungen

Prof. Dr.-Ing. M. Weck
Lehrstuhl für Werkzeugmaschinen, WZL
Aachen

iwb

Institut für Werkzeugmaschinen
und Betriebswissenschaften
Technische Universität München

Innovative Fertigungssysteme - Chancen und Herausforderungen

1. Einleitung

Die Reduzierung der Fertigungszeiten und die Steigerung der Verfügbarkeit von Produktionsanlagen ist in Abhängigkeit von der Fertigungsaufgabe und Fertigungsstruktur durch unterschiedlichste Maßnahmen erreichbar. Für die einzelnen Fertigungseinheiten bedeutet dies in erster Linie eine Verringerung der Haupt-, Neben- und Rüstzeiten. Diese Zielsetzung wird für die verschiedenen Fertigungsverfahren sehr unterschiedlich gefordert und umgesetzt, wie im folgenden an ausgewählten Beispielen gezeigt wird. Eine hiermit verbundene Steigerung der Komplexität verlangt zunehmende technische Anstrengungen, um die Störanfälligkeit dieser Systeme zu reduzieren bzw. eine maximale Verfügbarkeit zu garantieren.

Diese Überlegungen können natürlich unmittelbar auf die Bewertung von Produktionsanlagen übertragen werden. Unter dem Gesichtspunkt Zeit muß hier die Parallelisierung von Transport und Rüstzeiten zu den Fertigungshaupt- und Nebenzeiten vorausgesetzt werden. Bedingt durch die material- und informationstechnische Verknüpfung steigt die theoretisch mögliche Ausfallwahrscheinlichkeit. Dem muß zunächst durch optimierte Konstruktionen der Einzelelemente vorgebeugt werden. Eine weitere Verminderung der störungsbedingten Ausfallzeiten kann dann darüber hinaus nur durch geeignete Überwachungs- und Diagnosesysteme und praxisorientierte Wiederanfahrstrategien erzielt werden. In jedem Fall muß hier aber die Qualifikation und Motivation des Bedien- und Wartungspersonals in den Vordergrund gestellt werden.

2. Trends in der Fertigungsautomatisierung

2.1. Tendenzen in der Komplettbearbeitung

Der Grad an Verfahrensintegration und Komplexitätssteigerung für Maschinen der verschiedenen klassischen Fertigungsverfahren Drehen, Fräsen, Bohren und Schleifen ist sehr unterschiedlich. Der höchste Integrationsgrad wird zweifelsfrei für Drehmaschinen erzielt. Ein Grund für diese herausragende Weiterentwicklung der Drehmaschinen ist natürlich im Zusammenhang mit dem anfallenden Werkstückspektrum zu sehen. 80% der rotationssymmetrischen Werkstücke erfordern eine nachfolgende Bohr- und/ oder Fräsbearbeitung /1/.

Angetriebene Werkzeuge in Verbindung mit einer C-Achse sind seit langem Stand der Technik **(Bild 1)**. Die Bearbeitungsmöglichkeiten reichen hierbei vom Kontur- und Profilfräsen über Mehrkantdrehen und Abwälzfräsen bis hin zum Schleifen. Am Fertigungsbeispiel Welle und Zahnrad zeigt sich eine deutliche Reduzierung der Fertigungszeiten. Durch die 4-Achsbearbeitung kann die Herstellung beider Teile in kürzerer Zeit als die Bearbeitung der Welle alleine auf einer 2-Achsmaschine realisiert werden /2/. Es wird deutlich, daß der Rüstzeitaufwand leicht ansteigt, die Hauptzeitanteile jedoch drastisch verkürzt wurden. Dies ist insbesondere auf eine Mehrschnittbearbeitung zurückzuführen.

Hinsichtlich der Weiterentwicklung der Komplettbearbeitung sind die weiteren Schritte in der Realisierung der Rückseitenbearbeitung durch Integration weiterer Spindel- und Revolvereinheiten und der Einführung einer Y-Achse für die außermittige Bearbeitung, die nicht durch C- und X- Achseninterpolation erreichbar ist, zu sehen. Auch hier zeigt die Fallstudie eines komplexeren Drehteils den Vorteil der Komplettbearbeitung gegenüber einer Fertigung mit zwei Maschinen. Die dargestellten zeitlichen Abhängigkeiten berücksichtigen den Liegezeitanteil. Es bleibt anzuführen, daß bei den hier diskutierten Beispielen die Drehbearbeitung als Hauptfertigungsverfahren der Maschine anzusehen ist, während die anderen Verfahren mit reduzierter Antriebsleistung vorgesehen werden. Aber auch hier zeichnet sich durch eine Kombination von Werkzeug- und Werkstückspindeleinheiten mit gleichen Antriebsleistungen eine stärkere Symbiose beider Maschinengattungen ab.

Eine weitere Verminderung von Fertigungszeiten kann durch hauptzeitparalleles Rüsten erreicht werden. In **Bild 2** sind hierzu zwei ausgeführte Maschinenkonzepte dargestellt. Im rechten Beispiel ist eine Pendelbearbeitung zwischen zwei ortsfesten Spindeleinheiten mit einem Revolver vorgesehen. Diese Konzeption führt einerseits zu einer drastischen Reduzierung der Nebenzeiten. Da im Gegensatz zu einer 4-achsigen Konzeption die beiden Werkstücke in Folge bearbeitet werden müssen, ist andererseits nahezu eine Verdopplung der Hauptzeiten zu erwarten. Im Mittel liegen die erreichbaren Taktzeiten in der gleichen Größenordnung, wobei sich für das dargestellte Maschinenkonzept eine Steigerung der Schnittgeschwindigkeiten stärker in einer Hauptzeitreduzierung widerspiegelt. Das zweite Beispiel **(Bild 2 links)** zeigt zwei auf einer Trommel angeordnete Spindeleinheiten. Die Ausstattung mit zwei Werkstückträgern erlaubt das Be- und Entladen eines Werkstücks während der Hauptzeit und somit einen schnellen Wechsel. Eine weitere Hauptzeitreduzierung wird durch die Mehrschnittbearbeitung angestrebt.

Im Bereich der Bearbeitungszentren für die Bohr- und Fräsbearbeitung sind diese Tendenzen nicht zu beobachten. Die Integration von anderen Verfahren, sieht man einmal von Sonderaggregaten an Großwerkzeugmaschinen ab, sind eher die Ausnahme. Der wesentliche Beitrag zu weiteren Rationalisierungseffekten liegt in der Entwicklung schnellster Werkzeugwechselsysteme. Das dargestellte Werkzeugwechselsystem erreicht eine minimale Span-zu-Spanzeit von 3,2 s, wobei jedes Werkzeug mit einem eigenen Greifer ausgestattet ist, der auch bei Einsatz des Werkzeuges an der Spindelnase verharrt. In Verbindung mit Vielfachspannvorrichtungen auf der Werkstückseite kann hier eine deutliche Reduzierung der Nebenzeiten erzielt werden **(Bild 3)**. Im Bereich der Hauptzeit wird durch den Einsatz doppelspindliger Maschinen oder die Verwendung von mehrspindligen Bohrköpfen Verringerung erwirkt. Konzepte für die Komplettbearbeitung im Sinne einer Bearbeitung der Spannseite in einer Maschine sind nicht zu beobachten. Hier spiegelt sich die große Gestaltvielfalt prismatischer gegenüber rotationssymmetrischen Werkstücken hinsichtlich der

Handhabung und Spannung wider. Im Falle der Schleifmaschinen sind keine Bestrebungen zur Integration artfremder Fertigungsverfahren zu beobachten.

Neben den zuvor angesprochenen Verfahren zur Reduzierung der Fertigungszeiten strebt man natürlich bei allen Fertigungsverfahren eine Verminderung der Hauptzeiten durch eine Steigerung der Zeitspanungsvolumina und damit eine Steigerung der Schnittgeschwindigkeiten an. Die Möglichkeit, in dieser Richtung Fortschritte zu erzielen, wurde in besonderem Maße durch die Entwicklung neuer Schneidstoffe geschaffen /3/. Neben dem Einsatz von Diamant und CBN in der Schleiftechnik sind auf Seiten der Dreh-, Fräs- und Bohrbearbeitung insbesondere Cermets, titanbasierte Hartmetalle, sowie die Möglichkeiten der Beschichtungstechnik anzuführen **(Bild 4)**. Die hierdurch geschaffenen technologischen Voraussetzungen für Prozesse mit hohen Schnittgeschwindigkeiten werden durch die Erhöhung der Leistungsfähigkeit auf seiten der Antriebstechnik getragen.

Als ein nicht zu vernachlässigender Problempunkt muß nach wie vor der Bereich der Spindellagerungen angesehen werden. Neben teuren Magnetlagern ist man bestrebt, den Einsatzbereich von Wälzlagerungen zu höheren Drehzahlverhältnissen hin auszubauen. Hierzu sind sowohl verbesserte Schmierstrategien als auch der Einsatz von Beschichtungsverfahren oder Keramik im Lagerbereich erforderlich /4/. Weiterhin steigen die sicherheitstechnischen Anforderungen. Die Entwicklung geeigneter Spannsysteme oder die Optimierung der Trägerkörper von Schleifscheiben sind in diesem Zusammenhang zu erwähnen **(Bild 4)**. Neben der Frage der technischen Lösbarkeit der konstruktiven Aufgaben bei der Entwicklung einer Hochgeschwindigkeits-Werkzeugmaschine muß aber auch der Aspekt der Wirtschaftlichkeit beachtet werden. Das derzeitig geringe kundenseitige Interesse an HSC-Maschinen wird mit den heute noch zu hohen Anschaffungskosten, Zweifeln an der Produktionssicherheit und der geringen Flexibilität begründet. Die Hochgeschwindigkeitszerspanung ist derzeit nur für wenige Bearbeitungsaufgaben, z.B. in der Luftfahrtindustrie (Aluminiumbearbeitung mit hohem Zerspananteil), wirtschaftlich interessant.

Eine Abschätzung des Optimums zwischen Flexibilitäts- und damit Komplexitätssteigerungen für Maschinen und Anlagen muß durch Nutzwertanalysen im Vorfeld abgeschätzt werden. Hierbei sind die quantitative Flexibilität (zeitlich begrenzte Mengensteigerung), die qualitative Flexibilität (Umrüstbarkeit) und die zeitliche Flexibilität (zeitlicher Aufwand zum Umrüsten) zu bewerten /1/.

Ein Zusammenhang zwischen einer Komplexitätssteigerung und einer Zunahme der Störanfälligkeit kann nicht verallgemeinert angegeben werden. Hier spielt es eine bedeutende Rolle, ob die Komplexitätssteigerung durch zusätzliche Standardbaugruppen (Maschine) oder zusätzliche Maschinen des gleichen Typs (Anlage) erreicht wird oder ob vollkommen neue Einheiten integriert werden. Auch hat sich in einer Vielzahl von Untersuchungen an Anlagen gezeigt, daß die Ursachenverteilung für die auftretenden Störungen sehr spezifisch und voneinander abweichend sind und keine Verallgemeinerung zulassen.

2.2. Automatische Werkstück- und Werkzeugversorgung

Die Reduzierung von Rüst- und Nebenzeiten bei der Ver- und Entsorgung von flexiblen Fertigungssystemen stellt einen weiteren wesentlichen Faktor für die Produktivitätssteigerung dar. Dieser Aufgabe kann nur mit Automatisierungslösungen entsprochen werden, die der jeweiligen Ausbaustufe verketteter Produktionsanlagen angepaßt sind und insgesamt den weiteren Anforderungen, wie Durchlaufzeitverkürzung, Qualitäts- sowie Flexibilitätssteigerung, entsprechen.

Der stets zu lösende Zielkonflikt zwischen Steigerung der Produktivität bei gleichzeitiger Erhöhung der Flexibilität hat seit geraumer Zeit dazu geführt, daß verkettete Produktionsanlagen schrittweise ausgebaut werden. Die Integration ausgereifter Insellösungen in komplexere Systeme ist der einzig gangbare Weg bei der Realisierung flexibler Fertigungssysteme und stellt auch für mittelständische Unternehmen eine geeignete Möglichkeit dar, die flexibel automatisierte Fertigung einzuführen.

Eine wesentliche Aufgabe bei der Realisierung flexibler Fertigungszellen und -systeme stellt die Kopplung unterschiedlichster Fertigungsbausteine mittels aufgabenangepaßter Werkstück- und Werkzeugversorgungseinrichtungen dar. Die als notwendig erkannte Ausbau- und Umbaufähigkeit der Fertigungssysteme setzt modulare Strukturen und einheitliche Schnittstellen voraus. Die Gestaltung dieser Schnittstellen ist nicht nur bei der Verkettung unterschiedlicher Maschinenarten oder von Maschinen verschiedener Hersteller mit Problemen verbunden, sondern beinhaltet auch bei einfacheren Systemen eine Reihe von Fragen. Heute ist oft der Nutzer gefragt, der für das System ausgewählte Bausteine seinen besonderen Bedingungen entsprechend anpassen muß. Die Ursache dafür ist darin begründet, daß die absolute Vereinheitlichung aller relevanten Schnittstellen praktisch kaum möglich ist. Gezielte Standardisierungsarbeit ist jedoch eine unabdingbare Voraussetzung verketteter Anlagen, um mit optimierten Automatisierungslösungen zu effektiveren Einsparungen von Rüst- und Nebenzeiten zu gelangen.

2.2.1. Automatisierung der Werkstückversorgung

Die Vielfalt der Werkstückformen, -abmessungen und -gewichte stellt eine technische Gegebenheit dar, der im Hinblick auf eine flexible Automatisierung nur durch eine Weiterentwicklung der in direktem Kontakt zum Werkstück stehenden Betriebsmittel, wie Vorrichtungen, Greifer oder Transportpaletten, zu begegnen ist. Wo dabei die Grenzen der Automatisierung liegen, gilt es auszuloten. So erscheint heute beispielsweise die automatische Vorrichtungsmontage vielleicht noch als utopisch und wirtschaftlich nicht vertretbar. Die Beschäftigung mit derartigen Themen ist jedoch im Hinblick auf einen höheren Automatisierungsgrad notwendig und kann nicht von der Hand gewiesen werden.

Eine typische Komponente im Bereich der Werkstückversorgung, die die Flexibilität automatisierter Fertigungssysteme zur Zeit noch einschränkt, ist die Spannvorrichtung. Während der indirekte Werkstückwechsel über Maschinenpaletten bereits seit Jahren automatisiert abläuft, erfolgen Montage der Vorrichtungen und Spannen der Werkstücke meist manuell. Innerhalb eines von der Industrie unterstützten Forschungsvorhabens werden die Möglichkeiten zur automatischen Montage von Baukastenvorrichtungen mittels Industrieroboter erforscht **(Bild 5)**.

Bei der Konstruktion robotermontagegerechter Elemente ist primär auf eine Funktionsintegration verschiedenster Elementeinzelfunktionen sowie eine geeignete Anordnung von Betätigungs- und Einstellelementen für Roboter zu achten. Die Positioniergenauigkeit des Roboters bestimmt darüber hinaus das Befestigungskonzept. Hier bieten sich Paßschrauben mit gegenüber dem Passungsdurchmesser geringeren Gewindedurchmesser an. Modular aufgebaute Greifersysteme, die nicht nur zum Montieren und Einstellen der Vorrichtungselemente geeignet sind, sondern darüber hinaus auch für Handhabungsaufgaben im Kommissionier- und Fertigungsbereich eingesetzt werden können, stellen weitere Automatisierungskomponenten im Rahmen des Vorrichtungsmontage-Konzeptes dar. An ein Grundmodul, bestehend aus Greiferantrieb, Greiferkinematik, frei programmierbarer Steuerung und Greiferwechselschnittstelle, können universell geformte Greiferbacken und Wendevorrichtungen angekoppelt werden. Der Schrauber zur Befestigung der Vorrichtungselemente ist ebenfalls integriert. Hier wird auch eine einheitliche Schnittstelle zwischen Greifer und Roboterflansch wieder interessant.

Der lange Zeit propagierte Griff in die Kiste kann wegen der zu hohen Anforderungen an Bilderkennungssysteme und fehlender Flexibilität der Greifer sowie nicht zuletzt wegen der Tatsache, daß die bearbeiteten Flächen ungeordnet abgelegter Werkstücke beschädigt werden können, vorerst nicht zufriedenstellend gelöst werden. So müssen alle an der Werkstückversorgung beteiligten Elemente, wie Greifer, Paletten oder Transporteinrichtungen, der Forderung nach durchgehend einzuhaltender Ordnung der Werkstücke Rechnung tragen.

Wichtige Elemente innerhalb dieses Aufgabenkomplexes sind die Transport-Werkstückträger, für die in jüngster Zeit ebenfalls modulare Konzepte entwickelt wurden, um eine flexible Anpassung an unterschiedlichste Werkstücke zu ermöglichen. Derartige Paletten bestehen aus einem Palettenrahmen, auf dem unterschiedliche, der Werkstückaufnahme dienende Leisten angebracht werden. Auch hier sind Automatisierungslösungen entwickelt worden, um die Montage dieser Paletten innerhalb flexibler Fertigungs- und Montagesysteme realisieren zu können /5/ **(Bild 6)**.

2.2.2. Werkzeugschnittstellen

Die Hauptaufgabe der automatisierten Werkzeugversorgung besteht in der koordinierten Bereitstellung der Werkzeuge und dem zeitgerechten Werkzeugtransport und -wechsel. Als Ziele bei der Automatisierung des Werkzeugflusses werden verfolgt:

- Erhöhung der Produktivität der Maschinen durch Vermeiden von Maschinenstillständen wegen fehlender Werkzeuge
- Senkung der Werkzeugkosten durch volle Ausnutzung der Werkzeugstandzeiten
- Erhöhung der Nutzungsdauer einer flexiblen Anlage durch den automatisierten, mannarmen Werkzeugaustausch.

Werkzeugorganisationssysteme, die der Werkzeugplanung, -datenverwaltung und -disposition dienen, unterstützen das Erreichen dieser Ziele. In diesem Zusammenhang wird die einheitliche Gestaltung der mechanischen Trenn- und Schnittstellen der Werkzeuge diskutiert. **Bild 7** gibt einen Überblick zur Trenn- und Schnittstellenvielfalt.

Die Pauschalforderung nach möglichst umfassender Vereinheitlichung von Trenn- und Schnittstellen in unterschiedlichen Maschinenarten wird in jüngster Zeit oft gestellt. Insbesondere die Anbieter von Werkzeugsystemen argumentieren mit Vorteilen bei der Nutzung der Werkzeuge für unterschiedlichste Einsatzfälle. Der notwendige Grad der Einheitlichkeit der Werkzeugschnittstellen wird primär durch das Konzept einer flexiblen Anlage bestimmt. So ist einzuschätzen, daß auch zukünftig die Verkettung von Maschinen unterschiedlichen Typs mit einer zentralen, übergeordneten Werkzeugversorgung nicht zur Diskussion steht.

Zur Einsparung von Rüst- und Nebenzeiten in Systemen mit gleichartigen, sich ersetzenden Maschinen existieren heute hingegen bereits Werkzeugversorgungskonzepte, die maschinenübergreifend ausgelegt sind. Die für die automatische Werkzeugversorgung relevanten mechanischen Schnittstellen sind hier weitgehend genormt. Weiterentwicklungen der Schnittstelle zwischen Maschine und Werkzeug müssen die handhabungstechnischen Gegebenheiten flexibler Systeme berücksichtigen. So wurden bei der Entwicklung der „Hohlschäfte für automatischen Werkzeugwechsel" weitgehend Elemente des genormten Steilkegels verwendet, so daß bestehende Greif-, Handhabungs- und Magaziniereinrichtungen nur unwesentlich modifiziert werden müssen.

Die Reduzierung von Rüst- und Nebenzeiten durch automatischen Werkzeugwechsel gewinnt auch in Drehmaschinen immer größere Bedeutung. Entsprechend der Maschinenbauform sind hier unterschiedliche Konzepte zu beobachten. Während der Wechsel kompletter Werkzeughalter mit genormtem Zylinderschaft sich nicht durchgesetzt hat, findet der automatische Wechsel von Schneidköpfen unter dem Aspekt „Austausch nach Standzeitende oder Bruch" immer größere Verbreitung.

Neue Forderungen an die Schnittstelle ergeben sich durch die Entwicklung von Drehmaschinen mit Einzelwerkzeugträgern anstelle des Revolvers. Hier müssen stehende und rotierende Werkzeuge die gleiche Schnittstelle zur Maschine aufweisen und durch dasselbe Handhabungsgerät gewechselt werden können.

Der Versuch, einheitliche Schnittstellen für einen möglichst breiten Anwendungsbereich zu entwikkeln, hat gezeigt, daß die funktionellen Anforderungen teilweise sehr konträr liegen. Von seiten der automatischen Handhabung in flexiblen Systemen besteht die Forderung nach durchgängiger Einheitlichkeit nicht. So wird auch in Zukunft bei der Auswahl geeigneter Werkzeugsysteme und Schnittstellen unter Beachtung des Kostenfaktors zwischen notwendiger Einheitlichkeit und Grad der Erfüllung der Zerspanaufgabe zu optimieren sein.

2.3. Überwachung und Diagnose von Fertigungseinrichtungen und -prozessen

Ein Baustein zur Minimierung von Stillstandszeiten infolge von Störungen und Fehlern ist die Überwachung und Diagnose (kurz Ü&D) von Fertigungseinrichtungen. Während hier zunächst die technischen Anforderungen und Hilfsmittel auf Prozeß- und Maschinenebene diskutiert werden, wird im Kapitel 3 der Aspekt der manuellen Anlagenüberwachung und das Einleiten von Ausweichstrategien behandelt.

Neben der wirtschaftlichen Notwendigkeit einer maximalen Verfügbarkeit der Anlagen steht die Forderung nach Sicherung hoher Qualitätsanforderungen. Insbesondere im prozeßnahen Bereich sind Fragestellungen und Problemfelder der Überwachung und Diagnose nicht von denen der Qualitätssicherung (QS) zu trennen. Die Qualitätssicherung ist unternehmensübergreifend und betrifft neben technischen Maßnahmen auch besonders Organisationsformen und Kommunikationsvorgänge zwischen allen Abteilungen eines Unternehmens. Eine beiden Bereichen gemeinsame Doppelfunktion übt dabei die Meßtechnik mit ihren Funktionen Sensorik und Symptomgewinnung aus. Ü&D-Systeme können damit als intelligente, komplexe Sensorsysteme zur Erkennung von Fehlern und Abweichungen im Prozeß und in der Anlage als Teil des QS-Elementes Meßtechnik verstanden werden. Während die QS besonders produkt- und kundenbezogen und damit unternehmensextern orientiert ist, sind die Ziele der Ü&D prozeß- und anlagenbezogen, wobei die wirtschaftliche und sichere Nutzung der Produktionsanlagen im Vordergrund steht.

Um diese Ziele zu erreichen, haben Ü&D-Systeme die Aufgabe, die Anlagenverfügbarkeit zu sichern, den Nutzungsgrad zu erhöhen und die Sicherheit des Personals und der Anlage zu gewährleisten **(Bild 8)**. Durch eine schnelle Fehlererkennung und -ortung oder auch Fehlerfrüherkennung und damit Fehlervermeidung können Stillstandszeiten minimiert und damit die

Verfügbarkeit gesteigert werden. Die Überwachung und Optimierung von Fertigungsprozessen führt neben der Sicherstellung der Produktqualität schon in der Maschine zu einer gesteigerten Werkzeugausnutzung, einer möglichen Reduzierung von Hauptzeiten und erhöht damit u.a. den Nutzungsgrad der Anlagen. Wesentlich ist hier jedoch insbesondere die Möglichkeit, überwachte Fertigungseinrichtungen sowohl über Pausen hinweg als auch in mannarme Schichten hinein laufen zu lassen, da jeder Fehler zwar zu einem Stillstand des Systems führt, Folgeschäden jedoch ausgeschlossen werden können.

Alle Methoden der Ü&D beruhen auf der Erkennung von Abweichungen eines Systems von einem Normalzustand. Daher sind sowohl geeignete Kenngrößen zur Beschreibung eines Systems erforderlich, also Symptome, als auch das Wissen über Änderungen dieser Symptome im Fehlerfall zur Entscheidungsfindung. Die Kenntnis der Symptome und ihrer prinzipiellen Änderungen muß vor Anwendung eines Ü&D-Systems vorliegen (Lernen von a-priori-Wissen), wobei die Ermittlung und meßtechnische Erfassung geeigneter Prozeß- und Anlagensignale ein besonderes Problemfeld darstellen. Aktuelle Parametergrößen der Symptome oder Entscheidungsfunktionen, die beispielsweise von wechselnden Bearbeitungsparametern abhängen, können auch in s.g. „Lern"-Zyklen zu Beginn einer Überwachung ermittelt werden.

Bei der Auswahl geeigneter Ü&D-Methoden sind die beiden Bereiche

- Fertigungsanlage und
- Fertigungsprozeß

zu unterscheiden.

Die Ü&D auf der Ebene der Fertigungsanlagen ist im wesentlichen durch eine starke Verknüpfung von Einzelkomponenten gekennzeichnet. Bedingt durch die wechselseitige Beeinflussung von Komponenten kann sich ein Fehler in einer Komponente oft im Ausfall oder in einer Fehlermeldung einer anderen, an sich fehlerfreien Komponente auswirken. Daher hat im Bereich der Anlagen die Diagnose, also die Ermittlung von Fehlerort und -ursache, eine große Bedeutung. Zur Abbildung der strukturellen Verknüpfungen und Abhängigkeiten bieten sich unter anderem wissensbasierte Systeme an /7/. Allerdings ist hier wie auch bei konventionell erstellten Diagnoseroutinen der Aufwand zur Eingabe des systemspezifischen Know-How ein nicht zu unterschätzendes Problem.

Moderne Produktionsmaschinen als Einzelkomponenten von Fertigungsanlagen enthalten in aller Regel bereits eine Vielzahl von Sensoren und Einrichtungen zur Überwachung und Sicherung des Maschinenzustandes, so daß die Maschinen selbst als sicher anzusehen sind. Durch konstruktive Maßnahmen und Verbesserungen, die z.B. aus Schwachstellenanalysen abgeleitet werden können, und unterstützt durch steuerungsinterne Diagnosefunktionen, läßt sich die Zuverlässigkeit von Maschinen und Anlagen dauerhaft erhöhen. Damit sind zusätzliche maschinenbezogene Diagnoseeinrichtungen oft nicht notwendig. Auf Leitebene bietet sich dagegen der Einsatz globaler wissensbasierter Systeme an /8/.

Auf der Ebene der Fertigungsprozesse sind dagegen Ü&D-Systeme aufgrund nicht vermeidbarer stochastischer Prozeßabweichungen von großer Bedeutung. Dabei ist in erster Linie die Erkennung von Fehlern, also die Überwachung, gefordert. Der Ort ist bereits bekannt, und einem erkannten Fehler läßt sich in aller Regel auch genau eine Ursache zuordnen, so daß keine spezielle Diagnose notwendig ist. Zu überwachen sind Werkzeuge, Werkstücke und der Prozeßverlauf. Eine On-Line-Überwachung wird insbesondere bei der Werkzeugüberwachung zur Sicherung der Anlagenverfügbarkeit angewendet. Dabei werden hohe zeitliche Anforderungen gestellt, beispielsweise bei der Werkzeugbruchüberwachung, und große Erkennungsgenauigkeit gefordert, beispielsweise bei der Werkzeugverschleißüberwachung. Daraus folgt, daß die möglichst vollständige, unverfälschte, primäre Prozeßinformation vom Überwachungssystem ausgewertet werden muß. Dies erfordert eine prozeßnahe Sensorik. Für die Sensorik ergeben sich aber starke Einschränkungen durch eine rauhe Maschinenumwelt, insbesondere im Bearbeitungsraum, und durch beschränkte Installationsmöglichkeiten. Daher ist man oft auf sekundäre Prozeßsignale angewiesen, die durch komplexe Übertragungsstrecken stark gestört sein können. Zur Ermittlung prozeßbeschreibender Symptome aus solchen sekundären Prozeßsignalen müssen dann aufwendige Signalanalyseverfahren, z.B. Spektralanalysen etc., oder Modelle der Bearbeitungsprozesse und Übertragungsstrecken eingesetzt werden /9, 10/.

Durch die Doppelfunktion der Ü&D - Teil der QS und eigenständiger Beitrag zur Wirtschaftlichkeit der Fertigung - bilden Verfahren und Systeme zur Ü&D eine ausgeprägte Querschnittsfunktion in einem Unternehmen und haben in Zukunft eine große Bedeutung innerhalb der Fertigungstechnik.

Im folgenden sollen daher einige zu erwartende Trends im Bereich der Überwachung und Diagnose an Fertigungsanlagen und -prozessen aufgezeigt werden **(Bild 9)**. Der Gesamttrend wird dabei in Richtung Integration, Vernetzung und Mehrfachnutzen von Ü&D-Systemen gehen und im wesentlichen die Bereiche Sensorik, Symptomgewinnung, Entscheidungsfunktionen und Systemstruktur betreffen.

Auf dem Gebiet der Sensorik entwickeln sich die heute meist eingesetzten diskreten Einzelsensoren zu Sensorsystemen mit integrierter Signalaufbereitung und -verarbeitung. Diese intelligenten Sensorsysteme lassen sich prozeßnah in die Maschine, beispielsweise direkt in die Spindel, integrieren und können somit primäre, weitgehend ungestörte Signale oder bereits vorverarbeitete Zwischenergebnisse zur Verfügung stellen. Die Vernetzung solcher Sensorsysteme verringert den Installationsaufwand durch geringeren Verkabelungsbedarf und erhöht die Datensicherheit durch Übertragung von bereits im Sensorsystem digitalisierten Daten /11/.

Stand der Technik bei heutigen Überwachungssystemen sind einfache Signalverarbeitungsverfahren, wie Filterung, und Entscheidungsstrategien, wie Grenzwertüberwachungen. Für einige Fertigungsverfahren, wie z.B. das Drehen, stehen kommerzielle Systeme auf der Basis einer Auswertung von Kraftsignalverläufen zur Überwachung von Schruppoperationen zur Verfügung /12, 13/. In Zukunft werden komplexe und durch Rechnerunterstützung schnelle Signalanalyseverfahren wie Spektral-/Cepstralanalysen signifikante Symptome auch aus gestörten Signalen ermitteln können. Zur umfassenden Gewinnung aller verfügbaren Information aus einem Prozeß oder einer Anlage werden Verfahren der multisensoriellen Datenerfassung und -verarbeitung eingesetzt werden, die besonders die Untersuchung von Gemeinsamkeiten zwischen einzelnen Signalen leisten und damit prozeßrelevante Informationen aus sekundären Prozeßsignalen extrahieren können. Selbstlernende und gegen stochastische Signalschwankungen robuste Entscheidungsverfahren können zukünftig durch Neuronale Netze /14/, Fuzzy-Sets und wissensbasierte Systeme bereitgestellt werden /23/.

Bei Fertigungssystemen sind aufgrund ihrer Komplexität nicht alle Schwachstellen sofort bekannt. Sie müssen daher laufend optimiert und gleichzeitig veränderten Produktionsbedingungen angepaßt werden. Daher stellt sich die Forderung nach einer flexiblen Struktur der Ü&D-Systeme. Dies kann durch die Entwicklung flexibel konfigurierbarer und programmierbarer Mehrrechnerstrukturen für

Ü&D-Systeme erreicht werden. Ihre Verknüpfung durch separate Diagnosenetzwerke führt zu Strukturen, die auch im Störungsfalle der Anlage weiter funktionsfähig bleiben.

Aus der bisherigen Darstellung wird deutlich, daß Ü&D-Systeme eine ausgeprägte Schnittstellenfunktion zwischen Prozeß bzw. Anlage und übergeordneter Leittechnik haben. Sie stellen eine Vielzahl von Informationen zur Verfügung, die sich mehrfach nutzen lassen. Die wichtigsten Bereiche sind natürlich die Ü&D selbst sowie die QS. Die bereitgestellten Daten können aber auch die bisher durch die modernen Maschinen gekapselten Prozesse für die Bediener wieder transparent machen und so eine Prozeßlenkung entweder durch den Bediener /15, 16/ oder mittels automatischer Systeme ermöglichen. Daneben können diese Daten als Bestandteil einer Maschinendatenerfassung (MDE/BDE) zur fortlaufenden Verbesserung der Prozesse und Anlagen durch Schwachstellenanalyse und -behebung dienen /8/.

Am Beispiel der Überwachung des Bohrprozesses soll der Aufbau eines zur Zeit in Entwicklung befindlichen Überwachungs- und Diagnosesystems dargestellt werden, in dem einige der aufgezeigten Trends verwirklicht werden.

Zur Ableitung einer Überwachungsstrategie ist in **Bild 10** ein Vergleich der Amplitudendichteverteilungen und des Fourierspektrums des Drehmomentsignals zwischen einem arbeitsscharfen und einem verschlissenen, bruchgefährdeten Spiralbohrer gezeigt.

Obwohl das Drehmomentsignal ein primäres Prozeßsignal ist und deutliche Signaländerungen zeigt, ist eine ausreichend sichere Aussage über den Werkzeugzustand aufgrund von Störungen der Signalübertragungswege nicht möglich. Diese ergibt sich erst durch eine multisensorielle Signalerfassung und -verarbeitung des Drehmomentsignals und des Körperschallsignals. In **Bild 11** ist der Aufbau des Überwachungssystems skizziert.

Das System realisiert eine komplexe multisensorielle Datenerfassung und -verarbeitung der Prozeßgrößen Körperschall und Drehmoment. Durch Zusammenfassung der ermittelten Merkmale in einem Merkmalvektor wird eine einheitliche, vom jeweiligen Sensor oder Analyseverfahren unabhängige Schnittstelle für die abschließende Klassifikation gebildet. Zur Entscheidung, ob der Bohrer sein Standzeitende erreicht hat und damit bruchgefährdet ist, wird ein Neuronales Netz benutzt. Diese Form eines Klassifikators kann schon mit relativ geringen Lernstichproben trainiert werden und ist robust gegen stochastische Störungen der angelegten Muster /17/. Durch Kopplung des Überwachungssystems mit der Maschinensteuerung und dem Fertigungsleitrechner-Netzwerk können unterschiedliche, den jeweiligen Prozessen angepaßte Überwachungsstrategien ausgewählt oder aktuelle Bearbeitungsparameter an das Überwachungssystem übergeben und einfache Fehlermeldungen an die Leitsysteme abgesetzt werden. Eine optionale Kopplung an ein spezielles Diagnose-Netzwerk stellt ein auch im Störungsfall der Anlage funktionsfähiges System bereit und erlaubt die Weitergabe komplexerer Fehlermeldungen, die im Leitsystem nicht behandelt werden können, an ein übergeordnetes Diagnosesystem /8/.

2.4. NC/RC-Programmerstellung unter Berücksichtigung der Systemflexibilität

Die gestiegenen Marktanforderungen in den zurückliegenden Jahren, die sich vor allem in einer zunehmenden Variantenvielfalt, wachsender Produktkomplexität und kleiner werdenden Losgrößen bei sich verkürzenden Lieferzeiten äußern, haben u. a. dazu geführt, daß flexible Fertigungssysteme stark an Bedeutung gewonnen haben.

Um die Flexibilität dieser Fertigungssysteme bei geringen Stillstandszeiten voll nutzen zu können, sind an Softwaresysteme zur Erstellung der benötigten NC/RC-Programme besondere Anforderungen zu stellen.

Diese Anforderungen betreffen speziell die Bereitstellung von Informationen, die den Flexibilitätsgrad einer Anlage beschreiben, wie z. B. verfügbare Spannmittel, Werkzeuge, Transportmittel oder Handhabungseinrichtungen. Informationen dieser Art sind bei der NC/RC-Datengenerierung für die numerisch gesteuerten Komponenten flexibler Fertigungssysteme wie Säge, Roboter oder Werkzeugmaschine als Restriktionen zu berücksichtigen. Auf diese Weise kann sichergestellt werden, daß die erzeugten Programme ohne zeitaufwendige Tests und Programmodifikationen lauffähig sind und Stillstandszeiten der kapitalintensiven Anlagen so kurz wie möglich gehalten werden können.

Heute verfügbare Programmsysteme zur NC/RC-Datengenerierung vermitteln dem Anwender keine Transparenz über den Flexibilitätsgrad der einzusetzenden Fertigungseinrichtungen /18/. Aus dieser Situation resultiert die Forderung nach modernen Simulationswerkzeugen zur rechnerinternen Abbildung aller Abläufe des Fertigungsprozesses, damit die Anlagenflexibilität voll genutzt werden kann und Restriktionen frühzeitig erkannt werden können.

Bild 12 zeigt beispielhaft den Ablauf einer Simulation, die im Rahmen der NC-Programmerstellung für eine Drehmaschine zu durchlaufen ist. Ausgehend von einem ausreichend dimensionierten Rohteil, dessen Verfügbarkeit gesichert sein muß, werden in dem dargestellten Beispiel drei Simulationsphasen durchlaufen. Diese drei Phasen bilden die Vorgänge der Rohteilaufnahme, des Ein-, Um- und Abspannens sowie der Fertigteilablage rechnerintern nach, wobei eine Reihe von Prüfvorgängen durchzuführen sind.

In der ersten Simulationsphase muß sichergestellt werden, daß das Rohteil mit den im flexiblen Fertigungssystem verfügbaren Robotergreifern gehandhabt werden kann und daß die Spannmittel in der Werkzeugmaschine geeignet sind, das Rohteil sicher aufzunehmen. Darüber hinaus sind Kollisionsprüfungen zwischen Greifer und Palette sowie zwischen Greifer und Spannbacke durchzuführen. Neben Kollisionsprüfungen steht in der zweiten Simulationsphase des Drehprozesses vor allem die Handhabung und Spannung des Halbfertigteils im Vordergrund. Die abschließend durchzuführende Simulationsphase hat die rechnerinterne Nachbildung der Prozesse der Fertigteilentnahme und -ablage zum Inhalt.

Grundlage eines Simulationsprozesses bei der NC/RC-Datengenerierung bilden aktuelle Daten, die die Systemflexibilität beschreiben. Zur Erfassung und Verwaltung dieser Datenbestände bietet sich der Einsatz eines relationalen Datenbanksystems an. Auf diese Weise kann sichergestellt werden, daß die abgelegten Informationen stets aktuell und weitestgehend redundanzfrei sind.

Der Einsatz eines Datenbanksystems ist nur dann sinnvoll, wenn sichergestellt ist, daß alle Veränderungen am flexiblen Fertigungssystem unmittelbar erfaßt und im Datenbanksystem beschrieben werden. Graphisch-interaktiv arbeitende Manipulationssysteme bieten hier eine komfortable Möglichkeit, den Flexibilitätsgrad eines Systems stets aktuell in der Datenbank abzubilden /19/.

Bild 13 zeigt die Funktionsweise eines graphisch-interaktiv arbeitenden Datenbankmanipulationssystems am Beispiel der Definition der Spannmittel für eine Drehmaschine in einem flexiblen System. In der im Bild dargestellten Weise lassen sich aktuelle Informationen über alle Systemkomponenten abbilden, die im Rahmen der NC- oder RC-Programmerstellung von Bedeutung sind. Als Systemkomponenten werden in diesem Zusammenhang Einrichtungen wie z. B. Lager, Säge, Palette, Transportsystem, Roboter und Werkzeugmaschine verstanden.

Neben den Definitionen, die bezogen auf einzelne Komponenten des flexiblen Fertigungssystems getätigt werden können, müssen zur Beschreibung des Materialflusses in einem flexiblen System alle Informationen erfaßt werden, die die Verknüpfungen zwischen diesen Komponenten beschreiben.

Die Summe dieser die Anlagenflexibilität kennzeichnenden Daten, ist den Softwaresystemen zur Verfügung zu stellen, die zur NC/RC-Programmerstellung eingesetzt werden. Hier sind neben Roboterprogrammiersystemen, Programmsysteme zur Konfiguration von Paletten, vor allem aber auch Softwaresysteme zur Erstellung von Fertigungsinformationen für die einzusetzenden Werkzeugmaschinen zu nennen. Eine Anbindung dieser Systeme an ein Simulationsprogramm schafft dann die Voraussetzungen zur Berücksichtigung aller Prozeßrestriktionen, die die Systemflexibilität definieren /20/. Eine derartige Anbindung läßt sich über spezielle Schnittstellen zu den Zielsystemen realisieren, wobei die durchzuführenden Simulationsschritte unter Nutzung der Graphikfähigkeit der Programmsysteme zur NC/RC-Programmerstellung transparent gemacht werden können **(Bild 14)**.

Der Einsatz von Simulationssoftware stellt sicher, daß bei der Generierung der Fertigungsinformationen für die einzusetzende Maschine alle Restriktionen berücksichtigt werden, so daß eine bessere Verfügbarkeit dieser kapitalintensiven Anlagen zukünftig ermöglicht wird, da die Stillstandszeiten für Testläufe deutlich reduziert werden können.

3. Trends in der FFS-Bedienerführung

Neben diesen oben diskutierten Verfahren, die einerseits im Vorfeld als konstruktive Maßnahmen vorzusehen sind, andererseits als zusätzliche Systeme zur Überwachung und Diagnose eingesetzt werden, bieten ergonomische Mensch-Maschine-Schnittstellen ein effektives Potential zur Reduzierung von organisatorischen Stillstandszeiten.

Aufgaben, die im Bereich der Fertigungssteuerung und -überwachung vom Bediener zu erfüllen sind, werden immer vielfältiger und komplexer. Bei einem normalen, ungestörten Fertigungsverlauf muß der Bediener die Auftragsübernahme und -rückmeldungen, also den gesamten Auftragsfortschritt wie auch die Maschinenbelegung und -funktion überwachen. Weitere Aufgaben bestehen zum Beispiel aus den Funktionen Werkzeugverwaltung oder auch Materialflußsteuerung. Der Bediener muß in der Lage sein, die aktuelle Produktionssituation im System vollständig zu überblicken.

Im Störfalle kommen noch weitere wichtige Aufgaben hinzu. Dann muß erkannt werden, um welche Art von Störung es sich handelt sowie welche Komponenten der Fertigungsanlage bzw. welche Werkstücke hiervon betroffen sind (Kap. 2.3). Aufgrund dieser Informationen können dann geeignete Gegenmaßnahmen eingeleitet werden. Neben der eigentlichen Störungsbeseitigung, das heißt Reparatur der schadhaften Anlagenkomponenten, bedeutet dies aber gegebenenfalls auch eine Umdisponierung der zu fertigenden Aufträge, um die Störungsauswirkungen möglichst gering zu halten.

Im Störungsfall fallen somit eine Vielzahl zusätzlicher Aufgaben an. Neben dem Registrieren der unterschiedlichen Status- und Störmeldungen müssen jetzt auch neue Steuerungsanweisungen an das Fertigungssystem gegeben werden. Während im störungsfreien Produktionsverlauf der Bediener aufgrund der hochautomatisierten Fertigungsüberwachung häufig unterfordert ist, ist er im Fall einer Störung, wo er auf vielfältige Weise in das System steuernd eingreifen muß, häufig überfordert. Ergänzend zu dem bisher schon beschriebenen Aufgabenfeld sollte der Bediener weiterhin die Möglichkeit haben, über die Bedienoberfläche mit benachbarten Applikationen, wie zum Beispiel der Ablaufeinplanung, interaktiv arbeiten zu können /21/.

Für die Bediener komplexer Fertigungssysteme müssen daher geeignete Hilfsmittel zur manuellen Anlagenführung bereitgestellt werden. Dabei sollte vor allem die optimale, ergonomische Auslegung der Bedienoberfläche im Vordergrund stehen. Abstrakte Kommandosprachen oder Überwachungsmeldungen führen nicht nur zu einer schlechten Akzeptanz der Systemführungsfunktionen. Ebenfalls wird die Leistungsfähigkeit des Menschen bei dieser Art von Informationsaufbereitung nicht umfassend genutzt. Eine bessere Unterstützung des Bedieners wird im allgemeinen durch eine graphische Bedienoberfläche, gegebenenfalls begleitet durch alphanumerische Informationen bzw. Eingaben, erreicht.

Eine weitere Problematik stellt das Arbeiten mit unterschiedlichen Anwendungssystemen dar. Einem Benutzer sollten für die verschiedenen Teilsysteme der Fertigungsanlage gleiche oder zumindest ähnliche Bedienoberflächen zur Verfügung gestellt werden. Damit muß er sich nicht auf unterschiedliche Überwachungs- und Kontrollverfahren einstellen. Bei der Auslegung von Bedienoberflächen muß weiterhin auch den unterschiedlichen Wissens- und Erfahrungsständen der Bediener Sorge getragen werden. Dies bedeutet zum Beispiel die Integration geeigneter Hilfsfunktionen, um Zusatzinformationen oder auch Bedienerhilfen anzuzeigen.

Vor dem Hintergrund der gegenwärtigen Entwicklungen kann man feststellen, daß in Zukunft die Verlagerung der Bedienertätigkeit von manuellen Eingriffen in der Produktion hin zu Überwachungs- und Entscheidungsaufgaben am Leitsystem stattfinden wird. Dabei wird die Komplexität der Aufgaben und das Volumen der zu verarbeitenden Informationen auch in Zukunft ansteigen.

Die heutige Situation bei den Bedienoberflächen ist durch einen vermehrten Einsatz von graphischen Elementen gekennzeichnet. Allerdings sind die heutigen graphischen Bedienoberflächen auf spezielle Anwendungen zugeschnitten. Sie werden für eine ganz bestimmte Funktionalität und für ein spezielles Produktionssystem entwickelt. In dem Entwicklungsaufwand für die Bedienoberfläche stecken dabei bis zu 40% des Gesamtentwicklungsaufwandes für die Software. Da die Bedienoberflächen allerdings meist für eine spezielle Anforderung abgestimmt sind, lassen sie sich häufig nur sehr aufwendig ändern oder erweitern, da bei der Konzeption eine Anpassungsmöglichkeit in der Regel nicht berücksichtigt wurde. Weiterhin werden bei den heutigen Bedienoberflächen die innovativen, graphisch interaktiven Methoden, die heute zur Verfügung stehen, wie Fenstertechnik und Zeigerinstrumente, nicht effizient genutzt und zur Bedienung eingesetzt.

Wie in **Bild 15** dargestellt, muß eine adaptierbare Bedienoberfläche in der Lage sein, folgende Funktionen zu erfüllen /22/:

- Layout-Konfigurationsmöglichkeiten für beliebige Fertigungsanlagen
- elektronische Plantafel- und Augenblicksdarstellung des Fertigungsprozesses
- folgerichtige Darstellung und Abbildung des Material- und Informationsflusses

- graphische, interaktive Bewegungsmimik von Transportaufträgen
- allgemeine Systemüberwachung und Darstellung von Fertigungssimulationsabläufen

Um diese vielfältigen Anforderungen für die verschiedenen Funktionalitäten erfüllen zu können, muß mit speziellen konzeptionellen Programmiermethoden gearbeitet werden. Im Rahmen einer neuartigen, universellen FFS-Steuerungsarchitektur wurde eine modulare, universell anpaßbare Bedienoberfläche mit Hilfe von einem Ressourcen- und Auflagenkonzept mittels einer objektorientierten Datenstruktur realisiert /22/. Dabei werden die heute zur Verfügung stehenden Verfahren wie Windows, Zeigerinstrumente, multitasking- und multiuser-fähige Betriebssysteme eingesetzt. Die Bedienoberfläche ist an ein relationales Datenbanksystem angeschlossen und stellt die Produktionsabläufe anhand der in der Datenbank abgelegten Informationen für den Bediener ab.

Im **Bild 16** ist der beispielhafte Aufbau einer ergonomischen Bedienoberfläche für den Einsatzbereich der Werkzeugverwaltung dargestellt. Im angezeigten Arbeitsplan kann der Bediener die anstehenden Arbeitsgänge mit den zugehörigen Werkzeugen erkennen. Parallel hierzu kann er im angezeigten Maschinenbelegungsplan den Zeitrahmen für die einzelnen Arbeitsgänge feststellen. Im dritten, unteren Fenster dieser Bedienoberfläche für den Aufgabenbereich der Werkzeugverwaltung kann er alle Einsatzorte für die unterschiedlichen Werkzeuge entnehmen. Die diversen Balken in den Diagrammen, die unterschiedliche Arbeitsgänge repräsentieren, können durch einen Zeiger geöffnet werden. Dabei werden auf der Bedienoberfläche zusätzliche Fenster geöffnet, in denen dann weitere arbeitsgangspezifische, alphanumerische Detailinformation dargestellt wird.

Bild 17 zeigt ein realisiertes Beispiel für eine ergonomische, graphische Bedienoberfläche für ein FFS. Hier wird der Grundriß eines Fertigungssystems, mit den unterschiedlichen Werkzeugmaschinen, Robotern, FTS, Transportpaletten usw. abgebildet. Der Produktionsablauf wird dem Bediener durch Bewegung der einzelnen Paletten durch das Systemabbild dargestellt. Benötigt er zusätzliche Informationen zu einer dargestellten Komponente, so kann er durch Anklicken des entsprechenden Symbols weitere Fenster öffnen, wo dann Detailinformationen dargestellt werden.

Zusätzlich zu einer überwachenden Funktionalität bietet diese Bedienoberfläche auch die Möglichkeit zu interaktivem Arbeiten. Der Bediener kann z.B. eine Palette mit dem Zeiger aktivieren und auf eine andere Position im Anlagenlayout verschieben. Die Ausführung kann er anschließend wiederum über die Oberfläche überwachen.

Diese beiden verschiedenen, in den Bildern 16 und 17 dargestellten Bedienoberflächen sind leicht für unterschiedliche, auch vollkommen anders strukturierte Produktionsabläufe anpaßbar. Auf beiden Oberflächen erhält der Bediener die für ihn erforderliche Information übersichtlich dargestellt. Damit kann er eine optimale Systemüberwachung und sogar Systemsteuerung, zum Beispiel auch im Störfalle, sicherstellen.

4. Wiederanfahrstrategien für komplexe verkettete Anlagen

Die in Kapitel 2.3 geschilderten Verfahren zur technischen Überwachung und Diagnose im prozessnahen Bereich haben mit detaillierten Fehlermeldungen in Ergänzung zu der steuerungsinternen Überwachung und Diagnose die Unterstützung des Bedieners bei der Fehlererkennung bzw. bei der Ursachenermittlung zum Ziel /23/. Die Mensch-Maschinen-Schnittstelle (Kapitel 3) bereitet diese Informationsflut für den Bediener graphisch auf, so daß Störorte auf einen Blick erkannt und eventuell Ausweichstrategien in der Auftragsfeinplanung veranlaßt werden können. Alle beschriebenen Verfahren enden aber nach der Lokalisierung und Behebung der Störung. Eine Unterstützung des Bedieners bei dem nachfolgenden Wiederanfahren der Anlagenkomponenten ist unzureichend oder fehlt weitgehend. Die im weiteren beschriebenen Ansätze zur Entwicklung von Wiederanfahrstrategien setzen genau dort an. Prinzipiell wird dabei von funktionierenden Komponenten ausgegangen, die synchron zu anderen Teilsystemen wiederangefahren werden sollen. Die Erstinbetriebnahme nach dem Aufbau einer Fertigungseinrichtung wird deshalb hier nicht berücksichtigt /11/.

Die Notwendigkeit eines für den Bediener transparenten Wiederanfahrens wird anhand der in **Bild 18** dargestellten Betriebseinflüsse deutlich. Einerseits erfordern vorhersehbare Einflüsse, wie betriebliche Pausenzeiten (z.B. Tagespausen, Schichtwechsel oder Wartungsintervalle), einen Produktionsstop, der bis zu einem Ausschalten der Maschine führen kann /24/. Andererseits wirken unvorhersehbare Einflüsse auf den Produktionsablauf (z.B. Werkzeugbruch, Ausfall von Steuerungskomponenten), die mit den oben erwähnten Überwachungs- und Diagnosemethoden analysiert werden können. Diese Ereignisse erfordern neben dem Abschalten eine Reparatur und das erneute Einrichten der Maschine. Nach den beschriebenen Anlagenstillständen ist ein An- oder Wiederanfahren der Maschine mit all seinen Unwägbarkeiten erforderlich. Die fortschreitende Rechnerausstattung moderner Anlagen mit einhergehender Verkettung und Vernetzung der Einzelkomponenten führt jedoch zu Funktionszusammenhängen in der Produktions- und Steuerungsebene, die im allgemeinen selbst für einen erfahrenen Bediener nur schwer durchschaubar sind. Diese softwaretechnische Verzahnung verhindert dann auf Grund mangelhafter, wenn nicht sogar fehlender Bedienerunterstützung ein schnelles und gezieltes Wiederanfahren.

Grundsätzlich ist hierbei zwischen zwei Problemkreisen zu unterscheiden:

- Wiederanfahren und Synchronisieren einer einzelnen Maschine in einer verketteten Anlage
- Hochfahren eines komplexen, verketteten Systems nach einem geplanten Stillstand

Voraussetzung zur Realisierung dieses Ziels ist die Einbeziehung aller Komponenten der Fertigungssteuerung bis hin zur NC/RC-Programmerstellung. Entsprechende Funktionalitäten der Steuerung, der Kommunikation, der Auftragsplanung und der NC-/RC-Programmerstellung sind hierzu Voraussetzung. Den Steuerungsprogrammen fehlen heute Synchronisationsstellen, die ein mehr oder weniger rechnergestütztes Wiederaufsetzen an der Programmabbruchstelle ermöglichen. Daneben wird der Bediener in komplexen Steuerungshierarchien nicht bei der notwendigen Anpassung der Soll- an die veränderten Ist-Daten (maschinen- und auftragsbezogen) unterstützt. Diese Forderungen sind jedoch vor allem im Zusammenhang mit den Normungsbestrebungen der Kommunikationsschnittstellen (z.B. MAP und MMS) in der Fabrik zu sehen.

Als Beispiel seien die notwendigen Maßnahmen zur Behebung einer Störung, z.B. Werkzeugbruch mit Beschädigung des Werkstücks, und die anschließenden Tätigkeiten zur Wiederinbetriebnahme an einem Bearbeitungszentrum in **Bild 19** dargestellt. Durch geeignete Abläufe, wie z.B. der automatischen Erfassung von Bearbeitungsdaten (Programmstelle, Werkstückgeometrie, Auftragsstand) und Rechnerunterstützung für die ablaufrichtigen Bedienaktionen beim Neustart, kann dem Bediener diese Arbeit in wesentlichen Teilbereichen erleichtert, wenn nicht sogar vollständig abgenommen werden.

Das Ausschleusen und manuelle Überarbeiten eines Auftrags erfordert neben steuerungstechnischen Eingriffen vor allem die Manipulation der Ist-Daten des Leitsystems, damit ein nachfolgender

Auftrag bearbeitet werden kann. Nach der Überarbeitung des fehlerhaften Werkstücks, z.B. Entfernen eines gebrochenen Bohrwerkzeuges, müssen die Soll-Daten des Fertigungssystems derart verändert werden, daß ein störungsfreies Weiterarbeiten dieses unterbrochenen Auftrags möglich wird.

Eine Rechnerunterstützung des Bedieners könnte nun folgendermaßen aussehen: Der Bediener erhält in Abhängigkeit der Situation, in der die Störung aufgetreten ist, nach deren Behebung gezielte Informationen zum Einrichten einzelner Anlagenkomponenten (Maschinen, Steuerungen, Datenbank), so daß ein reibungsloser und flüssiger Neustart im Automatikbetrieb möglich ist. Diese Informationen werden durch entsprechende Routinen innerhalb des Gesamtsystems geliefert. Ein Wiedereinrichten der manipulierten Anlage kann durch diese Unterstützung schnell und folgerichtig erreicht werden. Wesentliche Probleme in diesem Zusammenhang sind das gezielte Herstellen von definierten Ausgangszuständen sowie die Möglichkeit, Handhabungs-, Transport- und Bearbeitungsprogramme an der Programmzeile fortzusetzen, an der sie durch die Störung unterbrochen wurden. Hierzu sind sowohl bei der Programmierung des Leitsystems als auch auf Maschinenebene (NC, RC, SPS) durchgängige Strategien vorzusehen, die aus dem unterbrochenen Arbeitszyklus mehr oder weniger automatisch ein Wiederanfahren ermöglichen. Diese Strategien unterstützen u.a. den fehlerfreien Anlauf von NC-Programmen an Synchronisationsstellen, die Synchronisation von verschiedenen verketteten Teilsystemen und die Kommunikation zwischen Bediener und Steuerungen bzw. übergeordneten Rechnerebenen.

Bis heute fehlen jedoch entsprechende Programmstrukturen in hierarchischen Steuerungsumgebungen, die das einfache rechnerunterstützte Wiederanfahren ermöglichen. Auf allen Steuerungsebenen (Steuerung, Zellenrechner, Leitebene) sind deshalb die in **Bild 20** aufgeführten Entwicklungsschwerpunkte zunächst als durchgängiges Konzept zu planen und anschließend zu realisieren.

Die Erstellung geeigneter Wiederanfahrstrategien mit der Definition von Synchronisationspunkten, Interpretationsverfahren und Verfahren zur Bedienerunterstützung und -leitung wird sich dabei an den heute erkennbaren Entwicklungstendenzen in Richtung verbesserter Kommunikationsstrukturen (TCP/IP, MAP, MMS) orientieren. Mittelfristig ist eine Verbesserung der bisherigen manuellen Wiederanfahrschritte durch gezielte Programmiermethoden auf NC-Ebene zu erwarten, die u. a. eindeutige Synchronisationsverfahren enthalten. Zukünftig sind semiautomatische Wiederanfahrabläufe auch für komplexe Steuerungsumgebungen (Zellenrechner, Leitrechner) zu erwarten, die den Anlagenbediener zum Beispiel durch verbesserte Informationen über den Maschinenzustand und Systemzustand beim Wiederanfahren der Anlage unterstützen und damit auch zu einer höheren Verfügbarkeit derselben beitragen.

5. Zusammenfassung

Die Forderung nach steigender Flexibilität, höherer Produktivität und Qualität bei gleichzeitiger Reduzierung von Auftragsdurchlaufzeiten und Umlaufkapitalbeständen in der Produktion führte in den letzten Jahren zu einem zunehmenden Einsatz flexibler Fertigungssysteme und Fertigungszellen. Der wirtschaftliche Einsatz solcher Systeme ist jedoch nur dann erreichbar, wenn Teilespektrum, Materialflußsysteme, Überwachungs- und Diagnosesysteme optimal aufeinander abgestimmt werden und somit eine optimale Flexibilität und Auslastung des Gesamtsystems für den jeweiligen Anwendungsfall erzielt wird.

Die Realisierung des Materialflusses für solche Systeme ist nicht nur ein rein logistisches, sondern bei zunehmender Teil- und Variantenvielfalt immer mehr ein mechanisches Problem, das insbesondere die Schnittstellengestaltung beinhaltet. Durch die Vielzahl von Standardisierungsdefiziten ist die Koppelung einzelner Bausteine mit Hilfe von Materialflußsystemen durch umfassende Abstimmungsarbeiten gekennzeichnet. Von der automatisierungsgerechten Gestaltung, Handhabung und der Komplexität der Werkstücke selbst über die Vorrichtungskonstruktion bis zur Gestaltung modularer Transportpaletten werden daher in diesem Beitrag neben dem Stand der Technik Standardisierungslücken und Lösungen mit dem Ziel der Produktivitätssteigerung aufgezeigt.

Dem Automatisierungsgrad und dem Grad der Flexibilität sind nach oben hin jedoch natürliche Grenzen gesetzt, da die Komplexität und somit auch die Störanfälligkeit zunehmen und damit die Wirtschaftlichkeit in Frage gestellt wird. Für die Praxis ist es wichtig, das jeweilige Optimum der Systemeigenschaften zu definieren und bei der Systemauslegung vorzugeben.

Neben den materialflußtechnischen Schwierigkeiten, die bei der Installation und dem Betrieb flexibler Fertigungssysteme zu bewältigen sind, stellt die Implementierung flexibler Leittechniken zur Steuerung dieser Systeme gerade beim stufenweisen Auf- und Ausbau Anwender wie Anbieter vor größere Probleme. Aus diesem Aufgabenfeld werden hier die Bedeutung und die Anforderungen an Mensch-Maschine-Schnittstellen anhand von zwei Beispielen erarbeitet.

Aber nicht nur Planung, Konzeption und Realisierung von Materialfluß und Leittechnik stellen einen Problembereich im Themengebiet flexibler Fertigungssysteme dar. Vielmehr müssen gerade unter wirtschaftlichen Aspekten Wege zur Vermeidung von Stillstandszeiten komplexer Produktionssysteme gefunden werden. Neben den genannten konstruktiven Maßnahmen sind angepaßte Überwachungs- und Diagnosesysteme zur Optimierung der technischen Verfügbarkeit bei stochastischen Störungen geeignet.

In der Zukunft liegt darüber hinaus ein wesentliches Potential zur Steigerung des Nutzungsgrades in der geeigneten, situationsabhängigen Unterstützung des Bedieners bei der Wiederinbetriebnahme einer Anlage nach einem Stillstand. Dazu werden die Problematik sowie die notwendigen Entwicklungsarbeiten anhand eines praktischen Beispiels aufgezeigt.

Literaturverzeichnis

/1/ **Lehmann, W., Knupfer,S.:** „Drehverfahren und Drehmaschinen", VDI-Z 132 (1990) Nr.9

/2/ **Bühler, W.:** Komplettbearbeitung auf CNC Drehbearbeitungszentren, Sonderdruck tz für Metallbearbeitung, 81. Jahrg. 1987, Heft 2/87

/3/ **Autorenkollektiv:** „Leistungssteigerung von Werkzeugen", in: Wettbewerbsfaktor Produktionstechnik, Vortragsband Aachener Werkzeugmaschinenkolloquium 1990, Düsseldorf: VDI-Verlag 1990

/4/ **Autorenkollektiv:** „Konstruktive Gestaltung und Realisierung von Produktionsanlagen", in: Wettbewerbsfaktor Produktionstechnik, Vortragsband Aachener Werkzeugmaschinenkolloquium 1990, Düsseldorf: VDI-Verlag 1990

/5/ **Autorenkollektiv:** „Realisierung des Materialflusses in integrierten Systemen: das Schnittstellenproblem", in: Wettbewerbsfaktor Produktionstechnik, Vortragsband Aachener Werkzeugmaschinenkolloquium 1990, Düsseldorf: VDI-Verlag 1990

/6/ **Weck, M. u. Lembke, D.:** „Dem Steilkegel zu Leibe gerückt - Normvorschlag für neue Schnittstelle Maschine / Werkzeug liegt vor": VDI-Z 132 (1990), Nr. 10, S. 75-89

/7/ **Kiratli, G.:** Konzept und Realisierung eines wissensbasierten Systems zur Diagnose und Bedienunterstützung bei komplexen Fertigungseinrichtungen. Diss. Aachen, 1989. Aachen: Eigendruck, 1990

/8/ **Weck, M., Reuschenbach, W.:** „Universell einsetzbares Stördatenerfassungs- und Diagnosesystem für FFS". Industrie Anzeiger 110 (1988): 38 ff.

/9/ **Weck, M., Boge, C.:** Sensorsignalverarbeitung in einem universellen Überwachungs- und Diagnosesystem in Pritschow, Spur, Weck: Sensordatenverarbeitung in der Fertigungstechnik, Wien: Carl Hanser Verlag München 1987

/10/ **Mehles, H.:** Analyse-Verfahren zur Maschinen- und Prozeßüberwachung, Dissertation RWTH Aachen 1987

/11/ **Autorenkollektiv:** „Wege zur Verkürzung der Inbetriebnahme- und Stillstandszeiten komplexer Fertigungsanlagen", in: Wettbewerbsfaktor Produktionstechnik, Vortragsband Aachener Werkzeugmaschinenkolloquium 1990, Düsseldorf: VDI-Verlag 1990

/12/ **Autorenkollektiv:** Fehlerfrüherkennung in der spanenden Fertigung, Vortragsband zum Symposium „Fehlerfrüherkennung" am 10. Okt. 1990 in Düsseldorf, BMFT-Projekt, Projektträger Fertigungstechnik, Kernforschungszentrum Karlsruhe GmbH, Ausschuß wirtschaftliche Fertigung e. V., Eschborn

/13/ **Autorenkollektiv:** Sicherung des spanabhebenden Fertigungsprozesses, Abschlußbericht zum BMFT-Verbundprojektes, Projektträger Fertigungstechnik, Kernforschungszentrum Karlsruhe GmbH, 5. und 6. April 1990, Aachen

/14/ **Rangwala,S., Dornfeld, D.:** Integration of Sensors via Neural Networks for Detection of Tool Wear States in: Sensors in Manufacturing, Proceedings of 1987 ASME Winter Annual Meeting, Dec. 1987, pp. 109-120

/15/ **Blum, U., Hartmann, E.A.:** Facharbeiterorientierte CNC-Steuerungs- und Vernetzungskonzepte, Werkstatt und Betrieb 121 (1988)6, S. 441-445

/16/ **Böhle, F., Milkau, B.:** Anforderungen an den Einsatz von CNC-Maschinen, Technische Rundschau 6/88, S. 14-21

/17/ **Barschdorff, D., Bothe, A., Wöstenkühler, G.:** Vergleich lernender Mustererkennungsverfahren und neuronaler Netze zur Prüfung und Beurteilung von Maschinengeräuschen, VDI-Berichte Nr. 813, S. 23-41 VDI-Verlag, Düsseldorf, 1990

/18/ **IFAO:** NC-Programmiersysteme, Marktübersicht 86/87, Hanser-Verlag München (1986)

/19/ **Lockemann, P. C., Schmidt, J. W.:** Datenbank-Handbuch, Springer-Verlag, Berlin, Heidelberg, New York 1987

/20/ **Bratley, P., Scharge, L. E., Fox, B. L.:** A Guide to Simulation, Springer Verlag, New York, 1987

/21/ **Weck, M., Lange, N.:** „Ablauffeinplanung auf Werkstattebene", Industrie Anzeiger 49/50, (Juni 1989)

/22/ **Weck, M., Lopez, M.:** Konfigurierbare Bedienoberfläche zur Steuerung komplexer Fertigungsanlagen, Industrie Anzeiger 93/94/1989, S. 34-35

/23/ **Kerndelmaier, M. u. a.**: Technische Expertensysteme für Prozeßführung und Diagnose, Oldenbourg Verlag München, Wien, 1989

/24/ **Milberg, J. u. Reithofer, N.**: Untersuchung der Zuverlässigkeit und der Verfügbarkeit von CNC-Fertigungssystemen, VDW Forschungsbericht A 6382 Sept. 1987, Frankfurt: Eigendruck 1987

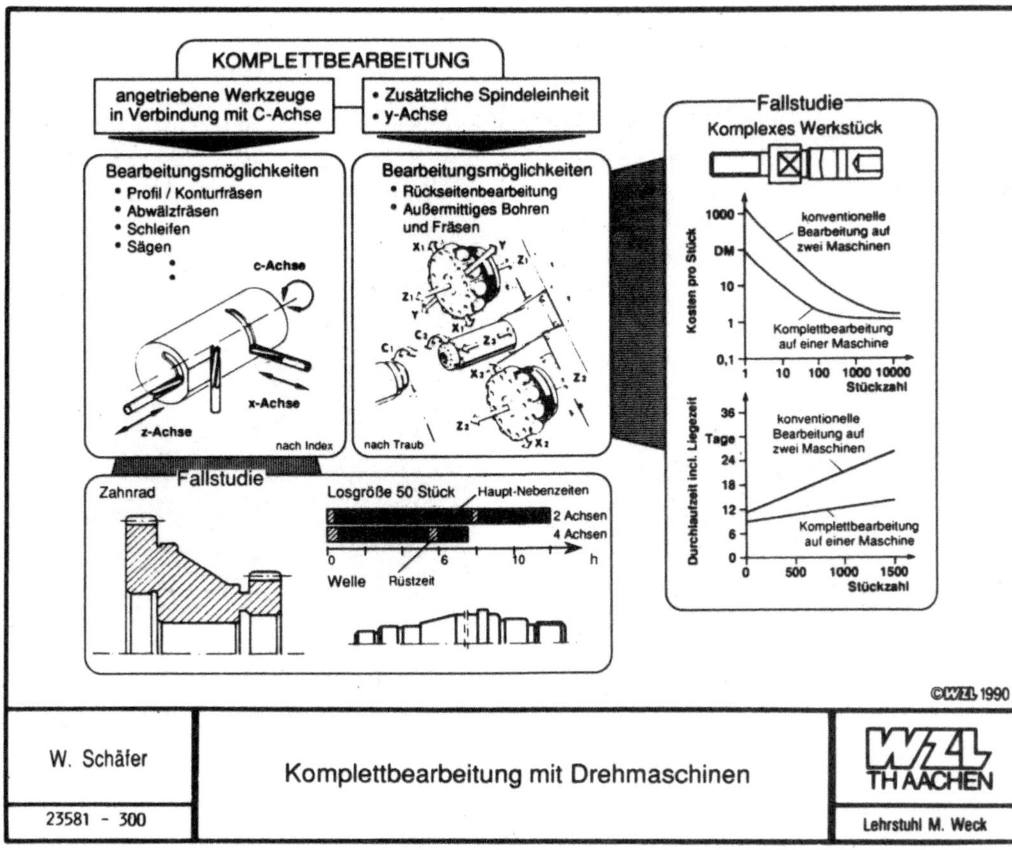

KOMPLETTBEARBEITUNG
angetriebene Werkzeuge in Verbindung mit C-Achse
• Zusätzliche Spindeleinheit
• y-Achse
Bearbeitungsmöglichkeiten
• Profil / Konturfräsen
• Abwälzfräsen
• Schleifen
• Sägen
c-Achse
x-Achse
z-Achse
nach Index
Bearbeitungsmöglichkeiten
• Rückseitenbearbeitung
• Außermittiges Bohren und Fräsen
nach Traub
Fallstudie
Zahnrad
Losgröße 50 Stück
Haupt-Nebenzeiten
2 Achsen
4 Achsen
0
6
10
h
Welle
Rüstzeit
Fallstudie
Komplexes Werkstück
Kosten pro Stück
1000
DM
10
1
0,1
konventionelle Bearbeitung auf zwei Maschinen
Komplettbearbeitung auf einer Maschine
1
10
100
1000
10000
Stückzahl
Durchlaufzeit incl. Liegezeit
36
Tage
24
18
12
6
0
konventionelle Bearbeitung auf zwei Maschinen
Komplettbearbeitung auf einer Maschine
0
500
1000
1500
Stückzahl
©WZL 1990
W. Schäfer
23581 - 300
Komplettbearbeitung mit Drehmaschinen
WZL
TH AACHEN
Lehrstuhl M. Weck

Bild 1

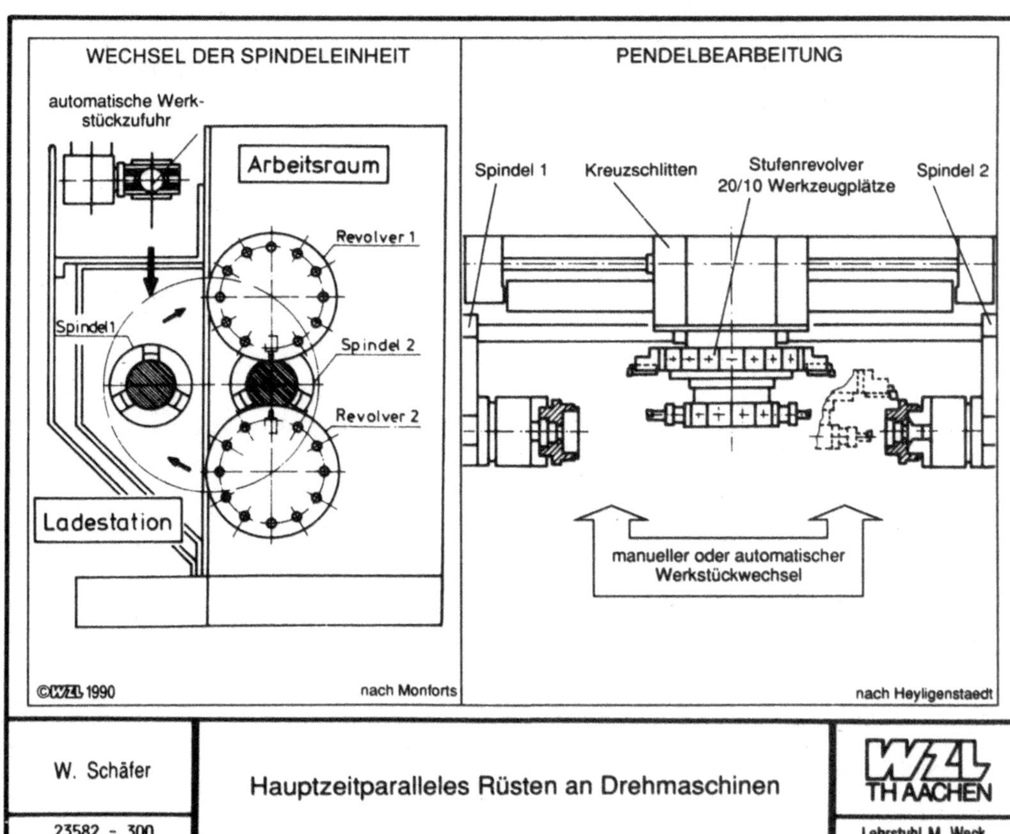

WECHSEL DER SPINDELEINHEIT
automatische Werkstückzufuhr
Arbeitsraum
Revolver 1
Spindel 1
Spindel 2
Revolver 2
Ladestation
©WZL 1990
nach Monforts
PENDELBEARBEITUNG
Spindel 1
Kreuzschlitten
Stufenrevolver 20/10 Werkzeugplätze
Spindel 2
manueller oder automatischer Werkstückwechsel
nach Heyligenstaedt
W. Schäfer
23582 - 300
Hauptzeitparalleles Rüsten an Drehmaschinen
WZL
TH AACHEN
Lehrstuhl M. Weck

Bild 2

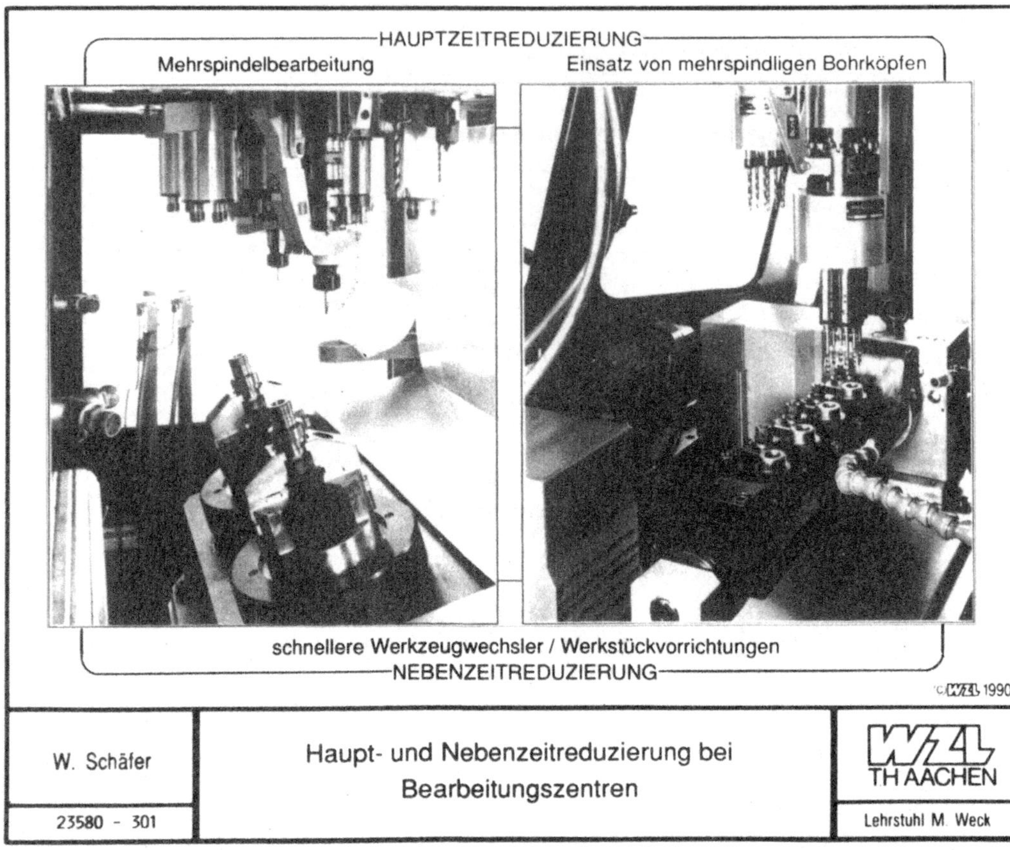
HAUPTZEITREDUZIERUNG
Mehrspindelbearbeitung
Einsatz von mehrspindligen Bohrköpfen
schnellere Werkzeugwechsler / Werkstückvorrichtungen
NEBENZEITREDUZIERUNG
©WZL 1990
W. Schäfer
23580 - 301
Haupt- und Nebenzeitreduzierung bei Bearbeitungszentren
WZL TH AACHEN
Lehrstuhl M. Weck

Bild 3

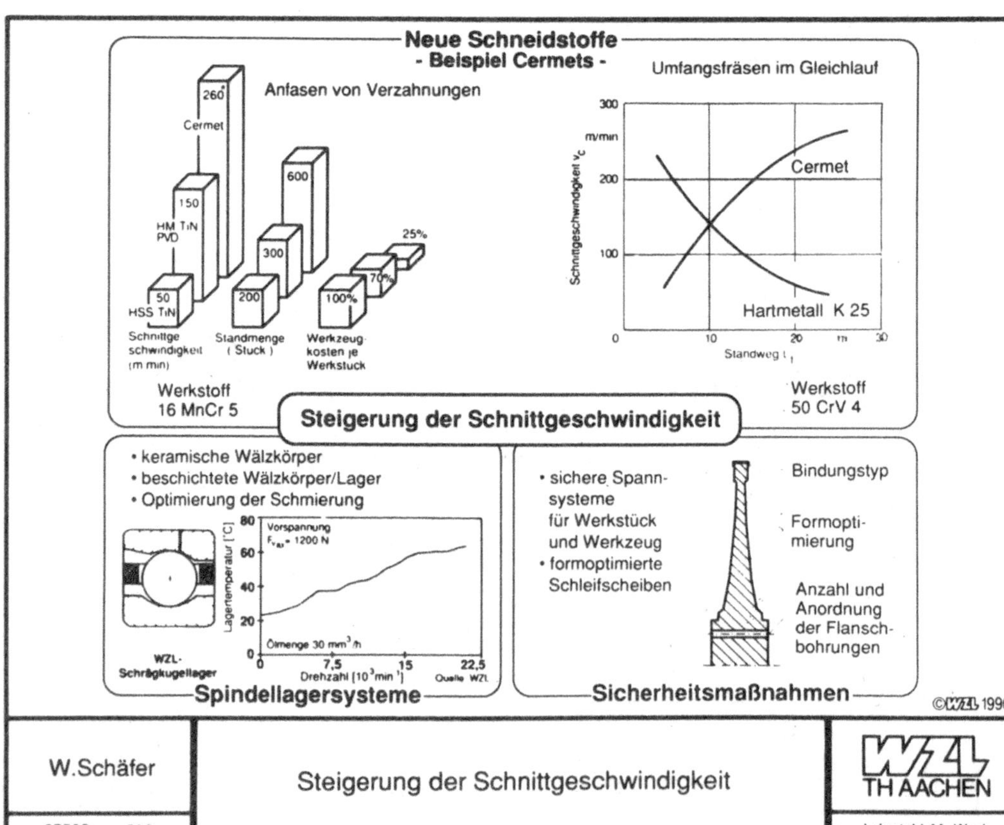
Neue Schneidstoffe
- Beispiel Cermets -
Anfasen von Verzahnungen
260
Cermet
150
HM TiN PVD
50
HSS TiN
600
300
200
25%
70%
100%
Schnittgeschwindigkeit (m/min)
Standmenge (Stück)
Werkzeugkosten je Werkstück
Werkstoff 16 MnCr 5
Umfangsfräsen im Gleichlauf
Schnittgeschwindigkeit v_c m/min
300
200
100
0
10
20
30
Standweg
Cermet
Hartmetall K 25
Werkstoff 50 CrV 4
Steigerung der Schnittgeschwindigkeit
• keramische Wälzkörper
• beschichtete Wälzkörper/Lager
• Optimierung der Schmierung
Lagertemperatur [°C]
80
60
40
20
0
Vorspannung
Ölmenge 30 mm³/h
7,5
15
22,5
Drehzahl [10³min⁻¹]
Quelle WZL
WZL-Schrägkugellager
Spindellagersysteme
• sichere Spannsysteme für Werkstück und Werkzeug
• formoptimierte Schleifscheiben
Bindungstyp
Formoptimierung
Anzahl und Anordnung der Flanschbohrungen
Sicherheitsmaßnahmen
©WZL 1990
W.Schäfer
23592 - 219
Steigerung der Schnittgeschwindigkeit
WZL TH AACHEN
Lehrstuhl M. Weck

Bild 4

Anforderungen an die Verbindung

- Ausgleich von Roboterungenauigkeiten
- hohe Funktionssicherheit
- exakte Zwangspositionierung der Vorrichtungselemente
- sichere Kraftübertragung

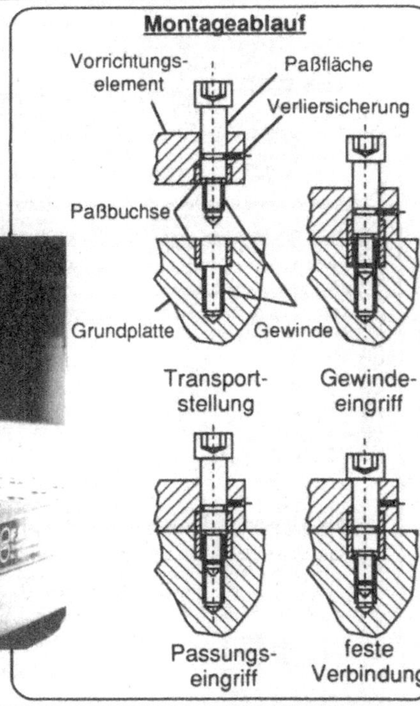

K. Etscheidt	Fügekonzept der automatisierten Vorrichtungsmontage	WZL TH AACHEN
23594 - 349		Lehrstuhl M. Weck

Bild 5

Systemeigenschaften

- Anpassung an die Werkstückgeometrie durch Variation des Leistentyps und - abstandes (NC - Achse a)
- robotergerechter federbelasteter Ver - riegelungmechanismus (Achse b)
- kurze Rüstzeiten durch gleichzeitige Montage zweier Leisten
- Software zur automatischen Palettenkonfiguration und Ermittlung von RC - Daten

K. Etscheidt	Flexibel automatisierte Palettenmontage	WZL TH AACHEN
23593 - 382		Lehrstuhl M. Weck

Bild 6

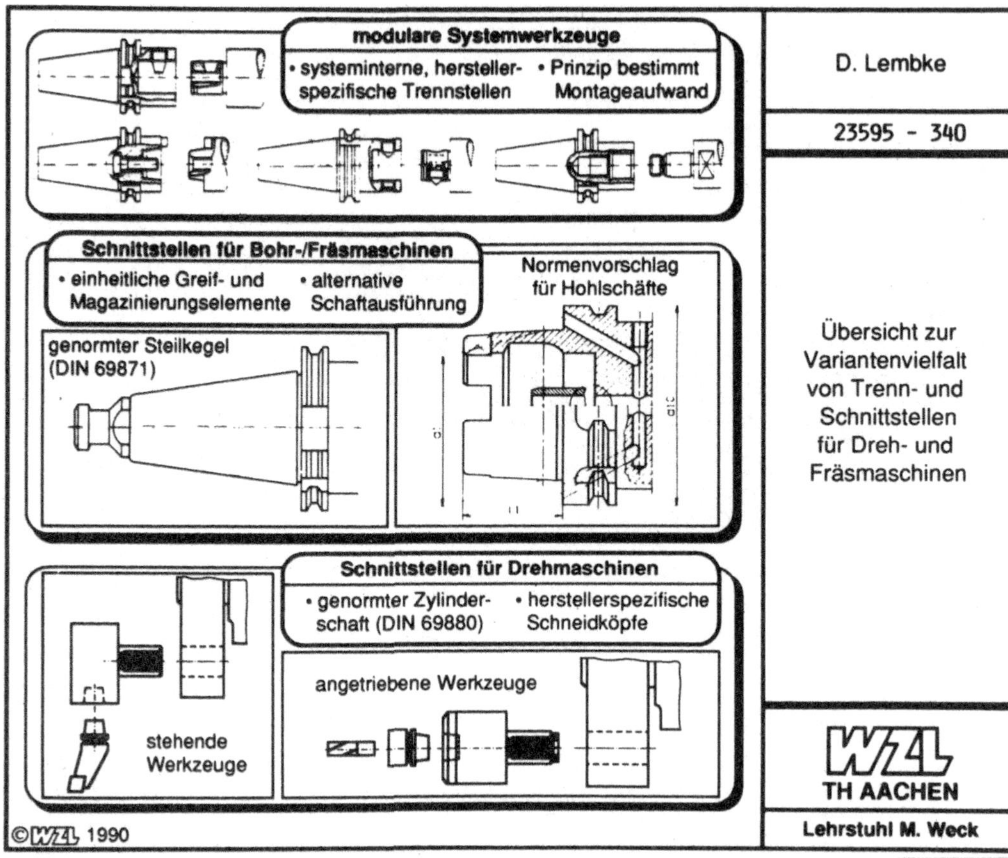
modulare Systemwerkzeuge
• systeminterne, hersteller-spezifische Trennstellen
• Prinzip bestimmt Montageaufwand
Schnittstellen für Bohr-/Fräsmaschinen
• einheitliche Greif- und Magazinierungselemente
• alternative Schaftausführung
Normenvorschlag für Hohlschäfte
genormter Steilkegel (DIN 69871)
Schnittstellen für Drehmaschinen
• genormter Zylinderschaft (DIN 69880)
• herstellerspezifische Schneidköpfe
angetriebene Werkzeuge
stehende Werkzeuge
© WZL 1990
D. Lembke
23595 - 340
Übersicht zur Variantenvielfalt von Trenn- und Schnittstellen für Dreh- und Fräsmaschinen
WZL
TH AACHEN
Lehrstuhl M. Weck

Bild 7

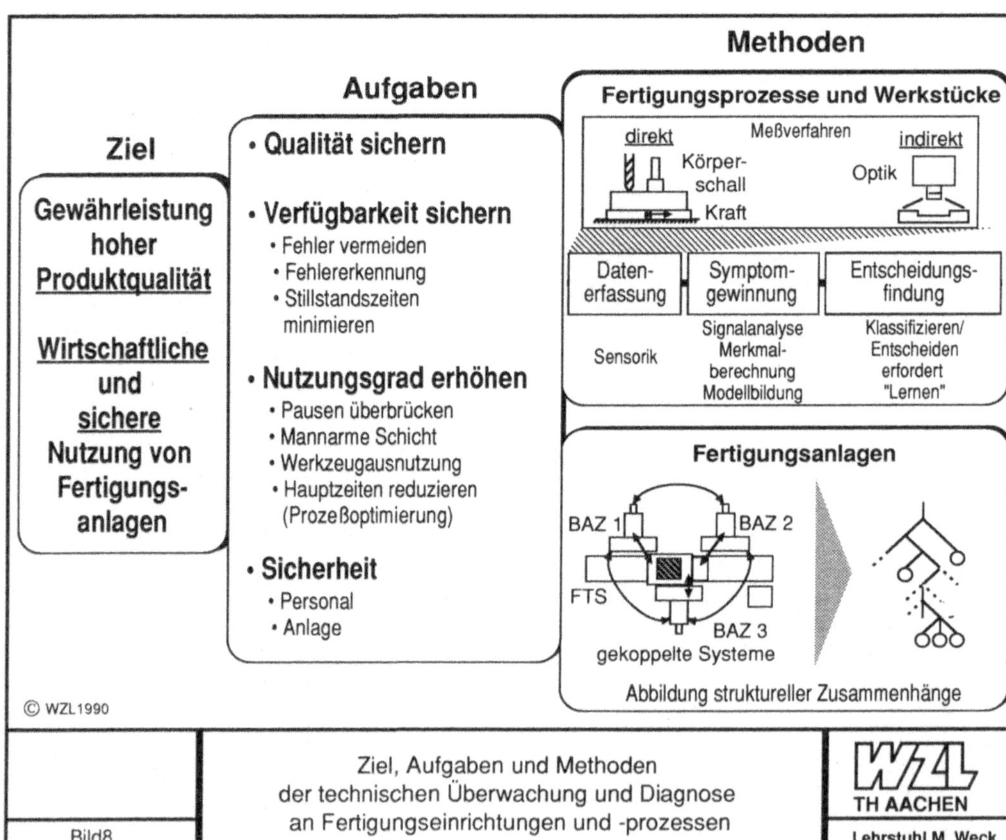
Methoden
Aufgaben
Ziel
Gewährleistung hoher Produktqualität
Wirtschaftliche und sichere Nutzung von Fertigungsanlagen
• Qualität sichern
• Verfügbarkeit sichern
• Fehler vermeiden
• Fehlererkennung
• Stillstandszeiten minimieren
• Nutzungsgrad erhöhen
• Pausen überbrücken
• Mannarme Schicht
• Werkzeugausnutzung
• Hauptzeiten reduzieren (Prozeßoptimierung)
• Sicherheit
• Personal
• Anlage
Fertigungsprozesse und Werkstücke
direkt
Meßverfahren
indirekt
Körperschall
Optik
Kraft
Datenerfassung
Symptomgewinnung
Entscheidungsfindung
Sensorik
Signalanalyse Merkmalberechnung Modellbildung
Klassifizieren/ Entscheiden erfordert "Lernen"
Fertigungsanlagen
BAZ 1
BAZ 2
FTS
BAZ 3
gekoppelte Systeme
Abbildung struktureller Zusammenhänge
© WZL1990
Bild8
Ziel, Aufgaben und Methoden der technischen Überwachung und Diagnose an Fertigungseinrichtungen und -prozessen
WZL
TH AACHEN
Lehrstuhl M. Weck

Bild 8

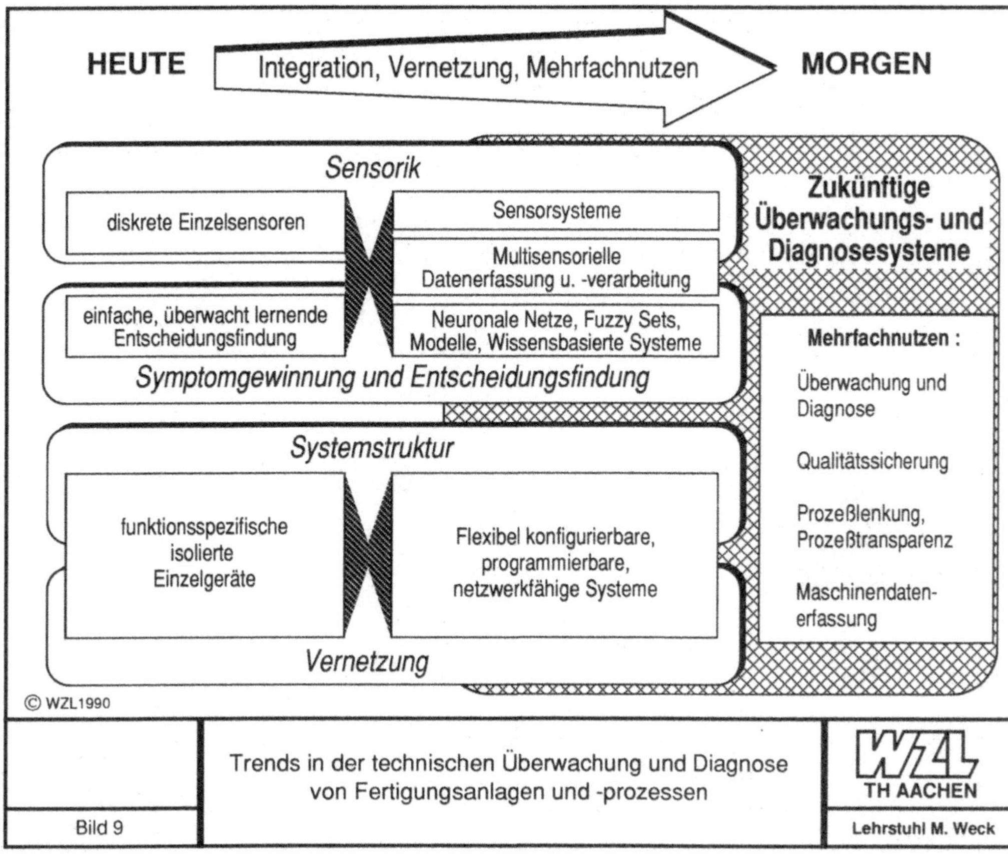

Bild 9

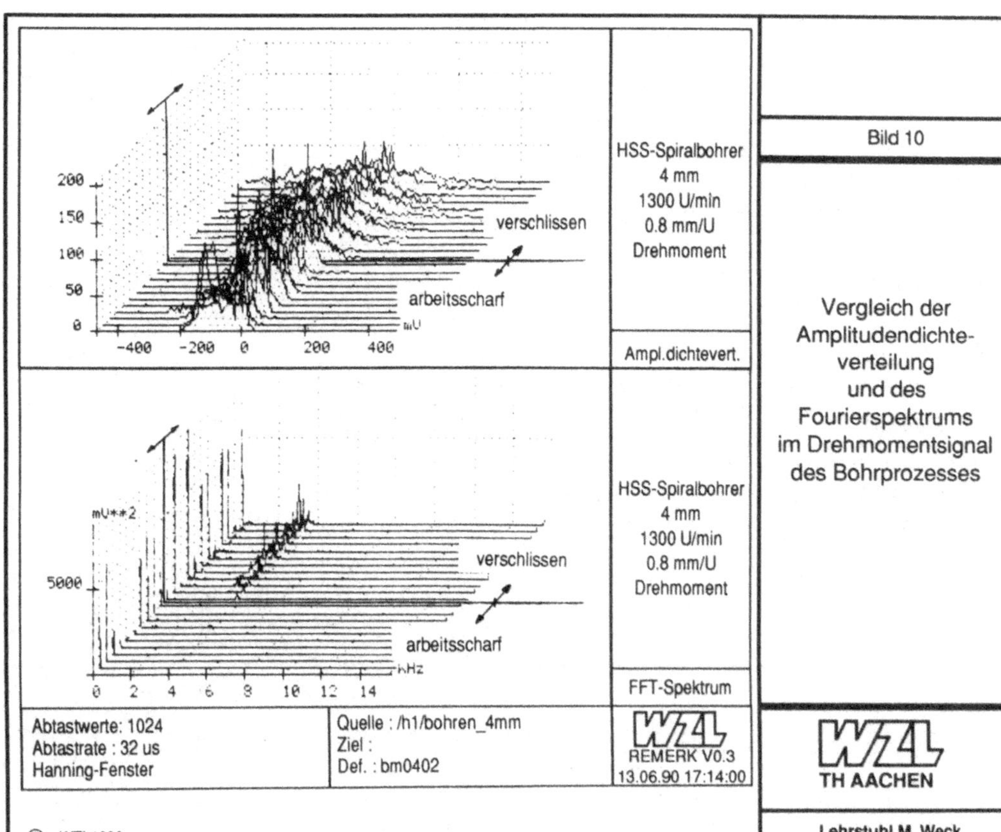

Bild 10

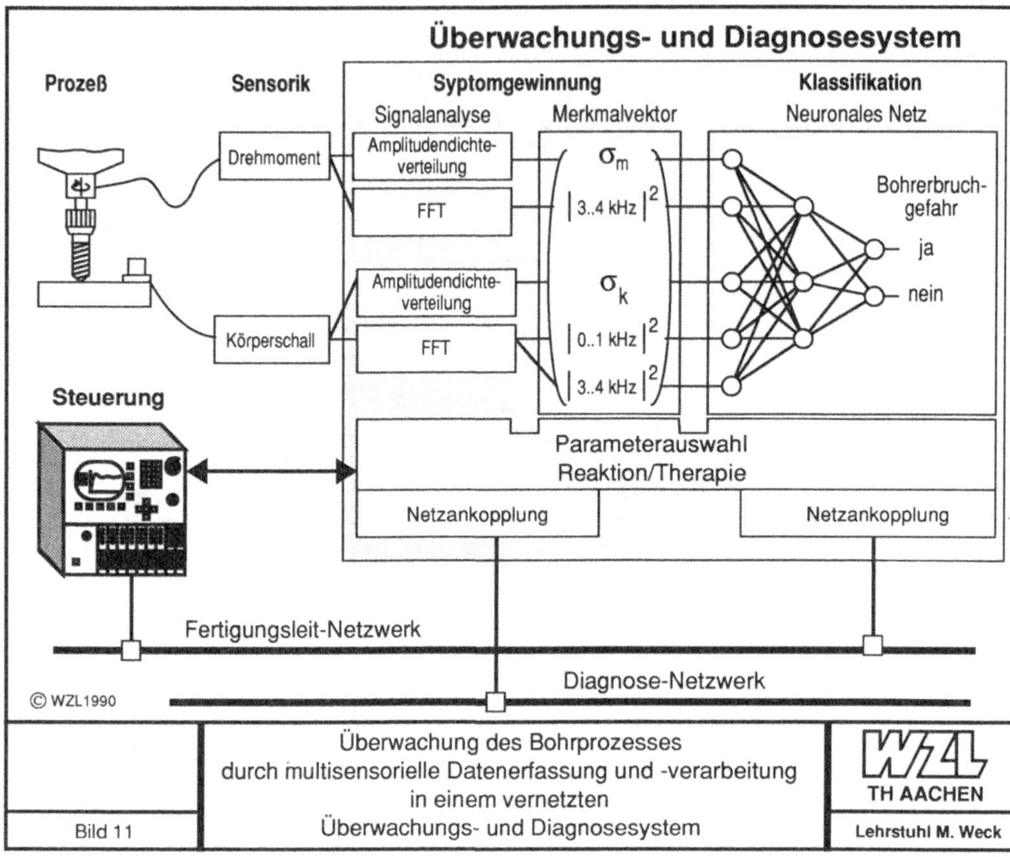

Bild 11

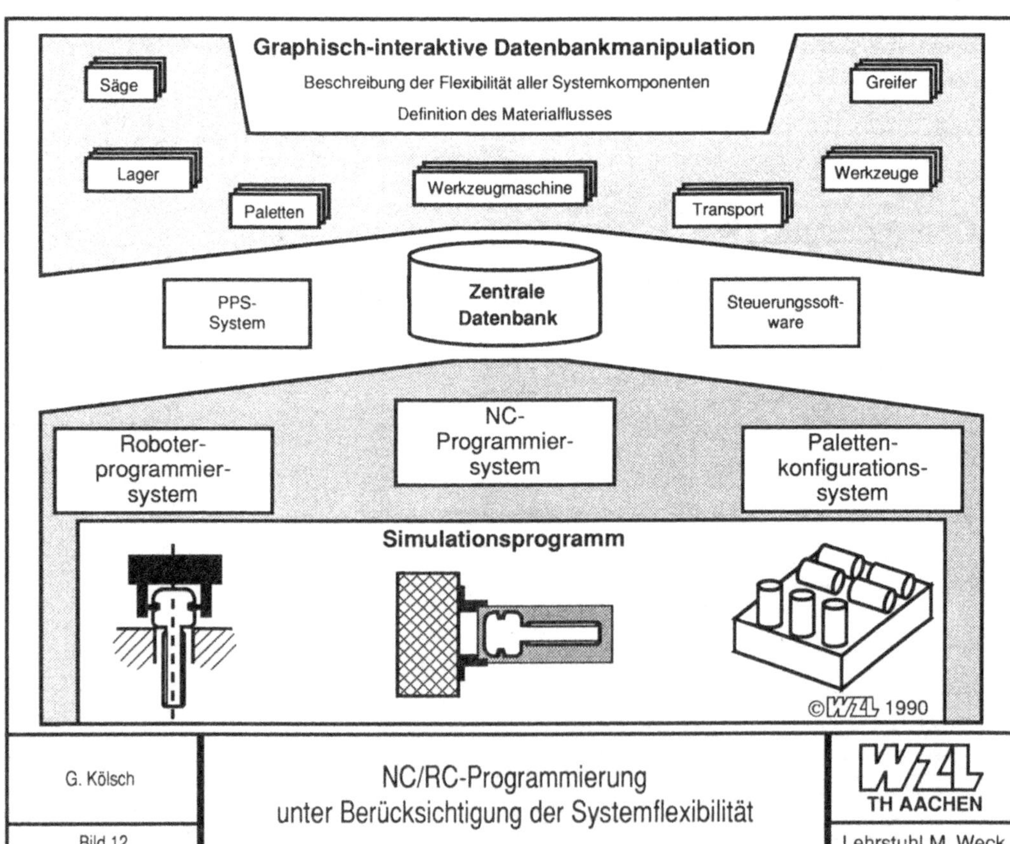

Bild 12

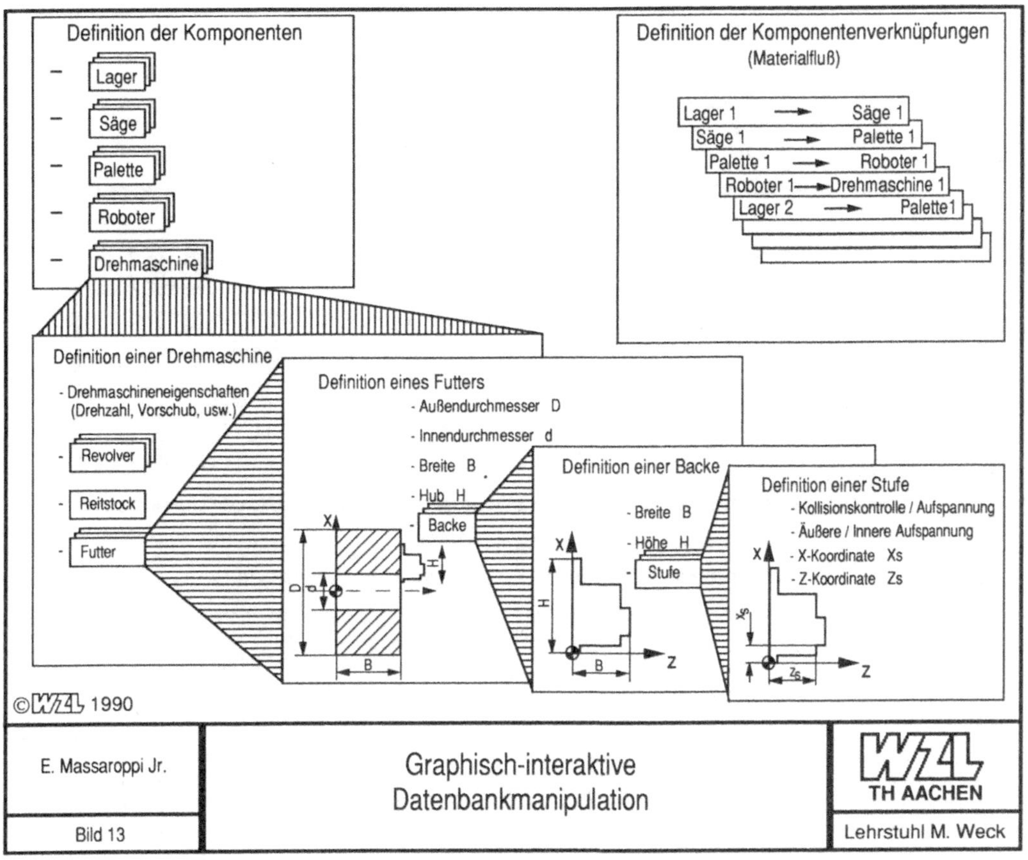

Bild 13

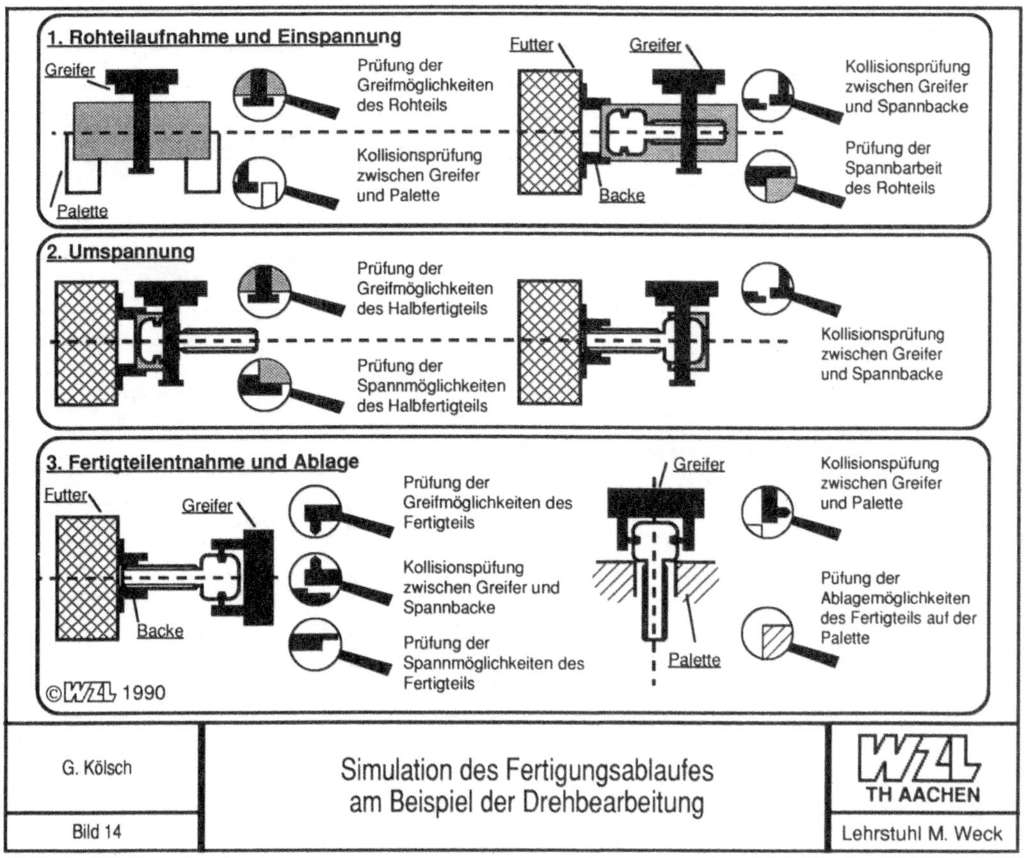

Bild 14

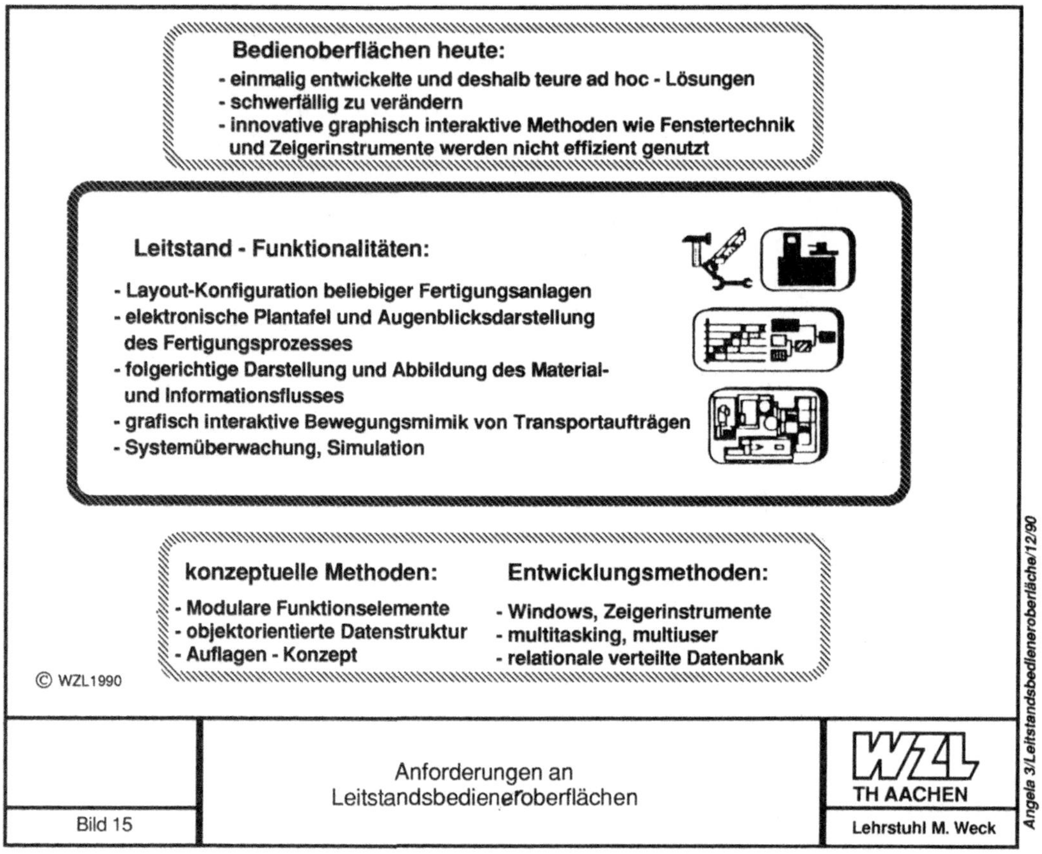

Bild 15

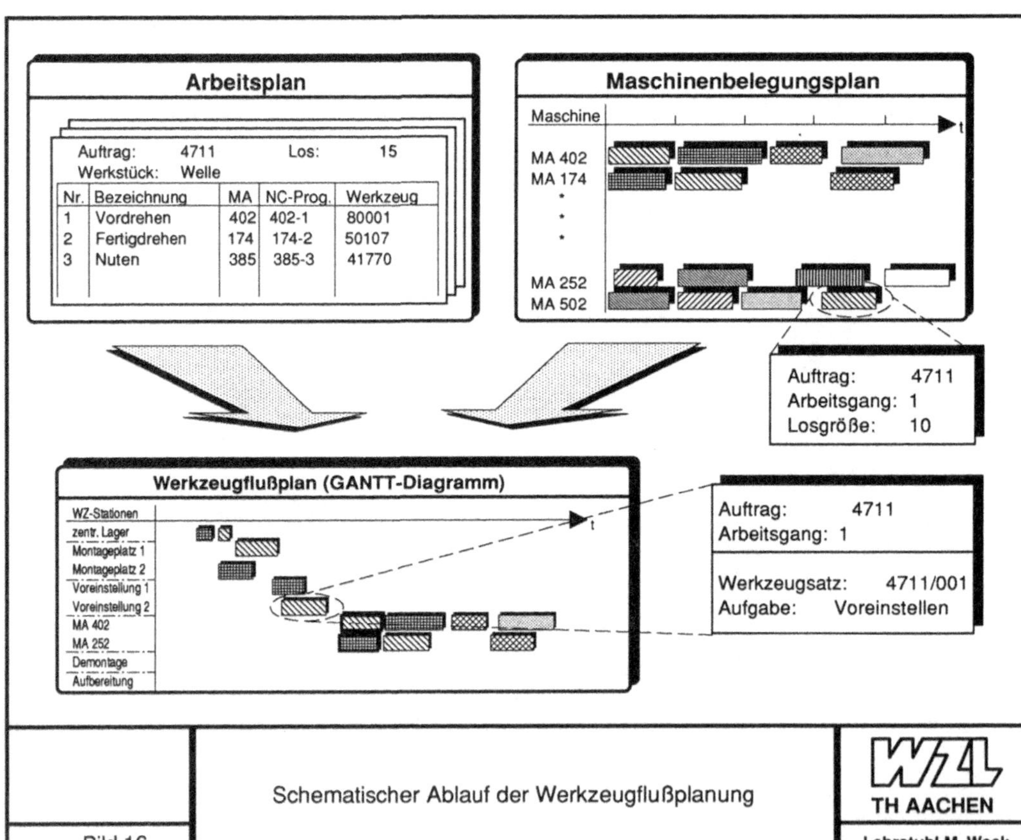

Bild 16

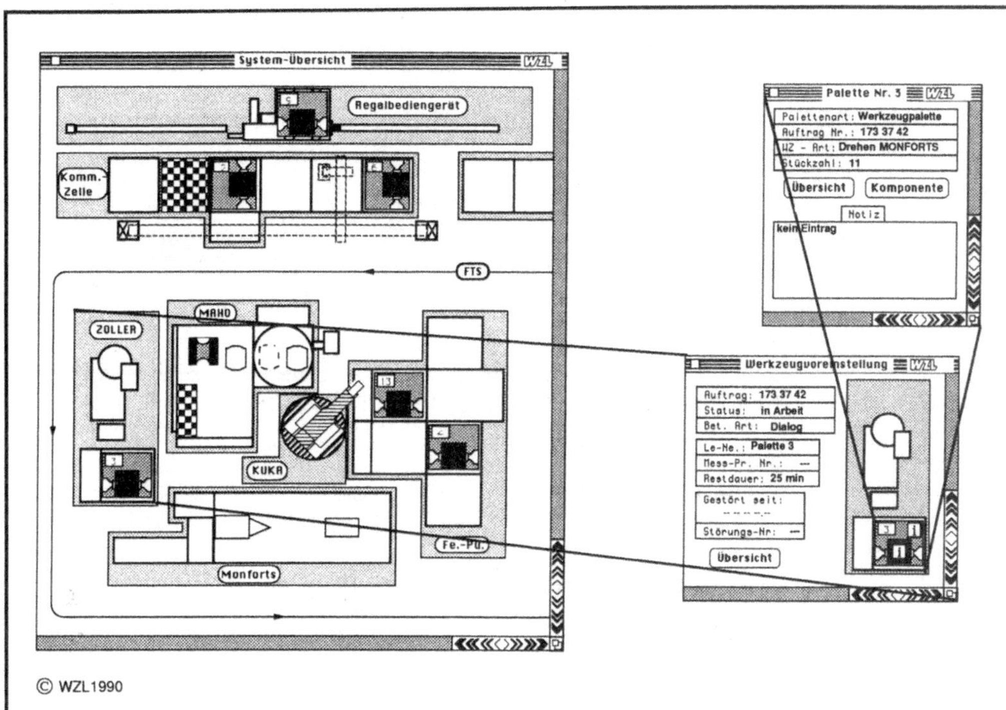

Bild 17	Graphisches Bedienfeld für eine FFS-Überwachung	WZL TH AACHEN Lehrstuhl M. Weck

Angela 3/Leitstand für IFMS/2/90

Bild 17

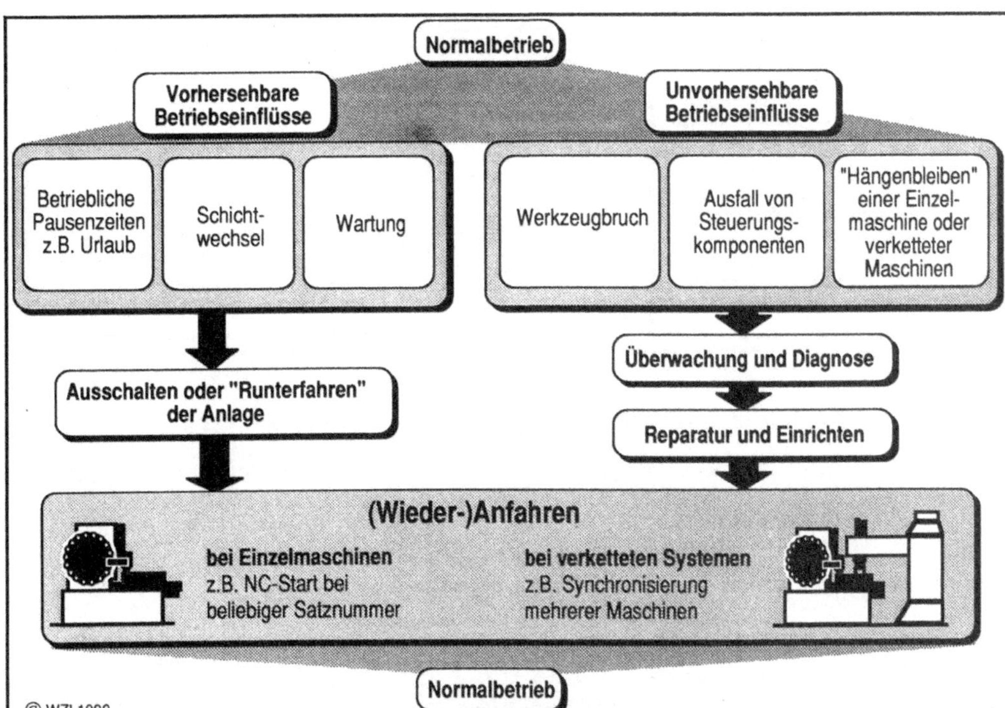

Bild 18	- Wiederanfahren komplexer Produktionssysteme - Ein wichtiger Betriebsaspekt	WZL TH AACHEN Lehrstuhl M. Weck

Bild 18

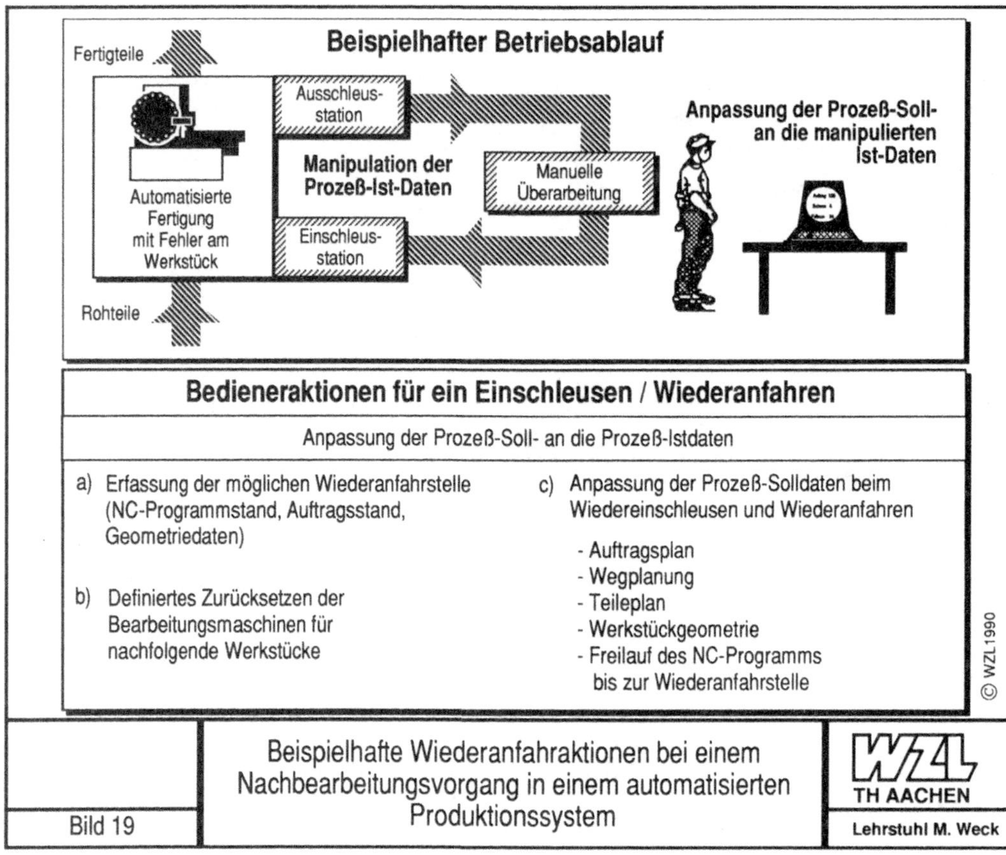

Bild 19

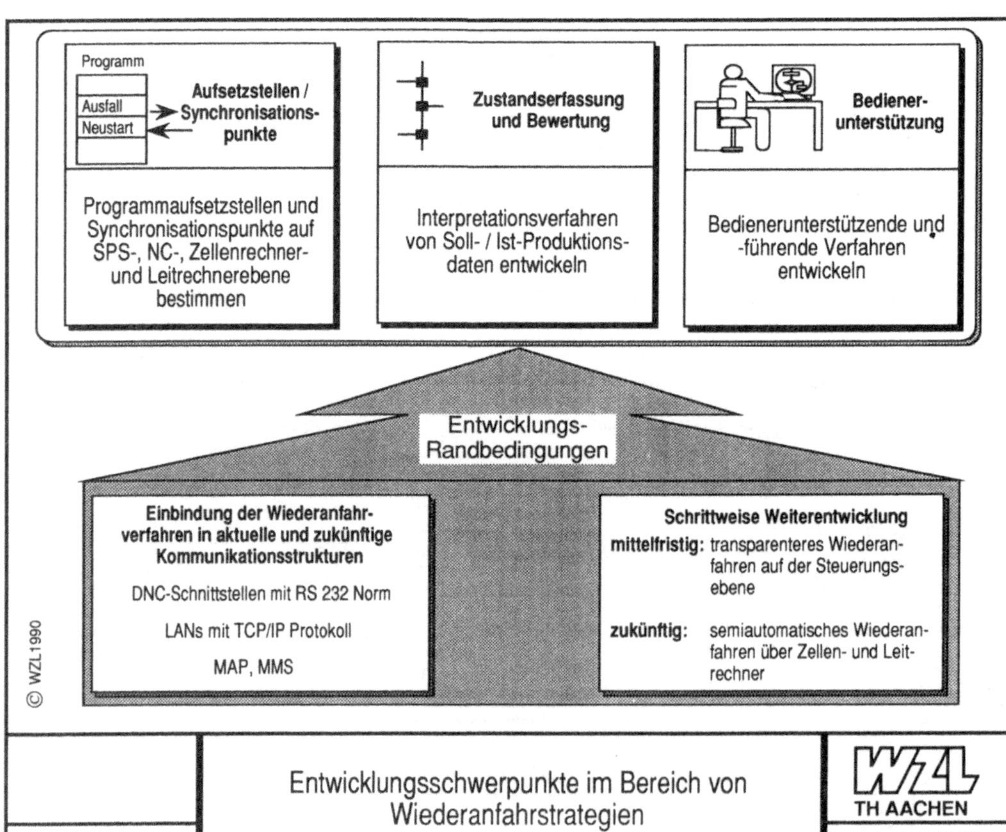

Bild 20

Münchener Kolloquium '91

Wettbewerbsfaktor Zeit in Produktionsunternehmen

28. Februar/1. März 1991
München

Betriebsmittelorganisation – Voraussetzung für die wirtschaftliche Fertigung

Dr.-Ing. Bernhard Bellmann
HERTEL AG

Institut für Werkzeugmaschinen
und Betriebswissenschaften
Technische Universität München

Betriebsmittelorganisation - Voraussetzung für die wirtschaftliche Fertigung

1. **Einleitung**
2. **Anforderungen an ein Betriebsmittel - Verwaltungssystem**
3. **Rechnergestützte Betriebsmittelorganisation am Beispiel einer Werkzeugträgerfertigung**
4. **Wirtschaftlichkeit**
5. **Werkzeugidentifikation**
6. **Werkzeugvermessung**

1. Einleitung

Betrachtet man neuzeitliche Fertigungseinrichtungen, so wird deutlich, wie sich diese in den vergangenen Jahren verändert haben. Entscheidende Schritte in Richtung Automation und Rationalisierung sind durch die Einführung von rechnergesteuerten Maschinen, optimierten Schneidwerkzeugen und Handhabungsgeräten erfolgt.

Bei den spanenden Werkzeugmaschinen gibt es heute bereits wirtschaftliche Lösungen, wo Werkstücke, Vorrichtungen, Spann- und Meßmittel automatisch gewechselt, verwaltet und organisiert werden können **(Bild 1)**.

Die Rationalisierungsmaßnahmen haben sich vorrangig auf den Herstellungsprozeß konzentriert. Das organisatorische Umfeld in der Fertigung wurde in vielen Fällen jedoch vernachlässigt.

Um auch den zukünftigen Anforderungen wie kurze Durchlaufzeit, Prozeßsicherheit, Flexibilität und Wirtschaftlichkeit gerecht werden zu können, sind neue Ansätze notwendig. Einen wesentlichen Beitrag hierzu kann ein modernes Betriebsmittel-Organisationssystem leisten.

Die immer kürzer werdenden Produktions-Durchlaufzeiten und die daraus resultierenden häufigen Auftragswechsel auf den Fertigungseinrichtungen erfordern es, daß die Betriebsmittel zum geplanten Zeitpunkt bereitgestellt werden müssen. Diese Aufgaben lassen sich in der Praxis durch den Einsatz von EDV einfacher realisieren. Rechnergestützte Betriebsmittel-Organisationssysteme finden immer mehr Anwendung in den verschiedensten Fertigungsbereichen.

2. Anforderungen an ein Betriebsmittel-Verwaltungssystem

In einem rechnergestützten Organisationssystem sollen alle Betriebsmittel verwaltet und deren Einsatz organisiert werden können. Dies sind Werkzeuge, Meßmittel, Vorrichtungen und Spannmittel **(Bild 2)**.

Alle relevanten Daten der Betriebsmittel müssen in einer Datenbank abgelegt werden können **(Bild 3)**. Zu den Daten zählen sowohl allgemein beschreibende als auch grafische Informationen aus dem CAD-Bereich.

Die Funktionen eines rechnergestützten Organisationssystems sollten sich nicht nur auf die planerische Verwaltung und Organisation beschränken, sondern müssen den gesamten Betriebsmittelkreislauf aktiv unterstützen. Dies sind vor allem die Arbeitsplätze im Bereich der Betriebsmittelaufbereitung wie Montage, Demontage, Lagerung und Bereitstellung. Auch die Arbeitsplätze in der Planungsebene müssen permanent mit den aktuellen Informationen über die Betriebsmittel versorgt werden.

Das Betriebsmittel-Verwaltungssystem sollte so ausgelegt sein, daß es dem jeweiligen Automatisierungsgrad des Unternehmens angepaßt werden kann. Dies bedeutet, daß das System sowohl alleine (stand-alone) als auch in Verbindung mit anderen Bausteinen einer rechnergestützten Fertigung – wie DNC, BDE oder in einer übergeordneten CIM-Struktur – lauffähig sein sollte **(Bild 4)**.

Um den Informationsfluß zur Planungs-, Leit- und Steuerungsebene sicherzustellen, müssen die unterschiedlichsten Schnittstellen (PPS, CAD, Programmiersystem, DNC, BDE oder Voreinstellgerät) realisiert werden können.

Die hierzu notwendige Software sollte aus diesem Grund aus einzelnen Bausteinen bestehen, die - abgestimmt auf die Anforderungen des Anwenders - integriert werden können **(Bild 5)**.

3. Rechnergestützte Betriebsmittelorganisation am Beispiel einer Werkzeugträgerfertigung

Um den Marktanforderungen (kürzere Lieferzeiten, höhere Flexibilität und Wirtschaftlichkeit) gerecht zu werden, wurden in dem Fertigungs- und Planungsbereich CIM-Technologien eingesetzt.

Vorrangiges Ziel war die Beherrschung kleiner Losgrößen für Sonder- und Standard-Trägerwerkzeuge. Eine weitere Prämisse war, möglichst auftragsbezogen zu fertigen, um die Lagerkosten so gering wie möglich zu halten. Die Reduzierung der Losgrößen führt zu vermehrter Rüsttätigkeit, wodurch sich die Einsatzbedingungen für die Werkzeuge verschlechtern (zunehmende Anzahl von Einstellvorgängen, kürzere Einsatzzeiten). Als Folge tritt ein erhöhter Werkzeugverschleiß und damit Werkzeugbedarf auf.

Um dem erhöhten Aufwand in diesem Bereich entgegenzuwirken, wurde ein rechnergestütztes Betriebsmittel-Organisationssystem eingeführt.

Die vorrangigen Ziele bei der Einführung waren:

- die termingenaue Planung und Bereitstellung von Werkzeugen und Spannvorrichtungen für 40 Bearbeitungszentren,
- die optimale Nutzung der Werkzeugstandzeit (Reststandzeitverwaltung),
- die Reduzierung des im Lager und im Umlauf befindlichen Betriebsmittelbestandes,
- die Verringerung des Arbeitsaufwandes bei Montage, Demontage und Voreinstellung,
- die Sicherstellung des Informationsflusses zwischen Leitsystem, Bereitstellung, Voreinstellung und Werkzeugmaschine.

Um diese Ziele erreichen zu können, wurden DNC, BDE, MDE und ein Fertigungsleitsystem realisiert.

Zur Minimierung der Rüstzeiten an den Maschinen und zur Sicherstellung des Informationsflusses wurde ein Identifikationssystem mit Festcode eingeführt. Es wurde sowohl an den Maschinen als auch an den für die Werkzeugaufbereitung beteiligten Arbeitsplätzen wie Montage, Demontage, Voreinstellung, Lagerverwaltung und Bereitstellung integriert.

So wurden zum Beispiel alle Werkzeuggrundaufnahmen mit einem Codeträger im Anzugsbolzen ausgerüstet **(Bild 6)**.

Eine weitere Notwendigkeit war die Schaffung einer zentralen Stammdatenverwaltung für Betriebsmittel. In ihr wurden zum Beispiel alle relevanten Daten der Werkzeuge wie Kenndaten, Stücklisten, Geometrie- und Technologiedaten sowie Montage- und Bestellinformationen abgelegt **(Bild 7)**.

Diese einheitliche Werkzeug- und Stammdatenverwaltung dient allen einbezogenen Bereichen als Datenbank.

Die einzelnen Arbeitsplätze stehen in Online-Verbindung mit dem Rechner für die Betriebsmittelorganisation.

Somit ist der Informationsfluß und die Transparenz in diesem Bereich gegeben **(Bild 8)**.

Durch das Fertigungsleitsystem wird maximal 2 Stunden vor Auftragsbeginn der Werkzeugbedarf an das Tool-Management-System gemeldet. Anschließend wird eine Brutto-/Nettobedarfsberechnung durchgeführt und eine Werkzeugsbedarfsliste in der Werkzeugaufbereitung ausgegeben **(Bild 9)**.

Sie enthält Maschinennummer, Terminangabe, Anzahl der benötigten Werkzeuge, Werkzeugtyp, Auftragsnummer und Summeneingriffszeit. Die Werkzeugmontage erfolgt am Werkzeugrüstplatz, der mit einem Bildschirm und einem Codeleser (ID-System) ausgerüstet ist.

Die Werkzeuge werden nach Stückliste aus diversen Einzelteilen zusammengebaut, wobei Aufbau und Sollmaße am Bildschirm angezeigt werden. Nach erfolgter Montage wird eine Zuordnung zwischen Ident-(Werkzeug-) und Codenummer getroffen.

Mit der Bestätigung des Montagevorganges am Bildschirm kennt das Tool-Management-System das neu montierte Werkzeug und kann nun alle für den weiteren Lebensweg dieses Werkzeuges erforderlichen Daten zuordnen und bereitstellen **(Bild 10)**.

Die Vermessung bzw. Voreinstellung des Werkzeuges findet am Werkzeugeinstellplatz statt. Das Voreinstellgerät ist online mit dem Rechner des Tool-Management-Systems verbunden. Über das Identifizierungssystem werden alle relevanten Daten, die zur Werkszeugeinstellung erforderlich sind, vom Leitrechner angefordert und übertragen.

Nach erfolgter Messung werden die aktuellen Ist-Daten zum Rechner übertragen.

Das Werkzeugzwischenlager besteht aus Terminal und Paternostermagazin, in dem überwiegend Komplettwerkzeuge gelagert werden. Diese Werkzeuge können die volle Standzeit oder lediglich eine Reststandzeit aufweisen.

Nach der Bedarfsliste werden Werkzeuge aus dem Paternoster entnommen oder neu vermessene Werkzeuge auftrags- und maschinenbezogen zusammengestellt. Anschließend erfolgt manuell der Transport zu der in der Liste aufgeführten Maschine.

An der Maschine erfolgt das Aufrüsten des Werkzeugmagazines parallel zur Hauptzeit, wobei die 40 Plätze variabel bestückt werden können.

Die von der Maschine benötigten Werkzeuginformationen werden durch den Leitrechner an sie übertragen. Das verwendete Identifikationssystem stellt sicher, daß jedem Werkzeug die richtigen Daten zugeordnet werden. Nicht benötigte Werkzeuge werden nach Leitrechnervorgabe vom Bediener entnommen. Dies können Werkzeuge mit oder ohne Reststandzeit sein.

Die im Fertigungsbereich nicht mehr benötigten Werkzeuge werden zur Aufbereitung transportiert. Dabei bietet das Tool-Management-System dem Bediener die entsprechenden Entscheidungshilfen an. Über ein ihm zur Verfügung stehendes Terminal können die aktuellen Daten wie Standzeit und sonstige Informationen angezeigt werden **(Bild 11)**.

Werkzeuge mit ausreichender Reststandzeit (> 20 %) werden zwischengelagert,
die anderen (< 20 %) neu aufgerüstet oder demontiert.

Durch den Einsatz der rechnergestützten Werkzeugaufbereitung ist man in der Lage, dem Fertigungsbereich generell Werkzeuge in weniger als 120 Minuten zur Verfügung zu stellen. Dadurch konnte der Nutzungsgrad der Werkzeuge erheblich gesteigert und durch die Reststandzeitverwaltung die Schneidstoffe optimal genutzt werden. Mit der konsequenten Nutzung der Stammdatenverwaltung (Werkzeugkatalog) im Planungsbereich konnte ferner die Anzahl der Werkzeugtypen deutlich reduziert werden.

4. Wirtschaftlichkeit

Betrachtet man die Investitionskosten für ein mittleres Bearbeitungszentrum, das in der Einzel- und Kleinserienfertigung eingesetzt wird, so wird deutlich, daß mehr als die Hälfte der Investition für die Betriebsmittel aufgewendet werden muß **(Bild 12)**.

In unserem Anwendungsfall sind dies für Vorrichtungen 28 % und für Werkzeuge 29 %.

Werden Nutzungsdauer der Werkzeuge und Vorrichtungen analysiert, ist zu erkennen, daß diese nicht optimal genutzt werden. Sind Werkzeuge und Vorrichtungen an Maschinen gebunden, so können diese für andere Einsatzfälle nicht genutzt werden. Aufgrund nicht vorhandener Transparenz im Lagerbereich müssen somit zusätzliche Investitionen getätigt werden.

Bei Betrachtung der eigentlichen Werkzeugaufbereitungs- und Verschleißkosten ist deutlich zu sehen, daß die Aufbereitungskosten durch Montage, Lagerung, Bereitstellung weitaus höher ausfallen als die der Verschleißteile **(Bild 13)**. Dies bedeutet, daß bei den Gesamtwerkzeugkosten nur 21 % den Verschleißteilen, jedoch ca. 79 % den Aufbereitungskosten zuzuordnen sind.

Für den Anwender hat dies zur Folge, daß das größere Rationalisierungspotential im Bereich der Aufbereitungskosten liegt.

Durch den Einsatz eines rechnergestützten Organisationssystems für Betriebsmittel können vorrangig im Bereich

- der Montage und Demontage,
- der Voreinstellung, Bereitstellung und Lagerung,
- der Verschleißteile (Reststandzeiten),

- der Verwaltung und Organisation (Werkzeugtypen-Vielfalt),
- der Reduzierung von Nebenzeiten (an der Maschine)

Kosten eingespart werden.

5. Werkzeugidentifikation

Bereits in der Planungsphase für ein Betriebsmittel-Organisationssystem stellt sich schon frühzeitig die Notwendigkeit eines Identifizierungssystems heraus **(Bild 14)**. Nur durch den Einsatz eines solchen können Betriebsmittel manuell oder automatisch erkannt, die Betriebsmittelorganisation effektiv und die Abläufe transparent gestaltet werden.

Zu unterscheiden sind programmierbare und fest programmierte Datenträger. Diese Systeme arbeiten heute fast ohne Ausnahme induktiv und sind für die industrielle Beanspruchung ausgelegt.

Die Anwendung beschränkt sich nicht nur auf Werkzeuge, sondern es können auch Vorrichtungen, Paletten, Transportsysteme, Magazine etc. damit ausgerüstet werden.

Damit ist der Kunde in der Lage, den Automatisierungsgrad zu erhöhen und den Daten- und Informationsfluß sicherer zu gestalten.

6. Werkzeugvermessung

Die Werkzeugvermessung und -voreinstellung außerhalb der Bearbeitungsmaschine erlangt mit zunehmender Automatisierung eine immer größere Bedeutung.

Das Vermessen eines Werkzeuges mit konventionellen optischen Voreinstellgeräten hat zur Folge, daß durch ungenügende Auflösung und durch die Subjektivität des Einstellers das Ergebnis unbefriedigend ist.

Die dadurch verursachten Kontroll- und Korrekturmaßnahmen in der Maschine haben eine Verlängerung der Nebenzeiten zur Folge. Diese könnten z. T. entfallen, wenn die Werkzeuge exakter vermessen und die Subjektivität des Einstellers ausgeschlossen werden könnten.

Durch den Einsatz von neuartigen optoelektronischen Werkzeugmeßmaschinen ist man heute in der Lage, den Meßvorgang automatisch durchzuführen; den menschlichen Faktor somit auszuschließen und die Werkzeuge mit höherer Genauigkeit zu vermessen **(Bild 15)**.

Es können nicht nur die Parameter Länge und Durchmesser vermessen, sondern auch Winkel, Radien, Fasen sowie Plan- und Rundlauf der Werkzeuge schnell und wiederholgenau ermittelt werden.

Durch die Nutzung derartiger Meßeinrichtungen – insbesondere in Verbindung mit Handhabungseinrichtungen – können die Qualität gesteigert, Nebenzeiten reduziert und der Personalaufwand minimiert werden.

Um den erhöhten Anforderungen moderner Fertigungseinrichtungen gerecht zu werden, müssen auch Werkzeugsysteme in die Überlegungen miteinbezogen werden.

Heute ist klar zu erkennen, daß z. B. der Steilkegel hinsichtlich Dauergenauigkeit und Steifigkeit den zukünftigen Anforderungen nicht mehr gerecht wird.

Eine Alternative stellt die neue Hohlschaftschnittstelle HSZ dar **(Bild 16)**, die u.a. nachfolgenden Anforderungen gerecht wird:

- Hohe statische und dynamische Steifigkeit
- Hohe und gleichbleibende radiale und axiale Positioniergenauigkeit
- Kurze Werkzeugwechselzeit durch geringes Gewicht und kurze Schaftform
- Eignung für hohe Spindeldrehzahlen (Spannen von innen nach außen)
- Sichere Drehmomentübertragung
- Unempfindlichkeit gegenüber Verschmutzung (Abstreifeffekt; geschlossene Plananlage)
- Unempfindlichkeit gegenüber Positionierfehlern beim Wechselvorgang (axiale/radiale Neigung)

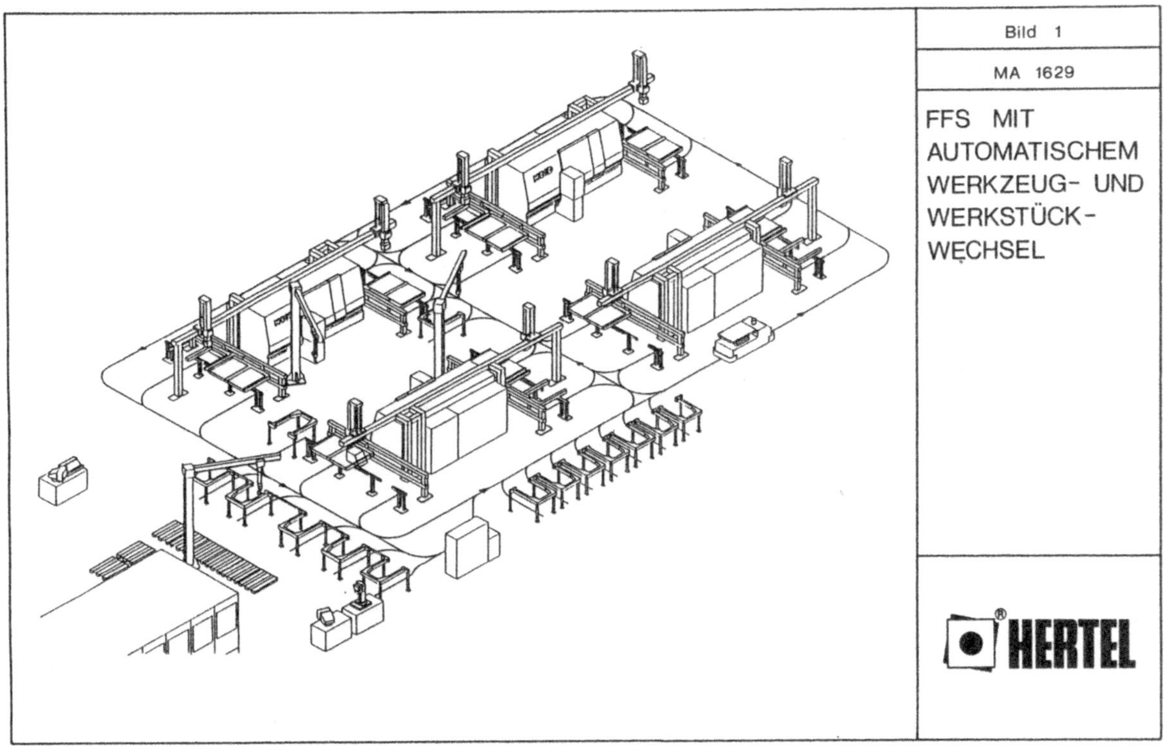
Bild 1
MA 1629
FFS MIT AUTOMATISCHEM WERKZEUG- UND WERKSTÜCK-WECHSEL
HERTEL

Bild 1

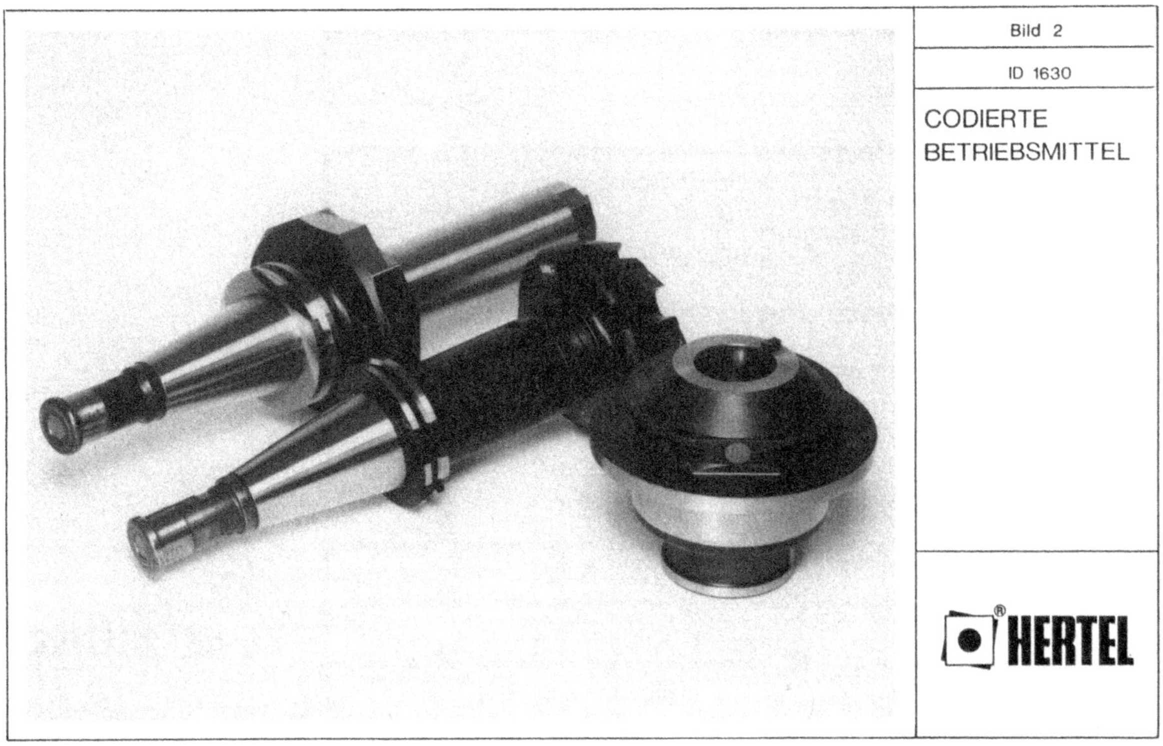
Bild 2
ID 1630
CODIERTE BETRIEBSMITTEL
HERTEL

Bild 2

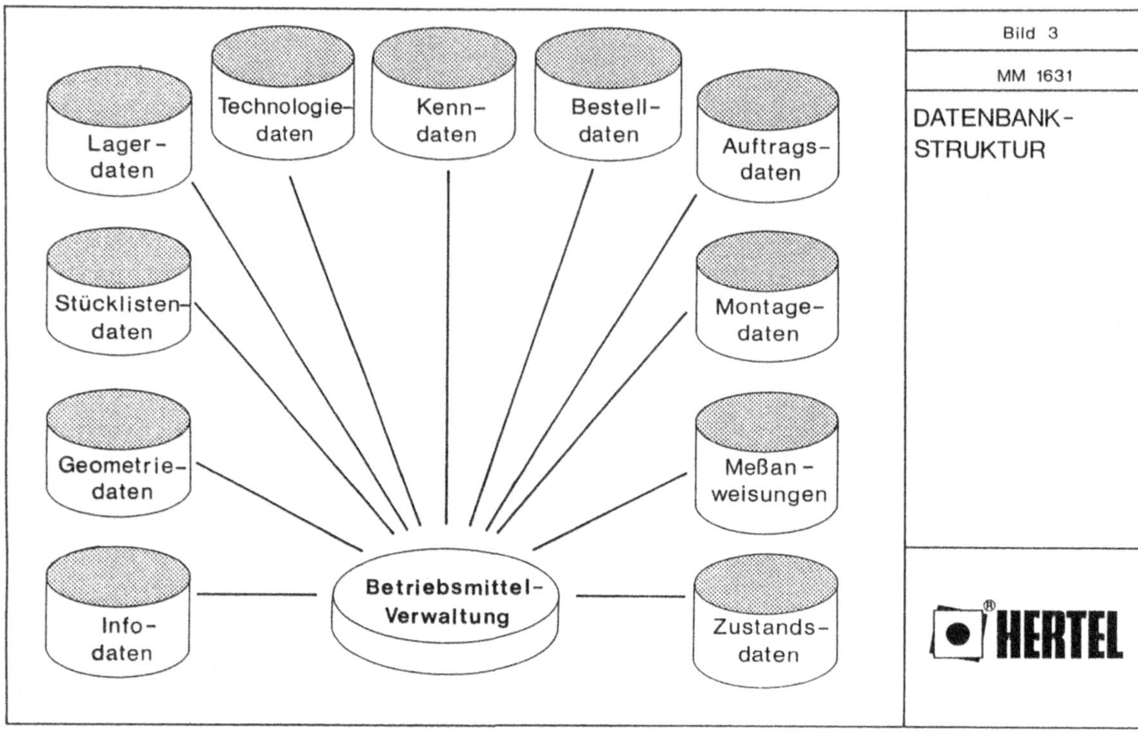
Bild 3
MM 1631
DATENBANK-
STRUKTUR
Lager-
daten
Technologie-
daten
Kenn-
daten
Bestell-
daten
Auftrags-
daten
Stücklisten-
daten
Montage-
daten
Geometrie-
daten
Meßan-
weisungen
Info-
daten
Betriebsmittel-
Verwaltung
Zustands-
daten
HERTEL

Bild 3

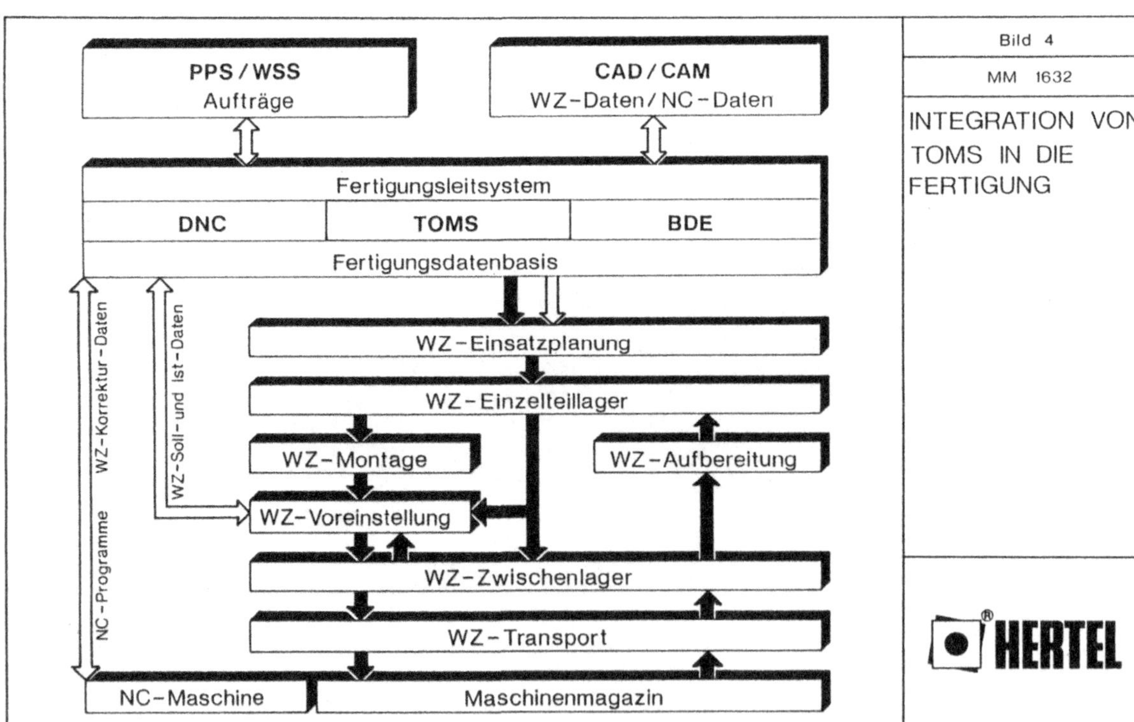
Bild 4
MM 1632
INTEGRATION VON
TOMS IN DIE
FERTIGUNG
PPS / WSS
Aufträge
CAD / CAM
WZ-Daten / NC-Daten
Fertigungsleitsystem
DNC
TOMS
BDE
Fertigungsdatenbasis
NC-Programme WZ-Korrektur-Daten
WZ-Soll- und Ist-Daten
WZ-Einsatzplanung
WZ-Einzelteillager
WZ-Montage
WZ-Aufbereitung
WZ-Voreinstellung
WZ-Zwischenlager
WZ-Transport
NC-Maschine
Maschinenmagazin
HERTEL

Bild 4

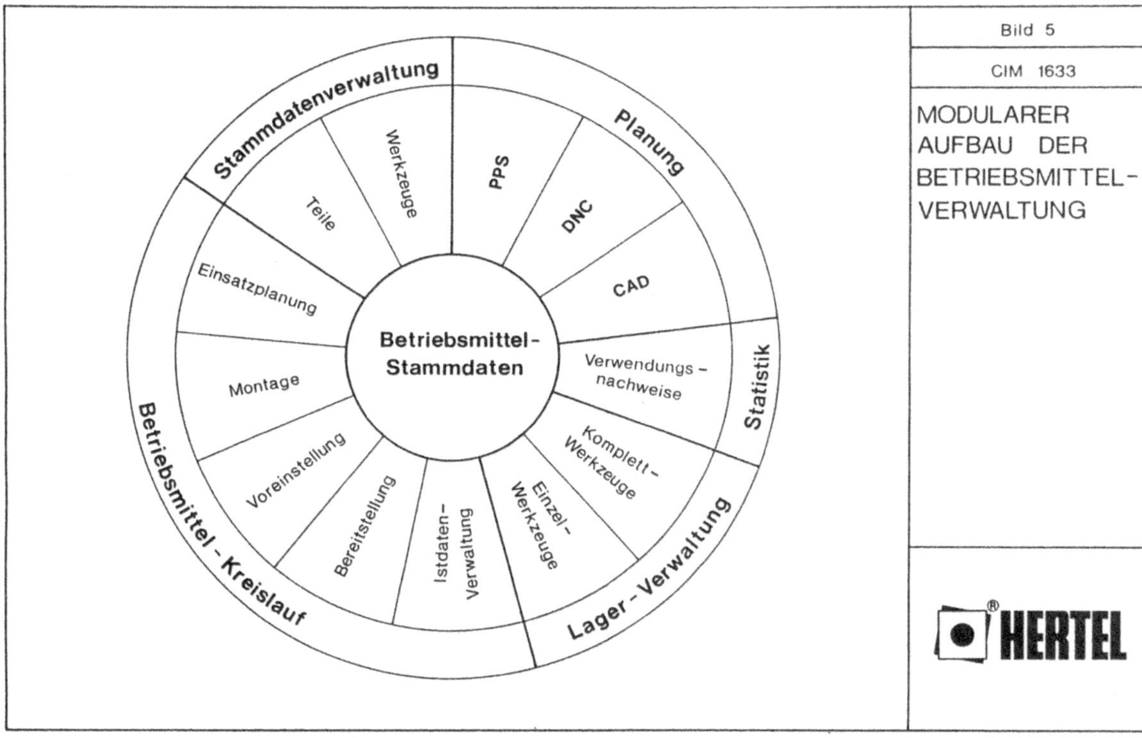
Bild 5
CIM 1633
MODULARER AUFBAU DER BETRIEBSMITTEL-VERWALTUNG
Stammdatenverwaltung
Planung
Statistik
Lager-Verwaltung
Betriebsmittel-Kreislauf
Betriebsmittel-Stammdaten
Werkzeuge
Teile
PPS
DNC
CAD
Einsatzplanung
Montage
Voreinstellung
Bereitstellung
Istdaten-Verwaltung
Einzel-Werkzeuge
Komplett-Werkzeuge
Verwendungs-nachweise
HERTEL

Bild 5

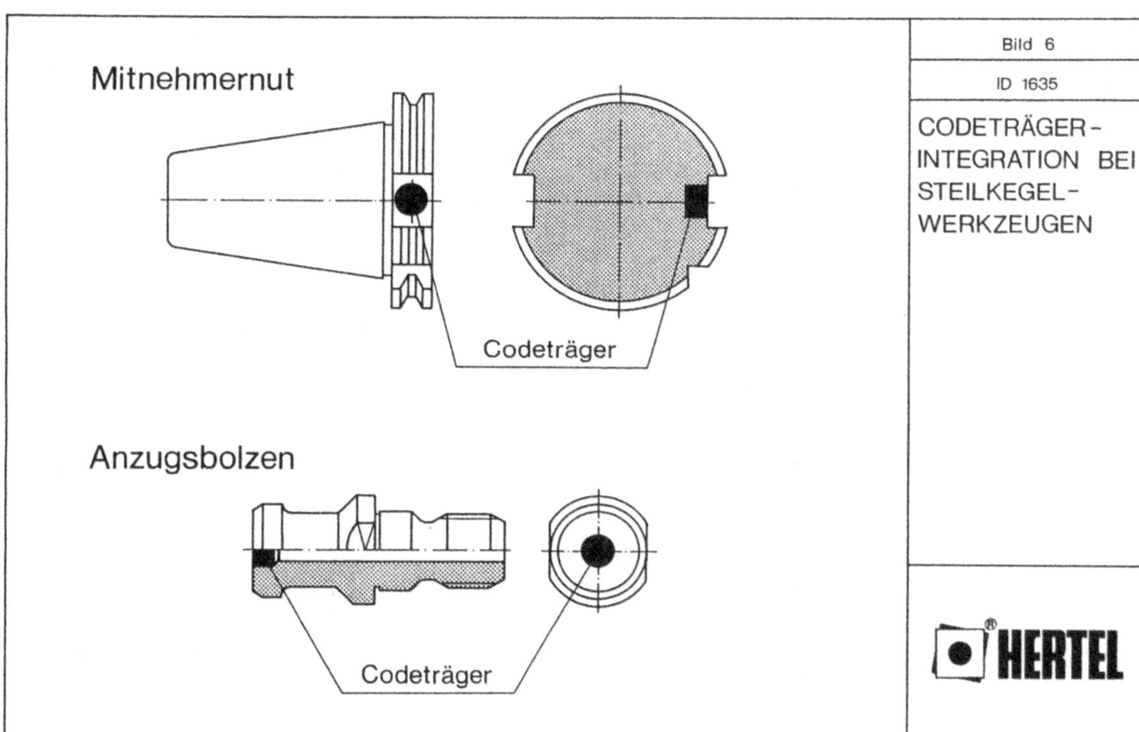
Bild 6
ID 1635
CODETRÄGER-INTEGRATION BEI STEILKEGEL-WERKZEUGEN
Mitnehmernut
Codeträger
Anzugsbolzen
Codeträger
HERTEL

Bild 6

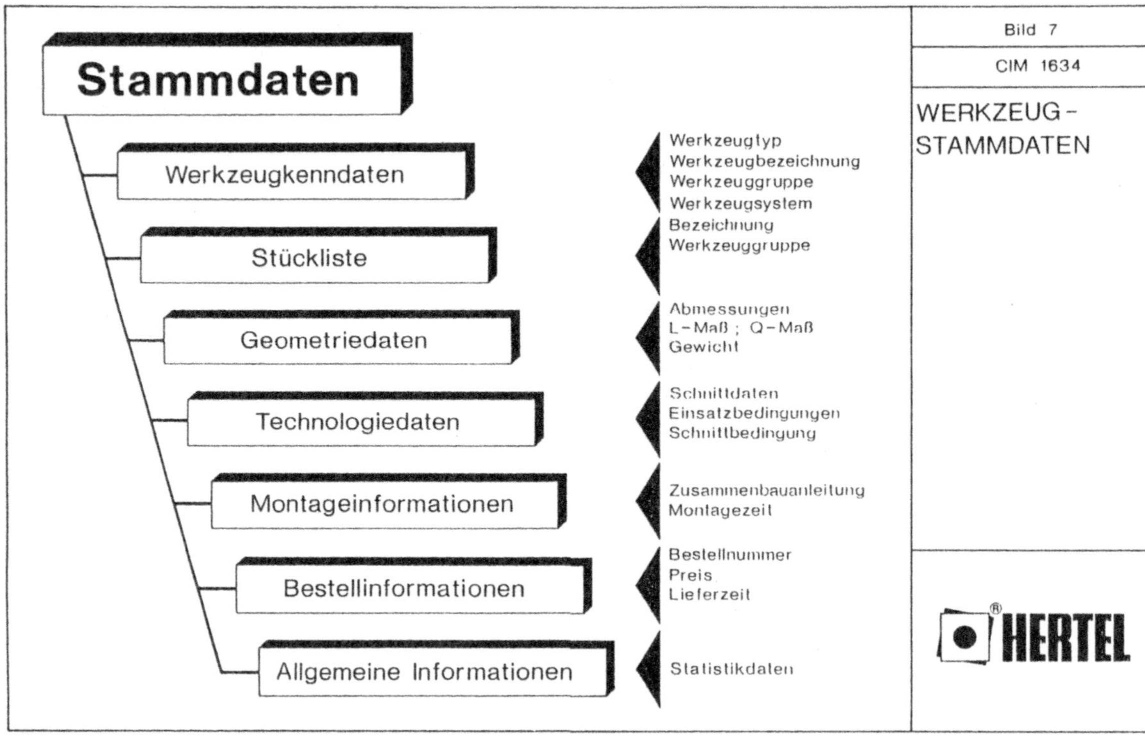
Bild 7
CIM 1634
WERKZEUG-
STAMMDATEN
Stammdaten
Werkzeugkenndaten
Stückliste
Geometriedaten
Technologiedaten
Montageinformationen
Bestellinformationen
Allgemeine Informationen
Werkzeugtyp
Werkzeugbezeichnung
Werkzeuggruppe
Werkzeugsystem
Bezeichnung
Werkzeuggruppe
Abmessungen
L-Maß ; Q-Maß
Gewicht
Schnittdaten
Einsatzbedingungen
Schnittbedingung
Zusammenbauanleitung
Montagezeit
Bestellnummer
Preis
Lieferzeit
Statistikdaten
HERTEL

Bild 7

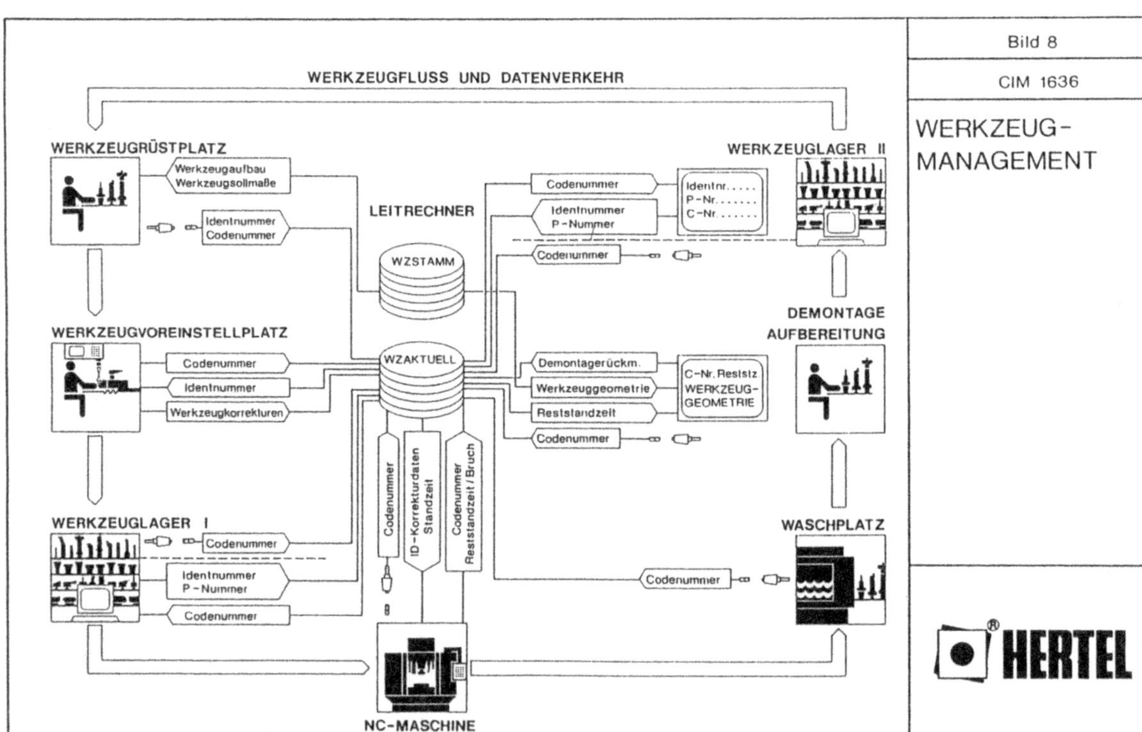
Bild 8
CIM 1636
WERKZEUG-
MANAGEMENT
WERKZEUGFLUSS UND DATENVERKEHR
WERKZEUGRÜSTPLATZ
Werkzeugaufbau
Werkzeugsollmaße
Identnummer
Codenummer
LEITRECHNER
WZSTAMM
WZAKTUELL
WERKZEUGVOREINSTELLPLATZ
Codenummer
Identnummer
Werkzeugkorrekturen
WERKZEUGLAGER I
Codenummer
Identnummer
P-Nummer
Codenummer
Codenummer
ID-Korrekturdaten
Standzeit
Codenummer
Reststandzeit / Bruch
NC-MASCHINE
WERKZEUGLAGER II
Codenummer
Identnummer
P-Nummer
Identnr. .....
P-Nr. ......
C-Nr. ......
Codenummer
DEMONTAGE
AUFBEREITUNG
Demontagerückm.
Werkzeuggeometrie
Reststandzeit
Codenummer
C-Nr. Reststz
WERKZEUG-
GEOMETRIE
WASCHPLATZ
Codenummer
HERTEL

Bild 8

Auftrag : **1760494** Folge: **210** Losgröße : **17** Maschine : **06** Bereitstellung in **61.76 min**

Programmnr. : **FE04796** Artikelnr.: **3.71240 L630H** Zeich.index : **28**
Status : **2 optimiert am 31.01.90**

Klartext	: **Bohrwerkzeug**				
Versionsdatum	: **900120 0000**	Programmstatus	: **2 optimiert**	Prog.index	: **1**
Optimierdatum	: **900131**	Programmart	: **A automat**	TV	: **46.00 min**
Benutzg.datum	: **901123**	Programmtyp	: **F Fräsen**	TR	: **29.00 min**
Benutzg.zähl	: **7**	erstellt von	: **PP**	TE	: **21.92 min**
Vorrichtung	: **X 71207**				
Aufspannlage	: **XX**				
Anschlaglänge	: **-59.000**				
Teileanzahl	: **1**				

Nr.	Werkzeugbezeichnung	Identnr.	Anz	EZ	SZV	Werkzeug	WZ1	SK1
1	**HSS-SPIRALBOHRER D 2.1**	1121	0	3	20	W21100	403	
2	**HM-SPITZSENKER D 3,5**	1635	1	4	30	S25839	5	
3	**HSS-SCHAFTFRÄSER D 12**	2112	1	27	90	W25108	81	
4	**HSS-SCHAFTFRÄSER D 20M.FASE 1,6x45GD**	2121	0	49	130	S25865	87	
5	**HSS-SCHAFTFRÄSER D 20M.FASE 1,6x45GD**	2124	1	25	120	S25883	90	
6	**HM-SCHAFTFRÄSER D 10**	2410	1	1	50	W25929	15	
7	**HSS-WINKELFRÄSER D8 9GD 28 MIN**	3118	0	6	65	W26204	112	
8	**HM-WINKELFRÄSER 7GD 50MIN**	3145	1	10	35	S26418	56	
9	**HM-SCHAFTFRÄSER D 3**	3430	1	22	70	W25969	84	
10	**HM-SCHAFTFRÄSER D 3**	3431	1	11	50	W25969	84	
11	**HSS-SPIRALBOHRER D 3,3 LANGE AUSF.**	3813	1	12	35	W21243	507	
12	**HSS-MASCHINENGEWINDEBOHRER M2,5 DIN 371**	4025	0	1	12	W24148	634	

Vorrichtung	Vorrichtungs-Bezeichnung	alte Nummer
X 71207	**ADAPTER F SENKERWZ M ZYLINDERSCHAFT D30,3**	**DF 0303**

Bild 9

MA 1637

WERKZEUG-MANAGEMENT-BEDARFSLISTE

Werkzeugbedarfliste, erstellt am 30-NOV-90

HERTEL

Bild 9

Bild 10

MM 1638

BILDSCHIRMMASKE "WERKZEUG MONTIEREN"

HERTEL Betriebsmittel-Verwaltung   Datum: 05-DEC-90   Zeit: 11:07:36
Werkzeug-Verwaltung   Werkzeug-Montage   Menue 143

Werkzeug montieren

WZ-Typ-Nummer: 10000   Bezeichnung: GEWINDEBOHRER_WKZ
Code-Nummer : MW10000_02

Auftrags-Nummer : 048.324
Werkzeug-Gruppe: BG   Bearb.-Art: Werkstatt-Auftrag: W 53102
Werkzeug-System: SK   Arbeitsgang : 010

Werkzeug - Stückliste

lfd	Teile-Nummer	Bezeichnung	Gruppe	Anzahl
1	536.044	Anzugsbolzen	ZB	1
2	5.36040-141801	Gewindeschneidfutter	AG	1
3	5.37111-060049	Gewindeschneidfutter-Einsatz	EG	1
4	59205001BGA01	GEWINDEBOHRER	BG	1
0				
0				
0				

1 KennDa 2 IDlese 3 Geomet 4 Techno 5 Zusbau 6 IDgene 7 Info's 8 Überna 9 0 Exit
Bitte Funktion eingeben
1 1(006,016)   Drucker: bereit

HERTEL

Bild 10

Bild 11

MM 1639

BILDSCHIRMMASKE "WERKZEUG DEMONTIEREN"

HERTEL Betriebsmittel-Verwaltung Datum: 05-DEC-90 Zeit: 09:16:55
Werkzeug-Verwaltung Werkzeug-Demontage Menue 147

Werkzeug demontieren

Code-Nummer : MW10000_01 Bezeichnung: GEWINDEBOHRER_WKZ
WZ-Typ-Nummer: 10000

Werkzeug-Stückliste

lfd	Teile-Nummer	Bezeichnung	Anzahl	wieder-verwendbar
1	536.044	Anzugsbolzen	1	
2	5.36040-141801	Gewindeschneidfutter	1	
3	5.37111-060049	Gewindeschneidfutter-Einsatz	1	
4	59205001BGA01	GEWINDEBOHRER	1	
0				
0				
0				

1KennDa 2IDlese 3Geomet 4Techno 5Zusbau 6Loesch 7Info's 8 9 0Exit

I 1(007,027) Drucker: bereit

HERTEL

Bild 11

Bild 12

MA 1640

INVESTITIONS-KOSTEN FÜR EIN BEARBEITUNGS-ZENTRUM

Investitionskosten für ein Bearbeitungszentrum

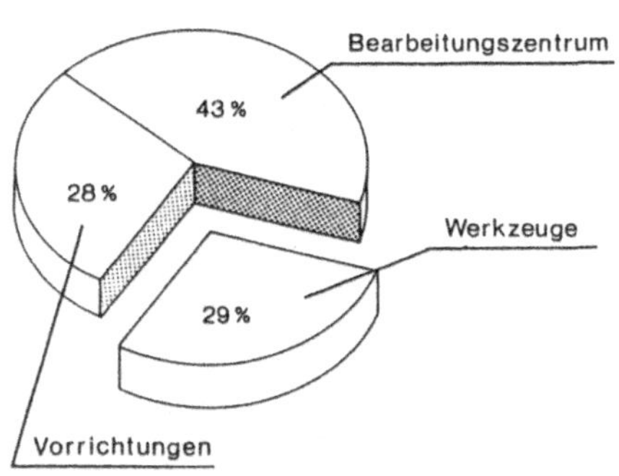

Berechnungsgrundlage :

Einzelbearbeitungszentrum
2-Schichtbetrieb an 240 Tagen
18 Werkstücke
220 Werkzeuge (1500,- DM pro Werkzeug)
28 Vorrichtungen (25000,- DM pro Vorrichtung)

HERTEL

Bild 12

Bild 13
CIM 1337
EINSPARUNGS-POTENTIAL IN DER WERKZEUG-AUFBEREITUNG

Bearbeitungszentren im 2-Schichtbetrieb
Austausch von 20 Werkzeugen

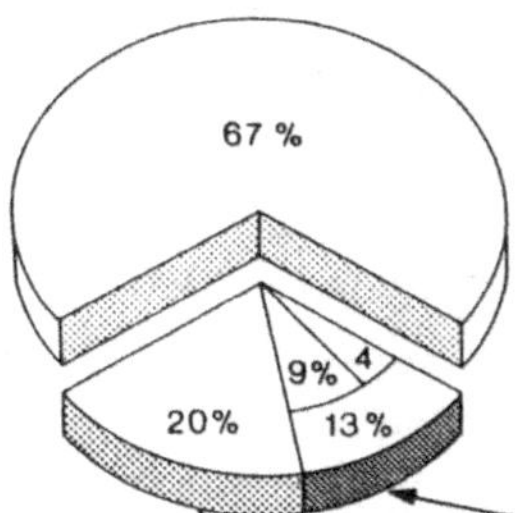

Kosten :

Werkzeugaufbereitung und -bereitstellung	DM **89.000**
Verschleißteile	DM **24.000**
	DM **113.000** (≙ 100 %)

Einsparungspotential :

- 10% bei Verschleißteilen
- 15% bei Montage / Demontage ca. DM **14.700**
- 25% bei Werkzeugaufbereitung und -bereitstellung ca. DM **22.600**

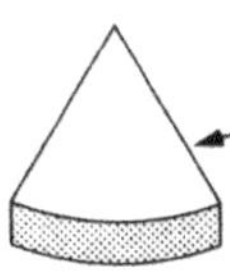

Zusätzlich werden noch 5% bei den Nebenzeiten eingespart ca. DM **22.600**

Gesamteinsparungspotential : ca. DM **59.900**

HERTEL

Bild 13

Bild 14
AOF 0847
ÜBERSICHT **HERTEL** ID-SYSTEM

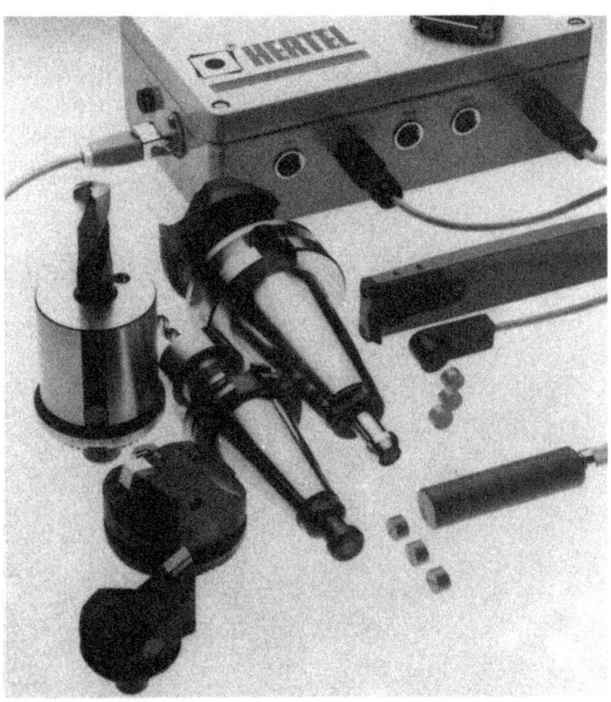

HERTEL

Bild 14

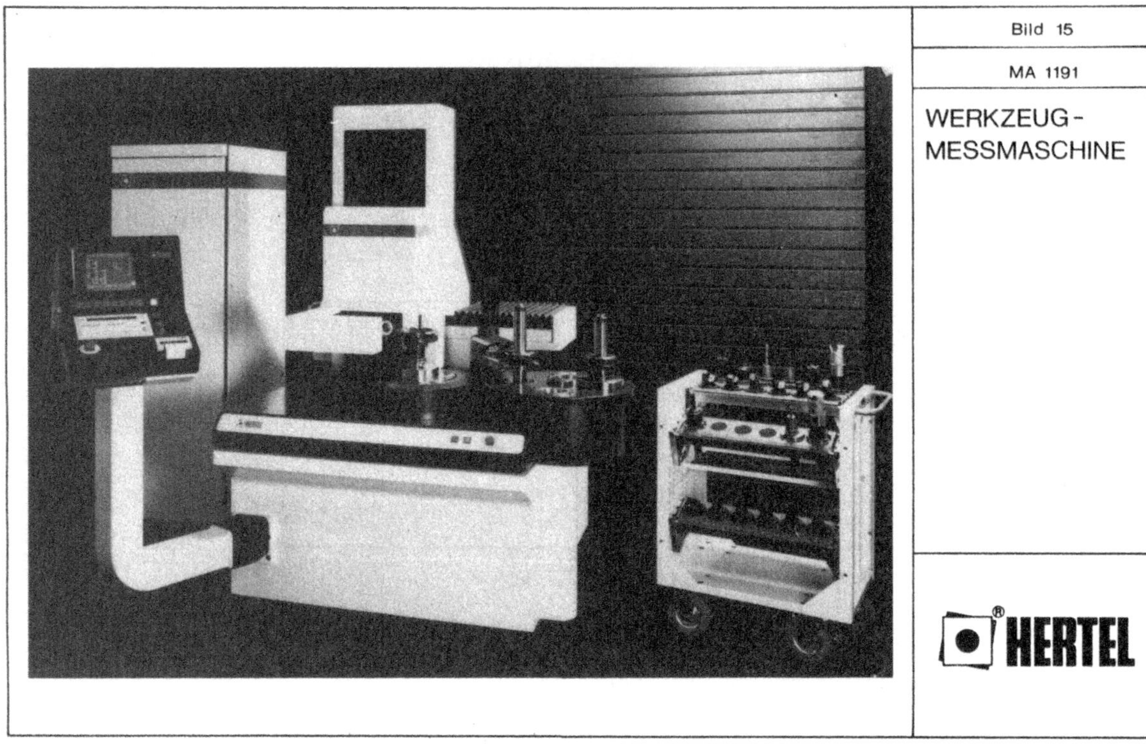

Bild 15

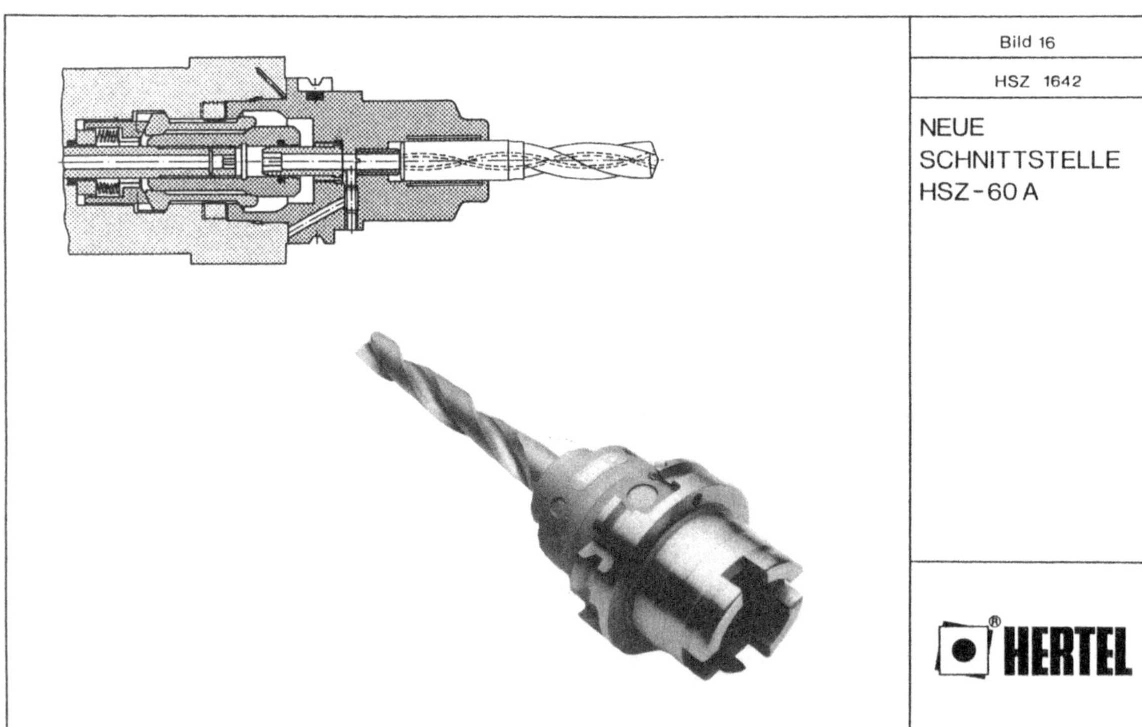

Bild 16

Münchener Kolloquium '91

Wettbewerbsfaktor Zeit in Produktionsunternehmen

28. Februar/1. März 1991
München

Erhöhung der Nutzlaufzeiten durch verbesserte Umfeldorganisation

Dipl.-Ing. H. Diekmann
Gildemeister AG

Institut für Werkzeugmaschinen
und Betriebswissenschaften
Technische Universität München

Erhöhung der Nutzlaufzeiten durch verbesserte Umfeldorganisation

1. Einleitung

Mit der Beschaffung, Installation und Nutzung flexibel automatisierter Produktionsanlagen werden zum einen bestimmte generelle Erwartungshaltungen verknüpft, zum anderen im Projektablauf verschiedenste Erfahrungen gemacht.

Erwartet werden **(Bild 1)**:

- Eine höhere Flexibilität durch integrierte Fertigung.
- Kürzere Durchlaufzeiten und Verminderung der Vermögensbindung.
- Senkung der Fertigungskosten.
- Kurzfristige Erfüllung von Kundenwünschen durch montagegerechte Fertigung.
- Höhere Qualität.
- Einfachere Logistik.
- Bedienarme Schichten, unbeaufsichtigter Lauf nachts und am Wochenende.

Genau diese Punkte bilden auch die Grundlage der Verhandlungsziele für Investitionen, deren Wirtschaftlichkeit dann über quantitative, aber mehr noch qualitative Argumente nachgewiesen werden muß.

Nach Abschluß der Gespräche werden traditionell Liefer-, Inbetriebnahme- und Anlauftermine sowie Anlaufzeiträume festgelegt, Projektpläne erstellt und Systemverfügbarkeiten definiert und garantiert.

In der Realität verzögerten sich die weiteren Planungen und die Realisierung dann allerdings erheblich:

- Es entsteht Klärungsbedarf während der Abwicklung.
- Lieferverzögerungen treten ein.
- Entscheidungen zu Teilliefermengen werden gefällt.
- Mangelnde Schulung und Vorbereitung des Personals behindern den Anlauf.
- Mangelnde Vorbereitung des organisatorischen Umfeldes verzögert die Inbetriebnahme.

- Erhöhter Mitarbeitereinsatz in der Anlaufphase wegen niedriger Verfügbarkeit ist notwendig.
- Nur eingeschränkte Erfüllung des Systemzwecks wird erreicht.
- Die Dokumentation ist meist unvollständig.

Durch all diese Punkte treten erhebliche Nutzungsverluste ein. Diese wiederum sind nur bedingt nachkalkulierbar.

Ein strenges Investitions-Controlling würde Investitionen, die so ablaufen, bereits in der Anfangsphase als unwirtschaftlich ausweisen.

Die Planung und Realisierung flexibel automatisierter Produktionsanlagen umfaßt neben der Technologie auch andere anspruchsvolle Teilgebiete, wie beispielsweise Logistik und Datenverarbeitung.

Die Systemtechnik setzt sich mit dieser komplexen Aufgabenstellung auseinander.

Die Systemtechnik ist wegen der Diskrepanz von Erwartungshaltung und Realität ins Gerede gekommen.

Hinzu kommen darüber hinaus wirtschaftliche Fehlschläge sowohl bei Anwendern als auch bei Herstellern.

2. Integration der Fertigung

Eine Verbesserung im Einsatz von flexibel automatisierten Produktionsanlagen kann nur über eine Erhöhung der Nutzlaufzeiten erreicht werden.

Darum müssen Struktur, Aufbau und Einsatz von flexiblen Systemen analysiert und neu überdacht werden.

Ausgangspunkt jeder systemtechnischen Betrachtung ist der Systemzweck. Ein Fertigungssystem hat die Aufgabe, ein Teilespektrum wirtschaftlich zu fertigen. Daraus lassen sich weitere Aufgaben, wie Handhabung der Teile und Verwaltung der benötigten Ressourcen, ableiten.

Im Systemgeschäft reicht die Betrachtung der Einzelkomponente bzw. -technologie nicht aus. Flexible Fertigungssysteme müssen darüberhinausgehend in eine ganzheitlich strukturierte Fertigung integrierbar sein.

Deswegen stellen wir an die drei Bereiche CIM-Strukturen, System- und Prozeßtechnik unterschiedliche Anforderungen **(Bild 2)**.

1. CIM-Strukturen: Die Anforderungen an das Gesamtsystem Fertigung werden in diesem Vortrag nur am Rande gestreift.
2. Systemtechnik: In diesem Bereich ist in Zukunft ein hoher Systemnutzen zu erreichen, der sich durch hohe Verfügbarkeit, Flexibilität und Ausbaufähigkeit sowie nachweisbare Wirtschaftlichkeit auszeichnet.
3. Prozeßtechnik: Durch die Beherrschung von Technologie und Integration unterschiedlicher Prozesse muß es möglich sein, den für die Systemtechnik unabdingbar notwendigen, sicheren und eingeschwungenen Fertigungsprozeß zu erreichen.

3. Prozeßtechnik

Entscheidend für die Nutzung moderner Fertigungsanlagen ist eine sichere Prozeßtechnik.

Gerade diese wurde zu oft vernachlässigt. Der flexiblen Automatisierung hingegen wurde ein hoher Stellenwert beigemessen.

Die Integration beherrschter autarker Teilprozesse – Komplettbearbeitung – bietet außerdem den Vorteil, die gesamte Prozeßlaufzeit zu verlängern.

Dies vermindert dann die Anforderungen an übergeordnete Systemkomponenten. Längere und beherrscht ablaufende Prozesse stehen nicht nur im Einklang mit der Wirtschaftlichkeit, im besonderen sind sie eine der wichtigsten Voraussetzungen für eine Systemtechnik mit hoher Verfügbarkeit.

Hier zeigt sich die Problematik der Bearbeitung rotationssymmetrischer Teile: Die Teilprozesse laufen – im Vergleich zur Bearbeitung prismatischer Teile – sehr schnell ab.

Gerade deswegen ist hier die Integration der Teilprozesse zur Verlängerung der Prozeßlaufzeit so wichtig, um flexibel automatisieren zu können.

Auf die Bearbeitung unterschiedlicher Materialien mit schwierig zu beherrschenden Spänen sei ebenfalls hingewiesen.

Erreicht werden kann die Sicherheit eines integrierten Prozesses:

1. über modulare, standardisierte Maschinentechnik **(Bild 3)**:
   Denn sie bietet hohe Verfügbarkeit, Produktflexibilität und zusätzlich Ausbaufähigkeit für zukünftige Erweiterungen.
   Die Maschinentechnik muß möglichst ein Produkt aus Standard-Optionen sein und nicht ein kundenspezifisches Projekt.

2. durch eine sichere Technologie **(Bild 4)**:
   Auslegung mit optimalen, nicht maximalen Schnittwerten.
   Gestützt auf Technologieerfahrung und modernste Werkzeugsysteme.
   Hierzu ist hervorragend geschultes Personal erforderlich.

3. mit begleitender Umfeldorganisation in NC-Programmierung und Simulation der Prozesse.
   Eine anspruchsvolle NC-Programmierung verfügt über Technologiedaten, Spannmittel- und Werkzeugdatenbänke **(Bild 5)**.

Bei mehrachsiger Bearbeitung ist vor allem die Synchronisation der parallel verlaufenden Prozesse zu optimieren. Die Simulation des Bearbeitungsvorgangs **(Bild 6)** hilft nicht nur Kollisionen zu erkennen, sondern auch Werkzeuganordnungen zu verbessern und Einfahrvorgänge und Rüstzeiten zu verkürzen.

Die Simulation vermittelt nicht zuletzt dem Bedienungspersonal Sicherheit. So wird verhindert, daß unnötige Berührungsängste den Einfahrvorgang verlängern und das Fahren im automatischen Ablauf einschränken.

Angemerkt sei, daß die Simulation nicht die technologischen Randbedingungen des Zerspanungsprozesses simulieren kann.

Beispielhaft für die Prozeßsicherung soll das Teil „Spulenkörper" sein **(Bild 7)**:

Ohne die entsprechende Umfeldorganisation ist ein solch komplexes Teil nicht zu programmieren, einzurichten und optimal im Prozeß zu fahren.

4. Systemtechnik

Um flexibel zu automatisieren, ist also der sichere Prozeß Voraussetzung. Nur dann kann Systemtechnik erfolgreich eingesetzt werden **(Bild 8)**.

Denn allein auf Optimierungen von Haupt-, Neben- und Rüstzeiten mit NC-Programmierung und Simulation Schwerpunkte zu setzen, hilft nur bedingt weiter.

Eine weitere Voraussetzung von hoher Bedeutung ist die Konfiguration und Auslegung von Systemen und damit die Systemstruktur.

Mit der Analyse der bisher angewendeten Vorgehensweise kann ein Ansatz zur Verbesserung der Nutzung flexibel automatisierter Systeme gefunden werden. Verbreitet war bisher eine Integration unterschiedlicher Komponenten in ein System.

Bei meist nur befriedigendem Erfolg war dies noch zusätzlich mit einem hohen Kostenaufwand verbunden.

Die Problematik einer solchen Integration basiert auf:

1. Schlechter Verfügbarkeit mit einem extremen Aufwand im Service und in der Softwarepflege.
2. Dem Verlust an Flexibilität, so daß der eigentliche Systemzweck nicht erreicht wird.
3. Mangelnder Wirtschaftlichkeit.

Fast jede bislang gelieferte Anlage ist als ein kundenspezifisches Projekt zu betrachten.

Pflichtenhefte beispielsweise für die Systemsoftware entstanden meist nur in der Realisierungsphase.

Darüber hinaus wurden unterschiedlichste Komponenten aus den Bereichen Lager, Materialfluß, Logistik mit Systembausteinen aus den Bereichen Werkzeugmaschinen sowie Meßtechnik verknüpft, ohne daß diese in den mechanischen und elektrischen/elektronischen Schnittstellen den Anforderungen reibungsloser Funktion entsprachen.

Mit den Erfahrungen aus Prozeßintegration und Prozeßsicherung ist es deshalb richtig, in der Systemtechnik einen gleichen Weg zu gehen.

Die Integration wird ersetzt durch die Kopplung von autark beherrschten Prozessen **(Bild 9)**.

Damit kommt den zu definierenden Schnittstellen für Mechanik und Elektrik eine neue besondere Bedeutung zu.

Alle Aktionen im System erfolgen nicht ablauf-, sondern ereignisgesteuert.

Durch standardisierte, modulare Konzepte wird die Systemtechnik damit stabil und beherrschbar.

Letztlich kann mit Produkten und deren standardisierten Optionen eine kundenspezifische Lösung konzipiert werden.

Notwendig ist also - analog zur Maschinentechnik – die Entwicklung eines modularen Baukastens – Systemtechnik **(Bild 10)**.

Damit wird erreicht:

- Das System wird ausbaufähig, modifizierbar und erweiterbar und kann in Teilabschnitten realisiert werden.
- Softwarepflege und updating werden erheblich vereinfacht.
- Jede Steuerungsintelligenz nimmt die für sie ursprünglich vorgesehene Aufgabe wahr.
- Die Anzahl der zu projektierenden Schnittstellen nimmt ab.

Zusätzlich kann die Kommunikation bedienergerecht optimiert werden.

Erheblich verkürzt werden auch die Installationszeiten.

Da Produkte und Standards eingesetzt werden, die über Simulatoren nachgebildet werden, vereinfacht sich eine Vorabschulung erheblich.

Mit modularen, strukturierten, offenen und standardisierten Produkten ist also ein kundenspezifisches Konzept mit erheblich geringerem Risiko zu konfigurieren.

In der Softwaretechnik nennt man diese Strategie:

bottom-up-action in top-down-concept.

Deswegen muß der Leitsatz für die Planung und Realisierung flexibel automatisierter Produktionsanlagen lauten: standardisierte Produkte **(Bild 11)** statt kundenspezifischer Projekte

oder: as simple as possible not as sophisticated as possible.

Nur über Wiederholvorgänge sind Lernkurven zu erreichen sowie Service und Fehlererkennung und -beseitigung sicherzustellen.

Außerdem können Informationen selektiert und konzentriert zur Verfügung gestellt werden.

Eine solche Strukturierung trägt dazu bei, daß Systeme erlernt und verstanden werden.

5. Qualifizierung

Die Nutzung flexibel automatisierter Anlagen hängt in wesentlichem Maße von der Qualifikation des Personals ab **(Bild 12)**.

Mit den bisher überwiegend kundenspezifisch ausgelegten Systemen konnte das Personal mehr angelernt als systematisch aus- und weitergebildet werden.

Neben der Fachkompetenz hat die Ausbildung auch in Methoden- und Sozialkompetenz zu erfolgen.

Eine solche Qualifikation ist grundsätzlich Voraussetzung für die Entwicklung von Motivation, Eigeninitiative und Mut.

Denn es werden sich neue Gliederungen von Verantwortung ergeben, die letztlich zum Abbau von Reibungsverlusten beitragen.

Die Fachkompetenz der Systembediener muß die Instandhaltung, Bedienung, Programmierung und die Beherrschung der Umfeldorganisation umfassen **(Bild 13)**. Dann werden auch die Vereinbarungen über Arbeitszeiten, Schichtmodelle und Pausenregelungen einfacher, die zur

Verlängerung von Nutzungszeiten beitragen. Schulungen an Modellarbeitsplätzen und Simulatoren helfen ergänzend, das für die Fachkompetenz notwendige technische Wissen zu erwerben.

Es hat sich außerdem als erfolgreich erwiesen, die Belegschaftsvertretung von Projektanfang an verantwortlich und mitarbeitend einzubinden.

6. Schlußfolgerung

Die erfolgreiche Nutzung flexibler Systeme erfordert letztlich auch ein anderes Verständnis zwischen Herstellern und Anwendern:

Partnerschaftliche Zusammenarbeit und gemeinsame Risikoeinschätzung durch Vertrauen und Offenheit in der Definition von Anforderungen und Realisierungskompetenz.

Wir alle, Hersteller und Anwender von flexibel automatisierten Produktionsanlagen, sind aufgerufen, solche Ansätze aufzugreifen und umzusetzen.

Denn die Systemtechnik ist nicht „out", wie viel geschrieben wird.

Wir müssen die Problematik mit den gewonnenen Erfahrungen anders lösen und diese nicht nur für Großunternehmen, sondern auch für den Mittelstand zugänglich machen.

Der internationale Wettbewerb wird uns dies abverlangen.

Nicht Standardmaschinen, nein: Technologie aus standardisierten Modulen und Optionen heißt die Zukunft.

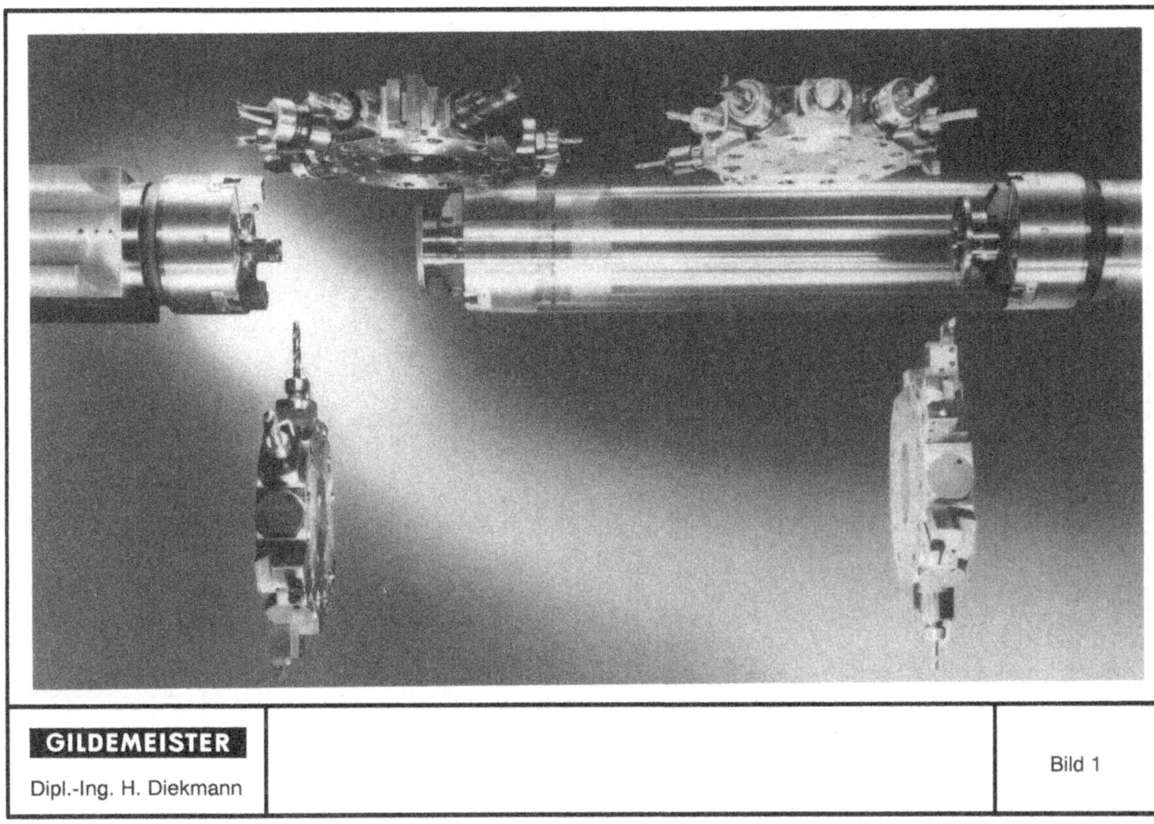
GILDEMEISTER
Dipl.-Ing. H. Diekmann
Bild 1

Bild 1

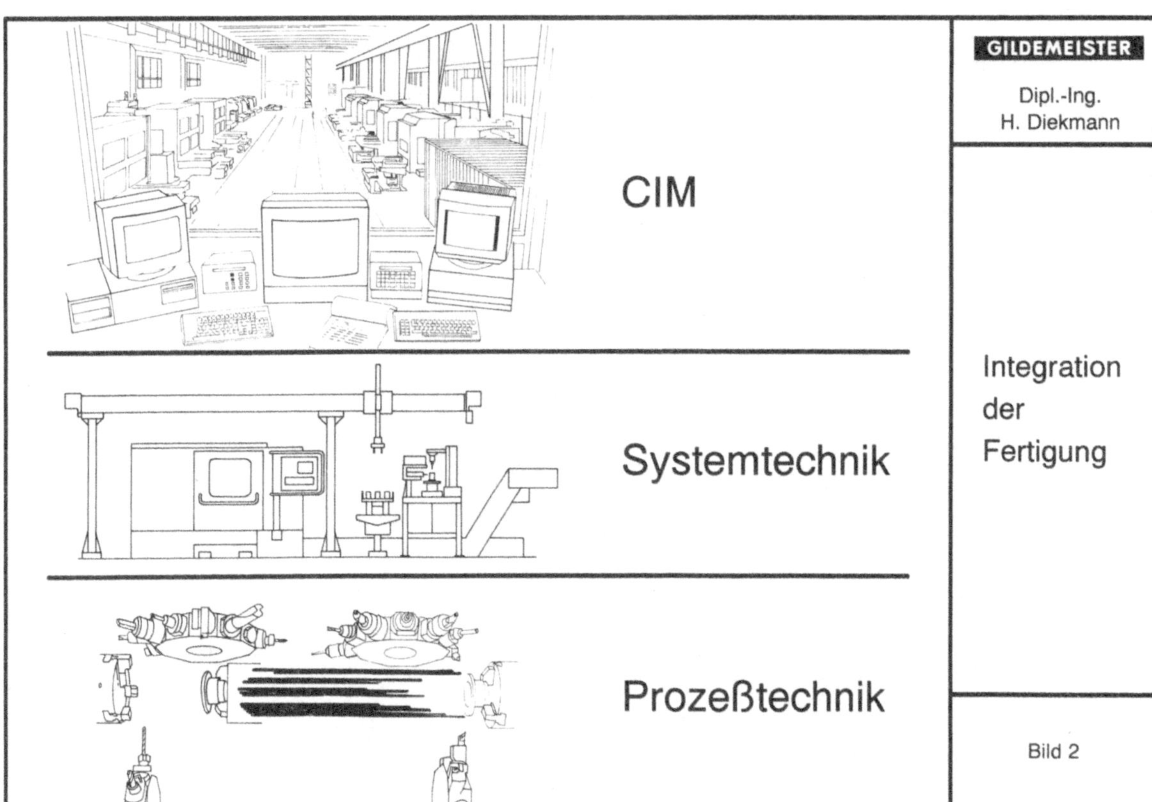
CIM
Systemtechnik
Prozeßtechnik
GILDEMEISTER
Dipl.-Ing.
H. Diekmann
Integration
der
Fertigung
Bild 2

Bild 2

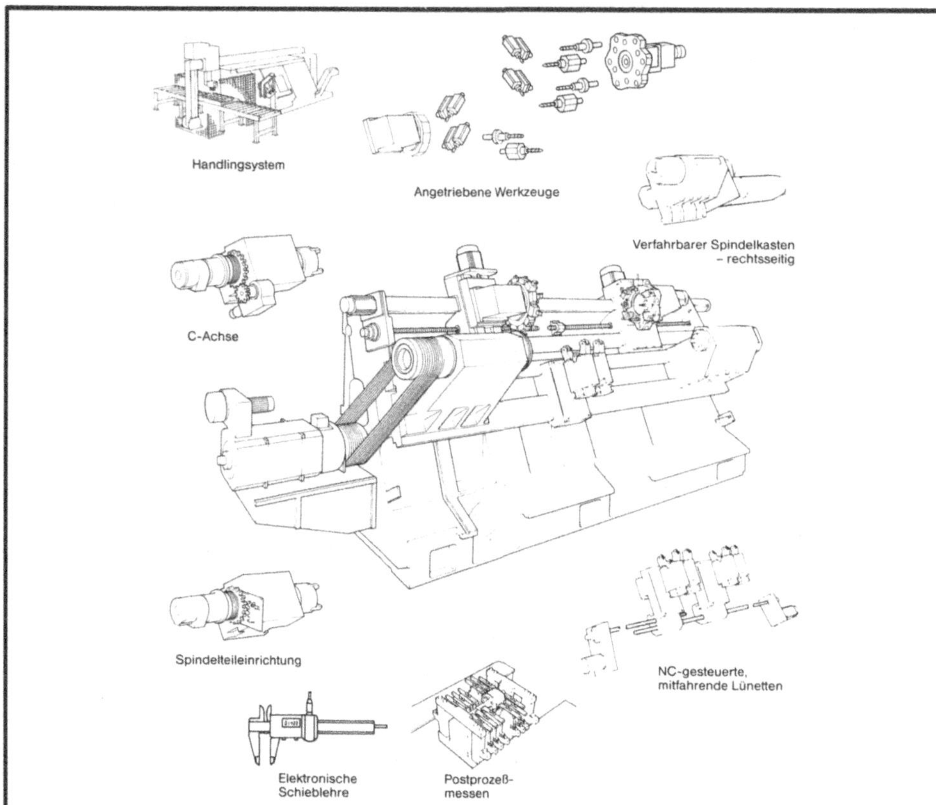

GILDEMEISTER

Dipl.-Ing.
H. Diekmann

Modulare und standardisierte Maschinentechnik

Bild 3

Bild 3

GILDEMEISTER

Dipl.-Ing.
H. Diekmann

Sichere Technologie

Bild 4

Bild 4

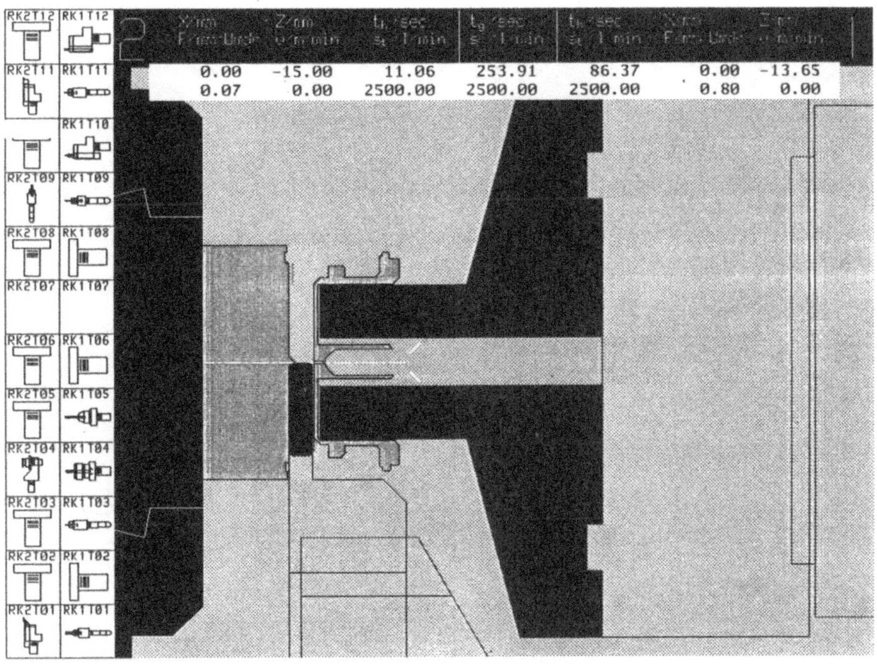

GILDEMEISTER
Dipl.-Ing. H. Diekmann

NC-Programmierung

Bild 5

Bild 5

GILDEMEISTER
Dipl.-Ing.
H. Diekmann

NC-
Simulation

Bild 6

Bild 6

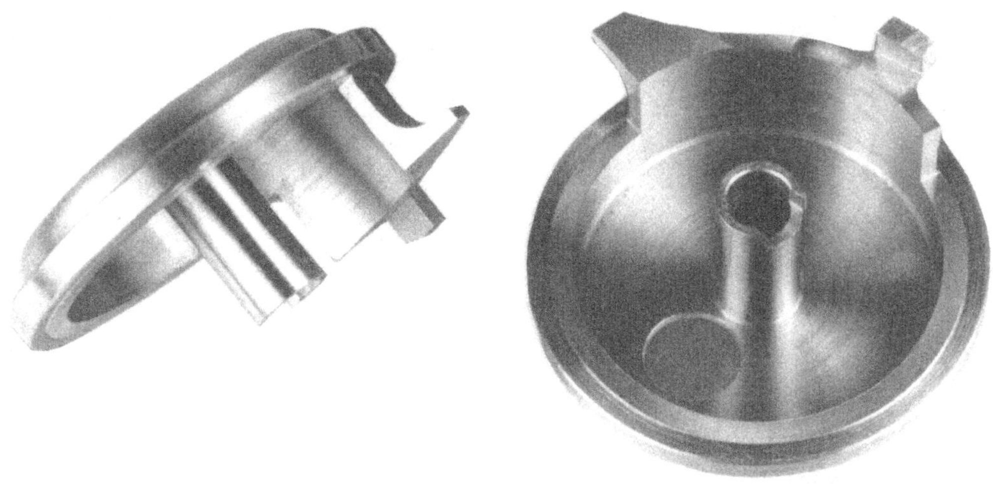

GILDEMEISTER
Dipl.-Ing. H. Diekmann

Komplexes Fertigungsteil

Bild 7

Bild 7

GILDEMEISTER
Dipl.-Ing. H. Diekmann

Flexibel automatisiertes System

Bild 8

Bild 8

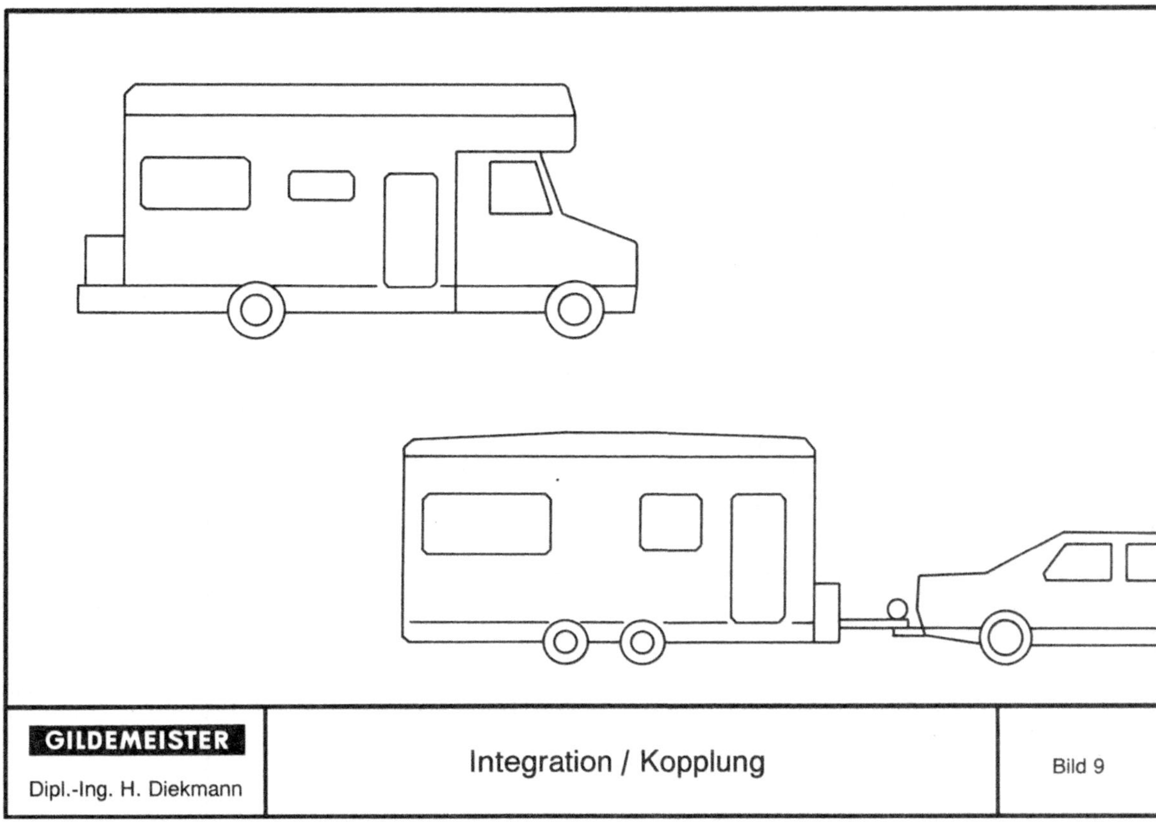

Bild 9

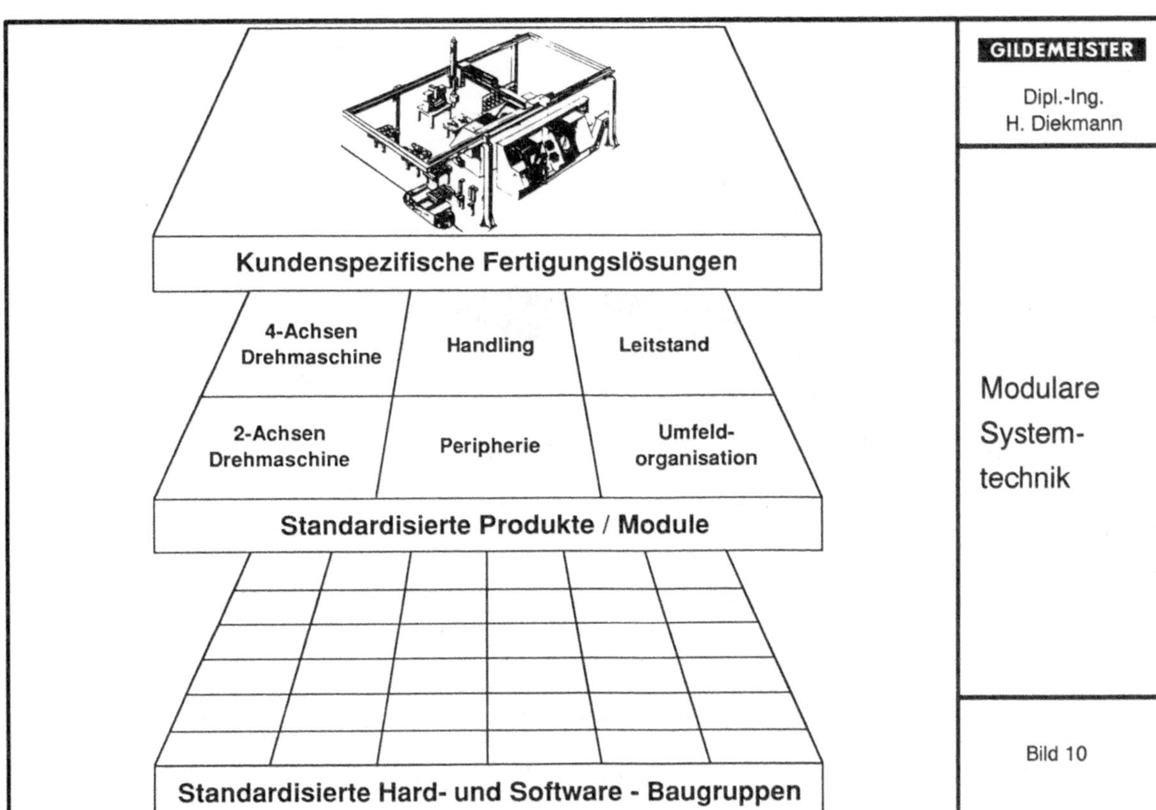

Bild 10

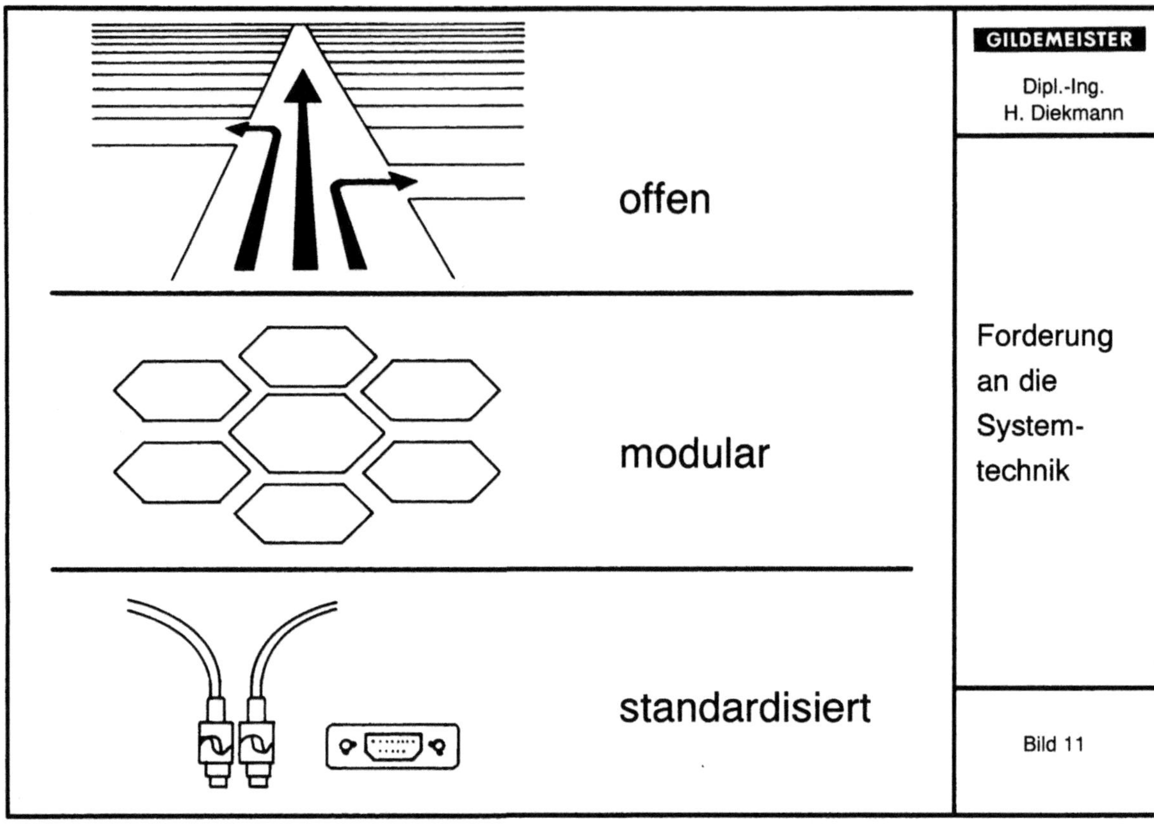

Bild 11

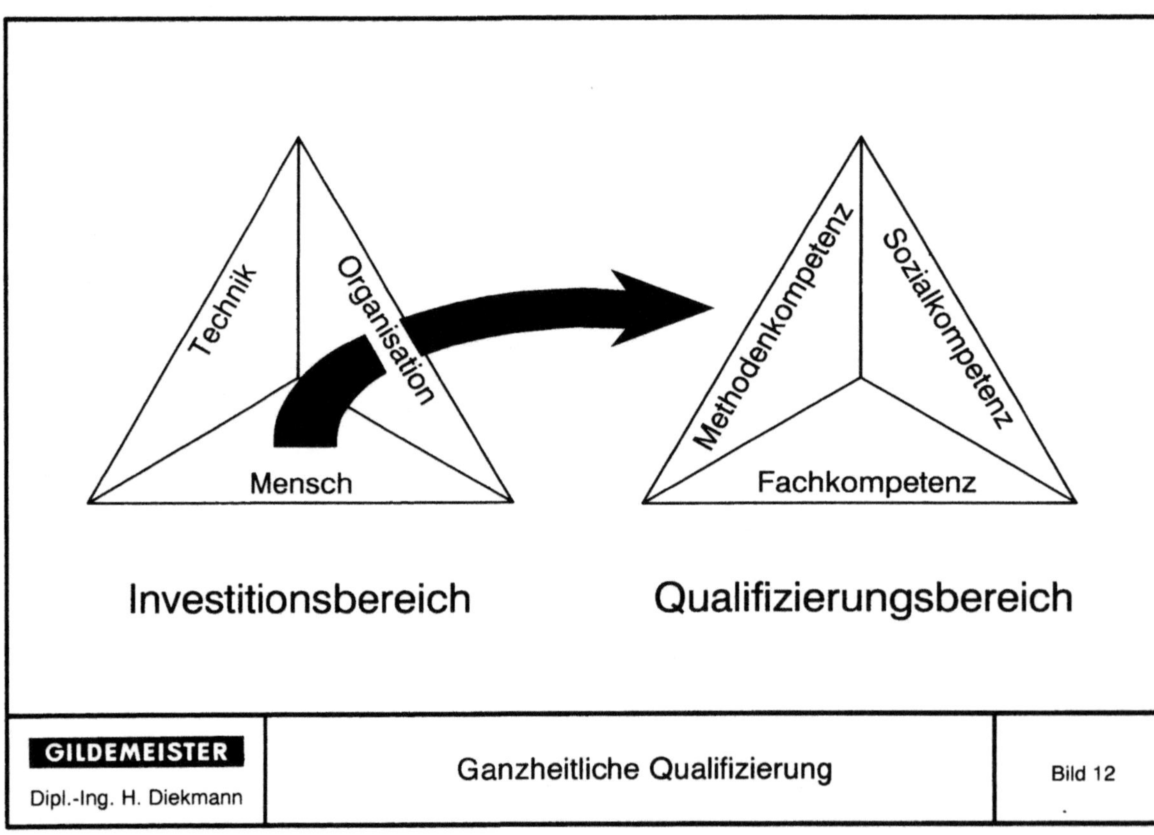

Bild 12

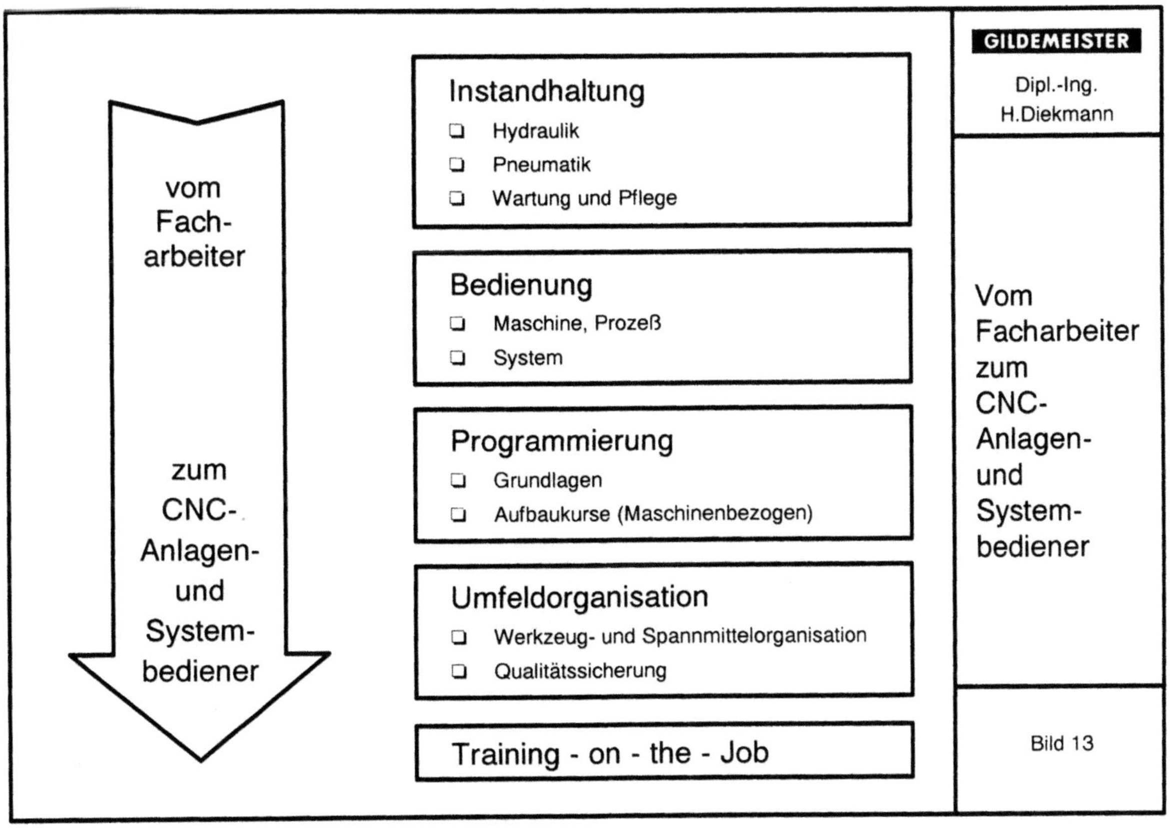
GILDEMEISTER
Dipl.-Ing.
H.Diekmann
vom
Fach-
arbeiter
zum
CNC-
Anlagen-
und
System-
bediener
Instandhaltung
Hydraulik
Pneumatik
Wartung und Pflege
Bedienung
Maschine, Prozeß
System
Programmierung
Grundlagen
Aufbaukurse (Maschinenbezogen)
Umfeldorganisation
Werkzeug- und Spannmittelorganisation
Qualitätssicherung
Training - on - the - Job
Vom
Facharbeiter
zum
CNC-
Anlagen-
und
System-
bediener
Bild 13

Bild 13

Münchener Kolloquium '91

Wettbewerbsfaktor Zeit in Produktionsunternehmen

28. Februar/1. März 1991
München

Montage für kleine und mittlere Losgrößen

Prof. Dr.-Ing. Dr.h.c. Dr.-Ing. E.h. H.-J. Warnecke
Universität Stuttgart

iwb

Institut für Werkzeugmaschinen
und Betriebswissenschaften
Technische Universität München

Montage für kleine und mittlere Losgrößen

1. Montageorganisation als Rationalisierungspotential
2. Wettbewerbsfaktor Qualität
3. Hardwarekomponenten flexibler Montagezellen
4. Ablaufsteuerung flexibler Montagezellen
5. Realisierungsbeispiele

1. Montageorganisation als Rationalisierungspotential

Die Zugänglichkeit von Märkten hat in der Vergangenheit zu einem verstärkten internationalen Wettbewerb geführt. Diese Tendenz wird sich mit der Öffnung des EG-Binnenmarktes und der Markterschließung im Osten weiter verstärken. Folge der genannten Entwicklung ist ein zunehmender Kostendruck, der durch die Kosten in den westlichen Hochlohnländern noch verschärft wird. Technologisch relevant ist außerdem die Tatsache, daß sich die Produktlebenszeit **(Bild 1)** derzeit aufgrund des Wettbewerbs stetig verkürzt. Beide Faktoren stehen in einem gegenseitigen Spannungsfeld, da der Kostendruck zur Entwicklung kapitalintensiver, automatischer Fertigungs- und Montageanlagen führt, deren steigender technologischer Standard eine wachsende Produktentwicklungszeit bedingt.

Zum Erhalt der Wettbewerbsfähigkeit in der Montage werden im folgenden drei Ansätze vorgeschlagen. So ist zum ersten eine organisatorische Reorientierung notwendig, deren Inhalt die Neukonzeption der Produktentwicklung im Sinne einer Steigerung der Effizienz aller Arbeitsschritte sein muß. Hierbei stehen die strukturierte Zusammenarbeit und der Einsatz von organisatorischen und technologischen Hilfsmitteln im Vordergrund.

Die Wichtigkeit dieses Vorgehens führte zunächst in Japan und nachfolgend in den USA zu der Entwicklung des Simultaneous Engineering. Für die Montage bedeutet Simultaneous Engineering zunächst die frühzeitige Einbeziehung in die Produktentwicklung insbesondere durch montagegerechte Produktgestaltung.

Das Rationalisierungspotential beim Einsatz von Simultaneous Engineering liegt vor allem in der verbesserten Zusammenarbeit der verschiedenen am Produktentwicklungsprozeß beteiligten Unternehmensbereiche und Systeme, also in einer informationsflußtechnischen und damit organisatorischen Verbesserung der Schnittstellen, beispielsweise zwischen der Konstruktion und den Bereichen Einkauf, Arbeitsvorbereitung, PPS oder auch Montageplanung.

Vor allem japanische und amerikanische Unternehmen haben die Bedeutung eines frühzeitigen Markteintritts erkannt und durch gezielte Maßnahmen die Produktentwicklungszeit drastisch gesenkt **(Bild 2)**.

Eine globale Analyse der Simultaneous Engineering Philosophie zeigt, daß Simultaneous Engineering in den verschiedenen Ländern mit unterschiedlichen Schwerpunkten eingesetzt wird /1/. Während Europäer und Japaner vor allem durch eine Verstärkung des Teamworkgedankens Zeit und Kosten reduzieren sowie die Qualität verbessern wollen, werden in den USA zunehmend Teilelieferanten und Hersteller von Produktionssystemen in den Entwicklungsprozeß einbezogen. Worauf der Schwerpunkt im einzelnen gelegt wird, hängt stark von der Fertigungstiefe eines Unternehmens, also von der Rolle seiner Zulieferer ab.

Ein zweiter Ansatz zum Erhalt der Wettbewerbsfähigkeit besteht in der verstärkten Einbeziehung des Qualitätsaspektes in den verschiedenen Phasen des Produktionsprozesses.

Ein dritter Ansatz ist die Weiterentwicklung flexibler Technologien, die es im Bereich der automatisierten Fertigung und Montage ermöglichen, verschiedene Produkte und Varianten zu produzieren.

Schwerpunkte der Technologieentwicklung sind derzeit die flexible Peripherie von Montagezellen und die Entwicklung von neuen Steuerungsstrukturen. Diese Punkte sollen im folgenden behandelt und anhand von Fallbeispielen abschließend exemplarisch dargestellt werden.

2. Wettbewerbsfaktor Qualität

Bei der Konzeption und Realisierung eines flexiblen Montagesystems ist es auf Grund heutiger Anforderungen an die Qualität von Produkten eine vordringliche Aufgabe, qualitätssichernde Maßnahmen der Bereiche Qualitätsplanung, Qualitätsausführung und Qualitätslenkung möglichst variabel zu gestalten und zu koordinieren /2/.

Die Montage kann nicht als getrenntes Teilsystem des gesamten Produktionsprozesses angesehen werden, sondern es müssen auch Einflüsse aus den der Montage vorgelagerten Produktentstehungsbereichen, insbesondere aus Konstruktion und Fertigung, aber auch externe Einflüsse, wie etwa die Zulieferqualität, auf den Montageprozeß Berücksichtigung finden. Eine wesentliche Voraussetzung für die Ermittlung derartiger Einflüsse und der sich ergebenden Rückkopplungsmechanismen ist ein der Problematik angepaßtes Informationssystem. Dieses Informationssystem, welches aus mehreren sich überschneidenden Qualitätsregelkreisen besteht, muß eine Vernetzung von Entwicklung und Konstruktion sowie Fertigungssteuerung und Logistik unter Berücksichtigung zeitlicher und kapazitiver Restriktionen sowie betriebswirtschaftlicher und marktwirtschaftlicher Daten ermöglichen. Dazu ist es erforderlich, den Qualitätsbedarf der einzelnen Bereiche zu ermitteln und die Art und Weise der Informationsflüsse und eventuelle Rückkopplungsmechanismen zu beschreiben und gegebenenfalls neu zu definieren. Gleichzeitig müssen jedoch auch Möglichkeiten der hard- und softwareseitigen Realisierung der Datenübertragung aufgezeigt und dazu bereits genormte Spezifikationen und vorhandene Schnittstellen hinsichtlich ihrer Eignung untersucht werden. Das Montagesystem wird dabei als ein offenes System für die Qualitätsplanung und Qualitätslenkung betrachtet. Offen heißt dabei, daß außer den Variablen, die den Montagebereich beschreiben, auch externe Variablen aus den der Montage vorgelagerten Bereichen, wie Kostendaten, PPS-Daten, marktwirtschaftliche Daten usw., berücksichtigt werden.

Eine Entwicklungsaufgabe mit dem Ziel Flexibilitätssteigerung der Qualitätsprüfung in der flexiblen Montage ist die Erweiterung der Prüfmöglichkeiten und die zeitliche Optimierung der Prüfdurchführung bei komplexen Prüfaufgaben im Hinblick auf einen durchgängigen Montageablauf. In automatischen Montageanlagen werden daher verstärkt der Montageprozeß mit geeigneten Sensoren überwacht und fehlerhaft montierte Baugruppen sofort ausgeschleust und der Nacharbeit zugeführt /3,4/. Gelegentlich sind auch starre Prüfstationen in der Montagelinie integriert. Diese Prüfstationen besitzen im allgemeinen nur eine sehr geringe Flexibilität, d.h., es können nur Baugruppen oder Fertigprodukte geprüft werden, für die die Prüfstation ausgelegt ist.

Viele Prüfaufgaben werden nach wie vor mit Hilfe von optoelektronischen Sensoren gelöst, allerdings ist seit einiger Zeit ein neuer Trend feststellbar. Zur Lösung vieler dreidimensionaler

Prüfaufgaben werden jetzt auch mehrdimensionale Triangulationssensoren und Laserscanner eingesetzt /5,6/. Diese Sensoren haben gegenüber der derzeitigen Bildverarbeitung den Vorteil, daß eine Profilmessung der Oberflächengeometrie möglich ist. D.h., die Anwesenheit eines montierten sichtbaren Bauteils oder einer Baugruppe ist eindeutig detektierbar. Bei vielen Anwendungsfällen werden jedoch weiterhin ausschließlich bildverarbeitende Systeme eingesetzt. Insbesondere lassen neuere Entwicklungen der Parallelverarbeitung der durch Kameras aufgenommenen optischen Information für die Zukunft an weitere Einsatzfelder für die Bildverarbeitung denken. Matrixkameras zusammen mit Bildverarbeitungssystemen sind für folgende Aufgaben bestens geeignet:

- Texturanalyse,
- Detektion lokaler Fehler auf Oberflächen,
- Optische Koordinatenmeßtechnik,
- Teileidentifikation,
- Lage- und Drehlageerkennung von Teilen,
- Nachführung der Greifer von Industrierobotern und
- Vollständigkeitsüberprüfung von Baugruppen.

Eine aus der Überwachung der Montageprozesse gewonnene Qualtitätsinformation bildet die Basis, um geeignete Verbesserungsmaßnahmen mit dem Ziel der Qualitätssteigerung einzuleiten. Darunter fallen beispielsweise die Dynamisierung des Prüfaufwandes zur Qualitätsprüfung oder Qualitätsüberwachung der Prozesse, das Festlegen von Toleranzklassen durch Veränderung des Fertigungsprozesses, die Änderung der Paarung unterschiedlicher Fertigungschargen und die Berücksichtigung von Ergebnissen aus Funktionsprüfungen durch die Konstruktion.

Die weitere Entwicklungsaufgabe zur Erzielung einer Flexibilitätssteigerung liegt im Bereich der präventiven Qualitätssicherung. Mit dem Ziel einer qualitätsgerechten Montage ist es erforderlich, sowohl montagegerecht zu konstruieren als auch die Konstruktion nach qualitätsbestimmenden Gesichtspunkten auszurichten.

3. Hardwarekomponenten flexibler Montagezellen

In der Fertigung stehen seit mehr als 15 Jahren Industrieroboter für die flexible Automatisierung zur Verfügung. Im Gegensatz zu anderen Fertigungsbereichen hat diese Technik den Weg in die Montage erst Anfang der 80er Jahre gefunden. Die Rationalisierungslücke kann jedoch heute nicht mehr durch fehlende, für die Montage geeignete Industrieroboter begründet werden, sondern die Probleme liegen im wesentlichen in der erforderlichen flexiblen Peripherie. Die Entwicklung und das Marktangebot flexibler Peripherie (robotergerechte Montagewerkzeuge, flexible Vorrichtungen, usw.) konnten in der Vergangenheit mit der Entwicklung auf dem Industrierobotermarkt kaum mithalten /7/.

Durch die oben aufgeführte Marktentwicklung und die zunehmende Automatisierung von Montagevorgängen sind flexible Vorrichtungen erforderlich, die in den flexiblen Produktionsablauf integrierbar sind. Die Bedeutung der Vorrichtungen innerhalb eines Produktionssystems wird mit dem hohen Kostenanteil der Vorrichtungen von etwa 15 % /8/ an den Gesamtsystemkosten deutlich. Dieser hohe Kostenanteil kann mit Hilfe flexibler Vorrichtungen zum Teil erheblich gesenkt werden /9/ und es können lange, umrüstbedingte Stillstandszeiten vermieden werden, so daß durch den Einsatz von flexiblen Vorrichtungen manche Industrieroboteranwendung erst wirtschaftlich wird.

Die flexiblen Vorrichtungen sind insbesondere durch ihre Formvariabilität und durch ihre zum Teil vorhandene Kraftvariabilität gekennzeichnet **(Bild 3)**. Formvariable Vorrichtungen sind mit variablen Formelementen, werkstückunspezifischen Halte- bzw. Spannelementen oder mit einer plastischen, verfestigbaren Masse ausgerüstet. Forminvariable Vorrichtungen behalten die einmal angepaßte oder hergestellte Kontur; der flexible Charakter besteht in der kostengünstigen und schnellen Herstellung. Beispiele möglicher forminvariabler Vorrichtungen, die im folgenden nicht näher betrachtet werden sollen, sind auf flexiblen Fertigungssystemen gefertigte Formnester, das Einschäumen von Werkstücken mittels einer im Produktionsprozeß integrierten Schäummaschine oder mittels Laser-Stereolithographie erzeugte Kunststoffvorrichtungen (beides Urformen).

Nach der systematischen Aufstellung der möglichen Erscheinungsformen von mechanischen Vorrichtungen nach dem Prinzip der Spannbacken, unterteilt nach Backenanzahl, Verfahrrichtungen, Anzahl der bewegten Backen und maximaler Anzahl der erzeugbaren Spannpunkte, wurde am IPA ein „Lamellenkissen" **(Bild 4)** entwickelt, das die Anforderungen, wie Erzeugen von Spannkraftkomponenten in beiden Richtungen einer Ebene, das Spannen von rechteckigen Werkstücken und die Nutzung einer horizontalen variablen Schichtung, am besten erfüllt.

Ein weiterer Bestandteil einer flexiblen Peripherie sind flexible Greifer **(Bild 5)**. Die Bedeutung flexibler Greifer und ihres vorhandenen Rationalisierungspotentials wird deutlich, wenn man die in den letzten drei Jahren erfolgte Verfünffachung der Anzahl der am Markt (1990) erhältlichen Einfachgreifer betrachtet.

Flexible Greifersysteme in der Montage müssen verschiedene Werkstücke greifen können, d.h., sie müssen hinsichtlich Werkstückgeometrie und -gewicht flexibel sein.

Die Erhöhung der Rüstflexibilität ist das wesentliche Kriterium der im folgenden aufgezeigten Lösungsalternativen. Denn durch die Erhöhung der Rüstflexibilität erreicht man eine Verkürzung der Nebenzeiten und damit eine Senkung der Gesamtkosten der Montageanlage. Betrachtet man die bisher realisierten, auf dem Markt verfügbaren Greifsysteme unter dem Gesichtspunkt Rüstflexibilität, erkennt man vier verschiedene Gestaltungsvarianten von Greifsystemen **(Bild 6)**. Dies sind

- Schwenkgreifer,
- Flexible Greiferbacken,
- Greiferbackenwechselsysteme,
- Greiferwechselsysteme.

Im folgenden soll kurz die Entwicklung von flexiblen Greiferbacken und Greiferwechselsystemen erläutert werden.

Greifer, die mit flexiblen Greiferbacken ausgerüstet sind, können ohne Wechsel der Backen verschiedene Werkstücke greifen. Analysiert man die realisierten Wirkflächenformen, so zeigt sich, daß sich sowohl starre als auch veränderbare Wirkflächenformen flexibel gestalten lassen **(Bild 7)**.

Mit Hilfe von Greiferwechselsystemen, die als Verbindungsteile zwischen Roboterarm und Greifer eingesetzt werden, ergibt sich ebenfalls eine Erhöhung der Rüstflexibilität. Eine ganz besondere Ausführungsform ist hier das fliegende Greiferwechselsystem. Beim fliegenden Wechsel von Greifern **(Bild 8)** bewegt sich der Industrieroboter während des gesamten Wechselvorgangs und wechselt beim Durchfahren des Wechselsystems den Greifer aus. Das gleiche System findet auch Anwendung für den Greiferbackenwechsel.

4. Ablaufsteuerung flexibler Montagezellen

Im Bereich der Zellensteuerung ergeben sich in der Montage aufgrund der hochspezialisierten Prozeßtechnologien montagespezifische Anforderungen. So muß eine flexible Zellensteuerung verschiedene untergeordnete, dedizierte Prozeßsteuerungen integrieren, die als eigenständige, kommunikationsfähige Einheiten ausgeführt sind /10/. Als Beispiele sind zu nennen: Robotcontroller, SPS, sensorische Teilsysteme, wie Vision-Systeme sowie Werkzeugsteuerungen jeglicher Art, wie Schraubersteuerungen, Schweiß- oder Klebsteuerungen, Greifersteuerungen u.a.

Obwohl Montageaufgaben in flexibel automatisierten Anlagen oft mehrere Minuten benötigen, können auch kurze Unterbrechungen, wie sie oft als Reaktionszeit eines einfachen Steuerungsprogramms auftreten, die Taktzeit merklich erhöhen. Ein Steuerungsprogramm muß also praktisch ohne Zeitverlust auf prozeßsynchrone Ereignisse, wie z.B. neue Aufträge, Eilaufträge oder Änderungen des Materialbestandes, Fertigmeldungen von Montageroboter oder Montageautomaten u.ä., reagieren und die nächsten Aktionen einleiten können.

Eine flexible Montagezelle muß in ein übergeordnetes Steuerungssystem integriert werden können. Dazu ist eine umfangreiche Kommunikation mit anderen Steuerungssystemen nötig. Diese Datenübertragung betrifft den aktuellen Prozessablauf nicht und ist deshalb nicht zeitkritisch. Da die Übertragungszeiten aber bis in den Minutenbereich gehen, muß der Datenaustausch mit Werkstattsteuerung und Materialflußsystem zeitlich abgekoppelt erfolgen, um die anderen Funktionen der Zelle nicht zu beeinflussen.

Aus der Definition der Zelle als eigenverantwortliche Einheit /11/ ergibt sich, daß bei Ausfall der Leitebene die Zelle über ihr vorgegebenes Zeitfenster hinaus autark weiterarbeiten können muß. Für diesen Fall muß der Bediener Zugriff auf alle Daten des Systems haben, um die Anlage ohne Leitrechner weiterzufahren. Diese Daten müssen leicht zugänglich über eine Menüsteuerung geändert werden können. Die Zellensteuerung muß bei jeder Änderung die Konsistenz der Daten überprüfen und so eine Fehlbedienung vermeiden.

Ein besonderes Problem in der Montage ist die relative Häufigkeit von Störfällen durch Ereignisse, die unabhängig vom Montagevorgang jederzeit während des Programmablaufs auftreten können. Die Wahrscheinlichkeit dieser asynchronen Ereignisse - Materialengpässe, Werkstückfehler, Ausfall von Werkzeugen oder sonstige Störungen - nimmt mit hoher Komplexität der Zelle stark zu, d.h., die Verfügbarkeit der Montagezelle nimmt ab.

Um die Ausfallzeiten niedrig zu halten und so diesem Trend entgegenzuwirken, muß auf Störungen unmittelbar und intelligent reagiert werden. Durch geeignete Störfallstrategien - beruhend auf einer Maschinen- und Betriebsdatenerfassung im Zellenrechner - müssen Fehler beseitigt oder Fehlerquellen umgangen werden, damit die Produktion fortgesetzt werden kann. Hier bietet die Simulation der Gesamtanlage mit einer definierten Schnittstelle zur Zellensteuerung eine Möglichkeit, flexibel auf Störungen zu reagieren.

Aus diesen Anforderungen ergibt sich, daß ein Steuerungsprogramm für Montagezellen echtzeitfähig sein muß. Zumindest darf die Maximalreaktionszeit den Zehntelsekundenbereich nicht überschreiten, um eine schnelle Bearbeitung zu gewährleisten. Damit ist ein Multitaskingbetrieb erforderlich, d.h., es müssen mehrere Aufgaben quasiparallel, d.h. in sehr kurze Abschnitte untergliedert, unabhängig voneinander ablaufen und entsprechend ihrer Wichtigkeit mit Prioritäten versehen werden können. Der Leitgedanke einer derartigen Strukturierung ist die Schaffung der organisatorischen und technologischen Grundlagen der produktneutralen hochflexiblen Montagezelle.

Den obigen Ausführungen entsprechend befinden sich in einer Montagezelle normalerweise mehrere gleichwertige Elemente, zu deren Steuerung immer ähnliche Funktionen auszuführen sind:

- Arbeitsreihenfolge aus dem Auftragsvolumen festlegen
- den nächsten Arbeitsschritt zur Ausführung vorbereiten
- Informationen und Eingriffsmöglichkeiten für den Bediener zur Verfügung stellen
- Verwaltung aller prozeßrelevanten Daten
- Kommunikation mit anderen Steuerungen
- Protokollumwandlungen
- Reaktion auf Störfälle
- Qualitätsregelkreise

Diese Funktionen können für jeden Bereich der Zelle zu einer Steuerungseinheit, einem modularen Baustein **(Bild 9)** zusammengefaßt werden /12/. Als Verbindung mehrerer gleichberechtigter Bausteine muß ein übergeordneter Baustein vorhanden sein, der die Verbindung mit dem übergeordneten Rechensystem und die Synchronisation und Koordination zwischen den Bereichen der Zelle übernimmt.

Dadurch ergibt sich eine natürliche Gliederung der Steuerung in vertikaler Richtung (hierarchisch) und in horizontaler Richtung (aufgabenbezogen). Die Funktionen der einzelnen Bausteine können entkoppelt werden, indem sie als unabhängige Tasks ausgeführt werden.

Durch den hierarchischen Aufbau wird der Informationsfluß kanalisiert. Informationen über Ereignisse werden als „Messages" zwischen den Modulen ausgetauscht, wobei innerhalb eines Bausteines nur horizontale Verbindungen zugelassen werden, während vertikal nur ein analoges Modul in dem direkt über- bzw. untergeordneten Baustein angesprochen werden kann. Dadurch werden netzförmige Strukturen vermieden, die einen hohen Wartungsaufwand der Software erfordern. Neue Bausteine können so leicht und unabhängig voneinander erstellt oder modifiziert werden. Das bedeutet, daß relativ unabhängige Programmieraufgaben entstehen, die in sich jeweils abgeschlossen sind. Damit wird sowohl die Programmerstellung als auch die Wartung und Erweiterung der Programme stark erleichtert. Die Integration eines weiteren Industrieroboters als Teilzelle oder die Einbeziehung von intelligenten Werkzeug- oder Sensorsystemen ist ohne großen Aufwand möglich.

5. Realisierungsbeispiel

Für die Montage von Ölpumpen wurde am IPA eine Montagezelle geplant, die in der Lage ist, drei bestehende Varianten sowie zukünftige Produktvarianten ohne großen Änderungsaufwand zu montieren. Der Schlüssel zu dieser hochflexiblen Insellösung liegt in der werkstückspezifischen Ausprägung des Spannwirksystems, das für Greifer und Vorrichtung identisch ist.

Eine Ölpumpe setzt sich jeweils aus 11 Einzelteilen zusammen **(Bild 10)**. Die Einzelteile liegen zum Teil in 2 bzw. 3 Varianten vor. Die Pumpenvarianten entstehen durch die Kombination der entsprechenden Einzelteilvarianten. Der bei der Planung der Montagezelle zu betrachtende Arbeitsumfang erstreckt sich von der Bereitstellung der Einzelteile bis zur Funktionsprüfung und Einstellung der fertigen Ölpumpen, für alle drei Pumpenvarianten.

Aus den Planstückzahlen und einer entsprechenden Kapazitätsberechnung ergab sich eine maximale Bearbeitungszeit von 49 Sekunden pro Ölpumpe. Das Layout der geplanten Montagezelle, die alle Teile sequentiell montiert, ist in **Bild 11** zu sehen.

Im Rahmen des Sonderforschungsbereichs 158 wurde eine Pilotanlage **(Bild 12)** zur Demonstration der entwickelten Technologien zur Flexibilisierung der Montage aufgebaut.

Bestandteile der Pilotanlage sind vier unabhängige Roboterzellen sowie ein Kommissionier- und Nacharbeitsplatz. Die eingesetzten hochentwickelten Montagetechniken reichen von der Montage biegeschlaffer Teile über Wellenmontage und flexible Verschraubungstechnik bis zur Leiterplattenbestückung und einer anschließenden Qualitätskontrolle durch unterschiedliche Prüfverfahren.

Das hohe Maß an Flexibilität, das die Pilotanlage aufweist, wurde als wichtigster Anspruch bereits in der Planungsphase festgelegt. Sie wird deutlich in den im folgenden beschriebenen Eigenschaften der Anlage.

Das flexible Materialflußkonzept der Anlage baut auf einer Zellenstruktur auf, bei der jede Station von jeder anderen Station aus erreichbar ist. Fördermittel der Anlage ist ein frei programmierbares, flurdrahtfreies FTS, welches in der Lage ist, jeweils eine der einheitlichen, genormten Grundpaletten zu transportieren. Als Materialflußuntersystem wurde ein Umlaufband in die Anlage integriert. Dieses Umlaufband verbindet Montagezelle und Prüfzelle. Die Struktur dieses Materialflußverbundes zwischen den zwei Roboterzellen baut sich auf aus zwei Nebenschlußbändern, die mit einem Hauptumlauf verbunden sind. Aufgrund dieser Struktur ist eine individuelle, flexible Steuerung der einzelnen Werkstückträger möglich.

Entscheidenden Anteil am Gesamtflexibilitätsgrad der Anlage hat die Roboterperipherie. Dazu gehören in erster Linie die Montagewerkzeuge **(Bild 13)**. Bei ihrer Konzeption wurde auf höchstmögliche Flexibilität bezüglich der Montageverfahrensparameter geachtet.

Ein Meßgerätehersteller fertigt als Basis für seine Produkte Gehäuse in 18 verschiedenen Varianten. Diese bestehen aus Front- und Rückrahmen sowie Seitenleisten und Rahmenschienen. Der gesamte Montageablauf gliedert sich in zwei Abschnitte:

- die Vormontage der Rahmen mit dem Einpressen von Einpreßmuttern und dem Eindrehen von Gewindebuchsen und
- die Komplettmontage, bei der die Gehäusekomponenten verschraubt werden.

Diese Arbeiten wurden bislang unter folgenden Gesichtspunkten durchgeführt :

- manuelle Einzelarbeitsplätze mit relativ großen Arbeitsinhalten,
- Bereitstellung einer Vielzahl von Kleinteilen,
- integrierte Prüf- und Justageaufgaben,
- Vielzahl von Einpreßvorgängen,
- Vielzahl von Einschraubvorgängen,
- manueller Materialfluß in Transportwagen.

Als flexible automatische Lösung wurde eine Montagezelle bestehend aus einer Preß-, Schraubstation, einem Materialflußsystem und einem Industrieroboter aufgebaut. Zur Steuerung der Zelle wurde das am IPA entwickelte und oben beschriebene modulare Zellensteuerungspaket MOSES eingesetzt. Besondere Merkmale der realisierten Zelle waren das auftragsspezifische OFF-Line Programmanagement, der dynamisch optimierte Materialfluß sowie die in das aktive Störfallmanagement integrierte Prozeßüberwachung und Qualitätsregelung. Es konnte so eine automatisierte Montagezelle realisiert werden, die einen 3-Schicht-Betrieb, einschließlich einer mannlosen Schicht ermöglicht.

Literaturverzeichnis

/1/ **Pantele, E.F.; Lacey, C.E.:** Mit Simultaneous Engineering die Entwicklungszeiten kürzen. io Management Zeitschrift 58 (1989) Nr. 11, S. 56-58.

/2/ **Autorenkollektiv:** Unveröffentlichter Finanzierungsantrag des Sonderforschungsbereichs 158, „Die Montage im flexiblen Produktionsbetrieb" 1989, S. 77-115.

/3/ **Warnecke, H.-J.:** Die Produktion als Regelkreis – Überlegungen zu seiner Gestaltung. Automatisierungstechnische Praxis atp 31, 1989, Nr.3, S.110-115.

/4/ **Warnecke; Melchior; Kring:** Qualitätsgerechte Produktgestaltung. Vortrag anläßlich der VDI-ADB-Fachtagung: Neue Herausforderungen an den Produktionsingenieur, 21./22.1.1988, Böblingen.

/5/ **Hartmann; Henke; Schmidt:** Kopplungsmöglichkeiten von CAD- und CAQ-Systemen am Beispiel der 3D-Koordinatentechnik. Arbeitspapier des Fraunhofer-Instituts für Produktionstechnik und Automatisierung für die Initiative 'CIM-Technologietransfer' des Bundesministeriums für Forschung und Technologie (BMFT), Stuttgart, Karlsruhe, 1988.

/6/ **Hartmann, F.:** Rückführung dimensioneller Meßdaten auf DMIS-Basis in CA-Systeme. Qualität sichern, messen und prüfen, Sensortechnik, Produktdatenblatt Nr.5.55, Fraunhofer-Institut für Produktionstechnik und Automatisierung, Stuttgart,1989.

/7/ **Schraft, R.-D.; Schweizer, M.; Emmerich, H. :** Verlegen und Verlöten ... Ein Werkzeug; Eine Neuentwicklung für die Verdrahtungstechnik. Montage, mi-Verlag 8/1989.

/8/ **Gandhi, M.V.; Thompson, B.S.; Maas, D.J.:** Adaptable Fixture Design: An Analytical and Experimental Study of Fluidized-Bed Fixturing. Journal of Mechanisms, Transmissions and Automation in Design, March 1986, Vol. 108, S. 15-21.

/9/ **Götz, E.:** Die Wirtschaftlichkeit numerisch einstellbarer Spannmaschinen – eine Gegenüberstellung zum Palettensystem. tz für Metallbearbeitung, 75. Jahrgang 1981, Heft 3/81, S. 31-34.

/10/ **Warnecke; Grau; Weisener :** Basis der flexiblen Montageautomatisierung. Schweizer Maschinenmarkt, 1990, Nr.9, S.38-43.

/11/ **VDMA:** Steuerung von Montagezellen – Leitfaden zur praxisorientierten Gestaltung. Arbeitsgemeinschaft Prozeßperipherie, 1990.

/12/ **Autorenkollektiv:** Unveröffentlichter Ergebnisbericht des Sonderforschungsbereichs158, „Die Montage im flexiblen Produktionsbetrieb", 1989, S. 222-262.

/13/ **Autorenkollektiv:** Trend zur Modularisierung – Zukunft der Steuerung von Montagezellen. Roboter - Automation, Verkettung, Peripherie, April 1990, Nr.2, S.32-37.

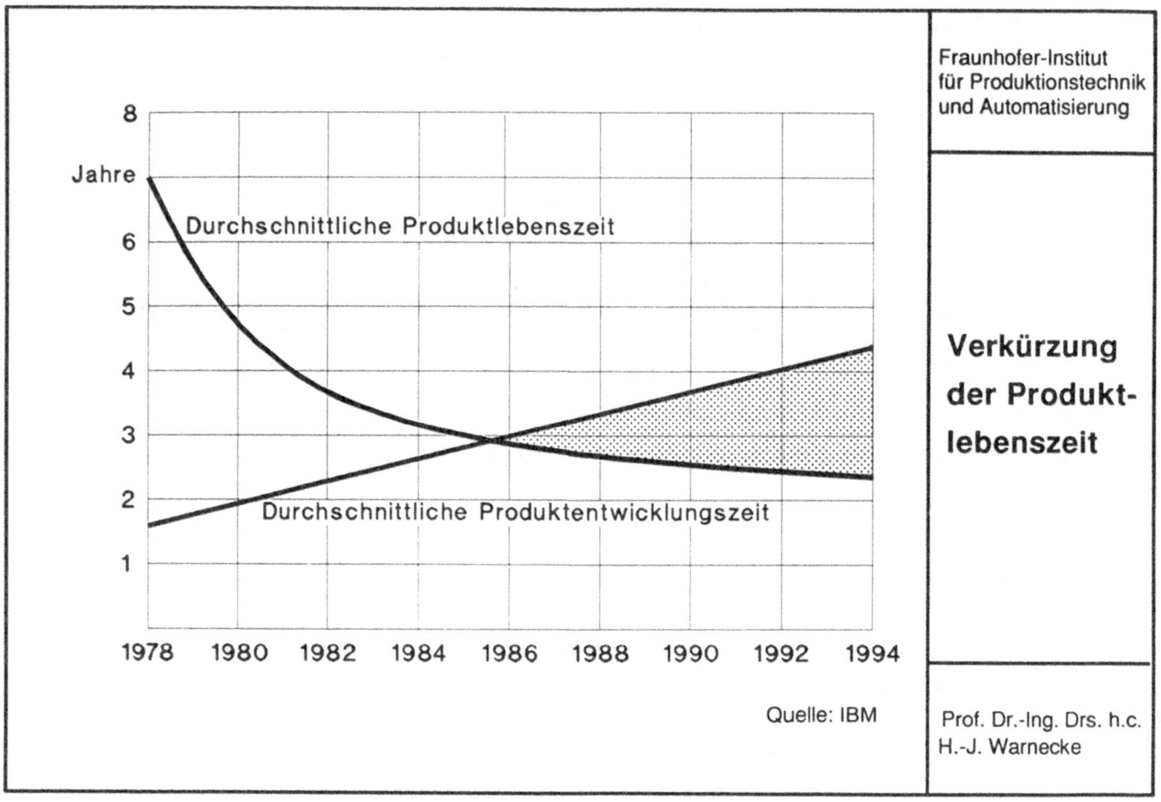
Fraunhofer-Institut
für Produktionstechnik
und Automatisierung
Verkürzung der Produktlebenszeit
Jahre
8
6
5
4
3
2
1
Durchschnittliche Produktlebenszeit
Durchschnittliche Produktentwicklungszeit
1978 1980 1982 1984 1986 1988 1990 1992 1994
Quelle: IBM
Prof. Dr.-Ing. Drs. h.c.
H.-J. Warnecke

Bild 1

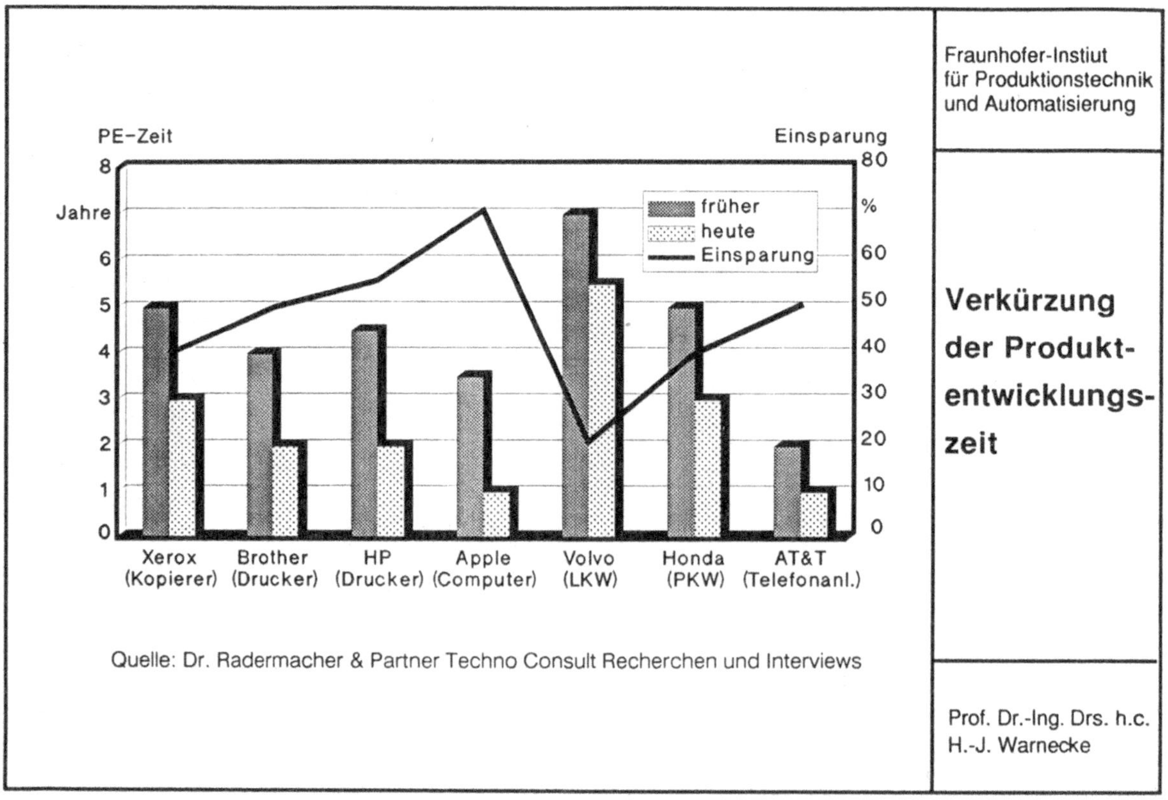
Fraunhofer-Instiut
für Produktionstechnik
und Automatisierung
Verkürzung der Produktentwicklungszeit
PE-Zeit
Jahre
Einsparung
%
früher
heute
Einsparung
8
6
5
4
3
2
1
0
80
60
50
40
30
20
10
0
Xerox (Kopierer)
Brother (Drucker)
HP (Drucker)
Apple (Computer)
Volvo (LKW)
Honda (PKW)
AT&T (Telefonanl.)
Quelle: Dr. Radermacher & Partner Techno Consult Recherchen und Interviews
Prof. Dr.-Ing. Drs. h.c.
H.-J. Warnecke

Bild 2

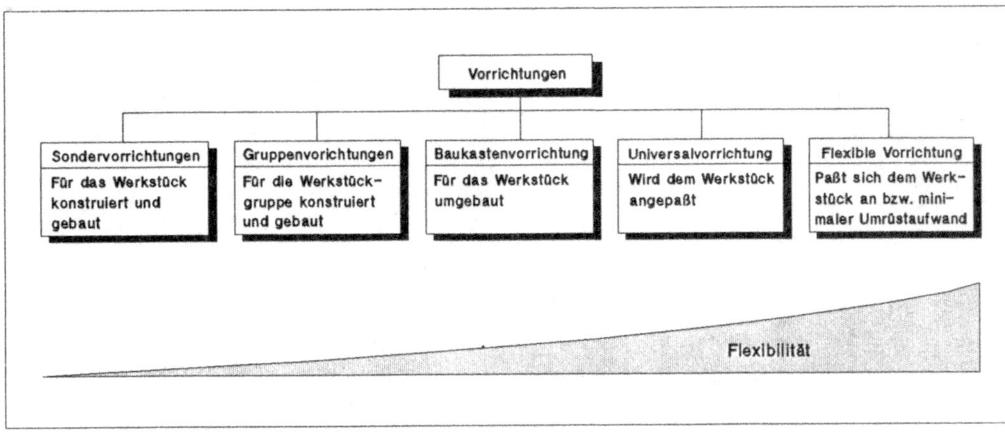

Fraunhofer-Institut für Produktionstechnik und Automatisierung	**Klassifizierung von Vorrichtungen**	Prof. Dr.-Ing. Drs. h.c. H.-J. Warnecke

Bild 3

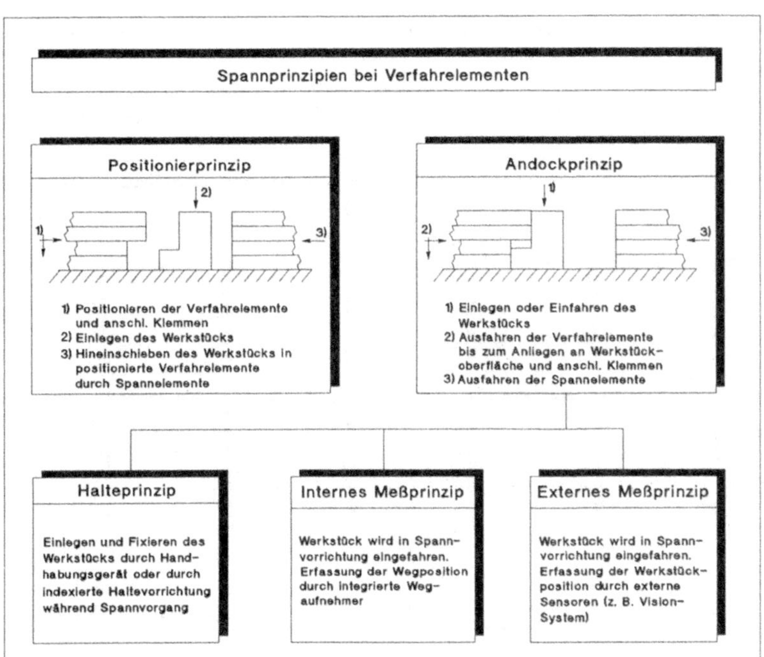

Fraunhofer-Institut für Produktionstechnik und Automatisierung

Spannprinzipien bei Verfahrelementen von flexiblen Vorrichtungen

Prof. Dr.-Ing. Drs. h.c. H.-J. Warnecke

Bild 4

Fraunhofer-Institut für Produktionstechnik und Automatisierung	**Flexible Montagegreifer**	Prof. Dr.-Ing. Drs. h.c. H.-J. Warnecke

Bild 5

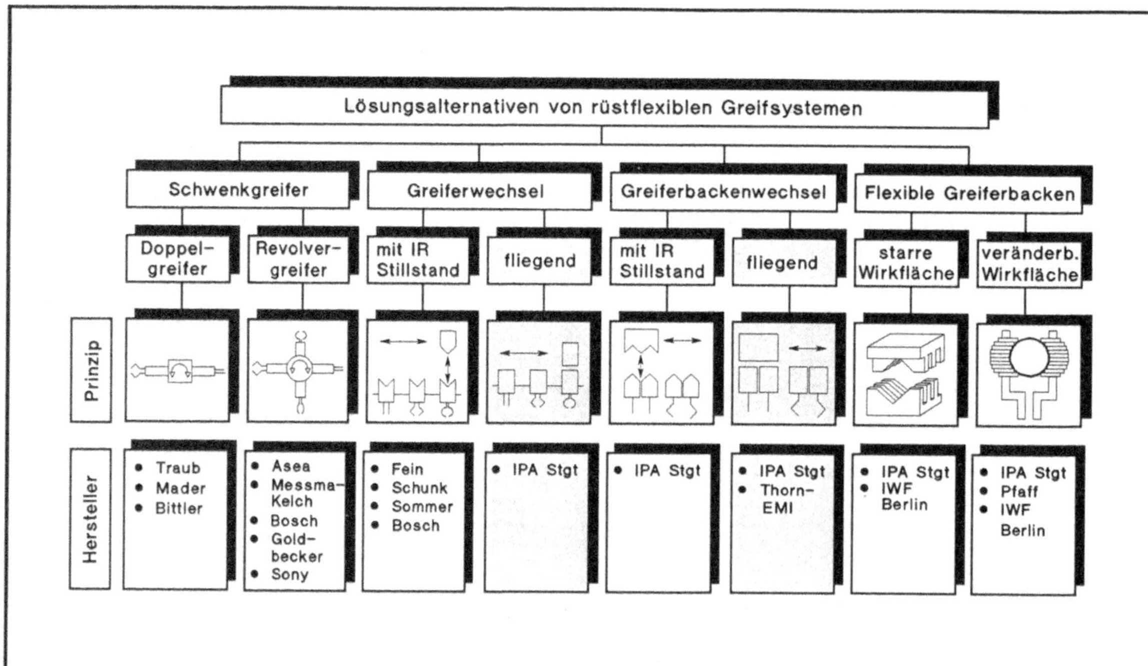

Fraunhofer-Institut für Produktionstechnik und Automatisierung	**Lösungsalternativen von rüstflexiblen Greifsystemen**	Prof. Dr.-Ing. Drs. h.c. H.-J. Warnecke

Bild 6

Möglichkeiten zur flexiblen Gestaltung von Greiferbacken
Starre Wirkflächenform
Veränderbare Wirkflächenform
eine Wirkfläche
getrennte Wirkflächen
mehrere nicht getrennte Wirkflächen
verformbare Wirkflächen
bewegliche Wirkflächen
an-und abschaltbare Wirkflächen
Backenschale
Adhäsionsfolie
• Rundbacken • Prismenbacken • Kammbacken
• Doppelrundbacken • beliebige Formen-Kombinationen
• Greiferbacke mit eingelegten Backenschalen-
• Granulat. • magnet. Pulver • elastischer Finger • Knetmasse
• verschiebb. Wirkflächen • verstellbare Wirkflächen
• Adhäsionsbacken • elektromagn.-bzw dauermagn. Backe
• IPA • Bosch
• IPA • KUKA
• IPA
• Shinko Electric
• IWF-Berlin • TIT Japan
• IWF-Berlin • Bosch
Fraunhofer-Institut für Produktionstechnik und Automatisierung
Möglichkeiten zur flexiblen Gestaltung von Greiferbacken
Prof. Dr.-Ing. Drs. h.c. H.-J. Warnecke

Bild 7

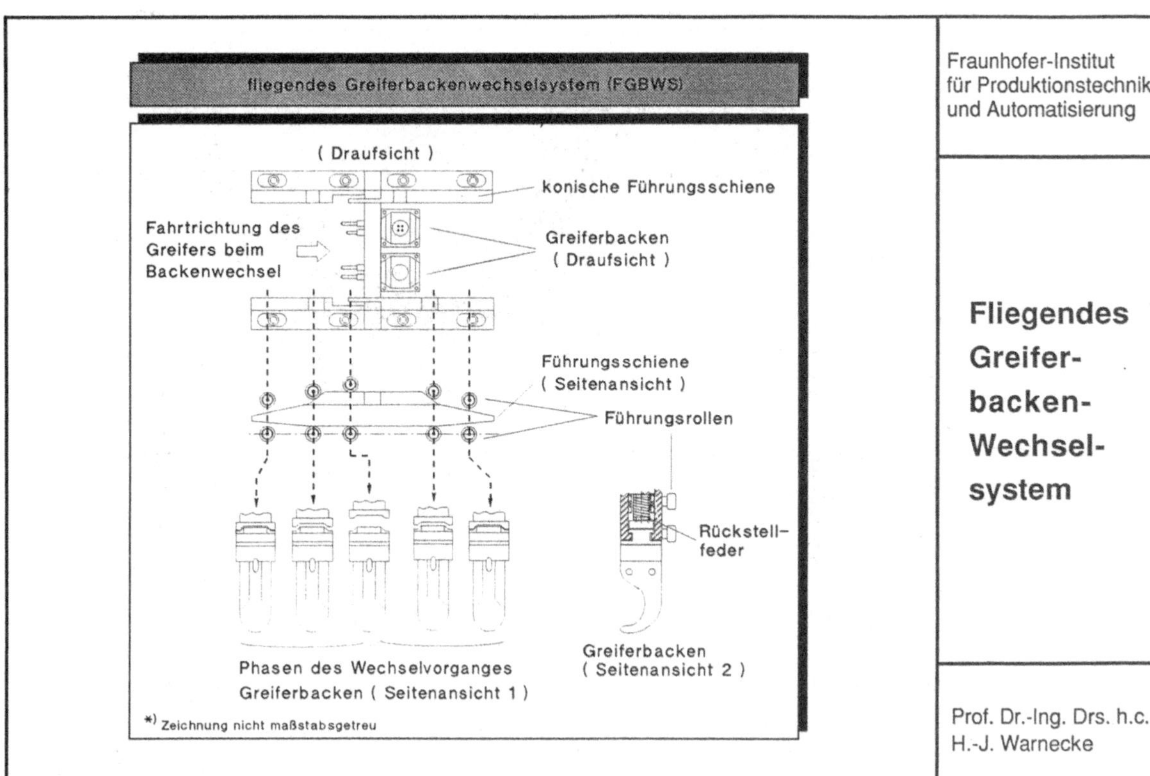
fliegendes Greiferbackenwechselsystem (FGBWS)
(Draufsicht)
konische Führungsschiene
Fahrtrichtung des Greifers beim Backenwechsel
Greiferbacken (Draufsicht)
Führungsschiene (Seitenansicht)
Führungsrollen
Rückstellfeder
Phasen des Wechselvorganges Greiferbacken (Seitenansicht 1)
Greiferbacken (Seitenansicht 2)
*) Zeichnung nicht maßstabsgetreu
Fraunhofer-Institut für Produktionstechnik und Automatisierung
Fliegendes Greifer-backen-Wechsel-system
Prof. Dr.-Ing. Drs. h.c. H.-J. Warnecke

Bild 8

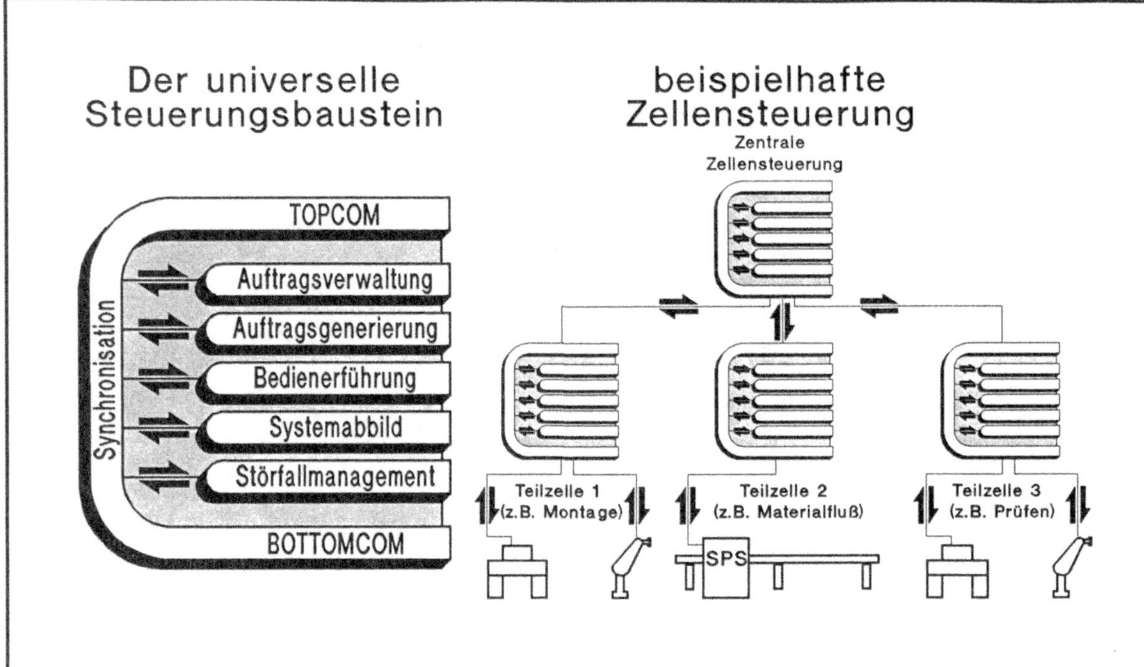

Fraunhofer-Institut für Produktionstechnik und Automatisierung	**Modulare Zellensteuerung**	Prof. Dr.-Ing. Drs. h.c. H.-J. Warnecke

Bild 9

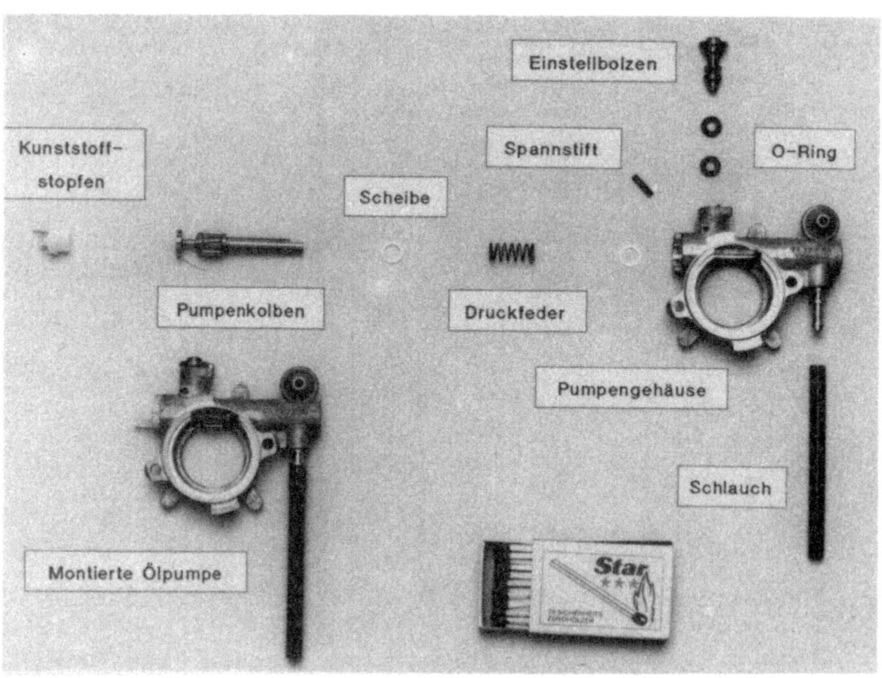

Fraunhofer-Institut für Produktionstechnik und Automatisierung

Zu montierende Komponenten einer Ölpumpe

Prof. Dr.-Ing. Drs. h.c. H.-J. Warnecke

Bild 10

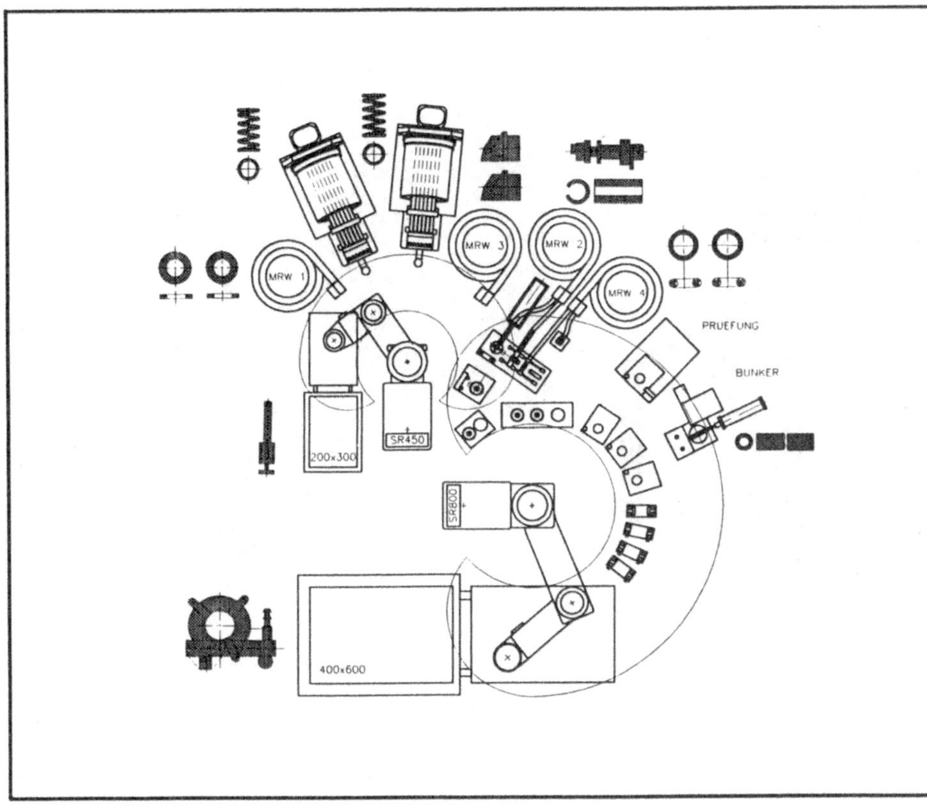

Fraunhofer-Institut für Produktionstechnik und Automatisierung

Layout der Montagezelle für Ölpumpen

Prof. Dr.-Ing. Drs. h.c. H.-J. Warnecke

Bild 11

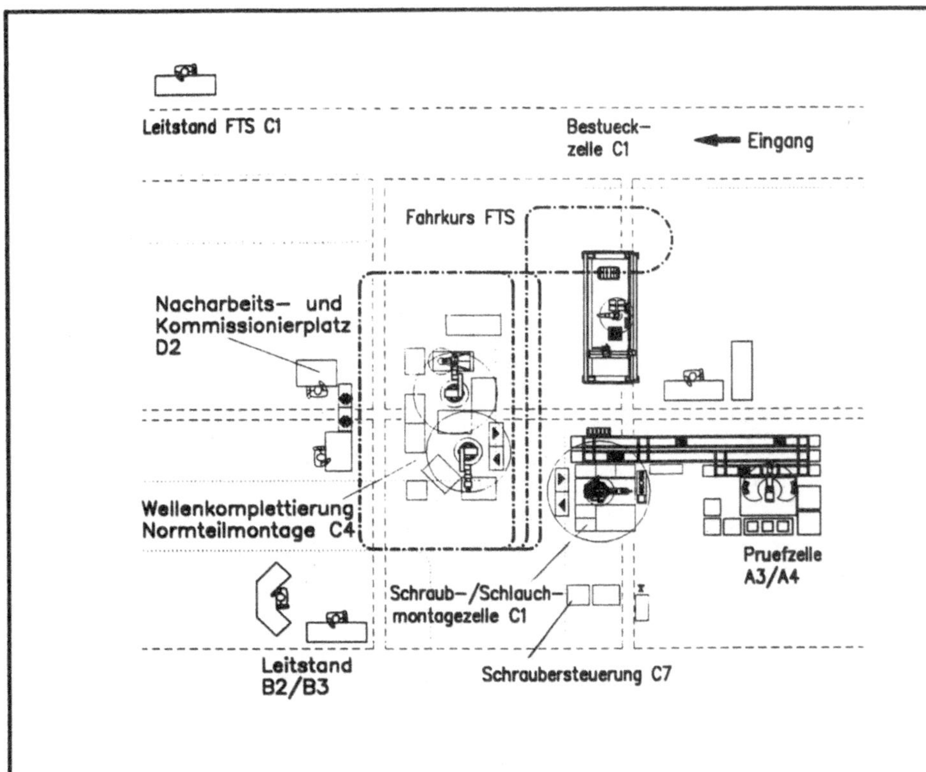

Fraunhofer-Instiut für Produktionstechnik und Automatisierung

Layout der Pilotanlage des SFB 158

Prof. Dr.-Ing. Drs. h.c. H.-J. Warnecke

Bild 12

16

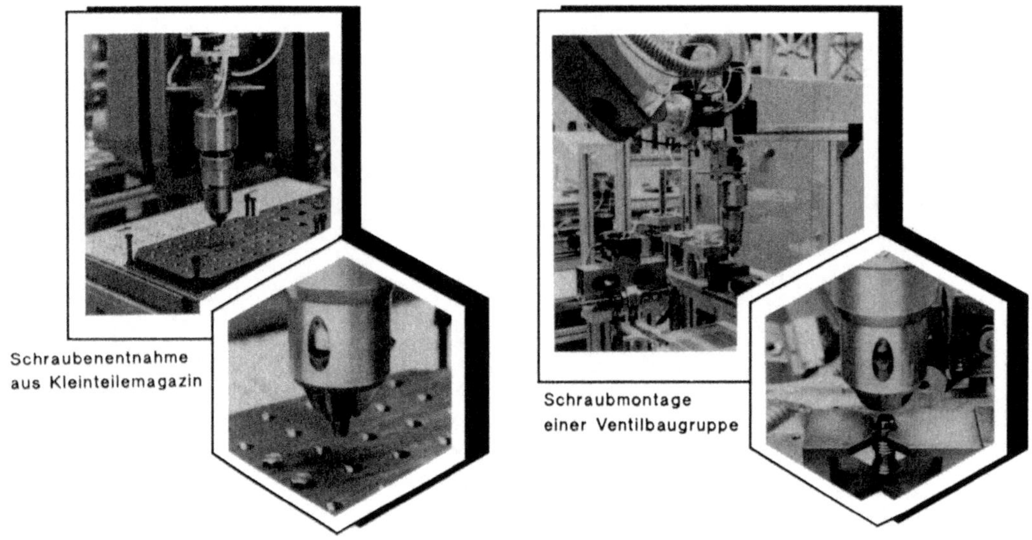

Fraunhofer-Institut für Produktionstechnik und Automatisierung	**Flexible Montagewerkzeuge in der Pilotanlage des SFB 158**	Prof. Dr.-Ing. Drs. h.c. H.-J. Warnecke

Bild 13

Münchener Kolloquium '91

Wettbewerbsfaktor Zeit in Produktionsunternehmen

28. Februar/1. März 1991
München

Stufenweise Realisierung eines CIM-Montagekonzeptes und JIT-Fertigung

Dipl.-Ing. U. Kees
FESTO KG

Institut für Werkzeugmaschinen
und Betriebswissenschaften
Technische Universität München

Stufenweise Realisierung eines CIM-Montagekonzeptes und JIT-Fertigung

1. Einleitung

Festo Rohrbach ist ein Produktionswerk der FESTO-Unternehmensgruppe im saarländischen St. Ingbert, das verstärkt in CIM-Konzepte investiert und dabei versucht, neue Wege zu gehen.

Der Weg zu CIM ist lang und muß mit Strategie betrieben werden; dabei ist es notwendig, die Fabrik in Teilbereiche zu gliedern, um sie CIM-fähig zu machen.

Der Beitrag zeigt einen Weg auf, die Montage als einen Teilbereich der Fabrik in eine CIM-Insel zu überführen, um diese zu einem späteren Zeitpunkt in ein CIM-Konzept zu integrieren.

Das System beinhaltet folgende Einzelkomponenten:

a) Innerbetriebliches Transportsystem

b) Steuerung und Disposition

c) Betriebsdatenerfassung

d) Qualitätsüberwachung

e) Arbeitsplätze unterschiedlichsten Automatisierungsgrades

f) CAD-Zeichnungsdienst

g) Personal-Steuerung und -Disposition (Flexotime)

Einige Daten:

- 3 Produktlinien
- 850 verschiedene Produkte
- 230 Mitarbeiter
- Losgrößen 20 - 3.000 Stück

2. Bausteine des Systems

Die wichtigste Forderung unseres Systems ist die Flexibilität bei hohem Automatisierungsgrad. Eine weitere Voraussetzung war, daß alle Arten von Arbeitsplätzen in der Montage, unabhängig vom Automatisierungsgrad, in das System integrierbar sind, d.h. auch Handarbeitsplätze. Eine Normung der einzelnen Bausteine wurde angestrebt und auch weitgehend realisiert.

Die Kombination „Mensch + Maschine" hat sich unter Berücksichtigung der aufgezeigten Daten als beste Lösung gezeigt. Der Mensch übernimmt die Teilebereitstellung (Sensorik) und Überwachung der Prozesse - die Maschine führt die Tätigkeit aus.

2.1. Werkstück-Träger

Da nur eine begrenzte Anzahl von Teilen sinnvoll zu handhaben ist, wurden maximal 8 Positionen auf dem Werkstück-Träger festgelegt **(Bild 1)**.

Alle Abstände zwischen den Positionen sind unveränderbar, einfache und kostengünstige Herstellung der Werkstückträger ist gewährleistet. Alle verwendeten Teile können ausgetauscht werden – auch die Werkstückträger selbst sind problemlos auszutauschen. Zusätzlich ist die Verwendung von elektronischen Codierungen möglich.

2.2. „Pick and Place"-Geräte

Diese Geräte mußten selbst gefertigt werden, da die am Markt angebotenen Geräte unsere Anforderungen hinsichtlich Präzision und Einstellbarkeit nicht erfüllen konnten. 3 Achsen stehen zur Verfügung (horizontal, vertikal, quer), alle Anfahrbewegungen sind gedämpft, alle Antriebe pneumatisch, die Sensoren induktive Näherungsschalter.

Horizontal stehen 4 Positionen zur Verfügung. Werkzeughalter und Werkzeugführung sind schnell wechselbar **(Bild 2)**.

2.3. Rundtisch

Der Rundtisch wird in das Maschinengestell eingebaut; 3, 4 und 5 Stationen sind möglich; davon jeweils 2 Stationen manuell und 2, 3 bzw. 4 Stationen automatisch. Weiches Anfahren und Abbremsen der Tischbewegung ist nötig, um die Teile nicht abzuwerfen.

2.4. Tischgestell

Alle Tische sind mit pneumatisch höhenverstellbaren Fußauflagen versehen. Stehende und sitzende Arbeitsweise ist möglich, auf ergonomische Ausführung wurde geachtet.

Der Werker ist mit einer pneumatisch betätigten Schutzausrüstung geschützt. Alle beweglichen Teile sind abgedeckt.

2.5. Steuerungen

Die Steuerungen sind als SPS-elektronische Steuerungen ausgeführt. Die Steuerungen sind wie die mechanischen Bausteine im Modul-System aufgebaut. Dies sichert schnelle Fehlersuche und eine einheitliche Benutzeroberfläche. Alle Steuerungen sind über PERNET, ein optisches Lichtwellenleitersystem, mit einem Computer verknüpft.

Die Software läßt eine leichte Programmierung und schnelle Änderung der Daten zu. Dies geschieht zentral (mit Berechtigungskontrolle). Der Mitarbeiter (Werker) kann an seinem Bedienfeld kleine Störungen durch Einzelschalten aller gesteuerten Bewegungen beheben. Netzwerkanschluß (LAN) ist gegeben.

2.6. Linear-Montage

Mit den beschriebenen Bausteinen lassen sich auch lineare Montageeinrichtungen mit 4, 5, 6 oder mehr Stationen aufbauen. Die Vorgehensweise entspricht den Rundtaktführungen **(Bild 4)**.

2.7. Schnelle Austauschbarkeit

Alle werkstückbezogenen Ausrüstungen, z.B. Werkstückträger, Werkzeuge, Vorrichtungen etc., sind schnell austauschbar und so konstruiert, daß der Werker selbst diese Arbeiten in sehr kurzer Zeit durchführen kann.

2.8. Verkettete Anlagen

Das Gesamtsystem läßt natürlich auch den Bau einer verketteten Anlage zu, wie im Beispiel von **Bild 5** gezeigt mit 6 Arbeitsplätzen (auch 2, 3, 4, 5 sind möglich).

Ergänzt wird das System durch folgende Bausteine:

a) Magazin für Werkzeugträger

b) Elektronische Kennung der Werkstückträger

c) Monitore (Screens) mit den Funktionen

- SPS-Anschluß
- Help-Funktionen aus dem Computer (LAN)

d) Verpackungsplatz durch Typenschildherstellung durch PC und Drucker

e) Werkstückträger-Transportsystem

3. Das Montagesystem B6

Das Montagesystem B6, in das die vorangestellten Bausteine integriert sind, ist ein System, das die gesamte Montage von Serienprodukten im Werk Rohrbach umfasst. Im folgenden sind die wichtigsten Aspekte dieses Systems, insbesondere auch aus der EDV-Sicht dargestellt.

Ziel des Montagesystems B6 war es, die Endmontage von Serienprodukten - das betrifft Pneumatik-Zylinder, Ventile und Verschraubungen - im Werk Rohrbach nach einem einheitlichen Prinzip zu organisieren. Dabei wurde ein Systemansatz gewählt, der selbständige, organisatorische Abläufe im Hinblick auf Auftragsverwaltung, Transporte, BDE-Funktionen und einen hohen Automatisierungsgrad gewährleistet. Ein wesentlicher Ausgangspunkt für die Realisierung war dabei die Tatsache, daß sich praktisch die gesamte Endmontage im Gebäude B6 befindet.

Kernpunkt des Systems sind zwei automatische Beschickungssysteme der Firma PSB. Diese umfassen jeweils ein Pufferregal für einheitliche Systembehälter und Transportsysteme, die der Versorgung der einzelnen Arbeitsplätze dienen.

Das 1. Regal verfügt über 250 Stellplätze und 30 Arbeitsplätze, das 2. Regal verfügt über 600 Stellplätze und 46 Arbeitsplätze. Das Layout der Halle B6 ist aus beigefügter Zeichnung ersichtlich **(Bild 8)**.

Im folgenden sind die einzelnen Komponenten des Systems dargestellt.

3.1. Die Komponenten des Systems

2 Regale bilden den Pufferbereich, jeweils ausgestattet mit einem Regalförderfahrzeug. Das 1. Regal besitzt einen EIN/AUS-Lagerpunkt, eine Übergabestation zur Direktbeschickung und eine Übergabestation für das fahrerlose Transportsystem „CAROBOT".

Die Direktbeschickungsanlagen bestehen jeweils aus einem Zuführband und einer Rückführrollenbahn, die übereinander angeordnet sind. Diese beginnen und enden an den Übergabestellen im Regal.

Auf beiden Seiten der Direktbeschickungsanlage sind Arbeitsplätze angeordnet, die über Abwurfstellen mit pneumatischen Abweisern vom Zuführband aus versorgt werden. Das Flurförderfahrzeug ist über einen Übergabe/Übernahme-Platz mit der Regalanlage gekoppelt.

3.2. Steuerung

Die Steuerung des Gesamtsystems erfolgt über mehrere Personal-Computer und unterlagerte elektronische Steuerungen sowie FESTO-Pneumatik **(Bild 9)**.

Die Steuerung des Flurförderfahrzeugs erfolgt über Infrarot-Signale von flächendeckenden Infrarot-Sendern aus, die mit der Steuerung verbunden sind.

3.3. Organisatorischer Ablauf

Über den I-Punkt werden Aufträge in das System eingeschleust. Ein Auftrag besteht in der Regel aus einem oder mehreren Behältern, von denen jeder A-Teile enthält. Dies sind außer Beistellteilen alle diejenigen Teile, die zur Herstellung vollständiger Endprodukte (z.B. Zylinder) benötigt werden. Über einen Personal-Computer am I-Punkt werden zu den Behältern die entsprechenden Daten, wie Auftragsnummer, Teilenummer des Endprodukts, Auftragsmenge und Priorität erfaßt.

Über die Teilenummern wird jedem Behälter dabei ein vordefinierter Arbeitsplan zugeordnet. Jeder

Arbeitsplan enthält eine oder mehrere Arbeitsfolgen, von denen jede einem oder mehreren Arbeitsplätzen zugeordnet ist. Gleichzeitig erhält jeder Behälter die Priorität des Auftrags.

Bei der Einschleusung des Behälters wird die Behälternummer über einen Barcodescanner gelesen und so eine feste Verbindung zwischen Auftrag und Behälter geschaffen.

Nachdem ein Behälter in einem freien Stellplatz des Regals (chaotisch) eingelagert ist, wartet dieser auf die Zuteilung zu einem freien Arbeitsplatz.

Die Zuteilung von Behältern erfolgt ausschließlich nach Anforderung durch den Arbeitsplatz. Dabei kommen zwei unterschiedliche Anforderungsmimiken zur Anwendung.

Im Direktbeschickungsbereich dienen Sensoren als Belegtmelder auf dem Reserveplatz dazu, die Anforderungen zu automatisieren. Sobald ein Behälter vom Reserveplatz auf die Bearbeitungsposition läuft, wird der Sensor frei. Dadurch wird über die Steuerung vom Anlagenrechner der prioritätsmäßig als nächster zu bearbeitende Behälter angefordert. Im Bereich des Flurförderfahrzeugs werden Aufträge/Behälter für einen Arbeitsplatz manuell über einen PC angefordert. Das System wählt denjenigen Behälter als nächsten aus, der die höchste Priorität hat und als nächste durchzuführende Arbeitsfolge eine Arbeitsfolge besitzt, die auf dem anfordernden Arbeitsplatz durchgeführt werden kann.

Die Zuführung der Behälter erfolgt über das entsprechende Transportsystem.

Nach der Bearbeitung der Behälter erfolgt deren Rückführung über das gleiche Transportsystem. Nachdem die Behälternummer im Regal wieder gelesen ist, wird die dem Behälter zugeordnete Arbeitsfolge weitergeschaltet. Dies bedeutet, daß keine gesonderte BDE-Funktion zur Fertigmeldung von Arbeitsfolgen notwendig ist.

Für die Behandlung von Ausnahmesituationen, wie Änderung von Auftragsprioritäten, Durchführung von Nacharbeit, Zuführung von Schüttgut bzw. Beistellteilen zu den einzelnen Arbeitsplätzen, sind entsprechende Funktionen auf den Bedien-PC's vorhanden.

4. Wirtschaftlichkeit der Anlage

Die vorgeschriebene Konzeption wurde innerhalb von 3 Jahren realisiert, und nach nunmehr mehr als einjähriger Erfahrung kann die folgende Aussage gemacht werden:

- Wesentliche Reduzierung der beeinflussbaren Nebenzeiten - ca. 40%.
- Vorbildliche Bereitstellung des Materials und der Auftragsvorbereitung.
- Drastische Reduzierung der Durchlaufzeiten von bisher 20 auf jetzt 5 Arbeitstage. Der Zeitfaktor ist nicht alleine entscheidend, ebenso wichtig ist die Festlegung für die Verwendung von Einzelteilen und Material zum spätesten Zeitpunkt bei Mehrfachverwendung.
- Vorbildliche Rückmeldungen der momentanen Situation, BDE-Daten an die AV.
- Sehr einfache Prioritäten-Änderung.
- Hohe Flexibilität.
- Problemloser Personaleinsatz (ohne großen organisatorischen Einsatz) – Einführung von Flexotime.

- Wesentliche Produktionssteigerung und Kapazitätsausweitung – ca. 30%.
- Hohe Betriebssicherheit.

Die sehr positiven Erfahrungen mit diesen CIM-Investitionen haben uns bestärkt, weitere Aktivitäten auf diesem Gebiet anzugehen. Wir glauben, eine Lösung gefunden zu haben, die es möglich macht, in wenigen Jahren den gesamten Betrieb in eine solche Konzeption einzubinden.

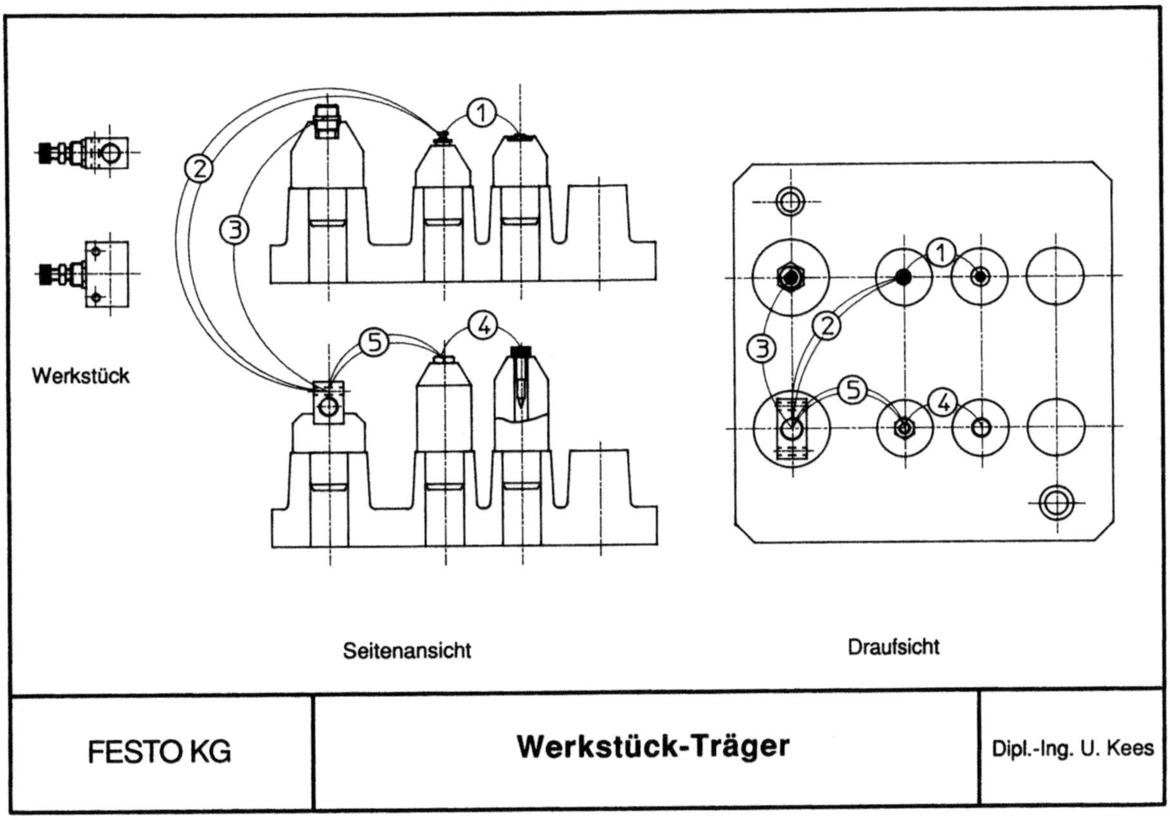
Werkstück
Seitenansicht
Draufsicht
FESTO KG
Werkstück-Träger
Dipl.-Ing. U. Kees

Bild 1

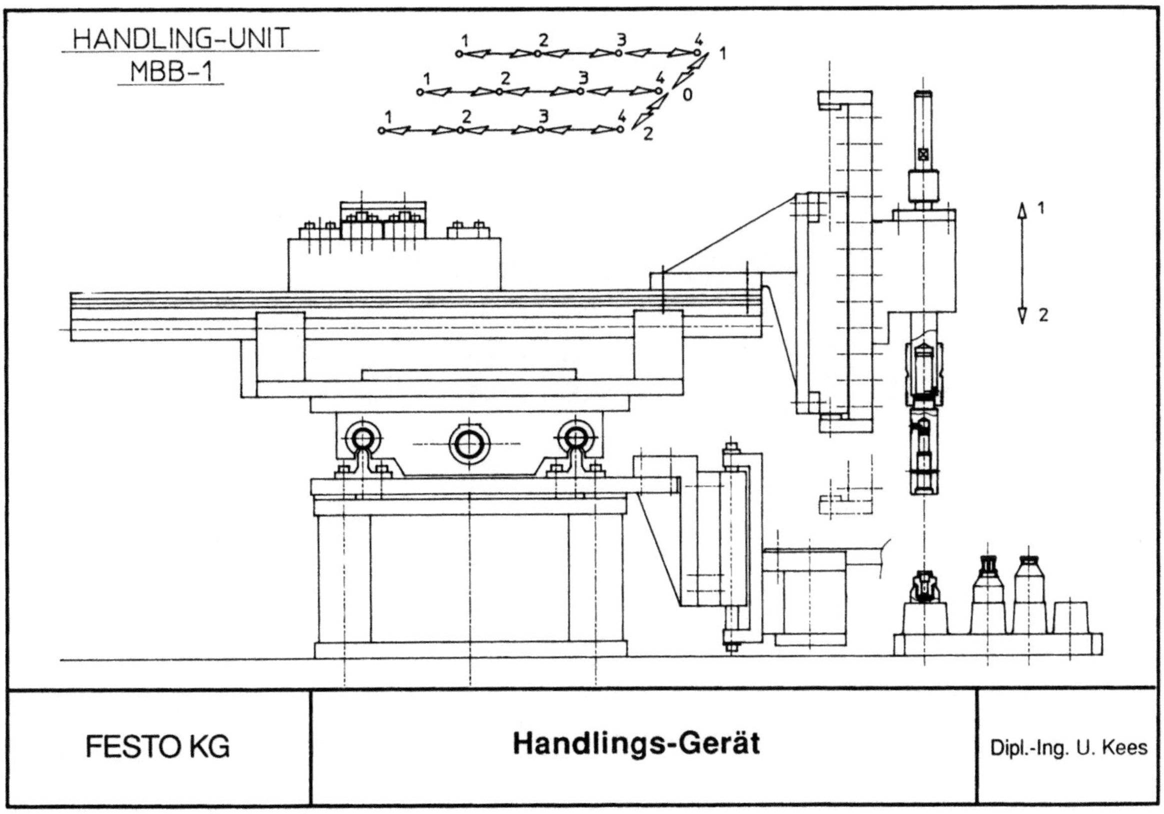
HANDLING-UNIT
MBB-1
FESTO KG
Handlings-Gerät
Dipl.-Ing. U. Kees

Bild 2

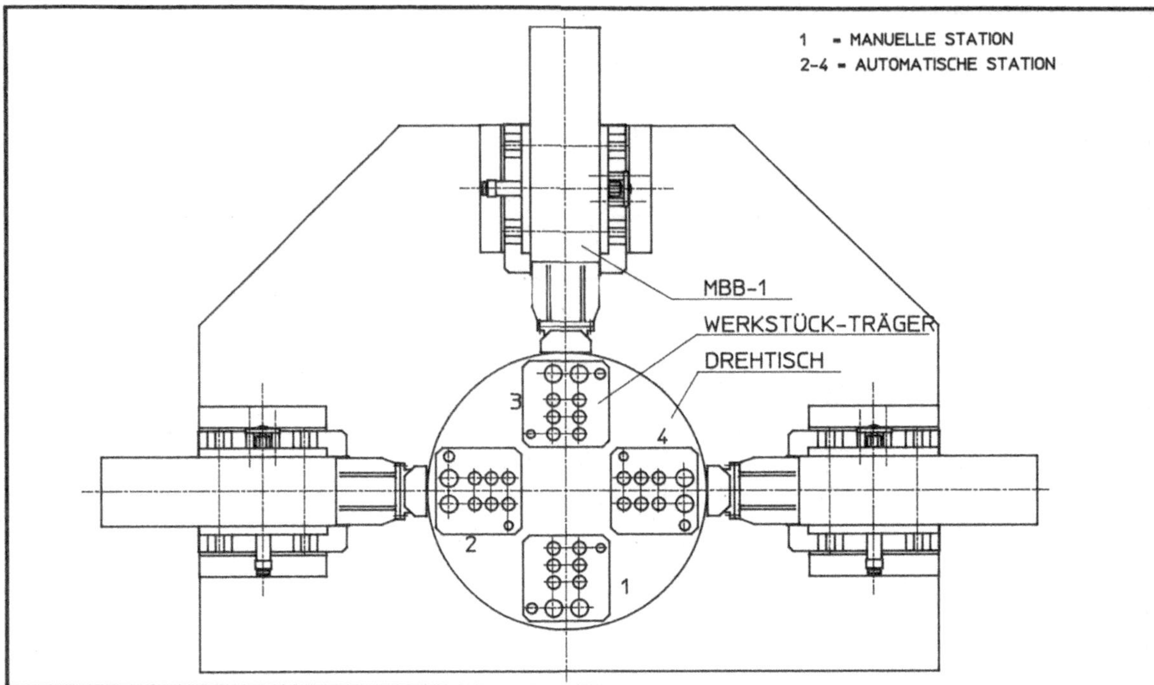

FESTO KG	**Layout der Rundtakt-Montagestation**	Dipl.-Ing. U. Kees

Bild 3

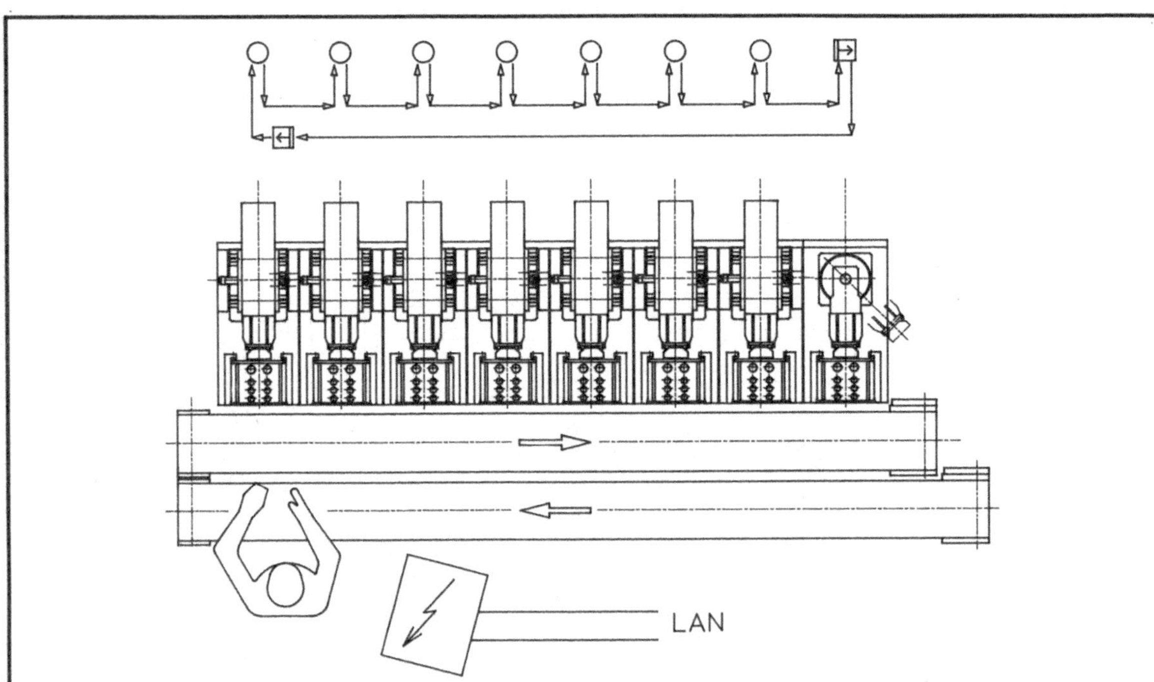

FESTO KG	**Layout der Montagestation (Montageband)**	Dipl.-Ing. U. Kees

Bild 4

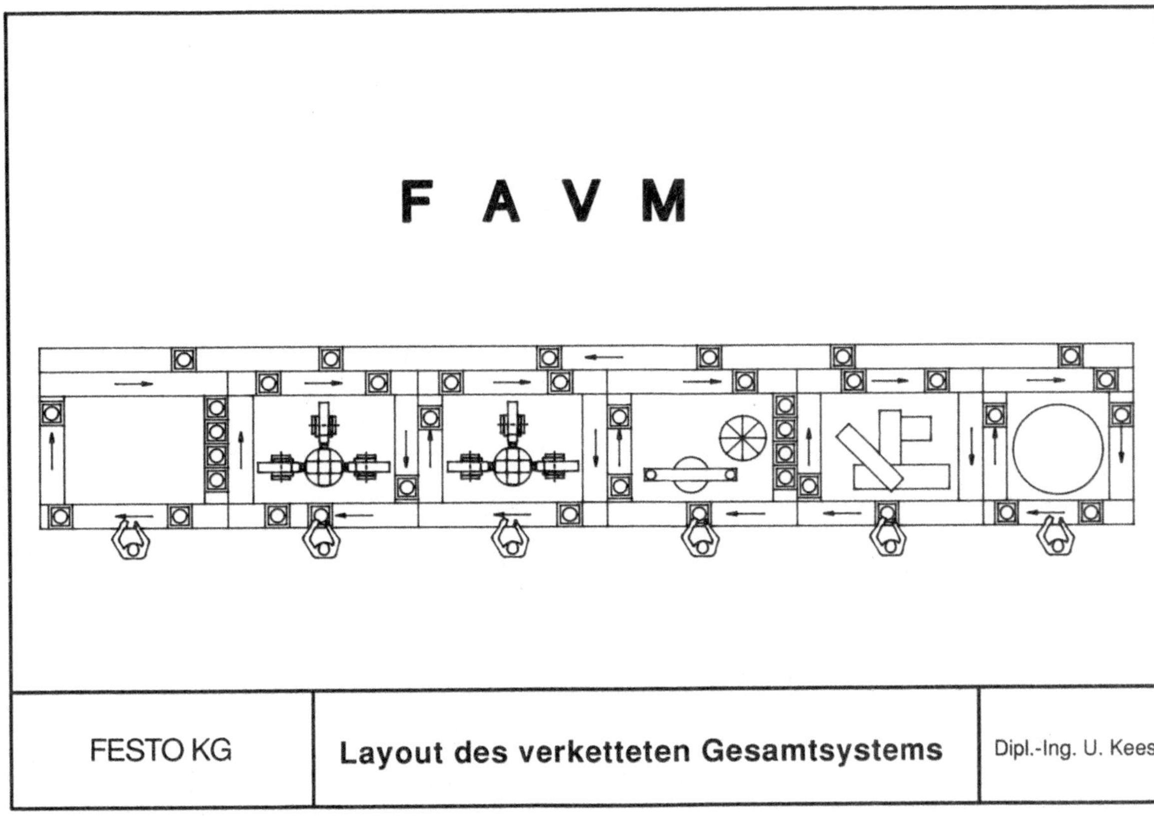
F A V M
FESTO KG
Layout des verketteten Gesamtsystems
Dipl.-Ing. U. Kees

Bild 5

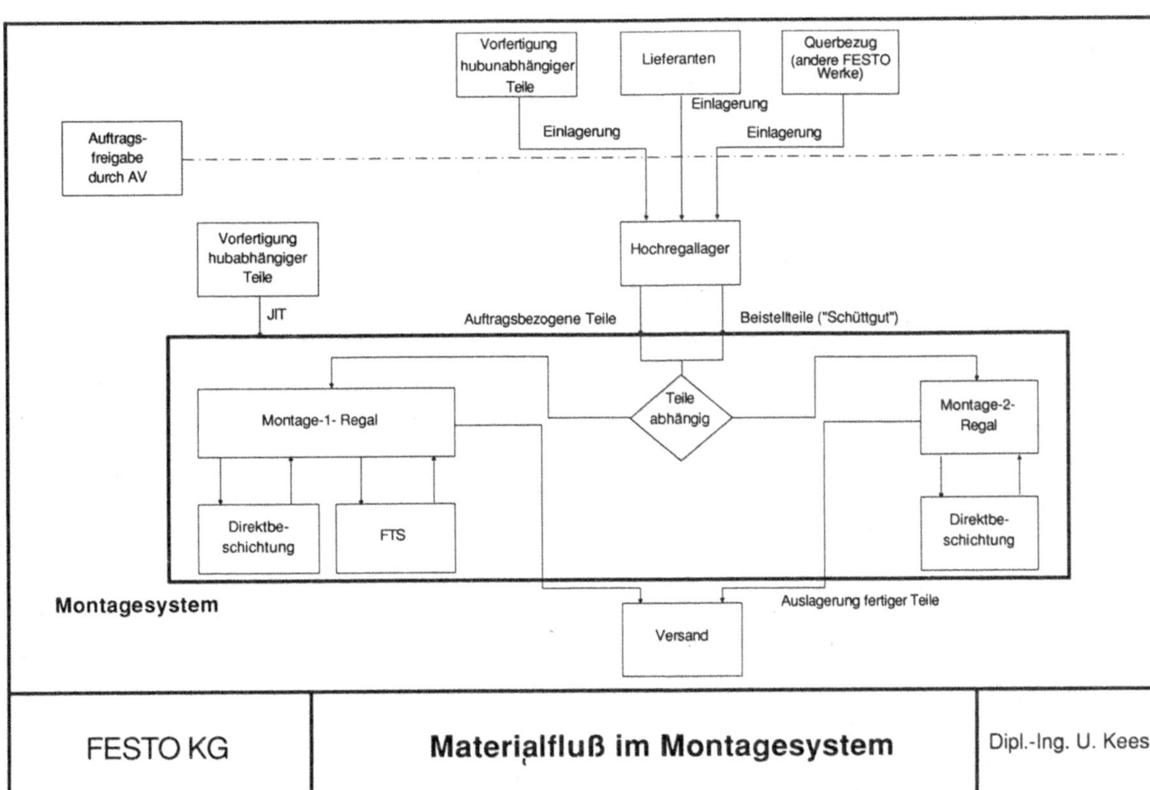
Vorfertigung hubunabhängiger Teile
Lieferanten
Querbezug (andere FESTO Werke)
Einlagerung
Einlagerung
Einlagerung
Auftrags-freigabe durch AV
Vorfertigung hubabhängiger Teile
Hochregallager
JIT
Auftragsbezogene Teile
Beistellteile ("Schüttgut")
Teile abhängig
Montage-1- Regal
Montage-2-Regal
Direktbe-schichtung
FTS
Direktbe-schichtung
Montagesystem
Versand
Auslagerung fertiger Teile
FESTO KG
Materialfluß im Montagesystem
Dipl.-Ing. U. Kees

Bild 6

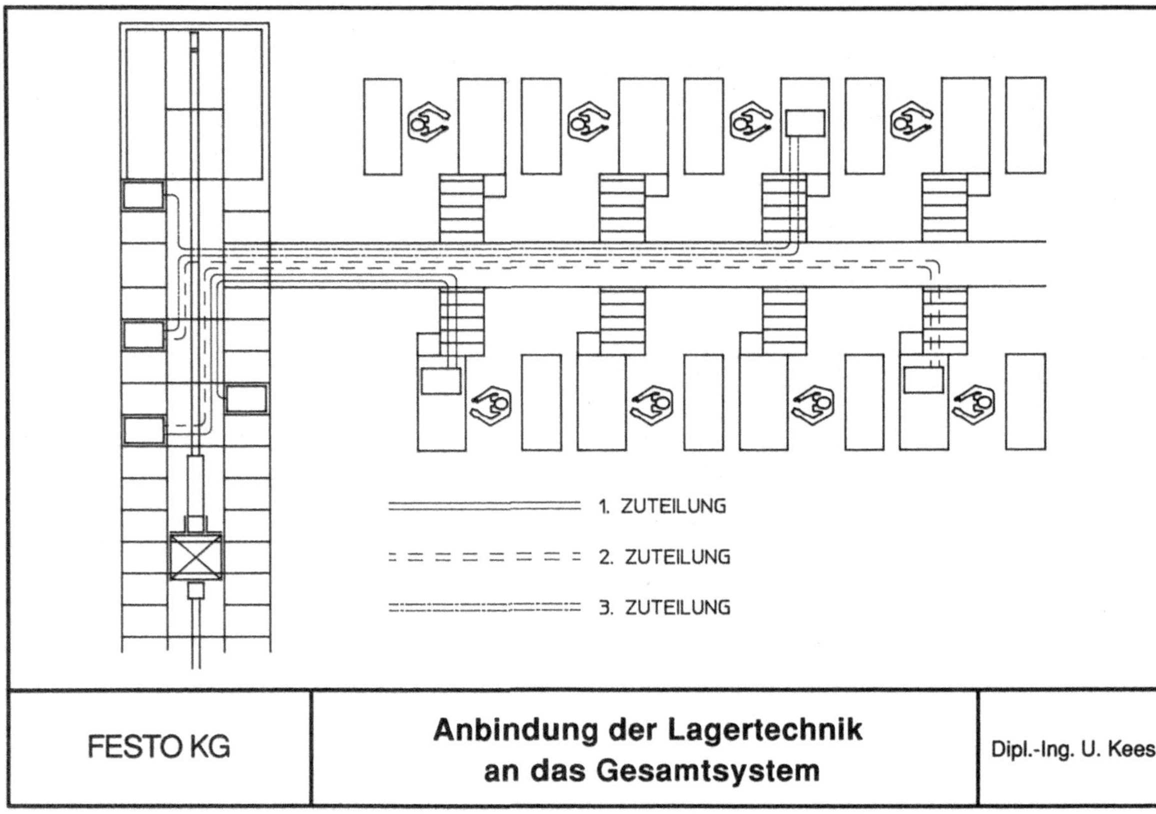
1. ZUTEILUNG
2. ZUTEILUNG
3. ZUTEILUNG
FESTO KG
Anbindung der Lagertechnik an das Gesamtsystem
Dipl.-Ing. U. Kees

Bild 7

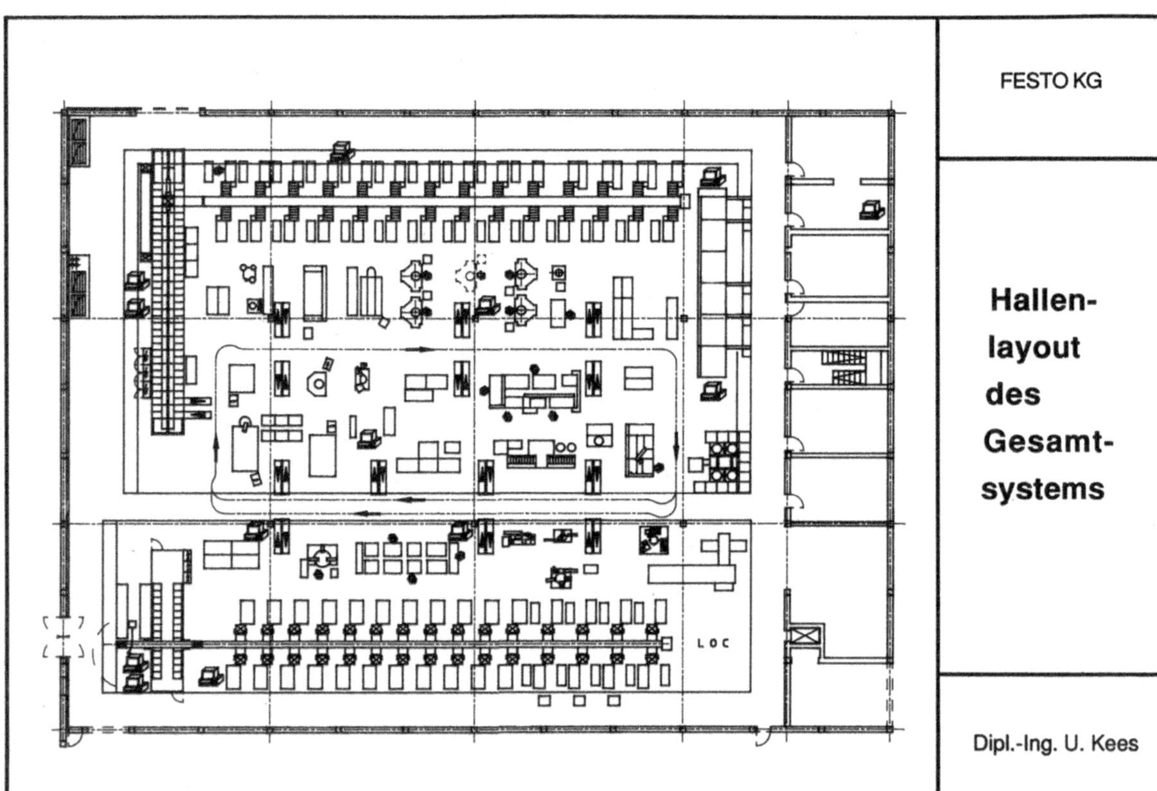
LOC
FESTO KG
Hallen-layout des Gesamt-systems
Dipl.-Ing. U. Kees

Bild 8

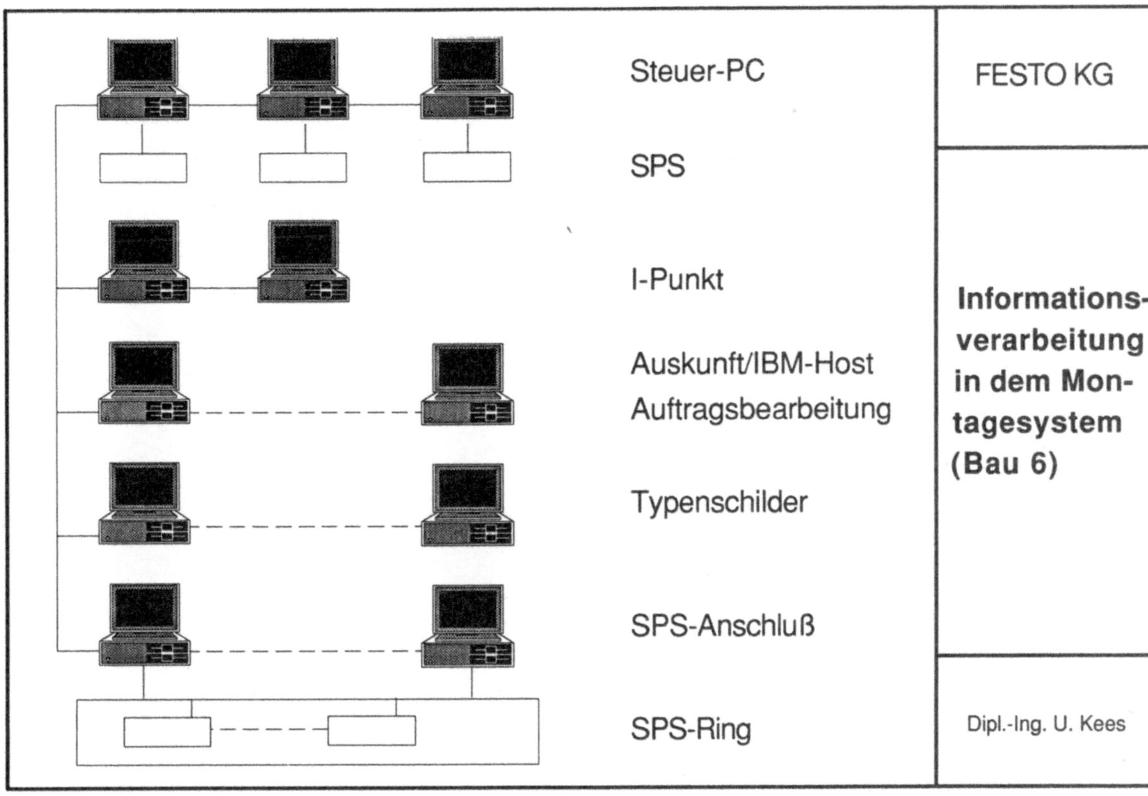
Steuer-PC
SPS
I-Punkt
Auskunft/IBM-Host
Auftragsbearbeitung
Typenschilder
SPS-Anschluß
SPS-Ring
FESTO KG
Informations-verarbeitung in dem Montagesystem (Bau 6)
Dipl.-Ing. U. Kees

Bild 9

Münchener Kolloquium '91

Wettbewerbsfaktor Zeit in Produktionsunternehmen

28. Februar/1. März 1991
München

Neue Anforderungen an die Montagesystemgestaltung im Automobilbau

Dipl.-Ing. K.-D. Vöhringer
Mercedes-Benz AG

Institut für Werkzeugmaschinen
und Betriebswissenschaften
Technische Universität München

Neue Anforderungen an die Montagesystemgestaltung im Automobilbau

1. Rahmenbedingungen

1.1. Anforderungen des Marktes

Die zunehmende Differenzierung der Kundenwünsche hat in den letzten Jahren im Automobilbau zu einer wachsenden Vielfalt der angebotenen Baureihen und Typvarianten geführt. Damit verbunden ist der Trend zu kürzeren Produktlaufzeiten und einer immer höherwertigeren und variantenreicheren Ausstattung. Neuheiten bewirken einen steilen Nachfrageanstieg, dem häufig frühzeitig eine Nachfrageberuhigung folgt **(Bild 1)**.

Die Vielfalt bezieht sich sowohl auf Bauarten wie Coupés, Cabriolets, Geländewagen und Großraumlimousinen als auch auf die angebotenen Ausstattungs- und Antriebsvarianten. Dazu kommen die steigenden Ansprüche des Marktes in bezug auf Sicherheit, Komfort und Ästhetik der Fahrzeuge. Dieses vielfältige Forderungsspektrum bestimmt die Bedingungen für die Montage und damit die Montageplanung **(Bild 2)**.

1.2. Wettbewerbsfaktoren

Der Erfolg eines Automobilunternehmens entscheidet sich im Zeit-, Kosten-, Qualitäts- und im Systemwettbewerb.

Die Festigung der technologischen Führungsposition im **Zeitwettbewerb** erfordert primär die Verkürzung der Entwicklungs- und Vorbereitungszeiten bis zur Markteinführung. Erfolgreich am Markt kann künftig nur der Hersteller sein, dem es gelingt, Innovationen frühzeitig verfügbar zu machen und möglichst alle technologischen Lösungen, Umfeld-Informationen, Marktentwicklungen und Tendenzen kommender Beschränkungen und Auflagen in die Lastenhefte seiner zukünftigen Modelle einzuarbeiten.

Im **Kostenwettbewerb** stehen heute alle Produzenten, um mit einem attraktiven Preis-/Leistungsverhältnis am Markt Erfolg zu haben. Hierzu muß die Wirtschaftlichkeit moderner Einrichtungen und Verfahren in der Produktion zunehmend in gesamtwirtschaftliche Zusammenhänge gestellt werden. Heute getroffene Maßnahmen zur Verbesserung der Umweltverträglichkeit der Produktion sind beispielsweise mehr als nur ein Vorgriff auf geplante administrative Vorgaben. Eine zukunftsorientierte Fertigung zeichnet sich durch die langfristige Sicherung der eigenen Produktionsfähigkeit aus und trägt somit erheblich zur Wirtschaftlichkeit bei.

Der auf immer höherem Niveau stattfindende **Qualitätswettbewerb** bezieht inzwischen nicht nur funktionale Merkmale wie hohe Dauerhaltbarkeit und uneingeschränkte Verfügbarkeit ein, sondern zunehmend auch formale Aspekte des Designs, der Innenraumgestaltung und einer makellosen Verarbeitung.

Der **Systemwettbewerb** umfaßt die Teilsysteme Verkehr, Automobil und Produktion. Gefordert ist die zunehmende Integration des Autos in ganzheitliche Verkehrssysteme mit vielfältigen Kommunikationsschnittstellen zur weitergehenden Unterstützung des Fahrers. Dem Kunden müssen künftig Gesamtkonzepte mit bestmöglichem Nutzen an Information, Sicherheit und Komfort angeboten werden.

Die hohe Zahl der zu fertigenden Typ- und Ausstattungsvarianten werden in der Produktion logistisch und fertigungstechnisch nur noch mit hochentwickelten Steuerungssystemen beherrscht.

1.3. Die Mitarbeiter

Die Mitarbeiter eines Unternehmens repräsentieren den gesellschaftlichen Wertewandel. Sie haben den Anspruch, in Weiterentwicklungen persönlich und kooperativ einbezogen zu werden. Erwartet werden die Einführung neuer Arbeitsformen mit Freiräumen zur Selbstorganisation, die Stärkung der Eigenverantwortung für die geleistete Arbeit und eine umfassende Informationstransparenz.

Neben der gesellschaftlichen Entwicklung hat die Mitarbeiterstruktur wichtigen Einfluß auf die PKW-Endmontage. Diese ist derzeit durch gut ausgebildete Facharbeiter mit hohen inhaltlichen Ansprüchen an das Tätigkeitsbild und durch angelernte Werker mit geringerem Qualifikationsniveau gekennzeichnet.

1.4. Hersteller und Zulieferer

Die Untersuchungen zur Optimierung der Entwicklungs- und Fertigungstiefe erstrecken sich zunehmend auf höherwertige Baugruppen. Dies bedingt eine verstärkte und zeitlich frühere Einbindung der Zulieferanten. Das gilt auch für geplante Innovationen und Weiterentwicklungen.

Diese Optimierungsstrategie führt längerfristig zu einer Beschränkung der Eigenfertigung auf Kernumfänge des Fahrzeugs, Fertigungen mit technologischem Vorsprung und auf Umfänge mit eindeutigen wirtschaftlichen Vorteilen. Andererseits werden Kompetenz und Economy-of-scale der Zulieferindustrie konsequent genutzt.

1.5. Fahrzeugentsorgung

Bei der Entsorgung des Fahrzeuges wird der heute schon übliche Ausbau verwendungsfähiger Teile künftig stärkeres Gewicht bekommen. Dadurch werden Bauteile und Stoffe in höherem Umfang als heute einem Recyclingprozeß zugeführt.

Durch entsprechende konstruktive Vorsorge wird damit in einem gewissen Umfang auch Einfluß auf die Montagesystemgestaltung genommen.

2. Das Montagesystem

2.1. Produktgestaltung im Kostenwettbewerb

Die Endmontage muß als letztes Glied der Fertigungskette alle Einflüsse vor- und nachgelagerter Bereiche kompensieren **(Bild 3)**. Die wichtigsten Weichen für die Montage werden dabei schon zu Beginn des Konstruktionsprozesses gestellt. In dieser Phase wird über das Gesamtkonzept des Fahrzeugs entschieden, das wesentlichen Einfluß auf den späteren Montageaufwand und die einzusetzenden Montagetechnologien hat.

Der montage- und fertigungsoptimierten Fahrzeuggestaltung kommt damit als strategisches Rationalisierungspotential entscheidende Bedeutung zu. Erst durch die konsequente Umsetzung der montagetechnischen Anforderungen bei der Entwicklung eines Fahrzeuges können neue Systeme in der Endmontage realisiert werden, die den gestiegenen Anforderungen in bezug auf Qualität, Flexibilität und Kosten genügen. Mit der montagegerechten Fahrzeuggestaltung können im ersten Schritt vor allem die Kosten in der manuellen Montage durch verringerte Montagezeiten, bessere Arbeitsergonomie und Arbeitsorganisation sowie optimierte Produktqualität gesenkt werden. Gleichzeitig ist sie aber auch unabdingbare Voraussetzung für die Möglichkeit zur Automatisierung von Montagevorgängen **(Bild 4)**.

Je früher im Konstruktionsprozeß den Belangen einer montagegerechten Gestaltung Rechnung getragen wird, desto größer sind die erschließbaren Potentiale. Im Produktentwicklungsprozeß werden schon zu 80 % die Kosten und die Qualität des Produkts festgelegt.

Ein schrittweises Vorgehen in den verschiedenen Konstruktionsphasen führt zu einer systematischen Produktoptimierung, die in der frühen Produktfindungsphase bei der Festlegung der Fahrzeugstruktur beginnen und sich bis zur montagegerechten Gestaltung der Einzelteile in der Detaillierungsphase fortsetzen muß **(Bild 5)**. Durch die systematische und zielgerichtete Anwendung der Fehlermöglichkeits- und -einflußanalyse (FMEA) können bei neuen und risikobehafteten Konstruktionen schon im Vorfeld die Voraussetzungen für eine reibungslose Serieneinführung geschaffen werden.

Die Grenzen für derartige Maßnahmen sind jedoch bei Fahrzeugen der Oberklasse sicherlich unter dem Aspekt von Stilistik und Fahrzeugkomfort enger zu stecken als in anderen Marktsegmenten. Wie die Erfahrungen bei der Realisierung der neuen S-Klasse zeigen, lassen sich aber auch hier mit durchgreifenden Änderungen gegenüber der konventionellen Produktstruktur neue Montagesysteme einsetzen.

So werden die Türen der Baureihe 140 zu Beginn des Inneneinbaus von der Karosse getrennt und in einer separaten Türenvormontage komplett montiert und geprüft, bevor sie vor der Wagenfertigstellung wieder an das Fahrzeug montiert werden **(Bild 6)**. Dieses Vormontagesystem ist als Boxensystem ausgelegt, in dem die Mitarbeiter in Gruppen organisiert sind und die Qualität ihrer Arbeit in Selbstprüfung sicherstellen.

Der Schlußlampenleitungssatz der neuen S-Klasse wurde als eine vormontierbare, formstabile Baugruppe in Form einer „H-Struktur" realisiert. Nach dem Einlegen in den Fahrzeuginnenraum wird er zusammen mit den anderen Kabelsätzen in Boxen von einer Arbeitsgruppe in das Fahrzeug montiert.

Ein weiteres Beispiel ist der automatisierungsgerechte Fahrschemel der Baureihe 140, der eine vollautomatische Komplettmontage dieser Baugruppe erlaubt **(Bild 7)**.

2.2. Produktentwicklung und Produktionsplanung im Zeitwettbewerb

Im Zuge reduzierter Produktlaufzeiten erfordern die auszuschöpfenden Rationalisierungspotentiale vor allem Maßnahmen im organisatorischen Bereich von Entwicklung und Planung. Ein wichtiger Ansatzpunkt ist dabei die historisch gewachsene, strikte Arbeits- und Aufgabenteilung in Konstruktion, Entwicklung, Planung und Produktion, die in den letzten Jahrzehnten durch Förderung des Spezialistentums noch verstärkt wurde **(Bild 8)**. Die Überwindung dieser Schranken im Hause Mercedes-Benz begann schon vor Jahren durch die Einführung von Projektarbeit. Damit werden die Grenzen zwischen den Bereichen wieder durchlässiger und die Entscheidungen, Anforderungen und Restriktionen der vor- und nachgelagerten Abteilungen können vom einzelnen besser verstanden und mitgetragen werden.

Der nächste Schritt ist die zeitparallele oder zumindest zeitoptimierte Produktentwicklung und Montageplanung. Dies erfordert neben einer frühzeitigen Einbeziehung der planenden Abteilungen in beginnende und laufende Entwicklungstätigkeiten auch eine möglichst frühzeitige Mitarbeit von Teile- und Anlagenlieferanten. Damit verbunden muß ein Umdenkprozeß im gewohnten Hersteller-Zulieferer-Verhältnis sein. Da hier schon im Frühstadium Know-how nach außen dringt und Angebote aufgrund von unsicheren Zieldaten abgegeben und beurteilt werden müssen, kann dieses Vorgehen nur auf Basis eines gegenseitigen Vertrauensverhältnisses realisiert werden.

Will man sich im globalen Wettbewerb behaupten, so kann man auch vor fundamentalen Änderungen in der Aufbauorganisation nicht haltmachen. Hierzu gehört nicht nur eine Reduzierung der Werkstatthierarchie und eine Verringerung der Leitungsebenen, sondern eine produkt- und projektorientierte Führungsstruktur auch und vor allem im oberen Management. Entscheidend wird hierbei die Geschwindigkeit sein, mit der das Management lernt, die eigenen Verhaltensmuster in Frage zu stellen und Bereichsgrenzen zu überschreiten. Die räumliche Zusammenlegung von Konstruktion und Planung in einem gemeinsamen Entwicklungs- und Vorbereitungszentrum ist dann nur noch der zweite Schritt, der vor allem zur Verbesserung der Kommunikation und zur Optimierung der Entscheidungsfindung führt.

2.3. Montagesteuerung und -logistik im Systemwettbewerb

Mit der zunehmenden Modularisierung der Fahrzeuge und der damit verbundenen Einführung komplexer Vormontagesysteme steigen auch die Anforderungen an die Steuerung und die Logistik in der Montage. Dies erfordert in der traditionellen Montageplanung die gleichberechtigte Einbeziehung dieser Belange in einem frühen Planungsstadium, so daß die notwendigen Material- und Informationsflüsse optimiert werden können.

Während die bisherige Bandstruktur eine Vermischung der Fahrzeugreihenfolge in der Endmontage ausschloß, erfordern Montagesysteme in Boxenform neue Strategien. Insbesondere für hochwertige JIT-Teile, die nach einem frühen Fahrzeugimpuls vormontiert werden, muß die Reihenfolge durch dezentrale Fahrzeug- oder Bauteilepuffer wieder rekonstruiert werden.

Mit der wachsenden Variantenvielfalt der Fahrzeuge direkt verbunden ist ein Wachstum der notwendigen Logistikflächen in der Montage. Die herkömmlichen Konzepte stoßen damit an die Grenze ihrer Leistungsfähigkeit. Durch die Einbindung externer Dienstleister kann die verkraftbare Variantenvielfalt in der Logistik für die Endmontage erhöht werden. Damit können die Lager bei Zulieferanten abgebaut und in Werksnähe beim externen Dienstleister zentralisiert werden **(Bild 9)**. Von dort kann die Anlieferung an die Endmontage in der Montagereihenfolge erfolgen. Damit verbunden ist ein Abbau interner Lager.

2.4. Arbeitsorganisation der Mitarbeiter im Qualitätswettbewerb

Durch die Einführung neuer Montagestrukturen konnte beim 1989 in Bremen angelaufenen SL erstmals eine sternförmige Boxenmontage realisiert werden. Dabei sind die einzelnen Montageboxen kreisförmig um eine zentral angeordnete Fördertechnik gruppiert. Die Auslegungsstückzahl und die hohe Verweildauer in den Boxen machte diese im Vergleich zu fahrerlosen Transportsystemen wesentlich einfachere Lösung möglich. Starke Differenzierungen im Ausstattungsumfang der Fahrzeuge und komplexe, zeitintensive Montageinhalte können so aus dem starren Bandablauf herausgelöst und damit besser beherrscht werden.

Die Mitarbeiter in den Boxen arbeiten im Team. Im Sinne höherwertiger Arbeitsinhalte beherrschen sie alle dort anfallenden Arbeitsgänge und wechseln sich in deren Ausführung ab (Job-enrichment). Sie montieren nicht nur, sondern disponieren, kommissionieren und kontrollieren. Auch anfallende Nacharbeit wird direkt durchgeführt (Job-enlargement). Die Verdeckhydraulik wird beispielsweise noch in der Montagebox vollständig geprüft, wobei der Mitarbeiter von einem DV-System unterstützt wird. Der Arbeitsinhalt pro Mitarbeiter, der in einer konventionellen Bandmontage im Bereich von 5 min liegt, wird damit auf über eine Stunde gesteigert. Die Arbeitsplätze sind mit trittelastischen Böden, Arbeitspodesten und griffbereiten Werkzeugen ergonomisch sinnvoll gestaltet. Die Fahrzeuge verweilen teilweise über drei Stunden in den einzelnen Boxen, wobei diese veränderten Anforderungen im Montageumfang angepaßt werden können.

Gesteigerte Motivation und erhöhte Eigenverantwortung führen bei dieser Montagestruktur zu einer höheren Produktqualität. Die Boxenmontage gilt bei Mercedes-Benz als exemplarisch für die Realisierung strategischer Potentiale in der Produktion.

Die Einführung neuer Fertigungstechnologien erfordert darüber hinaus intensive Qualifizierungsmaßnahmen für alle Mitarbeiter vom Anlagenführer in der Produktion über den Instandhalter bis hinein in die planenden Bereiche. Die streng tayloristische Aufteilung des Fertigungsprozesses in einzelne und in der Regel wenig umfangreiche Arbeitsinhalte, welche mit sehr genauen Zeitvorgaben belegt wurden, führte in der Vergangenheit zu einem Arbeitssystem, das lange Jahre durchaus effizient arbeitete. Inzwischen erfüllt es die veränderten Anforderungen einer differenzierten Produktion mit stark unterschiedlichen Fertigungsinhalten, hoher Flexibilität und kapitalintensiven

Einrichtungen zunehmend weniger. Zudem erwarten besser ausgebildete Mitarbeiter eine größere Beteiligung am Entscheidungs- und Ausführungsprozeß in der Fabrik.

So wurde und wird der Produktionsanlauf der neuen S-Klasse im Werk Sindelfingen von einem Mitarbeiter-Informations- und Trainingsprogramm (MIT 140) begleitet. Um die Mitarbeiter und Führungskräfte mit den durch den Anlauf des neuen Produktes bedingten Veränderungen von Arbeitsstrukturen und Arbeitsinhalten sowie den Neuerungen am Produkt selbst vertraut zu machen, werden zwei sich ergänzende Bausteine eingesetzt **(Bild 10 und 11)**.

Im Informations- und Trainingsprogramm werden den Mitarbeitern abteilungsbezogene Inhalte wie Fertigungsstruktur, -technik und -ablauf vermittelt. Das neue Produkt wird ihnen „live" vorgestellt. Meister und Gruppenmeister sind die Träger dieses Programms und können sich dabei selbst in ihren Motivations- und Präsentationsfähigkeiten trainieren. Im Werk Sindelfingen sind rund 4600 Mitarbeiter und Führungskräfte in dieses Programm eingebunden.

Parallel dazu werden in bereichsbezogenen und bereichsübergreifenden Workshops Problemlösungen erarbeitet. Im Sinne ganzheitlicher Lösungen setzen sich die Arbeitsteams aus Mitarbeitern direkter und indirekter Bereiche zusammen. Durch frühzeitige Einbeziehung aller betroffenen Bereiche in die Produktionsplanung und den Produktionsanlauf kann das Erfahrungswissen der Mitarbeiter in breitem Umfang in die Lösung von Problemstellungen einfließen.

Damit werden das vorhandene Ideenpotential genutzt, Teamfähigkeit und Verantwortungsbewußtsein gestärkt. Motivation und Identifikation bleiben keine Worthülsen. Kostenreduzierung und Qualitätsverbesserung sind ein zwangsläufiges Ergebnis dieses Vorgehens.

3. Zusammenfassung und Ausblick

Aus den zunehmenden Anforderungen des Marktes ergeben sich vielfältige Einflußgrößen auf die Fahrzeughersteller. Der Wettbewerb der Zeit, der Kosten, der Qualität und der Systeme bringt neue Herausforderungen für die Entwicklung, Planung und Montage.

Nur durch die bereichsübergreifende Zusammenarbeit können bisher ungenutzte Zeit- und Kostenpotentiale erschlossen werden. Dies erfordert ein Umdenken in allen Bereichen. Der teamfähige Mitarbeiter mit umfassendem Wissen wird den Spezialisten in vielen Schlüsselfunktionen ablösen.

Mit zunehmender Komplexität der Fahrzeuge treten die Logistik und die Montagesteuerung mehr und mehr ins Rampenlicht. Neben der steigenden Anzahl von JIT-Teilen müssen neuartige Montagesystem-Strukturen in die strategischen Überlegungen bei der Logistikplanung einfließen. Die Montageplanung muß dabei Hand in Hand mit der Planung von Material- und Informationsfluß gehen.

Auf der Produktseite bietet die weitergehende Modularisierung zunehmende Möglichkeiten zum Einsatz von Vormontagesystemen und zur wirtschaftlichen Automatisierung von Montagevorgängen. Bei Fahrzeugen der Oberklasse, bei denen Stilistik und Fahrzeugkomfort absatzentscheidende Kriterien sind, werden auch in Zukunft manuelle Montagearbeiten in größerem Umfang beibehalten werden. Unbestritten wird die Bedeutung des Menschen in der Produktion mit verbesserten Organisationsformen und angepaßten Arbeitsstrukturen verstärkten Einfluß auf die Gestaltung von Montagesystemen und damit auch auf die Fahrzeugentwicklung haben.

Markt-anforderungen und Auswirkungen

Mercedes-Benz

Marktanforderungen		Auswirkungen auf die Montage
Nachfrageverschiebungen	⟹	Baureihenflexibilität
Segmentierung	⟹	Typflexibilität
Individualisierung	⟹	Ausstattungsvielfalt
Sicherheit, Komfort, Ästhetik	⟹	Teilevielfalt, Montageinhalt

Bild 1

Rand-bedingungen

Mercedes-Benz

Randbedingungen für Montage und Montageplanung

- ⟹ Höhere Anzahl von Entwicklungsprojekten
- ⟹ Beherrschung des Zeitfaktors zwischen Entwicklung und Serienfertigung
- ⟹ "Gratwanderung" zwischen Marktbedürfnissen und Kosten
- ⟹ Hohe Typ-, Stückzahl- und Nachfolgeflexibilität
- ⟹ Realisierung der Qualitätsanforderungen
- ⟹ Berücksichtigung mitarbeiterbezogener Einflußgrößen auf die Montage

Bild 2

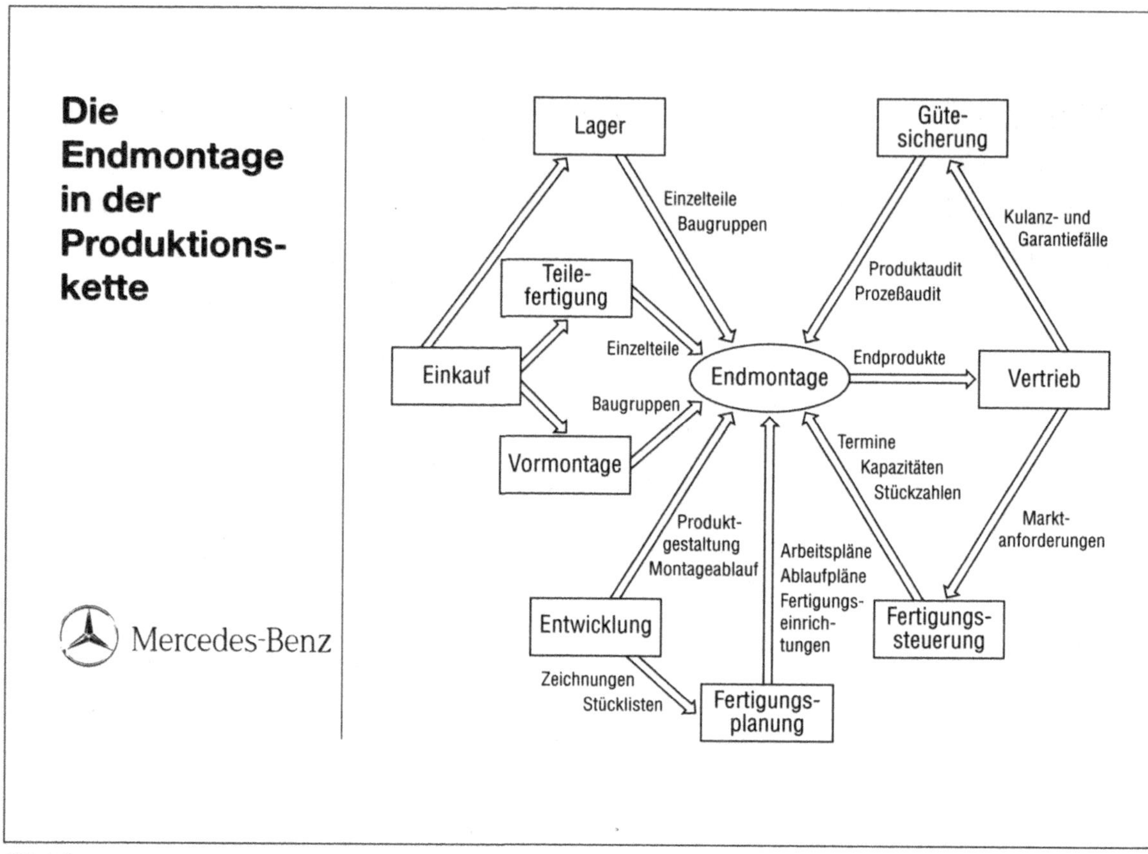
Die Endmontage in der Produktionskette
Lager
Güte-sicherung
Einzelteile
Baugruppen
Kulanz- und Garantiefälle
Teile-fertigung
Produktaudit
Prozeßaudit
Einkauf
Einzelteile
Endmontage
Endprodukte
Vertrieb
Baugruppen
Vormontage
Termine
Kapazitäten
Stückzahlen
Produkt-gestaltung
Montageablauf
Arbeitspläne
Ablaufpläne
Fertigungs-einrich-tungen
Markt-anforderungen
Entwicklung
Fertigungs-steuerung
Zeichnungen
Stücklisten
Fertigungs-planung
Mercedes-Benz

Bild 3

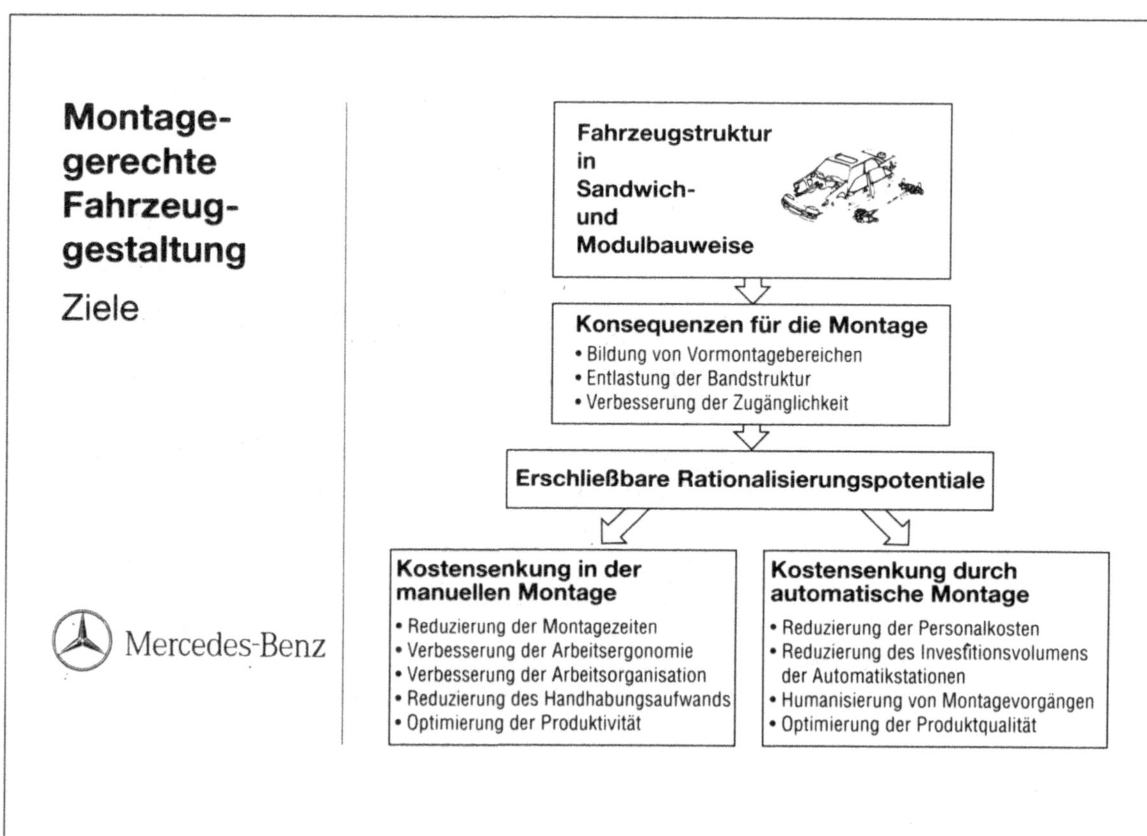
Montage-gerechte Fahrzeug-gestaltung
Ziele
Fahrzeugstruktur in Sandwich- und Modulbauweise
Konsequenzen für die Montage
• Bildung von Vormontagebereichen
• Entlastung der Bandstruktur
• Verbesserung der Zugänglichkeit
Erschließbare Rationalisierungspotentiale
Kostensenkung in der manuellen Montage
• Reduzierung der Montagezeiten
• Verbesserung der Arbeitsergonomie
• Verbesserung der Arbeitsorganisation
• Reduzierung des Handhabungsaufwands
• Optimierung der Produktivität
Kostensenkung durch automatische Montage
• Reduzierung der Personalkosten
• Reduzierung des Invesfitionsvolumens der Automatikstationen
• Humanisierung von Montagevorgängen
• Optimierung der Produktqualität
Mercedes-Benz

Bild 4

Montagegerechte Fahrzeuggestaltung

Vorgehen

Schrittweises Vorgehen zur montagegerechten Fahrzeuggestaltung		
Konstruktionsphase	**Gestaltungsmaßnahmen**	**Zeitraum**
Konzeptionsphase 	Montagetechnische Optimierung der Produktstruktur • Sandwichbauweise mit einachsigen, linearen Fügebewegungen • Modulbauweise mit ausgeprägter Baugruppenstrukturierung	> 3 Jahre vor Serienanlauf
Entwurfsphase 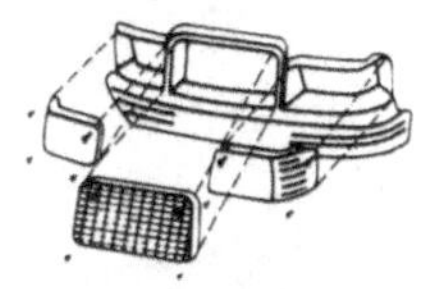	Montagetechnische Optimierung von Baugruppen • Sandwichbauweise • Montagegerechte Verbindungstechnik • Gleichteileverwendung • Relativbemaßung • Zugänglichkeit	3 bis 1 Jahre vor Serienanlauf
Detaillierungsphase 	Montagetechnische Optimierung von Einzelteilen • Anbringung von Montagehilfen (Einführschrägen, Anschläge) • Vermeidung enger Fügetoleranzen • Gleichteileverwendung • Zugänglichkeit zur Fügestelle	3 Jahre vor Serienanlauf bis Serienanlauf

Mercedes-Benz

Bild 5

Türenvormontage

Neue S-Klasse (Baureihe 140)

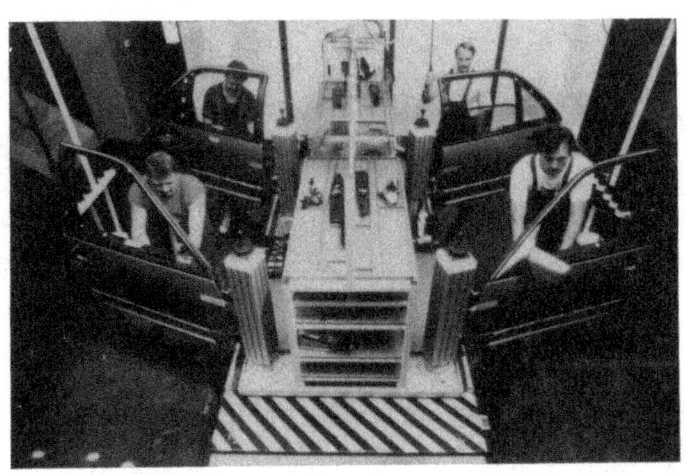

Mercedes-Benz

Bild 6

Modularer Aufbau für flexible Vormontage und mechanisierten Einbau

Mercedes-Benz

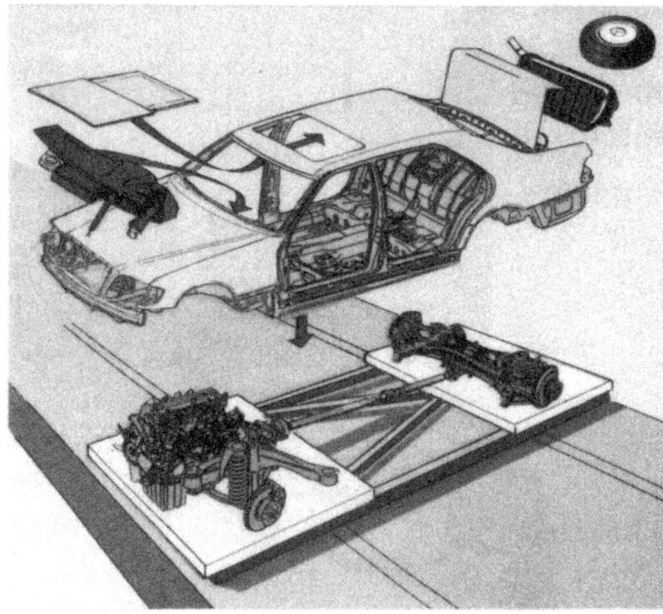

Bild 7

Historische Wand

zwischen Entwicklung und Fertigung

Mercedes-Benz

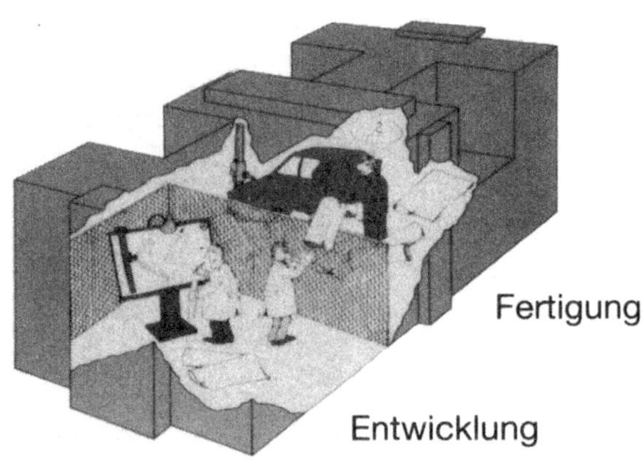

Bild 8

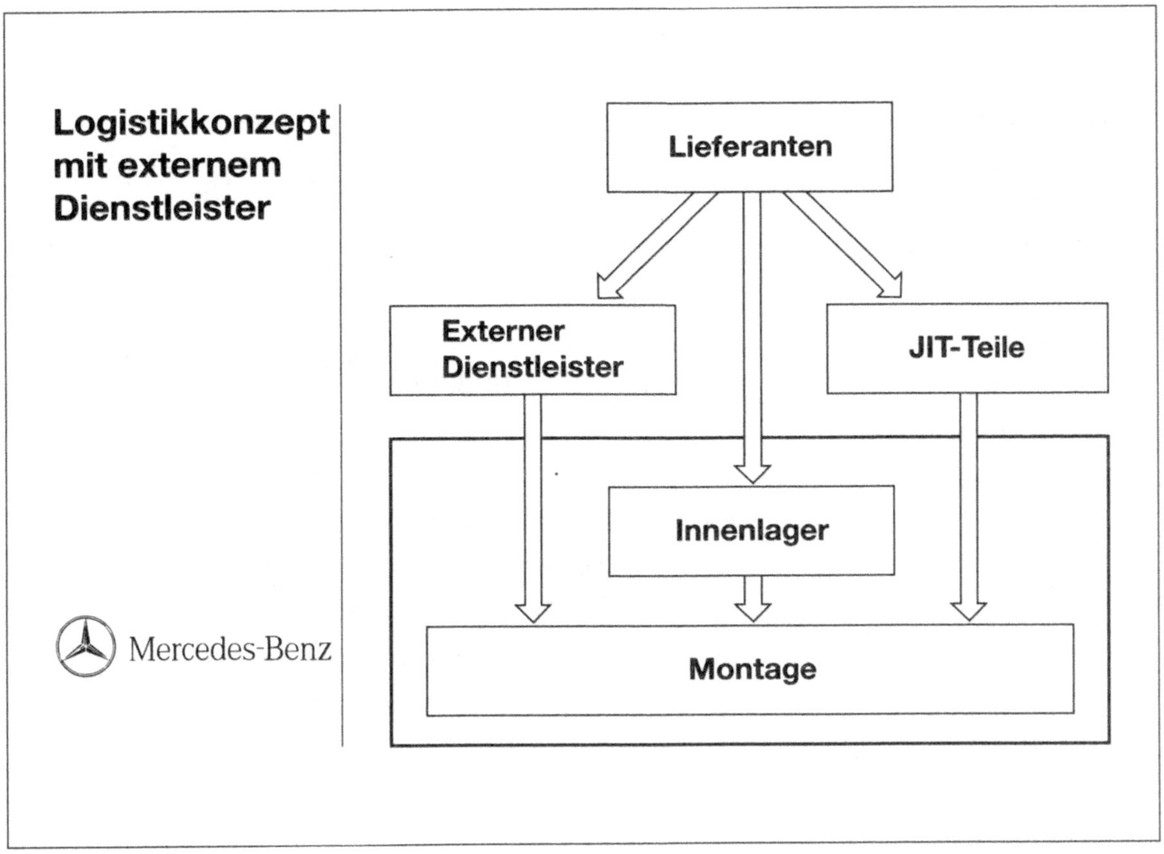

Bild 9

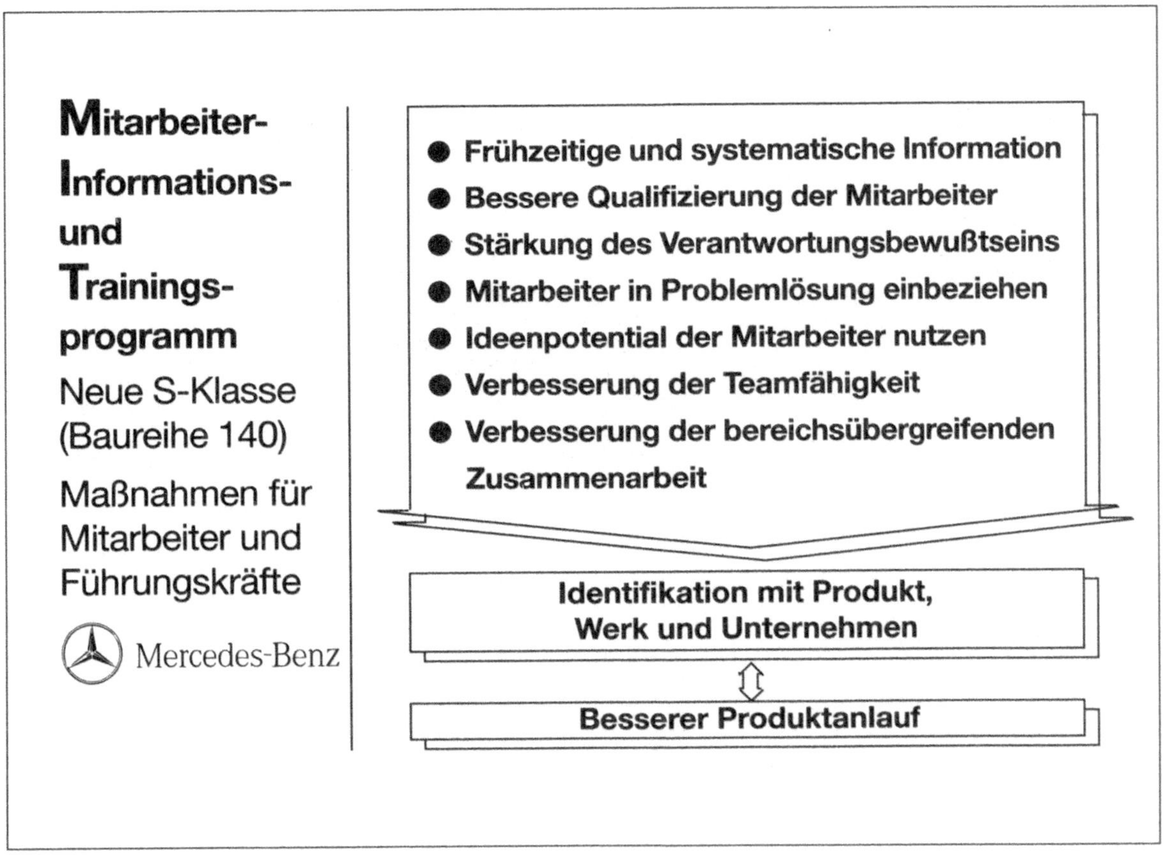

Bild 10

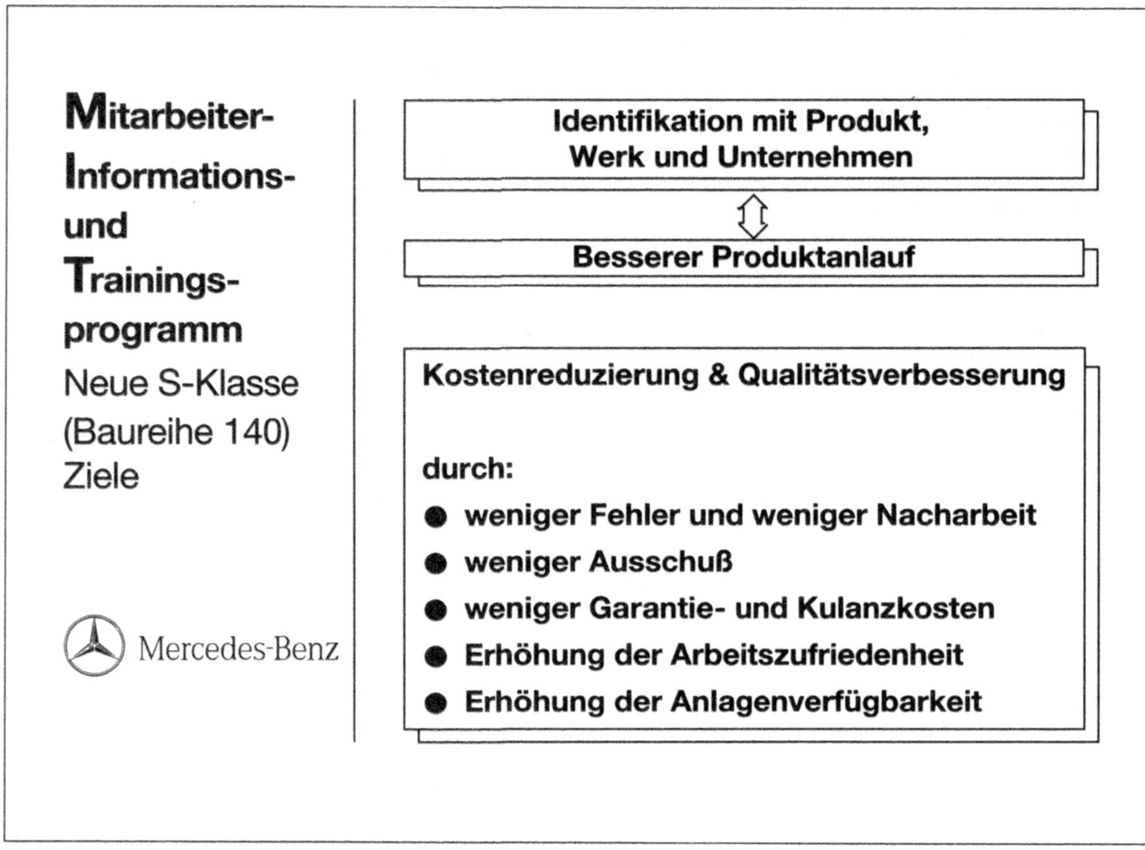
Mitarbeiter-
Informations-
und
Trainings-
programm
Neue S-Klasse
(Baureihe 140)
Ziele
Mercedes-Benz
Identifikation mit Produkt, Werk und Unternehmen
Besserer Produktanlauf
Kostenreduzierung & Qualitätsverbesserung
durch:
weniger Fehler und weniger Nacharbeit
weniger Ausschuß
weniger Garantie- und Kulanzkosten
Erhöhung der Arbeitszufriedenheit
Erhöhung der Anlagenverfügbarkeit

Bild 11

Münchener Kolloquium '91

Wettbewerbsfaktor Zeit in Produktionsunternehmen

28. Februar/1. März 1991
München

Zeit als Wettbewerbsfaktor durch Motivation und Qualifikation

Prof. Dr. rer. pol. H. Wildemann
TU München

Institut für Werkzeugmaschinen
und Betriebswissenschaften
Technische Universität München

1

Zeit als Wettbewerbsfaktor durch Motivation und Qualifikation

1. Zeit als Wettbewerbsfaktor

Der Faktor Zeit tritt bei einer kundennahen Marktbedienung gleichbedeutend neben die Wettbewerbsparameter Kosten und Qualität. Er ist eine Schlüsselgröße für die Gewinnung von Marktanteilen, die Kapitalbindung in der logistischen Kette, die Geschwindigkeit und Flexibilität bei der Umsetzung von Kundenwünschen in marktfähige Produkte, die Kundenbelieferung sowie für die Wirtschaftlichkeit und Rentabilität einer Unternehmung.

In der Vergangenheit herrschte in Produktion und Entwicklung eine reine Produktivitätsorientierung in bezug auf die direkten wertschöpfenden Tätigkeiten vor. Der Faktor Zeit wurde vor allem eingesetzt, um die Produktivität an den einzelnen Arbeitsplätzen zu erhöhen. Im Vordergrund stand die Beschleunigung der Bearbeitungszeiten, die intensive Nutzung des Zeitpotentials kapitalintensiver Kapazitäten sowie die detaillierte Abstimmung der Zeitdisparitäten einzelner Arbeitsschritte. Diese Strategie führte zu einer Beschleunigung der Bearbeitungsschritte und einer Reduzierung der direkten Fertigungskosten, hatte aber zur Konsequenz, daß der Zeitverbrauch in den indirekten Produktionsbereichen sowie in den Phasen der Produktentwicklung überproportional anstieg. Produktion und Entwicklung tendierten zu „Zeitvernichtungsmaschinen". Die Unternehmungen gerieten in eine doppelte Zeitfalle.

Einerseits erfordern lange Durchlaufzeiten innerhalb der Wertschöpfungskette Prognosen, um die Produktionsprozesse überhaupt planen und steuern zu können. Diese sind bei dynamischen Umwelteinflüssen umso ungenauer, je länger die Durchlaufzeit und damit die Prognosestrecke ist. So kann beispielsweise kein Disponent exakt den Bedarf einer Produktvariante über einen Planungszeitraum von einem Jahr voraussagen, auch wenn er sich noch so detaillierter Prognosemodelle bedient. Die Erfüllung eines prognostizierten Bedarfes ist zufällig. Im Ergebnis führt diese Zeitfalle zu wachsenden Lager- und Sicherheitsbeständen, Fehlteilen, sinkendem Lieferservice und Nacharbeit.

Die zweite Zeitfalle resultiert aus der Verkürzung der Innovationszyklen und dem wachsenden Anteil der Entwicklungszeiten an der Produktlebenszeit. Sie äußert sich in dem Tatbestand, daß bei verkürzten Produktlebenszyklen denjenigen Unternehmungen, die einen zu späten Produkteinführungszeitpunkt wählen oder bei denen sich die Produktentwicklung verzögert, nur noch ein geringer Anteil am gesamten Markt verbleibt. Die Konkurrenz hat zu diesem Zeitpunkt bereits eine Erfahrungskurve durchlaufen und befindet sich daher in einer günstigen Kostensituation, die eine Preissenkung erlaubt. Späteinsteigern fehlt aufgrund des geringeren Marktpotentials oft die Möglichkeit, Erfahrungskurveneffekte zu realisieren. Hohe Stückkosten bei gleichzeitigem Preisverfall führen zu niedrigen Deckungsbeiträgen. Hieraus entsteht die Gefahr, daß sich die Forschungs- und Entwicklungskosten nur noch teilweise amortisieren (vgl. Sommerlatte 1990, S.12) lassen. Der Pionier ist daher in der Regel für längere Zeit Marktführer und das rentabelste Unternehmen auf dem Markt.

Über diesen Marktaspekt hinaus hat die Verkürzung der Entwicklungszeit noch einen zweiten bedeutsamen Effekt: Das Unternehmen mit der kürzeren Entwicklungszeit kann den Markt länger beobachten, sich also besser auf die aktuelle Marktentwicklung einstellen. Dies führt zu einer Risikoreduktion bei der Produktdefinition.

Um der doppelten Zeitfalle zu entgehen, sind Maßnahmen erforderlich, die den Zeitverbrauch in sämtlichen Produktentwicklungs- und Wertschöpfungsprozessen reduzieren (vgl. Stalk 1988). Durch eine Fokussierung des Wettbewerbsfaktors Zeit gelingt es, die angestrebte Kunden- und Marktorientierung zu erreichen und den hieraus resultierenden Forderungen nach höherer Produktkomplexität und Variantenvielfalt, kürzeren Produktlebenszyklen sowie steigendem Lieferservice gerecht zu werden. Die Auswertung von Daten aus 29 Unternehmungen zeigt diese steigenden Anforderungen. Innerhalb von 10 Jahren war bei den Unternehmungen

- eine Zunahme der Artikelanzahl um 70 bis 130%,
- eine Erhöhung der Variantenzahl um 100 bis 420%,
- eine Verkürzung der Produktlebenszyklen um 60 bis 80% sowie
- eine Verkürzung der Lieferzeiten um 30 bis 90% zu verzeichnen (vgl. Abb. 1).

Um eine Kunden- und Marktorientierung zu erreichen, ist eine höhere Zeiteffizienz von F&E, Produktion und Zulieferung sicherzustellen. Diese kann erzielt werden durch Zeitverkürzungen innerhalb des Produktentstehungs- und Wertschöpfungsprozesses, durch eine intensivere Nutzung der zur Verfügung stehenden Zeit sowie durch die Nutzung der Zeit als Waffe im Wettbewerb.

2. Die Rolle des Mitarbeiters im Zeitwettbewerb

Die Erreichung von Wettbewerbsvorteilen durch Nutzung der Zeit ist davon abhängig, daß genügend ausgebildete und motivierte Mitarbeiter zur Verfügung stehen. Dies kann erreicht werden durch:

- Steigerung der Leistungsfähigkeit der Mitarbeiter (Qualifikation),
- Förderung der Leistungsbereitschaft der Mitarbeiter (Motivation),
- Steigerung der Leistungsmöglichkeit der Mitarbeiter (Arbeitsorganisation).

Ohne eine vorausschauende Personalentwicklung kann es im Zeitablauf zu einer Qualifikationslücke kommen. Die Qualifikationslücke entsteht durch die zunehmende EDV-Durchdringung und Integration von bisher getrennten Funktionen. Entgegen früheren Auffassungen zeigt sich, daß der

Faktor Personal von zentraler Bedeutung bei der Nutzung neuer Methoden und Technologien in der Innovations- und Wertschöpfungskette ist. Um einen störungsfreien Informations- und Materialfluß zu gewährleisten, ist die enge Ausrichtung der Mitarbeiter auf den eigenen Arbeitsplatz abzulösen durch das Mitdenken und Mithandeln im Sinne einer Optimierung des gesamten Innovations- und Wertschöpfungsprozesses. Dem Werkstattführungspersonal wird durch die Aufgabengestaltung ein großer Teil dispositiver Aufgaben entzogen, der aber durch Aufgaben der Koordination der Betreuung, Beratung und Schulung von Mitarbeitern und eine vermehrte Verfahrensentwicklung kompensiert wird. Dabei erhält ein Teil der Beschäftigten bei einem Übergang auf ein höheres Automatisierungsniveau die Chance für die Höherqualifizierung, für andere Mitarbeiter wird jedoch das Risiko der Verminderung der Arbeitsqualität größer. Eine Analyse der Beschäftigungsstruktur zeigt einen Trend der Verlagerung des Anteils der angelernten Arbeiter zu Facharbeitern und Meistern. Durch diese Verschiebung entfallen die routinisierten, relativ anspruchslosen Tätigkeiten, die in der Regel kurzen Zykluszeiten unterliegen. Durch die weitgehende Automatisierung entwickeln sich Arbeitsinhalte zu Systemdienstleistungen. Die systemnahen Funktionen, wie Arbeitsvorbereitung, Fertigungssteuerung, Instandhaltung, können durch qualifizierte Bedienmannschaften durchgeführt werden. Mitglieder dieser Mannschaften haben keine enge Bindung an bestimmte Maschinen. Die Austauschbarkeit von Mitarbeitern erhält durch die geänderten Arbeitsinhalte eine größere Bedeutung. **Abbildung 2** verdeutlicht die Verlagerung indirekter Funktionen in die Fertigung bei der Einführung neuer Technologien und Organisationsstrukturen.

Die Übertragung von dispositiven Tätigkeiten auf Mitarbeiter setzt eine Eignung der Mitarbeiter und eine transparente Gestaltung der Produktionsstruktur voraus. Die Einführung einer neuen Form der Arbeitsorganisation verlangt nach einer Umgestaltung des Arbeitssystems, wobei zum Teil veränderte Informations- und Entscheidungshilfsmittel bereitgestellt werden. Von den Mitarbeitern selbst wird hierbei eine breitere Einsatzmöglichkeit durch job-rotation oder job-enlargement erwartet. Eine solche Arbeitsorganisation, die die Anforderungen erfüllt, ist die Fertigungssegmentierung, bei der überschaubare, produktorientierte Einheiten in der Produktion geschaffen werden. Verbunden mit Transformation von Erfahrungen durch das Personal von einem Arbeitsplatz zum anderen wächst das Problembewußtsein für Nachbarbereiche. Die oft anzutreffende informatorische Isolation innerhalb der Belegschaft wird durchbrochen. Dadurch ist es möglich, im Rahmen einer flexiblen Organisation „humane Reserven“ effizienter zu mobilisieren. Das Erkennen von Rationalisierungsansätzen, produkt- oder prozeßbezogen, wie es systematisch durch die Wertanalyse betrieben wird, darf sich nicht auf den Einsatz dieses Instrumentariums beschränken. Die Erfahrung zeigt, daß die Berücksichtigung und die Verwertung abgegebener Verbesserungsvorschläge schneller zu Lösungen führt und häufig erst auf Schwachstellen aufmerksam macht.

Analytische und meß- sowie regeltechnische Kenntnisse im Umgang mit Maschinen verringern die „muskelmäßig-körperliche Belastung“ und führen zu einer Erhöhung der „geistig-psychischen Belastungen“. Die Tätigkeiten eines Anlagen- und Maschinenbedieners erfordern also eine Doppelqualifikation für die Mechanik und die Elektrotechnik (Mechatronik). An Bedeutung verlieren auch Anforderungen aus Umgebungseinflüssen durch die Abnahme der Unfallgefahr aufgrund der Entkopplung des Menschen vom Betriebsmittel. In den Vordergrund der Arbeitsbewertung treten die benötigte Qualifikation, die Kompliziertheit der Aufgabe und die Entscheidungsfreiheit des Mitarbeiters am Arbeitsplatz.

Ähnliche Anforderungen an die Mitarbeiter ergeben sich auch im Innovationsprozeß. Es sind drei Problembereiche, die die Qualifizierung der Mitarbeiter des F&E-Bereichs betreffen: die Spezialisierung, die Integration und das Management. Die zunehmende Innovationsdynamik sowie die immer aufwendiger konzipierten Produkte bedingen Technologiequantensprünge, die nur mit Spezialisten-Know-How erreicht werden können. So steigt sowohl die Spezialisierungstiefe als auch die Zahl der Know-How-Träger stetig an. Der Markt fordert neben neuartigen Produkten auch immer komplexere Geräte bis hin zu Systemen. Dies erfordert einen erheblichen Integrationsaufwand. Bei ungenügender Berücksichtigung der Integration treten Fehler bei der Systemkonzeption und -spezifizierung auf, die die Funktionalität des Gesamtsystems in Frage stellen und somit erhebliche finanzielle Auswirkungen haben können.

Um die Anforderungen der Spezialisierung einerseits, der Integration andererseits erfüllen zu können, ist ein effizientes Management erforderlich: Es muß den Spezialisten ein Überblick über das Gesamtprodukt regelmäßig nahe gebracht werden; ferner sind alle betriebsinternen Abläufe hinsichtlich Information, Planung, Entscheidung und Ausführung zu koordinieren, um den Zeitverlust, die Mißverständnisse und die Fehler, die durch die Schnittstellen entstehen können, zu vermeiden. Es ist somit eine Aufgabe des Managements im F&E-Bereich, sicherzustellen, daß die Entwicklung neuer Produkte nicht zu einer Summe mehrerer Teiloptima führt, sondern zu einem Gesamtoptimum in bezug auf die Faktoren Zeit, Qualität und Kosten.

Die Veränderungen der Personal- und Organisationsstrukturen durch die Zeitorientierung erfordern eine systematische Planung und hohe Aufwendungen für Information, Qualifikation und Motivation der Mitarbeiter im Sinne einer Humankapitalbildung.

3. Strategien zur Nutzung der Zeit als Wettbewerbsfaktor

Zur Nutzung der Zeit als Wettbewerbsfaktor sind drei komplementäre Strategien von Bedeutung **(vgl. Abb. 3)**.

1. Zeitverkürzung 2. Intensive Nutzung der Zeit und 3. Zeit als Waffe im Wettbewerb.

Zur Verkürzung der Zeitstrecken in Forschung und Entwicklung, Produktion und Zulieferung sind grundsätzlich zwei Ansätze denkbar:

1. Zeitpuffer vermeiden und 2. Schneller arbeiten.

Die einzelnen Bereiche eines Unternehmens sind durch den Faktor Zeit miteinander verknüpft. In herkömmlichen Organisationen werden Zeitpuffer in Form von langen Vorlaufzeiten benötigt, um die Bereiche voneinander zu entkoppeln und eine Kollision zwischen Aktivitäten, die gemeinsame Ressourcen erfordern, zu vermeiden. Zeitpuffer treten insbesondere bei hoher Arbeitsteilung sowohl auf horizontaler als auch auf vertikaler Ebene auf. Eine hohe Arbeitsteilung bewirkt Produktivitätsgewinne, führt aber aufgrund von vielen Schnittstellen und höherem Koordinationsbedarf zu langen Vorlaufzeiten. Um eine Zeitverkürzung zu erreichen, ist die Spezialisierung sowohl im F&E-Bereich als auch in der Produktion zu reduzieren. Dies führt zu höherer Transparenz und besser abgestimmten Kapazitäten, beides führt wiederum zu geringeren Wartezeiten.

Für Zeitverkürzungen sind daher einfache, überschaubare, in sich vernetzte Strukturen zu schaffen. Diese setzen aber die zeitgleiche Verfügbarkeit von Informationen an jeder Stelle des Unternehmens voraus.

Über die Vermeidung von Zeitpuffern hinaus lassen sich die Zeitstrecken in F&E, Produktion und Zulieferung durch schnelleres Arbeiten in den einzelnen Phasen erreichen. Lange Entwicklungszeiten und Durchlaufzeiten sind häufig durch unzureichende Hilfsmittel oder fehlende technische Unterstützung bedingt. Neben Maßnahmen wie Zeitmanagement, Zeitcontrolling und zeitorientierte Führung, die auf eine Schärfung des Zeitbewußtseins der Organisationsmitglieder ausgerichtet sind, kann daher die Effizienz in F&E, Produktion und Zulieferung insbesondere durch den Einsatz neuer Technologien gesteigert werden.

Bessere Nutzung der Zeit bedeutet:

- die richtigen Dinge tun,
- die verfügbaren Kapazitäten effizient nutzen,
- die Dinge richtig tun und so Rückkopplungen und Fehler vermeiden.

Die Nutzung der Zeit als Waffe im Wettbewerb erfordert eine zeitorientierte Organisation, die schnell auf Veränderungen und neue Potentiale reagiert. Die zeitorientierte Organisation zeichnet sich durch die Merkmale der strukturierten Vernetzung sowie durch Synchronisation und Parallelisierung von Aktivitäten aus.

4. Umsetzung der Zeitstrategien durch Motivation und Qualifikation

4.1. Zeitverkürzung durch Strukturveränderung in der Produktion

Eine Vermeidung von Zeitpuffern kann durch Strukturveränderungen erreicht werden. Es gilt, einen Verbesserungskreislauf in Gang zu setzen, der alle Organisationsbereiche entlang der Innovations- und Wertschöpfungskette auf ein Zeitoptimum kanalisiert. Hierzu sind Struktur- und Verhaltensänderungen erforderlich, die traditionelle Bereichsabgrenzungen und gewachsene Organisationskomplexität in Frage stellen. Ein Abbau von Zeitpuffern in der Produktion ist mit Fertigungssegmentierung (vgl. Wildemann 1990) zu erreichen. Das Konzept basiert auf der Erkenntnis, daß für Produktionseinheiten, die auf hohe Marktveränderungen reagieren müssen, andere Fertigungsstrategien zu wählen sind als für Bereiche, die sich einem kontinuierlichen Absatz mit großen Mengen gegenüber sehen. Hinzu kommt das Erfordernis „beweglicher" Fabriken, damit diese die Absatzmärkte unmittelbar bedienen und ständig an die Standorte mit den besten Produktionsbedingungen wandern können.

Das Konzept der Fertigungssegmentierung beinhaltet folgende Gestaltungsprinzipien: Flußoptimierung, kleine Kapazitätsquerschnitte in jeder Fertigungsstufe, räumliche Konzentration von Betriebsmitteln mit variablem Layout, selbststeuernde Regelkreise, Komplettbearbeitung von Teilen und Baugruppen, Selbstkontrolle der Qualität und Entkopplung von Mensch und Maschine **(vgl. Abb. 4)**. Durch die Flußoptimierung sollen Durchlaufzeiten vor allem durch die Verringerung der Übergangszeiten reduziert werden. Das Liegen vor und nach der Bearbeitung ist im Idealfall gleich Null. Dies kann dadurch erfolgen, daß die Kapazitäten zwischen den einzelnen Fertigungsstufen synchronisiert und miteinander verkettet werden. Auch wird Zeit dadurch eingespart, weil das Handling zwischen den verschiedenen Operationen auf ein Minimum reduziert wird. Durch den Einsatz geeigneter Transportmittel können auch die Förderzeiten gesenkt werden. Zur Erreichung der zeitsparenden Flußoptimierung werden folgende Gestaltungselemente herangezogen: Veränderung des Layouts, Reduzierung der Rüstzeiten, Harmonisierung der Kapazitäten und Losgrößen, Veränderung der Transportwege und -behälter und Einführung der Holpflicht.

Die mit der Fertigungssegmentierung verbundene ablauforientierte räumliche Konzentration von Betriebsmitteln bei variablem Layout beinhaltet gleichzeitig die Verkürzung der Wege für Material und Informationen unter dem Aspekt eines schnellen und möglichst störungsfreien Durchflusses. Auch dadurch werden Zeitpuffer reduziert, indem Vor- und Nachliegezeiten vermieden werden. Durch die enge, räumliche Anordnung der Maschinen ist weiterhin ein enger Kontakt (optisch und akustisch) zwischen den Mitarbeitern gegeben, wodurch sich die Koordination und die notwendigen Abstimmungen im Leistungsvollzug erleichtern sowie mögliche Voraussetzungen für einen selbständigen Arbeitsplatzwechsel oder Unterstützung im Rahmen einer kurzfristigen Engpaßbehebung vorliegen.

Durch die Variabilität des Layouts läßt sich das Problem der Kapazitätsabstimmung bei wechselndem Produktionsprogramm leichter lösen, indem eine Anlage in den Fertigungsablauf integriert und anschließend wieder herausgenommen wird. So können hohe Flexibilität und kurze Übergangszeiten gleichzeitig realisiert werden. Auch durch das Prinzip der Komplettbearbeitung von Teilen und Baugruppen im Fertigungssegment wird primär eine Reduzierung der Übergangszeiten zwischen den Bearbeitungsstationen angestrebt. Durch die Variablität des Layouts kann eine Komplettbearbeitung auch bei variierender Auftragsstruktur realisiert werden. Durch die erforderliche höhere Qualifikation der Segmentmitarbeiter und die Selbstkontrolle der ausgeführten Arbeit werden Fehler sofort erkannt und behoben. So entfallen zusätzliche Zeiten für nachträgliche Qualitätsprüfung und Nacharbeit.

Eine mit der Fertigungssegmentierung einhergehende Optimierung der Rüstvorgänge bringt weiterhin eine Verkürzung der Rüstzeiten und eine höhere Verfügbarkeit der Anlagen mit sich. Die flußorientierte Gestaltung der Fertigungssegmente trägt zu einer Vereinfachung des innerbetrieblichen Materialflusses und somit zu einer deutlichen Verringerung von Materialtransport und -handhabung bei. Hierdurch sinken die Bestände in der Fertigung. Durchlaufzeiten werden vor allem durch die Verringerung der Übergangszeiten verkürzt.

Die Realisierung kurzer Durchlaufzeiten in der logistischen Kette verlangt eine hohe Versorgungssicherheit mit kurzen Wiederbeschaffungszeiten. Hierzu ist es erforderlich, einen intensiven Informationsaustausch mit den Zulieferanten anzustreben im Rahmen von Vereinbarungen für eine produktionssynchrone Beschaffung geeigneter Teile oder Baugruppen. Diese soll durch eine mehrstufige Planungssystematik gestützt werden, welche die Ebenen Rahmenvereinbarung, Rahmenauftrag und Lieferabruf beinhalten soll. Durch die mehrstufige Vorgehensweise wird eine erhöhte Transparenz des Planungsgeschehens erreicht. Vereinfachte Regelungen für diese Abläufe werden von periodisch zu überarbeitenden Rahmenvereinbarungen bezüglich Bestellabwicklung, Qualitätsabwicklung, Anlieferung und Abrechnung begleitet. Hierdurch kann eine Vielzahl einzelner Funktionen in der Beschaffungsabwicklung vermieden werden. Aufgrund der rollierend überarbeiteten Rahmenaufträge können die sonst je Einzelauftrag erforderlichen Funktionen von der Auftragserfassung beim Lieferanten über die Bestätigung bis zur Produktionsplanung weitgehend entfallen. Durch die integrative Kopplung der Funktionen der Auftragsabwicklung bei Lieferant und Abnehmer können Aufwendungen vermieden werden, die bei regelmäßig wiederkehrenden Prozessen auftreten. Dadurch können Dispositionszeiten eingespart werden. Auch kann die Produktionsvorlaufzeit durch die Verkürzung des Zeitbedarfs für die Beschaffung von Ressourcen sowie für die Auftragsbearbeitung reduziert werden.

Neben der notwendigen Neuorganisation des Informationsflusses in einem produktionssynchronen Beschaffungskonzept ist eine Neugestaltung des Materialflusses unabdingbar. Zeitpuffer können hier vermieden werden, indem die Schnittstelle zwischen Lieferant und Endverbraucher so gestaltet wird, daß eine Direktanlieferung ohne Kontrollen, Verpackungen und Lagerungen ermöglicht wird. Eine solche Gestaltung des Materialflusses erfordert eine Definition von Bevorratungsebenen mit dem Ziel, Doppellagerungen zu vermeiden. Hinzu kommt auch die Reduzierung des Handlings durch Umpacken der Teile. Von besonderer Bedeutung ist daher die Entwicklung eines durchgängigen Behälterkonzeptes. Die Einbindung der Spedition in den Bestellabruf macht eine explizite Versanddisposition entbehrlich. Diese idealtypische Gestaltung der Aufgabenverteilung in einer produktionssynchronen Beschaffung verfolgt damit das Ziel einer durchgängigen Beschaffungsfunktion, die die Forderung stellt:

Produktionseinheit = Liefereinheit = Verbrauchseinheit

4.2. Intensive Nutzung der Zeit durch Arbeitszeitflexibilisierung und Qualitätsmanagement

Das Ziel einer intensiven Nutzung der Zeit erfordert es, Industriebetriebe wie Dienstleistungsunternehmen zu organisieren. Dies bedeutet eine Deckungsgleichheit von Beschäftigungs- und Nachfragekurve. Voraussetzung hierfür sind flexible Kapazitäten und damit auch ein flexibler Personaleinsatz. Neben konventionellen Instrumenten zur Flexibilisierung der Personalkapazität wie Überstunden, Kurzarbeit, befristeten Arbeitsverträgen, Einstellungen und Entlassungen wird die flexible Arbeits- und Betriebszeitgestaltung zur Anspassung an Nachfrageschwankungen zu einem neuen Gestaltungsfeld, das von den Tarifvertragsparteien in seinen Rahmenbedingungen vorgezeichnet wurde.

Eine Änderung der Betriebszeiten beeinflußt auch die Arbeitszeiten der Mitarbeiter, die aufgrund ihrer Problemlösungskapazität und Flexibilität im Rahmen des Produktionsprozesses eine Schlüsselstellung einnehmen. Die Arbeits- und Betriebszeitgestaltung ist somit nicht nur an betrieblichen Zielen, sondern auch an den Belangen der Mitarbeiter und deren Streben nach mehr Zeitautonomie auszurichten. Neue Arbeitszeitmodelle ermöglichen mehr Dispositionsfreiheit über die Verteilung und Dauer der Arbeitszeit. Im Vergleich zur starren Normalarbeitszeit ermöglicht die freie Bestimmung von Arbeitsbeginn und -ende eine bessere Berücksichtigung von familiären Interessen und Freizeitaktivitäten. So gestatten Teilzeitmodelle berufstätigen Eltern die Teilnahme am Berufsleben bei Berücksichtigung familiärer Interessen, insbesondere der Kindererziehung (vgl. Bittelmeyer u.a. 1987, S. 22).

In Situationen, bei denen betriebliche Anforderungen den Mitarbeiterinteressen entgegenstehen, kann es zu Konflikten kommen. So schränkt eine dem betrieblichen Arbeitsanfall angepaßte Ausdehung der Arbeitszeit die Planung der persönlichen Zeitverwendung ein (vgl. Seifert 1987, S. 734), der Mitarbeiter kann Freizeitaktivitäten oder gemeinsame Freizeit mit der Familie nur begrenzt im voraus planen. Neben der Anpassung von Arbeits- und Betriebszeiten an den Arbeitsanfall kann auch die Ausweitung der Betriebszeiten den Mitarbeiterinteressen entgegenstehen. So führt eine Betriebszeitsteigerung durch Ausweitung der Schichtarbeit (z.B. von Normalschicht auf Wechselschicht oder 3-Schicht-Betrieb) zu Arbeitszeiten in den Abend- und Nachtstunden, die weitgehend als unattraktiv empfunden werden. Neben arbeitswissenschaftlichen Einwänden aufgrund mangelnder Anpassung der Arbeitszeit an den Tagesrhythmus kann diese Arbeits- und Betriebszeitgestaltung die Freizeitgestaltung beeinträchtigen; insbesondere die gemeinsame Freizeit mit der Familie sowie die Teilnahme am gesellschaftlichen Leben wird erschwert. Nachteile für die Arbeitnehmer können auch auftreten, wenn eine Ausweitung der Betriebszeit in das Wochenende hinein vorgenommen wird.

Die Anforderungen, die aus einer Kunden- und Marktorientierung bei gleichzeitiger höherer flexibler Automatisierung an das Zeitmanagement erwachsen, können einer mitarbeiterorientierten Zeitgestaltung, bei der die Zeitautonomie der Mitarbeiter im Vordergrund steht, entgegenstehen. Um diesen Konflikt zu lösen, sind Ansätze erforderlich, die einen Ausgleich zwischen betrieblichen Interessen und den Belangen der Mitarbeiter schaffen und den tarifpolitischen Rahmen nutzen.

Um einen Beitrag zur Klärung dieser Problembereiche zu leisten, gründete der Verfasser einen Arbeitskreis, an dem sich 22 Unternehmen beteiligten. Bei diesen Unternehmen kommen die Modelle Schichtarbeit, Gleitzeit, Freischichtregelung, versetzte Arbeitszeiten, Mehrfachbesetzung, Job Sharing und Baukastensystem zur Anwendung; die Modelle wiesen dabei einen unterschiedlichen Verbreitungsgrad auf. Voraussetzung für die Auswahl geeigneter Arbeitszeitmodelle ist die Bewertung der einzelnen Modelle auf Basis einer Wirkungsanalyse. Die Wirkungsanalyse ergab unterschiedliche Kosten- und Nutzenaspekte bei den in Produktion und indirekten Bereichen eingesetzten Modellen, so daß aus betrieblicher Sicht je nach geplanter Wirkung unterschiedliche Modelle geeignet sind. Die verschiedenen Varianten der Arbeits- und Betriebszeitgestaltung sind nicht nur aus betriebswirtschaftlicher Sicht, sondern auch vor dem Hintergrund der Mitarbeiterinteressen zu beurteilen. Hierbei wird den Anforderungen „Dispositionsfreiheit der Mitarbeiter", „Abstimmung von Familie und Arbeitszeit" und „Spielraum bei der Freizeitgestaltung" die höchste Bedeutung zugemessen. Positive Auswirkungen auf personelle und soziale Zielgrößen wurden insbesondere bei den Modellen Gleitzeit, Baukastenmodell, Job Sharing und Teilzeitarbeit, negative Auswirkungen dagegen bei der Schichtarbeit festgestellt.

Die Vorteile flexibler Arbeits- und Betriebszeitmodelle kommen dann zum Tragen, wenn sie schrittweise auf personelle, organisatorische und technische Gegebenheiten abgestimmt werden. Die Einführung flexibler Arbeits- und Betriebszeiten erfolgte bei den befragten Unternehmen als mehrstufiger Prozeß. Dieser umfaßte insgesamt zwölf Phasen, die aufeinanderfolgen, teilweise aber auch überlappend oder parallel ablaufen.

Im Rahmen der vorliegenden Untersuchung stellte sich heraus, daß die verschiedenen Modelle der Arbeits- und Betriebszeitgestaltung in der Praxis hinreichend bekannt sind. Die Analyse der Verbreitung flexibler Arbeits- und Betriebszeiten in den Unternehmen ergab jedoch, daß das Gestaltungspotential der flexiblen Zeitgestaltung noch nicht ausgeschöpft ist. Seit längerem bekannte und erprobte Modelle wie Schichtarbeit, Gleitzeit und Teilzeitarbeit finden eine breite Anwendung, während innovative Formen der Zeitgestaltung wie Mehrfachbesetzung von Arbeitsplätzen, Job Sharing und Baukastenmodell nur in geringerem Umfang eingesetzt werden. Für die zukünftige Forschung stellt sich die Aufgabe zu analysieren, welche Faktoren die Anwendung innovativer Zeitgestaltung hemmen und Lösungsmöglichkeiten zu entwickeln, diese zu überwinden. Pilotprojekte in der Praxis, die durch eine begleitende Forschung unterstützt werden, können Klarheit über die Anwendungsmöglichkeiten und Auswirkungen innovativer Formen der Arbeits- und Betriebszeitgestaltung schaffen. Mit der Anwendung dieser Modelle werden neue Gestaltungsfelder eröffnet:

1. Eine flexible Zeitgestaltung ist durch eine Entkopplung von Arbeitszeit und Betriebszeit möglich. Diese Entkopplung erlaubt eine Ausdehnung der Betriebszeit und stellt somit einen wichtigen Ansatzpunkt zur Senkung von Kapitalkosten dar. Modelle, die hinsichtlich dieses Gestaltungs-

feldes hohe Potentiale aufweisen, sind Schichtarbeit, Mehrfachbesetzung und Baukastenmodell; auch Teilzeitarbeit, Gleitzeit und versetzte Arbeitszeiten gestatten eine Betriebszeitausdehnung und Kapitalkostensenkung **(vgl. Abb. 5)**.

2. Ein flexibles Arbeits- und Betriebszeitmanagement gestattet eine ungleichmäßige Verteilung der Arbeits- und Betriebszeit innerhalb bestimmter Zeiträume (z.B. Woche, Monat oder Jahr). Hierdurch ergibt sich die Möglichkeit, Produktions- und Personalkapazitäten an Nachfrageschwankungen anzupassen. In diesem Zusammmenhang weisen Teilzeitarbeit, Gleitzeit und Baukastenmodell ein hohes Potential auf; auch durch den Einsatz von Schichtarbeit, Mehrfachbesetzung, versetzten Arbeitszeiten und Job Sharing läßt sich eine Verbesserung der Anpassungsfähigkeit erzielen.

3. Flexible Arbeits- und Betriebszeiten eröffnen die Möglichkeit einer individuellen Festlegung von Dauer und Lage der Arbeitszeit einzelner Mitarbeiter. Sie bieten eine Möglichkeit, dem Streben der Mitarbeiter nach mehr Zeitautonomie und Dispositionsfreiheit Rechnung zu tragen. Bezüglich dieses Gestaltungsfeldes eröffnen die gleitende Arbeitszeit, Baukastenmodelle und Job Sharing hohe Potentiale; daneben können auch Teilzeitarbeit, Mehrfachbesetzungssysteme, versetzte Arbeitszeiten und Freischichten zu einer Steigerung der Zeitautonomie der Mitarbeiter beitragen.

Oftmals sind die Prozesse in der Forschung und Entwicklung, Produktion und Zulieferung durch zeitraubende Änderungen, Störungen und Rücksprünge gekennzeichnet. Die Ursachen dafür liegen in drei Bereichen: Der Mitarbeiter hat nicht die Fähigkeiten, die für einen reibungslosen Ablauf nötig wären. Die zweite Ursache liegt im Bereich der Motivation und Verantwortung, die dritte schließlich in der Arbeitsorganisation bzw. dem Umfeld, dem sich der Mitarbeiter gegenübersieht. Um die zur Verfügung stehende Zeit möglichst intensiv nutzen zu können, sind Fehler im Innovations- und Wertschöpfungsprozeß präventiv zu vermeiden. Ziel muß sein, „die Dinge richtig zu tun", und dies beim erstenmal. Dazu ist es nötig, den Mitarbeiter zu qualifizieren, ihn zu motivieren und mit dem Einsatz geeigneter Methoden und Strukturen die nötigen Rahmenbedingungen schaffen. Ansatzpunkt für die F&E ist somit die Minimierung der Fehler und Fehlerursachen sowie deren Beteiligung in allen Phasen des Innovationsprozesses, da hier der Aufwand zur Behebung zum einen am geringsten ist, zum anderen die Auswirkung auf die Wertschöpfungskette am höchsten **(vgl. Abb. 6)**. Wird ein Fehler beispielsweise erst im Pilotbetrieb entdeckt, ist der Aufwand für die Behebung doppelt so hoch wie bei im Entwicklungstest gefundenen Mängeln. Wäre er bereits in der Konzeptphase eliminiert worden, hätte man den Änderungsaufwand um den Faktor 20 im Vergleich zum Pilotbetrieb-Fehler, um den Faktor 100 im Vergleich zu Feldbetriebfehlern reduzieren können. Um die Entwicklungszeit effizient zu gestalten, müssen die Zusammenhänge innerhalb der Innovationskette und die Auswirkung auf die Wertschöpfungskette beachtet werden. Eine Methode zur systematischen Sicherheits- und Zuverlässigkeitsanalyse ist die sogenannte FMEA (= Failure Mode and Effects Analysis). Die Zielsetzung der FMEA ist vielfältig und beeinflußt nicht nur die Entwicklung, sondern das gesamte Umfeld. Die FMEA muß bereits in der Konzeptphase als präventive Methode im Sinne einer Qualitätsplanung durchgeführt werden und kann so für Konstruktion und Prozeß eine systematische Fehlererkennung erreichen, Verbesserungsmöglichkeiten suchen und Maßnahmen einleiten (vgl. Taguchi 1989). Während viele Entwicklungsprozesse durch eine sich häufende Zahl der Änderungen kurz vor und auch nach Serienanlauf gekennzeichnet sind, gelingt es effizienten Unternehmen durch Fehlerfrüherkennung und Qualitätsplanung, die Zahl der Änderungen insgesamt zu reduzieren und vorzuverlegen. Während die FMEA eine Methode der Risikominimierung in allen vier Phasen der Innovationskette darstellt, zielt QFD (Quality Function Deployment) vornehmlich auf die Studien- und Definitionsphase ab. Der Grundgedanke besteht darin, die Kundenwünsche und die Produktspezifikation nicht gleichzusetzen, sondern für das Umsetzen in technische Spezifikationen systematische Spielregeln anzuwenden (vgl. Danzer 1990, S. 45). Durch eine gezielte Verlängerung bestimmter Phasen, vornehmlich der Studien- und der Definitionsphase, kann der Änderungsaufwand beeinflußt und die Realisierungs- und Einführungszeit drastisch reduziert und somit die gesamte Entwicklungszeit gesenkt werden.

Eine bessere Nutzung der Zeit in der Wertschöpfungskette bedeutet zunächst die richtigen Dinge gleich beim ersten Mal richtig zu tun, so daß Fehler und somit Rückschleifen möglichst vermieden werden. Dies zeigt, wie bedeutsam die Dimension Qualität, sowohl von Produkten als auch von Prozessen, sein kann. Im JIT-Konzept ergibt sich die Bedeutung der Qualität zusätzlich aus der Tatsache, daß die im Umlauf befindlichen Bestände auf ein Minimum reduziert sind. Fehlerhafte Teile führen somit direkt zu Unterbrechungen und Störungen im Ablauf. Der Grundsatz soll daher lauten: „Qualität produzieren und nicht erprüfen". Die Verwirklichung dieses Grundsatzes erfordert ein integriertes Qualitätssicherungssystem für die gesamte Unternehmung.

Zur Durchsetzung einer integrierten Qualitätssicherung in der Produktion, Auftragsabwicklung und Zulieferung können vier unterschiedliche Strategien eingesetzt werden:

1. Übernahme der Kontrolle durch automatische Einrichtungen im Produktionsprozeß und damit Sicherstellung einer gleichbleibenden Wiederholqualität im Prozeß: Qualitätssicherung durch Automatisierung.
2. Motivationssteigerung der Mitarbeiter zur Hebung des Qualitätsstandards: Qualitätssicherung durch Selbstkontrolle.
3. Konzentration der Kontrolle auf Prozeßparameter: Qualitätssicherung durch Prozeßkontrolle.
4. Qualitätssicherung durch Umfeldkontrolle: Stabile Umweltparameter ermöglichen reproduzierbare Prozesse.

Die Automatisierung konzentriert sich auf die Überprüfung oder objektive Messung der Qualität. Hier werden besondere Anforderungen an die Meß- und Prüftechnik gestellt. Die automatischen Kontrolleinrichtungen bieten den Vorteil, daß sie die oftmals monotonen, zeitlich wiederkehrenden Kontrollgänge leichter, schneller und kostengünstiger als der Mensch übernehmen können.

Bei der Qualitätssicherung durch Selbstkontrolle werden die Mitarbeiter aller Hierarchiestufen in den Qualitätssicherungsprozeß einbezogen. Die Arbeitskontrolle ist von jedem Mitarbeiter mit dem Ziel durchzuführen, die Qualitätssicherungskosten möglichst niedrig zu halten und eine Weitergabe fehlerhafter Produkte zu vermeiden. Die Zeitersparnis ist augenscheinlich, denn wenn nur fehlerhafte Teile an die nachgelagerte Stufe weitergegeben werden, kann und muß zeit- und kostenaufwendige Nacharbeit erst gar nicht geleistet werden. Hinzu kommt, daß durch Selbstkontrolle die Anzahl unterschiedlicher Bearbeitungsstellen verringert wird, weil eine zusätzliche Qualitätsprüfung durch entsprechend spezialisiertes Personal entfällt. Eine Zwischenlagerung zum Zwecke der Qualitätsinspektion kann entfallen. Die Meßmittelkosten, die Transportkosten sowie die Durchlaufzeit der Produkte sinken. Gleichzeitig verschieben sich durch die Komplettbearbeitung der Produkte der

Prüfinhalt von der elementbezogenen Kontrolle der Einzelteile eines Produkts zur Funktionserfüllung. Weiterhin ergeben sich Erleichterungen bei der Produktionssteuerung.

Die Strategie der Qualitätssicherung durch Prozeßkontrolle unterscheidet sich von der automatisierten Qualitätskontrolle dadurch, daß sie sich nicht auf das Ergebnis des Prozesses, das Produkt konzentriert, sondern auf den Prozeß selbst. Ziel ist hier also nicht das Erfassen und Aussortieren fehlerhafter Teile, sondern das Aufdecken von Störungen im Fertigungsprozeß. Als Methode kommt hierbei die statistische Prozeßregelung (SPC = Statistical Process Control) zum Einsatz.

Auch das Konzept der Fertigungssegmentierung liefert eine Hilfestellung zur Verbesserung der Qualitätssicherheit:

1. Unmittelbare Rückmeldung, die durch niedrige Bestände ausgelöst wird.
2. Beschränkung auf Produktionsraten, die eine permanente Anlaufkontrolle benötigen.
3. Die Möglichkeit des Mitarbeiters, eine Maschine anzuhalten, und auf eine unmittelbare Lösung zu drängen, wenn ein Problem auftritt.

Durch die dem Segmentierungskonzept inhärente, klare Zuordnung von Verantwortlichkeiten und die damit verbundene Transparenz wird eine Erhöhung der Qualitätssicherheit erreicht. Die kombinierte Anwendung der QS-Strategien führt zu einer Konzentration der Aktivitäten auf die Sicherung einer hohen Kosten- und Zeiteffizienz sowohl im Produktionsprozeß bei Eigenfertigung als auch in der Zulieferung.

4.3. Zeit als Waffe im Wettbewerb durch zeitorientierte Organisation

Voraussetzung zur Nutzung der Zeit als Waffe ist die Fähigkeit der Organisation zu lernen. Im Gegensatz zum Individuum, das lernt, indem es neues Wissen erwirbt und dadurch sein Verhalten zu seinem Vorteil verändert, erfordert der Lernprozeß sozialer Systeme mehr als neue Erkenntnisse und Verhaltensänderungen einzelner Organisationsmitglieder (vgl. Sommerlatte 1990, S. 4). Gefordert ist ein „organizational learning", d.h. die Fähigkeit einer Organisation, das Wissen und die Erkenntnisse aller ihrer Organisationsmitglieder auszutauschen, darüber Konsens zu erzielen und ein abgestimmtes, zielgerichtetes Verhalten zu erreichen. „Organizational learning" ist nur dann effizient, wenn das Wissen der einzelnen Organisationsmitglieder zusammengeführt und der ganzen Organisation zugänglich gemacht wird. Die Durchführung eines „organizational learning" setzt bestimmte Qualifikationen bei den Mitarbeitern voraus. Dabei sind insbesondere die Qualifikationen, die sich nicht auf bestimmte Tätigkeitsinhalte beziehen, sondern im Bereich der sozialen Kompetenz liegen, wie Verständnis für die Verflechtung der individuellen Leistungsprozesse, Kommunikationsfähigkeit und Kooperationsbereitschaft sowie Lernfähigkeit und Lernbereitschaft, von Bedeutung. „Organizational learning" heißt, gewonnene Informationen so schnell wie möglich anderen Organisationsmitgliedern zukommen zu lassen. Voraussetzung hierfür sind schnelle Informations-, Kommunikations- und Entscheidungswege. Sie ermöglichen die Realisierung von Geschwindigkeitsvorteilen. Zentralisierte und verrichtungsbezogene Organisationen schneiden bezüglich der Reaktionsgeschwindigkeit schlecht ab. Bezogen auf die Aufbauorganisation erlauben einfache Strukturen eine höhere Transparenz und kürzere Informations- und Kommunikationswege, dies ermöglicht kurze Informationsdurchlaufzeiten in der Innovations- und Wertschöpfungskette. In diesem Zusammenhang läßt sich die von Frederic Vester (1980) und von Gomez und

Probst (1987) auf Managementfragen übertragene strukturierte Vernetzung als Lösungsansatz aufzeigen. Gelingt es, bestehende Organisationen in eine strukturierte Vernetzung zu überführen, so läßt sich eine deutliche Steigerung der Reaktionsfähigkeit herbeiführen. Es gilt, selbstregulierende Subsysteme zu bilden, die untereinander eine reduzierte Anzahl von Verknüpfungen aufweisen und die eine gute Verfolgbarkeit aller internen Aktivitäten ermöglichen. Die verbleibenden Verbindungen sind gleichzeitig durch eine besonders intensive, wechselseitige Verbindung gekennzeichnet (vgl. Kottkamp 1987). Darüber hinaus gestatten Sekundärorganisationen, insbesondere die Projektorganisation, einen schnellen Erfahrungsaustausch verschiedener Funktionsbereiche, sie eignen sich insbesondere zur Verkürzung der Entwicklungszeit.

Da die Schnelligkeit des Unternehmens von seinen Mitarbeitern abhängt, ist die Bedeutung der Zeit als Wettbewerbsfaktor im Bewußtsein der Mitarbeiter zu verankern, so daß durch Verhaltensänderungen eine Verkürzung der Zeitstrecken im Innovations- und Wertschöpfungsprozeß herbeigeführt werden kann. Dies kann durch eine zeitorientierte Führung, durch die Qualifikation der Mitarbeiter und durch die Einführung eines „Zeitcontrolling" erreicht werden. Wenn die Kosten von Zeitverzögerungen den Mitarbeitern transparent sind und die Einhaltung der Zeitvorgaben kontrolliert wird, läßt sich das strategische Zeitbewußtsein der Mitarbeiter schärfen. Im Rahmen eines Zeitcontrolling sollten daher die Opportunitätskosten zeitlicher Verzögerungen von internen und externen Aktivitäten ermittelt werden (vgl. Pernicky 1990, S. 71 u. vgl. Simon 1989, S. 91). Die Nutzung der Zeit als Waffe im Wettbewerb im Sinne einer gesteigerten Flexibilität verlangt eine Synchronisation, das heißt einen Gleichlauf von Produktion, Zulieferung und F&E mit dem Absatzmarkt. Die traditionelle Abgrenzung zwischen den einzelnen Unternehmensbereichen führte zu einer Entkopplung von F&E, Produktion und Zulieferern und sequentiellen Abläufen. Diese Entkopplung, die zwischen F&E und Produktion oder F&E und Zulieferant durch lange Vorlaufzeiten erfolgt, verhindert jedoch eine Synchronisation des Leistungserstellungsprozesses mit dem Absatzmarkt mit der Folge einer verringerten Anpassungsfähigkeit des Unternehmens an neue Marktgegebenheiten. Das sequentielle Vorgehen bewirkt zeitraubende Abstimmungsprozesse. Durch eine Synchronisierung und die dadurch induzierte enge Verknüpfung der Abläufe in F&E, Produktion und Zulieferung wird eine permanente Abstimmung der Aktivitäten erzielt. Die Zeitstrecken in den betroffenen Bereichen werden durch die Parallelisierung selbst und durch Vermeidung von Rücksprüngen aufgrund mangelnder Absprachen reduziert. Maßnahmen zur Synchronisation von Abläufen im Leistungserstellungsprozeß sind

- Projektmanagement,
- Simultaneous Engineering,
- Fremdvergabe von Aktivitäten und Arbeitszeitflexibilisierung.

Die zeitorientierte JIT-Organisation ist in der Lage, „organizational learning" zu verwirklichen. „Organizational learning" im JIT-Konzept wird durch die integrierte Informationsverarbeitung nach dem Holprinzip realisiert. Durch die jederzeitige Verfügbarkeit von Informationen kann an jeder Stelle ein höherer Grad an Aufgabenintegration realisiert werden. Dadurch lassen sich die Kommunikations- und Entscheidungswege durch eine Reduzierung der Dispositionsstufen verkürzen. Denn: Je mehr Dispositionsstufen vorhanden sind, desto länger ist die Reaktionszeit, da die durch die einzelnen Dispositionsstufen gebildeten Zeitpuffer sich zu einer deutlichen Verlängerung der Durchlaufzeit addieren (vgl. Eidenmüller 1989, S. 51). Eine Möglichkeit, Dispositionsstufen zu verringern, bildet der Ansatz, logistische Funktionen der Auftragsentwicklung, Planung, Disposition, Steuerung und Einkauf räumlich wie organisatorisch zusammenzufassen.

Führt man sich vor Augen, daß die Wahrscheinlichkeit der Zielerreichung eine Funktion des Gehorsamkeitsgrades der Mitarbeiter im Sinne dieser Zielerreichung und der Hierarchiestufe ist ($Z = G^i$), so ergibt sich der in **Abb. 7** dargestellte Zusammenhang. Bei einem Gehorsamkeitsgrad von 95% der Mitarbeiter, also der Verfolgung des gemeinsamen vereinbarten Zieles von 95% aller Hierarchiestufen, ergibt sich, daß nach der 10. Hierarchiestufe nur noch etwa 60% vom Ziel erreicht werden. Bei einem Gehorsamkeitsgrad von 70% in jeder Hierarchiestufe, werden von dem angestrebten Ziel nur noch 3% erreicht. Der Gehorsamkeitsgrad wird durch zwei Faktoren bestimmt, nämlich dem relativen Anteil der Mitarbeiter, die das mit dem Vorgesetzten vereinbarte Ziel ausführen (z.B. 90% der Mitarbeiter), und dem Anteil, zu dem die Anweisung des Vorgesetzten ausgeführt wird (z.B. 90% der Anweisung). Ursachen hierfür können in beiden Fällen beispielsweise eine mangelnde fachliche oder persönliche Autorität des Vorgesetzten, echte oder vermeintlich bessere Sachkompetenz des Untergebenen für den Einzelfall oder auch das bewußte Verändern von Anweisungen aufgrund persönlicher Interessen des Mitarbeiters sein.

Die beiden Determinanten des Gehorsamkeitsgrades kumulieren sich in ihrer Wirkung. Dies bedeutet, daß zur Effizienzsteigerung von Organisationen nicht nur eine Erhöhung des Gehorsamkeitsgrades der Mitarbeiter im Sinne der Zielerreichung, sondern auch die Schaffung flacher Strukturen zur Reduzierung von Hierarchieebenen in Verbindung mit einer Verbesserung der Informationsübermittlung in Betracht kommt.

Der Gehorsamkeitsgrad der Mitarbeiter ist vor allem beeinflußbar durch die Motivation und das Problemverständnis der Mitarbeiter. Handlungsparameter hierfür sind die Schaffung von corporate-identity, gute Ausbildung der Mitarbeiter und Führungskräfte sowie deren umfassende Information. Es ist unverkennbar, daß Unternehmen mit großen Aufwendungen versuchen, hier Verbesserungen zu erzielen. Eine zeitorientierte Organisation sollte darüber hinaus die Reduzierung der Hierarchiestufen sowie die Schaffung von Verantwortungsbereichen mit ganzheitlichen Aufgaben anstreben. Der Gedanke des Kompetenzcenters kann hierbei effizient angewandt werden, da er auf mehrere Parameter zur Steigerung des Gehorsamkeitsgrades von Hierarchiestufen einwirkt. So nimmt mit der Zahl der Hierarchiestufen auch die Vervielfachung des Gehorsamkeitsgrades ab. Zugleich reduziert sich die Zahl der Schnittstellen, an denen Informationsübermittlungsfehler sowie Zeitpuffer entstehen können. Weiterhin steigt durch die ganzheitliche Aufgabenstellung die Motivation der Mitarbeiter. Auch deren Sachkompetenz nimmt durch die umfassende Information über die Sachverhalte im Kompetenzcenter zu. Somit erhöht sich die Qualität der Aufgabenerledigung, wodurch unnötige Rückschleifen vermieden und letztendlich Zeit eingespart wird. Insgesamt tragen also die neu entstandenen kleinen organisatorischen Einheiten zur Beschleunigung des Informationsflusses und zur Steigerung der Reaktionsfähigkeit bei. In den Fällen, in denen Kompetenzcenter nicht möglich sind, wird in einer JIT-Organisation eine Gruppenorientierung mit möglichst hohem Autonomiegrad horizontal über die Wertschöpfungsstufen und vertikal über die Einbeziehung von Planungsfunktionen und indirekten Tätigkeiten wie Instandhaltung, Qualitätssicherung und Materialbereitstellung angestrebt.

Zusammenfassend lassen sich die Maßnahmen zur Umsetzung der Zeitstrategien in **Abb. 8** darstellen.

5. Betriebswirtschaftliche Beurteilung von Zeitwirkungen durch Qualifikation und Motivation

Die Umsetzung der Strategien Zeitverkürzung, intensive Nutzung der Zeit und Nutzung der Zeit als Waffe im Wettbewerb durch Steigerung der Leistungsfähigkeit der Mitarbeiter (Qualifikation) sowie durch Förderung der Leistungsbereitschaft der Mitarbeiter (Motivation) führt zu einer neuen Produktionsfunktion im Unternehmen sowohl bei der Leistungserstellung als auch bei der Produktentwicklung. Die realisierbaren Zeitreduzierungen schlagen sich nicht nur in Ergebnisverbesserungen und Kosteneinsparungen durch eine erhöhte Produktivität nieder, sondern führen marktseitig zu einer erhöhten Flexibilität und Lieferleistung **(vgl. Abb. 9)**. Kürzere Durchlaufzeiten haben über die Möglichkeit, kurze Rückkopplungsregelkreise aufzubauen, auch einen wesentlichen Einfluß auf die Qualität. Sie schaffen die Voraussetzung, die Entwicklungs- und Produktionsprozesse zu korrigieren und damit den Prozeß steuerbarer und sicherer zu machen.

Die aus der Umsetzung von JIT-Prinzipien in F&E, Produktion und Zulieferung resultierenden Zeitwirkungen beeinflussen sowohl die Kosten als auch das Leistungsprofil einer Unternehmung. Die Kostenwirkungen betreffen insbesondere solche Kostenkategorien, bei denen der Faktor Zeit als Bezugsgröße zur Kostenbewertung herangezogen wird. Bei diesen Kostenkategorien sind Zeitreduzierungen unmittelbar kostenwirksam. Dies trifft für wesentliche Bestandteile der Logistikkosten zu. Im Rahmen einer empirischen Analyse von realisierten JIT-Konzepten konnten Personaleinsparungen in den direkten und indirekten Produktionsbereichen zwischen 8% und 15% ermittelt werden, wobei der Durchschnittswert bei 13% lag. Diese Reduzierungen sind vor allem auf Zeitverkürzungen und eine bessere Nutzung des Zeitfaktors zurückzuführen. Sie ergeben sich aus Verkürzungen bei den Rüst- und Bearbeitungszeiten sowie bei den Auftragsdurchlaufzeiten. Die Verbesserung der Produktivität ist auf die stärkere Durchdringung der Organisationsstruktur mit zeitorientierten generellen Regelungen zurückzuführen. Diese gewährleisten eine schnellere und wirksamere Fehlerbeseitigung sowie eine höhere Zuverlässigkeit der Produktions- und Logistikprozesse. Auf diese Weise reduziert sich sowohl der Koordinationsaufwand als auch die Höhe an Reibungsverlusten, die bei einer Vielzahl situationsbedingter Entscheidungen aufgrund mangelnder Übersicht über das Entscheidungsfeld oder widersprüchlicher Ziele auftreten.

Wesentlich beeinflußt werden die Kosten durch die Reduzierung der Kapitalbindungsdauer der Bestände. Die konsequente Ausnutzung der realisierten Durchlaufpotentiale sowie die Strategie, Bestands- und Zeitpuffer durch eine Synchronisation des Zeitverbrauchs innerhalb der logistischen Kette zu ersetzen, führte bei den untersuchten Anwendungsfällen zu einer durchschnittlichen Bestandskostenreduzierung von 39%. Hiermit verbunden war ein verringerter Flächenbedarf speziell im Lagerbereich, wodurch sich die Relation „Fertigungsfläche zu Lagerfläche" von 1 zu 1,6 bis 1,0 auf bis zu 1 zu 0,6 verbesserte. Aufgrund des Abbaus von Mietflächen und der Umwandlung von Lager- in Fertigungsflächen ergaben sich Einsparungen bei den Raumkosten von durchschnittlich 22%.

Die Einsparungen bei den sonstigen Logistikkosten, die zwischen 25% und 50% lagen, resultierten aus einer besseren Qualität der Ausführung logistischer Prozesse. Durch die bestandsarme Produktion konnten die Lagerrisiken und der Ausschuß erheblich eingeschränkt werden. Entsprechend reduzierten sich die Fehlmengenkosten durch die verbesserte Termin- und Liefertreue.

Die erzielten Kosteneffekte führen zu einer deutlichen Verbesserung des Verhältnisses von Logistikkosten zum Umsatz. Exemplarisch fallbezogene Wirtschaftlichkeitsanalysen zeigen, daß eine Reduktion der Herstellkosten von etwa 10% realisiert werden kann.

Die mit der Implementierung von JIT-Konzepten verbundenen Leistungssteigerungen äußerten sich insbesondere in einem höheren internen und externen Servicegrad. Kürzere Reaktionszeiten und reduzierte Änderungserfordernisse bei gestarteten Aufträgen führten insgesamt zu einer deutlichen Steigerung der Liefertreue, die im Durchschnitt bei einer Steigerung um 21% lag. Im schlechtesten Fall wurden 7%, im besten Fall 44% bei der Zunahme der Liefertreue erreicht. Die Lieferfähigkeit nahm um durchschnittlich 24% zu. Allerdings konnten keine Aussagen über die durch die Steigerung dieser Logistikleistungen induzierten Umsatzveränderungen abgeleitet werden.

Verbesserungen konnten auch bei den internen Logistikleistungen festgestellt werden. So konnte die innerbetriebliche Termintreue um durchschnittlich 15% verbessert werden, was vor allem auf die Einrichtung gezielter physisch begrenzter Materialpuffer und auf die Anwendung des Holprinzips zurückzuführen war. Die verbesserte Materialverfügbarkeit hatte in Verbindung mit einer Optimierung von Rüstzeiten zur Folge, daß eine Erhöhung der Kapazitätsauslastung um bis zu 16% erreicht werden konnte.

Auch für den F&E-Bereich gilt, daß eine Erhöhung der Zeiteffizienz gleichzeitig zu Kosteneinsparungen führen kann. Nach Stalk/Hout ergeben sich durch Zeitverkürzungen Kostenverkürzungen in Forschung und Entwicklung zwischen 30% und 50% (vgl. Stalk/Hout 1990, S. 157). Die Kostenvorteile sind im wesentlichen auf die kürzere Bindungsdauer der bestehenden Ressourcen zurückzuführen. Darüber hinaus werden zusätzliche Kosten vermieden, die bei einer Überschreitung der Entwicklungszeiten üblicherweise anfallen. Derartige Folgekosten mangelnder Zeiteffizienz entstehen durch notwendige Anpaß- und Weiterentwicklungen der Produkt- und Prozeßtechnologien. Sie stellen oftmals den Hauptanteil des realisierbaren Kostensenkungspotentials dar.

Allerdings steht in der Forschung und Entwicklung unter den Bedingungen eines verschärften Zeitwettbewerbs in den wenigsten Fällen das Primärziel der F&E-Kostenreduzierung im Vordergrund. Beispiele erfolgreicher Unternehmungen zeigen, daß die eingesparten zeitabhängigen F&E-Kosten zur Steigerung der Innovationsgeschwindigkeit und in weitere Produktentwicklungen (re-)investiert werden (vgl. Stalk/Hout 1990, S. 155). Ziel ist es, die mit Zeitverzögerungen verbundenen Leistungseinbußen am Markt zu vermeiden. So konnte nachgewiesen werden, daß eine Verzögerung der „Time to Market“ um 10% eine Ertragseinbuße von bis zu 30% verursacht, während eine Erhöhung der Entwicklungskosten um 50% lediglich zu einer Ertragsminderung von 5-10% führt (vgl.Tiby 1988, S. 95). Angesichts dieser Wirkungszusammenhänge erscheinen auch Maßnahmen sinnvoll, die darauf abzielen, die Entwicklungszeiten zu Lasten einer Kostenreduzierung zu verbessern.

Die Bilanzwirksamkeit von Zeitverkürzungen resultiert vor allem aus den Bestandsreduzierungen. Durch die Verringerung des bislang in Vorräten an Rohstoffen, Halb- und Zwischenerzeugnissen sowie Fertigprodukten gebundenen Kapitals steigt die Kapitalumschlagshäufigkeit. Das gleiche Beschaffungs-, Produktions- und Umsatzvolumen kann mit einem geringeren Kapitaleinsatz realisiert werden. Die freigesetzten Finanzmittel erhöhen kurzfristig die Liquidität der Unternehmung. Langfristig können die freigesetzten Mittel zur Durchführung zusätzlicher Investitionen oder zur Ausweitung des Geschäftsvolumens ins Umlaufvermögen reinvestiert werden. Die auf diese Weise realisierte aktivseitige Vermögensumschichtung vom Umlaufvermögen ins Anlagevermögen oder vom Umlaufvermögen in zusätzliches Umlaufvermögen kann bei gleichbleibendem Bilanzvermögen zu einer Erhöhung der Periodenkapazität führen. Ferner ermöglichen die freigesetzten Mittel eine „Entlastung“ der Passivseite der Bilanz, etwa durch Rückzahlung von Fremdkapital.

Die Einführung von JIT-Prinzipien führt in den seltensten Fällen zu dem Idealtyp einer Null-Bestands-Produktion, da sowohl technische als auch betriebswirtschaftliche Einflußgrößen Handlungsmöglichkeiten und Nutzen einer Bestandsreduzierung bestimmen. So hat sich in zahlreichen Anwendungsbeispielen eine Strategie als sinnvoll erwiesen, die bei Reduzierung des gesamten Bestandsvolumens von bis zu 70% artikelspezifisch eine Erhöhung der Bestandsreichweite für Teile mit geringem Verbrauchswert auf niedriger Wertschöpfungsstufe oder in absoluten Engpaßbereichen zum Inhalt hat. Ziel ist es, durch den Abbau physisch begrenzter Materialpuffer den Flußgrad (Quotient aus Durchlaufzeit und Wertschöpfungszeit) und die Lieferbereitschaft gleichermaßen über den gesamten Wertschöpfungsprozeß hinweg zu optimieren. Als Ergebnis dieses Optimierungsansatzes beeinflußt das JIT-Konzept vor allem die Bestandsstruktur, da mit zunehmender Kundennähe eine Erhöhung der Umschlagshäufigkeit der Bestände angestrebt wird. Nach Einführung von JIT-Prinzipien ergaben sich im Vergleich zum vorherigen Ist-Zustand die in **Abb. 10** angeführten Bestandswirkungen.

Die Reduzierung des gebundenen Kapitals und die Erhöhung der Kapitalumschlagsgeschwindigkeit hat insbesondere in Zeiten steigender Zinsbelastungen einen hohen Stellenwert bei der Verbesserung der Kapitalrentabilität der Unternehmen. Eigene Analysen sowie eine Studie des Instituts der deutschen Wirtschaft in Köln zeigen, daß die Unternehmenspraxis in den vergangenen 10 Jahren verstärkt Maßnahmen zur Rationalisierung des Umlaufvermögens ergriffen hat. So erhöhte sich beispielsweise die Kapitalumschlagshäufigkeit im gesamten verarbeitenden Gewerbe von 1965 bis 1980 um 1,7% (von 5,8 auf 5,9) und von 1980 bis 1987 um fast 17% (von 5,9 auf 6,9). Im Straßenfahrzeugbau wurden sogar noch höhere Werte erreicht. Hier stieg die Umschlagshäufigkeit der Bestände von 7,7 (1965) auf 10,4 (1987) an. Das freigesetzte Kapitalvolumen betrug im verarbeitenden Gewerbe beim Vergleich der Bestandszahlen von 1980 und 1987 ca. 11 Mrd. DM. Der Straßenfahrzeugbau hatte hierbei einen Anteil von 5,2 Mrd. DM.

Weitere positive Wirkungen resultieren aus der Erhöhung der Umsatzrendite. Die Erhöhung der Zeiteffizienz beeinflußt dabei sowohl die Kostensituation als auch den Umsatz. Die Umsatzveränderungen resultieren aus einer Verbesserung des Leistungsprofils der Unternehmung. Sie lassen sich auf Mengen- und Preiseffizienz zurückführen und tragen zu einem schnelleren Rückfluß der in Anlagen und Bestände investierten Finanzmittel bei. Kosteneinsparungen sind bei den fixen und variablen Kosten in F&E, Produktion und Zulieferung zu verzeichnen. Damit wird deutlich, daß sich JIT-Prinzipien zur Reduzierung des Zeitverbrauchs innerhalb der Innovations- und Wertschöpfungskette in zweifacher Weise auswirken. Sie erhöhen den Kapitalumschlag und verbessern die Umsatzrendite. Zusammenfassend lassen sich durch Zeitvorteile die in **Abb. 11, 12** dargestellten betriebswirtschaftlichen Wirkungen erzielen.

Der Erfolg von JIT-Reorganisationen in F&E, Produktion und Zulieferung wird sowohl von der Ergebniseffizienz als auch von der Umsetzungseffizienz bestimmt. Diese hängen entscheidend von der Innovationsgeschwindigkeit und der Lernfähigkeit der Organisationsmitglieder ab. Die Problemlösungsfähigkeit der Mitarbeiter wird damit zum eigentlichen Erfolgsfaktor bei der Bewältigung des Zeit- und Produktivitätswettbewerbs.

Die Erhöhung der Zeiteffizienz kann dann zu einer Verbesserung der Wettbewerbsposition führen, wenn die Nachfragefunktion der Kunden eine hohe Zeitelastizität aufweist und eine nachhaltige Verbesserung in Relation zum Wettbewerb erreicht wird. Voraussetzung für eine Verbesserung der Wettbewerbssituation ist, daß die erzielten Vorsprünge dauerhaft und schützbar sind (vgl. Simon 1989, S. 89ff.). Es konnte beobachtet werden, daß die Unternehmen über Zeitverbräuche der

Mitwettbewerber in der Innovations- und Wertschöpfungskette nur sehr geringe Informationen haben. Zeitvorsprünge in F&E, Produktion und Zulieferung durch Realisierung von JIT-Prinzipien sind daher wesentlich besser schützbar als Produktinnovationen, die vom Wettbewerber leichter nachvollzogen werden können. Der Auf- und Ausbau von Zeitvorteilen durch JIT-Reorganisationen kann somit einen wirksamen Beitrag zur langfristigen Unternehmenssicherung leisten.

/1/ Univ.-Prof.Dr. Horst Wildemann, Lehrstuhl für Betriebswirtschaftslehre mit Schwerpunkt Logistik, TU-München, Leopoldstr. 145, 8000 München 40

An dieser Untersuchung waren meine wissenschaftlichen Mitarbeiter Dipl.-Kfm. Elisabetta Castiglioni sowie Dipl.-Kfm. Walter Reinhardt beteiligt. Ich danke Ihnen sehr herzlich für die tatkräftige Mitarbeit.

6. Literaturverzeichnis

Bittelmeyer, G./Hegner, F./Kramer, U.: Bewegliche Zeitgestaltung im Betrieb, hrsg. v. Gesamtverband der metallindustriellen Arbeitgeberverbände e.V. – Gesamt-Metall, 2. Aufl., Köln 1987.

Danzer, H.H.: Quality-Denken stärkt die Schlagkraft des Unternehmens, Zürich 1990.

Eidenmüller, B.: Die Produktion als Wettbewerbsfaktor, Herausforderungen an das Produktionsmanagement, Zürich, Köln 1989.

Gomez, P./Probst, G.J.B.: Vernetztes Denken im Management, Bern 1987.

Kottkamp, E.: Logistikgerechte Neustrukturierung, in: ZfL, 8(1987), S. 40-43.

Pernicky, R.: Schneller werden, in: Arthur D. Little (Hrsg.): Management der Hochleistungsorganisation, Wiesbaden 1990

Seifert, H.: Variable Arbeitszeitgestaltung, in: WSI Mitteilungen (1987)12, S. 727-735.

Simon, H.: Die Zeit als strategischer Erfolgsfaktor, in: ZfB, 59(1989)1, S. 70-91.

Sommerlatte, T.: Warum Hochleistungsorganisation und wie weit sind wir davon entfernt? in: Arthur D. Little (Hrsg.): Management der Hochleistungsorganisation, Wiesbaden 1990, S. 3-22.

Stalk, G.jr.: Time – The Next Source of Competitive Advantage, in: HBR, July-August 1988, S. 41-51.

Stalk, G.jr./Hout, Th. M.: Competing Against Time: How Time-based Competition is Reshaping Global Markets, New York 1990.

Taguchi,G.: Introduction to Quality Engineering; Deutsche Übersetzung:

Schweitzer, W.; Baumgartner, C.: Einführung in Quality Engineering, Minimierung von Verlusten durch Prozeßbeherrschung, München 1989.

Tiby, C.: Die Basis unternehmerischer Initiative: Systematisch neue Produkte und Leistungen entwickeln, in: Arthur D. Little (Hrsg.), Management des geordneten Wandels, Wiesbaden 1988, S. 92-105.

Vester, F.: Neuland des Denkens, München 1980.

Wildemann, H.: Die modulare Fabrik; Kundennahe Produktion durch Fertigungssegmentierung, 2. Aufl., München 1990.

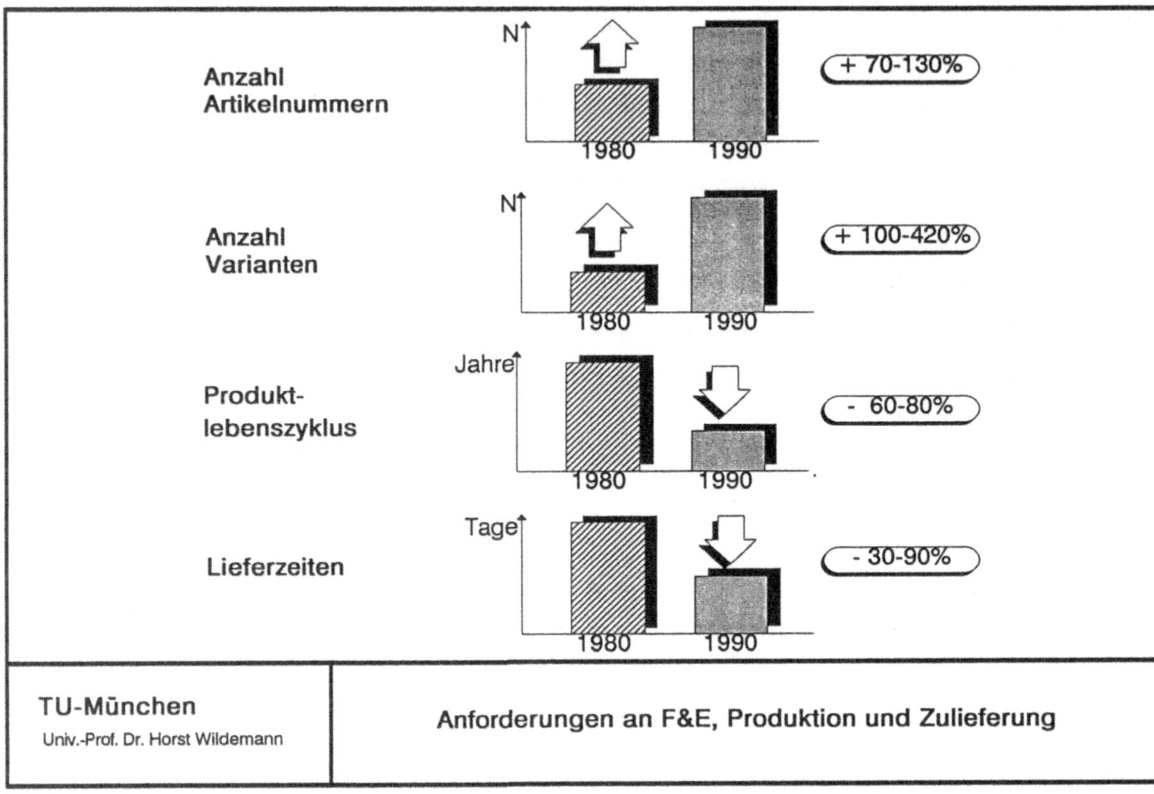

Bild 1

Tätigkeitsbereiche	Traditionell	Neue Technologien und Organisationsstrukturen
Betriebsmittelbau	Vorschläge für Verbesserungen Wartung von Vorrichtungen	Vorrichtungen erstellen; kompl. Schleifen der Werkzeuge; Beratung der BM-Konstruktion; Betriebsmittel-Abnahme; Reparatur einfacher Vorrichtungen; einfache Werkzeuge schleifen
Zeitwirtschaft	Zeitermittlung	Ermittlung der Kennzahlen; Erstellung Kalkulationsunterlagen; Internes Berichtwesen; Zeitüberwachung; Arbeitsplatzgestaltung
NC-Programmierung	Externe, maschinelle Programmierung	Einfache Programme erstellen; Programm optimieren; Programm eingeben/-lesen und verwalten; selbständiges Werkstattprogramm
Materialwirtschaft	Transport innerhalb OE	Rahmenkontrakt; Werkstransporte; Materialfreigabe; Lagerbewirtschaftung; Abruf; Materialtransport in OE; Materialbezug; Materialdisposition
Instandhaltung	Kleinere Störungen beheben; Wartung; Reinigung	Vorbeugende Instandhaltung; Kleinreparaturen; Reparaturen/ Revisionen; Reparatur-Aufwand erfassen
Qualitätssicherung	Selbstkontrolle mit Unterstützung Maschinenkontrolle	Selbstprüfung; Prozeßstudie incl.Analyse; Auftragsfreigabe; Prüfplanung; Meßmittelbereitstellung/-Überwachung; Qualitäts-Analyse; Prüfentscheid Dokumentation
Rüsten	Mithilfe beim Rüsten; Betriebsmittel anfordern	Einrichten; Einrichtplan erstellen; Werkzeug-Vorbereitung; Rüstaufwand erfassen; Maßnahmen umsetzen
Fertigungssteuerung	Auftragsstart; Statuserfassung	Auftragszuteilung; Auftragsfertigmeldung; Auftragsauslösung; Auftragsübernahme; Terminüberwachung; Auftragsfreigabe; Disposition

TU-München Univ.-Prof. Dr. Horst Wildemann	Tätigkeitsverlagerungen

Bild 2

Strategie 1 : → **Zeitverkürzung**
- Zeitpuffer vermeiden
- Schneller arbeiten

Strategie 2 : → **Intensive Nutzung der Zeit**
- die richtigen Dinge tun
- die verfügbaren Kapazitäten effizient nutzen
- die Dinge richtig tun

Strategie 3 : → **Zeit als Waffe im Wettbewerb = Flexibilität**
- zeitorientierte Organisation
- Synchronisation und Parallelisierung

TU-München Univ.-Prof. Dr. Horst Wildemann	**Zeitstrategien**

Bild 3

- Prinzip der Flußoptimierung
- Prinzip der kleinen Kapazitätsquerschnitte in jeder Fertigungsstufe
- Prinzip der räumlichen Konzentration der Betriebsmittel mit variablem Layout
- Prinzip der selbststeuernden Regelkreise
- Prinzip der Komplettbearbeitung von Produkten, Baugruppen und Teilen

TU-München Univ.-Prof. Dr. Horst Wildemann	**Planungsprinzipien der Fertigungssegmentierung**

Bild 4

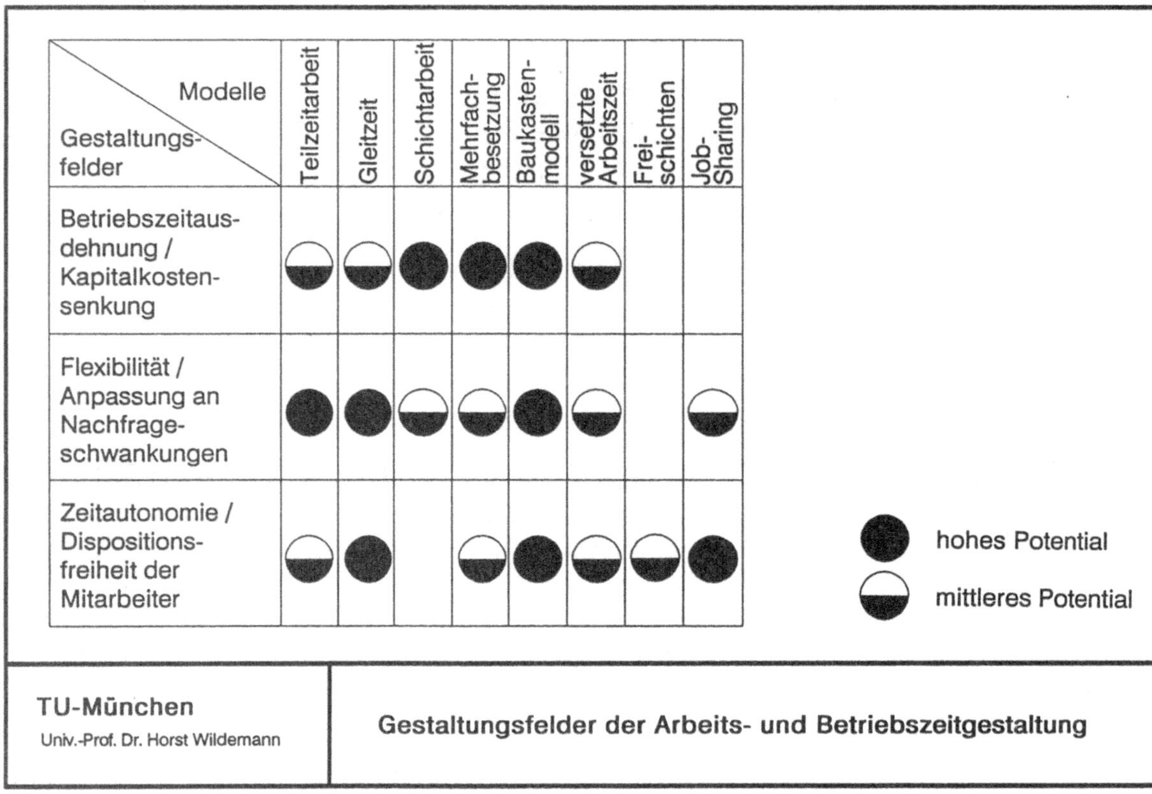
Modelle
Gestaltungsfelder
Teilzeitarbeit
Gleitzeit
Schichtarbeit
Mehrfachbesetzung
Baukastenmodell
versetzte Arbeitszeit
Freischichten
Job-Sharing
Betriebszeitausdehnung / Kapitalkostensenkung
Flexibilität / Anpassung an Nachfrageschwankungen
Zeitautonomie / Dispositionsfreiheit der Mitarbeiter
hohes Potential
mittleres Potential
TU-München
Univ.-Prof. Dr. Horst Wildemann
Gestaltungsfelder der Arbeits- und Betriebszeitgestaltung

Bild 5

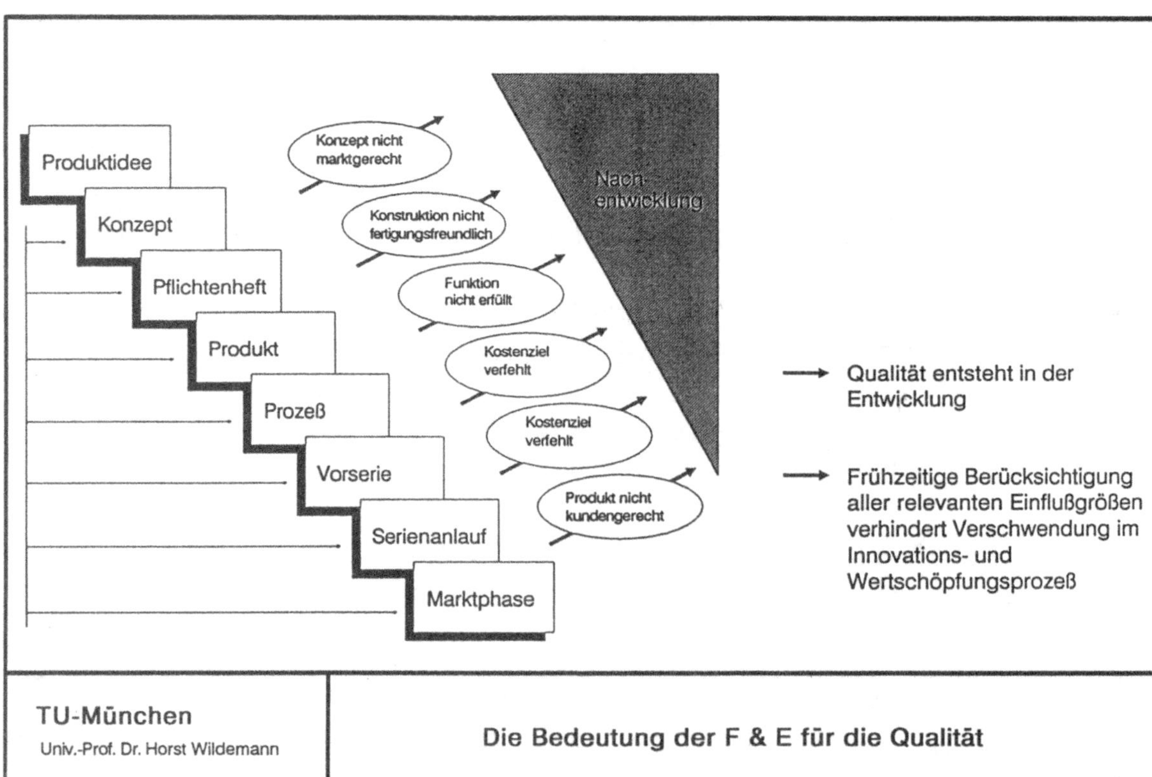
Produktidee
Konzept
Pflichtenheft
Produkt
Prozeß
Vorserie
Serienanlauf
Marktphase
Konzept nicht marktgerecht
Konstruktion nicht fertigungsfreundlich
Funktion nicht erfüllt
Kostenziel verfehlt
Kostenziel verfehlt
Produkt nicht kundengerecht
Nachentwicklung
Qualität entsteht in der Entwicklung
Frühzeitige Berücksichtigung aller relevanten Einflußgrößen verhindert Verschwendung im Innovations- und Wertschöpfungsprozeß
TU-München
Univ.-Prof. Dr. Horst Wildemann
Die Bedeutung der F & E für die Qualität

Bild 6

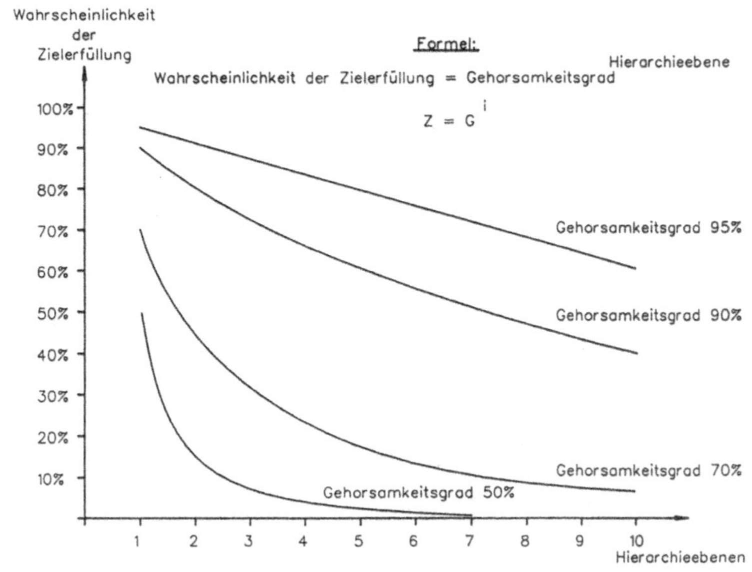

TU-München Univ.-Prof. Dr. Horst Wildemann	**Umsetzungseffienz von Entscheidungen in hierarchischen Organisationen**

Bild 7

Maßnahmen / Strategien	Reduktion der Arbeitsteilung	Einsatz neuer Technologien	Zeit-Controlling	Zeitorientierte Führung	"Organizational learning"	Fertigungs-segmentierung	Fremdvergabe von Aktivitäten	Betriebszeit-ausdehnung	Qualitätssicherung	Flexible Arbeitszeiten	Simultaneous Engineering	Rüstzeit-reduzierung
Zeitverkürzung	X	X				X						
Intensive Nutzung der Zeit								X	X			X
Zeit als Waffe= Flexibilität	X		X	X	X		X			X	X	

TU-München Univ.-Prof. Dr. Horst Wildemann	**Maßnahmen zur Umsetzung der Zeitstrategien**

Bild 8

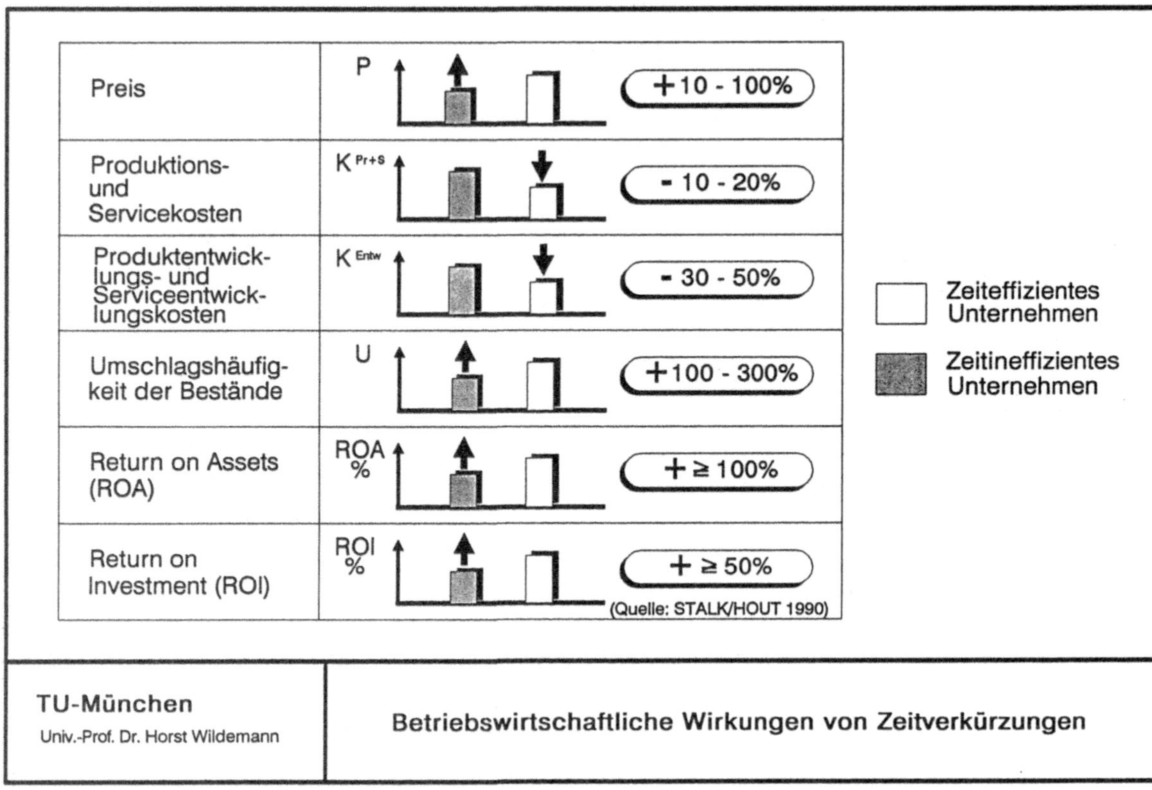

Bild 9

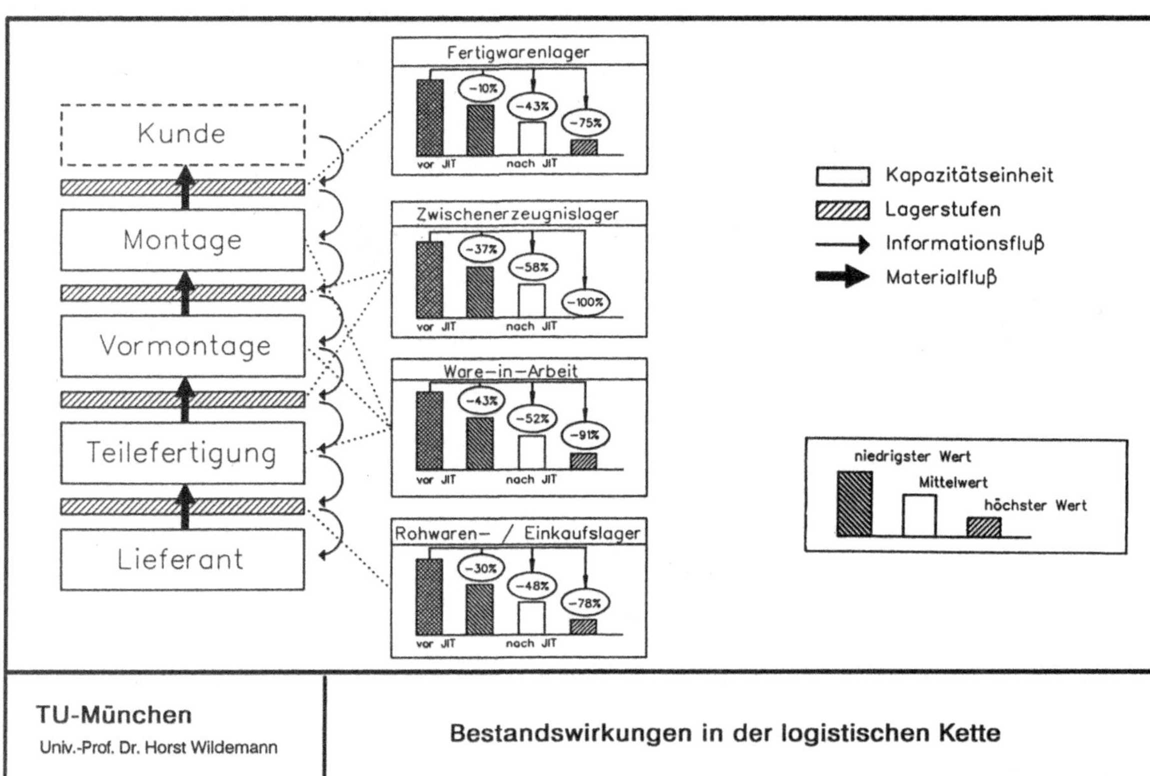

Bild 10

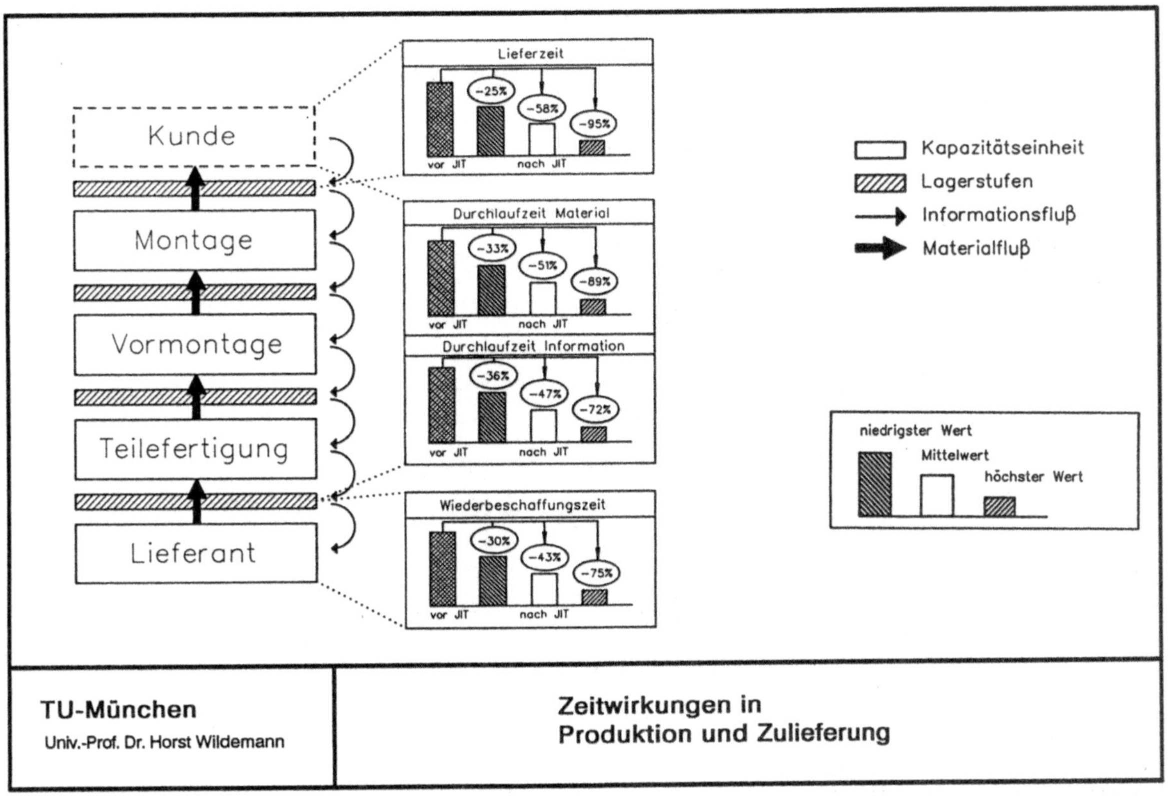

Bild 11

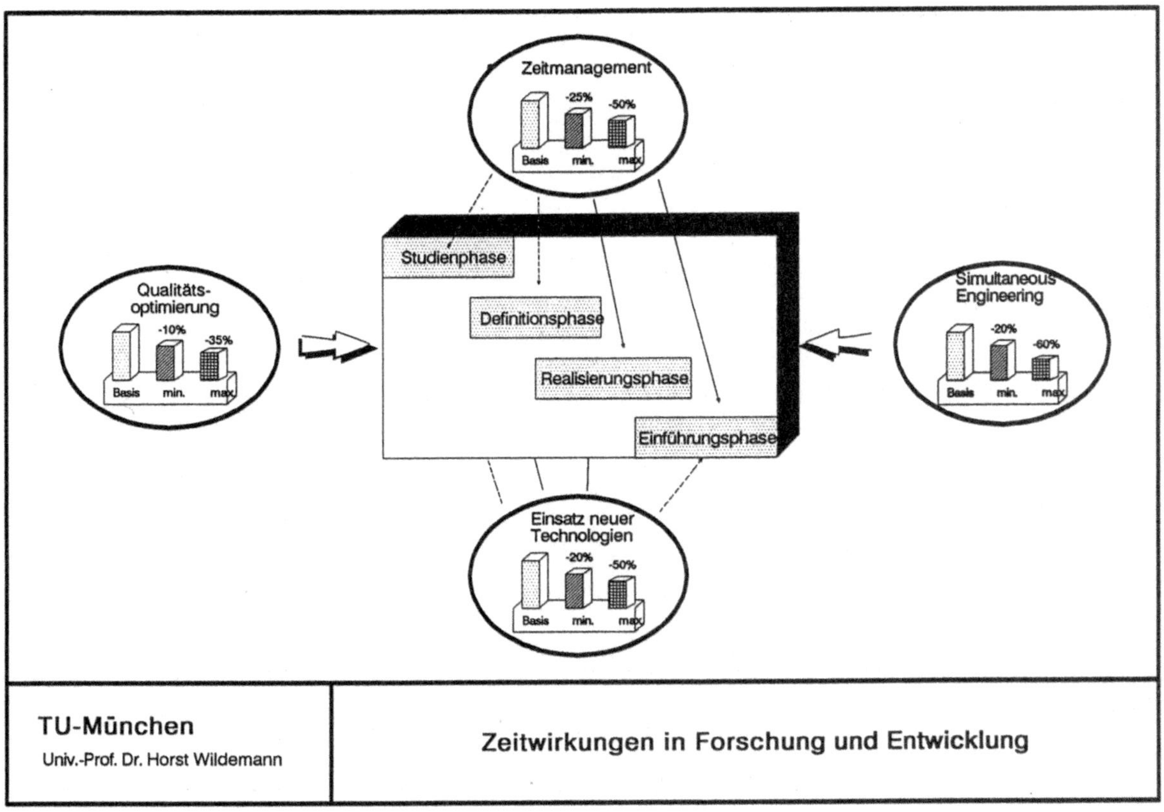

Bild 12

Münchener Kolloquium '91

Wettbewerbsfaktor Zeit in Produktionsunternehmen

28. Februar/1. März 1991
München

Der Mitarbeiter – Human Ressource oder Schlüsselfaktor

Andreas Schleef
AUDI AG

Institut für Werkzeugmaschinen
und Betriebswissenschaften
Technische Universität München

Der Mitarbeiter – Human Ressource oder Schlüsselfaktor

1. Einleitung

Angesichts einer weltweiten Konkurrenz sind die Unternehmen in der Bundesrepublik Deutschland gezwungen, ihre Rolle im Wettbewerb durch ein Höchstmaß an Innovation und Kreativität zu behaupten. Produkt- und Prozeßverbesserungen werden zu den entscheidenden Wettbewerbsfaktoren. Neue Produkte müssen in immer kürzerer Zeit entwickelt und mit höchster Qualität, mit maximaler Produktivität und zu konkurrenzfähigen Kosten produziert werden **(vgl. Bild 1)**. Der dazu erforderliche betriebliche Strukturwandel und der innovative Einsatz neuer Techniken ist nur mit qualifiziertem Personal zu bewältigen. Angesichts eines zunehmenden Fachkräftemangels wird das „Planen und Entwickeln der eigenen Human Ressourcen" als der entscheidende Ansatz zur Lösung des beschriebenen Problems angesehen. Aber selbst von seiner Umsetzung sind viele Unternehmen noch weit entfernt: es fehlt häufig an praktikablen Konzepten und den notwendigen Instrumenten, vor allem aber an der entsprechenden Philosophie.

1.1. Technische und soziale Innovation

Blicken wir in die Zukunft, so wird das Personalmanagement vor allem durch die Entwicklung der „Fabrik von morgen" vor neue Aufgaben gestellt. Die AUDI AG hat als eines der produkt- und prozeßinnovativen Unternehmen der Branche auf die Herausforderungen des Wettbewerbs mit einer Umstrukturierung der traditionellen Massenproduktion reagiert:

In unserer „Produktion für ein gehobenes Marktsegment" werden wichtige Elemente der Massenproduktion mit denen der qualitativ hochwertigen Spitzenproduktion verbunden. Die Fertigung kleiner Stückzahlen stark spezifizierter Modellvarianten ist in die Produktion größerer Stückzahlen eines Grundmodells integriert.

Eine hohe Produktivität in Verbindung mit einer großen Typenvielfalt und einer herausragenden Qualität zu einem angemessenen Preis ist nur dann zu erreichen, wenn auch die Potentiale der neuen Techniken intensiv genutzt werden.

Mit der Automatisierung und der Rechnerunterstützung des gesamten Fertigungsprozesses erreichen wir schnellere Durchlaufzeiten, verkürzte Bearbeitungsvorgänge, verbesserte Flexibilität, konsequent kundenorientierte Produktdifferenzierungen und insgesamt mehr Produktivität und Effizienz.

Einzelne Fertigungsabschnitte sind bereits vollautomatisiert, bislang realisierte „Insellösungen" und einzelne technische Bausteine wachsen zusammen. Die Vernetzung des Materialflusses wird durch die Integration des Informationsflusses auf einer übergeordneten Ebene ergänzt und unterstützt. Beide erfassen zukünftig nicht mehr nur einzelne Unternehmensbereiche, sondern das Unternehmen als Ganzes. Mit der EDV-gestützten Vernetzung verlagert sich - und dieser Gesichtspunkt ist für die Frage des Personaleinsatzes und der Qualifikation entscheidend - auch der Schwerpunkt der Automatisierung: Vom materiell-stofflichen Fertigungsprozeß auf die informationsverarbeitende Ebene der Steuerung und Koordination des gesamten betrieblichen Ablaufs.

So fasziniert wir dabei von den Möglichkeiten sind, die uns die neuen Techniken erschließen - die „Zukunft der Arbeit" ist weniger denn je nur ein technisches Problem. Immer mehr setzt sich in der Bundesrepublik die Erkenntnis durch, daß es nicht die Entwicklung neuer Techniken und Systeme allein ist, die die Produktivität und Wettbewerbsfähigkeit der deutschen Unternehmen verbessert, sondern die Anpassungs- und Leistungsfähigkeit der Mitarbeiter, ihr know-how und ihre Kreativität. Technologischer Wandel hat ohne Qualifikationen keine Chance. Die „Fabrik der Zukunft" funktioniert nur mit einer „Belegschaft mit Zukunft".

1.2. Perspektivwechsel

Das Anliegen dieses Kongresses wurde in der Vorbereitung auf folgenden Nenner gebracht : „Zu den Anforderungen des Innovationswettbewerbs und des sich weiter verschärfenden Produktivitäts-, Flexibilitäts- und Qualitätswettbewerbs kommen in Zukunft Bedingungen des Zeitwettbewerbs hinzu. Zeit wird zu einem Erfolgs- und Organisationsfaktor, der eine Herausforderung an das Management, die Organisation, die Mitarbeiter und die Technik darstellt. Die Gestaltung der flexibel automatisierten Fabrik wird zukünftig vermehrt bestimmt durch die Optimierung der zeitbestimmten Prozesse."

Der Faktor Zeit spielt auch für das Personalwesen eine wesentliche Rolle, denn die Dynamik der Entwicklung, die Vielzahl der nicht beherrschbaren Faktoren und die zunehmende Ungewißheit bei Entscheidungen läßt den Unternehmen nicht mehr die Zeit, durch **nachträgliche** Anpassung des vorhandenen Personals Defizite auszugleichen. Die Unternehmen sind heute gezwungen, personelle Veränderungen zeitgleich umzusetzen, besser noch: diese Veränderungen zu antizipieren, um langfristig im Wettbewerb bestehen zu können. Langfristige Planung und simultane Entwicklung des „menschlichen Faktors" müssen deshalb gleichwertige Bestandteile der Unternehmensstrategie sein.

2. Intensivierung und Extensivierung der Arbeit und kompensatorische Personalpolitik

Unternehmensstrategien wie Produktionskonzepte haben ihre Karrieren und Lebenszyklen. Das Thema „Zeit" scheint gesellschaftspolitisch wie ökonomisch derzeit Hochkonjunktur zu haben. Dabei wird leicht übersehen, daß die Zeit in der betrieblichen Praxis schon immer eine wichtige Rolle gespielt hat. Eine Vielzahl von Rationalisierungsmaßnahmen hatten das Ziel, Zeit zu **sparen**, z.B. durch die Reduzierung von Fertigungszeiten, die Vermeidung von Taktfolgeverlustzeiten, die Minimierung von sachlichen und persönlichen Verteilzeiten, die Reduzierung der Nacharbeit sowie die Verbesserung der Anlagenverfügbarkeit. Diese Maßnahmen haben insgesamt zu einer sehr hohen Produktivität des einzelnen Mitarbeiters geführt.

In der Vergangenheit ist auch schon immer versucht worden, Zeit zu **gewinnen**, z.B. durch die Erweiterung der Betriebsmittelnutzungszeit. Neue Techniken ermöglichten die Entkopplung von individueller Arbeitszeit und Betriebszeit. Insbesondere durch die Zwischenschaltung des Faktors Information wurde die Bindung des Menschen an die Maschinenlaufzeit gelockert, so daß vielfältige Arbeitszeitformen möglich waren. Gleichzeitig erforderte die Auslastung teurer Maschinen und Anlagen in immer stärkerem Maße die Ausweitung von Schichtarbeit – auch bei qualifizierten Tätigkeiten.

Die Konzentration auf einzelne Maßnahmen des Zeitsparens und Zeitgewinnens war in der klassischen Fabrik mit starker Arbeitsteilung und bereichsbezogenem Denken und Handeln durchaus angemessen. Heute jedoch entsprechen diese Maßnahmen in der Relation von Aufwand und Nutzen nicht mehr den Erfordernissen und Erwartungen.

Im Gegenteil: Es gibt deutliche Signale, daß die Maßnahmen entweder deutlich überzogen wurden oder sogar Schritte in die falsche Richtung waren. Qualitätsprobleme, unerklärliche Störungen des Fertigungsablaufs, hohe Fluktuations- und Abwesenheitsraten sind auch auf ein mangelndes Interesse der Mitarbeiter an ihrer Arbeit zurückzuführen. Die Diskussionen um die „innere Kündigung" von Mitarbeitern oder die „mangelnde Attraktivität der weitgehend von Schichtarbeit geprägten Industriearbeit" verweisen darauf, daß beides, die Intensivierung und die Extensivierung der Arbeit, zu Arbeitsbedingungen geführt hat, die wesentliche Teile der deutschen Erwerbsbevölkerung – insbesondere die so dringend als Träger der Innovationen benötigten qualifizierten Fachkräfte – nicht mehr als Lebensperspektive akzeptieren.

Eine der wesentlichen Aufgaben des Personalwesens ist es bis heute, diese kontraproduktiven Effekte mit neuen Ideen und auf eigenen Handlungsfeldern zu kompensieren. Mit Humanisierungs- und Motivationsprogrammen, Maßnahmen zur Beeinflussung von Fehlzeiten, der Verbesserung der Sozialleistungen wurde z.B. in der Vergangenheit versucht, mit hohem Aufwand aber eingeschränktem Erfolg das wieder herzustellen, was **auch** durch Maßnahmen des Zeitsparens und Zeitgewinnens verloren gegangen ist – den Sinn der Arbeit.

Ausgehend von den traditionell kurzfristigen Aufgaben der reaktiven Personalverwaltung wechselte mit diesen Anforderungen auch die Perspektive der Personalpolitik. Mit eigenen Aktivitäten bearbeitet sie die unintendierten Folgeprobleme der sich kontinuierlich verändernden Produktion, bleibt dabei aber wegen des kurzfristigen Zeithorizontes immer auf ihre kompensatorische Funktion, die Funktion eines Reparaturbetriebs reduziert **(vgl. Bild 2)**.

3. Prozeßkettenoptimierung und Human Ressource Management

Die Optimierung der zeitbestimmten Prozesse, wie sie heute – auch auf diesem Kongreß – verstanden wird, geht sehr viel weiter als das singuläre Zeitmanagement. Entscheidend für den unternehmerischen Erfolg ist jetzt nicht nur, die Produktivität der Produktion selbst zu verbessern, sondern auch die Zeit für die Produktentwicklung, die Konstruktion und die Produktionsvorbereitung zu optimieren.

Die Unternehmen sind damit zukünftig vor die anspruchsvolle und strategisch wichtige Aufgabe gestellt, die Prozeßketten als Ganzes zu optimieren. Dies erfordert eine unternehmensbezogene, ganzheitliche Betrachtungsweise aller mit dem Produktionsprozeß verbundenen Aktivitäten, ausgehend von einer langfristigen Planung über die dispositiven Maßnahmen bis hin zur operativen Ebene. Miteinander vernetzte Regelkreise sowie ein permanenter Soll/Ist-Abgleich über alle Ebenen müssen für die notwendige Transparenz sorgen. An die Stelle bereichsbezogenen Denkens und Handelns muß die Philosophie treten, daß die jeweils von der Ablauflogik vorausgehende Stelle die Bedürfnisse der nachfolgenden optimal zu berücksichtigen hat.

In den einzelnen Beiträgen dieses Kongresses ist darüber hinaus eine noch weitergehende Perspektive des Zeitsparens und Zeitgewinnens zu erkennen. Sie kann in aller Kürze auf den Nenner „Reduktion der Komplexität" gebracht werden und erfaßt mit einer Fülle von weitreichenden Maßnahmen Produkt, Aufbau- und Ablauforganisation sowie betriebliche Prozesse gleichermaßen **(vgl. Bild 3).**

Nur mit dem Denken in Prozeßketten und dem Ansatz einer reduzierten Komplexität lassen sich

- alle nicht dem Produktfortschritt dienenden Tätigkeiten erkennen und beseitigen,
- Prozesse verkettet steuern,
- schnellere, fundiertere Entscheidungen bei hoher Flexibilität treffen,
- ganzheitliche und qualifizierte Arbeitsaufgaben gestalten,
- die Formen der betrieblichen Zusammenarbeit verbessern,
- die Mitarbeiter durch beruhigte und geglättete Abläufe motivieren und
- die betrieblichen Leistungen gleichzeitig unter den Aspekten Zeit, Qualität, Produktivität und Kosten optimieren **(vgl. Bild 1).**

Im Rahmen dieses ganzheitlich orientierten Zeitmanagements muß konsequenterweise die Ebene isolierter Einzelmaßnahmen verlassen und die Umstrukturierung des gesamten Unternehmens vorgenommen werden. Darauf verweisen nahezu alle Beiträge des Krongresses mehr oder weniger deutlich.

Welche Dienstleistungen hat unter solch veränderten Vorzeichen das Personalwesen zu erbringen? Die klassische Aufgabe des Personalwesens ist es, den richtigen Mitarbeiter am richtigen Platz zum richtigen Zeitpunkt bereitzustellen. Eine Reihe von Beiträgen haben die sich mit den neuen Perspektiven ändernden Anforderungen auf den Punkt gebracht und die Qualifikationen der Mitarbeiter als den entscheidenden personellen Gesichtspunkt herausgestellt, denn modernste Techniken und optimierte Prozeßketten können die angestrebte Wirtschaftlichkeit nur erreichen, wenn die Mitarbeiter in der Lage sind, mit den neuen Techniken und in den neuen Systemen fehler- und störungsfrei zu arbeiten. Aufgabe des Personalwesens ist es nun, rechtzeitig solche Mitarbeiter bereitzustellen, die die neuen, anspruchsvollen Aufgaben bewältigen und die betrieblichen Abläufe verstehen und optimieren können.

Trotz einer anhaltend hohen Arbeitslosigkeit stehen jedoch viele Personalverantwortliche vor der Schwierigkeit, die benötigten Fachkräfte zu beschaffen. Derzeit weisen Hochschulen und Ausbildungsinstitute, aber auch die betriebliche Aus- und Weiterbildung erhebliche qualitative Defizite auf – und das wird auf absehbare Zeit so bleiben. Das für die Bewältigung des derzeitigen Strukturwandels und für den innovativen Einsatz neuer Technologien notwendige qualifizierte Personal ist auf dem externen Arbeitsmarkt nur eingeschränkt verfügbar, selbst bei der Erschließung sämtlicher verfügbaren Arbeitsmarktpotentiale. „Planen und Entwickeln der eigenen Human Ressourcen" - dies scheint die naheliegende Lösung des beschriebenen Problems zu sein.

Human Ressource Management muß dabei über die Personalverwaltung und eine kompensatorische Personalpolitik hinausgehen **(vgl. Bild 2)**.

3.1. Die Perspektive

- **„Der richtige Mitarbeiter"** beinhaltet neben der Beschaffung vor allem die Entwicklung und Pflege der Human Ressource, d.h. die Personalbeschaffung muß durch eine Personalentwicklung von Arbeitern und Angestellten ergänzt werden, die mit vielfältigen Qualifizierungsmaßnahmen auf die inhaltlichen Anforderungen der zukünftigen Entwicklung des Unternehmens abstellt;
- **„am richtigen Platz"** bedeutet, daß Maßnahmen der Arbeitsgestaltung und ein anforderungs- und eignungsgerechter Personaleinsatz sicherstellen, daß das Potential der Human Ressource optimal genutzt und eine Über- oder Unterforderung der Mitarbeiter vermieden wird;
- **„zum richtigen Zeitpunkt"** erfordert, daß mit einer mittel- bis langfristig orientierten, quantitativen wie qualitativen Personalplanung sowie einer systematischen Nachwuchsplanung der betriebliche Strukturwandel zeitlich abgesichert wird.

3.2. Qualifizierung

Die qualifikatorische Bedeutung des Einsatzes computerintegrierter Systeme ergibt sich weniger aus der Technik-Konfiguration als vielmehr aus der übergeordneten organisatorischen Konfiguration. Sie ist stets betriebsspezifisch: je nachdem, ob eine dezentrale oder zentrale Philosophie verfolgt wird, hat dies entsprechende Konsequenzen für die Aufbau- und Ablauforganisation, die Aufgabenzuschnitte von Abteilungen und Mitarbeitern, die Arbeitsplatzgestaltung und damit für die benötigten Qualifikationen.

Betrachtet man die Anforderungen genauer, so stellt man fest, daß im Facharbeiterbereich längst nicht mehr nur geräte- und anlagenspezifische Kenntnisse, Fertigkeiten und Fähigkeiten z.B. zum bloßen Bedienen einer CNC-Drehmaschine benötigt werden. Arbeitserweiterung, Arbeitsbereicherung, Delegation von Verantwortung, Dezentralisierung, Überblick über Einzelvorgänge sowie ihre Vernetzung erfordern neben der Vermittlung fachlichen Wissens immer mehr überfachliche Qualifikationen - und Mitarbeiter, die Verantwortung tragen, müssen dafür auch qualifiziert sein. Für eine erfolgreiche Einführung computerintegrierter Fertigungen werden deswegen neben den unmittelbar fachlichen andere fachübergreifende, methodische Basisqualifikationen wie logisches und abstraktes Denken, analytisches Vorgehen und Problemlösungsfähigkeit ebenso selbstverständlich wie weitere Kenntnisse in EDV und Informatik. Zunehmend werden darüber hinaus aber auch soziale Kompetenzen erforderlich, wie z.B. Kommunikations-, Kooperations- und Teamfähigkeit, und für die Optimierung der Prozeßketten und die Reduzierung der betrieblichen Komplexität ist das Wissen um Unternehmensstrukturen und -abläufe besonders wichtig.

Die **fachliche** Weiterbildung der betroffenen Mitarbeiter vor Ort ist ein beherrschbares Problem. Als schwieriger erweisen sich die Aufgaben, die im Vorfeld der Einführung neuer Techniken liegen. Führungskräfte, Planer, die Verantwortlichen im Personalwesen, aber auch die betriebliche Interessenvertretung sind insbesondere auf die Einsatzmöglichkeiten und die Gestaltungserfordernisse der neuen Technik und Systeme vorzubereiten. Dazu gehören sowohl Kenntnisse über die Technik und die Systeme selbst, ihr Problemlösungspotential als auch das Wissen um die Organisation und des Führungsstils sowie einer technisch, organisatorisch und personell abgestimmten Planung.

Die Einführung neuer Techniken und Systeme verlangt dabei von den Führungskräften nicht nur die Verbindung von Sachkompetenz mit Führungskompetenz, sondern auch die Fähigkeit, in komplexen Strukturen zu denken und mehrdimensionale Sachverhalte zu strukturieren und organisatorisch umzusetzen.

Neben spezialisierten Detailkenntnissen und -fähigkeiten werden deshalb in Zukunft auf allen betrieblichen Ebenen fachübergreifende Qualifikationen, sogenannte Schlüsselqualifikationen, erforderlich **(vgl. Bild 4)**.

Während über die Qualifikationserfordernisse im Umgang mit neuen Technologien und Systemen immer noch heftig diskutiert wird, sind die Mitarbeiter diesen neuen Anforderungen in den Betrieben schon längst ausgesetzt. Deshalb ist es falsch, Zeit gewinnen zu wollen und die Unsicherheit über die „richtige" Qualifikation an das Bildungssystem zu verweisen, um dort erst einmal die Berufsbilder ändern zu lassen, bevor man selbst aktiv wird und Ausbildungsziele und Curricula den veränderten Anforderungen anpaßt. Betrachten wir hier den Zeitaspekt etwas genauer: Selbst wenn man heute anfangen würde, Berufsbilder zu aktualisieren, neu zu entwickeln oder anders zu schneiden, würde der in Gang zu setzende Prozeß drei bis fünf Jahre beanspruchen. Bis die ersten so Ausgebildeten auf den Arbeitsmarkt kommen, würden selbst bei optimistischer Sicht weitere drei bis fünf Jahre vergehen. Die Dynamik der technischen Entwicklung (Stichwort: Halbwertzeit des technologischen Wissens) stellt bei derart zeitraubenden Prozessen die Bedeutung formaler Qualifikationen jedoch immer mehr in den Hintergrund.

Dies führt dazu, daß

- die Bedeutung von Berufsbildern relativiert,
- die benötigten Qualifikationen betriebsspezifischer werden,
- Technik- und Organisationsentwicklung mit Qualifizierung verbunden und
- die Weiterbildung und Personalentwicklung effizienter werden muß.

Wenn wir das Denken in Prozeßketten auf die notwendige Qualifizierung anwenden, bedeutet dies, daß sich berufliche Erstausbildung, betriebliche Weiterbildung und Training on the job zu einer zukunftorientierten, ganzheitlichen Personalentwicklung ergänzen müssen.

In der **beruflichen Erstausbildung** werden in einer breit angelegten Grundausbildung die Fundamente für ein im Laufe des Berufslebens ständig wechselndes Spezialwissen angelegt. Auch die

betriebliche Weiterbildung muß – bei allen konkreten und notwendigerweise speziellen Qualifizierungsmaßnahmen - dafür Sorge tragen, daß Zusammenhänge erkannt und Verbindungslinien hergestellt werden können.

Dabei ist vor allem zu beachten, daß das für eine optimale Gestaltung und Nutzung der computerunterstützten Technik notwendige Wissen zu umfangreich und komplex ist, als daß es sich durch reine Trainings- oder Anlernmaßnahmen vermitteln ließe. Deshalb wird sich auch der Weiterbildungsprozeß immer stärker in dualer Form vollziehen. Neben systematischem, theoretischem Lernen spielt das praktische Üben am Arbeitsplatz eine große Rolle. **Training on the job** und gezielte job-rotation sowie die Eigeninitiative und Verantwortung des einzelnen Mitarbeiters für seine Qualifikationen erhalten dabei einen zunehmenden Stellenwert im Qualifizierungsprozeß.

Trotz des zunehmenden Qualifikationsbedarfs ist aber eine Qualifikationsbevorratung um jeden Preis zu vermeiden; um Über-, aber auch Unterforderungen auszuschließen, ist eine praxisgerechte Differenzierung und Verteilung von Qualifikationen innerhalb der unterschiedlichen betrieblichen Bereiche anzustreben und folgender Grundsatz zu beachten: Die betriebliche Qualifizierung ist der derzeit wichtigste Bestandteil eines Human Ressource Managements. Sie muß handlungsorientiert und praxisnah sein, denn im Betrieb und am Arbeitsplatz konkretisieren sich die Anforderungen der neuen Techniken **(vgl. Bild 5)**.

Die Einsicht in die Bedeutung der Qualifikationen hat bei der AUDI AG weitreichende praktische Konsequenzen gehabt. Mit zunehmendem Automatisierungsgrad unserer Anlagen haben wir die Qualifikationen unserer Mitarbeiter im Rahmen eines qualifizierten Fluktuationsersatzes erhöht. Hatten 1982 schon 40 % unserer Belegschaft im produktiven Bereich einen Facharbeiterabschluß in einem Metallberuf oder eine vergleichbare Berufsausbildung, so waren es 1986 50 %. Bis Ende 1990 werden wir einen Facharbeiteranteil von mindestens 60 % realisieren.

In der betrieblichen Ausbildung versuchen wir in doppelter Weise Neuland zu betreten:

Aufbauend auf einen Modellversuch bilden wir seit 1979 – derzeit schon mit einer Quote von 25 % – Mädchen in gewerblich-technischen Berufen aus. Auch mit einem weiteren Modellversuch „Berufsausbildung ausländischer Jugendlicher" versuchen wir, neue arbeitsmarktpolitisch relevante Personengruppen in die betriebliche Ausbildung einzubeziehen.

Mit dem Modellversuch „Neue Technologien in der Berufsausbildung" ergänzen wir die Ausbildung nach der seit dem 1.9.1987 geltenden Neuordnung der beruflichen Bildung und integrieren den Umgang mit neuen Technologien praxisnah in die betriebliche Ausbildung.

Die Kosten für die Berufsausbildung (einschl. der Ausbildungsvergütungen) sind bei Audi in den letzten 5 Jahren von 26,8 Mio. auf 38,9 Mio. DM jährlich gewachsen. Die Aufwendungen für die reine Weiterbildung sind in den letzten zehn Jahren von 420.000 DM auf 9,7 Mio. DM jährlich angestiegen. Hier sind auch die Zuwachsraten der Teilnehmer im übrigen deutlich stärker gestiegen als in der Berufsausbildung. Die Zahl der Auszubildenden bei Audi stieg in diesem Zeitraum um 20 Prozent, die Zahl der Teilnehmer an Weiterbildungsmaßnahmen verzehnfachte sich in diesem Zeitraum. Derzeit steht jeder zweihundertsten produktiven Arbeitsstunde bereits eine Weiterbildungsstunde gegenüber.

3.3. Arbeitsgestaltung

Der Nutzen eines langfristig orientierten Human Ressource Managements zeigt sich aber erst im konkreten Personaleinsatz. Die betrieblichen Qualifikationspotentiale sind nur dann langfristig im Arbeitsprozeß verfügbar, wenn sie auf qualifikationsrelevante und eignungsgerechte Arbeitsstrukturen treffen.

Hier ist das Personalwesen gefordert, das vorhandene Gestaltungspotential der neuen Techniken konsequent in die betrieblichen Planungsprozesse mit einzubringen und so einen Personaleinsatz zu ermöglichen, der Über-, aber auch Unterforderung vermeidet.

Weder die Arbeitsorganisation noch die Qualifikationsstruktur sind durch technische Merkmale des Produktionsprozesses und seiner maschinellen Ausrüstung vorbestimmt. Es gibt erhebliche Gestaltungsspielräume und eine Reihe von Alternativen zur traditionellen Arbeitsteilung. Sowohl in der Produktion wie im Bürobereich sind Ansätze für neue Organisationsformen erkennbar. Der Trend geht dabei eindeutig in Richtung Aufgabenintegration in „multifunktionale Arbeitsplätze", d.h. aufeinanderfolgende Arbeitsschritte mit unterschiedlichen Schwierigkeitsgraden werden zu einer ganzheitlichen Arbeitsaufgabe oder in einer durchgängigen Prozeßkette zusammengefaßt. Dabei steigt die Autonomie des Arbeitsplatzes und größere und verantwortungsvollere Aufgabenfelder erhöhen das Qualifikationsniveau und den Handlungs- und Entscheidungsspielraum der Mitarbeiter. Diese sind nun in der Lage, eigene Vorstellungen in die Arbeit einfließen zu lassen, sie dadurch rationeller zu gestalten und im Ergebnis entscheidend zu verbessern.

Dies verdeutlicht ein praktisches Beispiel: Kennzeichen der traditionellen Organisation in der Teilefertigung ist die Zuständigkeit verschiedener Fachabteilungen zur Lösung der jeweiligen fachspezifischen Aufgaben in ein und demselben Produktionsbereich. Diese mehr oder weniger starren Grenzen im Sinne von Arbeitsteilung und Verantwortungsbereichen führen zu erheblichen Verlust- und Wartezeiten.

Diese unproduktiven Zeiten werden sich mit zunehmender Komplexität der Anlagen noch erhöhen, so daß die Notwendigkeit besteht, die traditionelle Art der Aufgabenteilung mit dem Ziel des Zeitsparens neu zu überdenken.

Das Denken in Organisationsformen mit zentralisierten Aufgaben und vertikaler Aufgabenteilung wird aus diesem Grund abgelöst durch Integration aller Funktionen, die zum Durchführen einer Arbeitsaufgabe erforderlich sind, in einen Arbeitsplatz oder einer Arbeitsgruppe. Alle anfallenden Arbeiten werden dann dezentral erledigt. Dies verkürzt die Prozeßkette, verringert die Schnittstellen und reduziert damit die bisher anfallenden Verlustzeiten **(vgl. Bild 6)**.

Sicherlich gibt es auch betriebswirtschaftliche Grenzen dieser Integration, aber das Produktivitätspotential, das in einem ganzheitlichen Aufgabenzuschnitt liegt, ist weder hinreichend bekannt noch genutzt.

Die Erfahrungen der AUDI AG mit der Einführung neuer, zunehmend komplexerer Technologien und Systeme zeigen, daß die Beachtung personalpolitischer Überlegungen zu Arbeitsstrukturen führt, die die Einführung und Anwendung neuer technischer Systeme problemlos sichern **(vgl. Bild 7)**.

4. Integrierte Planung

Der Markt fordert von den Unternehmen immer kürzere Produktlebenszyklen und damit effektive Formen des betrieblichen Zeitmanagements. Hocharbeitsteilige Organisationsstrukturen öffnen jedoch die Schere zwischen Lebenszyklus und Entwicklungszeit eines Produktes immer mehr. Wie bei anderen Themenstellungen zielt ein **technischer** Problemlösungsansatz auf zahlreiche CIM-Varianten ab. Entscheidender Ansatzpunkt hierbei ist die Reduzierung der einzelnen Entwicklungszeiten von Produkt und Produktionseinrichtungen durch rechnergestützte Hilfsmittel (CAD/CAE/CAM/CAP) **(vgl. Bild 8)**.

Ein **organisatorischer** Ansatz ersetzt eine eher serielle Planung durch ein Simultaneous Engineering, d.h. durch eine Organisationsstrategie, die durch die Zusammenarbeit von unterschiedlichen betrieblichen Funktionen und die Einbeziehung der Lieferanten eine parallele und zeitgleiche Planung von Produkt und Produktion und damit eine drastische Verkürzung der Innovationszeiten ermöglicht.

Dabei wird angestrebt, die Anforderungen aller Unternehmensbereiche frühzeitig, also schon bei der Produktkonzeption zu berücksichtigen und die Produktionseinrichtungen, die für die Fertigung benötigt werden, parallel zum Konstruktionsprozeß zu planen. Hierdurch kann Zeit gewonnen und zugleich gespart werden, denn es ist möglich, den Planungsprozeß von Produkt und Produktion im Gegensatz zu den technischen CIM-Varianten zu verlängern, ohne die Gesamtzeit bis zum Produktionsanlauf zu verändern **(vgl. Bild 8)**.

Durch die längeren Entwicklungszeiten des Produktes und der Produktion bleiben beide länger modifizierbar und Änderungen können besser berücksichtigt werden. Durch die insgesamt engere Zusammenarbeit der Planer können trotz der verkürzten Innovationszeit ausgereiftere und qualitativ hochwertigere Produkte entstehen und so auch die drei anderen Faktoren des „Magischen Vierecks" ebenfalls entscheidend verbessert werden.

4.1. Langfristige Personal- und Bildungsplanung

Dieser Ansatz des Simultaneous Engineering, der zugleich Zeit spart und gewinnt, muß auch auf die Zusammenarbeit mit dem Personalwesen übertragen werden. Entsprechend den langfristigen Planungsrhythmen zur Einführung neuer Technologien und Systeme sind heute auch die Konzepte des Personalmanagements langfristig angelegt. Eine aktive und vorausschauende Personalpolitik verbindet die bislang oft voneinander isolierten Prozeßketten der Personalbeschaffung, der Personalentwicklung und der betrieblichen Aus- und Weiterbildung mit der Prozeßkette der technisch-organisatorischen Innovationen und sichert so die Unternehmensplanung personell ab **(vgl. Bild 9 und 10)**.

4.2. Investitionsanalyse

Eine wichtige Voraussetzung für eine aktive Personalpolitik ist eine frühzeitige und umfassende Information des Personalwesens über die personellen Auswirkungen der betrieblichen Planungen. Aus diesem Grunde wurde bei der AUDI AG ein Instrument entwickelt, mit dem eine personal- und arbeitswirtschaftliche Bewertung des jeweiligen Investitionsprogrammes vorgenommen werden kann. Diese sogenannte „Investitionsanalyse" erfolgt dabei parallel zur Erstellung des Investitionsprogrammes, so daß zum Zeitpunkt der Entscheidung über die Investitionen die voraussichtlichen personellen Auswirkungen bekannt sind.

4.3. Mitwirkung an Planungsprozessen

Die Investitionsanalyse hat als mittelfristig angelegtes Instrument für uns primär die Funktion eines Frühwarnsystems, das erste Hinweise auf den zukünftigen Handlungsbedarf des Personalwesens gibt. Da die Investitionsentscheidungen erst der Anfang eines abgestuften Planungsprozesses sind, wirken wir zukünftig simultan in allen Phasen der Planung und Realisierung betrieblicher Veränderungen mit, denn nur so

- ist die frühzeitige und umfassende Information des Personalwesens (wer plant, was, wann und mit welchen Auswirkungen?),
- die Berücksichtigung personalorientierter Kriterien und Zielsetzungen in den Planungsprozessen selbst,
- sowie der rechtzeitige, funktionsgerechte Service des Personalwesens bei den Planungsvorhaben und deren Umsetzung sicherzustellen.

4.4. Technische und personelle Planung integrieren

Entscheidend für den Erfolg eines Personalmanagements wird deshalb ein neues Planungsverständnis sein, in dem die personellen Ziele und Auswirkungen bereits enthalten sind. Nicht der Grundsatz des „staff follows investment", sondern die Integration von technischer und personeller Planung **(vgl. Bild 11)**

- setzt die vorhandenen personellen Ressourcen und Qualifikationen optimal ein,
- vermeidet Qualifikationsengpässe,
- entwickelt neue Ausbildungsstrategien,
- sichert und fördert notwendige Qualifikationen und
- ermöglicht qualifikations- und eignungsgerechte Arbeitsstrukturen.

Um die dazu notwendige ganzheitliche Betrachtungsweise sicherzustellen, haben wir bei der AUDI AG eine Projektorganisation installiert, mit der bereits in frühen Planungsphasen je nach Lage des Projektes die Fachbereiche mit eingebunden werden, die von dem Projekt inhaltlich betroffen sind. Ausgehend von einem fachübergreifend abgestimmten Pflichtenheft werden so alle Umstrukturierungen simultan ausgeplant und umgesetzt.

5. Der Schlüsselfaktor Mensch: Vom Objekt zum Subjekt

Das Human Ressource Management leitet seinen Handlungsbedarf unmittelbar aus den Anforderungen des betrieblichen Strukturwandels ab. Der „Mitarbeiter der Zukunft" steht dabei als **Objekt** im Mittelpunkt des Interesses. Für die „Fabrik der Zukunft" muß zukünftig die Perspektive gewechselt und der „Schlüsselfaktor Mensch" als **Subjekt** zum Ausgangspunkt betrieblicher Planungen gemacht werden.

Eine solche Forderung wird zwar nicht ohne Widerspruch bleiben, ist aus der Sicht eines unternehmerisch denkenden Personalwesens jedoch unverzichtbar. Dies will begründet werden: Der Arbeitsmarkt ist mittel- bis langfristig gekennzeichnet durch eine zunehmende strukturbedingte Verknappung, insbesondere qualifizierter Arbeitskräfte und durch eine gesellschafts- und sozialpolitisch veränderte, anspruchsvollere Einstellung zur Arbeit auf der einen und der historisch entstandenen mangelnden Attraktivität der Industriearbeit auf der anderen Seite. Die Personalpolitik eines Unternehmens kann in dieser Situation ihren optimalen Beitrag zur Erreichung der unternehmerischen Ziele nur dann dauerhaft leisten, wenn sie die Interessen und Bedürfnisse der verschiedenen Personengruppen systematisch berücksichtigt. Ausgehend von dieser Grundphilosophie hat das Personalwesen die Beziehung zu den Mitarbeitern so zu gestalten, daß sie

- bereit sind, in das Unternehmen einzutreten,
- im Unternehmen zu verbleiben,
- die ihnen möglichen Leistungen optimal, d.h. vor allem auch flexibel einsetzbar, zu erbringen.

Sicher kann man die technischen Anlagen und Systeme ständig verbessern, ihre Steuerung optimieren, ihre Leistung erhöhen, ihre Verzahnung perfektionieren; die Art ihrer Nutzung und der Grad ihrer Verfügbarkeit hängt aber entscheidend davon ab, welche Rolle dem Menschen im modernen Produktionsprozeß zukommt, ob es genügend qualifiziertes Personal gibt, das die neuen Produktionssysteme bedienen kann. Ein aktives, langfristig orientiertes Personalmanagement **(vgl. Bild 2)** verwirklicht mit der Beteiligung an den technisch/organisatorischen Planungsprozessen auch personalpolitische Ziele.

Die Übertragung des Prozeßkettendenkens auf den betrieblichen Strukturwandel heißt auch, die Frage nach der richtigen Reihenfolge zu stellen. Nur wenige Unternehmen berücksichtigen hierbei die sich langsam durchsetzende Erkenntnis, daß z.B. Qualifikationen nicht bloß der Technikentwicklung folgen, sondern diese erst ermöglichen **(vgl. Bild 10)**. Eine der grundlegenden Prämissen des Gestaltungsprozesses muß deshalb die Abkehr von der Technik-orientierten Planung hin zu einer ganzheitlichen, Mensch-zentrierten Entwicklung von Produktionssystemen sein.

Der Bedeutungswandel des Menschen vom Objekt zum Subjekt, von der Human Ressource zum „Schlüsselfaktor“ beinhaltet gleichzeitig, daß der erforderliche umfassende und langwierige Umstrukturierungsprozeß nur bei qualifizierter Beteiligung aller Akteure im Unternehmen erfolgreich sein kann. Innovationsprozesse mit so weitreichenden Folgewirkungen müssen als „offene“ Suchprozesse gestaltet werden und die Träger dieser Prozesse müssen auch die in ihnen arbeitenden Menschen sein.

Um diese wichtigen, zukunftsweisenden Grundsätze einzubringen, ist es wichtig, daß sich das Personalmanagement aktiv in die technische Planung „einmischt“ und vorhandene Gestaltungsspielräume konsequent nutzt. Voraussetzung dafür ist natürlich eine systematische Analyse der Humanressourcen im Unternehmen und eine unternehmenseinheitliche Vision vom gewünschten SOLL-Zustand.

5.1. Verantwortung und Führung

Im Rahmen der notwendigen Umstrukturierungen erhält der „Schlüsselfaktor Mensch“ vor Ort zwangsläufig mehr Handlungs- und Entscheidungskompetenz, dem auch das Führungsverhalten der Vorgesetzten Rechnung tragen muß. Mit diesen Kompetenzen wird den Mitarbeitern zugleich mehr Verantwortung übertragen, sie erkennen Fehler schneller, korrigieren sie leichter und agieren kreativ. Nicht die verstärkte Kontrolle, sondern die Vorgabe von Zielen, das Schaffen von Motivation und die Koordination durch den Vorgesetzten erhalten dabei eine immer größere Bedeutung.

Noch immer aber treten Planer und Organisatoren an, um mit einer disziplinaren Struktur den vielfältigen Anforderungen an die Organisation gerecht zu werden. Alles Denken und Handeln konzentriert sich auf den Einfluß entlang einer hierarchischen Linie. Klare Aufgabenbeschreibungen und Kompetenzregelungen sowie eine rigide Ablauforganisation erlauben dann zwar eine weitere Standardisierung, Rationalisierung und Automatisierung, führen aber vom Ergebnis her auch zu einer weiteren Zementierung der bestehenden, in vielen Fällen überkommenen Strukturen, keinesfalls aber zur notwendigen Reduktion der vorhandenen Komplexität.

Solange jedoch das Management daran festhält, wird aufgrund der weiter steigenden Spezialisierung und der erhöhten Komplexität ein größerer Koordinations- und Kontrollaufwand auf allen Ebenen der Hierarchie erforderlich.

Eine zukunftsorientierte Organisation reduziert ihre eigene Komplexität, indem sie Leitbildern und Prozessen mehr Raum gibt. Die formale Struktur kann einfacher gehalten werden, Abläufe orientieren sich nicht mehr an Zuständigkeiten, aufgrund der höheren Informationstransparenz kann Fremdsteuerung weitgehend durch Selbststeuerung ersetzt und die Anpassungsgeschwindigkeit verbessert werden; Handlungs- und Entscheidungskompetenzen sind dort anzusiedeln, wo die Fachkompetenz vorhanden ist.

Solche betrieblichen Strukturen und die Delegation von Verantwortung und Kompetenzen lassen autoritäre Führungskonzepte zugunsten kooperativer, partnerschaftlicher Führung zurücktreten. Die Mitarbeiter müssen in die betrieblichen Prozesse aktiv mit einbezogen werden, sie müssen Gelegenheit haben, ihre Meinung zu äußern, sie müssen sich über die beste und natürlich auch schnellste Form der Erledigung der ihnen übertragenen Aufgaben Gedanken machen und diese umsetzen können.

Die unzweifelhaft vorhandenen Potentiale der Mitarbeiter können jedoch nur dann richtig genutzt werden, wenn im Arbeitsprozeß die folgenden drei Faktoren gleichzeitig zusammentreffen:

Qualifikation	x	Motivation	x	kooperative Führung
(können)		(wollen)		(dürfen)

Anstatt als Personal verwaltet oder als Human Ressource genutzt zu werden, sind innovative und kreative Mitarbeiter daran interessiert, kompetent geführt, gefördert, entwickelt und motiviert zu werden. Derlei Ansprüche stellen die Führungskompetenz aller Vorgesetzten auf eine harte Probe. Statt aber zu ihrer zunehmenden Personalverantwortung zu stehen, ergreifen sie meist die Flucht nach vorne und verweisen sie an die Personalabteilung. Träger der Personalarbeit sind und bleiben aber die jeweiligen Linienvorgesetzten. Aufgabe der Personalabteilungen ist es, sie zu beraten und zu unterstützen und in regelmäßigen Gesprächsrunden mit ihnen und ihren Mitarbeitern für mehr Führungskompetenz vor Ort zu sorgen.

6. Zeit und Unternehmenskultur

In Gesprächen mit japanischen Managern gewinnt man regelmäßig den Eindruck, daß diese dem Timing eine weitaus höhere Bedeutung zumessen als ihre deutschen Kollegen. Die schnelle Aktions- und Reaktionsfähigkeit wird als eine besondere Wettbewerbsstärke der Japaner angesehen. Fragt man sich, warum die Japaner schneller sind als ihre westlichen Kollegen, so muß man feststellen, daß die Hauptursache nicht so sehr in effizienten Prozessen im engeren Sinne (Entscheidung, Projektmanagement, etc.) liegt, sondern vor allem darin, daß dort wesentliche Grundfragen im Bereich der Unternehmenskultur, der strategischen Prioritäten, etc. besser vorgeklärt und akzeptiert sind. Stellt man deutschen und japanischen Führungskräften die Frage, wieviel Prozent ihrer Energie (und damit auch ihrer Zeit) sie für die Überwindung interner Widerstände verbrauchen, wird dies vielleicht deutlich. Die typische Antwort in Deutschland bewegt sich im Bereich 50 bis 80 %, während die Japaner in der Regel einen Wert zwischen 20 und 30 % nennen.

Die Zeiteffizienz von Entscheidungen kann radikal erhöht werden, indem man zunächst über Grundfragen Einigkeit und Akzeptanz bei allen Beteiligten erzielt. Ein eingespieltes Team besitzt gegenüber einer Gruppe, die erst ein gemeinsames Grundverständnis entwickeln muß, erhebliche Vorteile hinsichtlich der Entscheidungs- und Umsetzungseffizienz. Definiert man Unternehmenskultur als ein von allen Beteiligten akzeptiertes, verpflichtendes Werte- und Zielsystem, so dürfte der Schlüssel zu einer höheren Zeiteffizienz in Entscheidung und Umsetzung genau hier liegen.

Die AUDI AG hat in den letzten Jahren den nicht leichten Prozeß der Entwicklung einer neuen, mensch-zentrierten Unternehmens-Kultur durchlebt und dabei die Erfahrung gemacht, wie schwierig es ist, das gesamte Management davon zu überzeugen, daß die „Human-Ressource" das wertvollste Betriebsvermögen des Unternehmens ist und ein am „Schlüsselfaktor Mensch" orientiertes aktives, langfristiges Personalmanagement eine zentrale Größe bei der Erreichung der unternehmerischen Ziele ist.

Vor allem bei der Forderung einer „Integration personeller und technischer Planung" zucken technische Planer immer wieder zusammen und murmeln etwas von „technischen Sachzwängen". Aber nur in einem anderen unternehmerischen Planungsverständnis liegt die Chance eines personell abgesicherten betrieblichen Strukturwandels, hin zu einer menschlichen Unternehmenskultur.

Der Bezug auf das Subjekt, auf den „Schlüsselfaktor Mensch", auf die Mitarbeiter, ihre Planung und Entwicklung, muß unverzichtbarer Bestandteil der Unternehmensstrategie sein. Die Faktoren strategy, structure und system müssen ergänzt werden - durch staff, skill und style. Und das Personalwesen kann seinen Beitrag zur Sicherung des Unternehmenserfolges nur dann leisten, wenn es in die Herausforderungen des Strukturwandels mit einbezogen wird, wenn es seinen Handlungsbedarf umsetzen kann in ein langfristig und qualitativ orientiertes, aktives Personalmanagement.

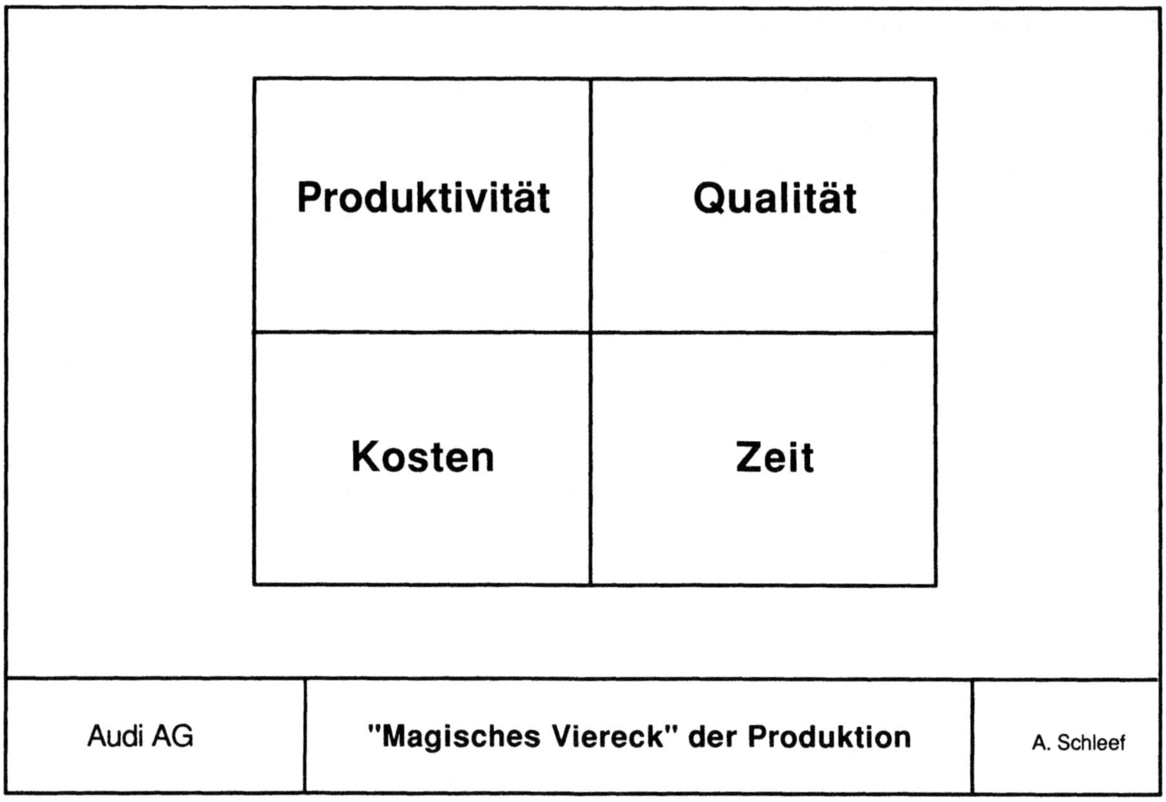
Produktivität
Qualität
Kosten
Zeit
Audi AG
"Magisches Viereck" der Produktion
A. Schleef

Bild 1

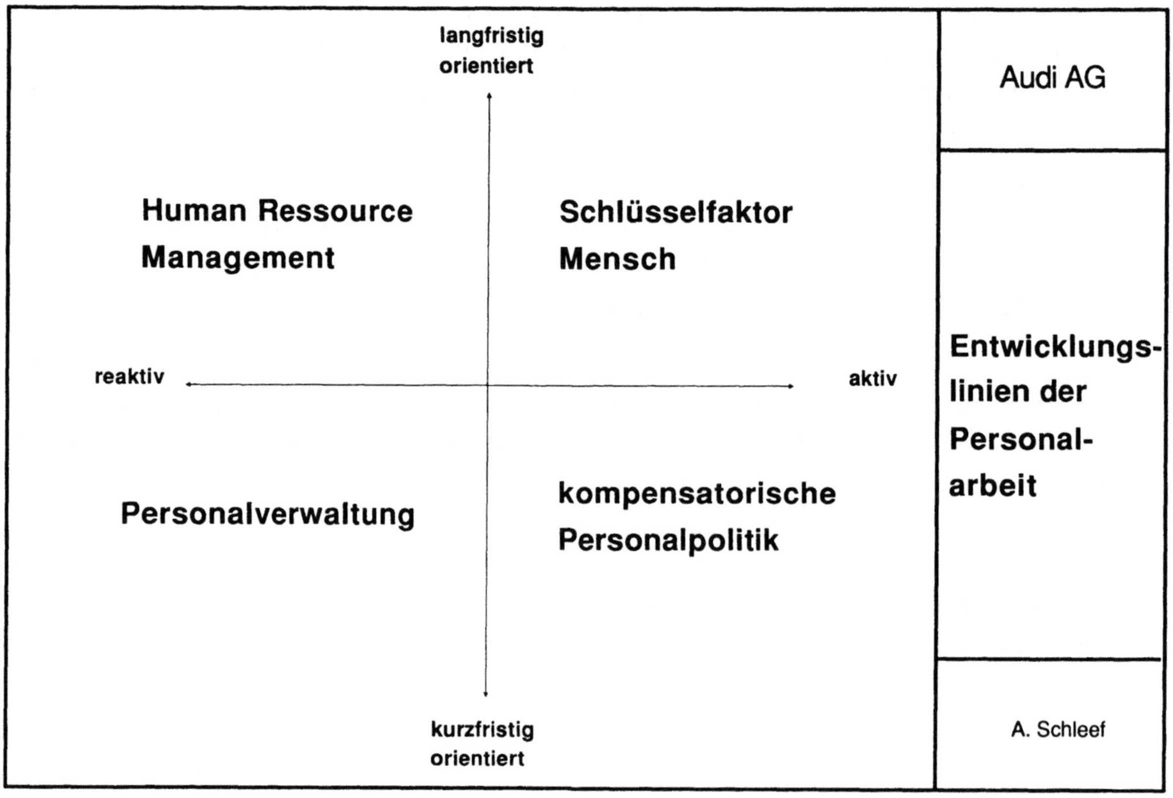
langfristig orientiert
Audi AG
Human Ressource Management
Schlüsselfaktor Mensch
reaktiv
aktiv
Entwicklungs-linien der Personal-arbeit
Personalverwaltung
kompensatorische Personalpolitik
kurzfristig orientiert
A. Schleef

Bild 2

Reduktion der betrieblichen Komplexität	Audi AG
* bei dem Produkt, z.B. durch - die Erhöhung des Gleichteileanteils, - die Reduzierung der Variantenvielfalt, - die Einführung eines Baukastenprinzips, * bei der Aufbauorganisation, z.B. durch - ein Projektmanagement, - den Abbau von Hierarchien, - die Verringerung von Schnittstellen, * bei der Ablauforganisation, z.B. durch - die Verbesserung der Information und Kommunikation, - den Wechsel vom Fließprinzip zum Verrichtungsprinzip, - eine just-in-time-Fertigung * bei Prozessen, z.B. durch - die Reduzierung der Fertigungstiefe - eine durchgängige Datenerzeugung	**Reduktion der betrieblichen Komplexität** A. Schleef

Bild 3

Schlüsselqualifikationen		
* Fachkompetenz beinhaltet gute Produkt- und Materialkenntnis, Wissen über das "Innenleben" der Anlagen, Kenntnisse über veränderte Fertigungsverfahren; * Informatikkompetenz bezieht sich auf die Anwendung und Wartung von computergesteuerten Anlagen einerseits und die Steuerung von Systemen auf übergeordneten Funktionsebenen andererseits; * Methodenkompetenz beinhaltet die Fähigkeit, in technischen und organisatorischen Systemen zu denken, Probleme zu analysieren und Lösungen zu entwickeln, Arbeitsplätze und Arbeitsabläufe mitzugestalten; * Sozialkompetenz ist die Bereitschaft zur Kooperation, ist Teamfähigkeit und Umweltbewußtsein, ist die Fähigkeit zur Konfliktbewältigung; * Flexibilität und Lernbereitschaft ist die Fähigkeit, das erworbene Wissen den sich ständig ändernden fachlichen Anforderungen anzupassen		
Audi AG	**Schlüsselqualifikationen**	A. Schleef

Bild 4

Grundsätze der betrieblichen Qualifizierung:

1. Die Meßlatte der betrieblichen Aus- und Weiterbildung muß der betriebliche Bedarf sein. Es sollte kein individueller Bildungsanspruch entstehen.
2. Der Betrieb ist und war schon immer der geeignetste Ort für berufliches Lernen. Viele Qualifizierungsmaßnahmen können bei näherer Betrachtung durch eine Problemorientierung sogar an den Arbeitsplatz verlegt werden.
3. Problemorientierte Qualifizierung verlangt ein tieferes Eindringen in die Arbeitssituation vor Ort, aus ihrer Analyse ergibt sich Art und Umfang des Weiterbildungsbedarfes.
4. Inhalte und Methoden betrieblicher Qualifizierungsmaßnahmen müssen auch die Anforderungen durch die Arbeitsaufgabe und die Bedürfnisse der Weiterbildungsteilnehmer berücksichtigen, wenn sie vorhandene Qualifizierungsdefizite beseitigen sollen.
5. Die Inhalte der Qualifizierung sind an den jeweiligen Stand der technisch-organisatorischen Entwicklung anzupassen.
6. Für bestimmte Mitarbeitergruppen - ungelernte und leistungsgewandelte Mitarbeiter, Frauen und Ausländer - sind spezielle, individuell begründete Bildungsmaßnahmen vorzusehen, um sie vor negativen Konsequenzen des betrieblichen Strukturwandels abzusichern.
7. Berufliche Weiterbildung kann nicht auf die Vermittlung von unmittelbar tätigkeitsspezifischen Fertigkeiten und Kenntnissen beschränkt werden. Sie muß auch die Vermittlung sogenannter Schlüsselqualifikationen fördern.

Audi AG

Grundsätze der betrieblichen Qualifizierung

A. Schleef

Bild 5

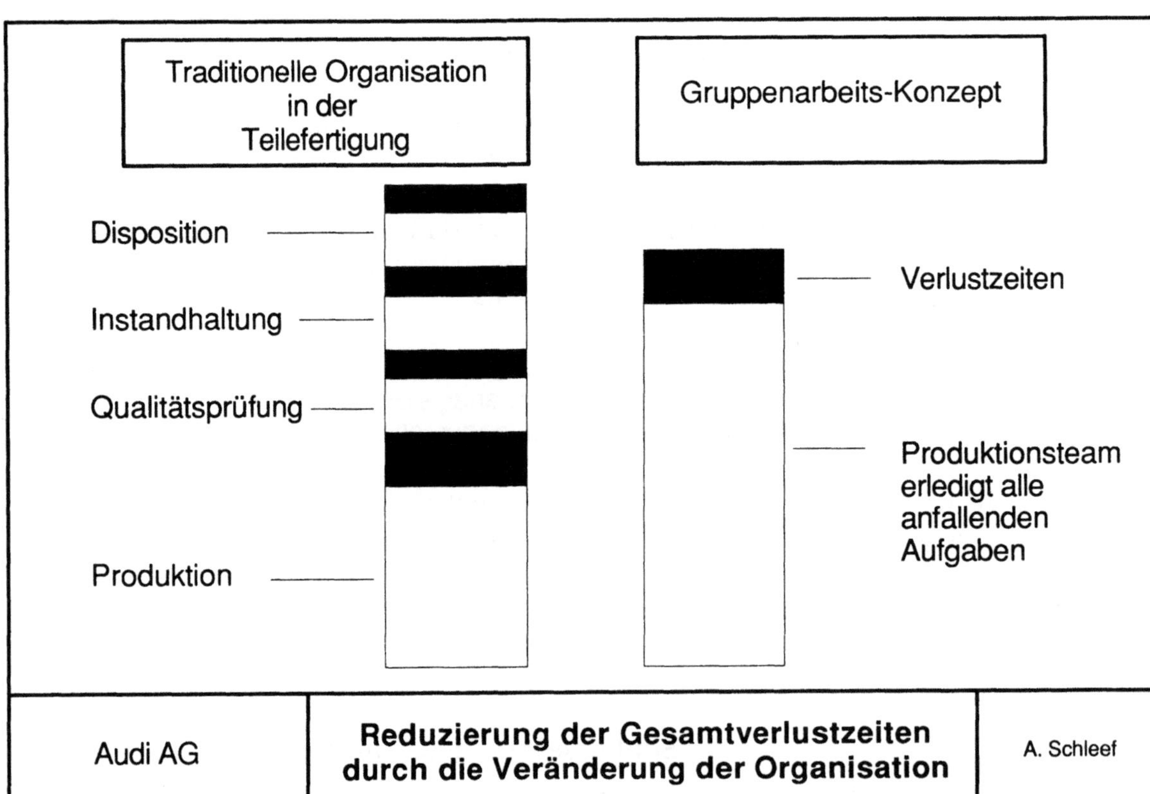

Bild 6

Grundsätze für die Einführung neuer Arbeitsstrukturen:

- Zur optimalen Verfügbarkeit komplexer technischer Systeme müssen kleine, selbstverantwortliche Einheiten, z.B. Arbeitsgruppen gebildet werden.
- Die fachliche Souveränität der Industriearbeit ist durch eine Aufgabenintegration von Instandhaltung, Störungsbeseitigung und Qualitätssicherung zu verstärken.
- Die traditionell vorherrschende Trennung in weniger qualifizierte Produktionstätigkeiten und in qualitativ höherwertige produktionsvorbereitende oder -begleitende Fachtätigkeiten ist abzubauen.
- Die Arbeitsteilung insgesamt ist bewußt niedrig zu halten, um ein hohes Maß an Flexibilität im Personaleinsatz zu erreichen.

Audi AG	**Grundsätze für die Einführung neuer Arbeitsstrukturen**	A. Schleef

Bild 7

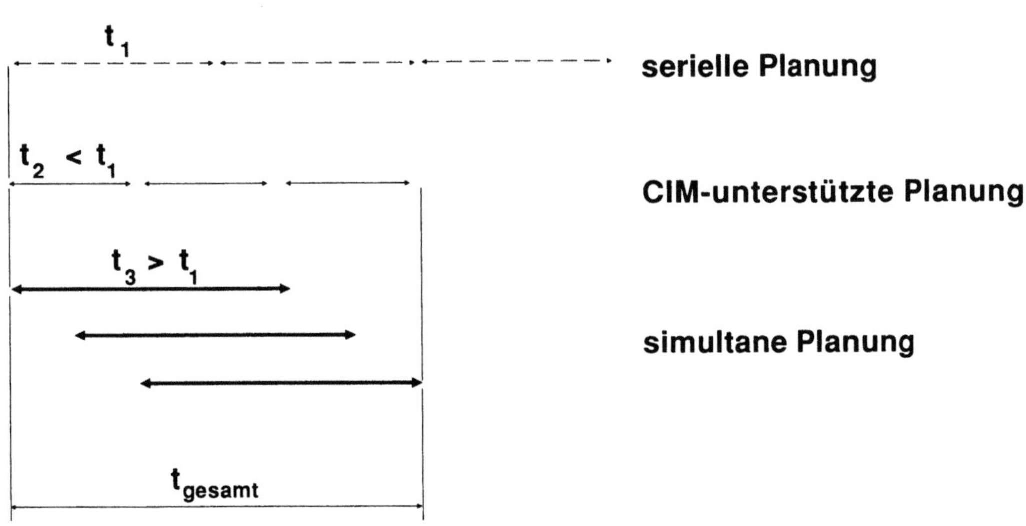

Audi AG	**Zeitverhalten unterschiedlicher Planungsansätze**	A. Schleef

Bild 8

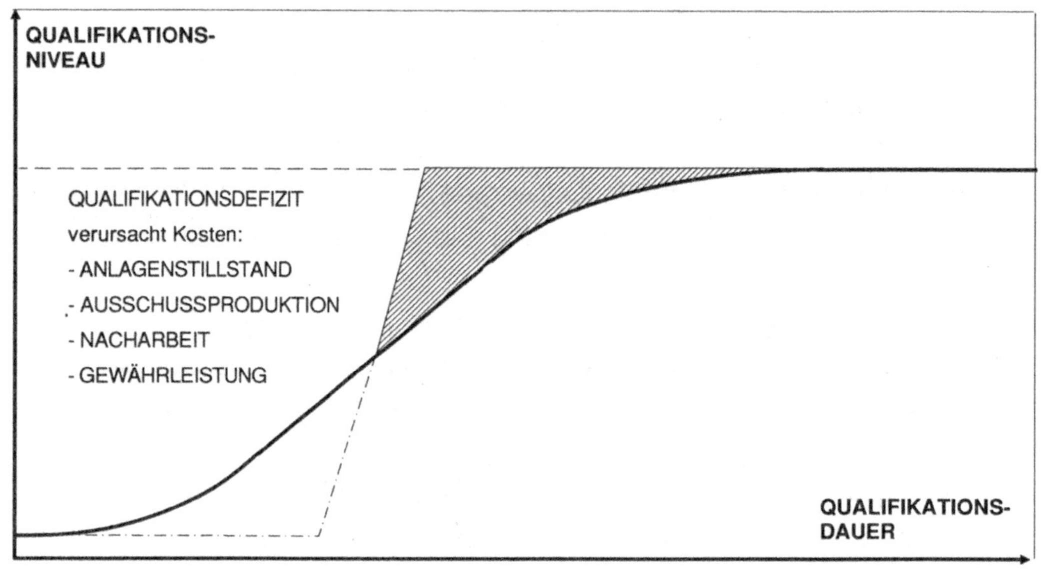

Audi AG	**Qualifikationsbedarfsdeckung (ohne Vorlauf)**	A. Schleef

Bild 9

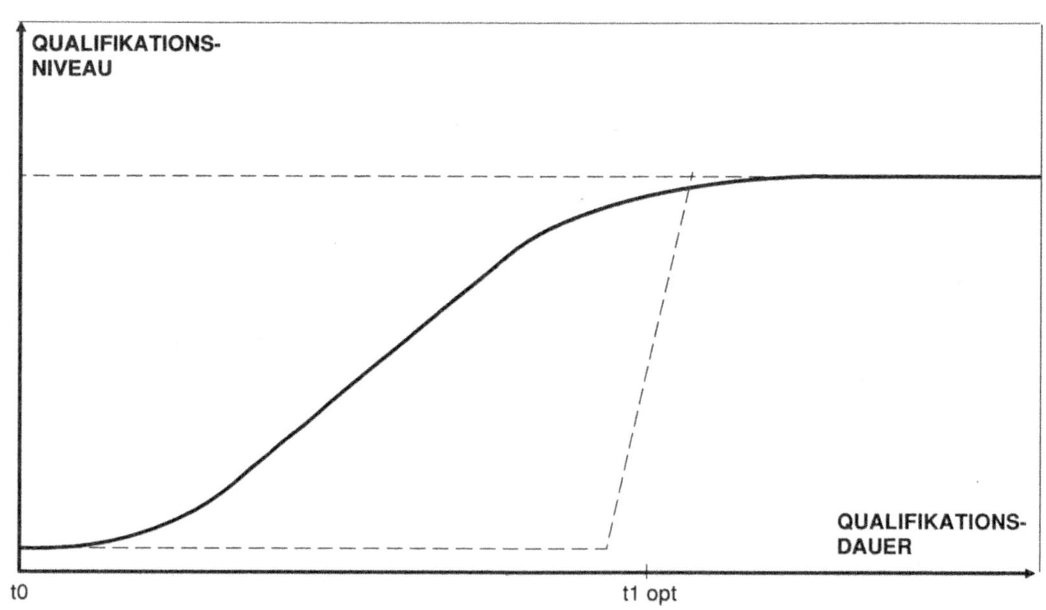

Audi AG	**Qualifikationsbedarfsdeckung (mit Vorlauf)**	A. Schleef

Bild 10

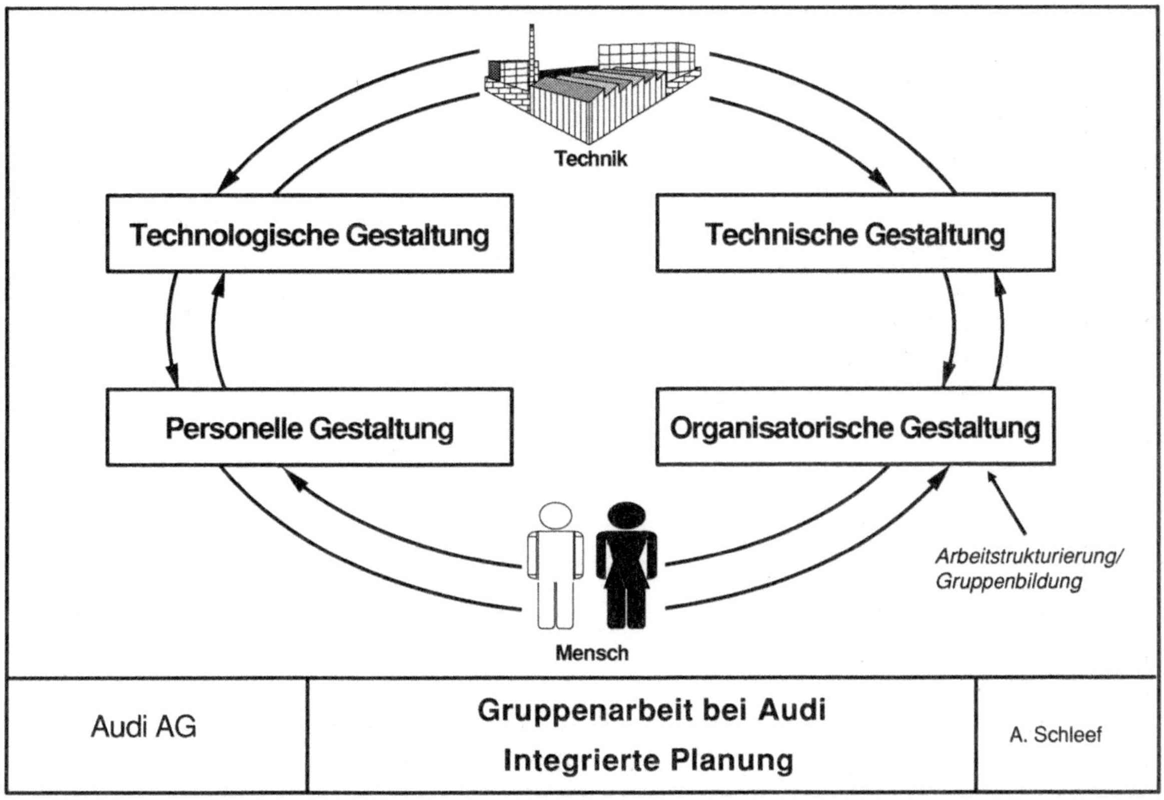
Technik
Technologische Gestaltung
Technische Gestaltung
Personelle Gestaltung
Organisatorische Gestaltung
Arbeitstrukturierung/
Gruppenbildung
Mensch
Audi AG
Gruppenarbeit bei Audi
Integrierte Planung
A. Schleef

Bild 11

GPSR Compliance

The European Union's (EU) General Product Safety Regulation (GPSR) is a set of rules that requires consumer products to be safe and our obligations to ensure this.

If you have any concerns about our products, you can contact us on ProductSafety@springernature.com

In case Publisher is established outside the EU, the EU authorized representative is:

Springer Nature Customer Service Center GmbH
Europaplatz 3
69115 Heidelberg, Germany

Batch number: 10684767

Printed by Printforce, the Netherlands